전기자동차 화재·폭발 원인 분석과 안전성 확보

발 행 일 • 2025년 1월 31일

저　　자 • 이 국 환

발 행 자 • 최 봉 조

발 행 처 • 진샘미디어

주　　소 • 서울시 은평구 연서로 5길 28 부호아파트 102동 상가5호

전　　화 • 02-353-4421 / FAX 02)353-4431

홈페이지 • www.jinsaem.co.kr

신고번호 • 제311-2005-000025호

I S B N • 979-11-91419-43-6

정가 85,000원

THE CAUSES
ANALYSIS OF
ELECTRIC VEHICLE
FIRE · EXPLOSION
AND MEASURES
TO ENSURE SAFETY

전기자동차 화재·폭발 원인 분석과 안전성 확보

이 국 환 지음

진샘미디어
JINSAEM

Prologue

전기차(EV)와 이차전지(Secondary cell)의 중요성 그리고 본 저서의 출간 동기

전기자동차와 핵심부품인 배터리는 4차 산업혁명시대에 있어 국가의 과학기술과 산업 경쟁력 핵심 중의 한 분야이다. 글로벌 기술 패권의 한 축인 것이다.

최근 전기차 화재 및 폭발에 대한 포비아(phobia, 공포증) 현상이 크게 확산되고 있다. 이에 대한 근본적 해결 및 예방 · 대책은 존귀한 생명의 안전을 유지하고, 경제적 손실을 줄이고, 사회적 이슈(issue)를 잠재우면서 한편으론 대한민국이 보유한 선도적 기술의 가치를 지속적으로 발전시켜 나가는 것이다.

따라서 저자는 이런 근본적인 문제해결에 조금이라도 도움이 되고자

"전기자동차 화재 · 폭발 원인과 안전성 확보 방안에 대한 전반적 고찰 – 심층 분석 및 창의적 솔루션 제시 –"

라는 목적으로 나름대로 참신한 내용(연구 · 기술개발 실무와 이론을 기반으로 객관적 사실을 바탕으로 한)의 심층적이고 종합적인 저서를 출간한 것이다.

현재까지로는 전기차 화재 및 폭발은 리튬이온 이차전지(배터리)의 근본적 한계 · 태생적 한계와 BMS의 불완전성 그리고 사용 상의 여러 복합적인 문제(즉, 결함 및 고장)가 원인이 되고 있다.

본 저서에서는 전기차 화재 및 폭발에 대한 전반적인 공학적 메커니즘과 시스템으로 철저한 근본적 원인 분석 및 원인과 현상과의 사실관계 즉, 연관성(연계성)을 과학기술적으로 심층 분석하고, 그리고 이에 대한 현재의 해결 방법(사전 예방을 비롯한 현상 발생 시 소화 및 진압 방법)들을 자세히 설명하는 동시에 한편으론 저자의 창의적인 새로운 해결방안(creative solutions)의 예시를 종합적으로 제시하고자 한다.

이는 전기차 배터리의 안전성을 보다 획기적으로 개선 및 고도화할 수 있는 비전과 방향성과

창의적 개념안을 제시하고자 하는 것으로 여러 면에서 사회적으로 전기차 운행에 있어 안전성을 확보해 존귀한 생명을 보호하고, 경제적 손실도 줄이면서, 세계적으로 선도 위치에 있는 대한민국 전기차와 이차전지 배터리 산업과 이에 연계된 산업의 발전과 성장 그리고 지금까지 노력과 수고를 아끼지 않고 열정으로 기여하시는 분들과 관계자들에게 조금이라도 도움이 되어 국가 산업발전에 도움이 되었으면 하는 바람과 목적이 있다.

그리고 이차전지(배터리)를 연구개발(R&D, Research and Development), 설계, 제작, 테스트(test, 시험)하고 양산하는 제조공정의 전주기는 물론 전기차의 점검 · 유지 · 보수 · 관리를 비롯한 운영시스템(체계)에도 전향적 반향을 일으켜 AI 및 ICT와 결합된 보다 혁신적 경쟁력을 확보하고자 하는 데 또한 목적이 있다.

K배터리, K전기차의 글로벌 경제 규모는 2024년 현재 120조 원으로 추계(推計)되는 상상을 초월하는 거시적 규모다. 당연히 그 규모는 계속 확대될 것이고, 내수가 뒷받침돼야 규모의 경제로 도약해 품질 향상, 원가 절감, 생산성 혁신이 가능하다.

전기차와 이차전지는 피할 수 없는 현재 진행형 그리고 미래 산업이며 대한민국을 견인하는 먹거리다.

당연히 세계 선두권의 경쟁력을 확보한 이상 계속 유지해야만 한다.

그것이 제조업 강대국을 추구하고 구축하는 우리의 책임이자 소명이라고 생각한다.

최근 잇단 전기차 화재로 인해 전기차 포비아(공포증)가 엄습하고 있고, 캐즘(chasm) 현상까지 일고 있다. 캐즘은 일시적으로 수요가 정체되거나 후퇴하는 단절 현상을 가리킨다.

일시적 현상이지만, 얼마나 심각한 상황인지 2024년 8월 26일자 조선일보 기사를 다음과 같이 인용하고자 한다.

'120조 원 공든 탑' 흔드는 전기차 포비아(Phobia, 공포증)

한국산 전기차 생태계가 위기다. 내연차보다 비싼 가격, 충전 불편 등 인프라 부족 문제가 부각되며 전기차의 일시적 수요 침체를 뜻하는 '캐즘'이 경기 침체와 맞물려 세계적으로 확산되고 있다. 여기에 한국은 지난 1일 인천 청라에서 발생한 벤츠 전기차 화재로 공포증까지 겹쳐 위기감이 한층 고조되고 있다.

그럼에도 세계적으로 전기차는 '피할 수 없는 미래'라는 데 이견이 없다. 2016년 파리협정 이후 세계 각국은 대표적 이동 수단인 자동차의 탄소 배출량을 줄이기로 하고 일제히 규제를 강화하고 있다. 예컨대 2032년엔 미국에선 신차 판매량의 56% 이상을 전기차로 채워야 한다.

현재 전기차 1위인 미국 테슬라가 처음 전기차를 내놓은 것은 2006년. 그만큼 전기차는 아직 초기 단계라 불편도 크고, 화재 진압 시스템 등이 부족한 게 현실이다. 전문가들은 그러나 위기 속에서 오히려 더 과감한 투자와 혁신을 시도해야 한다고 지적한다. 그래야 내연차에서 전기차로 넘어가는 대전환기에 주도권을 쥘 수 있다는 얘기다. 본지 집계에 따르면 핵심 기업 13곳이 일궈낸 K전기차 생태계는 지난해 매출 기준 약 120조 원 규모로 커졌다.

그런데 지금 국내 전기차 시장의 공포감은 과도한 측면이 있다. 이러다간 공들여 쌓아 놓은 미래 먹거리 산업인 전기차 산업이 순식간에 경쟁력을 잃을 수 있다. 어느 산업이나 마찬가지지만 든든한 내수는 기업이 글로벌 경쟁 속에서 겪을 수 있는 불확실성을 극복할 가장 강력한 무기가 된다.

이런 엄혹한 상황에서 정부의 안이한 대응에 대한 비판도 크다. 한 전문가는 "청라 화재 이후 정부는 배터리 충전량을 줄인다거나 '지상 주차장 권장' 같은 궁여지책으로 전기차에 대한 불안감과 불편만 키운 측면이 있다"며 "국민의 불안도 달래야 하겠지만 미래 산업의 발전 방향을 함께 제시해야 할 것"이라고 말했다.

전기차는 어렵지만 가야 할 길

전기차는 불편하고 불안해도 가지 않을 수 없는 길이다. 향후 10년 안팎 한국은 물론이고 미국, 유럽 등 주요국에서 자동차 배출가스 규제가 본격 도입되면서 전기 시장은 더 커질 수밖에 없는 구조다. 예컨대 미국 정부가 정한 2032년 탄소 배출 가능량은 자동차 연비로 환산하면 1L당 24.6km다. 신차 평균 연비가 이 수준을 넘지 않으면 수 억~수십 억 달러의 벌금을 내야 한다는 뜻이다. 요즘 하이브리드차의 연비가 보통 14~18km/L 안팎이라는 점을 감안하면 하이브리드로는 대응이 어렵다.

편차는 있지만 한국이나 유럽도 비슷하다. 기업 입장에서는 당장 잘 팔리는 내연차나 하이브리드만 고집할 경우 나중에 팔 수 있는 차가 없게 돼 도태될 수밖에 없는 상황이다.

저자는 학부와 대학원에서 전기자동차를 비롯한 전장, 메커니즘, 배터리 및 이와 관련된 플라스틱 소재와 물성, 응용 등을 비롯한 기계시스템응용설계 그리고 창의적 공학설계특론 등을 가르치며 또한 역공학설계와 기능분석 방법론에 의한 문제해결과 창의적 · 개념적 선도기술 구현 등을 동반으로 고도화 선행개발 등을 가르치며, 오랫동안 연구해왔다.

실제로도 저자는 전동 모빌리티(mobility)에 있어, 주행 시 차체의 안정성과 안전성을 유지하는 핵심요소기술(CTE, Critical Technology Element)인 자세복원 메커니즘에 대한 미국, 중국 등에 등록특허와 함께 연관된 특허를 수십 개 보유한 연구 및 기술개발 전문가, 발명가이기도 하다.

전동 모빌리티에 들어가는 메커니즘과 시스템은 물론 리튬이온 배터리(LIB), 리튬인산철(LFP) 배터리, 슈퍼커패시터(Supercapacitor) 배터리 등의 개발에도 참여했다. 이에 관련된 저서들도 이미 시중에 출간되어 있다.

연구개발의 결과인 어렵고 전문적인 내용보다는 우선 전기차 화재 · 폭발 원인이 되는 여러 다양한, 복합적인 남용(abuse)과 과열, 발화, 화재, 열폭주, 열진이, 폭발에 이르기까지의 원리와 거동(behavior) 등을 폭넓게 이해하고, 알기 쉽게 개론적으로 저술하고자 하였다.

이는 이차전지에 대한 관심은 물론 전기차 개발과 발전에 있어 본 저서가 분석하고, 지적하고, 해설하고, 제시하는 내용들이 산업기술 현장에서 실무와 적용에 실제로 도움이 되도록 한 것이다. 그래서 전기차의 개발 및 운행에 보다 완전한 안전성을 확보해 그 가치를 확산시키고자 하는 것이다.

다시 강조하지만, 전기차와 이차전지는 미래를 향한 국가 경쟁력의 지표 중 아주 중요한 품목이다. 미래 먹거리의 창출이며, 고용 효과에 있어서도 위대한 원동력이 된다.

그렇지만 지속적인 혁신이 없으면 따라 잡힌다. 심지어는 존개감도 없어진다.

테슬라 라이벌이던 닛산 주저앉아 … 전기차 한 번 주춤하면 낙오

「8년 전 스타트업 불과했던 테슬라, 年 8만 → 181만 대 판매하며 급성장
닛산, 혁신 못해 존재감 거의 없어져」

시난해 글로벌 시상 전체 전기차 판매량은 약 1,400만 대로 전체 신차 가운데 18%였다. 2018년에는 비율이 2%에 그쳤지만 5년 만에 가파르게 성장한 것이다. 하지만 전기차 보급은 여전히 초기 단계다. 작년 판매된 1,400만 대 중 60%가 정책적으로 전기차 산업을 집중 육성하고 있는 중국, 25%가 친환경을 강조하는 유럽에 몰렸기 때문이다. 그 밖의 세계에서는 여전히 전기차보다 내연차가 압도적으로 많다.

이런 시장에서는 한두 차례의 결정적인 혁신이 단숨에 시장을 장악하는 계기가 된다. 반대로 한두 번 주춤하다가는 낙오될 가능성도 크다. '전기차 아이콘' 테슬라의 경우 8년 전인 2016년만 해도 테슬라는 연 8만 대쯤 파는 '괜찮은 스타트업' 정도였다. 당시 세계 전기차 시장은 80만 대 수준으로 이제 막 태동한 단계였고, 2010년 세계 최초 양산 전기차 '리프'를 내놓은 일본 닛산이 선두권에 있었다.

그러나 2017년 테슬라는 새 전기차 '모델3'를 내놓으면서 빠르게 세계 시장을 평정하기 시작했다. 1억 원이 넘었던 이전 모델과 비교해 시장 가격을 3만 5,000달러(약 4,700만 원)까지 낮추면서 1회 충전거리는 350km로 유지하는 기술 혁신에 소비자들이 환호했다.

판매량은 그 이후 매년 '퀀텀점프' 한다. 2017년 판매량이 10만 대를 돌파했고, 2020년 50만 대로 3년 만에 약 5배가 됐다. 2020년 중형 SUV 모델Y까지 새로 내놓으며 테슬라의 지난해 판매량은 181만 대로, 또 3년 만에 3.6배로 커졌다. 반면 한때 테슬라 라이벌이던 닛산은 현재 전기차 시장에서 존재감이 거의 없다. 리프 이후 혁신적인 기술이 담긴 새 전기차를 내놓지 못하면서 외면받고 있다.

결언

전기차와 이차전지 산업분야에서 묵묵히 헌신하며, 땀과 노력과 열정을 가지고 종사하는 많은 분들이 있다. 그 분들의 노고와 헌신에 진심으로 감사드린다.

기계공학, 화학공학, 신소재공학, 전기공학, 전자공학, 컴퓨터공학 등을 비롯한 관련 융복합기술이 적용된 종합기술(개발기술과 공정기술)의 집합체는 그 분들의 그 동안 노고와 헌신의 결과인 놀랍고 자랑스런 업적이며 결과물이다.

저자는 이러한 축적된 훌륭한 결과물을 조사하고, 분석하고, 검토하고, 탐구하면서, 또한 기술의 동향과 논문분석, 특허분석 등으로 각 차별 기술의 비교분석을 한 후 장점은 물론 단점과 문제점도 파악하여 이를 좀 더 개선하고자 하는 보완설계 즉 개선설계 내용(대안과 개념설계)을, 전기차와 이차전지 전체를 넓은 시야에서 보는 기계시스템응용설계를 전공한 공학자 및 개발자 입장에서 조심스럽게 거론하고 전개한 것이다.

저자는 근 40년 가까이 오직 한길을 걸으며 연구개발과 기술사업화, 상용화에 전념을 해오고 있다. 그리고 그 오랜 기간 갈고 닦은 이론과 실무를 통합한 성과물로 논문, 수 백개의 특허(상용화 특허 포함)를 비롯한 82권이 넘는 연구개발 및 공학기술 분야, 기술사업화 분야, 창의성 분야 등 다양한 분야에서의 저서를 출간했다.

그동안 공학자, 연구개발자, 발명가, 엔지니어로서의 신념은 "과학기술(Science & Technology)이란 '인간의 일상생활을 풍족하고 편리하게 해주는 도구이자 수단'이 되어야 한다는 것이다. 그것도 인간의 문명 발전과 번영에 유익한 도구이며 수단으로써."

"급격히 변화하는 시대에 적응하고, 현실을 직시하며 좀 더 나은 미래를 개척하기 위해서는 오로지 끈기와 노력과 열정으로 자기계발에 힘쓰는 것이다"라고 강조하고 싶다.

각자가 꿈꾸고 희망하고 목표로 삼고 있는 미래 개척과 도전에는 본인들의 땀과 노력과 눈물이 비례한다는 것을 확신한다.

보다 나은 목표의 달성과 미래 도약을 위해서 독자분들 모두의 꾸준한 호기심과 탐구심 그리고 도전정신을 기대해본다.

아무쪼록 본서가 전기차의 안전과 이차전지를 비롯한 첨단 감지 및 자체 복구시스템에서 고도화된 기술개발과 산업발전에 있어 훌륭한 길잡이가 되었으면 한다. 그리고 기술보국(技術報國)의 현장에서 최선을 다하는 독자들에게 큰 도움이 되기를 바라며, 끝으로 이 책을 펴내는데 있어 수고해 주신 도서출판 진샘미디어 사장님과 이사님을 비롯한 편집부 여러분께 진심으로 감사를 드린다.

공학박사 이 국 환(李國煥)

Contents

01 리튬이온 이차전지로 인한 전기차의 화재 및 폭발 원인 분석

02 리튬이온 이차전지 화재 및 폭발 원인

03 리튬 이차전지 화재 · 폭발 시의 대처 및 해결 방안

04 전기차 화재 및 대응에 관한 신문기사 인용 및 고찰

05 전기차 화재 · 폭발의 원인 분석과 거동 메커니즘

06 분리막의 안전성 그리고 화재 및 폭발의 대응

07 이차전지의 분리막(Separator)

CHAPTER

01

리튬이온 이차전지로 인한 전기차의 화재 및 폭발 원인 분석

1.1 서 론

최근 전세계적으로 큰 문제로 부각되고 있는 리튬이온 이차전지로 인한 전기차 화재 및 폭발에 대한 전반적인 공학적 메커니즘과 시스템으로 철저한 근본적 원인 분석 및 원인과 현상의 사실 관계 즉, 연관성(연계성)을 과학기술적으로 심층 분석하여, 그리고 이에 대한 현재의 해결 방법(소화 및 진압 방법)들을 설명하는 동시에 한편으론 저자의 창의적 새로운 해결방안을 제시하고자 한다.

이는 전기차 배터리의 안전성을 획기적으로 개선 및 고도화할 수 있는 비전과 방향성과 가치를 제시하고 선진 문명국가의 일원으로서 안전한 문명사회 만들기에 기여하고, 전기차 운행에 있어 안전성을 확보하여 존귀한 생명을 보호하고, 경제적 손실도 줄이면서, 세계적으로 선도 위치에 있는 대한민국의 전기차와 이차전지 배터리 산업과 연계 산업의 발전과 성장 그리고 노력과 수고를 아끼지 않고 열정으로 기여하시는 분들과 관계자들에게 조금이라도 도움이 되어 국가 산업발전에 기여하는데 도움이 되었으면 하는 목적이 있다.

그리고 이차전지 배터리를 연구개발(R&D, Research and Development), 설계, 제작, 테스트(test, 시험)하고 양산하는 제조공정의 전주기는 물론 전기차의 점검 · 유지 · 보수 · 관리를 비롯한 운영 시스템(체계)에도 전향적 반향을 일으켜 AI 및 ICT와 결합된 혁신적 경쟁력을 확보하고자 하는 데 목적이 있다.

(1) 전기차 환경

최근 리튬이온 이차전지의 기술 발전과 함께 전기자동차(Electric Vehicle, EV) 산업은 급속히 성장하고 있다. 소형 전지 중심이던 이차전지 산업은 이제 전기자동차와 에너지 저장시스템(Energy Storage System, ESS)용, 중 · 대형 전지를 생산하며 그 수요가 급증하고 있다. 특히, 전기자동차의 보급이 대중에게 확산됨에 따라 리튬이온 배터리의 안전성 문제가 큰 이슈로 떠오르고 있다.

전기자동차는 기존 내연기관 차량과 비교했을 때 여러 가지 장점을 가지고 있다. 그 중에서도 환경오염을 줄이고 에너지 효율을 높이는 등의 이점은 많은 국가와 기업들이 전기자동차를 적극적으로 도입하게 만든 중요한 이유이다. 그러나 이러한 장점에도 불구하고, 리튬이온 배터리를 사용하는 전기자동차는 특정한 안전성 문제를 내포하고 있다. 최근 자주 보고되는 전기차 화재 및 폭발 사고는 이러한 문제를 부각시키고 있으며, 이는 사용자들의 신뢰도를 떨어뜨릴 뿐만 아니라 전기자동차 산업 전체의 성장에도 부정적인 영향을 미치고 있다.

리튬이온 배터리는 높은 에너지 밀도와 긴 수명을 자랑하지만, 그 내부 구조와 화학적 특성 때문에 열폭주(thermal runaway)와 열폭주로 인한 배터리의 연쇄적 폭발과 같은 위험이 상존한다. 열폭주는 배터리의 온도가 순간적으로 급격히 상승하면서 화재나 폭발로 이어질 수 있는 현상으로, 배터리의 설계 결함, 충격, 과충전, 내부 단락 등의 다양한 요인에 의해 발생할 수 있다. 이러한 위험을 최소화하기 위해서는 배터리의 설계 및 제조 과정에서부터 철저한 안전 관리가 필요하며, 사용 중에도 지속적인 모니터링과 적절한 대응이 필수적이다.

친환경 자동차에 대한 수요가 높아지면서 전기자동차의 판매가 지속적으로 이루어지고 있다. 그러나 전기자동차의 배터리 화재 및 폭발사고가 빈번한 문제점이 드러나고 있으며, 이로 인해 전기자동차 포비아(phobia, 공포증) 현상까지 생기고 있다.

현재 산업이 발전함에 따라 온실가스 배출량은 지속적으로 증가하고 있고, 이로 인해 지구온난화의 가속화가 심화되고 있다.

기후변화에 관한 정부간 협의체 IPCC(Intergovernmental Panel on Climate Change)는 기후변화 문제에 대처하기 위해 세계기상기구(WMO)와 유엔환경계획(UNEP)이 1988년에 공동 설립한 국제기구로, 기후변화에 관한 과학적 규명에 기여하고 있다. IPCC AR6 (the Sixth Assessment Report, 제6차 평가보고서) 제3실무그룹 평가보고서에서는 수송부문의 온실가스 직접 배출량이 2019년 기준 전 지구 온실가스 배출량의 약 15%에 해당하며, 그중 직접 배출량의 70%가 도로의 차량에서 발생했다고 밝혔다. 이에 대한 노력으로 2015년 파리기후협약 체결 이후 각 국가는 탄소 배출 감축 목표 이행을 위해 내연기관 자동차 판매 금지, 연비 규제 등 친환경차 보급 확대 정책을 추진하고 있다.

친환경차 중 가장 확실한 대안으로 전기차가 꼽히고 있고, 최근 전기차 보급이 늘어남에 따라 우리 주변에서 어렵지 않게 전기차를 볼 수 있게 됐다. 실제로 2023년 1월 국토교통부 자료에 따르면 2022년 전기차 누적 등록 수는 약 39만 대로, 전년 대비 68.4%(15만 8,000대) 증가했다.

전기자동차에 대한 수요가 높아지면서 전기자동차의 판매가 지속적으로 이루어지고 있으며, 그에 상응하여 전기자동차 배터리의 화재 및 폭발사고가 늘어나고 있어 전기차에 대한 우려가 커지고 있다.

전기차 화재의 주 요인으로는 전기차의 핵심 부품인 배터리가 거론된다. 소방청 전기차 화재 현황 자료에 따르면, 2017년부터 2022년 5월 말까지 국내에서 총 45건의 전기차 화재가 발생했다. 매년 화재 건수가 늘어남에 따라 재산 피해액도 늘고 있다는 점에 주목, 화재 및 폭발 문제에 대한 해결방안을 마련할 필요가 있다. 특히 2020년을 기준으로 배터리 발화로 인한 화재가 전체 22건 중 7건으로 약 32%를 차지하고 있다. 이 수치는 교통사고로 인한 비율보다 높지 않으나, 배터리로 인해 화재가 발생할 경우 쉽게 소화하기 어렵다는 점에서 문제가 되고 있다.

그 이유는 현재 전기차에 들어가는 대부분의 배터리가 리튬이온 이차전지이기 때문이다. 리튬이온전지는 발화 시 전소될 때까지 진화가 거의 불가능하다. 만약 물을 이용하여 진화를 시도할 경우 꺼질 듯하다가도 불이 다시 살아나고 지속적으로 흰 연기를 분출한다. 이때 분출되는 흰 연기는 불화수소(HF) 가스로, 배터리 내 액체 전해질에 용해되어 있는 리튬염의 음이온(PF_6^-)이 물과 반응하여 발생한다. 따라서 일반 소화기로 진화가 안 되는 건 물론이고, 완벽하게 산소를 차단하지 않는 이상 자발적인 화학반응이 계속 일어나기 때문에 불씨가 다시 살아난다.

(2) 추진 배경 및 필요성

1) 전기차 화재 발생 현황

전기차의 보급 확대와 더불어 최근 전기차의 화재가 사회적으로 이슈화됨에 따라 국민 불안 해소와 탄소중립 이행을 위한 전기차 안전성 강화 대책의 수립이 필요하다.

주차 중 화재는 전기차 화재의 약 70%를 차지하고 인접 주차 차량 또는 주거시설 및 인명 피해로 확산될 수 있어 피해 정도가 매우 심각한 수준이다.

전기차 화재 시 차량 한 대의 물질적인 피해만 약 2,000만 원의 배터리(64kWh 기준) 교체 비용이 발생하며 화재 확산으로 차량 전소 시에는 차량가액 만큼의 재산피해가 발생하고 있다.

표 1.1은 최근 6년간(2018~2023년) 전기차 화재 발생 통계이다.

표 1.1 최근 6년(2018~2023년) 전기차 화재 발생 통계

구 분	주차 중(충전 중 포함)	충돌 후	기 타	계
건 수	64	9	22	95
비 율	67.4%	9.4%	23.2%	100%

(중대사고조사처 전기차 화재사고 조사현황, 2023.7.16. 현재)

최근 전기차 충돌 후 화재 빈도 증가와 화재 발생 시 화재 진화 곤란 등 내연기관차 대비 높은 심각성으로 인해 높은 수준의 안전성 확보가 필요한 실정이다.

전기차 충돌로 인한 화재 발생이 급격히 증가하고 있다. 2018년 이후 전기차 충돌 후 화재 발생 총 10건 중, 최근 13개월간 9건이 발생했다.

그림 1.1은 2018년 이후 연차별 전기차 화재 발생 건수를 보여준다.

사진 1.1은 전기차 화재 발생 및 폭발로 인한 모습이다.

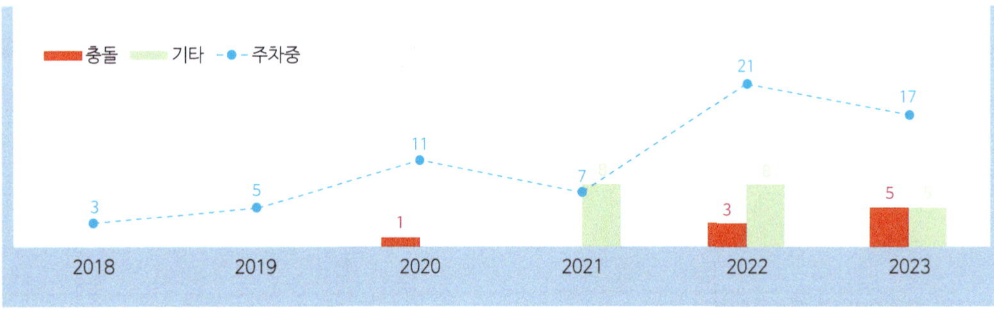

그림 1.1 2018년 이후 연차별 전기차 화재 발생 건수

2020.12.09 2022.06.04 2022.12.05 2023.01.09

사진 1.1 전기차 화재 발생 및 폭발로 인한 모습

따라서 본 저서에서는 리튬이온 배터리로 인한 전기차 화재 및 폭발의 원인을 다양한 관점에서 분석하고, 이를 통해 더 나은 예방 및 대처 방안을 마련하고자 한다. 이를 위해 먼저 리튬이온 배터리의 기본 구조와 작동 원리를 이해하고, 배터리 화재와 폭발의 주요 원인으로 작용하는 요인들을 구체적으로 살펴볼 것이다. 또한, 실제 사례를 통해 발생 가능한 위험 요인들을 분석·검토하고, 이를 바탕으로 효과적인 예방 및 대응 방안을 제안하고자 한다.

전기자동차의 안전성을 높이고 사용자들의 신뢰를 회복하기 위한 중요한 기초 자료로 활용될 수 있길 바란다. 더불어, 전기자동차 및 배터리 관련 산업의 지속 가능한 발전과 성장을 위해 필요한 다양한 기술적, 제도적 개선 방안을 모색하는 데 기여할 것으로 기대한다.

1.2 리튬이온 이차전지 개요

(1) 리튬이온 이차전지란?

리튬이온 이차전지는 전기에너지를 화학에너지 형태로 저장하여 필요할 때 다시 전기에너지로 변환해 사용할 수 있는 충전식 배터리이다. 이는 한 번 사용하고 나면 재사용이 불가능한 일차 전지와 달리, 방전 후 충전을 통해 여러 번 재사용이 가능하여 반영구적으로 사용할 수 있는 장치이다. 리튬이온 배터리는 가벼운 무게와 높은 에너지 밀도, 긴 수명 등의 장점으로 인해 소형 전자기기부터 전기자동차, 에너지저장장치(ESS)에 이르기까지 광범위하게 사용되고 있다.

이차전지는 현대 사회에서 기술적 발전에 매우 중요한 역할을 하고 있다. 지속 가능한 에너지 소스(source, 원천)로서의 역할과 전기 이동성을 제공하는 등 다양한 분야에서 활용되고 있다. 그림 1.2는 일차전지와 비교한 이차전지의 특징과 용도를 보여준다.

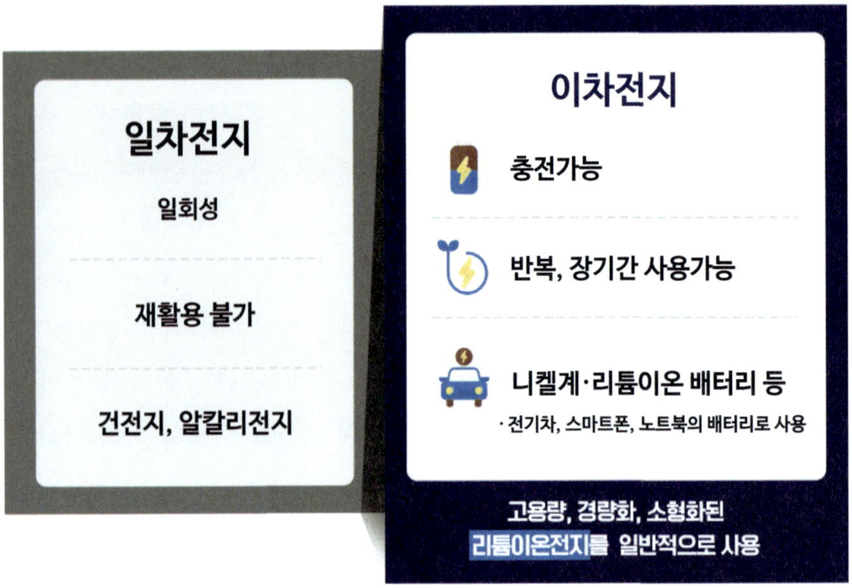

그림 1.2 일차전지와 이차전지의 차이점

(2) 전지의 역사와 발전

이차전지는 지난 120여 년 동안 다양한 형태로 발전해왔다. 초기의 이차전지는 주로 납축전지(Lead-acid battery)로, 이 전지는 1859년 프랑스의 물리학자 가스통 플란테(Gaston Planté)에 의해 발명되었다. 납축전지는 자동차 시동 배터리, 비상 전원 공급장치 등에 널리 사용되었으며, 높은 신뢰성과 저렴한 비용이 주요 장점이었다.

이어 20세기 중반에는 니켈카드뮴 전지(Ni-Cd battery)가 개발되었다. 니켈카드뮴 전지는 납축전지에 비해 에너지 밀도가 높고, 반복 충전에도 성능 저하가 적은 특징이 있어 휴대용 전자기기, 전동 공구 등에 많이 사용되었다. 그러나 환경에 유해한 카드뮴의 사용으로 인해 점차 대체 기술이 필요하게 되었다.

1980년대에는 니켈수소 전지(Ni-MH battery)가 등장하였다. 니켈수소 전지는 니켈카드뮴 전지에 비해 에너지 밀도가 높고, 카드뮴 대신 수소를 사용함으로써 환경 친화적인 장점을 가졌다. 이 전지는 초기 하이브리드 자동차와 일부 휴대용 전자기기에 사용되었다.

(3) 리튬이온전지의 등장과 발전

1990년, 일본의 소니(Sony)사가 리튬이온전지를 최초로 상용화하면서 이차전지 시장에 혁신을 가져왔다. 리튬이온전지는 이전의 이차전지들에 비해 월등히 높은 에너지 밀도를 가지고 있어, 휴대용 전자기기에서 장시간 사용이 가능해졌다. 또한, 메모리 효과가 거의 없고, 자가 방전율이 낮아 오랫동안 안정적으로 사용할 수 있다. 그림 1.3은 이차전지 산업의 진화와 발전 역사를 요약해서 나타낸 것이다.

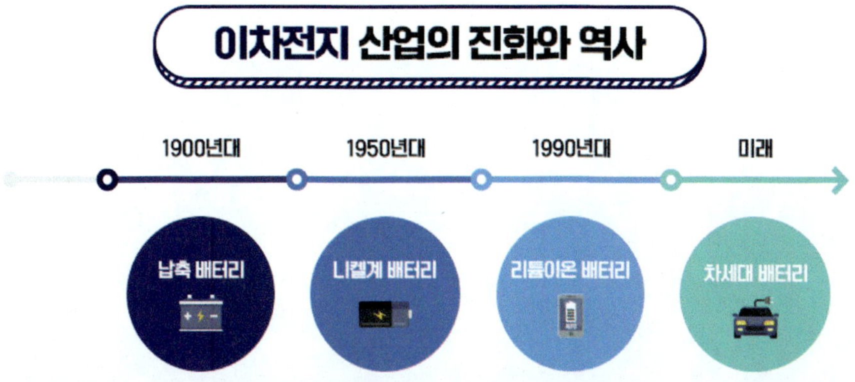

전지	납축 배터리	니켈계 배터리	리튬이온 배터리	차세대 배터리
수요	자동차 산업기기	휴대용 전자기기 전동 공구 하이브리드차	휴대폰 태블릿, 노트북 배터리 자동차	모바일 기기 초소형 전자기기 배터리 자동차
요구 기능	기기의 상시 전원 공급	전자기기에 이동성 부여	고용량, 경량화, 소형화	고안정성, 초소형, 플렉서블, 장기수명

출처 : LG경제연구소, 삼성증권 포트폴리오전략팀

그림 1.3 이차전지 산업의 진화와 역사

리튬이온전지는 양극재, 음극재, 전해질, 분리막으로 구성되어 있다. 충전 시 양극에서 리튬이온(Li^+ ion)이 음극으로 이동하며 전해질을 통해 전자가 흐르고, 방전 시에는 반대로 음극에서 양극으로 리튬이온이 이동한다. 이 과정에서 화학에너지가 전기에너지로 변환되어 전원을 공급하게 된다.

(4) 리튬이온전지의 응용

리튬이온전지는 높은 에너지 밀도와 긴 수명, 낮은 자가 방전율 등의 장점 덕분에 그림 1.4에서 보여주는 예시처럼 다양한 분야에 응용되고 있다. 소형 전자기기, 스마트폰, 노트북, 태블릿 PC 등 휴대용 전자기기부터 전동 공구, 의료기기, 드론에 이르기까지 그 사용 범위가 매우 넓다. 특히, 전기자동차와 에너지저장시스템(ESS)에서는 대용량 배터리로 사용되어 장거리 주행과 안정적인 전력 공급을 가능하게 하고 있다.

그림 1.4 이차전지 배터리의 다양한 응용분야 예시

전기자동차의 보급이 확대됨에 따라 리튬이온전지의 중요성은 더욱 커지고 있으며, 이에 따른 더욱 에너지 밀도(용량)가 높고, 성능이 좋고, 우수한 품질을 갖는 차세대 전지의 개발과 안전성 확보가 중요한 과제로 대두되고 있다. 리튬이온전지는 높은 에너지 효율과 지속 가능성을 제공하지만, 안전성 문제를 해결하기 위한 지속적인 연구와 개선이 필요하다. 예를 들면, 성능과 안전성을 높이면서 초경량, 고속 충 · 방전, 저탄소를 목표로 하는 차세대 이차전지의 연구 내용으로는, 현재 주로 사용되고 있는 리튬이온전지의 성능이 사실상 한계에 이르렀고 화재 위험성으로 인해 활용 범위가 제한되기에 고에너지 밀도를 갖는 고용량의 리튬금속 전지를 비롯해 무게를 대폭 낮춰 UAM(Urban Air Mobility, 도심 항공 모빌리티) 등 미래 항공교통수단에 활용을 목표로 한 친환경 초경량 리튬 황전지, 화재 위험이 없는 고안전성 전고체 전지, 수입 의존도를 낮춘 초저가형 소재를 사용하는 비리튬계 전지 등이 있다.

(5) 리튬이온 이차전지의 구조 및 작동원리

현재 배터리의 주류로 자리 잡은 리튬이온 이차전지 배터리는 양극재, 음극재, 전해액, 분리막 4가지 요소로 구성되며, 양극(+)과 음극(−) 물질의 '산화환원 반응'으로 화학에너지를 전기에너지로 변환시키는 일종의 장치다. 다시 말해 그림 1.5와 같이 양극의 리튬이온이 음극으로 이동하면 배터리가 충전되고, 반대로 음극의 리튬이온이 양극으로 돌아가면 배터리가 방전되는 원리다. 여기서 산화환원 반응이란 반응물 간의 '전자(e^-) 이동'으로 일어나는 반응으로, 전자를 잃은 쪽을 '산화'됐다고 하고 전자를 얻은 쪽을 '환원'됐다고 말한다. 그림 1.6은 리튬이온 배터리의 구조 및 충방전 원리를 보여준다.

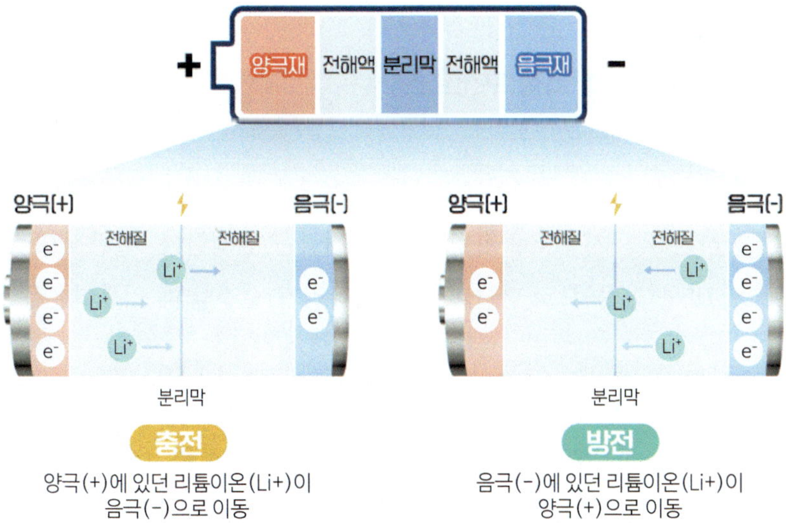

그림 1.5 리튬이온 배터리의 작동 원리

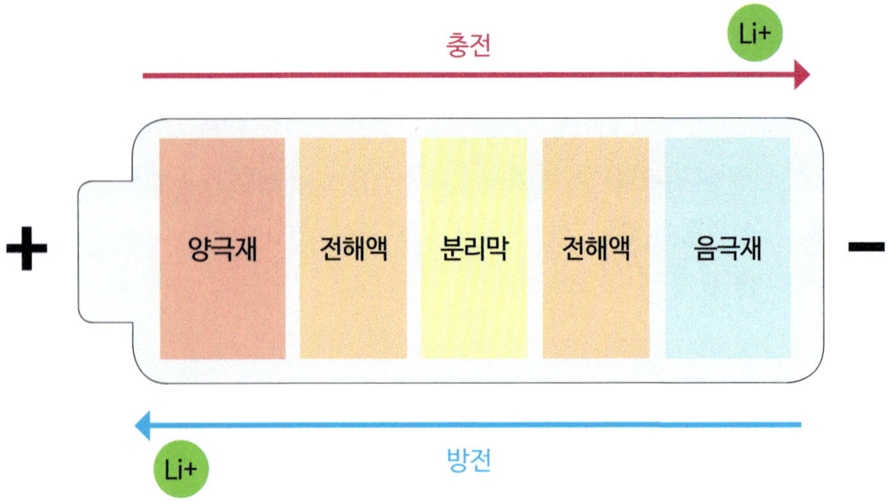

리튬이온 배터리의 작동 원리

충전 시 음극 : A+ + e- → A 환원 반응
충전 시 양극 : B → B+ + e- 산화 반응
방전 시 음극 : A → A+ + e- 산화 반응
방전 시 양극 : B+ + e- → B 환원 반응

그림 1.6 리튬이온 배터리의 구조 및 충방전 원리

(6) 리튬이온 이차전지의 핵심 구성요소

1) 양극재(Cathode material)

양극재는 배터리의 (+)극, 즉 양극을 이루는 소재를 말하며 리튬이온 배터리에서 리튬소스 역할을 하는 에너지원으로 용량과 평균 전압을 결정한다. 일반적으로 리튬금속 산화물($LiCoO_2$, $LiFePO_4$ 등)으로 만들어지며, 배터리가 방전할 때 리튬이온을 방출한다.

2) 음극재(Anode material)

충전시 리튬이온을 저장했다가 방출하면서 외부회로를 통해 전류를 흐르게 하는 역할을 하며 이차전지의 충전 속도와 수명을 결정한다. 음극재는 주로 흑연(graphite)으로 구성되어 있다.

3) 전해질(Electrolyte)

양극과 음극 사이에서 리튬이온의 이동을 가능하게 하는 매개체로, 리튬염이 용해된 유기 용매를 사용한다.

그림 1.7과 같이 전해질은 이온의 이동을 가능하게 하는 물질로, 리튬이온 배터리에서 양극과 음극 사이의 이온 이동을 도와주는 역할을 한다. 이는 배터리 내부에서 화학에너지를 전기에너지로 변환하는 과정에 필수적인 물질이다.

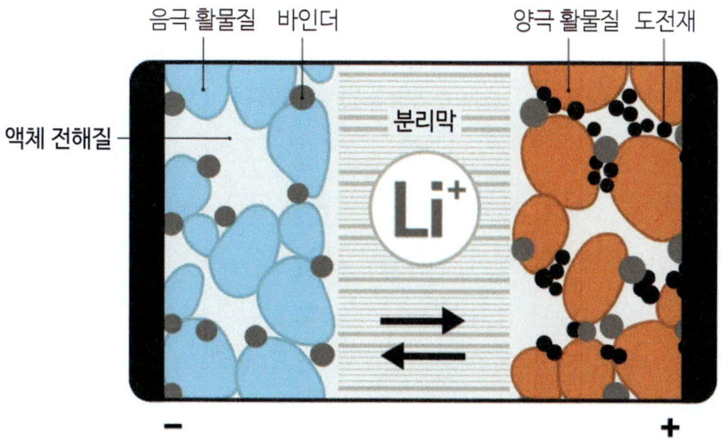

그림 1.7 전해질의 구성 및 역할

4) 분리막(Separator)

양극과 음극을 물리적으로 분리하여 단락을 방지하면서 리튬이온의 이동을 허용하는 다공성막이다.

습식 분리막은 PP(Polypropylene, 폴리프로필렌), PE(Polyethylene, 폴리에틸렌) 필름에 첨가제를 추가하여 화학적으로 기공을 만든다. 장점으로는 화학적 상분리에 의해 구멍이 형성되어, 기공의 크기가 균일하며, 또한 박막화에 유리하다.

건식 분리막은 PP, PE 필름을 기계적인 힘으로 원단을 당겨서 기공을 만든다. 장점으로는 폴리머가 결정구조를 유지하고 있어 열적 안정성이 우수하다. 하지만 기공의 크기가 균일하지 않고 박막화가 어렵다.

사진 1.2는 습식 분리막과 건식 분리막의 결정 조직의 차이점을 보여준다.

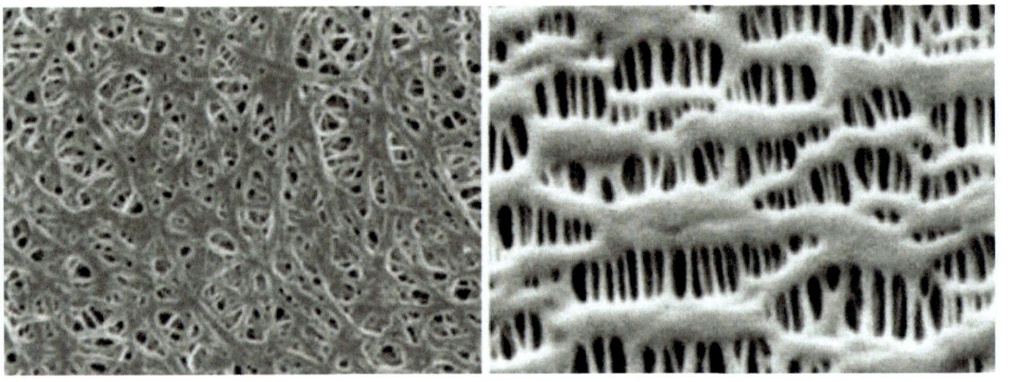

(a) 습식 분리막 (b) 건식 분리막

사진 1.2 습식 분리막과 건식 분리막

리튬이온 배터리는 충전과 방전 과정에서 리튬이온이 양극과 음극사이를 이동하면서 전기를 저장하고 방출한다. 이 과정에서 전해질과 분리막의 역할이 매우 중요하며, 각각의 소재와 설계가 배터리의 성능과 안전성에 큰 영향을 미친다.

그림 1.8은 리튬이온 배터리의 구조와 원리를 단순화해 보여주는 개념도이다.

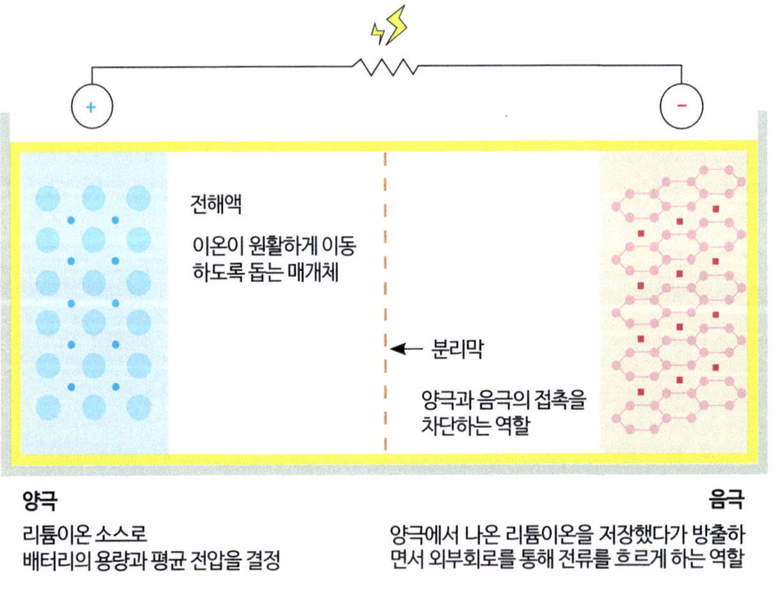

그림 1.8 리튬이온 배터리의 개념도

(7) 리튬이온 배터리의 장단점

① 높은 에너지 밀도 : 동일한 부피나 무게에서 더 많은 에너지를 저장할 수 있다.

② 긴 수명 : 충전 및 방전 사이클이 길어 사용기간이 길다.

③ 낮은 자기 방전율 : 사용하지 않을 때에도 에너지 손실이 적다.

④ 화재 및 폭발의 위험성 : 그러나 단점으로는 리튬이온 배터리는 고온, 과충전, 충격 등에 취약하여 화재 및 폭발 위험이 있다. 이에 대한 이해를 바탕으로 안전성을 높이기 위한 연구가 활발히 진행되고 있다.

(8) 다른 배터리와의 차이점

표 1.2에서와 같이 리튬이온 배터리를 다른 이차전지와 서로 비교해 정리했다.

표 1.2 리튬이온 배터리와 다른 이차전지의 비교

특징	리튬이온 (Li-ion)	니켈카드뮴 (Ni-Cd)	니켈수소 (Ni-MH)	리튬폴리머 (Li-Po)
에너지 밀도	높음	낮음	중간	높음
자기 방전율	낮음	높음	중간	낮음
수명	길다	짧음	중간	길다
비용	중간	낮음	중간	높음
환경 영향	중간	높음	낮음	중간

1) 니켈카드뮴(Ni-Cd) 배터리와의 차이점

① 에너지 밀도가 리튬이온 배터리보다 낮고, 자기 방전율이 높다.

② 메모리 효과로 인해 용량이 감소하는 문제가 있다.

2) 니켈수소(Ni-MH) 배터리와의 차이점

① 에너지 밀도는 리튬이온 배터리보다 낮지만, Ni-Cd 배터리보다는 높다.

② 환경 친화적이며 메모리 효과가 적다.

3) 리튬폴리머(Li-Po) 배터리와의 차이점

① 리튬이온 배터리와 유사하지만, 전해질이 고체나 겔 형태로 되어 있어 더욱 유연한 디자인이 가능하다.

② 에너지 밀도는 리튬이온 배터리와 비슷하지만, 비용이 더 비싸다.

(9) 양극재

그림 1.9는 양극재 소재에 따른 NCM(니켈·코발트·망간), NCA(니켈·코발트·알루미늄), LFP(리튬·인산·철) 배터리 특성을 레이더 차트(radar chart)로 나타내 비교하여 보여준다. 레이더 차트는 동심원 위에 점을 찍어 그 도형의 모양으로 능력치 등의 변수 분포를 확인하는 데 쓰이는 차트로 여러 측정 목표를 함께 겹쳐 놓아 서로 장단점을 비교하기에도 편리하다. 각 항목 간 비율뿐만 아니라 균형과 경향을 직관적으로 쉽게 알 수 있다.

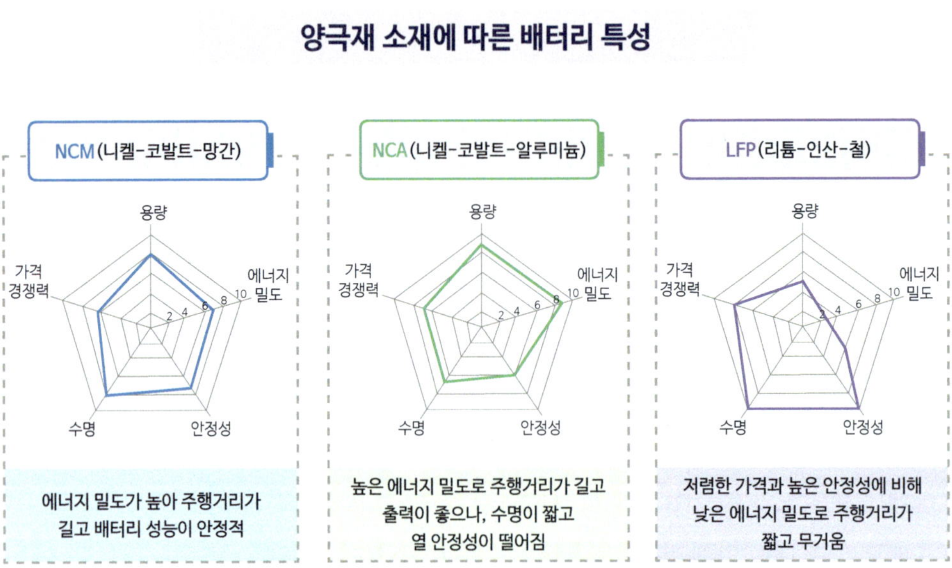

그림 1.9 양극재 소재에 따른 배터리 특성

배터리 성능과 특성을 결정짓는 양극 활물질(cathode active material, 양극재에서 전기 에너지를 만들어 내는 활성 물질)은 리튬과 금속 성분의 조합으로 이루어져 있다. 주로 사용되는 금속 성분은 에너지 밀도를 결정하는 니켈(Ni), 안정성을 높이는 코발트(Co)와 망간(Mn), 출력을 향상하는 알루미늄(Al)으로, 어느 원소를 어떤 비율로 조합하느냐에 따라서 양극재의 용량, 에너지 밀도, 안정성, 수명, 가격 경쟁력이 달라진다. 전기차로 쉽게 설명하자면, 용량은 주행거리, 에너지 밀도는 전기차의 출력, 안정성은 배터리의 화재 등 사고를 제어하는 능력, 수명은 배터리 사용 기간에 영향을 미친다.

1) 양극재에 따른 분류

① 리튬 코발트 산화물(LCO)

리튬 코발트 산화물(LCO)은 전이 금속으로 코발트를 활용하는 가장 대표적인 리튬이온전지로 소형전지 분야에선 계속해서 많이 사용되고 있는 소재이다. 제조공정이 쉽고, 오래전부터 개발된 물질인 만큼 다른 양극재에 비해 비교적 안정적인 편에 속하는 것이 장점이다. 그러나 주요 소재인 코발트의 높은 가격과 몇 가지 문제점으로 인해 이론상 용량을 모두 낼 수 없다는 점이 단점으로 꼽히고 있다.

② 리튬 망간 산화물(LMO)

리튬 망간 산화물(LMO)은 전이 금속으로 망간을 사용하여 가격이 저렴하고 스피넬(spinel) 구조라는 특유의 구조로 인해 출력은 높지만, 수명과 에너지 밀도가 매우 열악하다는 한계로 그 용도가 계속 축소되고 있다. 리튬 망간 산화물을 채택했던 일본 닛산 리프(Nissan leaf)가 단기간 동안에 배터리의 성능 저하를 보여주던 이유가 그것이다.

③ 니켈-코발트 다원계(NCM, NCA, NCMA)

NCM, NCA, NCMA는 양극재로 리튬과 다종의 전이 금속(니켈, 코발트, 망간 등)으로 구성된 산화 화합물을 사용하는 배터리이다. 니켈이 용량 특성을, 코발트가 수명 특성을, 망간이 안정성을, 알루미늄은 출력 특성의 향상을 위한 역할을 하고 있다.

④ 리튬 인산철(LFP)

LFP($LiFePO_4$, 리튬인산철)을 사용한 배터리이다. 리튬 인산철 배터리는 가격이 비싼 코발트와 니켈을 사용하지 않기 때문에 비교적 저렴하다. 또한 일반 리튬이온전지보다 폭발이나 화재의 위험성이 낮으며 충 · 방전 수명도 3,000회 이상으로 길다는 장점도 가지고 있다.

국내 전기차 배터리 사업자들은 NCM(니켈 · 코발트 · 망간), NCA(니켈 · 코발트 · 알루미늄) 두 종류의 삼원계 배터리를 주력으로 하고 있다. 그중에서도 주행거리와 출력이 우수한 NCM 양극재가 현재 전기차용 이차전지로 가장 많이 사용되고 있다.

그림 1.10은 양극재 소재에 따른 대표적인 배터리 NCM(니켈 · 코발트 · 망간), NCA(니켈 · 코발트 · 알루미늄), LFP(리튬 · 인산 · 철) 배터리의 특징을 비교한 것이다.

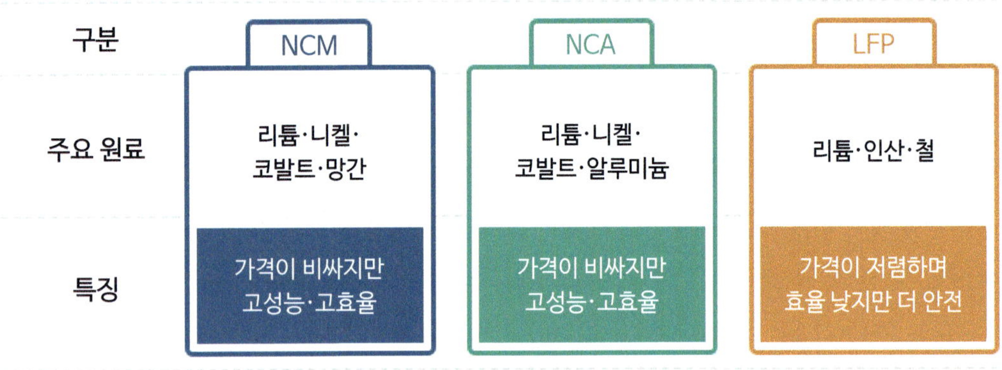

그림 1.10 **배터리 종류별 특징**

여기서 삼원계 배터리란 양극재에 리튬 코발트 산화물(LCO, $LiCoO_2$)을 기본으로 니켈과 다른 금속 원소를 추가해 총 세 가지 금속 원소가 들어간 배터리를 의미한다.

최근 원자재 가격 변동에 따라 값비싼 코발트의 함량을 줄이고, 니켈의 함량을 60% 이상으로 높인 '하이니켈 배터리'가 개발되는 추세다. 니켈 비중을 높이면 동일한 크기의 배터리에 용량을 증대시켜, 전기차 주행거리를 확보할 수 있는 장점도 있기 때문이다. 다만, 니켈 함량이 높아질 때 안정성이 떨어지는 단점이 있어, 안정성을 높이기 위한 기술 개발이 요구되고 있다.

NCA의 경우 니켈, 코발트, 알루미늄의 구성 비율이 8:1:1로, 니켈 함량이 높고 알루미늄이 포함돼 타 소재에 비해 배터리 밀도와 출력이 높다. 이러한 이유로 NCA는 원통형 배터리 등 소형전지에 주로 쓰이고 있다.

CATL 등 중국계 배터리 제조사에서 주로 생산하는 LFP(리튬 · 인산 · 철)는 코발트와 니켈을 사용하지 않고, 대신 철(Fe)를 사용한다. NCM 대비 약 30% 이상 저렴하며 안정성이 높은 반면, 에너지 밀도가 낮아 주행거리가 짧고 출력이 낮은 단점이 있다. 이에 에너지 밀도를 높여 주행거리를 확보하는데 집중하고 있다.

2) 음극재에 따른 분류

① 탄소계 음극재

흑연은 초기 상용화 단계부터 현재까지 가장 많이 사용되는, 거의 모든 상용 리튬(Li-ion)전지에서 사용되고 있는 음극재이다. 저렴하면서 넓은 용량을 가지고, 전기 전도성, 이온 전도성이 모두 뛰어나며 반응 전위 또한 낮다. 음극재에 사용되는 흑연은 천연 흑연과 인공 흑연으로 분류된다.

② 리튬 메탈 음극재

순수한 리튬을 그대로 음극으로 활용하는 방법이다. 낮은 전위와 흑연 음극재의 10배 수준의 이론용량을 달성할 수 있다는 것이 장점이다. 문제는 리튬 덴드라이트 현상이 생긴다는 점이다. 리튬은 사실 흑연보다 먼저 음극재로 제시되었던 물질이지만 충방전을 여러차례 할 경우 리튬 필름 위로 뾰족하게 리튬이 쌓이는 현상이 발생하는 데, 이러한 바늘같은 형태는 용량을 감퇴시키거나 양극과 만나 쇼트(short, 단락)를 일으킬 수 있다.

③ 실리콘 음극재

실리콘을 활용하는 방법이다. 용량이 리튬 메탈 음극과 비견될 정도로 매우 크지만, 부피 수축 · 팽창이 매우 크다는 단점이 있다. 현재는 나노 와이어의 형태로 만들어, 첨가제로 사용하는 방안이 상용되고 있다.

④ 리튬 티타늄 산화물

음극에 기존의 흑연 대신 LTO(Lithium Titanium Oxide, 리튬 티타늄 산화물)을 이용한 배터리이다. 고출력 제품설계가 가능하며 충방전수명도 6,000~10,000회 이상으로 매우 길고, 안정성이 높아 폭발 및 화재 위험이 아예 없다는 장점을 가진다. 그러나 낮은 용량과 높은 반응 전위로 인해 에너지 밀도가 흑연보다 매우 낮다.

(10) 배터리 셀(Cell), 모듈(Module)과 팩(Pack)

배터리 셀(부품, part)이 조립되어 모듈(서브 어셈블리, sub-assembly)로 되고, 모듈이 배터리 팩 케이스 안에서 전기회로 등과 같이 조립되어져 그림 1.11과 같이 최종 완제품(set)인 배터리 팩으로 되는 것이다.

한편 새로운 배터리 팩 제조 공정기술로, 셀에서 모듈 공정을 생략하고 직접 배터리 팩으로 조립하는 기술을 셀투팩(CTP, Cell-To-Pack)이라고 한다.

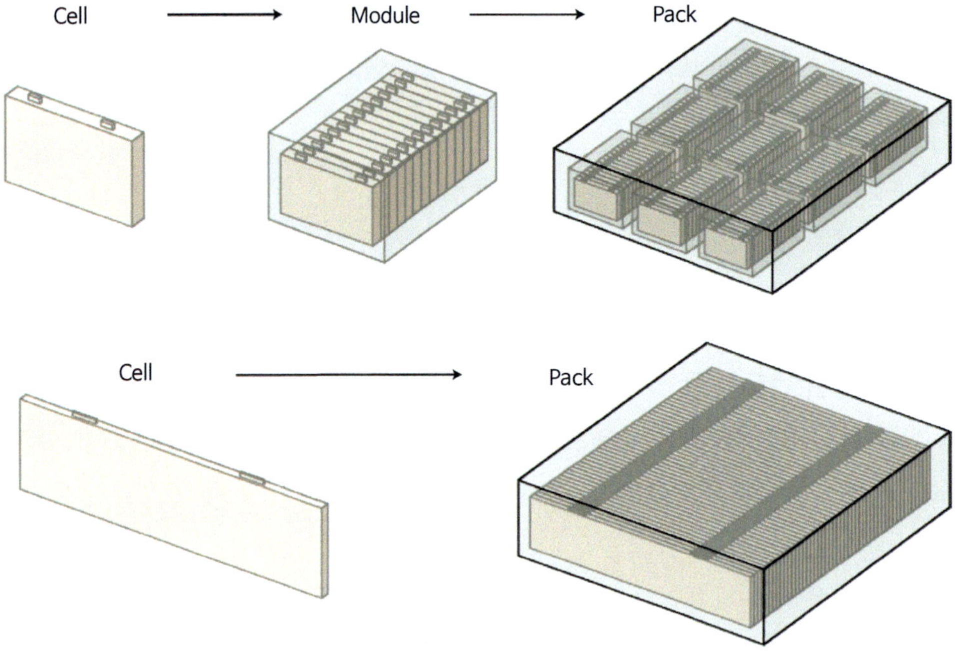

그림 1.11 **배터리 셀, 모듈, 팩과 셀투팩(CTP) 공정기술**

셀투팩 기술은 배터리 패키징이 기존 3단계에서 2단계로 줄어들면서 불필요한 공간을 최소화함으로써 에너지 효율을 높여 주행거리를 늘릴 뿐 아니라 제조비용도 낮출 수 있다. 또한 모듈을 사용하면 배터리의 안정성과 제어가 용이하다는 장점이 있지만 모듈이 없이도 셀투팩 기술만으로도 안정성 문제와 제어 문제도 해결할 수 있다는 장점을 갖고 있다.

단점으로는 분해가 어려워 일부 셀에 변형이 오면 서비스 비용이 비싸다는 문제점이 있다.

그림 1.12는 일반적인 3단계 공정인 배터리 셀, 모듈, 팩으로 최종적으로 조립된 배터리 팩 조립품과 부품 구성을 나타내고 있다.

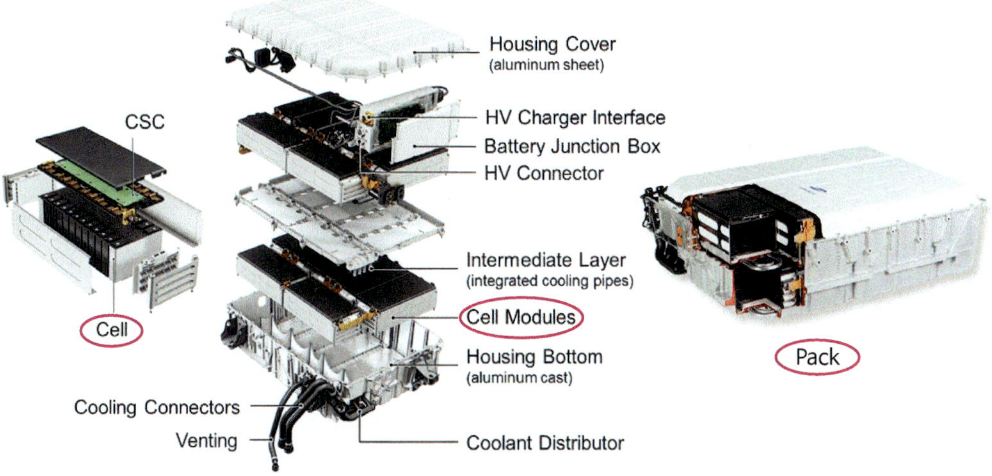

그림 1.12 배터리 셀 → 모듈 → 팩으로 조립된 배터리 팩 최종 조립품 및 부품 구성

(11) 리튬이온 이차전지(Li-ion 배터리)의 장 · 단점 분석

1) 리튬이온 배터리 장점

① 높은 에너지 밀도

리튬이온 배터리는 다른 많은 유형의 배터리보다 에너지 밀도가 높기 때문에 같은 공간에 더 많은 에너지 저장이 가능하며 크기와 두께를 작고 얇게 만들 수 있어, 스마트폰 및 노트북과 같은 휴대용 전자기기에 사용이 이상적이다. 사용하지 않을 때에도 자가 방전이 일어나는 정도가 작아 활용도가 매우 크다.

② 긴 주기수명

리튬이온 배터리는 심각한 성능 저하 없이 많은 충전 및 방전 주기를 거칠 수 있고, 성능이 오랫동안 지속 유지된다.

③ 빠른 충전

리튬이온 배터리는 다른 많은 유형의 배터리보다 빨리 충전할 수 있으며, 이동 중이거나 장치를 빠르게 충전해야 하는 시기에 아주 편리하다.

④ 경량

리튬이온 배터리는 상대적으로 가볍고 휴대하기에 최적이다.

2) 리튬이온 배터리 단점

① 안전문제

리튬이온 배터리는 과열 및 발화의 위험이 있어 안전상 문제를 고려해 항공사 및 기타 운송업체에서 기내 반입을 제한하고 있다. 또한 다른 전지에 비해 안정성이 떨어지는 편이라 과방전 시 용량 감소가 매우 크고, 과충전 시에는 매우 불안정해져서 내부 전극에서 쇼트(short, 단락)가 나거나 충격을 가하면 폭발할 수 있다.

② 비용

리튬이온 배터리는 가격이 비싸다.

③ 폐기

리튬이온 배터리는 독성 화학물질이 포함되어 환경에 유해하여 더이상 필요하지 않은 리튬이온 배터리를 적절하게 재활용하는 것이 중요하다.

리튬이온 이차전지(Li-ion 배터리)의 장 · 단점을 간략히 요약하면 표 1.3과 같다.

표 1.3 리튬이온 배터리 장 · 단점 비교

	리튬이온 배터리
장 점	상온에서 효율이 뛰어나다. 출력이 좋고 높은 전압(고전압)을 낸다.
단 점	충격과 고온, 고압에 취약하다. 화재 가능성이 있다. 기술 개선이 한계에 다다랐다.

(12) 3대 이차전지의 스펙(Spec., 정격) 비교

표 1.4는 리튬이온, 리튬폴리머, LFP(리튬인산철) 배터리 3대 이차전지를 비교한 주요 항목과 내용이다.

표 1.4 **3대 이차전지 : 리튬이온, 리튬폴리머, 리튬인산철(LFP) 배터리의 비교**

<table>
<tr><th>항목</th><th colspan="2">리튬이온</th><th colspan="2">리튬폴리머</th><th colspan="2">리튬인산철</th></tr>
<tr><td>배터리 명칭</td><td colspan="2">Li-Ion</td><td colspan="2">Li-Polymer</td><td colspan="2">Li-$FePO_4$</td></tr>
<tr><td>정격 전압[V]</td><td colspan="2">3.7(3.8)</td><td colspan="2">3.7(3.8)</td><td colspan="2">3.2</td></tr>
<tr><td>만충 전압[V]</td><td colspan="2">4.2(4.35)</td><td colspan="2">4.2(4.35)</td><td colspan="2">3.7</td></tr>
<tr><td>과충전 차단[V]</td><td colspan="2">4.3(4.4)</td><td colspan="2">4.35(4.4)</td><td colspan="2">4.0</td></tr>
<tr><td>저속 충전</td><td colspan="2">0.2C</td><td colspan="2">0.2C</td><td colspan="2">0.2C</td></tr>
<tr><td>고속 충전</td><td colspan="2">1.0C</td><td colspan="2">2.0C</td><td colspan="2">2.0C</td></tr>
<tr><td>사용수명(최대)</td><td colspan="2">〈1,000</td><td colspan="2">〈4,000</td><td colspan="2">〈4,000</td></tr>
<tr><td>안정성</td><td colspan="2">다소 높음</td><td colspan="2">보통</td><td colspan="2">매우 높음</td></tr>
<tr><td>사용 온도</td><td colspan="2">-20~60℃</td><td colspan="2">-20~60℃</td><td colspan="2">-20~60℃</td></tr>
<tr><td>장점</td><td>고밀도</td><td>-</td><td>고밀도</td><td>대용량</td><td>장수명</td><td>대용량</td></tr>
<tr><td>단점</td><td>폭발가능</td><td>소용량</td><td>연소가능</td><td>-</td><td>고가</td><td>품질</td></tr>
</table>

1.3 전기자동차 리튬이온 이차전지 구조 및 원리

원통형은 규격이 표준화되어 있어 양산성이 좋고 가격도 상대적으로 저렴하고, 안정성이 높은 형태의 전지로 손꼽히지만 외관 특성상 여러 셀(cell)을 묶으면 유휴공간이 남을 수밖에 없다는 단점도 지녔다. 각형 · 파우치형 전지는 제한된 공간에 맞게 다양한 크기와 모양으로 제조할 수 있으며, 무게도 30% 이상 줄일 수 있어 높은 출력과 높은 용량을 요구하는 드론, R/C(Radio Control, 무선조종) 등에 주로 많이 사용된다.

전지는 양극재, 음극재, 전해액, 분리막으로 구성된다. 리튬이온이 음극으로 가는 과정이 충전, 양극으로 돌아오는 과정이 방전이다. 분리막은 양극과 음극의 단락을 방지하며, 리튬이온만 분리막 내 미세한 구멍으로 통과시킨다.

01 리튬이온 이차전지

리튬 이차전지는 가역적으로 리튬이온의 삽입 및 탈리가 가능한 물질을 양극 및 음극으로 사용하고 양극과 음극 사이에 유기 전해액 또는 고분자 전해액을 넣어 리튬이온의 원활한 이동을 가능하게 하며, 양극 및 음극에서 삽입 · 탈리될 때 일어나는 전기화학적 산화, 환원반응에 의하여 발생하는 전자가 전기에너지를 생성한다.

리튬 이차전지에 있어서 전환점이 된 재료는 탄소이다.

리튬금속을 음극으로 한 경우 덴드라이트(dendrite)에 의한 단락 때문에 상용화에 실패하였으며 리튬금속 대신 리튬의 전기화학적 삽입과 탈리가 가능한 카본의 음극 활물질 사용은 리튬 이차전지의 새로운 혁명이었다. 리튬의 탈리 · 삽입이 가능한 음극 물질은 가역성이 높아야 하고, 반응이 일어나는 전압이 리튬금속의 산화, 환원반응이 일어나는 전압에 근접할수록 에너지 밀도 면에서 유리하며, 전해질과의 반응성, 환경친화성, 경제성 등이 모두 고려되어야 한다. 탄소재료는 현재 이러한 조건에 가장 부합하는 물질이므로 리튬이온전지의 음극으로 널리 이용되고 있다.

리튬 이차전지의 양극 활물질로 수많은 삽입 가능한 화합물이 제안되었다. 그 예로, 무기질 전이금속 산화물과 황화물, 유기 분자, 그리고 고분자로 크게 나눌 수 있지만, 산화물과 황화물 계통의 물질들에 대한 연구가 많이 이루어졌다. 이 중 황화물 계통의 양극재료들은 대부분 Li^+을 가지고 있지 않기 때문에 항상 음극으로 리튬금속을 사용해야 하는 문제가 있다. 이를 해결하기 위하여 합성단계에서 리튬을 가지고 있는 산화물 계통에 많은 연구가 이루어졌는데, 이 중 가장 대표적인 물질은 $LiCoO_2$, $LiNiO_2$, $LiNi_{1-X}Co_XO_2$, $LiMnO_2$, $LiMn_2O_4$ $LiCo_xNi_yMn_{1-x-y}O_2$ 등이 있다. 근래 수명 특성이 좋고 가격이 낮은 $LiFePO_4$ 소재를 사용하려는 시도가 늘어나고 있으며 $LiFePO_4$의 1차원적인 충방전 구조를 개선하여 용량을 늘리고 수명특성을 유지하는 Li-rich계($Li_{2-x}MnO_3[Li_xNiCoMnO_2]$

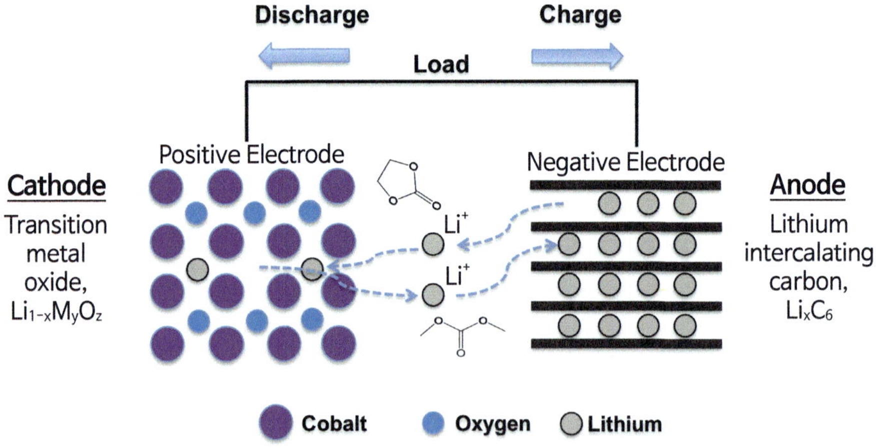

그림 1.13 **양극 활물질 $Li_xM_yO_z$ 재료를 이용한 충방전 원리**

등)의 연구가 진행되고 있으며, 그 외 고분자 재료 등을 이용한 양극 활물질의 연구가 진행되고 있다.

그림 1.13은 양극 활물질 $Li_xM_yO_z$용 리튬 전구체 배터리용 재료를 이용한 충방전 원리이다.

양극재는 배터리의 용량과 전압을 결정하는 중요한 요소이다. 이러한 양극재를 만들기 위한 기초 재료를 전구체(precursor)라고 한다. 그림 1.14에서 보여주는 바와 같이 전구체란 어떤 화학반응을 통해 A라는 물질을 만들 때, 최종 물질인 A가 되기 바로 이전 단계의 물질을 의미한다. 즉 배터리에서의 전구체란 양극재가 되기 이전, 양극재의 원료가 되는 물질을 뜻하며, 배터리는 양극재에 어떤 활물질을 사용하느냐에 따라 성능과 용도가 결정된다. 기본적으로 리튬산화물이 필요하고, 여기에 다른 금속 물질을 더해 여러 가지 조합의 양극재를 만들 수 있다. 주로 니켈, 코발트, 망간 등이 사용되는데, 이러한 원료들을 섞은 화합물이 바로 전구체이고 여기에 리튬을 더하면 비로소 양극재가 되는 것이다.

그림 1.14 전구체

표 1.5는 리튬이온(Li-ion)전지와 기타 이차전지의 비교표이다.

표 1.5 리튬이온전지와 기타 이차전지의 비교

	납 축전지	Ni-Cd 전지	Ni-MH 전지	Li-ion 전지
작용 전압	1.9V	1.2V	1.2V	3.6V
양극	PBO_2	NiOOH	NiOOH	$LiMO_2$

	납 축전지	Ni-Cd 전지	Ni-MH 전지	Li-ion 전지
음극	Pb	Cd	MH	C
전해액	H_2SO_4	KOH	KOH	Li염+유기용매
에너지 밀도	70Wh/L	90Wh/L	200Wh/L	300Wh/L<
충전 특성	급속충전 가능	초급속충전 가능	급속충전 가능	급속충전 가능
방전 특성	대전류 방전 가능	대전류 방전 가능	중 부하	중 부하
장점	넓은 작동 온도	급속 방전	안전성	고용량
단점	무거움	환경오염	나쁜 고온특성	저안전성
가격	저가	중가	중가	고가
주요 용도	자동차/산업용	군용 Power tool	HEV, 무선전화기	휴대용 기기

최근 전기자동차의 본격적인 도입을 위하여, 리튬 이차전지가 가장 활발하게 검토되고 있고, 또 실질적인 방안이지만, 약 250Wh/kg의 에너지를 갖고 있는 리튬 이차전지의 한계를 뛰어넘을 수 있는 새로운 이차전지의 개발을 위해 많은 노력이 이루어지고 있다.

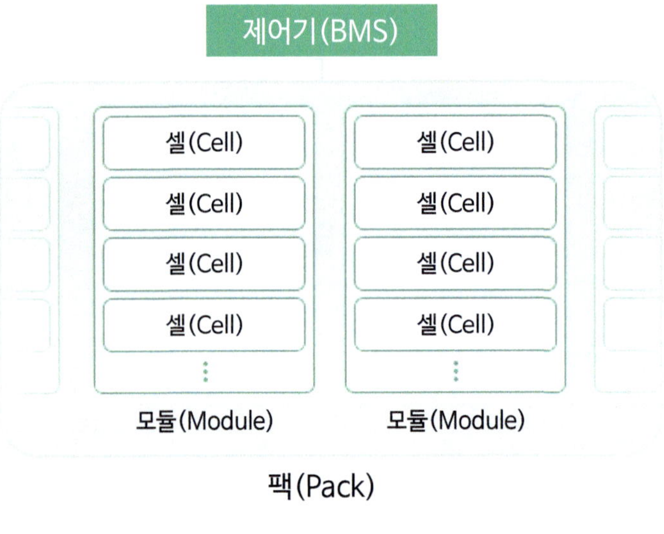

그림 1.15 **배터리 시스템의 구조 : 배터리 팩, 모듈, 셀**

그림 1.15는 전기자동차의 핵심이 되는 배터리 팩에 있어 배터리 시스템의 구조(구성)이고, 그림 1.16은 친환경 자동차 수요 예상을 나타내는 도표이다.

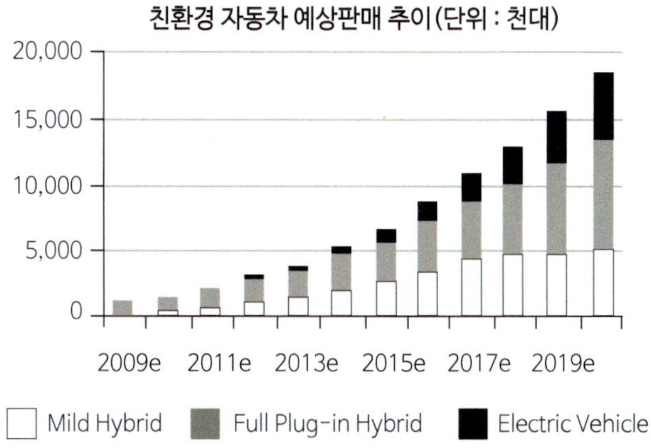

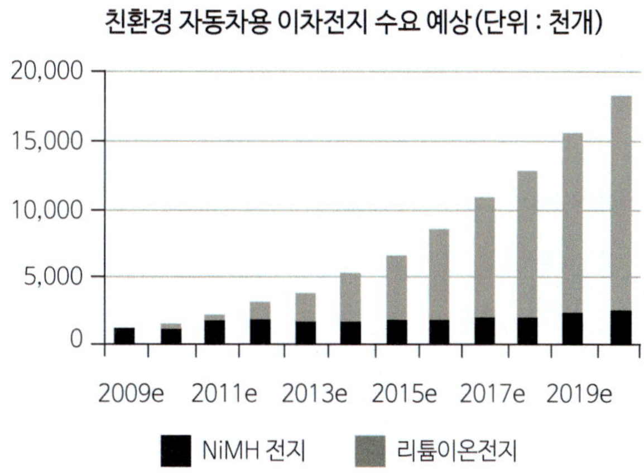

그림 1.16 **친환경 자동차 수요 예상**

소형 이차전지 시장은 2008년 기준 휴대폰용과 노트북용의 합계가 70%의 비중을 차지하며 전체 시장의 흐름을 주도하였다. 향후 시장의 40% 수준을 차지하고 있는 휴대폰 시장의 감소로 전체 전지 시장의 성장률도 감소할 전망이다. 한편, 노트북 시장은 넷북의 성장세로 매년 20%의 증가가 예상되지만 전체 이차전지 시장에서 차지하는 비중이 휴대폰용 시장규모의 절반 수준이고 점차적으로 성장세가 감소할 것으로 전망된다. 이렇듯이 소형 이차전지 시장은 과거 대비 수요 증가율은 감소할 것으로 전망되고, 공급업체들의 설비 증설로 인한 공급증가로 2010년 이후 공급 과잉에 이르렀다.

친환경 자동차용 이차전지 시장은 확대 가능성이 있는데 2008년 기준 HEV(Hybrid Electric Vehicle, 하이브리드 자동차)의 세계 판매량은 약 50만 대 수준이며 이는 2004년 대비 200% 증가한 수치이다.

친환경 자동차용으로 주목받고 있는 전지는 리튬 이차전지인데, 기존 니켈수소전지를 PHEV(Plug-in Hybrid Electric Vehicle, 플러그인 하이브리드 자동차), EV(Electric Vehicle, 전기자동차 · 전기차)에 적용할 경우 전지 소요량이 약 5배로 증가하여 비용상승 및 차량무게 증가 등의 문제점이 발생하기 때문에 상대적으로는 에너지 밀도가 양호한 리튬 이차전지의 적용이 필수적인 것으로 인식되고 있다. 리튬 이차전지는 기존 HEV에 적용되는 니켈수소전지 대비 에너지 밀도가 우수하여 소형화가 가능하고 메모리 효과가 적어 수명이 길고 자기 방전율이 상대적으로 낮다는 장점을 보유하고 있다.

이와 더불어 신규 틈새(niche)시장이 등장하고 있는데, UPS(Uninterruptible Power Supply, 무정전 전원장치)용, 로봇용, 소규모 솔라(solar, 태양광) 발전저장용 등 새로운 시장이 점차 확대되고 있다.

기존에는 휴대폰, 노트북 등 소형 이차전지가 상당 부분을 차지했지만, 향후 리튬 이차전지 산업은 친환경 자동차 개발과 전력저장과 연관되어 발전할 가능성이 매우 크다.

리튬 이차전지의 발전 방향을 친환경 자동차 개발과 전력저장 등 중대형 전지와 관련해서 살펴보면 다음과 같다. 리튬 이차전지 산업은 크게 셀(cell, 전지 또는 배터리) 제조업과 소재산업으로 분류할 수 있다. 셀 제조업은 이차전지를 생산하는 것이며, 소재산업은 리튬 이차전지를 이루는 양극 활물질, 음극 활물질, 분리막, 전해질을 생산하는 것이다.

셀 제조업은 친환경 자동차 산업에 있어서 이차전지의 중요성이 매우 높아 자동차 업계와 전지업체 간 협력이 매우 중요하다. 예를 들어 차량 초기 개발 단계부터 전기자동차 회사와 전지업체가 같이 테스트가 진행되어야 개발에 효과적인데, 예전에는 HEV 시장은 도요타(Toyota), 닛산(Nissan), 혼다(Honda) 등 일본 업체가 시장의 90% 이상을 차지하고 있어, 이 회사에 전지를 공급할 수 있는 회사만이 자동차용 전지를 판매할 수 있었다.

파나소닉(Panasonic), 산요(Sanyo) 등의 전지회사가 공급을 진행하고 있다. 도요타, 닛산 등 일본 자동차 회사는 독자적인 전지 기술 부족으로 합작회사 형식으로 지분을 획득하고 전지를 공급받고 있으며, 자국 내 검증된 전지업체 확보가 어려운 미국의 GM, 독일 BMW, 폭스바겐 등은 타국의 전지업체와 협력관계를 추진 중이다. 특히 미국 및 유럽 자동차 기업들은 주로 한국계 이차전지 업체들과 협력을 추진하고 있다.

국내에서는 LG에너지솔루션, 삼성SDI, SK온, SB LiMotive, EIG 배터리, 코캄을 비롯하여 에너텍인터내셔날, 에너랜드 등 많은 리튬 이차전지 제조업체가 자동차용 이차전지 셀 제조에 진출했으며, 최근에는 태양광 발전 저장용으로도 더욱 확대하고 있다.

LG에너지솔루션과 SB LiMotive(에스비리모티브)는 노트북, 휴대폰 등 소형 이차전지 산업의 경험과 건실한 재무구조를 바탕으로, SK온은 국내 최초 이차전지용 분리막 개발에 성공하여 원료부터 전지 생산까지 수직계열화 기반을 마련했다.

향후 친환경 자동차용 이차전지 시장은 어떤 종류의 차종이 시장을 주도하느냐에 따라 결정될 전망이다. 단기적으로는 상용화가 완료된 HEV 시장이 확대되어 니켈수소전지의 영향력이 지속될 전망이지만 장기적으로는 PHEV, EV 등의 시장 확대로 리튬 이차전지가 대세를 이룰 전망이다. 가솔린 엔진을 주 동력원으로 사용하는 HEV의 이차전지의 용량은 1~2kWh가 요구되나 전기를 주 동력원으로 사용하는 PHEV, EV 등은 5~20kWh 이상의 용량을 필요로 한다.

02 리튬 이차전지의 기본 원리

일반적인 이차전지의 기본 원리는 전기 화학적 산화·환원 반응에 의해 발생하는 이온의 이동으로 전기를 발생시키고 그 반대 과정으로 충전되는 원리이다. 이온의 물질 상태가 양극과 음극에서 서로 달라 이때 발생되는 물질의 고유에너지 차이로 인한 전압차를 이용한다. 리튬이온전지의 경우 양극에 있던 리튬이온이 빠져 나와 전해질을 통해 음극으로 가는 충전과 그 반대인 방전이 일어난다.

이차전지의 종류와 특징을 표 1.6에 나타냈다.

표 1.6 리튬이온전지와 기타 이차전지의 주요 항목별 비교

구 분	납 축전지	니켈-카드뮴 전지	리튬이온전지
평균 작동 전압	2.0V	1.2V	3.7V
체적 에너지 밀도	98mWh/cm^3	100mWh/cm^3	537mWh/cm^3
중량 에너지 밀도	47mWh/g	38.2mWh/g	185mWh/g
가격	83원/Wh	595원/Wh	337원/Wh
메모리 효과	있음	매우 심함	전혀 없음
충전 특성	12~13시간	14~15시간	2~3시간

구 분	납 축전지	니켈-카드뮴 전지	리튬이온전지
수명	300회 이상(유지보수 필요)	500회 이상	500회 이상
자기 방전율	10% 미만/월(온도 민감)	30% 이상/월	10% 미만/월
환경 친화도	나쁨(납, 황산 등)	나쁨(중금속-카드뮴)	좋음

납 축전지는 1859년대 발명되어 군사용에서 무선전화기용까지 다양하게 적용되어 왔으나 무겁고 에너지 저장밀도가 낮다.

니켈카드뮴(Ni-Cd) 전지는 1899년 개발되어 철도 차량용, 비행기 엔진 시동용 등 고출력이 요구되는 용도에 사용되었지만 낮은 에너지 저장밀도, 카드뮴의 유해성 및 메모리 효과(memory effect, 방전이 충분하지 않은 상태에서 재충전 시 전지의 실질 용량이 감소하는 현상) 등으로 사용이 감소 중에 있다.

니켈수소(Ni-MH) 전지는 1990년대초 일본에서 상용화되어 에너지 저장밀도 향상 및 중금속인 카드뮴을 제거한 전지로 현재 HEV에는 적용되었으나 메모리 효과 및 에너지 밀도가 낮은 단점이 있다.

그림 1.17은 리튬 이차전지의 간략한 구조와 원리를 개념적으로 보여준다.

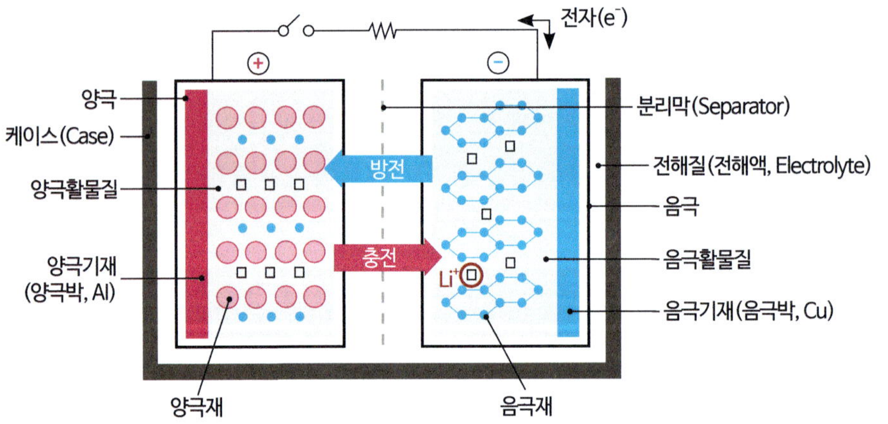

그림 1.17 **리튬 이차전지 구조와 원리**

리튬 이차전지는 전해질로 무엇을 사용하느냐에 따라서 액체상 전해질을 사용하는 리튬이온전지, 젤형 전해질을 사용하는 리튬이온 폴리머전지, 고체고분자 전해질을 사용하는 리튬폴리머전지로 분류할 수 있다. 리튬이온전지는 기존 전지 대비 에너지 밀도가 3배가 높고 가벼워 사용량이 급증하고 있으나 가격과 안정성 측면에서 다소 취약하다. 리튬이온 폴리머전지는 액상형 전해질 대신 고분자 재료를 사용하여 전지의 안정성을 높이고 전지의 모양을 자유롭게 할 수 있는 장점이 있으나 타 전지 대비 가격이 높은 단점이 있다.

실제 의미의 리튬폴리머전지는 상온에서의 이온 전도도가 충분히 확보되지 못해 상용화되지 않은 상태이다.

리튬 이차전지는 보통 열폭주(thermal runaway)라는 현상을 통해 폭발한다. 음극에서는 약 70~90℃에서 발열반응이 발생하기 시작하고, 양극에서는 130~150℃에서 발생한다. 이때 적절하게 냉각되지 않으면 온도가 지속적으로 상승하면서 열에너지 발생 속도가 증가해 폭주하게 된다. 열폭주가 발생하면 분리막이 녹아 내부 단락(short, 합선)이 발생하면서 화재가 발생한다.

열폭주는 음극과 양극을 손상시키는 과충전이나 음극 표면에 리튬금속이 나뭇가지 모양으로 들러붙는 덴드라이트(dendrite)가 생기는 과방전, 외부 충격에 의한 단락 등으로 발생할 수 있다.

리튬 이차전지 양극의 주성분인 리튬금속산화물(보통 리튬금속산화물($LiMO_2$)로 나타내는데, M은 금속(metal)이다. 리튬코발트산화물(LCO, $LiCoO_2$)이 가장 우수한 양극재로 사용되고 있다)은 저온에서는 안정되지만 과충전 또는 과열 등에 의해 고온이 되는 경우 분해되어 산소를 공급하기 때문에 분리막이 탄화되면서 풍선처럼 부피가 팽창하는 스웰링(swelling) 현상이 나타나며, 전지의 내부 압력이 전지 케이스(case)의 밀폐압력보다 커지면서 오프가스(off-gas)가 분출되기 시작하고, 분리막이 탄화되면서 양극과 음극이 단락될 때 생성되는 불꽃방전(arc, 아크 또는 spark discharge)에 의해 오프가스가 착화되면서 화재가 발생한다.

오프가스(off-gas)는 리튬이온전지에서 발생하는 가연성의 증기와 기체이다. 리튬이온전지가 지속해서 열적, 전기적, 물리적 스트레스(stress)를 받게 되면 전지 내부의 온도가 상승하고 전해질(electrolyte)이 기화되어 그림 1.18과 같이 전지 내부 압력이 증가하게 된다. 배터리 내부에 문제가 생기면 내부 온도가 상승하면서 전해질이 끓어오르게 되는데, 이때 내부 압력이 증가하면서 내부에 있던 오프가스가 배출된다. 흰색 연기의 형태인 경우가 대부분이다.

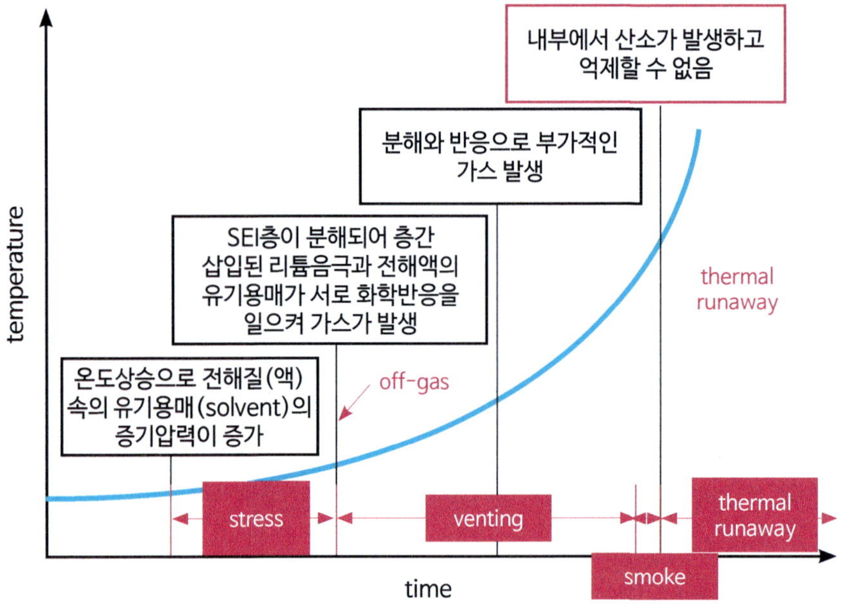

그림 1.18 오프가스 및 열폭주 발생 단계

03 리튬 이차전지의 특성

(1) 구성요소

리튬이온 배터리는 충전 시 리튬이온을 제공하는 양극(cathode), 리튬이온을 저장하는 음극(anode), 양극과 음극에서 발생한 전자가 외부회로를 통할 수 있도록 내부 단락을 방지하는 분리막(separator), 리튬이온이 이동할 수 있는 공간과 환경을 제공하는 전해질(electrolyte) 등으로 구성된다.

1) 양극(Cathode)

리튬이온전지(cell, 셀 또는 battery, 배터리)는 리튬의 화학적 반응으로 전기를 생산하는 배터리이며, 리튬이 들어가는 공간이 바로 양극이다. 하지만 리튬은 원소 상태에서는 반응이 불안정해서 리튬과 산소가 만난 리튬산화물($Li^{+}O$)이 양극에 사용된다.

리튬산화물(산화리튬, Lithium oxide)처럼 양극에서 실제 배터리의 전극 반응에 관여하는 물질을 활물질(active material)이라고 부른다. 즉, 리튬이온 배터리의 양극에서는 리튬산화물이 활물질로 사용되는 것이다.

리튬산화물은 리튬과 산소의 반응물로 리튬이온 배터리의 양극 활물질로 쓰인다. 리튬은 반응성이 크기 때문에 자연상태에 있을 때 리튬과 산소가 만나 리튬산화물 형태로 존재한다.

양극을 조금 더 자세히 살펴보면, 그림 1.19에서와 같이 양극의 틀을 잡아주는 얇은 알루미늄 기재에 활물질과 도전재(conductive additive) 그리고 바인더(binder)가 섞인 합제가 입혀져 있다. 활물질은 리튬이온을 포함하고 있는 물질이고, 도전재는 리튬산화물의 전도성을 높이기 위해서 넣고, 바인더는 알루미늄 기재에 활물질과 도전재가 잘 정착할 수 있도록 도와주는 일종의 접착 역할을 한다.

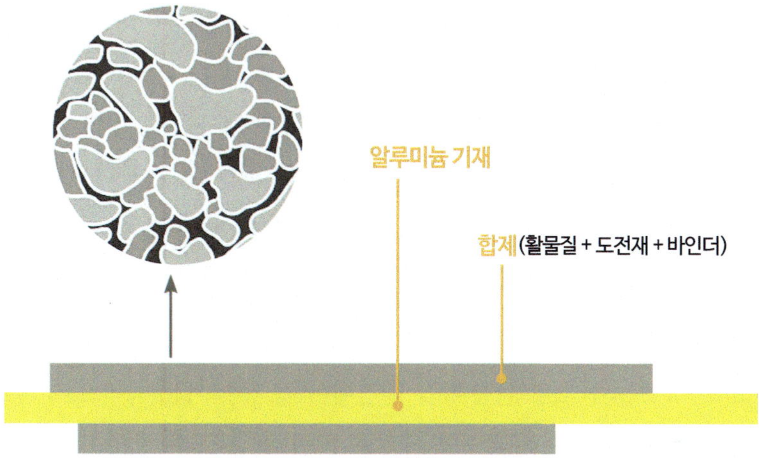

그림 1.19 **양극재의 구성**

양극재의 열 반응성 순서

LCO > NCA > NCM > LMO > LFP

여기서 도전재는 전도성(conductive)+특정 효과를 내게 첨가하는 물질(additive)을 합친 말로 특정 대상에 전도성(도전성)을 생기게 만드는 첨가제이다.

이렇게 만들어진 양극은 배터리의 특성을 결정짓는 중요한 역할을 하는데, 어떤 양극 활물질을 사용했느냐에 따라 배터리의 용량과 전압이 결정된다. 리튬을 많이 포함했다면 용량이 커지게 되고, 음극과 양극의 전위차가 크면 전압이 커진다. 일반적으로 음극은 종류에 따라 전위의 차이가 작은데 반해 양극은 상대적으로 차이가 크기 때문에 양극이 배터리 전압을 결정짓는 데 중요한 역할을 한다.

양극은 리튬이 들어가는 공간으로 리튬은 원소상태에서 반응이 불안정하기 때문에 산소와 결합한 리튬산화물의 형태로 양극에 사용되는 데 이 리튬산화물이 전극반응에 관여하는 양극 활물질이다.

니켈, 코발트, 망간, 알루미늄 등 원료에 화학반응을 통해 전구체를 만든 뒤, 고온에서 리튬과 함께 녹여 합성시키면 양극재가 된다.

그림 1.20과 같이 LFP 계열의 양극재는 강력한 P=O 공유결합으로 인해 다른 양극재에 비해 산소 원자의 탈락(열분해로 인한 산소 발생 등)이 어려우며 열 안정성이 뛰어나다. 그림 1.20은 올리빈(olivine) 원자구조를 보여준다. 올리빈(olivine) 구조는 육면체 형태로, P-O(인 · 산소)가 강력히 결합되어 있어 리튬이온이 모두 빠져나가도 구조를 유지할 수 있기 때문에 높은 안정성을 가지고 있다. 올리빈 구조를 갖추고 있는 양극재로는 LFP(리튬인산철)를 꼽을 수 있다.

양극재를 구성하는 물질인 양극 활물질은 리튬, 산소, 여러 금속 원소 등을 조합하여 만들어진다. 양극재는 구조에 따라 크게 층상(layered), 스피넬(spinel), 올리빈(olivine) 구조로 나눌 수 있다.

층상(layered) 구조는 산소로 만들어진 팔면체 구성 층들이 규칙적으로 쌓여있는 구조이다. 넓고 평평한 층과 층 사이로 리튬이온을 많이 저장할 수 있으며, 또한 2차원 통로를 가지고 있어 층상 구조 내부에서는 높은 리튬이온 확산 속도를 가진다.

층상 구조를 가지고 있는 대표적인 양극재에는 LCO(리튬코발트산화물), NCM(LNCMO), NCA(LNCAO)가 있다.

스피넬(spinel) 구조는 산화물에서 쉽게 볼 수 있는 구조인데, 대표적인 양극재로는 LMO(리튬망간산화물)가 있다. 층상 구조가 2차원 통로를 가지고 있다면, 스피넬 구조는 3차원 통로를 가지고 있는데, 이는 스피넬 구조가 대체로 사면체와 팔면체로 구성된 입체적 형태의 격자 구조로 구성되어 있기 때문이다. 이러한 구조적 특성으로, 스피넬 구조는 안정성이 높으며, 다양한 통로를 통해 리튬이온 삽입이 가능하여 출력이 우수하다.

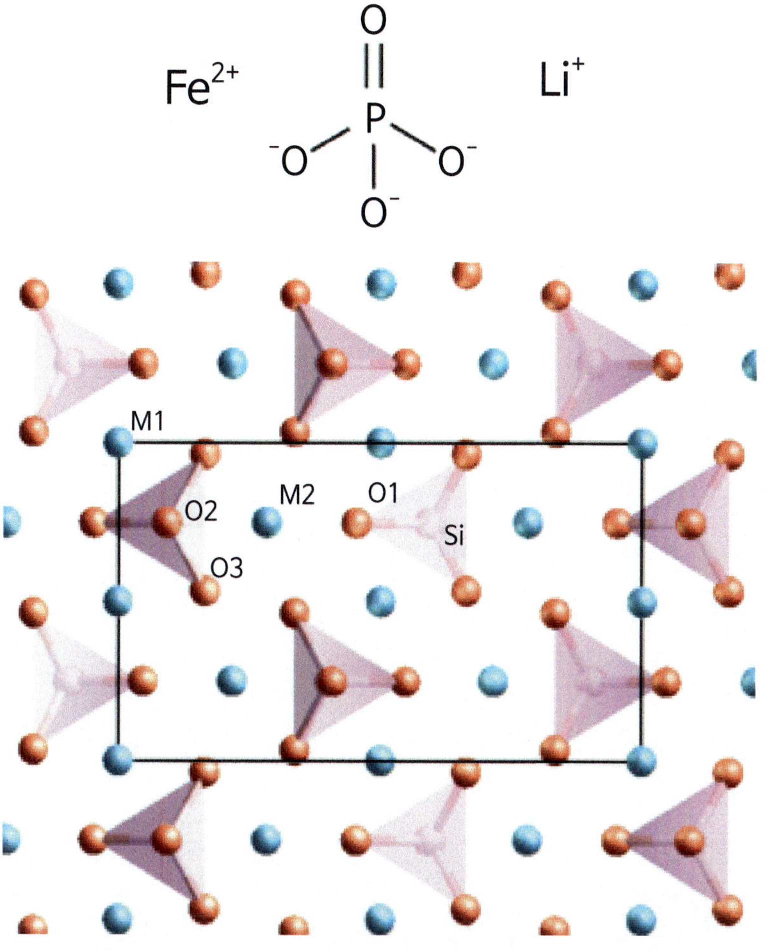

그림 1.20 LFP 양극재(Atomic structure of olivine) 열 반응

양극재는 알루미늄 기재에 활물질, 도전재, 바인더를 섞은 합제를 코팅한 후 건조, 압착하여 제작한다.

도전재는 리튬이온전지의 전도성을 높이기 위해 첨가하고, 바인더는 알루미늄 기재에 활물질과 도전재가 잘 정착하도록 도와주는 일종의 접착제 역할을 한다.

양극 활물질이 배터리의 용량과 전압을 결정하는데, 리튬을 많이 포함하면 용량이 커지고 음극과 양극의 전위차가 크면 전압이 커진다. 따라서 양극 활물질의 중요도가 전체 리튬이온 배터리 내에서 가장 크기에 양극 활물질 계열에 따라 리튬이온 배터리를 분류한다.

양극재는 배터리 소재 원가 중 가장 큰 비중(40%)을 차지하며, 비용 절감과 고성능을 위해 니켈 사용량이 증가하는 추세이다.

그림 1.21은 양극재의 니켈 함량에 따른 용량, 열적 안정성, 수명 특성을 비교한 내용을 보여준다.

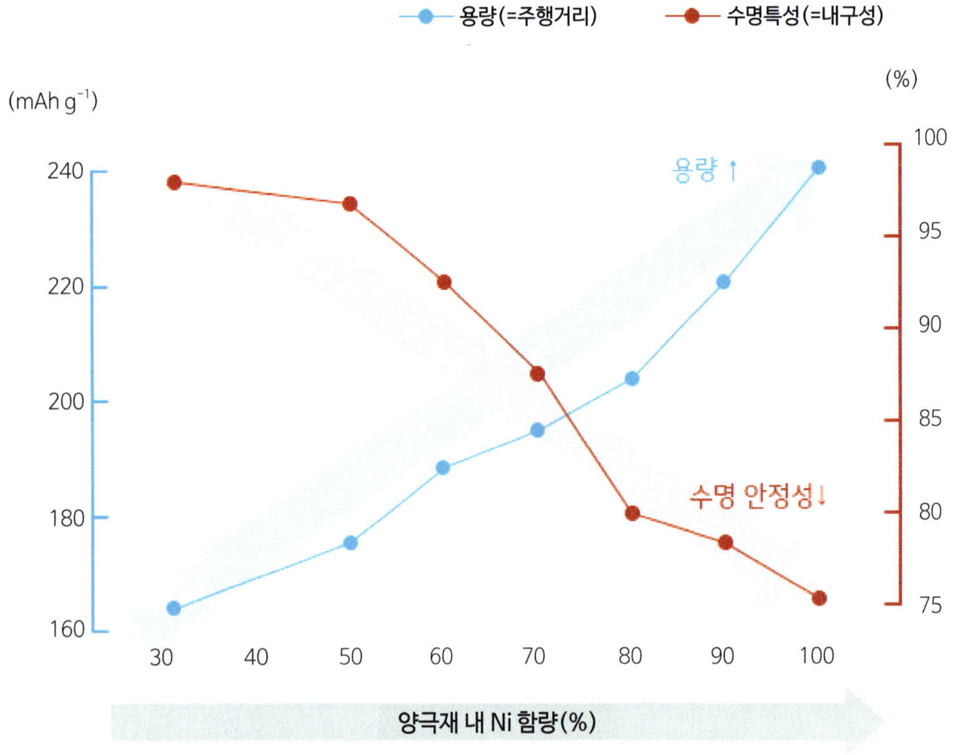

그림 1.21 **양극재의 니켈 함량에 따른 용량, 열적 안정성, 수명 특성의 비교**

2) 음극(Anode)

음극 역시 양극처럼 음극 기재에 활물질이 입혀진 형태로 이루어져 있다. 음극 활물질은 양극에서 나온 리튬이온을 가역적으로 흡수·방출하면서 외부 회로를 통해 전류를 흐르게 하는 역할을 수행한다.

음극은 구리 기재 위에 활물질, 도전재, 바인더가 입혀지고 음극에는 대부분 안정적인 구조를 지닌 흑연(graphite)이 사용된다. 흑연은 음극 활물질이 지녀야 할 조건들인 구조적 안정성, 낮은 전자 화학 반응성, 리튬이온을 많이 저장할 수 있는 조건, 가격 적정성 등을 갖춘 재료로 꼽히고 있다.

배터리가 충전상태일 때 리튬이온은 양극이 아닌 음극에 존재하고, 이때 양극과 음극을 도선으로 이어주면(방전) 리튬이온은 자연스럽게 전해액을 통해 다시 양극으로 이동하게 되고, 리튬이온과 분리된 전자(e^-)는 도선을 따라 이동하면서 전기가 발생한다.

그림 1.22는 배터리(전지)의 구성과 충방전 원리를 개략적(개념적)으로 보여준다.

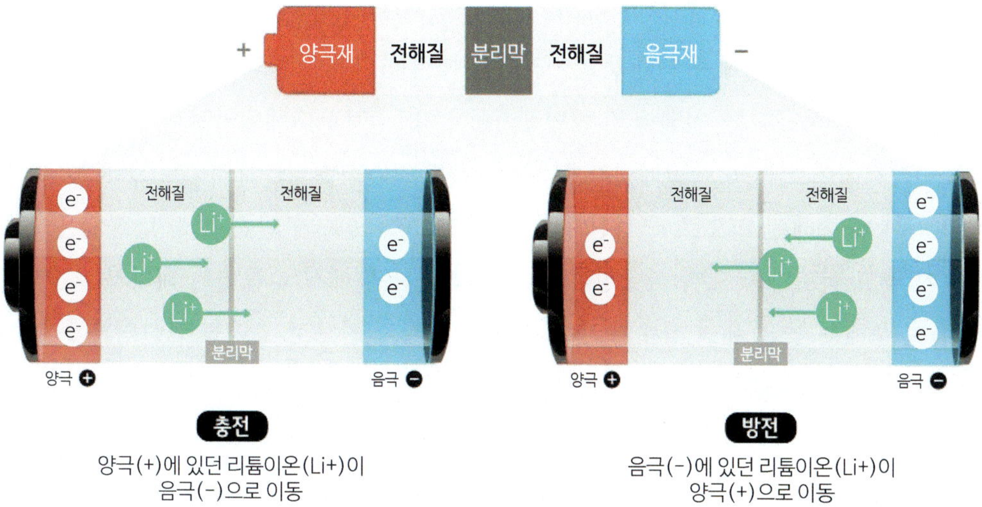

그림 1.22 **배터리의 구성과 충전 · 방전**

3) 전해질(Electrolyte)

앞서 양극과 음극을 설명할 때 리튬이온은 전해액(liquid electrolyte)을 통해 이동하고, 전자는 도선을 통해 이동한다고 기술하였다. 이온은 전해액으로 이동하고, 전자는 도선으로 이동하게 하는 것이 배터리에서 전기를 사용할 수 있는 가장 중요한 부분이다. 만약 전자가 도선이 아니라 전해액을 통해 이동하게 되면 전기를 사용할 수 없는 것은 물론이고, 내부 단락으로 인한 열폭주 등 안전성까지 위협받게 된다. 전해액이 바로 그 역할을 수행하는 구성요소로 양극과 음극 사이에서 리튬이온을 이동할 수 있도록 하는 매개체인 셈이다. 전해액은 리튬이온을 잘 이동시킬 수 있도록 이온 전도도가 높은 물질이 주로 사용된다.

전해액은 염, 용매, 첨가제로 구성되어 있다. 염은 리튬이온이 지나갈 수 있는 이동 통로, 용매는 염을 용해시키기 위해 사용되는 유기 액체, 첨가제는 특정 목적을 위해 소량으로 첨가되는 물질이다. 이렇게 만들어진 전해액은 이온들만 전극으로 이동시키고, 전자는 통과하지 못하게 한다.

전해액은 리튬이온 배터리의 혈액으로 간주되고 분리막과 전극의 기공(pore, 氣孔, 구멍이 많은 물질에서 아주 작은 미세한 구멍) 공간은 전해액으로 채워진다. 충전 · 방전 과정에서 리튬이온은 음극 · 양극에서 탈리되어 전해질을 통해 양극 · 음극으로 전달된다. 즉, 리튬이온은 전해질에서 자유롭게 흐른다. 따라서 전해질 용매는 빠른 리튬이온 전달을 보장하고 동시에 우수한 물리 · 화학적 특성을 가져야 한다.

일반적으로 사용되는 전해액은 에틸렌카보네이트(EC), 디에틸카보네이트(DEC), 프로필렌카보네이트(PC), 에틸메틸카보네이트(EMC) 및 디메틸카보네이트(DMC)와 같은 유기 용제에 용해된 염으로 구성된다. DMC, DEC 및 EMC와 같은 선형 탄산염은 유전 상수가 낮고 점도가 낮으며 휘발성이 높다. 이러한 용매에서 리튬염의 해리가 보장되어야 하며 용매는 높은 유전 상수와 낮은 점도를 가져야 하므로 고리형 탄산염과 선형 탄산염의 혼합물이 종종 사용된다.

4) 분리막(Separator)

양극과 음극이 배터리의 기본 성능을 결정한다면 전해액과 분리막은 배터리의 안전성을 결정짓는 구성요소라고 할 수 있다. 분리막은 양극과 음극이 서로 섞이지 않도록 물리적으로 막아주는 역할을 담당하고 있다. 전자가 전해액을 통해 직접 흐르지 않도록 하고, 내부의 미세한 구멍을 통해 원하는 이온만 이동할 수 있게 만든다. 즉, 물리적인 조건과 전기 화학적인 조건을 모두 충족시킬 수 있어야 한다. 현재 상용화된 분리막으로는 폴리에틸렌(Polyethylene, PE), 폴리프로필렌(Polypropylene, PP)과 같은 합성수지(polymer, 폴리머)가 있다.

분리막은 양극과 음극을 분리하는 데 사용되어 내부 단락(ISC, Internal Short Circuit)을 방지하는 동시에 자유 리튬이온을 전달할 수 있다. 분리막은 전기화학적 활성 물질은 아니지만 안전성을 보장하기 위한 매우 중요한 구성요소이다. 분리막이 손상되면 배터리는 ISC로 인해 열폭주가 발생될 수 있다. 게다가 분리막은 이온 수송에 중요한 역할을 하며 속도 성능과 셀 수명에 영향을 준다. 기존의 상용 분리막은 폴리에틸렌(PE) 또는 폴리프로필렌(PP)으로 만든 폴리올레핀 박막(Polyolefin membrane)이다. 이는 일반적으로 두께가 25㎛ 미만이고 다공성이 약 40%이다.

분리막의 열 안정성과 기계적 강도를 높이기 위해 세라믹 코팅 및 다층 분리막을 포함하여 많은 새로운 디자인이 도입되었다. 세라믹 복합 기반 재료(종종 Al 및 Si의 산화물)는 고분자 멤브레인(membrane) 기판의 한쪽 또는 양면에 코팅되며 세라믹 코팅은 높은 온도에서 수축 정도를 줄여 분리막의 기계적 및 열적 안정성을 향상시킬 수 있다. 다층 분리막은 두 개의 층이 서로 다른 상변화 온도를 갖는 셧다운(shut down, 전원공급중단) 기능으로 설계되었다. 예를 들어 미국 셀가드(Celgard)사의 PP/PE/PP 구성인 삼층 분리막이 그것이다. 폴리에틸렌(PE)과 폴리프로필렌(PP)의 용융점은 각각 135℃와 165℃이다. 배터리의 온도가 상승하면 저융점 성분인 PE가 먼저 녹고 PP 층의 기공을 채워 이온의 이동을 중지하고 전지의 전류를 차단한다. 전류 흐름이 차단되면 열폭주 위험이 크게 감소한다.

내부 단락(ISC, Internal Short Circuit)은 약 130℃(PE 분리막의 경우), 170℃(PP 또는 PP/PE/PP 분리막의 경우) 또는 최대 200℃(세라믹 코팅이 있는 분리막의 경우)에서 발생할 수 있다. 210℃ 이상에서도 열 안정성이 우수한 폴리에스테르(Polyester) 섬유매트(부직포와 유사한 재질), 실리카/폴리비닐리덴 플루오라이드(PVDF) 다공성 복합막을 포함하여 다른 새로운 재료와 디자인이 도입되고 있다.

이렇게 분리막은 양극과 음극이 서로 섞이지 않도록 물리적으로 막아주는 역할뿐만 아니라, 전자가 전해액을 통해 직접 흐르지 않도록 하고, 내부의 미세한 구멍을 통해 원하는 이온만 이동할 수 있게 만든다. 분리막이 손상되면 배터리의 내부 단락으로 인하여 열폭주가 발생될 수 있다. 따라서, 분리막은 배터리의 안전성을 결정 짓는 중요한 구성 요소라고 할 수 있다.

5) SEI(Solid Electrolyte Interphase)

충전을 하게 되면, 리튬이온이 양극에서 음극으로 이동하면서 전해질 내의 첨가제(additive)와 화학적 부반응을 하게 되어 음극(−) 계면 살짝 앞쪽에 얇은 고체막이 형성되는데 이것을 SEI(Solid Electrolyte Interphase)라고 한다. SEI층의 형성은 배터리 셀을 충전할 때 리튬이온이 음극으로 이동하는 과정에서, 음극 전해액(electrolyte in anode) 내의 첨가물과 화학적 부반응을 일으켜, 얇은 고체막을 만드는 것으로 파악된다. 단, 산화 · 환원으로 인한 전해액 첨가제와 리튬이온의 부반응이라는 뜻으로, 무조건 음극

(negative electrode)쪽에만 SEI가 형성된다는 것은 아니다.

SEI라고 하는 보호막은 전해질의 분해 생성물로부터 전극 표면에 형성된다. SEI는 추가 전해질 분해를 방지하고 지속적인 전기화학 반응을 보장하기 위해 Li^+ 수송을 허용하고 전자를 차단한다. 이렇게 SEI층은 Li^+ 외 다른 전해질 성분과 전자에 대해서는 투과성이 없기 때문에 고유한 특성을 지닌다고 볼 수 있다.

일반적으로 SEI는

① 전해질 화합물을 추가 환원으로부터 보호하고
② 충전된 전극을 부식으로부터 합리적으로 보호한다. 단, 불화수소(HF)와 같은 산성 화합물의 형성(예 리튬염 $LiPF_6$과 미량의 물과의 반응)은 SEI의 안정성에 부정적인 영향을 미치는 것으로 보고 되었다.

그림 1.23은 원통형 리튬이온 배터리 18650셀이 탑재된 미국 테슬라(Tesla) 전기자동차 Tesla Model-S의 배터리 셀, 모듈과 배터리 팩의 구성도이다.

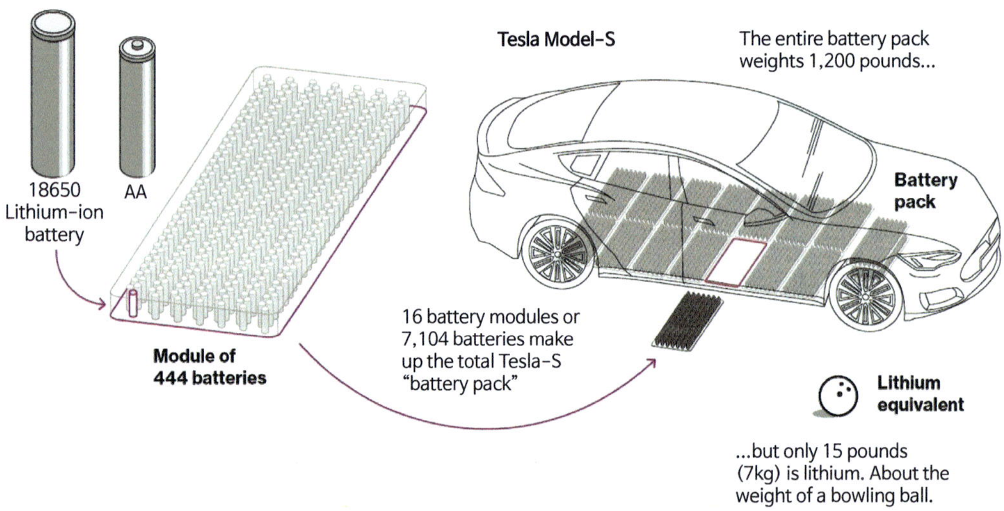

그림 1.23 테슬라 전기차의 배터리 셀, 모듈, 팩

1.4 리튬이온 배터리의 화재 및 폭발 원인 분석

01 폭발 원인 및 열폭주(Thermal runaway)

리튬이온전지의 열폭주(thermal runaway)는 여러 가지 이상 조건에 의해 발생할 수 있다. 기계적 이상 조건은 리튬이온전지의 부식, 충돌, 관통 등에 의해 변형이 발생하여 열폭주가 일어나는 것을 의미한다. 전기적 이상 조건에는 외부 단락, 과충전 및 과방전이 포함되며, 이로 인해 셀의 온도가 상승하여 열폭주가 발생한다. 열적 이상 조건은 외부 열원에 의해 셀의 온도가 상승하여 열폭주가 발생하는 것이며, 내부 단락은 가장 일반적인 열폭주의 원인으로, 모든 이상 조건에서 내부 단락이 발생할 수 있다.

전기차 화재 원인 분석에 의하면 전기차 화재는 배터리의 열폭주(thermal runaway)가 발생해 화재를 진압하는 데 어려움이 있고 이로 인해 큰 피해가 발생하게 된다.

열폭주를 간략하게 표현하자면 그림 1.24와 같이 온도 변화가 그 온도 변화를 더욱 가속하는 방향으로 환경을 변화시키는 상태를 말한다.

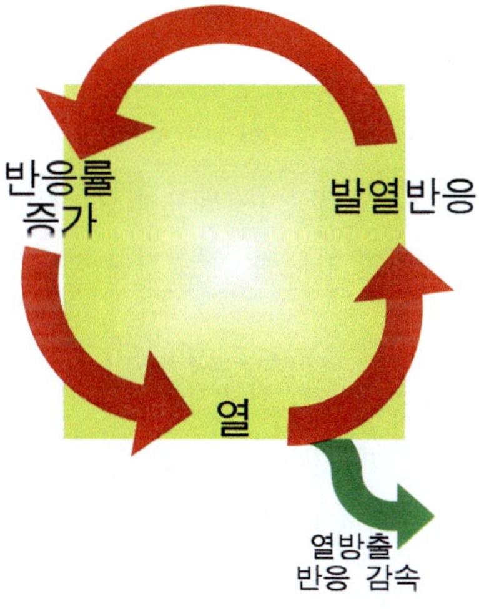

그림 1.24 열폭주의 개념

(1) 전기자동차 배터리의 열폭주(Thermal runaway)

열폭주는 열이 통제불능으로 치솟으며 지속되는 상태를 말한다. 이런 열폭주는 도대체 어떤 원인과 메커니즘으로 일어나는 것일까? 리튬이온 배터리의 셀이 어떤 요인으로 인해 온도가 급상승하고 화재와 폭발로까지 이어지게 되는 것인가?

첫 번째, 일단 배터리 셀의 관점에서 살펴보면, 배터리 열폭주는 널리 쓰이는 리튬이온 배터리의 기초 단위인 셀(cell)이 내외부의 열적 요인이나 화학적 충돌로 인해 온도가 급상승하고 화재로 이어지는 현상이다.

'전기차 화재는 특히 더 위험하다'는 인식을 만드는 주요인이 되는 열폭주가 위험한 이유는 전기차 배터리는 여러 개의 배터리가 이어져 있고, 배터리 하나가 수많은 셀로 이루어져 있어 한 번 발생한 열폭주는 연쇄적 발화로 이어진다. 즉, 하나의 배터리(엄밀히 말하자면 배터리 팩 또는 모듈)는 수많은 셀로 이뤄져 있기에, 단일 셀에서 한 번 발생한 열폭주는 주변 셀의 연쇄적 발화로 이어지며 화재가 걷잡을 수 없이 커지기 때문이다.

또한 이와 함께 요즘 전기차의 배터리 무게는 평균 450~500kg에 달한다. 일상에서 사용하는 소형 전자제품과 전자기기와 비교할 수 없을 정도의 커다란 크기와 무게, 밀도, 큰 에너지를 갖기 때문에 저장된 다량의 에너지가 대부분 소진될 때까지 불이 잘 꺼지지 않아 진화가 쉽지도 않고 오랜 시간이 걸린다. 따라서 이차전지 리튬이온 배터리의 화재는 일반 화재와는 달리 초기 진압조차 할 수 없으며, 인명피해로 이어질 가능성이 높다.

리튬이온 배터리는 일단 불이 붙으면 배터리 내부에서 연쇄화학반응을 일으켜 700~800도 이상, 심지어는 1,000도까지 치솟고, 배터리가 차량 밑바닥에 붙어있어 화재 시 접근도 어렵고, 화재가 커질 우려뿐 아니라 폭발 가능성도 크기 때문이다.

두 번째, 배터리의 열관리 측면에서 살펴보자.

배터리의 열관리가 잘 안됐을 때, 일정 온도 이상이 될 때 셀의 전해액이 기체화되어 셀 내부 압력이 증가하게 된다. 이때 발생하는 가연성 전해물질(전해액)이 기화되고 분출(누액)될 뿐만 아니라, 내부 압력의 증가로 인해 분리막에도 손상이 갈 확률이 크게 올라가게 된다.

여기서 내부 쇼트(short) 혹은 가연성 기체물질에 의해 착화(불이 붙음)되고, 이는 인접 배터리 셀들의 가열로 이어져 화재로 확산되며, 결국은 배터리 팩 전체가 화재가 일어나게 된다.

화재가 일어나면 리튬이온은 물과 반응을 잘하므로, 불을 끄기 위해 물을 뿌리게 되면 불이 더욱 커지며, 리튬 전극들 자체가 다 소진될 때까지 기다릴 수밖에 없는 상황이 된다. 그래서 완전 진화까지는 장시간이 걸리는 이유이다.

그러면 열폭주의 원인은 무엇일까?

과충전 · 과방전, 가열, 충격 등 발생 원인은 아주 다양하고 다수이다.

전문기관 SNE리서치 보고서에 따르면 크게 제조결함, 과충전 · 과방전, 외부 가열, 외부 충격 등으로 구분된다.

① 과충전 : 일반적으로 전기차 배터리는 충전 시에 정해진 용량 이상으로 충전되지 않도록 설계되어 있다. 그러나 지속적인 과충전은 전기화학반응을 유발하여 배터리의 성능 저하를 일으켜 손상을 초래할 수 있다.

② BMS(배터리관리시스템, Battery Management System) 문제 : BMS 결함 혹은 보호장치 누락이다. 배터리를 제어하는 BMS가 제대로 동작하지 못해 과충전 · 과방전을 막지 못하고, 제어 실패로 셀이 가열되어 화재가 생기는 경우이다.

③ 외부 충격 : 많은 양의 에너지를 가지고 있는 배터리가 외부 충격으로 분리막에 손상이 오면 즉각적이지는 않지만, 그 손상으로 인한 파손(이를 '피로파괴'라 한다. 피로파괴에 의한 원인은 미세균열, 미세한 찢어짐 등의 미세손상으로 인한 큰 파손, 즉 손상으로 이어진다)이 생겨 서서히 화재로 이어질 수 있다.

④ 제조결함 : 제조 시 배터리에 혼입된 금속 이물질 등이 화학적 충돌을 막는 분리막을 손상시켜 양극과 음극의 경계가 무너져 열이 발생하고 화재가 발생할 수 있다. 이는 설치 작업자 부주의에 기인한다. 배터리 조립공정 과정에서 간혹 발생하는데, 배터리 자체가 물리적 충격에 의해 내부 분리막이 손상(소손)되어, 주행 현장에 나가 충 · 방전 사이클을 반복하는 경우, 내부쇼트(short, 단락 · 합선)로 열이 발생하게 되는 사례(case, 케이스)이다.

⑤ BSA(Battery System Assembly) : 전기에너지를 충 · 방전해 사용할 수 있는 리튬이온 배터리의 기본 단위인 배터리 셀(cell)을 뜻한다. BSA 시스템 불량으로 인한 결로나 누수현상이 발생하여 배터리 셀을 냉각시켜야 하는 냉각수가 제대로 돌지 않는다든가, 냉각수에 의해 셀들이 쇼트되는 경우이다.

리튬이온전지에서는 음극과 양극 사이에 분리막이 존재하며, 분리막이 손상되면 음극과 양극이 서로 접촉하여 저장된 전기화학적 에너지가 발열과 함께 자발적으로 방출된다. 이러한 현상은 리튬이온전지의 열폭주에 직접적인 원인이 되며, 내부 단락의 시작 온도는 분리막 붕괴 온도와 관련이 있고 폴리에틸렌(PE) 분리막은 약 130℃, 폴리프로필렌(PP) 분리막은 약 170℃에서 붕괴될 수 있으며, 세라믹 분리막의 경우 더 높은 온도인 약 200℃에서 붕괴가 발생한다. 리튬이온전지의 열폭주 전이를 방지하기 위해서는 최소한 내부 단락을 방지할 수 있도록 열폭주가 발생한 셀의 인접한 셀들의 온도를 낮춰야 할 필요가 있다.

앞서 언급했듯이 전기자동차의 동력원으로 가장 많이 사용되는 배터리는 리튬이온 배터리이다. 이는 높은 에너지 밀도, 수명, 낮은 자기 방전율 등의 장점으로 인해 타 이차전지에 비해 적용률이 높으나 리튬이온 배터리는 단시간에 높은 열과 다량의 인화성 가스를 발생시키는 열폭주 현상으로 인해 심각한 화재 및 폭발 사고를 일으킬 수 있는 단점이 있다. 특히 최근 주행거리 향상을 위한 고용량 이차전지의 경우 니켈 함량이 80% 이상으로, 양극 소재의 열적 안전성이 더 낮아짐에 따라 배터리 열 안전성 확보가 더욱 중요해졌다.

그림 1.25는 2020~2022년 사이에 발생한 전기차 화재의 원인과 현황을 보여준다.

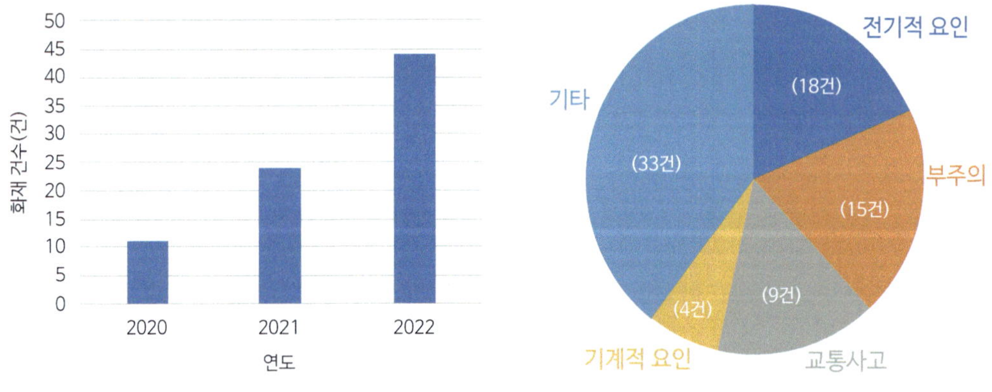

그림 1.25 **전기차 화재의 원인 및 현황(2020~2022, 국회 국토교통위원회 발표 자료)**

그림 1.26은 열폭주의 가장 일반적인 특징으로 내부 단락 시에 발생하는 주요 원인을 나타낸 것이다.

일반적으로 배터리 화재의 발생 메커니즘은 배터리 셀 스트레스 및 오용(abuse)으로 인해 셀 손상이 발생하고, 열폭주 및 화재, 열전이로 이어져 화재 확산 및 폭발로 이어진다. 셀 스트레스 및 오용 조건은 크게 기계적(충돌, 찌그러짐, 관통 등), 전기적(과충전, 과방전, 외부 단락 등), 열적(저항 및 열 증가) 오용과 내부 단락(분리막 기능 소실) 등의 조건으로 나눌 수 있다.

전기차 배터리에서 열폭주가 생기는 원인은 크게 다음과 같다.

① 배터리 셀 자체의 설계 오류 및 제조불량

이는 배터리의 설계품질과 공정제조품질 상의 불량(failure, 결함)으로 설계 상의 문제점과 공정 상에서 품질관리가 제대로 안돼 결함이 생기면 화재가 발생해 열폭주가 발생한다. 기구, 하드웨어, 소프트웨어, 전기적 배선 등의 결함을 총칭하며, 고장, 오류, 오작동 등을 의미하는 불량이다. 따라서 배터리 셀 설계와 공정 그리고 제조 상의 품질관리(이를 배터리 품질관리라 칭한다)가 중요한 이유이다.

② 물성 및 특성의 열화(노화) 현상

초기 출하된 배터리가 온전한 배터리라 해도 계속 사용하다보면 내부 소재, 조립체, 배선 등에 있어 시간에 따른 물성과 특성이 떨어지는 열화(노화, aging)로 인해 변화가 생기고, 사용에 따른 스트레스에 의한 피로도가 누적되어져 화재로 연결된다.

어느 경우이든 일단 불이 나 화재가 발생・시작되면 배터리 내의 화학에너지가 소진될 때까지 계속 타면서 온도가 급속히 올라가게 되는 것이다. 이를 열폭주라고 한다.

열폭주가 생기는 원인(요인)과 과정, 현상을 세부적으로 설명하면 리튬이온전지 열폭주는 기계적 이상조건, 전기적 이상조건, 열적 이상조건, 내부 단락에 의해 발생하게 된다.

기계적 이상조건은 리튬이온전지의 부식, 충돌 및 관통에 의해 변형 등을 발생시켜 열폭주가 발생하게 되는 것을 의미한다. 전기적 이상조건에는 외부 단락, 과충전 및 과방전이 있으며, 전기적 이상조건에 의해 리튬이온전지 셀의 온도를 상승시켜 열폭주가 발생한다.

열적 이상조건은 외부 열원에 의해 셀의 온도가 상승하여 열폭주가 발생하게 되며, 내부 단락의 경우 가장 일반적인 열폭주의 원인으로 그림 1.26과 같이 모든 이상조건에서 내부 단락이 발생하게 된다.

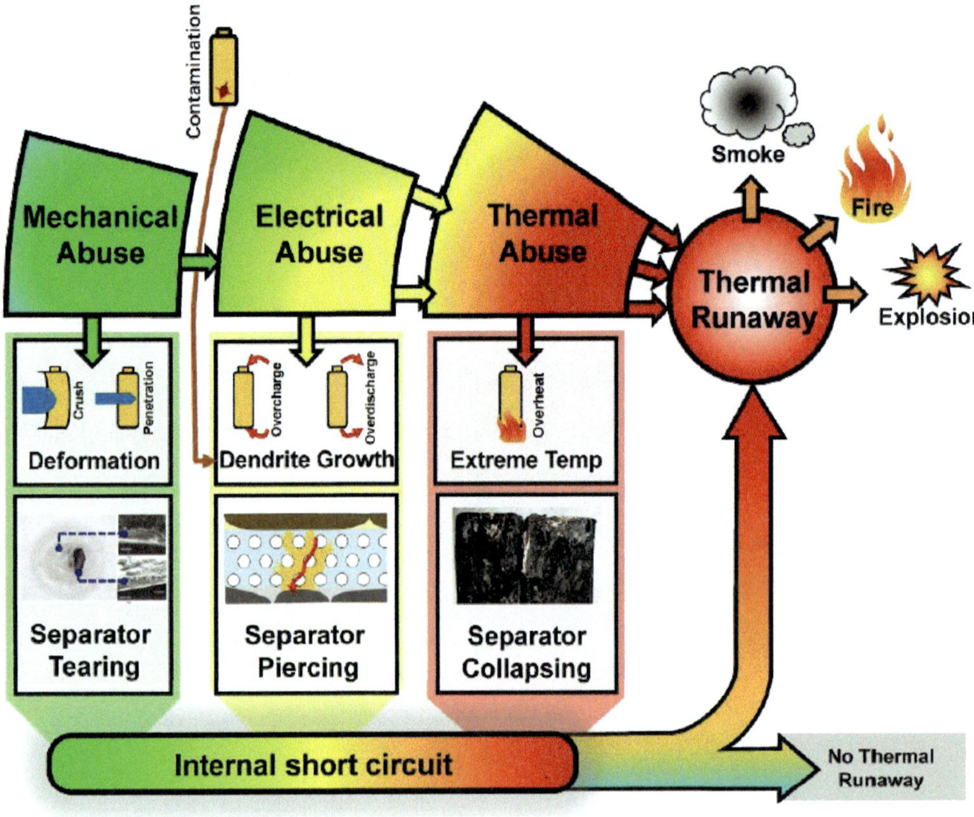

그림 1.26 **내부 단락 : 열폭주의 가장 일반적인 특징**

(출처 : 한국화재소방학회, 파우치형 리튬이온전지의 열폭주 전이 방지에 관한 실험연구)

리튬이온전지는 음극과 양극 사이에 분리막이 존재하는데 분리막이 손상되면 음극과 양극이 서로 접촉하면서 저장된 전기화학적 에너지가 발열과 함께 자발적으로 방출된다.

배터리는 기본적으로 양극재, 음극재와 그 사이를 막고 있는 분리막과 전해질로 구성된다. 정상적인 경우는 이런 구조 속에서 양극과 음극 사이를 흐르는 전하(리튬이온)가 적절히 통제 · 제어된다. 그러나 앞에서 설명한 원인(요인)으로 인해 배터리 내부의 양극재와 음극재가 직접 화학반응을 일으키면서 발생한다.

일차적으론 가연성 액체 용매로 된 전해질(엄밀히는 전해액)에서 불이 날 수 있다.

이 과정에서 분리막이 손상되면 이차적으로 양극과 음극이 직접 접촉하게 돼 전하(리튬이온)가 급격히 흐르면서 열이 급속도로 상승한다. 화재나 폭발이 이때 발생한다. 분리막 손상으로 전하(리튬이온)를 적절히 통제 및 제어하는 기능이 상실되는 데, 이때 쇼트(short, 단락, 합선이라고 한다)로 스파크(spark, 불꽃)가 일어나면서 초기 가연성 전해액에서 불이 나 화재와 폭발로 확산되는 것이다.

그림 1.27에서 보여주는 바와 같이 셀 스트레스 및 오용으로 인한 내부 온도 상승으로 셀 손상이 발생하면 내부 압력이 상승하고, 오프가스(off gas)가 발생한다. 이를 제어하지 못하면 전지 분리막 손상으로 내부 단락이 진행되고, 열폭주가 발생한다.

이로 인해 연기가 발생하고 점화가 일어나며, 인접 셀로 전이되어 모듈 및 시스템 레벨 전이 단계로 진행한다. 배터리 화재 발생 시 분리막의 손상으로 인한 내부 단락이 발생하며, 이후 전해질의 노출, 양극재 내 산소 발생, 고열로 인해 자체적으로 화재 3요소를 갖추게 되어 진화가 어려운 폭발적인 화재가 발생하게 된다.

열폭주를 억제하기 위해서는 배터리 온도를 지속해서 낮춰주거나, 화재 발생 초기 단계에서 신속한 냉각 조치 또는 소화 조치를 하는 것이야말로 배터리 온도를 낮춰 열폭주와 다른 셀로의 열전이를 막는 것이기에 필요하며, 필수적인 대응조치가 된다.

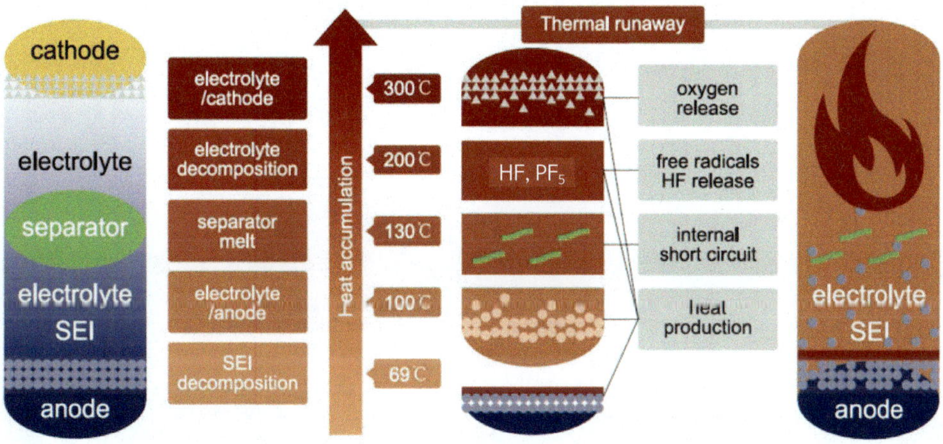

그림 1.27 **온도에 따른 구성요소 변화 및 열폭주 개략도**

(2) 열폭주(Thermal runaway)

열폭주 메커니즘은 연쇄 반응으로 해석이 가능하며, 온도가 비정상적으로 상승하면 화학 반응이 순차적으로 일어나는 연쇄 반응을 형성하게 되는데, 이를 일컫는 Heat-Temperature-Reaction(HTR) 루프는 연쇄 반응의 근본 원인이다. 구체적으로, 비정상적인 발열은 리튬이온 배터리의 온도를 상승시키고 SEI 분해와 같은 부반응을 시작한다.

부반응은 더 많은 열을 방출하여 HTR 루프를 형성한다. HTR 루프는 셀이 열폭주를 겪을 때까지 극도로 높은 온도에서 순환된다.

해당 과정에서 SEI 분해, 양극과 전해질의 반응, PE(폴리에틸렌, 분리막 재료)의 용융, NCM 음극의 분해, 전해액의 분해 등이 순차적으로 진행된다. 분리막의 세라믹 코팅이 파괴되면 대규모 내부 단락으로 인해 배터리의 전기 에너지가 순간적으로 방출되어 전해액이 연소될 수 있는 열폭주가 발생한다.

배터리의 음극 및 양극재료는 열폭주 시 전해액과 반응하며, 전해액은 열폭주 동안 분해될 수 있다. 전해액 중의 $LiPF_6$ 염은 분해반응으로 불화수소(HF) 등을 포함한 물질을 생성하게 된다. 전해액의 양은 열폭주 동안 배터리의 열 생성에 영향을 줄 수 있으며, 이는 가스 발생과도 직결된 문제로 생각된다. 리튬이온 배터리 과학자 제프 단(Jeff Dahn) 박사 등은 LMO(Lithium Manganese Oxide)/전해액의 경우, 전해액이 추가될수록 발열 또한 증가한다는 것을 발견했다.

단, 현재는 이러한 재료의 분석으로만 열폭주 거동을 예측할 수 없어 해당 기술의 개발이 시급한 상태이다. 또한 관련 연구 및 기술개발은 배터리 설계의 안전성 향상에 매우 중요한 요소로 작용될 것이다.

그림 1.28은 리튬이온 배터리의 화재 원인과 과정을 분석한 내용을 자세히 원리적으로 보여주고 있다.

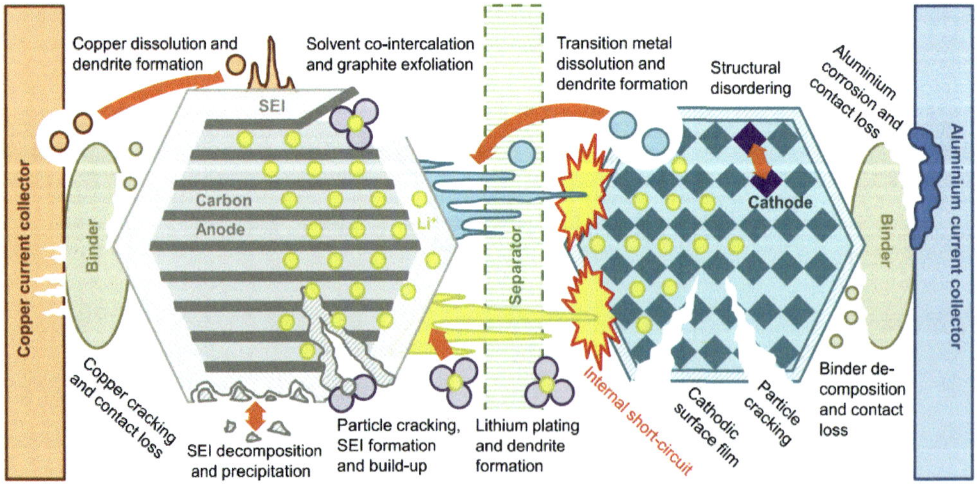

그림 1.28 **리튬이온 배터리의 화재 원인과 과정**

이때 열폭주란 리튬이온전지에 기계적 · 전기적 · 열적으로 이상 조건이 갖춰질 때 발생하는 현상으로, 온도가 비정상적으로 상승하여 화학 반응이 순차적으로 일어나게 된다. 열폭주가 발생하는 과정은 그림 1.29와 같이 크게 4가지 단계로 나눌 수 있다.

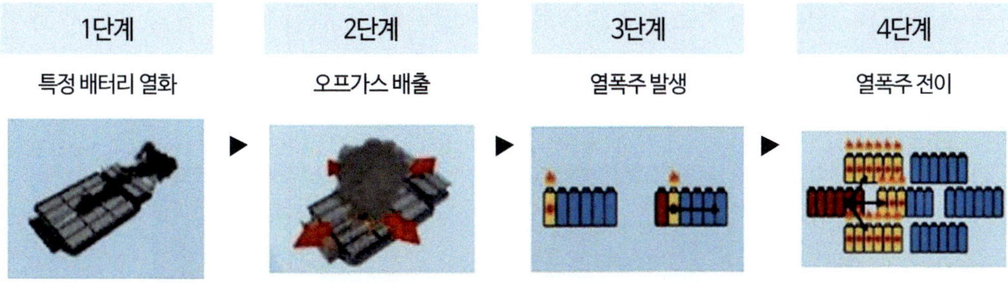

그림 1.29 **전기차 배터리 열폭주 단계(출처 : 국립소방연구원)**

① 1단계 : 특정 배터리 열화

전기차 및 ESS(에너지저장장치) 화재 사례를 분석한 결과, 최초 화재는 배터리 팩 내부의 특정 배터리에서 발생한다.

특정 배터리의 열화 원인은 배터리 팩 내부의 특정 배터리에서의 제조상 결함, 과충전, 외부 전극 간 단락, 외부 충격에 의한 배터리 손상 등으로 최초 화재가 발생한다.

② 2단계 : 오프가스 배출

열화에 의해 배터리 내부 SEI(Solid Electrolyte Interphase, 배터리 제조 후 처음으로 충전할 때 음극재 표면에 생기는 얇은 막을 가리킨다. 배터리를 충전하면 배터리 내 리튬이온이 음극으로 이동하게 되고, 그 과정에서 전해질에 있던 물질들이 처음으로 전기분해될 때 생기는 화학 반응으로 음극재 표면에 고체막이 생성되는데 바로 이 고체막을 SEI라고 부른다)가 분해되면서 온도가 증가하고, 리튬이 전해액의 유기용매와 반응하여 가연성 탄화수소가스(오프가스)가 배출된다.

이때 오프가스에 의해 배터리 내부 압력이 상승해 스웰링(swelling) 현상이 발생한다.

③ 3단계 : 열폭주 발생

1 · 2단계에서 발생한 열과 가연성 가스인 오프가스에 의해 분리막이 용융되어 내부

단락이 일어나는데, 이때 연소 · 폭발이 발생한다.

이후 열폭주 과정에서 리튬산화물이 분해하면서 지속적으로 산소가 공급된다.

④ 4단계 : 열폭주 전이

특정 배터리 셀의 열폭주로 발생한 열로 인한 열전이로 주변 배터리 셀의 온도가 급격히 상승해 연쇄적으로 발화가 유도된다. 그리고 주변 배터리 셀에 열폭주가 발생한다.

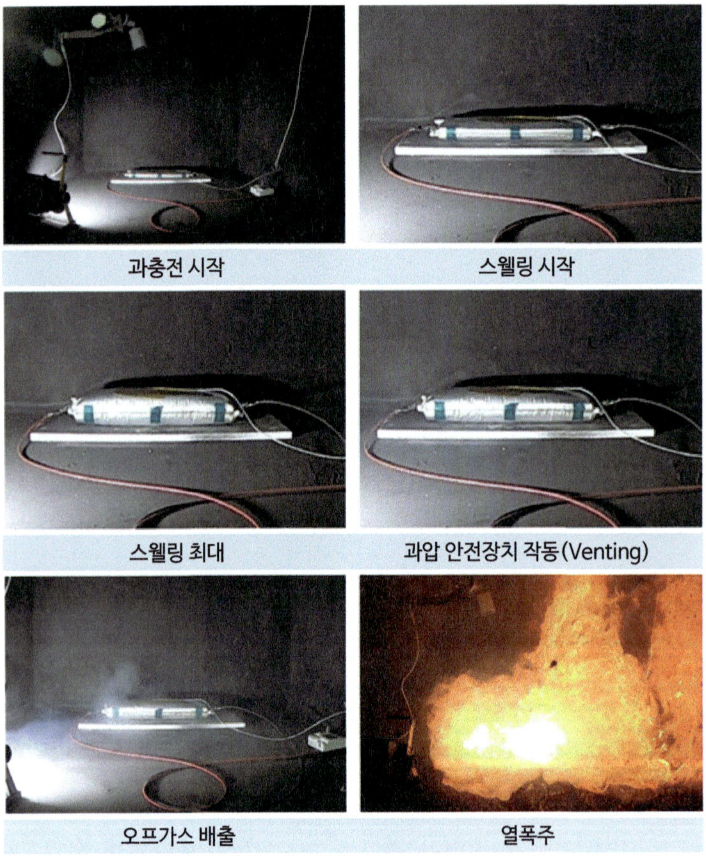

사진 1.3 **리튬이온전지 과충전 실험(출처 : 국립소방연구원)**

사진 1.3은 실제로 열폭주를 유도하기 위해 리튬이온전지에 과충전을 실시한 모습이다. 과충전으로 인해 내부 압력이 증가해 배터리가 팽창하는 스웰링이 발생했고, 이후 과압 안전장치가 작동했다. 하지만 내부 압력이 계속 증가하자 결국 오프가스가 발생해

열폭주 현상으로 이어졌다.

그렇다면 배터리 화재를 미리 방지할 수 있는 방법은 무엇일까?

대표적으로 BMS(Battery Management System, 배터리관리시스템)가 있다. BMS란 수많은 배터리 셀의 온도, 충전 상태, 전압 등을 감시하고 관리하는 역할을 수행하는 시스템으로, 크게 모니터링(monitoring, 감시)과 셀 밸런싱(cell balancing, 셀 균형), 과충·방전 및 과전류를 방지하는 제어 기능이 있다.

BMS가 실시간으로 감지한 이상징후를 차주는 물론 제조사에 알림서비스를 제공해줄 뿐 아니라, 정부가 추진 중인 1단계(주의 단계)로 정비 필요, 2단계(경고 단계)로 제작업체 긴급 출동, 3단계(위험 단계)로 소방 출동 등으로 배터리 위험도 표준 및 실행 조치가 반드시 필요한 상황이다.

배터리는 일반적으로 셀(cell, 원통형·각형·파우치형 등), 셀들을 일정한 개수로 모아둔 모듈(module), 그리고 여러 개의 모듈이 모여 배터리의 최종 형태라 할 수 있는 팩(pack)으로 구성된다. 이때 배터리 팩에 BMS와 열관리시스템, 냉각장치가 추가된다. BMS는 사람으로 치면 뇌에 해당한다고 볼 수 있기 때문에, BMS의 관리가 소홀해지면 배터리는 쉽게 열에 취약해질 수 있다. 이때 충·방전에서 발생하는 열을 관리하지 못하면 배터리 팩에 과도한 온도 상승 및 온도 분포 불균형을 일으켜 수명 및 안정성에 부정적인 영향을 미친다. 따라서 배터리 팩 온도를 최적의 범위로 조정하기 위해 배터리 열관리시스템의 설계 및 개발이 요구된다.

1) 이상조건

열폭주를 발생시키기 위하여 리튬이온 배터리에 인위적으로 가할 수 있는 대표적인 이상 조건으로는 과충전, 가열 등이 있다.

과충전은 통상 배터리에 일정 전류를 지속적으로 인가하는 방식으로 수행된다. State of Charge(SOC, 충전상태) 130% 초과 시 용량 손실이 크고 이는 배터리 수명에 직결될 수 있으며, SOC 140%가 초과될 경우에는 열폭주가 발생될 수 있다. 양극에 NCM+LMO, 음극에 흑연(graphite)을 사용하는 리튬이온 배터리의 과충전 시 피크(peak, 정점) 전압은 약 5.4V 가량으로 확인되며, 해당 전압 초과 시 열폭주가 유발되었다. 분명한 것은 과충전과 화재 발생 여부의 인과 관계가 있다는 사실이다.

가열 방식으로는 배터리 1면 전체를 가열하는 열판가열 방식, 필름 히터 등을 사용하여 일부분만 가열하는 국부가열 방식 등이 있으며, 열원은 외부 또는 내부에서 가할 수 있으나 외부에서 열판 등을 이용하여 가열하는 것이 일반적이다.

2) 발생 가스

발생 가스의 양, 종류 및 비율에 관여되는 요소들은 SOC(충전상태, 현재 배터리의 용량), 화재 발생원인, 용량 등 다양하지만 크게 다음과 같은 순서를 따른다. 일단 화재를 발생시키는 외부 요인에 의해 배터리 내부의 SEI, 전해액 등이 분해되며 가스가 생성된다. 배터리 내부에서는 계속 가스가 생성되어 압력이 증가하게 된다. 증가한 압력으로 인하여 배터리 내부에 설치된 안전장치가 작동하여 1차 분출(1st venting)이 일어나게 된다. 이후 계속된 외부 요인으로 인하여 내부의 분리막이 분해되어 내부 단락이 일어나게 된다. 이때 열폭주가 발생하며 내부 스파크 등 다양한 원인에 의해 연소가스가 점화되어 화염과 함께 2차 분출(2nd venting)이 발생한다. 그림 1.30은 배터리 화재가 발생하는 원인을 설명하기 위한 개략도이다.

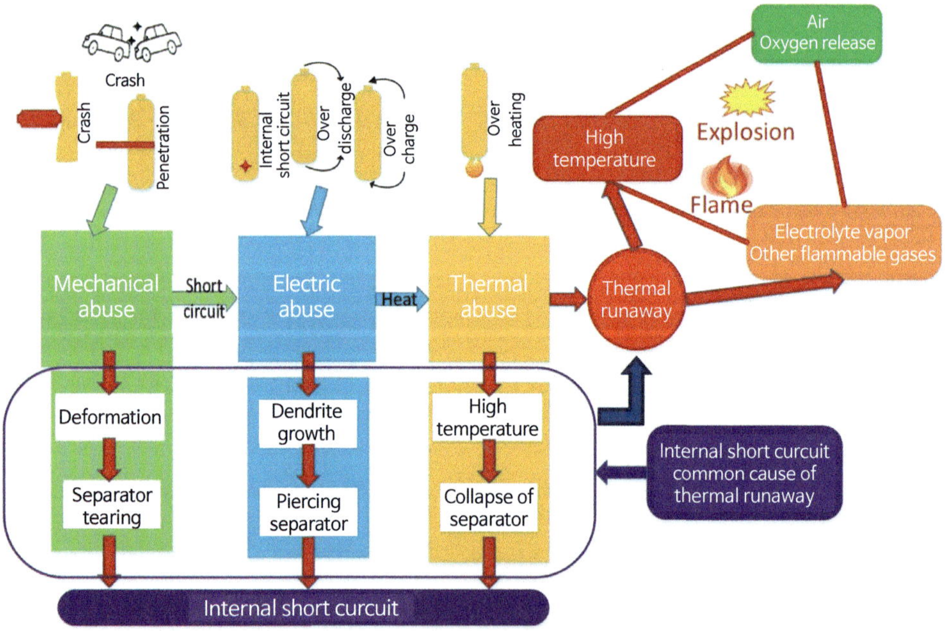

그림 1.30 **배터리 화재 개략도**(Wang, 2019)

(3) 전해액(Liquid electrolyte, 액체 전해질)-이온만 이동시키는 '전해액'

양극과 음극을 설명할 때 리튬이온은 전해액을 통해 이동하고, 전자는 도선을 통해 이동한다고 했으며, 이온은 전해액으로 이동한다. 전자는 도선으로 이동하게 하는 것이 배터리에서 전기를 사용할 수 있는 가장 중요한 포인트(point, 핵심 · 요점)이다. 만약 전자가 도선이 아니라 전해액을 통해 이동하게 되면 전기를 사용할 수 없는 것은 물론이고, 안전성까지 위협받게 된다.

전해액이 바로 그 역할을 수행하는 구성요소로, 양극과 음극 사이에서 리튬이온을 이동할 수 있도록 하는 매개체인 셈이다. 전해액은 리튬이온을 잘 이동시킬 수 있도록 이온 전도도가 높은 물질이 주로 사용된다.

전해액은 염, 용매, 첨가제로 구성되어 있다. 염은 리튬이온이 지나갈 수 있는 이동 통로, 용매는 염을 용해시키기 위해 사용되는 유기 액체, 첨가제는 특정 목적을 위해 소량으로 첨가되는 물질이다. 이렇게 만들어진 전해액은 이온들만 전극으로 이동시키고, 전자는 통과하지 못하게 한다. 전해액의 종류에 따라 리튬이온의 움직임이 둔해지기도, 빨라지기도 하므로, 전해액은 까다로운 조건들을 만족해야만 사용가능하다.

전해질(電解質, electrolyte)은 수용액 상태에서 이온(ion)으로 쪼개져 전류가 흐르는 물질이다. 대표적인 전해질로는 염화나트륨, 황산, 염산, 수산화나트륨, 수산화칼륨, 질

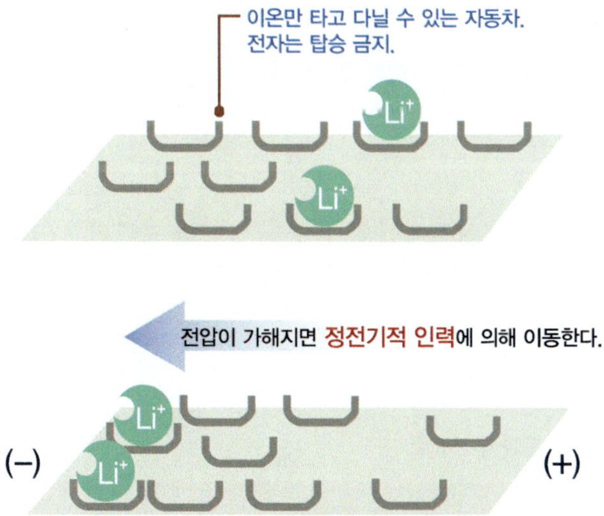

그림 1.31 전해액의 원리 및 기능

산나트륨 등이 있다. 염화나트륨은 고체 상태에서는 전류를 흘려보내지 않아 도체가 될 수 없지만, 수용액 상태에서는 전류를 흘려보내서 전해질이 될 수 있다.

강한 산과 염기나 가용성 염은 강한 전해질이 되고, 약한 산과 염기는 약한 전해질이 된다. 반대로 이온으로 나누어지지 않아서 전류가 통하지 않는 물질을 비전해질이라 한다. 그러나 최근 꿈의 배터리라 불리는 전고체 배터리(all solid state battery)는 전해액을 고체(즉, 고분자 소재, polymer)로 바꾼 획기적으로 안전성을 꾀하는 이차전지이다. 그림 1.31은 전해액의 원리 및 기능을 알기 쉽게 설명해준다.

전해액(liquid electrolyte)의 주요 기능(역할)을 정리하면 다음과 같다.

① 분리막과 더불어 전자의 이동을 막는 안전장치이며, 리튬이온이 전극 사이를 오갈 수 있게 하는 매개체(매질) 역할을 한다.

② 이온의 이동을 촉진시켜 전도성을 높이는 촉매 역할을 한다.

㉠ 충전 : 양이온화된 리튬이온이 전해액을 통해 배터리 내부의 전체 균형을 맞춰 주기 위해 (+)극에서 (−)극으로 이동

㉡ 방전 : 음이온화된 리튬이온이 전해액을 통해 배터리 내부의 전체 균형을 맞춰 주기 위해 (−)극에서 (+)극으로 이동

③ 전해액은 전자에 대한 전도성이 없기 때문에 분리막과 함께 전자의 이동은 허용하지 않고, 전자는 도선을 통해 리튬이온만 전해액을 통해 흐르면서 배터리의 과반응에 의한 위험성을 낮추는 역할을 한다. 상대적으로 전자의 이동속도보다 느린 리튬이온의 이동을 빠르게 하는 촉매 역할로, 현재는 이러한 역할을 할 수 있는 최선의 방법으로 액체 전해질이 널리 사용된다. 그리고 안전성과 성능이 더 뛰어난 고체나 젤(gel) 형태 전해질에 대한 연구도 활발히 진행되고 있다.

리튬이온 이차전지의 주요 구분과 구성요소는 표 1.7과 같다.

표 1.7 **이차전지의 주요 구분과 구성요소**

구 분	주요 구성요소
양극(Positive electrode)	활물질, 도전재, 결합제, 기재
음극(Negative electrode)	활물질, 결합제, 기재

구 분	주요 구성요소
분리막(Separator)	미세 다공성 폴리에틸렌 수지막(격리막)
전해액(Organic electrolyte)	리튬염+유기용매 ($LiPF_6$, $LiBF_4$, $LiClO_4$ 등)+(EC, PC, DMC, DEC 등)
안전장치(Safety devices)	Safety vent, PTC, CID, 보호회로

① 양극재료 : 충전 시에 리튬이 언도핑(undoping, 도핑 해제)되고, 방전 시에는 도핑(doping, 불순물(dopant)을 추가, 첨가하여 전기적·물리적 특성을 조절하거나 변화시키는 것을 의미)될 수 있는 화합물

예 $LiCoO_2$(코발트산리튬), $LiNiO_2$(니켈산리튬), $LiMn_2O_2$(스피넬형 리튬망간산화물)

② 음극재료 : 탄소 재료가 주로 사용되고 있다.

예 흑연계(graphite series), 탄소흑연(코크스계, graphitizable carbon), 난흑연화성탄소계(nongraphitizable carbon)

③ 분리막 : 양극과 음극 사이의 전자적·물리적 접촉을 방지하면서 이온을 통과시키는 스페이서(spacer, 양극·음극·분리막이 잘 밀착하게 도와주는 역할을 한다)로서 이용한다.

④ 전해액 : 유기용매를 주체로 하는 비수전해액을 이용하고, 용매에는 리튬염을 용해해 이온 도전성을 부여하고 리튬과의 화학반응을 막기 위해 비프로톤성(非proton, 양성자를 받아들이거나, 반대로 양성자를 내주면서 음이온으로 되지 않는 성질) 극성을 가진 것이 사용된다.

전해액은 리튬이온 이차전지를 구성하는 주요 소재 중 하나이다. 이차전지의 양극 활물질과 음극 활물질 간에 리튬이온이 원활하게 이동할 수 있도록 도와주는 역할을 한다. 전해액은 리튬염, 용매, 첨가제로 구성된다.

리튬염은 음이온의 크기가 크고 이온 전도도가 우수한 $LiPF_6$(6불화인산리튬)를 상업용 전해액의 표준으로 사용하고, $LiBF_4$(리튬테트라플루우오로보레이트), $AsFAsFAsF_6$, $LiClO_4$(과염소산리튬), LiTFSi(리튬비스마이드), LiBOB(B전해질) 등도 사용된다.

유기용매는 유전율과 점도가 높은 고리형 카보네이트(EC, PC 등)를 기본 용매로 하고, 유전율과 점도가 낮은 사슬형 카보네이트(DMC, DEC, EMC 등)를 보조 용매로 혼합해 제조한다.

국내외 전해액 제조업체들은 전해질의 안정적인 확보와 저가격화, 고순도화를 적극적으로 추진하고 있다. 전해액 제조기술은 성숙 단계에 와 있기 때문에 양산하는 것 외에 저가격화의 길은 없다. 그러므로 전해액의 저가격화를 위해서는 고성능의 저가 첨가제 확보가 필요하며, 더불어 고기능화도 점점 더 중요한 해결과제로 대두되고 있는 상황이다.

또한 산업기기용이나 자동차용 중대형급 이상의 이차전지 수요가 급속히 증가 추세에 있기 때문에 이차전지의 안정성 향상과 저가격화 요구가 점차 커지고 있다. 이에 따라 전해액 첨가제의 고기능화, 저가격화의 필요성이 당연히 증가하고 있는 실정이다.

수요가 높아짐에 따라 전해액 첨가제의 고기능화와 저가격화는 지속적인 기술개발과 공정혁신, 품질향상 등을 통해 최종 완성화가 시급하다.

1) 전해질 개요

리튬이온 이차전지에서 전해액의 중요성 및 구성을 살펴보면, 분리막의 원가 비중은 리튬이온 이차전지 재료비 중에서 비중이 약 4%로, 원가에서는 큰 비중을 차지하지는 않지만 성능 및 가격 면에서 꾸준한 개선이 요구되고 있는 상황이다.

리튬이온 이차전지의 전해질(electrolyte)은 리튬이온을 전달하는 매개체로 구성에 따라 액체 전해질, 고분자젤 전해질, 이온성 액체 전해질, 고체 고분자 전해질 등 다양하다. 액체 전해질이 사실상 현재 리튬이온 이차전지의 대표적인 전해질이며, 용매가 액체이기에 '전해액'으로도 통용되고 있다.

전해액은 리튬이온 배터리에서 액체 상태의 전해질로, 전해액은 양극과 음극 사이 리튬이온(Li^+)의 이동을 가능하게 하는 물질로 양극과 음극의 표면을 안정화시키며 배터

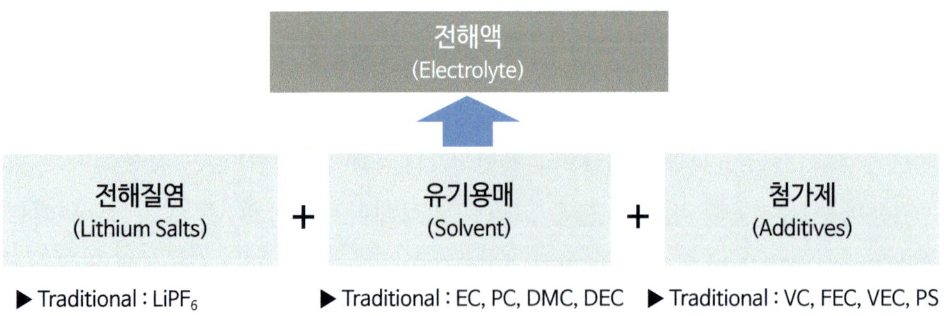

그림 1.32 **액체 전해질(전해액)의 성분 구성**

리의 수명과 셀 특성을 향상시키는 등 배터리 4대 소재의 핵심적인 한 축을 담당하고 있다.

그림 1.32는 현재 가장 일반적으로 사용하고 있는 액체 전해질(전해액)의 성분 구성을 나타내고 있다.

2) 전해질의 역할

① 배터리 내부의 양극과 음극 사이에서 리튬이온이 원활하게 이동하도록 돕는 매개체이다.

② 전해질은 리튬이온의 원활한 이동을 위해 이온 전도도가 높은 물질이어야 하며, 안전을 위해 전기화학적 안정성, 발화점이 높아야 한다. 또한 전자의 경우 출입을 막아 외부 도선으로만 이동하도록 만들어야 한다.

③ 현재 액체 전해질이 널리 사용되고 있다. 안전성과 성능이 더 뛰어난 고체나 젤 형태 전해질에 대한 연구도 활발히 진행 중이다.

그림 1.33은 액체 전해질인 전해액의 역할을 형상화한 이미지이다.

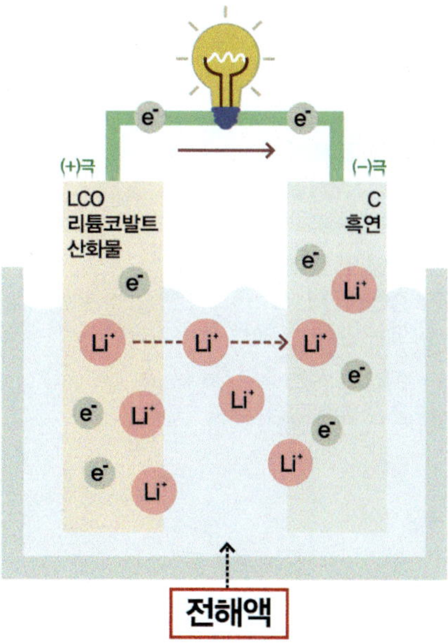

그림 1.33 **액체 전해질(전해액)의 역할**

3) 전해질의 종류

전해질의 경우 높은 이온 전도도와 전기화학적 안정성이 매우 중요하다.

현재 사용되고 있는 액체 전해질(전해액)은 전해질염(40%), 첨가제(30%), 유기용매(30%)로 구성된다.

전해질염(리튬염, Lithium salt)은 높은 이온 전도도와 화학적 안정성이 중요하다. 소형 IT기기용으로 $LiPF_6$(6불화인산리튬)이 대표적이며, 전기차용에는 다양한 전해질을 추가로 혼합해 사용한다.

$LiPF_6$(6불화인산리튬)은 범용 전해질로 주로 많이 사용된다. 이는 주로 소형전지용 전해질로 이용된다. 단점으론 열적으로 불안정하고 수분과 반응하면 불화수소(HF)가 생성되어 배터리 성능 저하가 일어난다.

전기차용 중대형전지에는 LiFSI(F전해질), $LiPO_2F_2$(P전해질), LiDFOP(D전해질), LiBOB(B전해질) 등이 사용되고 있다.

표 1.8은 이차전지(배터리)의 전해질 종류 및 특징과 사용 용도를 설명한다.

표 1.8 이차전지(배터리)의 전해질 종류 및 특징

	소 재	특 징	배터리 제조사	적용 전기차
F전해질	LiFSI	• 방출용량 향상(고출력) • 안정성(내부식성) 향상 • 수명연장 • 저온에서 방전 억제	LGES, SDI, CATL, Panasonic	쉐보레, 현대차, 르노, 테슬라
P전해질	$LiPO_2F_2$	• 수명 및 출력 향상 • 충전시간 단축 • 고온 안정성 향상	LGES, SDI, CATL, SKI	BMW, 쉐보레
D전해질	LiDFOP	• 수명 및 출력 향상 • 충전시간 단축 • 고온 안정성 향상	SDI, SKI	기아, 벤츠
B전해질	LiBOB	• 상온 및 저온 출력 증대 • 순간 출력 향상	SDI, Panasonic	BMW

(4) 전해질 구성요소

1) 리튬염(Lithium salt)

① 리튬이온이 이동할 수 있는 통로이다.

② 기본적으로 용매에 쉽게 용해되거나 해리(解離, dissociation : 분자 및 소금 따위가

분리 또는 분열하여 보다 작은 분자나 이온이 생기는 과정)가 잘 돼야 하며 해리된 이온들이 잘 이동할 수 있어야 한다.

③ 보편적으로 적용되는 리튬염은 $LiPF_6$(리튬-인산-불소로 구성), 이온 이동, 용해도, 화학적 안정성이 다른 염에 비해 우수하다.

표 1.9는 리튬염의 종류 및 특성을 비교한 내용을 나타낸다.

표 1.9 **리튬염의 종류 및 특성 비교**

구 분	$LiPF_6$	$LiBF_4$	$LiCF_3SO_3$	$Li(CF_3SO_2)_2N$	$LiClO_4$
용해도	◎	○	○	◎	◎
이온 전도도	◎	○	△	◎	◎
저온 특성	○	△	△	○	○
고온 안정성	×	○	○	○	×
재료적합성:Al	○	○	×	×	○
재료적합성:Cu	○	○	○	○	○

◎ : 매우 좋음, ○ : 좋음, △ : 보통, × : 나쁨

비고 : 유기용매는 리튬염을 용해시키는 이온 전도성, 점도, 비수소이온성(aprotic), 극성 등의 특성치 충족이 필요하다.

2) 유기용매(Organic solvent)

① 리튬염을 잘 용해시켜 리튬이 원활하게 이동할 수 있도록 돕는 역할을 한다.

② 리튬염에 대한 용해도가 커야 하며, 점도가 낮아야 한다.

③ 용매의 종류에 따라 다르나 높은 이온 전도도 확보를 위해 염에 대한 용해도가 큰 환형 구조와 점도가 낮은 선형구조의 조합이 중요하다.

④ 리튬은 수분을 만나면 급격한 반응을 일으키기 때문에 낮은 화학 반응성을 갖춰야 한다.

그림 1.34는 유기용매의 종류 및 특성을 비교하여 나타낸다.

Cyclic Carbonate :

Ethylene Carbonate (EC)

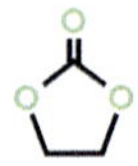

Propylene Carbonate (PC)

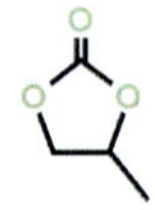

Dimethyl Carbonate (DMC)

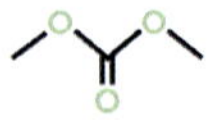

Ethyl methyl Carbonate (EMC)

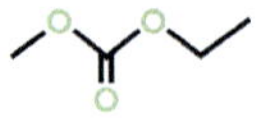

Diethyl Carbonate (DEC)

구 분	용매	분자량(MW)	융점(Tm/℃)	비점 (Th/℃)	점도(η)	유전율(ε)
기본 용매	EC	88	36.4	248	1.90	89.8
	PC	102	-48.8	242	2.53	64.9
보조 용매	DMC	90	4.6	91	0.59	3.1
	DEC	118	-74.3	126	0.75	2.8
	EMC	104	-53	110	0.65	3.0

비고 : 유기용매는 리튬염을 용해시키는 이온 전도성, 점도, 비수소이온성(aprotic), 극성 등의 특성치 충족이 필요하다.

그림 1.34 **유기용매의 종류 및 특성 비교**

3) 전해액의 중요성 및 구성

유기용매(organic solvent)는 전해질을 쉽게 용해시키기 위해 유전율 상수 20 이상인 고(高)유전율을 가져야 하며, 점도는 1cP(centipoise, 센티푸아즈) 이하 그리고 낮은 융점 등의 특성이 필요하다. 유전율이 높아지면 극성이 높아져 점도가 증가하고, 리튬이온의 빠른 이동을 방해한다.

고(高)유전율을 가지는 고리형 카보네이트(EC, PC)를 기본용매로 사용하고, 점도를 낮추는 사슬형 카보네이트(DMC, EMC, DEC)를 혼합해 사용하고 있다.

4) 첨가제(Additive)

① 특정한 목적을 위해 소량으로 첨가되는 물질로 양극이나 음극 표면에 보호막을 형성하는 역할을 한다.

② 리튬이 양극과 음극 사이를 원활하게 이동할 수 있도록 도와주고, 배터리의 성능이 악화되는 것을 방지하는 핵심적인 역할을 수행한다.

③ 양극 보호 첨가제는 양극의 구조를 안정화시키거나 표면을 보호해 열화를 억제하면서 발열을 개선시키거나 과충전을 방지하는 역할이다.

④ 음극 보호 첨가제는 용매보다 먼저 분해되어 음극에 튼튼한 막을 형성해 수명 향상, 발열 감소, 배터리 용량 유지 등의 역할을 한다.

⑤ 전해액 용매에 잘 녹고 화학적으로 안정성이 있어야 한다.

그림 1.35는 주요 첨가제의 종류 및 특징적인 구조를 비교하여 보여주고 있다.

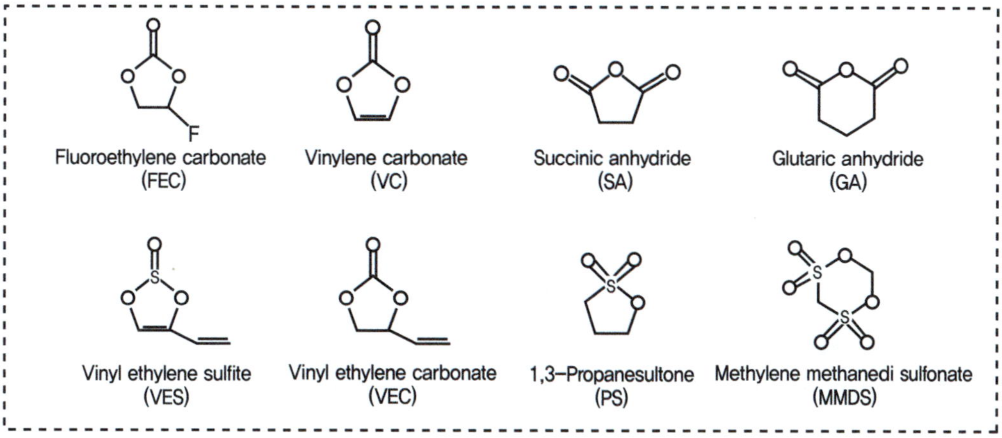

그림 1.35 **주요 첨가제의 종류 및 구조**

(5) 전해질 요구특성

1) 이차전지(배터리) 전해질의 기술적 요구특성

이차전지(배터리)에 사용되는 전해질에 있어 요구되는 기술적 요구특성은 이온 전도도, 전극에 대한 안정성, 가용 온도범위, 안전성 등 다양하다. 이를 정리하면 다음과 같다.

① 이온 전도도

전지의 고속 충·방전 시 리튬이온의 이동속도가 관건이다.

② 전극 안정성

전해질은 양극과의 산화반응, 음극과의 환원반응으로 전기화학적 안정성이 필수 고려

사항이다.

③ 온도범위

사용 가능한 온도범위가 넓어야 전지의 사용환경의 자유도가 증가하며, 모바일(mobile)의 경우 통상 -20~60℃ 범위 내외이다.

④ 안전성

사용되는 유기용매(organic solvent)가 가연성이므로, 발화 및 인화의 요인으로 작용할 수 있기에 난연성 · 불연성이 강조되며 독성 안전도 중요하다.

⑤ 전해액 품질

전해액은 용매(solvent) 순도(99.99% 이상), 수분(20ppm 이하), 금속이온(5ppm 이하), 양성자성(protic), 용매량(100ppm 이하) 등 품질 유지가 필요하다.

2) 전해질 특성

① 리튬이온은 양극에서 전해액을 통해 음극으로 이동한다.
② 전해질은 이온 수송을 위해 낮은 화학적 반응성과 높은 이온 전도도가 요구된다.
③ 액체 전해질, 젤 고분자 전해질, 이온성 액체 전해질로 구분한다.
④ 높은 안전성 유기용매에 리튬염을 용해한 액체 전해질(전해액)이 대표적으로 사용된다.
⑤ 액체 전해질의 온도 제약의 단점을 보완하기 위해 고온 안전성이 뛰어난 고체 전해질로 교체하고자 하는 연구개발이 현재 급속히 진행되고 있다. 이는 꿈의 배터리라고 불리는 전고체 배터리(All solid state battery)와 연계되는 핵심요소이며 부품소재이다.

표 1.10은 전고체 배터리와 관련된 핵심요소기술(CTE, Critical Technology Element)을 단계적으로 나열한 것이다.

표 1.10 전고체 배터리 관련 핵심요소기술(CTE, Critical Technology Element)

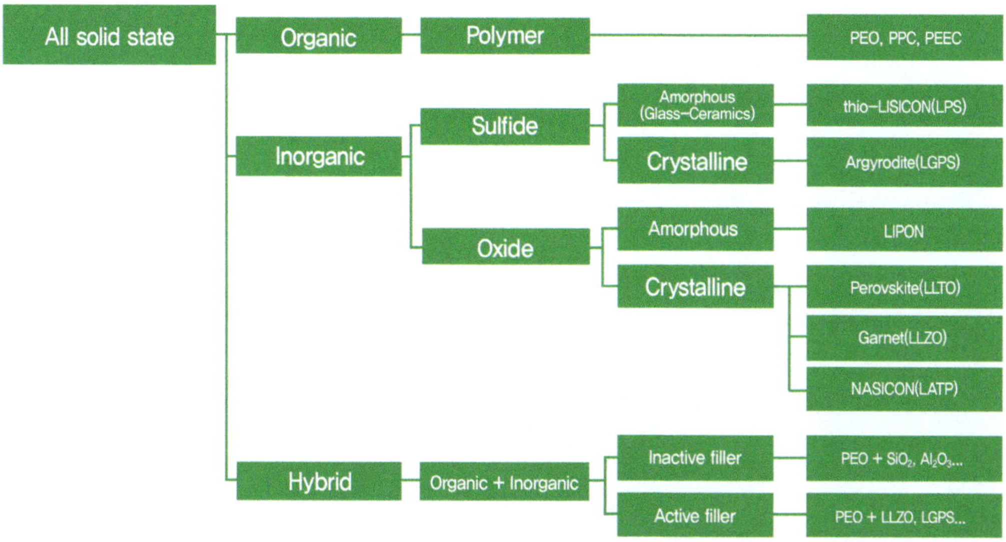

① 유기 고체 전해질

㉠ 고분자 매트릭스(Polymer matrix, Polymer Matrix Composites, 매트릭스 수지(폴리머 복합재료)는 내부에 구성된 각각의 섬유들로부터 복합재에 가해진 하중을 분산시키고 마모나 충격으로부터 섬유의 파손을 방지한다. 높은 강도와 강성, 복잡한 형상의 쉬운 성형성, 우수한 내환경성은 재료의 낮은 밀도와 함께 하여 복합재(composites)를 수많은 응용 분야에서 금속에 비해 우수한 성질을 갖고 있다) 내에서 해리되어 리튬이온전도가 된다.

㉡ 상온 혹은 그 이하에서 이온 전도도가 높아야 한다.

㉢ 높은 기계적 강도를 가져야 한다.

㉣ 적절한 전하 수송수(數, 個數, 개수)를 가져야 한다.

㉤ 열적, 전기화학적 안정성이 좋고 전극과의 친화력이 있어야 한다.

표 1.11은 유기 고체 전해질의 종류와 특징을 비교하여 설명하고 있다.

표 1.11 **유기 고체 전해질의 종류와 특징 비교**

Polymer host(Matrix)	Repeating unit	Ionic conductivity(Scm^{-1})
Poly(ethylene oxide)	$-(CH_2CH_2O)_n-$	2.6×10^{-4}
Poly(vinylidene fluoride)	$-(CH_2-CF_2)_n-$	4.5×10^{-3}
Poly(vinylidene fluoride - hexafluoro propylene)	$-[(CH_2-CF_2)-(CF_2-CF-(CF_3))]_n-$	4.3×10^{-3}
Poly(methyl methacrylate)	$-(CH_3C(-CH_3)(-COOCH_3))_n-$	7.3×10^{-6}
Poly(vinyl chloride)	$-(CH_2-CHCl)_n-$	2.83×10^{-6}
Poly(vinyl alcohol)	$-(CH_2-CH(-OH))_n-$	4.75×10^{-2}
Poly(acrylic acid)	$-(CH_2-CH(-COOH))_n-$	2.15×10^{-4}
Poly(acrylonitrile)	$-(CH_2-CH(-CN))_n-$	5.7×10^{-4}
Poly(ethyl methacrylate)	$-(CH_2-C(-CH_3)(-COOCH_2CH_3))_n-$	1.17×10^{-4}
Poly(caprolactone)	$-(O-(CH_2)_5-CO)_n-$	3.8×10^{-5}

② PEO(Polyethylene oxide, 폴리에틸렌 옥사이드)

㉠ 친수성으로 생체적합성 폴리에테르(Polyether) 화합물이며, 폴리에틸렌 글리콜(Polyethylene glycol)이라고도 한다.

㉡ 1975년 영국의 라이트(P.V. Wright) 등에 의하여 발표된 고분자이다(영국 폴리머 저널-논문 : 폴리(에틸렌 옥사이드) 이온 복합체의 전기전도도).

㉢ 전해질 제작을 위해 리튬염을 녹여서 제작한다.

㉣ 화학적, 전기화학적 안정성이 높고, 고용량의 리튬금속 전극 사용이 가능하다.

㉤ PEO계 고분자 전해질의 경우 결정질 구정과 비정질이 혼합된 이중 상계(two-phase system)이다.

㉥ 상온에서 낮은 이온 전도도를 가지는 것이 단점이다.

그림 1.36은 PEO(Polyethylene oxide)와 금속염인 과염소산 리튬(Lithium perchlorate), $LiClO_4$를 블렌딩(blending, 혼합)하고 자외선으로 가교시킴으로써 이온전도 특성을 좋게 하는 고체 전해질을 만드는 분자 구조를 보여준다.

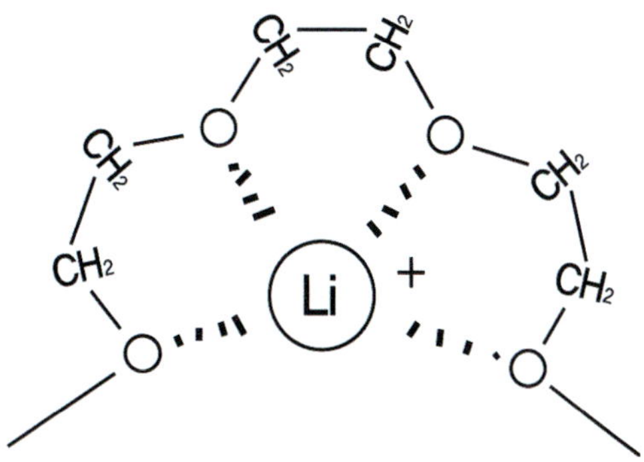

그림 1.36 PEO(Polyethylene oxide)와 과염소산 리튬($LiClO_4$)의 혼합

사진 1.4는 프랑스 볼로레(Bollore) 회사가 생산하는 전기차 볼로레 블루카(Bollore blue car)이다. 여기에 사용하는 LMP(리튬망간인산염) 배터리는 PEO 기반의 고분자 전해질을 사용한다. 양극으로는 리튬인산철(LFP)을, 음극은 리튬메탈을 사용하고 있다.

사진 1.4 LMP 배터리를 사용하는 볼로레 블루카

02 전기차 화재 원인 및 화재 메커니즘 분석

(1) 전기차 주차 중 화재

전기차 주차 중 화재는 배터리 셀의 내부 단락으로 인해 발생한 열폭주(thermal runaway)가 인접한 셀로 확산 전이되는 현상이다.

열폭주(thermal runaway)는 셀에서 발생한 내부 단락으로 인한 발열 반응으로 지속적으로 온도가 상승하여 제어 불가능한 상태가 되는 현상이다.

내부 단락에 의한 화재 원인은 셀 제조 불량으로 화재가 반복 · 재연되는 경우와 셀 내 금속성 이물질 유입 · 발생 및 분리막 손상 등에 따른 일회성 화재로 구분된다.

제조 불량의 경우 결함조사를 통해 원인 규명 및 리콜(recall)을 실시하고 있다. 다음의 사례를 들어 설명하면,

① 현대 전기차 코나EV, GM 볼트EV 화재의 경우는 셀 적층 방법 등 제작 불량으로 만충전(완충전, 완전충전) 반복 시 내부 단락으로 인해 화재가 발생했으며 총 64건의 주차 화재를 분석해보면, 코나EV, GM 볼트EV의 주차 중 화재 발생 건은 31건으로 전체 64건 대비 48.4%를 차지하고 있다(2018~2023.7.16까지의 총 64건).

② 화재 발생 등 배터리 결함 원인으로 인한 리콜 배상금액이 코나EV 1조 4천억 원, 볼트EV 2조 3천억 원 가량으로 추정된다.

배터리 셀 제조과정 중 금속성 이물질이 유입되거나 사용 중 전극 등에서 탈락되어 금속성 이물질이 발생할 경우 등 화학적 특성 변화에 의한 화재의 경우는 원인 규명 및 사전 점검 등으로 문제(화재 가능성) 확인이 불가하다.

그림 1.37은 내부 단락 발생 원인을 보여준다.

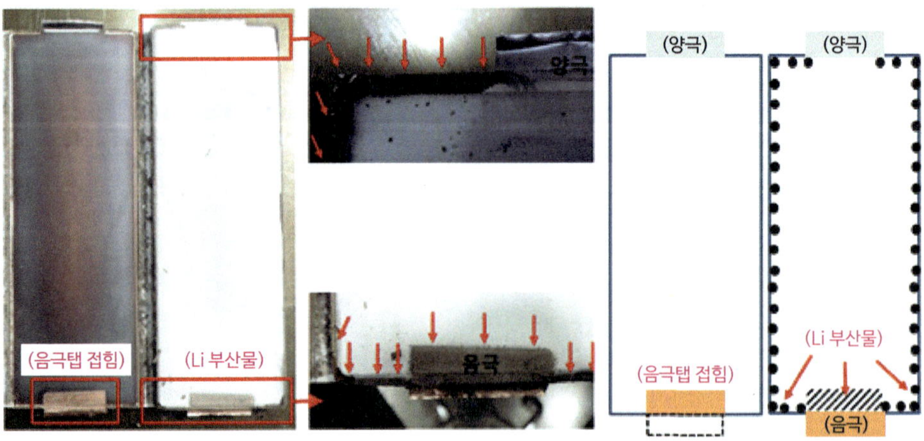

(a) 리튬 부산물 형성으로 인한 내부 단락

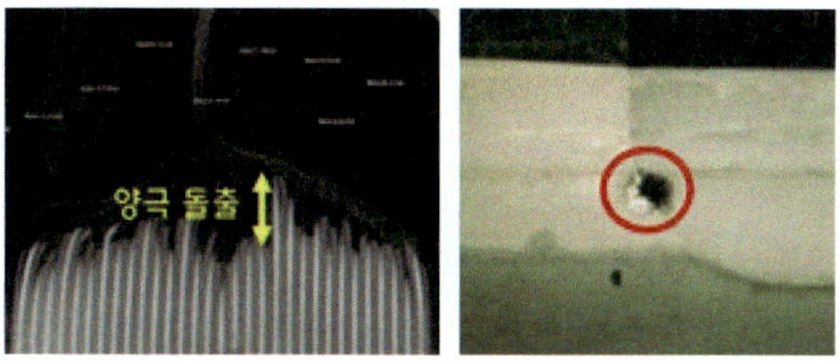

(b) 양 · 음극의 정렬 불량, 분리막 손상

그림 1.37 **내부 단락 발생 원인**

③ BMS 전원 차단으로 셀 밸런싱 등 능동 대응 불가에 따라 피해 확대

주차 중 배터리 화재는 BMS 전원 차단으로 열폭주 발생 시 감지가 불가함에 따라 열폭주 조기 감지와 열전이 억제 기술 개발 및 성능 검증을 위한 평가제도 도입이 필요하다.

(2) 전기차 충돌 후 화재 주요 특성

충돌 사고 후 전기차 화재는 배터리 팩 변형으로 인한 셀 내부 단락이 직접적인 원인이다.

① 국내 전기차 충돌 후 화재 특성은 중대사고조사처로부터 제공받은 2020년 12월~2023년 7월까지 9건의 화재 사고에 대해 분석하면, 9건 중 8건은 충돌 직후 배터리 셀 내부 단락, 1건은 주행 중 배터리 팩 손상 부위로 수분 유입으로 화재가 발생했다.

② 충돌사고 유형별 화재 원인은 다음과 같다.

㉠ 고속 정면 충돌 : 고속 정면 충돌의 경우, 변형된 차체의 일부에 의해 배터리 팩 손상 및 배터리 셀 내부 단락으로 화재가 발생했다(6건).

㉡ 하부 충돌 : 도로시설물 등이 차체의 하부 배터리와 직접 접촉하는 유형으로 배터리 팩 손상으로 인한 셀 내부 단락으로 화재가 발생했다(3건). 특히, 하부 충돌 시는 낮은 충돌 속도에서도 배터리가 심하게 파손되는 특성을 보인다.

충돌 후 전기차 화재 발생 메커니즘은 내연기관과 달리 전기차 구조적 특성에 따라 차체 변형 또는 도로연석 등 인프라와의 직접 접촉으로 배터리 팩 변형이 내부 셀 단락으로 이어지는 것으로 분석된다.

그림 1.38은 내연기관 대비 전기차 화재 메커니즘 비교를 보여준다. (a)는 연료 · 오일 계통 화재의 발생 메커니즘이다.

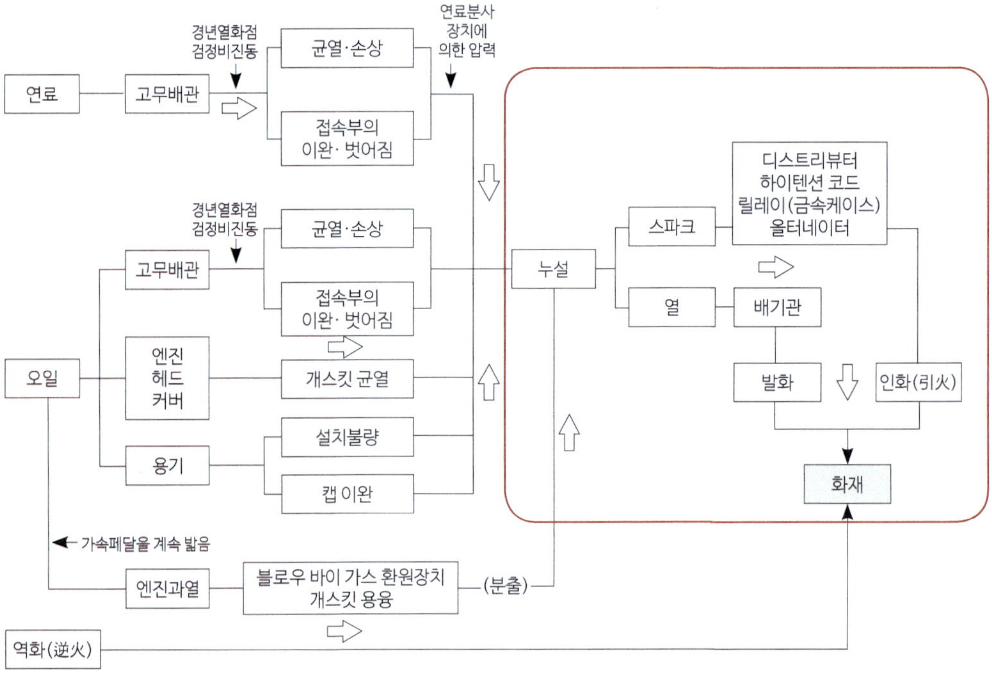

(a) 내연기관차 화재 메커니즘(누설된 연료와 외부 발화원과 접촉으로 발생)

(b) 전기차 화재 메커니즘(충격에 의한 배터리 팩 변형 및 내부 단락으로 발생)

그림 1.38 내연기관 vs 전기차 화재 메커니즘 비교

(3) 전기차 화재 가능성 검증 및 평가

따라서, 전기차 화재 가능성 검증 및 평가를 위해 폭발성이 있는 리튬이온 이차전지를 탑재한 전기차의 구조적 특성을 고려한 충돌안전성 평가기술의 개발 및 평가제도 도입이 필요하다.

1) 쏠림 및 차량전복을 고려한 배터리 안전성 평가 테스트 연구

① 현재 전기차에 사용되고 있는 리튬이온 배터리는 양극, 음극, 전해질, 분리막의 4개의 구성요소로 이뤄져 있는데 양극과 음극 사이에 분리막이 있어 두 극판이 직접적으로 접촉되는 것을 방지하고 있으나, 배터리가 외부로부터 충격을 받는 사고가 나면 분리막이 손상돼 양극과 음극이 직접 만나게 되고 강한 에너지가 발생하게 된다.

② 따라서 배터리의 발화 방지를 위해서는, 배터리 제조사는 배터리 내부의 양극과 음극이 접촉되지 않도록 하는 것이 중요하고 대부분의 배터리 안전성 테스트는 음극과 양극의 접촉 방지에 집중하고 있다.

③ 삼성SDI는 배터리 화재의 위험성에 대비하기 위해 생산하는 전기차용 배터리들에 대해 압축, 관통, 낙하, 진동, 과충전, 단락, 고열, 열충격 등 10가지의 안전성 평가를 진행하고 있다.

④ 전기차용 배터리의 경우 운행 환경에서 예기치 못한 사고를 대비하여, 자동차 사고 시 물리적 충격을 가정한 관성과 전복 테스트를 추가로 진행할 필요가 있다.

⑤ 이 테스트들은 자동차가 급정거하는 상황에서 차량에 탑재된 배터리들이 관성에 의해 내부 구성물이 한쪽으로 쏠리거나 자동차가 사고로 전복돼 배터리가 뒤집히거나 회전할 때의 안전성을 검증하기 위함이다.

⑥ 삼성SDI는 배터리 안전성 테스트들을 원활히 하기 위해 배터리 내구성 시험을 위한 '안전성 평가동'을 울산사업장에 갖추고 극한 조건에서 전기자동차와 ESS 등 중대형 배터리의 성능을 테스트하고 있다.

안전성 평가동은 1,900m^{2}의 면적 내에 배터리 안전성 검사를 위한 여러 가지 실험실 및 검사장비들을 갖추고, 특수 콘크리트를 사용해 벽 두께만 40cm으로 TNT 50여 개가 동시에 폭발해도 견딜 수 있도록 설계하고 있다.

2) 충돌로 인한 배터리 안전성 예측을 위한 해석 시스템 개발 연구

충돌 시 배터리 셀의 파단으로 인하여 발생하는 유독가스 또는 화재의 안전성 예측을 위한 모델 개발이 주요 연구내용이며 이를 위해 배터리 셀 단위의 해석 모델의 개발 및 시험 검증에 대한 연구를 진행하고 있다.

3) 하부 충돌로 인한 배터리 및 배터리 셀 안전성 예측 연구

그림 1.39와 같이 도로 위의 잔해가 전기차 하부에 충격을 주는 상황을 고려하여 배터리에 미치는 영향을 분석하는 연구로 잔해의 형상적 특성으로 인하여 배터리 하부에 가하는 영향도 분석(특히, 형상에 따른 침투 수준 분석)과 잔해의 형상의 차이로 인하여 배터리 셀이 받는 영향도를 시뮬레이션을 기반으로 분석하는 연구가 진행 중이다.

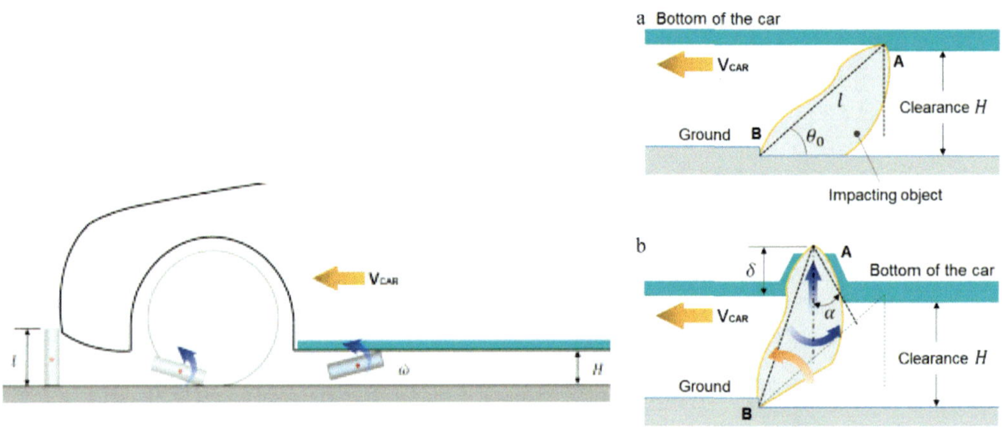

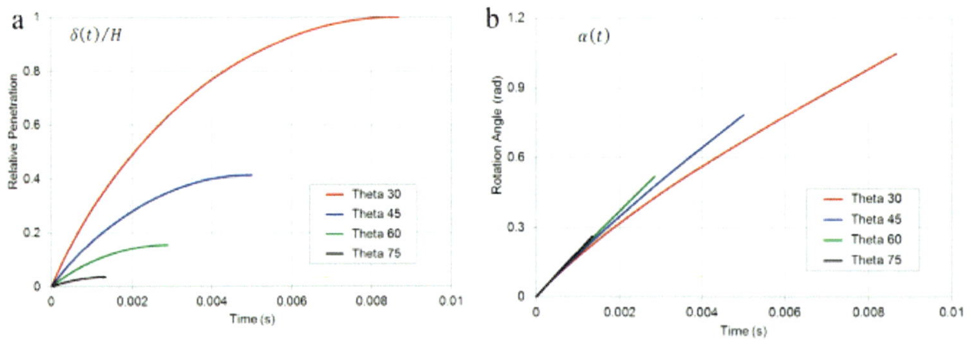

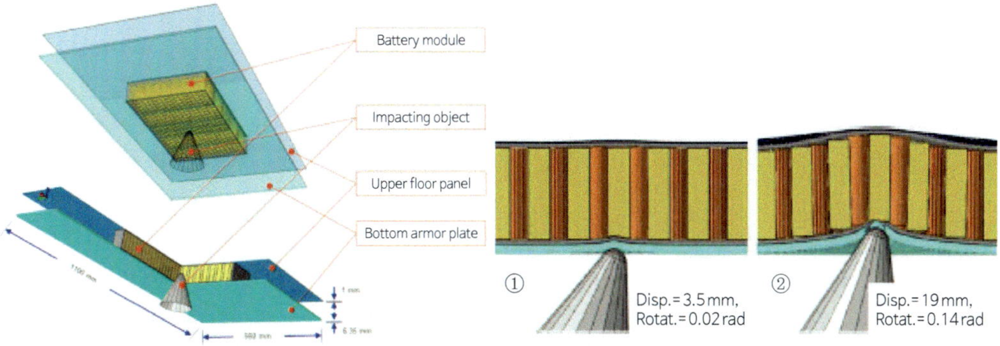

그림 1.39 **도로 위의 잔해에 대한 하부 충돌 안전성 분석**

2018~2023년 4월까지의 전기차 화재 현장조사 55건에 대해 발생 유형과 요인 그리고 비율을 분석하면 표 1.12에서 보여주는 바와 같이 화재 유형은 주행 중, 충돌 후, 충전 중, 주차 중, 고전압 배터리로 분류할 수 있으며 화재 요인은 고전압 배터리, 차량 기타 부품, 기타 외부요인으로 구분할 수 있고 마지막으로 비율 관점에서는 고전압 배터리로 인한 화재가 78%, 그 중에서 주차 중 발생 화재가 64%로 매우 높아 아파트나 다양한 여가시설 등의 주차시설에서 대형화재의 발생이 우려된다. 시급히 이에 대한 대책이 필요한 상황이다.

표 1.12 **전기차 배터리 화재 유형 및 요인별 건수**

구 분		화 재						계
		주행 중	충돌 후	충전 중	주차 중	고전압배터리	계	
건수(비율)		9(17%)	8(15%)	5(9%)	29(54%)	3(5%)	-	54(100%)
화재 요인	고전압배터리	3(7%)	6(14%)	3(7%)	27(64%)	3(7%)	(100%)	42(78%)
	차량기타부품	5	1	1	1	-	-	8(15%)
	기타외부요인	1	1	1	1	-	-	4(7%)

주) 배터리 화재 총 55건 중 1건은 조사 중

표 1.13과 같이 고전압 배터리로 인한 화재 사고를 차량 모델별로 분석한 결과 코나EV가 16건으로 가장 많이 발생하였고, 볼트EV 7건, 아이오닉5 6건 순으로 많이 발생했다.

표 1.13 **전기차 배터리 화재 유형 및 요인별 차량 모델**

구 분		화 재					계
		주행 중	충돌 후	충전 중	주차 중	고전압배터리	
건수 (고전압배터리)		3	6	3	27	3	42
화재 요인	고전압 배터리	포터2EV 1 레이 전기차 1 아이오닉5 1	모델fX 1 아이오닉5 3 EV6 1 모델Y 1	코나EV 1 브이버스60 2	아이오닉5 2 코나EV 14 볼트EV 5 SM3 Z.E. 3 다니고밴EV 1 포터2EV 1 모델X 1	코나EV 1 볼트EV 2	42
	차량기타 부품	일렉시티 1 카운티 일렉시티 1 SM3 Z.E. 1 모델3 1 아이오닉5 1	아이오닉5 1	CEVO-C 1	일렉시티 1		8
	기타외부 요인	코나EV 1	볼트EV 1	볼트EV 1	코나EV 1		4

주) 배터리 화재 총 55건 중 1건은 조사 중

위의 결과를 통하여 특히 코나EV에 대한 화재가 가장 많은 것을 확인할 수 있었고 이에 따라 코나EV에 대한 화재 분석을 좀 더 상세하게 진행하였다.

현대 전기차 코나EV에 대한 화재 사고를 분석한 결과 주차 중 7건의 사고가 발생하였고, 충전 중에 8건의 화재 사고가 발생하였으며, 이 중 10건의 화재 사건에 대해 상세 분석한 내용을 다음과 같이 서술한다.

표 1.14는 코나EV를 비롯한 전기차량의 화재 발생 일지이고, 표 1.15는 코나EV 배터리 사고에 대한 상세 분석 내용이다.

표 1.14 **전기차 화재 발생 일지**

연 번	발생일자 (장소)	차 종	비 고
1	2018. 5. 19. (울산공장)	코나EV	주차중
2	2018. 8. 6. (울산공장)	코나EV	주차중
3	2019. 7. 28. (강릉)	코나EV	충전중
4	2019. 8. 9. (부천)	코나EV	주차중
5	2019. 8. 13. (세종)	코나EV	주차중
6	2020. 4. 2. (안산)	코나EV	충전중

연 번	발생일자 (장소)	차 종	비 고
7	2020. 5. 29. (대구)	코나EV	충전중
8	2020. 8. 7. (대구)	코나EV	충전중
9	2020. 8. 24. (정읍)	코나EV	주차중
10	2020. 9. 26. (제주)	코나EV	충전중
11	2020. 10. 4. (대구)	코나EV	충전중
12	2020. 10. 17. (남양주)	코나EV	충전중
13	2021. 1. 23. (대구)	코나EV	충전중
14	2021. 2. 15. (창원)	현대 일렉트릭 버스	주행중
15	2021. 6. 18. (보령)	코나EV	주차중
16	2021. 7. 1. (세종)	코나EV	주차중
17	2021. 7. 14. (대구)	포터2 일렉트릭	주행중

표 1.15 **코나EV 배터리 화재 사고의 상세 분석**

코나EV(주차 중 7건, 충전 중 8건 중 10건 상세 분석 결과)	
• 미충전 상태(언플러그) 2건 • 완속충전 후(언플러그) 3건	• 완속충전 중(플러그인) 4건 • 급속충전 후(언플러그) 1건
현대 일렉트릭 버스	**포트2 일렉트릭**
주행 중 1건	주행 중 1건

표 1.16은 현대자동차 코나EV의 화재 발생 상세 이력을 보여준다.

표 1.16 **현대자동차 코나EV의 화재 발생 상세 이력**

No	일시	장소	발화 위치	충전정보	BMS 업데이트	충전기	충전상태	특이사항
1	2018.5.19	현대차 울산1공장	뒤	미충전	-	-	확인불가	언플러그
2	2018.8.06	현대차 울산1공장	뒤	미충전	-	-	확인불가	언플러그
3	2019.7.28	강원도 강릉	뒤	완속 충전중	미실시	중앙제어 완속충전기	확인불가	플러그인
4	2019.8.10	경기도 부천	뒤	미충전 (완충 후)	미실시	완속충전기	100%	언플러그 (100% 완충 후 주차)
5	2019.8.13	세종	뒤	완속 충전중	미실시	중앙제어 완속충전기	100%	플러그인
2020.03 BMS 업데이트 적용(현대차)								
6	2020.5.29	대구	뒤	급속충전후	업데이트 실시	한국전력운영 급속충전기	100%	언플러그
7	2020 8 07	대구	앞	완속충전후	업데이트 실시	아파트 완속충전기	100%	언플러그

No	일시	장소	발화 위치	충전정보	BMS 업데이트	충전기	충전상태	특이사항
8	2020.8.24	전북 정읍	뒤	미충전 (완충 후)	업데이트 실시	대영채비㈜ 완속충전기	100%	언플러그 (100% 완충 후 주차)
9	2020.9.26	제주	뒤	완속충전중	확인불가	대영채비㈜ 완속충전기	확인불가	플러그인
10	2020.9.26	대구	뒤	완속충전중	업데이트 실시	아파트 완속충전기	확인불가	플러그인

국내 전기차 화재 발생 요인 및 발생 장소에 대하여 분석한 결과, 그림 1.40과 같이 국내 전기차 화재 발생 장소는 주행 도로(일반도로 43%, 고속도로 7%, 기타도로 4%)가 가장 많았으며 주차장(37%), 공지(9%) 순으로 확인되었으며 전기차 화재 발생 요인은 원인 불분명(28%)이 가장 많았으며 기타(26%), 전기적 요인(24%), 교통사고를 포함한 기계적 요인(19%), 화학적 요인(3%) 순으로 확인되었다.

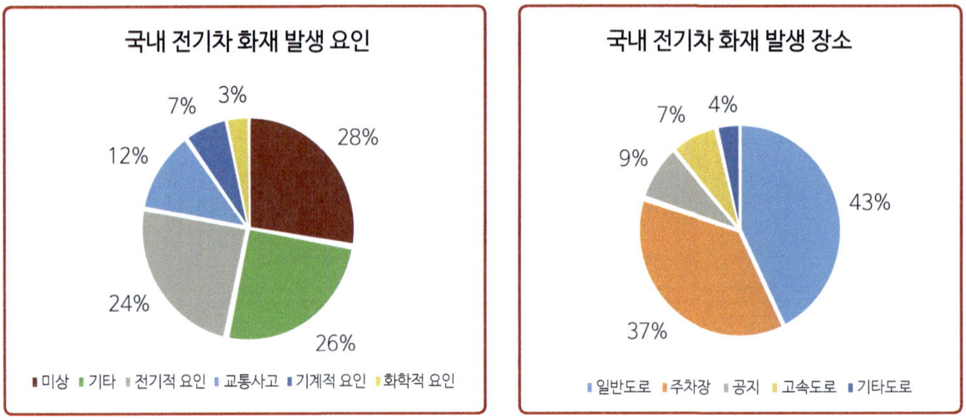

그림 1.40 **국내 전기차 화재 사고 분석 결과**

글로벌 전기자동차 화재 사고 발생 지역 및 빈도를 분석한 결과, 전 세계적으로 전기자동차 화재 사고가 다수 발생하는 지역은 북미(15%)와 중국(15%) 그리고 유럽에서는 독일(29%)과 노르웨이(9%)로 나타났으며 이들 국가는 대표적으로 전기차 보급률이 상승하고 있는 국가임을 고려하면 전기차 점유율의 상승에 따라 화재 사고의 빈도도 상승하고 있는 것으로 확인되었다.

특히, 독일의 경우 연간 35,000~40,000건의 차량 화재 사고가 발생하지만 전기차 화재 사고는 연간 3건 수준이었으며 노르웨이에서는 2010년~2018년까지 전기차 점유율이 0.1%에서 14% 상승했음에도 전기차 화재 사고 빈도는 전체 차량 화재 사고의 2~5% 수준이었고 북미의 경우 연간 170,000건의 차량 화재 사고가 발생하지만 전기차 화재 사고는 13건 수준으로 추정되었다.

전 세계를 대상으로 131건의 테슬라 전기자동차의 충돌 사고를 분석한 결과 21건의 화재 사고가 발생한 것으로 확인되었고, 그 중 21건의 테슬라 전기차량의 화재 사고에 대한 원인을 분석한 결과 통계적 수치는 미소하지만 충돌 후 사고가 가장 큰 비중(48%)을 차지하고 있음을 확인할 수 있었으며 특히 테슬라 전기차량의 화재로 인한 사망사고의 100%는 충돌 후 화재와 관련되어 있어 운전자의 안전에 가장 큰 영향을 줄 가능성이 높은 것으로 확인되었다.

전 세계적으로 전기자동차의 보급률 성장이 초기임을 고려하여 전기자동차의 화재 사고에 대한 이해도를 넓히기 위하여 국내 사고 사례뿐만 아니라 해외 사고 사례에 대한 분석 결과, 특히 2017년 8월~2018년 8월까지 미국에서 전기자동차 화재 사고가 4건이 발생하였고 그 중 3건은 고속 또는 고위험 충돌사고로 화재가 발생했으며 1건은 일반 주행 중 화재가 발생한 것이다.

2017년 8월 캘리포니아에서 발생한 사고는 2016년식 테슬라 모델X로 차량이 통제력을 잃고 인근 차고의 차량과 충돌하면서 발생했다. 당시 속도는 82mph(1mile은 약 1.6km이므로, 82mph은 약 시속 131km이다)였다.

사진 1.5에서 보여주는 바와 같이,

① 충돌 차량 및 주차된 차량, 차고지 등에서 화재가 발생하였으며 1차 화재 진압 후에 차량 견인과정에서 몇 번의 추가 화재가 발생했다. 이는 배터리의 재점화가 원인이었다.

② 조사 결과, 배터리 내부 셀 노출 수준의 파손이 확인되었으며 이 파손은 차량의 오른쪽 앞쪽 휠과 브레이크 디스크 주변 위치가 배수 구조물과 충돌하면서 생긴 파손으로 추정되었고, 외부의 충격으로 인하여 화재가 발생 가능함을 다시 한번 확인할 수 있었다.

③ 다수의 재점화 현상을 통하여 배터리 잔존 에너지로 인한 재발화 가능성을 확인한 것이다.

사진 1.5 **화재 사고 발생 당시의 상황(왼쪽) 및 사고 후의 차량 상태(오른쪽)**

2018년 5월 플로리다에서 발생한 사고는 2014년식 테슬라 모델S로 차량의 과속으로 인하여 발생한 화재 사고이다. 당시 속도는 116mph, 30mph 구간(zone)이었다.

① 배터리 발화로 인한 화재로 추정되며 소화 과정에서 배터리 내부 부품이 노출 및 이탈되었으며 사고 후 견인 과정 및 견인 장소에서도 몇 차례 추가 배터리 재점화가 발생했다.

② 조사 결과, 특이한 것은 케이스(case)에 천공 2곳이 발생하였는데 천공 발생 부위의 케이스 변형 수준이 높았던 것으로 추정되었고, 이로 인한 화재 발생 및 천공 발생이 추정되었다. 이를 통하여 배터리 케이스 변형도 화재의 주요 원인임을 확인할 수 있었다.

2018년 3월 캘리포니아에서 발생한 사고는 2017년식 테슬라 모델X로 차량이 고속도로의 충돌 감쇠기 및 2대의 차량과 추가 충돌하면서 발생한 화재 사고였다. 당시 속도는 71mph(약 시속 114km이다) 정도였다. 사진 1.6은 화재 사고 발생 당시의 상황과 사고 후의 차량 상태 모습이다.

① 배터리 제조사 엔지니어가 배터리 파손 부위를 제거하고 인근 장소로 이동하였으나 옮긴 장소에서도 몇 차례 추가 배터리 재점화가 발생했고, 사건 5일 후에도 다시 발생했다.

② 조사 결과, 차량이 전체적으로 파손 상태가 심각하였으며 충돌 과정에서 큰 손상

(damage)을 받아 배터리 내부의 모듈들의 큰 변형이 일어나면서 화재가 발생한 것으로 추정되었고, 이를 통하여 배터리 모듈의 변형이 화재의 주요 요인 중 하나라는 것을 확인할 수 있었다.

사진 1.6 화재 사고 발생 당시의 상황(왼쪽) 및 사고 후의 차량 상태(오른쪽)

2018년 6월 캘리포니아에서 발생한 사고는 2012년식 테슬라 모델S로 정상 주행 중 차량에서 발생한 화재 사고였다.

① 좌측 바퀴 뒷 부분에서 화재가 발생한 것으로 추정되며, 화재로 인한 잔해가 발생된 것도 확인이 되었으나 배터리 외부의 충격이나 발화 요인을 발견하지는 못했다.
② 해당 사건의 경우 배터리 재점화가 발생하지 않았으며 특정 모듈의 손상으로 인한 화재로 추정되나 그 모듈을 제외한 다른 모듈의 손상은 발견되지 않았다.
③ 발화 시 발생한 가스나 화염으로 인하여 배터리 내부에 천공이 발생한 것으로 추정되며 이를 통하여 외부에서 확인할 수 없는 원인으로 인하여 내부에서부터 화재 사고가 발생할 수 있음을 확인하였다.

전기자동차 화재 발생에 대한 특성을 분석해 본 결과, 표 1.17에서 보여주는 바와 같이 전기자동차와 기존의 내연기관 자동차는 동력을 제공하는 에너지원과 그 구조가 매우 상이하기 때문에 충돌사고 시 화재 발생 특성에 차이가 있음을 확인할 수 있었고 내연기관과 전기차의 충돌 시 화재·폭발 메커니즘을 보다 정확하게 비교할 수 있었다.

표 1.17 **내연기관 자동차와 전기자동차의 화재 및 폭발 발생 메커니즘의 비교**

	내연기관 자동차	전기자동차
충돌 후 연료장치 위험성 (화재 및 폭발 등)	연료계통에서의 충돌 시 연료누출 발생에 의한 화재 • 차량의 전체 연료라인에서 발생 가능 • 연료 시스템/연료라인 등에 외부 파손/파단 등으로 발생하며 직접충돌 및 관성하중 등 종합적 원인으로 발생 • 충돌과 동시에 연료누출 등 확인 가능	대부분 충돌 시 배터리 내부의 셀 단락 등으로 발생하는 화재 • 배터리 내부에서 발생함 • 배터리에 전달된 직접 충돌 하중에 따른 외부 배터리 파손 및 배터리 내부 단락 등 기계-전기화학-열적 변형 및 외부 변형 등 내연기관 자동차와 다른 원인으로 발생 • 충돌 후 화재 · 폭발 발생 시간이 다양함(충돌 직후 발생부터 며칠 후 발생까지)

4) 전기차 배터리의 남용(Abuse, 오용)

여기서 남용(abuse, 濫用)이란 함부로 사용해 혹사시킨다는 뜻으로, 일정한 기준이나 한도를 넘어서 마구 쓰는 것이다. 배터리 남용이란 배터리에 계속 피로를 누적시키고 과부하를 걸어 결국 나중에는 이상 현상(결함, 고장 등)을 일으킨다는 의미이다.

전기자동차의 배터리로 인한 화재 발생 요인을 분석한 결과 크게 전기적, 기계적, 열적 남용으로 인하여 발생하였고 전기적 남용의 경우 내부 단락, 외부 단락, 과충전, 과방전으로 화재 발생 요인을 나누어 분석할 수 있었다. 분석 내용을 자세히 살펴보면 다음과 같다.

① 셀 내부 단락(internal short · internal short circuit)의 경우는 전기적 남용의 대표적인 요인으로 셀 내부의 결함으로 인하여 음극과 양극이 만나 발생하는 요인이며 그림 1.41과 같이 셀 내부에서 4가지 경우로 발생 가능성이 존재한다. 그 중 양극 집전체(positive current collector)와 음극재(anode material)가 접촉할 경우가 가장 위험도가 높은 것으로 알려졌다.

② 외부 단락(external short · external short circuit)은 전기적 남용의 또 다른 대표 요인으로 배터리 안정성에 영향을 주는 요인이며 기계적인 변형이나 충격, 침수, 부식 또는 외부의 전기적 충격으로 인하여 발생할 수 있다.

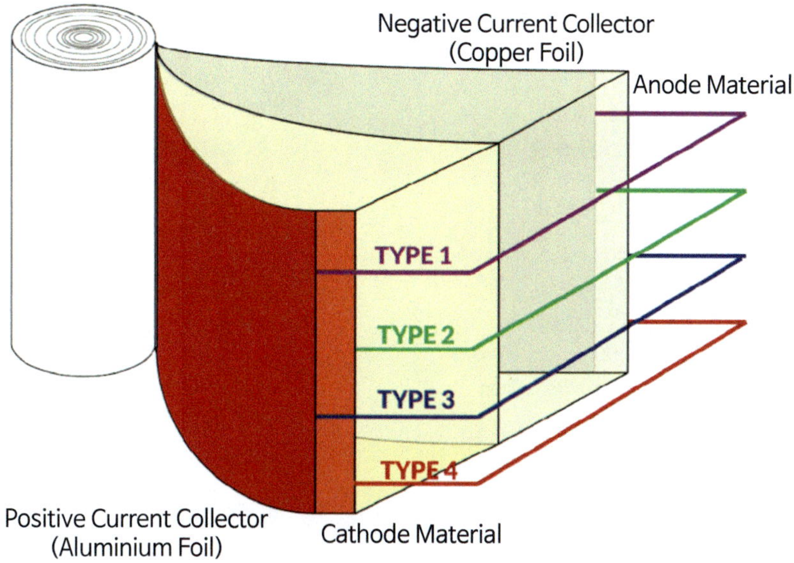

그림 1.41 셀 내부 단락에 대한 4가지 발생 가능성

③ 과충전과 과방전은 전기적 남용의 다른 요인으로 정상적인 배터리 셀 충·방전 범위를 넘어설 경우 배터리 셀 성능 및 안전성에 악영향을 미치며 배터리 셀 양극 및 음극의 성분 변화와 내부 반응으로 인하여 화재로 진행될 수 있다.

그림 1.42는 전기적 남용의 대표적인 과충전에 따른 배터리 가스 발생의 개략도를 보여준다.

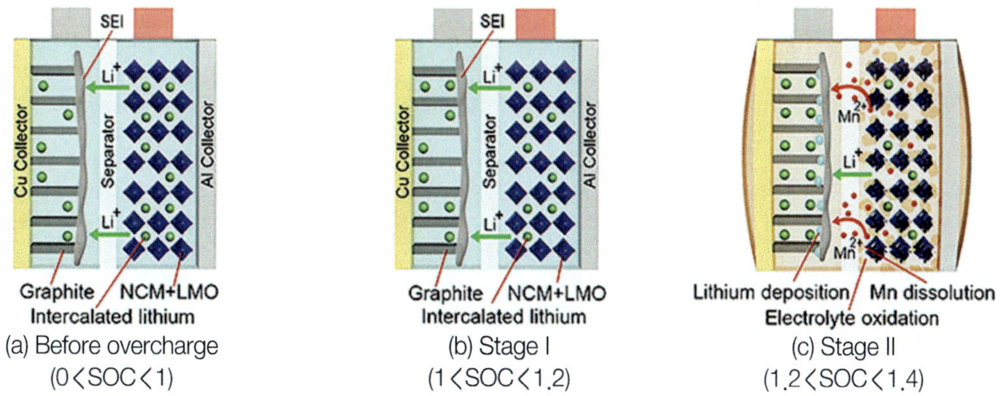

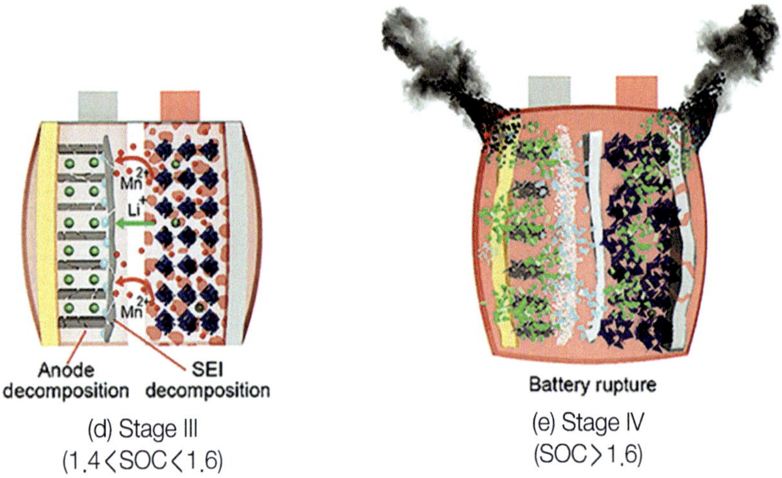

그림 1.42 과충전에 따른 배터리 가스 발생의 개략도

④ 기계적인 변형 및 충격으로 인한 화재 발생은 주행 중의 충돌 또는 외부 타격으로 인하여 발생할 수 있으며, 이는 기계적 남용의 대표적인 요인으로 볼 수 있고 내·외부 단락, 아크(arc, 아크방전 : 전극에 전위차가 발생하여 전극 사이의 기체에 지속적으로 발생하는 절연 파괴의 일종), 기밀성능의 문제 등을 유발할 수 있으며 이로 인한 화재 발생 가능성이 있다.

그림 1.43은 기계적 변형으로 인한 열폭주 진행 과정을 나타낸다.

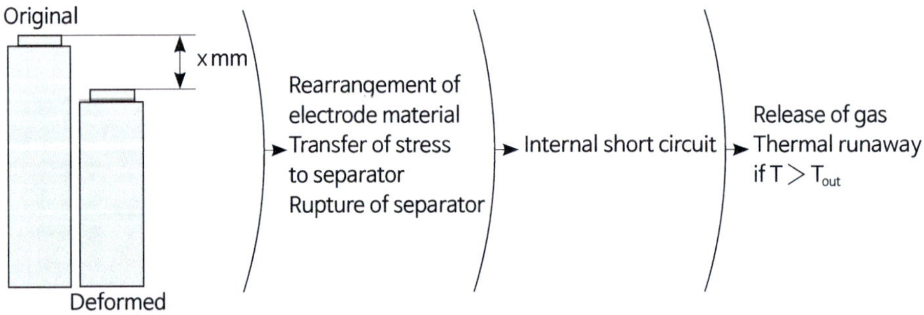

그림 1.43 기계적 변형으로 인한 열폭주 진행 과정

⑤ 고온 노출은 대표적인 열적 남용의 요인으로 배터리 셀의 안정적·안전적인 사용에 있어 제한적인 부분으로 배터리 셀이 견딜 수 있는 특정 온도를 넘어선 고온에

노출되면 내부 열화로 인하여 온도 상승이 가속화되며 화재로 진행될 수 있다.

그림 1.44는 온도(특히, 고온 노출)에 따른 배터리를 구성하는 구성요소 변화 및 열폭주의 개략도를 도식화해 보여준다.

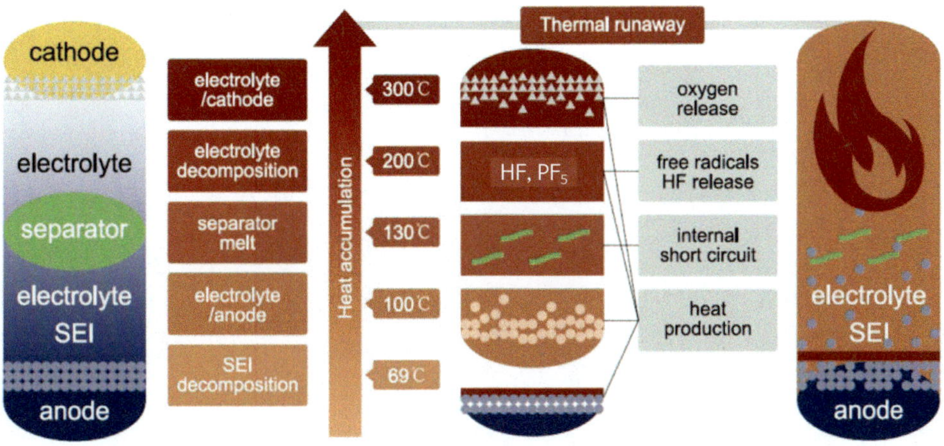

그림 1.44 온도에 따른 구성요소 변화 및 열폭주 개략도

03 국내외 전기차 관련 안전 정책 현황

국내 구동축전지 안전기준은 2009년 세계 최초로 시행하고, 국제기준 대비 동등 이상 수준으로 배터리 팩 자체에 대한 외부 충격 및 환경변화에 대해서 안전성을 검증하고 있다.

표 1.18에서와 같이 국내 구동축전지 안전기준은 국제기준(UN R100, GTR20)과 동등 이상(국제기준(UN R100, GTR20)보다 침수시험 및 낙하시험 추가 수행)으로 12개 항목에 대한 평가를 수행하고 있다.

표 1.18 **국내 구동축전지 안전기준(12개 항목에 대한 평가)**

<table>
<tr><th rowspan="4">번호</th><th rowspan="4">구분</th><th rowspan="4">항목</th><th colspan="5">전기자동차</th><th colspan="2">전기이륜차</th></tr>
<tr><th colspan="2">국내기준(KMVSS)</th><th colspan="3">국제기준</th><th rowspan="3">국내기준
(KMVSS,
'22.12.25)</th><th rowspan="3">국제기준
R.136
('16.10.16)</th></tr>
<tr><th rowspan="2">개정 전</th><th rowspan="2">개정 후
('21.7.1)</th><th rowspan="2">UN GTR20
('18.3.14)</th><th colspan="2">UN R.100</th></tr>
<tr><th>03시리즈
('21.6.9)</th><th>02시리즈
('13.7.15)</th></tr>
<tr><td colspan="3">시험 SOC</td><td>95%</td><td>95%</td><td colspan="2">95%</td><td>50%</td><td>95%</td><td>50%</td></tr>
<tr><td>1</td><td rowspan="3">열적 안전성</td><td>열충격시험</td><td>×</td><td>○</td><td colspan="2">○</td><td>○</td><td>○</td><td>○</td></tr>
<tr><td>2</td><td>연소시험</td><td>○(LPG)</td><td>○(LPG, 휘발유)</td><td colspan="2">○(LPG, 휘발유)</td><td>○(휘발유)</td><td>○(LPG, 휘발유)</td><td>○(휘발유)</td></tr>
<tr><td>3</td><td>과열방지시험</td><td>○</td><td>○</td><td colspan="2">○</td><td>○</td><td>○</td><td>○</td></tr>
<tr><td>4</td><td rowspan="4">전기적 안전성</td><td>단락시험</td><td>○</td><td>○</td><td colspan="2">○</td><td>○</td><td>○</td><td>○</td></tr>
<tr><td>5</td><td>과충전시험</td><td>○</td><td>○</td><td colspan="2">○</td><td>○</td><td>○</td><td>○</td></tr>
<tr><td>6</td><td>과방전시험</td><td>○</td><td>○</td><td colspan="2">○</td><td>○</td><td>○</td><td>○</td></tr>
<tr><td>7</td><td>과전류시험</td><td>×</td><td>○</td><td colspan="2">○</td><td>×</td><td>○</td><td>×</td></tr>
<tr><td>8</td><td>화학적 안전성</td><td>침수시험</td><td>○</td><td>○</td><td colspan="2">×</td><td>×</td><td>○</td><td>×</td></tr>
<tr><td>9</td><td rowspan="4">물리적 안전성</td><td>진동시험</td><td>×</td><td>○</td><td colspan="2">○</td><td>○</td><td>○</td><td>○</td></tr>
<tr><td>10</td><td>충격시험</td><td>×</td><td>○</td><td colspan="2">○</td><td>○</td><td>×</td><td>○</td></tr>
<tr><td>11</td><td>압착시험</td><td>×</td><td>○</td><td colspan="2">○</td><td>○</td><td>×</td><td>×</td></tr>
<tr><td>12</td><td>낙하시험</td><td>○</td><td>○</td><td colspan="2">×</td><td>×</td><td>○</td><td>○</td></tr>
<tr><td colspan="3">시험항목수</td><td>7</td><td>12</td><td colspan="2">10</td><td>9</td><td>10</td><td>9</td></tr>
</table>

* 비고 : 국제기준(UN R100, GTR20)보다 침수시험 및 낙하시험 추가 수행

국내 자동차안전기준 및 자동차안전도평가에서 시행하고 있는 전기차 충돌안전성(충돌 후 연료장치) 평가는 세계 최고 수준으로, 국제기준(UN R)과 동등수준 이상(국제기준(UN R)보다 충돌 후 정적 전복평가를 추가 시행)으로 다양한 충돌평가를 수행하고 있다.

안전도평가는 안전기준보다 가혹한 충돌조건(속도, 대차중량 등)으로 평가를 시행하고 있으며, 전 세계 유일 충돌안전성 평가 후 연료장치 안전성 평가이다.

2022년 전 세계 최초 BMS 안전기능 및 성능 관련 정보 제공을 시행하고 있으며, 자동차안전도평가(KNCAP)에서 상시이상감지, 액티브 쿨링냉각, 배터리 정보저장 등 BMS 안전기능 탑재여부를 KNCAP 결과 발표시 정보제공에 관한 것이다(2022년 4개 전기차종의 BMS 안전성능 결과공개(기아 신형 니로EV, 현대 아이오닉6, 볼보 XC40 Recharge, 폴스타 폴스타2)).

자동차 설계 · 제조 · 조립상의 문제로 안전운전에 지장을 초래하는 결함이 있는 경우 조사를 통해 시정하도록 결함조사 제도를 시행 중이다(결함조사를 통해 고전압배터리 결함여부 확인, 제작사 과실 여부 확인 후 코나EV 및 볼트EV 배터리 37,454대 리콜 조치하였다).

높은 수준의 구동축전지 안전기준 및 충돌안전성 평가제도를 운영하고 있으나 전기차 화재 지속 발생으로 국민의 불안이 증대하고 있는 상황이다.

이는 기존의 안전성 검증이 내연기관 중심의 평가 방법으로 전기차 및 배터리의 특성을 반영하지 못한 것에 기인한다.

4차산업혁명과 혁신적 기술 트렌드(trend, 추세 · 동향)에 따른 전기차 및 배터리의 구조적 · 화학적 특성을 반영한 전기차에 특화된 평가기술 개발 및 평가제도 도입이 필요한 이유이다.

전기차 화재 사고 분석을 통해 규명된 원인 및 화재발생 메커니즘을 고려하여 주차 중 및 충돌 후 화재 예방을 위한 평가방안의 개발이 필요하며 특히 주차 중 발생한 화재는 배터리 방전 예방을 위해 BMS 전원을 차단한 상태로 화재 감지 및 억제를 위한 적극적 대응이 현재는 불가하기에 이에 대한 열폭주 감지 및 열전이 억제를 위한 기술개발 및 평가제도 도입이 반드시 필요하다고 본다.

이에 대한 세부 내용을 다음과 같이 정리한다.

① 신속한 열폭주 감지를 위한 센싱(sensing, 감지) 기술 · 모니터링 기술개발 및 성능 검증 방안을 마련한다(열폭주 감지 시 선제적 대응을 위한 정보 제공 · 전송 기술 개발).

② 인접 셀로 열전이 억제를 위한 냉각기술 개발 및 성능 검증 방안을 마련한다.
전기차 충돌 후 화재는 외부 충격에 의한 배터리 팩 변형 및 셀 내부 단락이 직접적인 원인으로 배터리 위치, 배터리 충격흡수장치, 냉각장치 등 전기차 구조적 특성(기존 내연기관 자동차와 차별화된 구조 특성)의 반영이 필요하다.

따라서 사고 사례 분석을 통해 하부충돌 등 전기차 구조적 취약성을 보완할 수 있는 충돌안전성 평가기술 개발 및 평가제도의 도입이 필요한 이유이다.

04 화재 대책

전기차 배터리 화재는 제조 불량 등의 원인으로 셀 내부 단락이 발생하여 지속적으로 온도가 상승하여 제어 불가능한 상태가 되는 것으로 발생 메커니즘에 따른 해결 방안의 일부를 다음 표 1.19와 같이 제시한다.

표 1.19 **배터리 화재 발생 메커니즘에 따른 창의적 해결 방안**

화재 원인	창의적 해결안	검토 결과
열폭주 발생	열폭주 방지	열폭주 방지 방법 제시
분리막 파열에 의한 내부 단락	분리막 두께 증가	이온 투과 저하 발생 (분리막은 얇을수록 좋음)
열전이 발생 (인접한 셀로 화재가 전이되는 현상)	열전이 방지	열전이 방지 방법
덴드라이트(dendrite)에 의한 분리막 파열	세라믹 코팅 등으로 강화막을 만들어 분리막의 물리적 특성으로 인한 파열 발생 방지 및 내구성 증가	분리막 손상 및 파손 방지로 양극과 음극과의 접촉으로 인한 단락(쇼트, short) 차단
배터리 열폭주는 재현성이나 반복성이 떨어져서 사전예측이 불가하다.		

(1) 열폭주 감지

1) BMS 상시 이상감지

코나EV의 화재 조사 결과에 따르면 코나EV는 주차하자마자 방전 예방을 위해 BMS 작동을 중지하여, 차량에 저장된 배터리 정보가 없으며 외부에서 화재 발견 시까지 속수무책 상태였다.

따라서, 배터리 열폭주는 재현성이나 반복성이 떨어져서 사전예측이 불가하여 일정조건(예 SOC 85% 이상)에서는 주차 시 BMS가 배터리를 상시 이상감지하여 열폭주 발생 시 화재 초동진압이 가능한 환경을 구현하도록 한다.

2) 열폭주 자동감지기술

배터리 상시 감지는 상당한 전력이 소모되기 때문에 에너지 효율을 중시하는 친환경차 목적에 위배되고 있다. 따라서, 배터리에 장착된 센서를 통해 열폭주를 감지하여 휴지 중인 BMS를 깨우는(즉, 동작시키는) 기술이 필요하다.

3) 긴급호출기

텔레매틱스(telematics, 텔레매틱스란 통신(telecommunication)과 정보과학(informatics)의 합성어로 차량과 인터넷을 연결시켜주는 차량 정보통신장치이다. 무선통신과 GPS(Global Positioning System, 위성항법) 기술이 결합되어 자동차에서 위치 정보, 안전 운전, 오락, 금융 서비스, 예약 및 상품 구매 등의 다양한 이동통신 서비스 제공을 의미한다) 미보유 차량을 위한 통신단말기로 OBD2 신호를 이용하여 열폭주 발생 사실을 차주 및 관계 기관에 자동으로 신고하는 장치이다. 탈착형 전기이륜차 배터리는 가정 내에서 충전하기 때문에 열폭주 발생 시 주차장에서 발생하는 전기차보다 더 치명적일 수 있어 긴급호출기능이 필수기능이다.

OBD(On Board Diagnostics)는 자동차의 전기 · 전자적인 작동 상태를 확인하고 제어하기 위해 ECU에 정보를 저장하여 배출가스에 영향을 주는 고장이 발생했을 경우, 고장 코드를 기록하고 진단하는 규격이다. 특히 OBD2 규정은 DLC(Data Link Cable) 커넥터와 통신사양, 전자제어 부품의 용어와 고장 코드를 표준화시킴으로써 보다 호환성을 높였고, 고장 발생 시 배출가스가 증가하는 항목에 대한 고장 판정기준과 진단요령이 추가되어 현재 OBD2 시스템은 자동차의 배출가스 규제는 물론 고장 진단시스템으로 사용되고 있다.

(2) 열전이 지연

1) 수조형 지하주차장

배터리 화재는 셀에서 발생한 열폭주가 주변의 셀로 전이되는 현상으로 열폭주 배터리를 침수시켜 셀의 온도를 150℃ 이하로 유지하면 열전이 확산억제가 가능하다.

수조형 지하주차장은 지하주차장의 맨 아래층을 더 낮게 만들어 전기차 열폭주 시 해당 주차 구역을 급수 및 차수하여 전기차 침수 환경을 구축 · 구현한다.

2) 신속 급수시스템

배터리 팩의 완전 방수설계(IP68 등급의 최상의 방수)로 인해, 소방수 진입이 어렵고, 층고가 낮은 지하주차장 특성상 연기로 인해 시야 확보 및 간이수조 사용이 난관에 봉착하고 있다.

배터리와 차체 사이에 인덕트 파이프(induct pipe, 도선을 감은 관)를 설치하여 파이프 끝단에 관창이나 호스를 장착 후 열폭주 발생 시 배터리 내부에 신속히 급수하여 배터리 화재를 진압하는 기술로 충전 케이블에 급수 호스를 추가하여 배터리 열폭주 발생 시 급수 호스를 통해 신속 급수해 효과적인 소화 환경을 구축 · 구현한다.

그림 1.45는 제안하는 신속 급수시스템의 개념도이다.

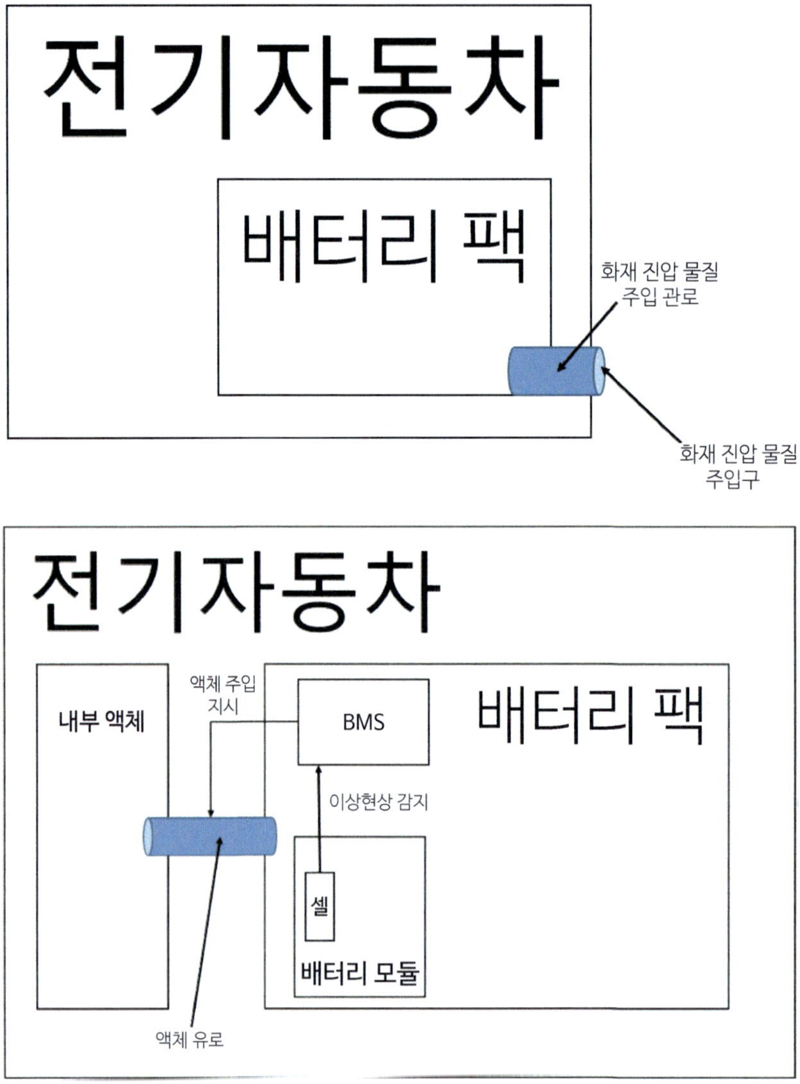

그림 1.45 **제안하는 신속 급수시스템의 개념도**

3) 배터리 자동 냉각시스템

열전이 방지를 위해 기존 배터리에 설치되어 있는 냉각장치를 강제 작동시켜 배터리를 냉각하는 기술이다. 배터리 열폭주가 발생하면 안전상 휴즈(power fuse, 전력 퓨즈) 등이 끊겨 회로 차단으로 냉각장치에 전력공급이 불가하다.

따라서, 배터리 회로를 다중화하여 배터리 일부에서 열폭주가 발생해도 분리 구획의 정상적인 부분에서 전력 공급이 가능하게 하여 냉각장치를 작동시켜 열전이를 지연시키는 것이 핵심기술이다.

사진 1.7은 전기차에 열폭주 현상이 발생 시 배터리 팩의 온도와 외부 화재로 이어지기 까지의 소요시간이다. 사진 1.7에서 보면 외부 화재로까지 확산되는데 걸리는 시간은 약 1,020초(17분) 정도이다.

현상의 단계는 TR(Thermal Runaway, 열폭주)이 발생하면 제일 먼저 유해한 화학가스(off-gas) 배출(벤팅, venting, 분출) 후 신속히 발화 진행 및 화재가 발생한다.

리튬이온전지의 오프가스(off-gas, 리튬이온전지에서 발생하는 가연성의 증기와 기체)와 열폭주가 발생하는 단계는 사진 1.7에서와 같이 스트레스(stress), 벤팅, 연기 발생, 열폭주로 이어진다. 먼저, 스트레스 단계에서는 주로 셀에 가해지는 전기적, 열적, 기계적 남용으로 기인된다.

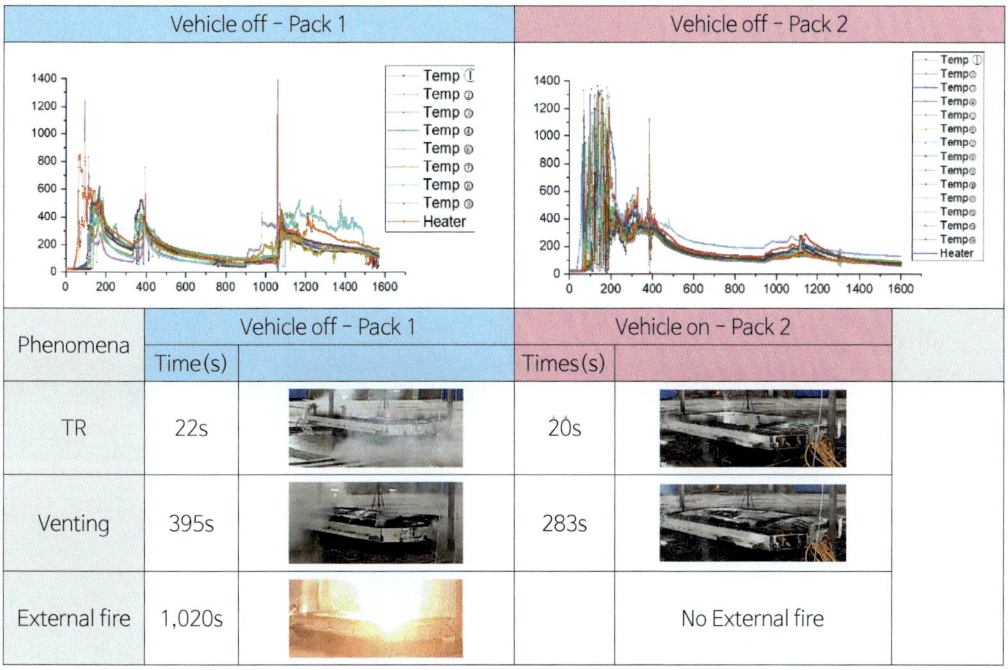

사진 1.7 **열폭주 진행 과정과 현상**

4) **열폭주**(TR, Thermal Runaway) **및 열전이**(TP, Thermal Propagation)

배터리가 폭발하는 이유에 대해 다시 정리하고, 결과적으로 이를 방지하기 위한 기술에는 어떤 것이 있는지 알아보면 다음과 같다.

셀(cell)의 온도가 지나치게 높아져 폭발하거나 화재가 발생하는 현상을 열폭주(TR, Thermal Runaway)라고 한다. 그리고 하나의 셀에서 발생한 TR이 엄청난 열을 뿜으면서 주변 셀로 퍼지는 것을 열전이(TP, Thermal Propagation, 열확산)라고 한다.

따라서 배터리의 폭발을 막기 위해서는 아래 두 가지 기술을 준비해야 한다.

① 기술 1 : 셀 안에서 TR이 발생하지 않도록 하는 것이다.

② 기술 2 : 셀 하나에서 TR이 발생했을 때, TP가 발생하지 않도록 하는 것이다.

앞에서 언급한 UN GTR에서는 TR이 발생한 뒤 승객에게 위험 경고를 보내고, TP로 인해 승객에게 실제로 위험한 화재가 발생하기까지 최소 5분의 지연 시간이 필요하다는 것이다.

열의 관점에서 바라본 TR과 TP의 원인을 살펴보면,

① 셀에서 TR이 발생하는 온도는 150℃ 이상으로 알려져 있다. 하지만 80℃ 수준까지 온도가 증가하면 고온반응루프(High Temperature Reaction Loop, HTR Loop)로 알려진 일종의 악순환 반응이 시작되어, 쉽게 150℃까지 온도가 상승하게 된다. 따라서,

② 배터리의 온도가 높아지면 온도 구간 별로 발열 반응이 생긴다. 발열 반응으로 열이 발생하면 다시 배터리의 온도를 높이고, 높아진 온도 구간에서 또 다른 발열 반응이 발생하게 된다. 이것이 반복되며 빠른 속도로 온도가 높아지는 반응을 HTR Loop(고리)라고 한다.

③ 셀 내에서의 HTR Loop는 다음 그림 1.46과 같은 순서를 거친다.

④ 또한, TR이 발생하는 과정에서 계속해서 열이 발생한다. TR로 인해 셀의 연소가 시작되면 더 큰 열이 발생하게 된다. 그리고 이 열은 주변 셀에 전달되어 그들의 온도 증가 원인으로 작용한다. 정상 온도 범위에 있던 주변 셀 역시 80℃ 이상으로 증가하며 HTR Loop가 시작된다. 즉, 연쇄적으로 열이 확산되는 TP(Thermal Propagation, 열전이)인 것이다.

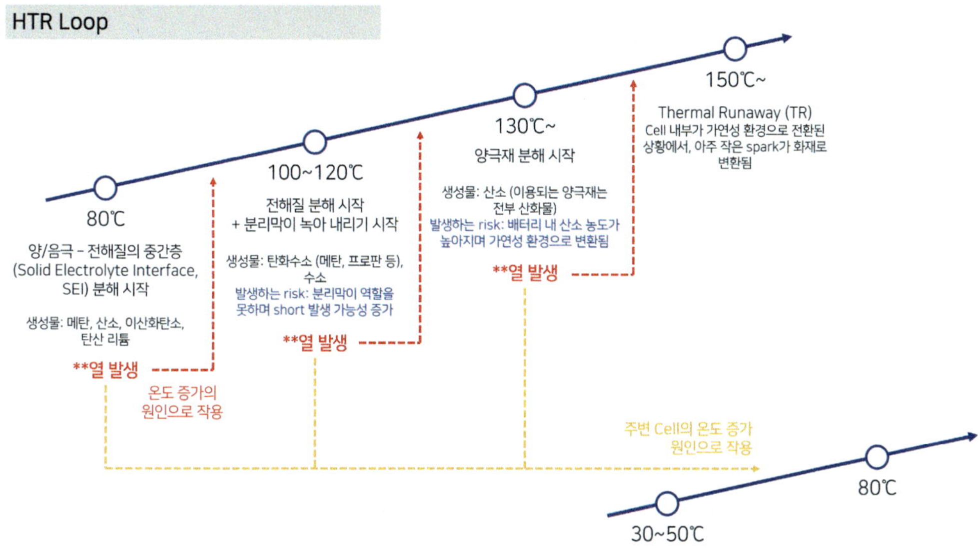

그림 1.46 셀 내에서의 HTR Loop의 과정

⑤ TR이 시작된 뒤, TP로 배터리 모듈 및 배터리 팩 안의 전체 셀이 불타기 시작하면 운전자와 승객이 탑승하고 있는 차체에 불이 옮겨붙게 되며 '위험한 화재'로 확대된다.

간략히 명쾌하게 정리하자면, TR의 원인은 셀(cell)의 온도가 80℃ 이상으로 상승하는 것이고, TP의 원인은 'TR로 인해 발생하는 열'이라고 할 수 있겠다.

5) 핵심 열관리 기술

따라서 TR을 막기 위해서는 셀의 온도를 80℃ 이하의 낮은 온도로 유지해야 하고, TP를 막기 위해서는 셀에서 발생한 열을 최대한 한 곳에 가둘 수 있어야 한다. 이를 위한 기술은 다음 표 1.20과 같은 기술이 있다.

표 1.20 핵심 열관리 기술

분류	Target	목 적	핵심 Factor	주요 기업
방열 기술	TR	cell의 온도를 80도 이하로 유지하여 HTR Loop 및 TR 발생 예방	높은 열 전도도	나노팀, 소울머티리얼, 아모그린텍 등
난연 기술	TP	TR이 진행되었을 경우, 불이 잘 붙지 않는 소재를 통해 연소 발생 지연	낮은 연소성, 까다로운 불꽃 발생 환경	

분류	Target	목 적	핵심 Factor	주요 기업
방염 기술	TP	열과 불이 하나의 cell에서 다른 cell로 전파되는 TP 지연	낮은 열 전도도	나노팀, Aspen Aerogel, Elkem 등

① 방열 기술

방열(放熱)은 '열을 방출하다, 열을 놓아주다'라는 뜻이다.

배터리 셀에서 발생하는 열을 최대한 빨리 냉각재 방향으로 방출하여 셀의 온도를 80℃ 이하로 유지하기 위한 기술이다. 즉, TR을 막는 기술이다.

예를 들면, 컴퓨터 CPU나 GPU에 바르는 써멀 그리스(thermal grease)가 대표적인 방열 재료이다.

따라서 배터리 셀(cell)에서 열을 최대한 빠르게 뺏는 것이 그 역할이므로, 높은 열전도도를 가져야 한다.

② 방염 기술

방염(防炎)은 '불꽃을 막다, 화염을 막다'라는 뜻으로, 배터리 셀(cell) 하나에서 열이 발생하거나 불이 붙은 경우, 열과 불이 주변 셀로 전파되는 것을 막는 기술이다.

즉, TP를 막는 기술이다.

열이 바깥으로 흘러나가는 것을 막는 것이 그 역할이므로, 아주 낮은 열전도도를 가져야 한다.

③ 난연 기술

난연(爛然)은 '불이 잘 붙지 않는다'는 뜻이다.

연소 반응은 그 어떤 화학 반응보다 많은 열을 방출한다. 불이 붙은 상황에서의 발열량은 불이 붙지 않았을 경우보다 훨씬 크다.

따라서 아무리 온도가 높고 산소가 많아서 위험해도, 주변에 불이 붙어 타들어갈 물질이 없으면 TR로 인해 발생하는 열의 양이 줄어들게 된다.

즉, TR의 발열을 줄여 TP를 막는 기술인 것이다.

난연 기술은 다만 별도의 재료로 해결하지 않고 위에서 설명한 방열 소재, 방염 소재를 설계할 때 난연 특성을 가지도록 하는 것이 좋다.

위 기술들은 배터리 모듈에서 아래와 같은 구조로 적용된다. 그림 1.47에서 파우치 셀(pouch cell)과 각형 셀(prismatic cell)로 이루어진 모듈의 일반적인 구조를 설명한다.

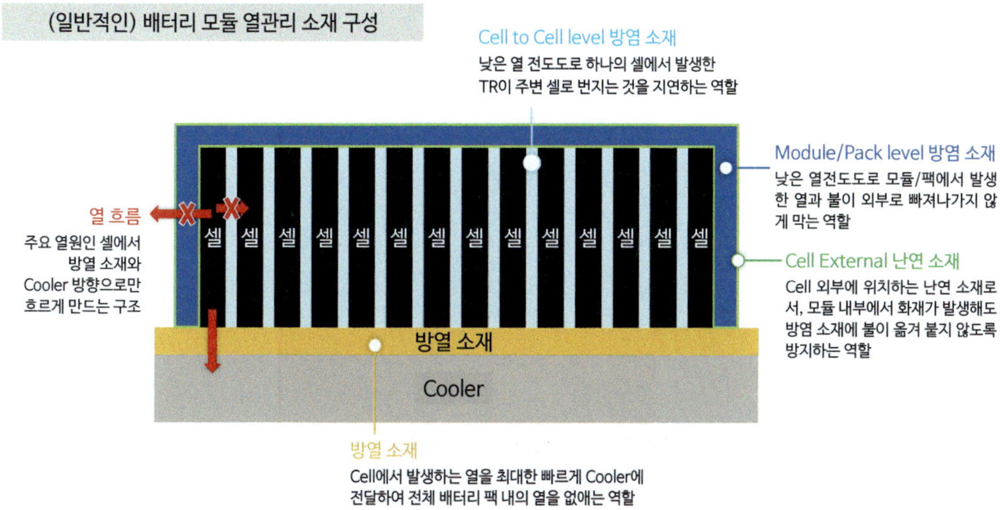

그림 1.47 일반적인 배터리 모듈 열관리 소재의 구성

그림 1.47의 배터리 모듈 열관리 소재의 구성 기술을 자세히 설명하면 다음과 같다.

① 방열

냉각제(cooler)의 연결된 부분에 방열 소재를 배치해 셀에서 발생하는 열을 최대한 빨리 냉각재로 옮겨주어 TR을 막는다.

참고로 TR을 막기 위한 화학적 방법으로는 전해질에 다양한 첨가제를 추가하고, 구조적으로는 기체를 빠르게 배출하는 시스템을 만들기도 하며, 전기적으로는 전체 셀들의 충전 수준을 유사하게 맞추는 BMS(배터리관리시스템)을 설계해 적용하고 있다.

② 방염

(방염 1) 셀과 셀 사이에 방염 소재를 배치해 셀 수준에서의 TP를 막고

(방염 2) 모듈(module)과 팩(pack)의 패키징 과정에서 방염 소재를 추가 배치해 모듈·팩 수준에서의 TP를 막는다.

③ 난연

이 과정에서 방열, (방염 1), (방염 2) 소재는 난연 특성을 가지도록 설계해 연소를 방지해, 전체 배터리의 발열량을 줄인다.

참고로 셀 내부의 전해질 첨가제(불소 성분), 세라믹 강화 코팅된 분리막 등이 셀 내부의 난연 소재 역할을 한다.

이상에서 설명한 내용들을 다음과 같이 요약할 수가 있다.

① 배터리의 폭발은 첫 번째로 셀(cell) 수준에서의 TR, 두 번째로 TR이 주변 셀로 전파되는 TP로 인해 발생한다.

② 셀 온도가 80℃ 이상일 경우 HTR Loop(High Temperature Reaction Loop, 고온반응루프)로 인해 TR이 발생할 가능성이 굉장히 높아진다. 따라서 TR을 예방하기 위해 셀 온도를 계속 낮추는 역할을 하는 방열 소재가 필요하다.

③ 셀에서 TR이 발생할 경우 TP를 최대한 지연해야만 한다. 이를 위해 방염 소재가 필요하다. UN GTR(Global Technical Regulations, 세계기술규정)에서는 TP 지연 기술의 중요성에 대해 언급하고 있고, 국가별로 법제화가 진행 중인 만큼 배터리용 방염 소재가 필요한 이유이다.

(4) 전용 소화약제 제작

약제는 표 1.21의 성분으로 조성된 침윤제(wetting agent) 타입의 소화약제로 ESS 모

표 1.21 **소화약제의 구성요소(Composition of Extinguishing Agent)**

Photograph	Composition
	Water (H_2O)
	Potassium Phosphate Tribasic (K_3PO_4)
	Potassium Bicarbonate ($KHCO_3$)
	Diammonium Hydrogen Phosphate ($(NH_4)_2HPO_4$)
	pH Adjusters
	Rust Inhibitor
	Ethylene Glycol ($HO(CH_2)_2OH$)
	Surfactant

듈 내부 배터리까지 침투하기 위해 표면장력이 15dyne/cm로 소화약제의 침투력을 높였고, 수소이온농도(20℃)가 7.85pH, 비중(20℃ 에서) 1.24, 점도 70P(Poise)인 무색투명의 소화약제로 강력한 냉각작용과 침투작용 그리고 질식작용의 소화 효과를 가지고 있다. 또한, 금속부식율은 구리 0.00033%, 청동 0.00066%, 황동 0.00033%로 부식성이 거의 없으며, 비할로겐 방식의 소화약제이다.

(5) 소화시스템 제작

ESS(Energy Storage System, 에너지저장장치) 화재를 진압하기 위해서는 기존 전역방출방식이 아닌 국소방출방식의 시스템이 필요하다. 즉, 셀-모듈-랙으로 구성된 ESS를 소화하기 위해서는 랙 안에 소화노즐이 장착되어 내부의 화재를 진압하는 시스템으로 구성되어야 한다. 작동 순서는 그림 1.48과 같다. 화재 감지부는 연기감지기, 온도센서(K-type), 가스경보기를 ESS 랙 내부 상부 천장에 설치하여, ESS 화재 시 발생되는 연기, 열, 오프가스(off-gas, 리튬이온전지에서 발생하는 가연성의 증기와 기체)를 감시할 수 있도록 구성하였고, 화재 제어부는 실시간 온도측정과 더불어, 연기감지기 및 가스경보기의 신호를 받아 화재를 판단하고, 1개의 감지센서가 작동 시 1차 경보를 하고, 2개의 감지센서가 작동 시 소화약제를 자동으로 설정시간 동안 방사하고, 방사 후 자동리셋(auto reset) 기능을 부여하여 온도 데이터를 지속적으로 모니터링하여 재발화 감지 시 소화약제를 다시 방출되도록 설계하였다.

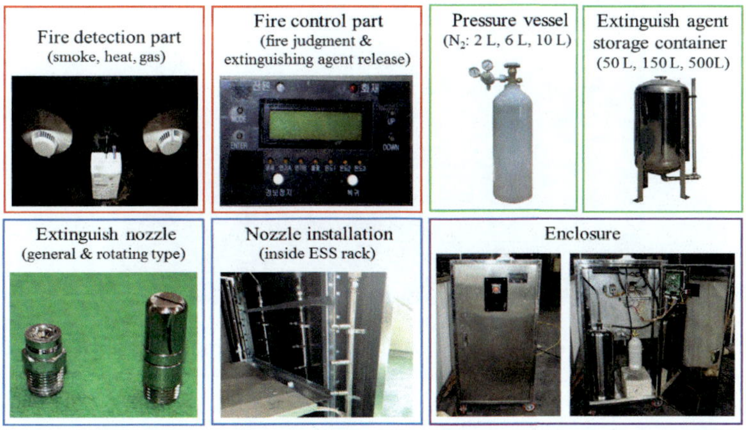

(a) Configuration

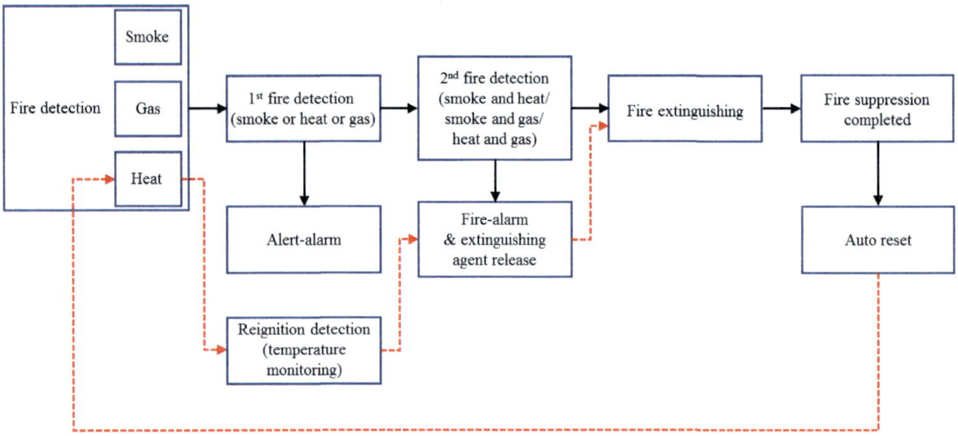

(b) Operation sequence

그림 1.48 **소화시스템 구성과 작동 순서**

(6) 질식소화덮개(질식소화포) 제작

① 화염이 발견되고 2min(분) 후에 사진 1.8과 같이 질식소화덮개로 실험체를 덮었다. 덮는 도중, 실험체에서는 간헐적인 폭발음과 함께 화염과 가연가스가 관찰되었고, 완전히 덮은 이후에 화염은 관찰되지 않았으나 덮개와 바닥면 사이 공간을 통해 흰색의 가연성 가스가 지속적으로 새어나오는 현상을 관찰할 수 있었다.

사진 1.8 **방화 담요로 덮인 계측 전기 자동차(A fire-blanket-covered instrumented electric vehicle)**

② 그림 1.49는 LIB(Li-Ion Battery) 팩 내부의 온도변화를 보여주며, 음영으로 표시된

부분이 질식소화덮개를 적용한 후 60min(분) 간의 온도변화를 나타낸다. LIB 팩 내부에는 앞의 그림 1.47에서 보이는 것처럼 LIB 모듈들이 차량의 길이 방향으로 3줄로 배치되어 있으며, 그 중 중간열에 배치된 LIB 모듈(TC-M2)에서 처음으로 열폭주가 발생하였다. 질식소화덮개를 덮어 산소를 차단하였음에도 불구하고, 실험시작 32min(분) 후에 중간열에 위치한 다른 LIB 모듈(TC-M1)의 온도가 급격히 상승한 것으로 보아 열폭주가 발생한 것을 확인할 수 있었다. 질식소화덮개를 사용한 60min(분) 동안 온도의 급격한 증가는 관찰되지 않았으나 냉각거동 역시 관찰되지 않았고, 덮개를 걷어낸 후 인근에 있는 LIB 셀들의 열폭주가 발생했다.

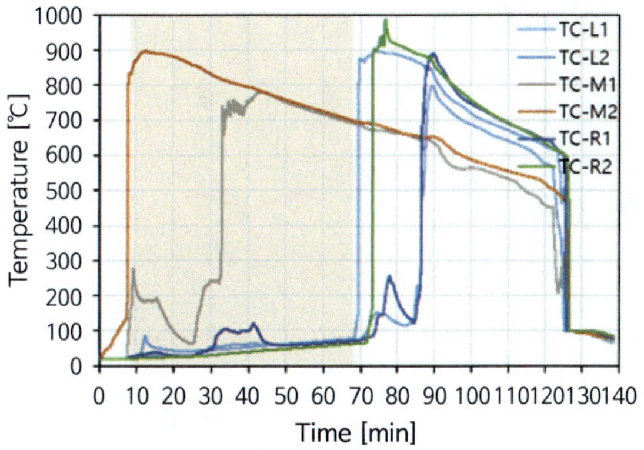

그림 1.49 시간에 따른 내부 온도 변화

③ 결론적으로 전기차 화재 진압에 있어 질식소화덮개는 산소의 공급을 방해하여 자동차 내장재 연소를 지연시키는 정도의 효과를 보였으며, 전기차를 직접적으로 소화하는 도구로서는 한계가 있었으나 초기 화재의 성장 혹은 화염의 주변 확산을 지연하는데 효과가 있음을 정량적으로 확인하였다.

(7) p-type 다이아몬드 나노구조물 방지센서

실리콘과 같은 4족 반도체 원소인 탄소로 이루어진 다이아몬드는 그림 1.50과 같이 나노구조물 센서칩을 제조할 수 있다.

① p-type 도핑이 되고,

② 표면 원자결합이 수소로 한정된(terminated) 경우에 한해서 진성 음성 전자친화도를 나타내는 유일한 반도체 소재이다. p-type 다이아몬드의 가전자대(valence band, 원자의 최외각 전자가 모여 있는 에너지 띠)에 있는 전자가 p-type 다이아몬드 결정 표면에 분포하게 되는데, 외부의 작은 전기적 자극이 있으면 안정한 진공레벨로 떨어져 거의 저항 없이 방출된다. 이런 특성 때문에 다이아몬드는 극히 작은 전기자극에도 전자를 폭포수처럼 방출(electric cascading)하게 되는데, 이를 이용하면 초고감도 무가열·무촉매 가스센서를 제조할 수 있게 된다.

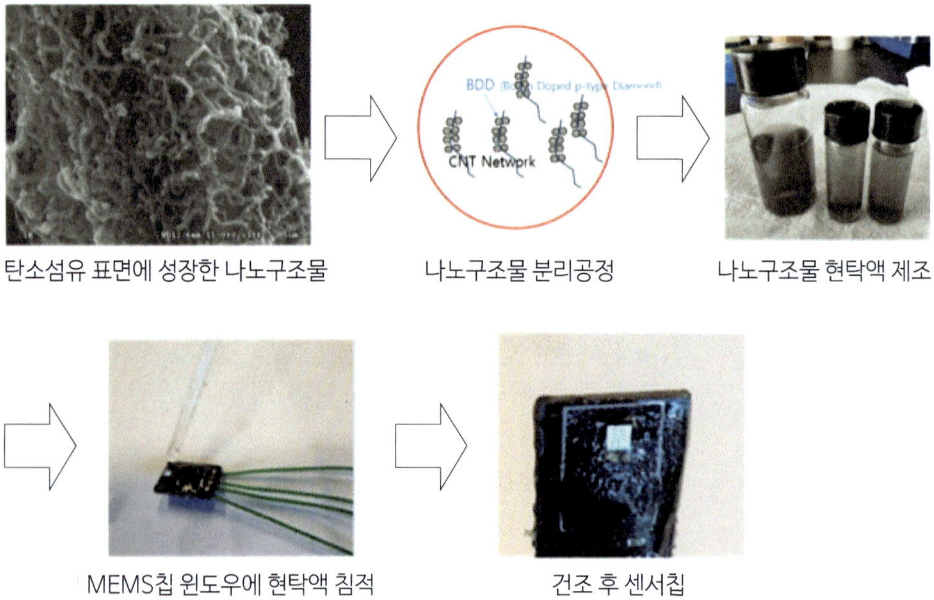

그림 1.50 p-type 다이아몬드 나노구조물 센서칩 제조

(8) 반도체 소자를 통한 화재 방지 기술

리튬금속의 구조적 안정성 향상 및 사진 1.9와 같은 덴드라이트(dendrite) 발생을 억제하기 위해 풀러렌(fullerene, 탄소 원자가 구, 타원체, 원기둥 모양으로 배치된 분자를 통칭)에서 유도된 카본 막 특성을 제어해서 n형, p형 반도체를 제조하여 리튬금속 막에 접촉 계면 물성을 변화시켜 전기화학적 특성을 제어하는 기술을 개발하였다. 이와 같은 반도체 특성이 있는 플라즈마 카본 막을 리튬금속과 접촉시키면, 리튬금속과 n형 반도체 막 접촉은 그림 1.51에서 보여주는 오믹(ohmic, 옴 접점 : 금속-반도체 접합 소자

에 가해준 전압과 전류가 비례하는, 즉 옴의 법칙 V=IR이 성립하는 경우를 의미한다) 접촉 계면이 형성되고 이때는 반도체막을 전자와 이온이 통과해서 반도체층에 리튬이 증착되어 불안정한 리튬 전극이 제조되는 반면, p형 카본 막이 리튬과 접촉하면 쇼트키(Schottky) 접촉 특성이 형성되고 이때는 반도체층을 전자는 통과하지 못하고 이온만 통과해서 반도체층 밑으로만 리튬금속이 증착되어 결과적으로 덴드라이트 형성 방지는 물론이고 비가역 용량을 현격히 감소시켜 전기화학적으로 안정된 리튬금속 전극을 제조하는 기술을 개발 중이다.

(a) 일반 리튬이온 이차전지 표면에 형성된 덴드라이트 결정의 모습

(b) 덴드라이트가 형성되지 않은 p형 반도체 전극의 표면

사진 1.9 덴드라이트(dendrite) 발생

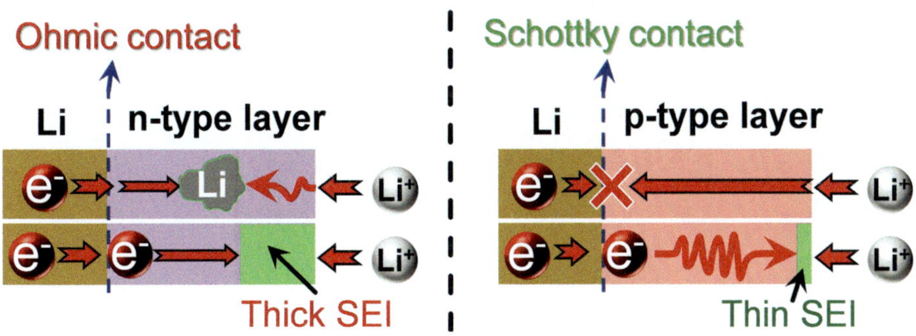

(a) 오믹 접촉

(b) 쇼트키 접촉

그림 1.51 오믹(Ohmic, 옴 접점) 접촉과 쇼트키(Schottky) 접촉

그림 1.51(a)는 오믹 접촉을 하는 n형 반도체와 리튬금속 사이를 전자는 통과하면서 반도체층 내부에 리튬금속이 형성된다. 또한 전해질 성분과 반응하여 두꺼운 SEI(Solid Electrolyte Interphase, 고체 전해질 간기 : 배터리 제조 후 처음으로 충전할 때 음극재 표면에 생기는 얇은 막으로 리튬이온전지의 성능을 좌우한다) 층이 형성된다.

그림 1.51(b)는 쇼트키 접촉을 하는 p형 반도체와 리튬금속 사이는 전자는 통과하지 못하고 층 바로 밑에서 통과해온 리튬이온과 반응하여 반도체층 밑에서만 리튬이 증착된다. 터널링 현상으로 계면을 통과한 소수의 전자만이 전해질막을 통과하여 얇은 SEI 막을 형성한다.

(9) 리튬이온전지의 열폭주 방지용 오프가스(Off-gas) 조기 검출 알고리즘

리튬이온전지의 화재 단계 중 오프가스 발생 단계에서 조기에 오프가스를 검출하고 전지의 스트레스 요인을 제거하면 열폭주를 방지할 수 있어, 그림 1.52와 같은 알고리즘을 제안한다. 그리고 다음과 같은 단계 별로 오프가스를 검출하는 동작을 수행하도록 한다.

[Step 1] 리튬이온전지의 오프가스를 검출할 수 있는 센서를 선정하여 전지에 설치한다.

[Step 2] 리튬이온전지에서 발생하지 않은 유사 오프가스 성분으로 인해 오검출이 발생할 수 있으므로, 외기(外氣, 바깥 공기)가 들어올 수 있는 위치에 오프가스 검출 센서를 설치한다.

[Step 3] 오프가스를 검출 시 제어기에서는 유사 오프가스 검출 여부를 판단하고, 리튬이온전지에서 발생한 오프가스로 판단 시 제어장치를 통해 리튬이온전지를 전기적으로 절연상태로 만든다.

[Step 4] 유사 오프가스 검출로 판단 시 오프가스 발생으로 판단하지 않는다.

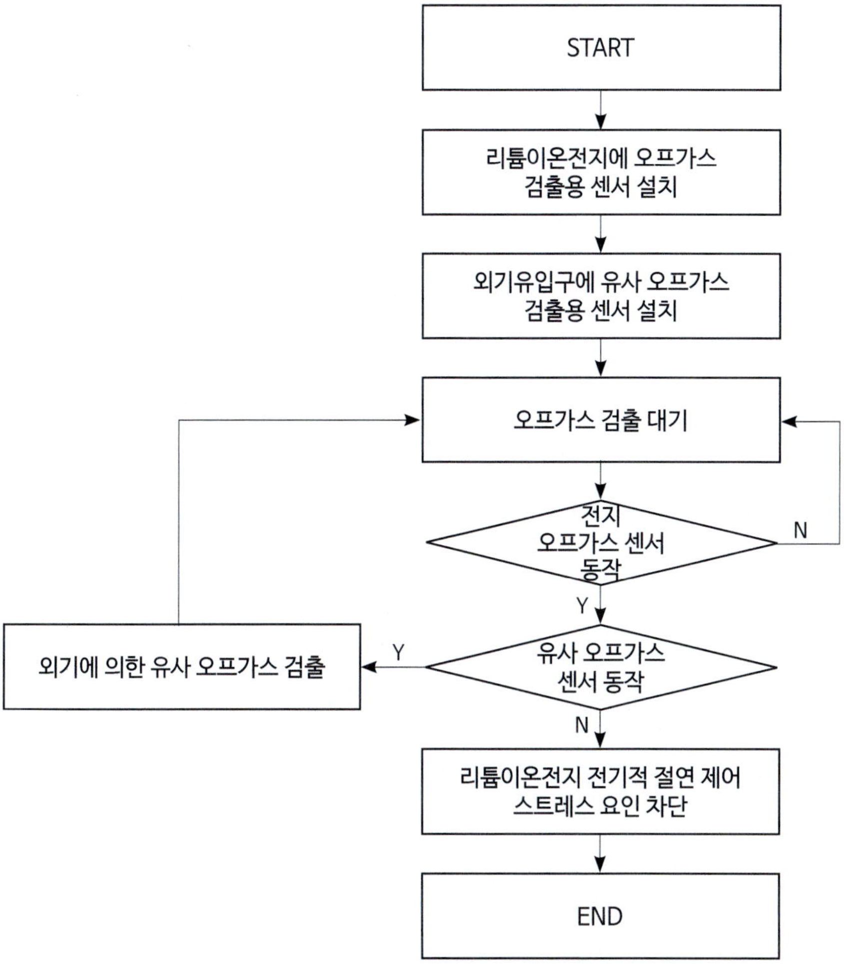

그림 1.52 오프가스 검출을 통한 열폭주 방지 알고리즘

(10) 열폭주 이상징후 감지를 위한 측정 변수 분석

열폭주로 인해 배터리의 환경변수 중 가장 뚜렷한 변화는 온도이다. 모든 배터리의 화학반응은 발열반응이기 때문에 각 반응 별 온도 상승률은 다르지만 지속적으로 상승하게 된다.

화학반응의 결과물로 온도뿐만 아니라 가스도 방출된다. 대표적인 가스로는 가연성 탄화수소가스(에탄올, 메탄올 등), 휘발성 유기화합물(Volatile Organic Compounds, VOC), 일산화탄소(CO) 등이 있다. 또 이러한 가스 방출은 배터리의 내부 압력 상승을 초래하기 때문에 표면의 형상 변화 및 손상을 유발한다. 따라서 열폭주의 진행을 추적하는 환경변수로 배터리의 표면온도, 배터리의 표면 변형률, 가스 농도의 기준이 필요하다.

그림 1.53은 과열(overheat) 테스트의 온도 및 OCV 윤곽(profiles)이다.

OCV(Open Circuit Voltage, 개방 회로 전압)란 배터리에 아무것도 연결하지 않은 상태에서 배터리에 걸리는 기전력을 말한다. 회로에서 분리되었을 때 전자 장치의 두 단자 사이의 전위차로, 연결된 외부 부하가 없다. 따라서 단자 사이에 외부 전류가 흐르지 않는다.

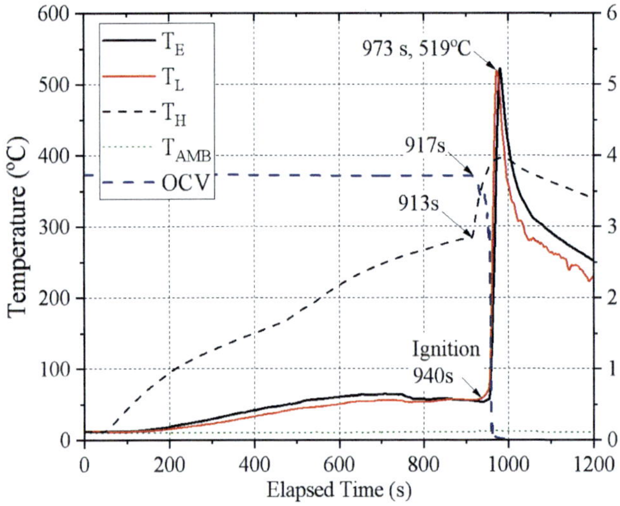

그림 1.53 과열(overheat) 테스트의 온도 및 OCV 윤곽(profiles)

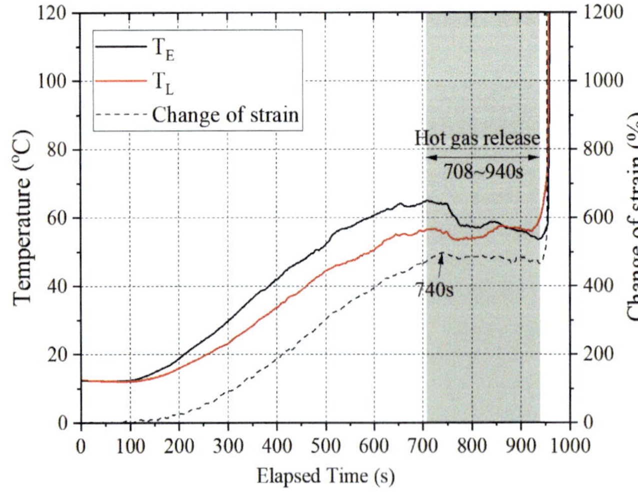

그림 1.54 과열 테스트의 온도 및 변형률 윤곽(profiles)

그림 1.54는 과열 테스트의 온도 및 변형률 윤곽(profiles)을 나타내는 그래프이다.

사진 1.10은 과열 테스트 시 배터리 열화상 데이터(battery thermal imaging data)를 보여준다.

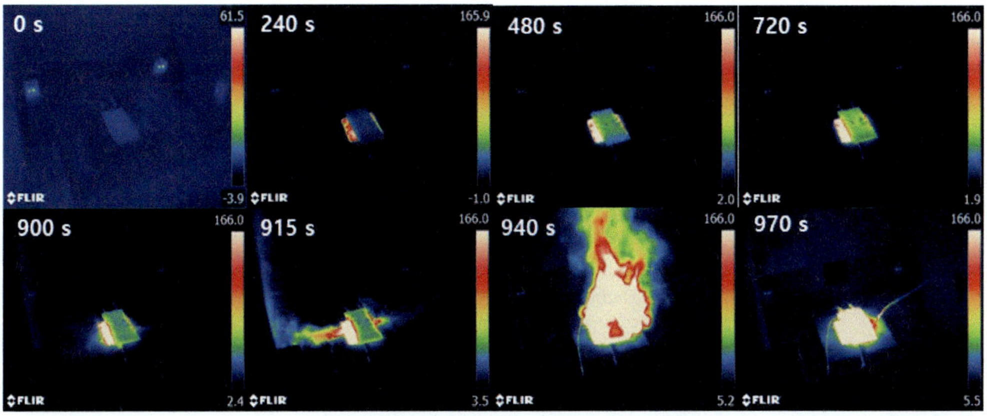

사진 1.10 과열 테스트 시 배터리 열화상 데이터

그림 1.55는 과열 테스트 시 가스 농도 변화를 보여준다.

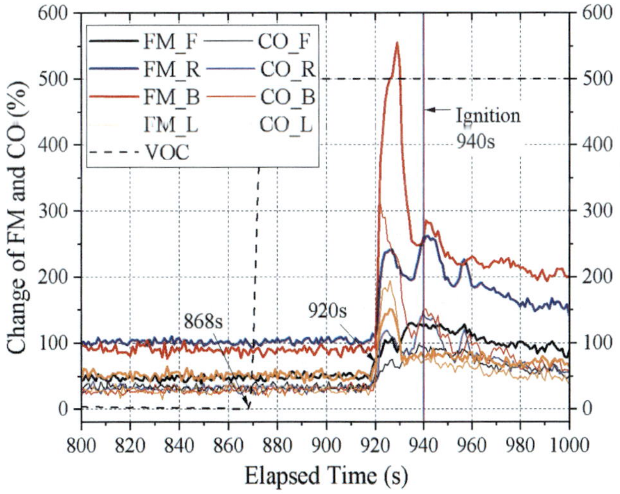

그림 1.55 과열 테스트 시 가스 농도 변화

그림 1.56은 과충전 테스트의 OCV 및 온도 윤곽(profiles)을 나타낸다.

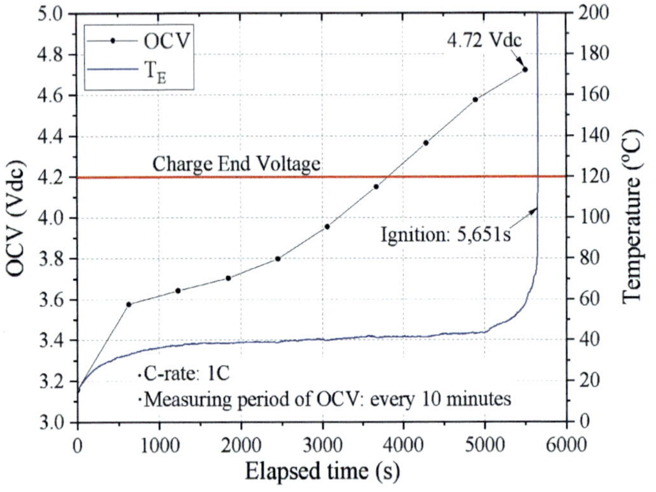

그림 1.56 **과충전 테스트의 OCV 및 온도 윤곽(profiles)**

CHAPTER

02

리튬이온 이차전지 화재 및 폭발 원인

2.1 전기차 리튬이온전지의 화재 및 폭발 원인의 분석

배터리 화재는 크게 외부 가열에 의한 과열과 과충전 두 가지 원인에 의해 발생하며 원인에 따라 가스 발생에 차이가 존재한다.

01 전기적 요인

(1) 과열(Thermal abuse)

기상 조건, ESS 시스템 내부 냉각장치 오작동 등 다양한 원인에 의해 배터리 외부 열원에 의해 배터리의 온도가 증가하게 된다. 온도가 일정 이상으로 가열될 경우 배터리 내부 온도가 증가되며 전해액과 분리막이 분해 온도 이상일 경우 분해되며 가스가 생성된다.

생성된 가스들로 인해 내부 압력이 증가하면 배터리 보호캡(safety cap, 배터리 안전캡으로 높은 안전과 안정성을 위해 리튬이온 배터리캡은 내부 디자인에 이중 보호 기능이 있다)에 의해 1차 분출이 일어난다. 이후 내부 온도가 분리막의 녹는점 이상이 되면 내부 단락이 일어나며 열폭주가 발생하여 화염과 함께 2차 분출이 일어난다. 이때 SOC (State of Charge, 말 그대로 배터리의 충전 상태를 뜻하며, 현재 배터리의 용량이다)가

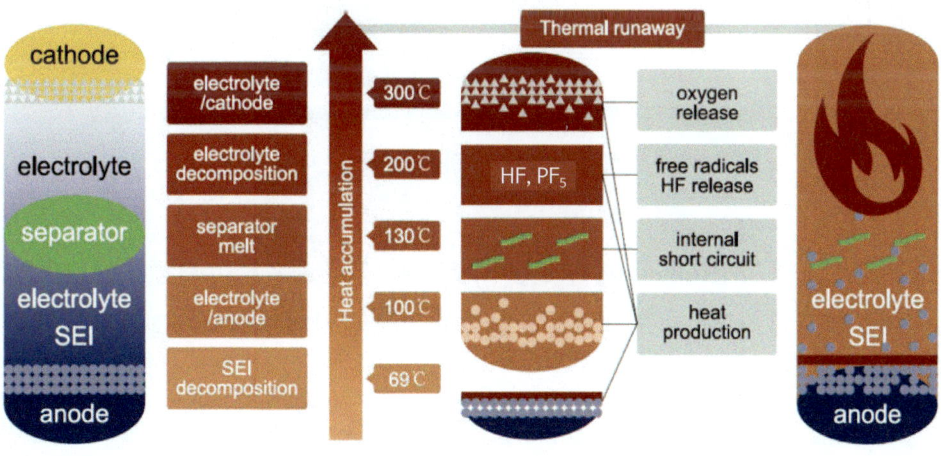

그림 2.1 온도에 따른 구성 요소 변화 및 열폭주 개략도

낮을 경우 열폭주가 발생하지 않고 1차 분출만이 발생하는 경우도 존재한다. 그림 2.1은 온도에 급격한 상승(과열)에 따른 구성 요소 변화 및 열폭주의 개략도를 도식적으로 보여준다.

① 최근 국내 연구진이 리튬이차전지의 화재위험을 사전에 예측할 수 있는 분석기술을 개발했는데, 충격 등 외부 요인이나 제조사 결함이 없는 정상적인 전지라도 체계적인 열관리 없이 장기간 사용하게 되면 사고에 이를 수 있다는 것을 과학적으로 밝혀냈다. 즉 전지 사용 시 열관리에 대한 중요성을 알려주고 있다.

② 그림 2.2의 예시처럼 직사광선에 노출된 차량 내부 온도는 90℃ 이상 상승하기 때문에, 차량 내부에 전지 등을 보관하거나 충전하게 되면 화재 또는 폭발로 이어질 가능성이 매우 크다. 특히 무더운 여름철에 위험성이 존재한다.

그림 2.2 직사광선에 노출된 차량의 높은 내부 온도

③ 또한 과도한 튜닝(tuning)이나 전동 킥보드에 1인을 초과하여 탑승하는 경우 등 전지를 과하게 사용하면 비정상적인 발열로 인해 전지가 손상되어 화재가 발생할 수 있다.

튜닝이란 기존의 차량이 가진 성능을 끌어올리거나, 외관상 변화를 주기 위해 자동차에 가하는 모든 작업을 일컫는다. 예를 들면, 엔진, 배기구와 기타 외부 장착품,

도색 및 랩핑은 물론이고 차량 인테리어나 사제 내비게이션 매립, 블랙박스 장착, 틴팅(tinting, 자동차 유리의 광선 투과율을 낮추기 위해 필름을 붙이는 것)과 같은 작업들 또한 자동차 튜닝의 범주 내에 들어간다.

④ 사진 2.1과 사진 2.2는 고온 환경에서 리튬이온전지(3.7V, 2,600mAh)와 리튬폴리머전지(3.7V, 10,000mAh)의 열폭주에 따른 발화상황을 나타내는 실험 사진이다.

사진 2.1 **리튬이온전지의 열폭주 발화시험(3.7V, 2,600mAh)**

사진 2.2 **리튬폴리머전지의 열폭주 발화시험(3.7V, 10,000mAh)**

(2) 과충전(Overcharge)

전기적 스트레스(stress)가 주 원인으로 크게 2가지 위험 요소가 있다.

① 과충전 : 과충전은 전지의 내부 압력을 증가시키고, 열 폭주를 촉진할 수 있다. 배터리관리시스템(BMS)이 이러한 상황을 방지하기 위해 설계되지만, 시스템 결함이나 오작동이 발생할 수 있다.

② 과방전 : 과방전은 전지의 내부 구조를 불안정하게 만들어 차후 충전 시 과열의 위험을 높힌다.

우선 과충전과 보호회로, 배터리관리시스템에 대해 설명을 하면 다음과 같다.

① 리튬이온전지는 PCM(Protection Circuit Module, 배터리의 과충전, 과방전, 과전류 방지 기능을 갖춘 배터리 보호회로 장치)이 설치된 보호회로용과 비보호회로용 전지가 판매되고 있으며, 보호회로용 전지가 PCM 설치로 인해 비보호회로용보다 길이가 길며, 가격도 비싸다. 시중에서 판매되고 있는 이런 배터리 팩(전지팩)은 유휴공간과 가격을 낮추기 위해 비보호회로용 전지를 사용하며, BMS(Battery Management System, 배터리관리시스템)를 설치하여 배터리 팩 전체를 보호한다.

PCM이란?

우리가 일상에서 자주 사용하는 전자기기나 전기차 등의 배터리에는 아주 높은 밀도로 에너지가 저장되어 있다. 즉 에너지 밀도가 높은 배터리이다. 따라서 안전하고 효율적으로 에너지를 사용하기 위해서는 배터리를 보호하고 관리할 수 있는 장치가 필요한데, 이때 사용되는 회로 장치가 바로 PCM(Protection Circuit Module)이다.

PCM과 BMS의 차이는?

배터리가 제 기능을 수행할 수 있도록 돕는 장치에는 PCM뿐만 아니라, BMS(Battery Management System)도 있다.
PCM과 BMS 모두 배터리 내부를 제어하고 보호하는 장치지만, BMS는 PCM이 가진 기본적인 보호 기능 외에도 모니터링(monitoring, 감시 기능으로 작동 및 프로그램 수행 중에 일어날 수 있는 오류·오작동에 대비하는 것)이나 셀 밸런싱(cell balancing) 등 배터리 관리에 필요한 다른 많은 기능을 추가로 수행한다는 점에서 차이를 가진다.
셀 밸런싱(cell balancing)은 리튬이온 배터리가 사용되면서 필요해진 주요 기술이다. 직렬 연결된 배터리가 충전 또는 방전이 진행될 때 전압의 차이를 최소화시켜 모든 셀의 충전량을 동일하게 만드는 방식이다. 이는 여러 셀이 있는 배터리 팩의 가용 용량을 개선하고 각 셀의 수명을 늘리는 기술이라 할 수 있다. 예를 들면, 수동형 셀 밸런싱은 열 방출을 통해 용량이 더 많은 셀에서 전하를 제거해 모든 셀의 충전량을 동일하게 만드는 방식으로, 일정 전압에 도달했을 때 그 이상의 전류를 저항으로 보내 전류를 소산(燒散, 열을 발생시켜 흩어 버림)시킨다.
BMS가 배터리 내부의 지휘자라면, PCM은 지휘자를 돕는 조교라고 볼 수 있다.
PCM은 각 전자제품의 특성을 고려해 배터리가 항상 최적의 성능을 안전하게 발휘할 수 있도록 돕는 장치이다. 그렇기 때문에 보호회로가 없는, 즉 PCM이 없는 배터리를 사용자가 임의로 개조해 사용하는 것은 위험하다는 것이다. PCM의 기능과 역할이 이렇게 중요하기에 무분별한 배터리 개조는 하지 않도록 주의해야만 한다.

② 이렇게 보호회로(PCM, BMS)가 설치되어 있음에도 과충전으로 인한 화재가 발생할 수 있는데, 그 원인으로는 외부 충격 또는 장시간 사용으로 충전기(전원 공급장치)나 보호회로(BMS, PCM)가 손상되어 오동작하는 경우, 정격전압이 맞지 않는 비규격 충전기를 사용하는 경우, 셀 밸런싱(cell balancing)을 하지 않고 충전하는 경우 등이 있다.

③ 셀 밸런싱(cell balancing)이 지원되지 않는 보호회로 사용 시 허용오차를 넘어 동작하는 전지가 발생하며, 특정 전지의 용량이 적으면 직렬로 연결된 다른 전지에 비해 더 빠르게 충전되는데 보호회로가 충전을 중지하지 못하면 과충전이 발생한다.

④ 사진 2.3과 사진 2.4는 과충전으로 인하여 리튬이온전지(3.7V, 2,000mAh)와 리튬폴리머전지(3.7V, 4,000mAh)의 열폭주에 따른 발화상황을 나타내는 실험 사진이다.

사진 2.3 **리튬이온전지의 과충전 발화시험(3.7V, 2,000mAh)**

사진 2.4 리튬폴리머전지의 과충전 발화시험(3.7V, 4,000mAh)

전기차 화재, 배터리 연구 심화 계기로 삼아야

최근 잇단 전기자동차 화재 사고로 전기차 기술에 대한 우려가 일고 있다. 그러나 전기차 기술은 이미 성숙도가 높고, 국내 기반 산업으로 자리 잡고 있으므로 더 정교한 연구개발 프로그램을 통해 기술 차별화를 시도할 필요가 있다. 오히려 최근 사고들은 배터리 품질의 중요성을 각인시키는 중요한 계기가 됐다. 안전성 강화가 경쟁국인 중국과의 기술 차별화의 핵심이 될 수 있다는 점도 부각했다.

무엇보다 이번 사태를 2차전지 기본에 대해 일반인의 이해도를 높이는 계기로 삼을 수 있다. 가령 충전도 100%는 제조사의 다양한 환경 평가를 통해서 설정된 '완충전' 조건으로 '과충전'과는 구별돼야 한다. 과충전은 100%를 넘어가는 상황을 의미하며, 현재는 배터리관리시스템(BMS)을 통해 소프트웨어적으로, 릴레이 차단 방식의 하드웨어적으로 다단계로 제어되고 있다. 과충전의 가능성은 매우 희박하다 하겠다. 따라서 일부 지역 사회에서 과충전을 피하기 위해 충전율을 80%로 제한하려는 시도는 용어를 잘못 이해하면서 확산한 실효성 낮은 대책으로 볼 수 있다.

연구개발의 관점에서 2차전지의 안전성을 강화하는 연구 프로그램을 확대하는 것은 경쟁국과 기술 수준을 차별화하는 기회가 될 수 있다. 연구개발 프로그램을 전반적으로 다시 살펴볼 필요가 있으며, 화재의 원인을 제거하는 연구뿐만 아니라 화재 가능성을 진단, 감지하는 연구가 균형감 있게 확립돼야 한다.

원인을 제거하는 연구로는 △셀의 구성 요소에 내화성을 강화하는 연구 △내화성이 강화된 셀 구조 개발 연구 △셀 간의 내열성을 강화하는 내열 · 내화성 패드 개발 연구 △셀 간의 열전이 현상을 이해하고 최소화하는 연구 △불량률을 낮추기 위한 공정 전반에 걸친 품질 관리 연구 등으로 구체화될 수 있을 것이다.

셀의 노화 · 열화를 진단하는 연구는 △셀의 건강도 정량화 연구 △셀 단락 감지 알고리즘 연구 △BMS를 활용한 온보드 · 오프보드 · 클라우드 진단 프로토콜 연구로 구체화될 것이다.

많은 전문가가 차량의 전동화는 거스를 수 없는 흐름이라고 한다. 단순히 친환경 규제를 맞추기 위함을 넘어서 전동화는 자율주행, 인포테인먼트 등 부상하는 미래 모빌리티 기술과도 맞닿아 있다. 또한 기존 내연기관 시장을 지배하고 있는 국가와 기업들이 전동화의 큰 변화 속에서 기술 부재로 도태하는 상황도 확인되고 있다. 전동화를 위해 선제 투자를 강행한 우리 산업이 시장에서 우월성을 확장할 수 있도록 더 적극적인 연구개발 프로그램을 수립해야 한다. 다시 한번 기술 초격차를 위해 진격해야 한다.

(출처 : 한국경제, "전기차 화재, 배터리 연구 심화 계기로 삼아야", A29면, 2024. 09. 05.)

(3) 과방전(Overdischarge)

방전(discharge)이란 음극인 흑연에서 리튬이온이 빠져나가는 현상이며, 과방전은 전지의 방전제한 전압 이하까지 방전되는 현상이다. 흑연 속에서 리튬이 모두 빠져나간 후에도 계속 방전이 이루어지면 동박(copper foil)이 산화되면서 구리이온이 전해액으로 빠져나오게 된다. 전해액에 녹아있는 구리 금속이온은 전지 내에서 분리막을 뚫고 내부 단락을 발생시킬 수 있다.

02 기계적 · 물리적 요인

(1) 물리적 충격과 손상

물리적 충격과 손상의 원인으로는 크게 두 경우로 나눈다.

① 충돌 및 충격 : 교통사고나 외부 충격으로 인한 배터리 셀의 물리적 손상은 내부 단락을 유발할 수 있다. 이는 전극이 직접 접촉하면서 고온 및 스파크(spark, 불꽃)를 발생시켜 화재 및 폭발을 일으킬 수 있다.
② 제조 결함 : 제조 과정에서의 미세한 결함도 전지 내부 단락을 유발할 수 있다. 예를 들어, 전극의 미세한 금속 입자가 전지 내부에 존재할 경우 단락의 원인이 된다.

물리적 충격과 손상으로 인한 화재 발생 사례를 살펴보면 다음과 같다.

① 리튬이온전지가 찍힘, 눌림, 꺾임, 과도한 압력 등의 물리적 손상을 입는 경우 전지 내부에서 단락이 발생되어 화재로 진행될 수 있다. 이러한 물리적 손상의 원인은 생산과정에서 발생할 수도 있지만, 대부분 전지를 사용하는 과정에서 사용자의 실수로 발생되는 경우가 더욱 많다.

② 리튬이온전지로 구성된 배터리 팩 중 홀더(holder, 끼우개 · 고정장치) 없이 사진 2.5에서 보여주는 예와 같은 본드(bond, 접착제) 등을 사용하여 고정하는 경우 외부 충격 등에 쉽게 전지가 손상되면서 전해액이 누액되거나 심하면 분리막이 손상되어 양극과 음극이 단락되면서 화재가 발생하게 된다. 반면에 사진 2.6은 홀더로 고정된 배터리 팩 실물이다.

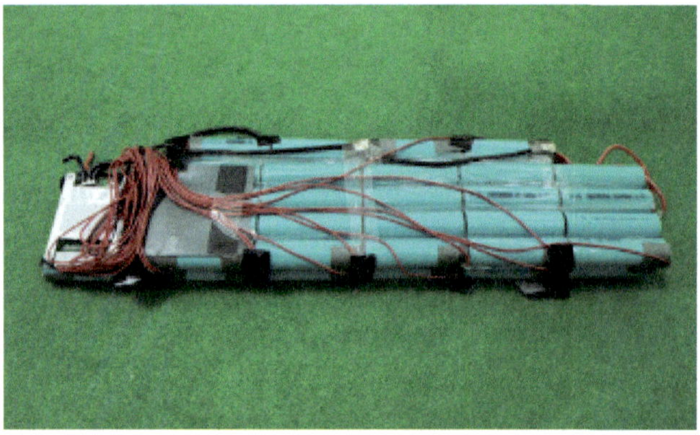

사진 2.5 **실리콘 전용 접착제를 사용하여 고정한(본딩, bonding) 배터리 팩의 예시**

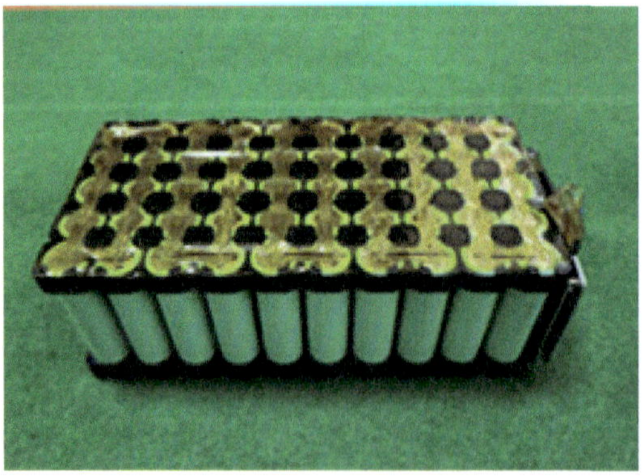

사진 2.6 **홀더로 고정된 배터리 팩**

③ 사진 2.7과 사진 2.8은 외부 충격으로 인하여 리튬이온전지(3.7V, 2,600mAh)와 리튬폴리머전지(3.7V, 10,000mAh)의 열폭주에 따른 발화상황을 나타내는 실험 사진이다.

사진 2.7 리튬이온전지의 외부충격 발화시험 (3.7V, 2,600mAh)

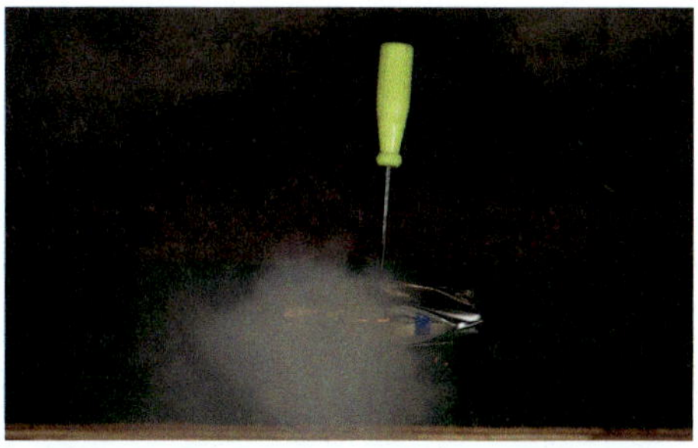

사진 2.8 리튬폴리머전지의 외부충격 발화시험 (3.7V, 10,000mAh)

03 화학적 요인

화재 발생의 주 원인이 전해질 및 전극 재료의 이상이 원인이 되고 있다.

① 전해질 분해 : 고온에서 전해질이 분해되면서 가스를 발생시키고, 이는 전지 내부 압력을 증가시켜 폭발의 위험성을 높힌다.
② 전극 소재의 화학 반응 : 양극과 음극의 화학적 반응이 비정상적으로 일어나면 열폭주를 유발할 수 있으며, 특히 양극 소재로 사용되는 산화물은 고온에서 산소를 방출하여 화재를 촉진할 수 있다.

(1) HF(Hydrogen Fluoride, 불화수소) 생성

HF(불화수소, 플루오린화 수소)는 배터리 화재 시 발생되는 대표적인 독성가스로 인체에 매우 치명적이기 때문에 중요하게 다루어진다. 라르손(Larsson) 등 일련의 실험에 의하면 HF의 경우 다른 가스들과는 생성 메커니즘에 차이가 있다. 다른 가스들의 경우 SOC(배터리의 충전상태)가 클수록 생성량이 증가했지만 HF 가스의 경우는 다른 것으로 조사되었다. 르코크(Lecocq, 2016년)의 연구에 의하면 SOC가 0%일 때 HF 분출량 및 분출 지속시간이 SOC 100%인 경우보다 더 크다.

이러한 결과는 라르손(Larsson, 2017년)의 연구에서도 조사되었다. SOC 50%, 0%에서의 HF 생성량이 100%에서의 생성량보다 더 많고 더욱 오래 분출되는 경향을 확인할 수 있다. 이는 HF 가스의 생성 메커니즘이 다른 가스들과는 다르기 때문이다.

그림 2.3은 과충전에 따른 배터리의 가스 발생 개략도이다.

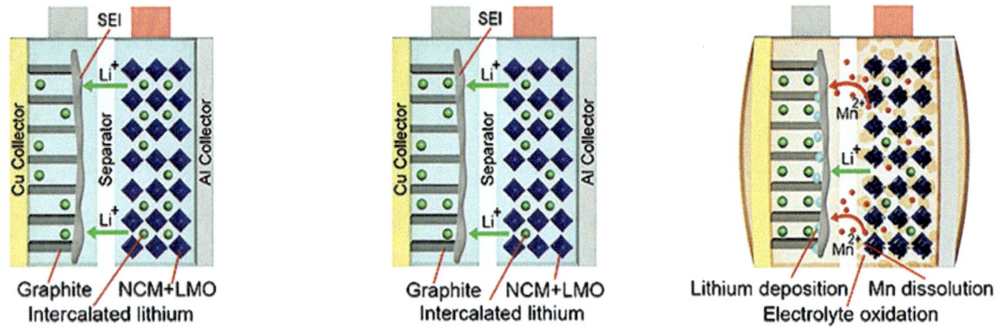

(a) Before overcharge (0<SOC<1)　(b) Stage I (1<SOC<1.2)　(c) Stage II (1.2<SOC<1.4)

그림 2.3 과충전에 따른 배터리의 가스 발생 개략도

(2) 주요 발생 가스

코흐(Koch, 2018년)는 CO_2, CO, H_2, C_2H_4, CH_4, C_2H_6, C_3H_6(이산화탄소, 일산화탄소, 수소, 에틸렌, 메탄, 에탄, 프로펜)의 7가지 가스가 배터리 화재 시 발생하는 주요한 생성 가스라고 밝혔다. 이 외에도 HF, POF_3 등의 가스 또한 생성된다. 왕(Wang) 등은 발생 가스의 종류 중 CO_2, CO, H_2의 비중이 가장 높다고 밝혔다. 본 실험연구에서 발생된 가스는 코흐(Koch), 왕(Wang)이 밝힌 가스를 포함하고 있으며, CO_2의 비율이 가장 높았다.

(3) 가스 비율

1) 외부 수열 시 발생 가스 비율

가스 생성 비율은 배터리의 특성에 따라 그 값이 다르나 대체적으로 다음과 같다. 생성 가스 중 대부분의 비율을 차지하는 가스는 CO_2, H_2, CO이며 그 비율은 대략 부피 대비 85%이며 나머지 15%의 경우 C_2H_4, CH_4, C_2H_6, C_3H_6와 같은 탄화수소들로 이루어져 있다. 표 2.1 및 그림 2.4는 코흐(Koch)의 실험연구 결과이다.

표 2.1 평균 생성 가스 비율(Koch, 2018년)

종류	CO_2	H_2	CO	C_2H_4	CH_4	C_2H_6	C_3H_6
비율(vol. %)	36.56	22.27	28.38	5.61	5.26	0.99	0.52

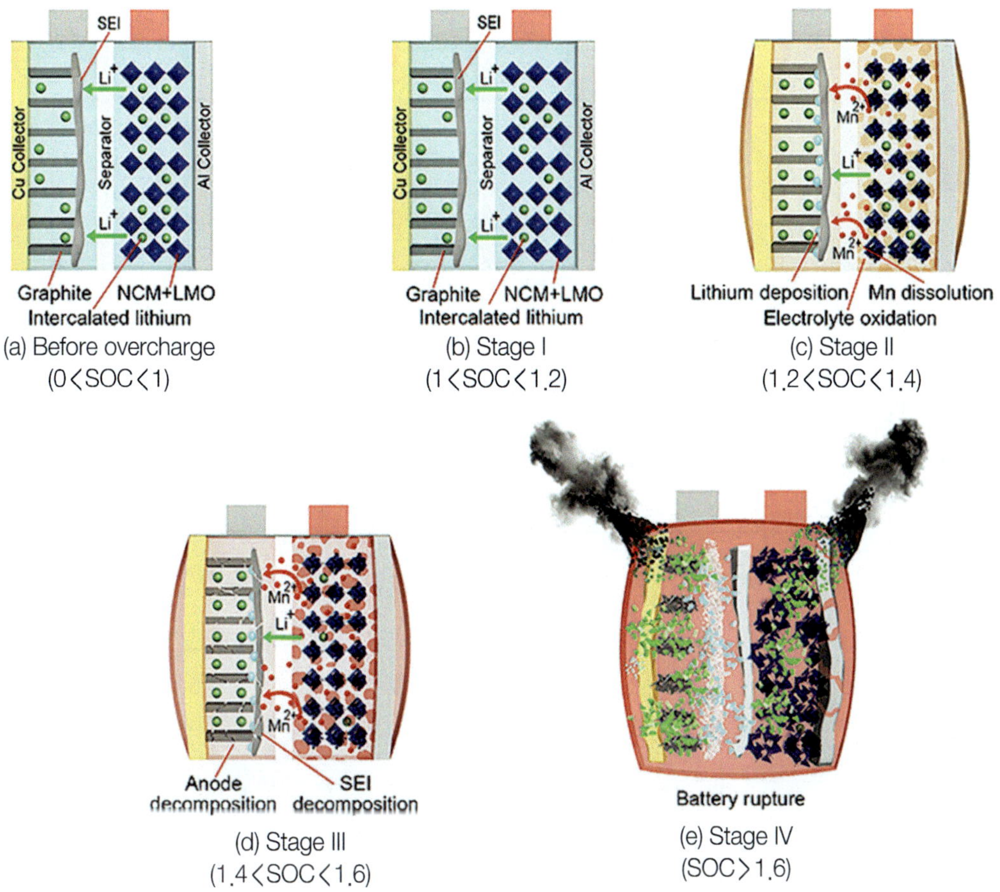

그림 2.4 과충전에 따른 배터리 가스 발생 개략도

2) 과충전 시 발생 가스 종류 및 비율

과충전 시 1차 분출 가스의 종류는 외부 수열에 의한 배터리 화재 연구 결과들과는 사뭇 다른 양상을 보인다. 페르난데스(Fernandes, 2018년) 등에 의하면 과충전 실험의 경우 2차 분출 시에는 외부 수열과 비슷한 결과값을 갖지만 1차 분출의 경우 DMC(Dimethyl. Carbonate, 디메틸탄산염), EMC(Ethyl Methyl Carbonate, 에틸메틸 카보네이트)와 같은 전해액 증기가 주요 성분 중 하나라 제안하였다.

3) 발생 가스량

생성되는 가스의 양은 보통 SOC와 용량과 관련이 있다. 그림 2.5는 20Wh 이하의 배터리 화재 시 발생 연소가스의 양과 SOC와의 상관관계를 비교한 그래프이다. 그림 2.6에서 알 수 있듯이 SOC가 증가하면 발생 가스량도 증가함을 알 수 있다.

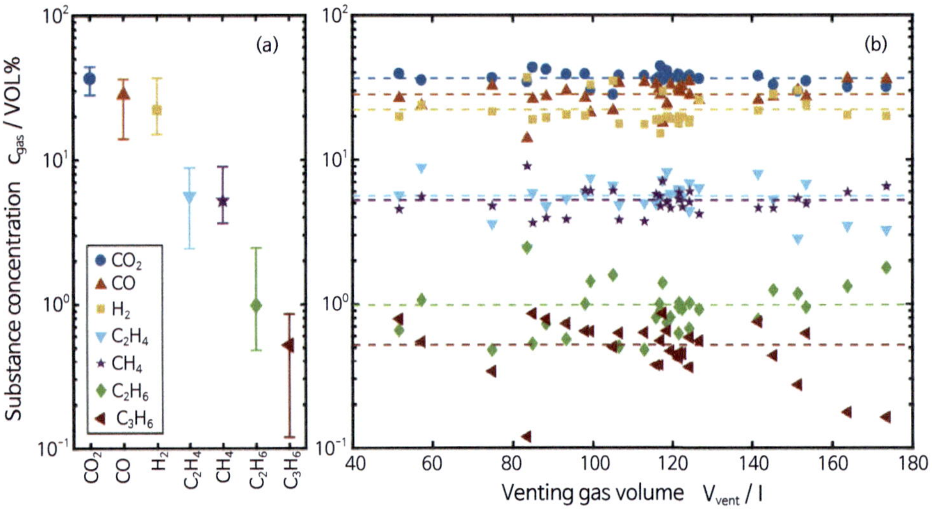

그림 2.5 가스 분출 시 전해액 및 기타 가스량(Fernandes, 2018년)

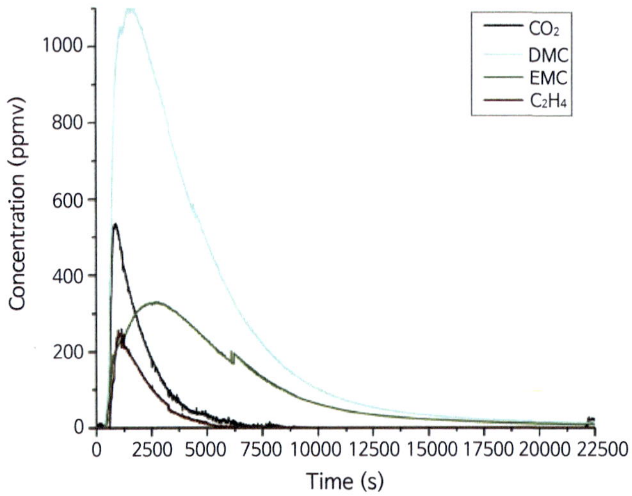

그림 2.6 생성가스 비율 그래프

4) 기계적 요인

리튬이온 배터리의 제조공정은 크게 전극 제조공정, 전지 제조공정 그리고 화성공정으로 이루어져 있다. 화성공정은 최초 충전인 포메이션 공정, 전해액 채널을 안정시키는 에이징 공정, 이물질이 혼입된 불량 전지를 선별하는 공정으로 구성되며, 이 화성공정은 최장 28일 동안 이루어지는데 화성공정 중 보관하는 과정에서 화재 및 폭발사고가 종종 발생된다. 이러한 사고의 원인은 제조공정 중 이물질이 배터리 내부로 침투 또는 비정상적인 수지상 석출물 발생으로 인한 내부 단락으로 추정된다.

04 환경적 요인

화재 발생의 원인이 되는 주된 위험 요소는 온도와 기후이다.

① 고온 환경 : 고온 환경에서는 리튬이온전지의 내부 온도가 상승하여 열폭주를 유발할 수 있다. 이는 전해질 분해와 함께 가스 생성, 압력 상승, 그리고 폭발로 이어질 수 있다.

② 저온 환경 : 저온에서는 전해질의 이온 전도도가 낮아져 전지의 성능이 저하되고, 이는 내부 저항 증가로 이어져 충전 및 방전 시 과열의 위험성을 증가시킬 수 있다.

05 소재 특성

전극 재료의 열적 안정성에 관한 문제로 유발된다.

① 양극 소재 : NCA, NCM, LFP 등 다양한 양극 소재가 사용되며, 각각의 열적 특성과 안정성이 다르다. 특히 고온에서 안정성이 낮은 소재는 폭발의 위험이 더 높다.

② 음극 소재 : 주로 사용되는 흑연은 열 안정성이 비교적 높지만, 실리콘 음극은 에너지 밀도가 높아지는 반면 열 안정성은 떨어질 수 있다.

06 관리 및 유지 보수

① 배터리관리시스템(BMS) : BMS는 전지의 상태를 모니터링하고, 과충전, 과방전, 과열 등을 방지한다. 하지만 BMS의 결함이나 오작동은 전지 화재의 위험을 높일 수 있다.

② 정기적인 유지보수 : 전기차 배터리는 정기적인 점검과 유지보수가 필요하며, 이를 통해 잠재적인 결함이나 문제를 사전에 발견하고 대응할 수 있다.

07 기타 요인

기타 요인으로 다음과 같은 원인을 들수 있다.

① 소프트웨어 문제 : 전기차의 소프트웨어가 배터리 관리와 충전 프로세스를 제어하는데, 소프트웨어 결함이 전지의 과충전 또는 과방전을 유발할 수 있다.

② 제조 품질 : 전지 제조공정에서의 품질 관리가 미흡할 경우, 불량 배터리가 생산되어 화재 및 폭발의 위험을 높힌다.

2.2 화재 및 폭발 원인의 다양한 요인 분석

01 특성 요인도

리튬이온 배터리를 사용한 전기차 화재 원인에 대해 그림 2.7과 같이 특성 요인도(Fish bone diagram)를 작성 · 정리하였다.

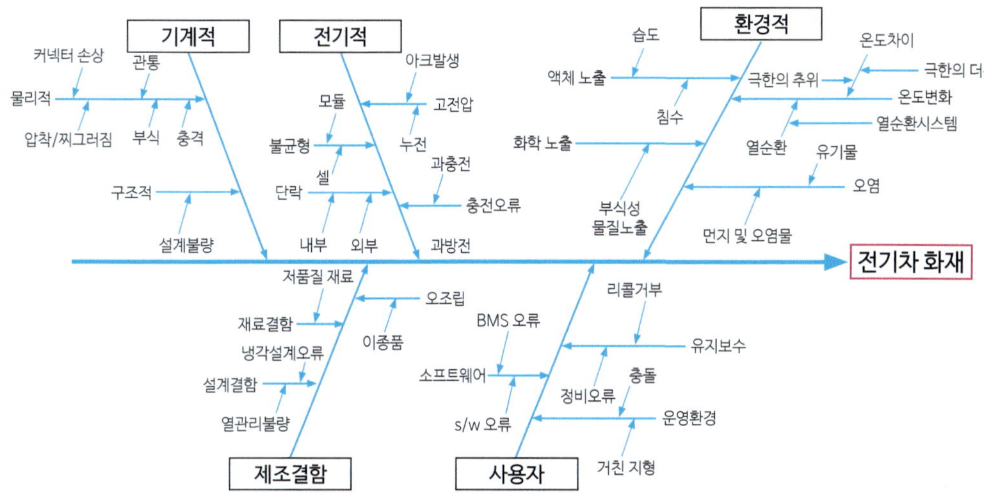

그림 2.7 **전기차 화재에 대한 특성 요인도 분석(Fish bone diagram)**

우선 전기차 화재에 대한 특성 요인도 분석과 같이 전기차 화재는 크게 환경적, 사용자, 제조결함, 전기적, 기계적으로 분류할 수 있다.

(1) 환경적 요인

① 화학물질 노출 : 우선 환경적 요인으로는 화학 노출 가능성이 있는데 도로 위의 염화칼슘, 염화나트륨과 같은 제설용 화학물질은 배터리와 배선에 영향을 주어 전기적 단락을 유발할 수 있다. 또한 극한의 추위나 극한의 더위로 인해 저온에서는 배터리의 성능이 저하되며, 내부 저항이 증가하여 발열을 초래할 수 있고 고온에서는 배터리의 열폭주(thermal runaway) 가능성이 높아지며, 이는 화재로 이어질 수 있다.

② 반복되는 고온과 저온의 변화는 배터리 셀의 팽창과 수축을 야기하여 내부 손상을 유발할 수 있고 차량이 홍수에 잠길 경우 배터리 시스템이 물에 노출되어 단락과 화재를 유발할 수 있다.

③ 지속적인 높은 습도 : 배터리와 전기 시스템의 절연 성능을 저하시킬 수 있으며 먼지나 오염물이 배터리 시스템에 축적되면 열 방출이 어려워지고, 과열을 유발할 수 있다. 배터리 팩 제조상 각종 유기물이 셀 내부로 들어가면 화재의 원인이 될 수 있다.

(2) 기계적 요인

① 압착/찌그러짐 : 차량 사고로 인해 배터리 셀이 찌그러지거나 압착될 경우 내부 단락이 발생할 수 있다.

② 낙하 및 충격 : 배터리가 떨어지거나 강한 충격을 받으면 내부 구조가 손상되어 화재를 유발할 수 있다.

③ 날카로운 물체에 의한 관통 : 날카로운 물체가 배터리를 관통하면 내부 단락과 화재를 유발할 수 있다.

④ 충격/진동 : 지속적인 충격과 진동은 배터리 내부 연결부의 느슨함과 손상을 초래할 수 있다. 특히 비포장 도로, 험로, 움푹파진 도로, 높낮이 차가 있는 턱, 과속방지턱 등을 운행 시에는 차체 밑단을 통해 하단부에 설치되어 있는 배터리 팩에 전달되는 반복적인 충격과 진동은 배터리 팩 내부의 셀, 소재, 조립체, 단자 및 배선, 회로 등에 스트레스와 피로도를 증가시켜 물성과 특성을 노화(열화)시킴으로 화재를 유발하는 원인이 된다.

⑤ 주기적 마모 : 배터리의 반복적인 충전과 방전은 내부 마모를 증가시켜 화재의 원인이 될 수 있다.

⑥ 커넥터 마모 : 전기 연결부의 마모는 전기 저항을 증가시키고, 과열을 유발할 수 있다.

⑦ 절연체 마모 : 절연체가 마모되면 전기적 단락이 발생할 수 있다.

⑧ 부품의 오정렬 : 제조 과정에서 부품이 제대로 정렬되지 않으면 내부 단락의 위험이 증가한다.

⑨ 느슨한 연결 : 느슨한 전기 연결은 저항을 증가시키고, 과열을 유발할 수 있다.

⑩ 차체 손상 : 차량 사고로 인한 차체 손상은 배터리 시스템에도 영향을 미칠 수 있다.
⑪ 서스펜션 문제 : 서스펜션 문제로 인한 충격이 배터리에 전달되어 손상을 유발할 수 있다.

(3) 제조 결함

① 저품질 재료 사용 : 배터리 제작 시 저품질 재료를 사용하면 내구성이 떨어져 화재 위험이 증가한다.
② 불량 절연체 : 절연체의 불량은 전기적 단락을 유발할 수 있다.
③ 잘못된 용접 또는 느슨한 부품 : 용접 불량이나 느슨한 부품은 전기적 연결 부위에서 저항을 증가시키고, 과열을 유발할 수 있다.
④ 버(Burr) 및 날카로운 모서리 : 조립 과정에서 발생하는 버나 날카로운 모서리는 배터리 셀을 손상시킬 수 있다.
⑤ 부적절한 분리막 설치 : 분리막이 제대로 설치되지 않으면 셀 간의 단락이 발생할 수 있다.
⑥ 부족한 테스트 : 충분한 테스트가 이루어지지 않으면 잠재적 결함이 발견되지 않을 수 있다.
⑦ 표준 미준수 : 제조 과정에서 표준을 준수하지 않으면 결함이 발생할 수 있다.
⑧ 불충분한 냉각설계 : 냉각설계가 불충분하면 배터리가 과열되어 화재를 유발할 수 있다.
⑨ 열관리 불량 : 열관리 시스템의 결함은 배터리의 온도 상승을 효과적으로 제어하지 못할 수 있다.

(4) 전기적 요인

① 외부 단락 : 외부 전기 시스템에서의 단락은 배터리 시스템으로 전달되어 화재를 유발할 수 있다.
② 내부 단락 : 배터리 내부에서 단락이 발생하면 급격한 열 상승과 화재를 유발할 수 있다.
③ 셀 불균형 : 배터리 셀 간의 불균형은 과열과 화재를 유발할 수 있다.
④ 모듈 불균형 : 모듈 간의 불균형도 비슷한 문제를 초래할 수 있다.

⑤ 충전 시스템 고장 : 충전 시스템의 고장은 배터리의 과충전이나 과방전을 유발할 수 있다.

⑥ 배터리관리시스템(BMS) 고장 : BMS의 고장은 배터리 셀을 적절하게 관리하지 못하여 화재를 초래할 수 있다.

⑦ 아크(Arc) 발생 : 고전압에서 아크가 발생하면 주변 재료가 발화될 수 있다.

⑧ 절연 파괴 : 절연체의 파괴는 전기적 단락과 화재를 유발할 수 있다.

(5) 사용자 요인

① 부적절한 충전 습관 : 잘못된 충전 습관은 배터리의 수명을 줄이고 화재 위험을 증가시킬 수 있다.

② 차량 과적 : 차량을 과적하면 배터리와 전기 시스템에 과부하가 걸려 화재를 유발할 수 있다.

③ 정기적 유지 보수 부족 : 정기적인 유지 보수가 이루어지지 않으면 잠재적 문제가 해결되지 않아 화재를 초래할 수 있다.

④ 불충분한 검사 루틴 : 정기적인 검사를 통해 결함을 발견하지 못하면 화재 위험이 증가한다.

⑤ BMS 소프트웨어 오류 : BMS 소프트웨어의 오류는 배터리 셀의 과충전이나 과방전을 유발할 수 있다.

⑥ 잘못된 펌웨어(Firmware) 업데이트 : 잘못된 펌웨어 업데이트는 시스템의 오작동을 초래할 수 있다. 펌웨어(firmware)는 하드웨어의 기본적인 구동 및 제어를 담당하는 특수 용도의 소프트웨어로 하드웨어를 제어하는 가장 기본적인 프로그램이다. 특정 하드웨어 장치에 포함된 소프트웨어로 소프트웨어를 읽어 실행하거나, 수정하는 것도 가능한 영구적 소프트웨어를 뜻한다

⑦ 거친 지형 : 거친 지형에서 운행 시 배터리와 전기 시스템에 충격이 가해져 화재를 유발할 수 있다.

⑧ 고속 충돌 : 고속 충돌은 배터리 시스템의 심각한 손상을 초래할 수 있다.

02 고장(Failure, 결함)의 분류 및 특징

고장(failure)이라 함은 결함, 오작동, 오류 등을 포함하는 기능의 모든 상실을 비롯한 부분적 상실까지를 포함한다. 즉, 고장은 제품이나 시스템에 있어 실패 모드(mode)의 원인이 된다. 그림 2.8은 고장의 분류를 나타낸다.

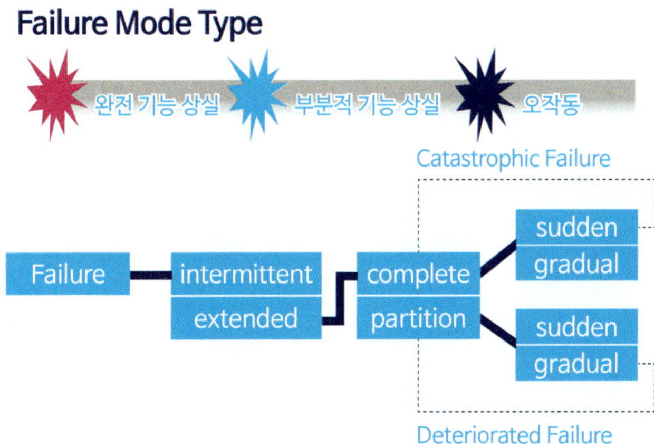

그림 2.8 고장의 분류

(1) 고장의 분류

1) 간헐적(intermittent) 고장

매우 짧은 시간 동안 일부 기능이 상실되는 고장으로, 다시 완전한 작동 상태로 환원된다.

2) 지속적(extended) 고장

일부 부품을 수리하거나 교체할 때까지 지속되는 고장이다.

① 완전(complete) 고장 : 요구 기능이 완전 상실되는 고장

② 부분(partition) 고장 : 일부 기능은 상실되나 요구기능 전체가 상실되지는 않는 고장

그리고 완전 고장과 부분 고장은 다음과 같이 추가로 분류된다.

① 돌발적(sudden) 고장 : 사전 시험이나 검사로 탐지할 수 없는 고장으로, 순간적으로 갑작스럽게 발생하는 고장이다.

② 점진적(gradual) 고장 : 시험이나 검사로 예견할 수 있는 고장으로, 시효(aging) 현상(시간이 지남에 따라 재료 · 소재의 물성이나 특성이 변화하는 것)에 의한 피로, 노화, 열화 등에 기인한다.

지속 고장은 여러 가지 범주로 분류되며, 그 중 대표적인 2가지 유형은 다음과 같은 명칭을 갖는다.

① 파국(catastrophic) 고장 : 완전 고장이면서 갑작스런 고장(돌발적 고장)

② 열화(deteriorated) 고장 : 부분 고장이면서 점차적 고장(점진적 고장)

예 타이어 마모

(2) 고장의 원인(Failure cause)과 영향에 대한 비교

고장의 원인에는 다음과 같은 요인이 있다.

① 설계 결함(design failure)

② 공정 결함(process failure)

③ 제조 결함(manufacturing failure)

④ 노화 결함(aging failure)

⑤ 오용 결함(misuse failure)

⑥ 취급 결함(mishandling failure)

⑦ 약점 결함(weakness failure)

IEC(International Electrotechnical Commission, 국제전기기술위원회)의 정의에 따르면 고장원인(failure cause)이란 '고장을 유발하는 설계, 제조 또는 사용상의 환경'을 말한다. 고장의 예방이나 재발방지를 위해서 고장원인은 꼭 필요한 정보이다. 또한 다음과 같은 고장의 원인이 독립적으로 또한 복합적으로 누적되어 발생한다.

① 설계(design) 고장 : 불충분한 설계에 기인하는 고장
② 약점(weakness) 고장 : 규정된 범위 내의 부하(stress)하에서도 아이템 자체의 취약으로 인해 발생하는 고장
③ 공정 · 제조(process · manufacturing) 고장 : 공정 및 제조과정에서 설계나 공정 · 제조 규격에 불일치 또는 미달되어 야기되는 고장
④ 노화(aging) 고장 : 사용 기간이 오래됨에 따라 고장 확률이 증가하여 발생하는 고장
⑤ 오용(misuse) 고장 : 남용(abuse) 고장이라고도 하며, 규정된 범위 이상의 부하를 적용하여 야기되는 고장으로 특히 과도한 지속적 스트레스와 피로도의 누적으로 발생한다.
⑥ 취급(mishandling) 고장 : 아이템에 대한 취급 잘못이나 관리 소홀로 인한 고장

이러한 고장들은 다음과 같은 특징과 연관성이 있다.

① 이들 고장 원인들이 상호 배제적인 것은 아니다. 약점 고장, 설계 고장, 제조 고장 간에는 서로 중복되는 부분도 있다.
② 고장을 일으키는 과정(물리적, 화학적 등)을 '고장 메커니즘(failure mechanism)'이라 한다. 이는 최하위 단계 고장의 시작인 마모, 부식, 경화, 산화 등의 직접적인 요인이라고 할 수 있다.
③ 이 수준의 고장원인 서술로는 고장대책을 수립하기에 충분치 못하다. 예를 들어 '마모'는 잘못된 원자재 규격(설계 고장), 규격 한계를 벗어난 사용(오용에 의한 고장), 정비, 윤활 잘못(취급 잘못에 의한 고장) 등에 의해 야기될 수 있다.
④ 이러한 근원적인 원인들을 근본원인(root cause)이라 하며 이들에 기초하여 고장대책을 수립, 시행할 수 있다. 반드시 근본원인 분석(root cause analysis)이 필요하다.
⑤ 하위 단계의 실패모드가 다음 상위 단계의 고장원인이 되고, 하위 단계의 고장 영향이 다음 단계의 실패모드와 동일함을 보여주고 있다. 예를 들어 봉인 컴포넌트(component)의 실패모드인 '봉인으로부터의 누유'가 상위 단계인 밸브에서의 실패모드 '내부 누유'의 고장원인이 될 수 있고, 컴포넌트의 고장영향 '내부 누유'가

밸브의 고장모드 '내부 누유'와 동일함을 볼 수 있다.

⑥ 실패모드의 심각도(severity) 개념에 의해 고장모드가 전체 시스템에 미치는 영향을 평가할 수 있다. 중요도 순위는 FMEA(Failure Mode and Effects Analysis, 고장형태 영향분석)의 한 부분으로 요구되는 경우가 많다.

⑦ 심각도를 분류하는 많은 기준들이 있는데 그 중에서 MIL-STD(미국 군사 표준규격, Military Standard) 882의 분류기준을 소개한다.

- 파국적(catastrophic) : 사망 또는 전체 시스템의 상실을 유발하는 고장
- 치명적(critical) : 심각한 상해, 심각한 직업병, 주요한 시스템 손상을 유발하는 고장
- 한계(marginal) : 경미한 상해, 경미한 직업병, 경미한 시스템 손상을 유발하는 고장
- 경미(negligible) : 미미한 상해, 직업병, 또는 미미한 시스템 손상을 유발하는 고장

(3) 기능의 분류

복잡한 아이템의 경우 매우 많은 요구기능이 있을 수 있다. 그러나 모든 기능의 중요성이 모두 동일하지는 않다. 기능을 분류하는 하나의 기준을 소개하면 다음과 같다.

1) 필수기능(Essential function)

메인(main) 기능이다. 아이템의 의도와 목적을 완수하는데 필요한 기능으로 그 아이템을 사용하는 바로 그 이유이다. 보통 필수기능은 아이템의 명칭에 반영된다. 예를 들어 펌프의 필수기능은 '유체를 펌핑(pumping)'하는 것이다.

2) 보조기능(Auxiliary function)

서브(sub) 기능이다. 필수기능을 지원하기 위한 기능이다. 때로는 필수기능보다 안전상 문제에서 더 중요할 수 있다. 예를 들어 펌프의 한 보조기능은 '유체의 밀봉'이다.

3) 보호기능(Protective function)

사람, 장비 또는 환경을 손상, 상해로부터 보호하는 기능으로 다음과 같이 분류할 수 있다.

① 안전기능 : 사고를 예방하고, 인명, 물적 자산, 환경에 미치는 결과를 최소화하기 위한 기능을 말한다.

② 환경기능 : 정상적인 작동하에서의 오염, 공해방지, 위생기능

③ 정보전달 기능 : 모니터링, 각종 게이지 및 경고 기능 등을 말한다.

4) 인터페이스(Interface) 기능

다른 아이템과의 인터페이스를 위한 기능이다.

5) 불요(Superfluous) 기능

불필요하게 중복되어 있는 여분의 기능을 말한다.

6) ON-line 기능

이 기능은 연속적으로 작동하여 사용자가 현재 상태를 파악하고 있다. 이러한 온라인 기능의 종료를 명백한 고장이라 한다.

7) OFF-line 기능

이 기능은 간헐적으로 사용되어 어떤 검사나 시험을 통해서만 그 상태를 파악할 수 있다. 대표적인 예로 비상폐쇄시스템(emergency shutdown system)의 기능이 있다. 많은 경우의 보호기능들이 오프라인 기능에 해당된다. 이러한 오프라인 기능의 종료를 잠복 고장이라 한다.

지금까지의 분류가 반드시 상호 배제적인 것은 아니다. 어떤 기능은 두 개 이상의 기능으로 분류될 수도 있다. 장비의 정비나 기능시험 계획을 수립할 경우에는 명백한 고장(evident failure)과 잠복 고장(hidden failure)을 구별하는 것이 중요하다.

참고로 장비 또는 시스템이 오랜 기간 동안 개조되어 온 경우나 새 장비의 규격이 필요 이상 남아도는 경우에는 남는 기능이 발생한다. 때로는 이러한 여분의 기능 고장이 다른 기능의 고장을 유발하기도 한다.

2.3 리튬 이차전지 배터리 차량 화재 현황 및 사례

01 현황 및 사례

전기자동차(전기차, EV) 화재의 주 요인으로는 전기차의 핵심 부품인 배터리가 거론된다. 특히 2020년을 기준으로 배터리 발화로 인한 화재가 전체 22건 중 7건으로 약 32%를 차지하고 있다. 이 수치는 교통사고로 인한 화재 비율보다 높지 않으나, 배터리로 인해 화재가 발생할 경우 쉽게 소화하기 어렵다는 점에서 문제가 되고 있다.

그 이유는 현재 전기차에 들어가는 대부분의 배터리가 리튬이온전지이기 때문이다. 리튬이온전지는 발화 시 전소될 때까지 진화가 거의 불가능하다. 만약 물을 이용하여 진화를 시도할 경우 꺼질 듯하다가도 불이 다시 살아나고 지속적으로 흰 연기를 분출한다. 이때 분출되는 흰 연기는 불화수소(HF) 가스로, 배터리 내 액체 전해질에 용해되어 있는 리튬염의 음이온(PF_6^-)이 물과 반응하여 발생한다. 따라서 일반 소화기로 진화가 안 되는 건 물론이고, 완벽하게 산소를 차단하지 않는 이상 자발적인 화학반응이 계속 일어나기 때문에 불씨가 다시 살아난다. 표 2.2는 소방청이 집계한 2017~2022년 5월말까지의 전기차의 화재 현황을 나타낸다.

표 2.2 **전기차 화재 현황(2017～2022년 5월말)**

구분	화재 건수	인명 피해(명)			재산피해액 (천원)
		계	사망	부상	
계	45	2	0	2	1,511,603
2017년	1	0	0	0	55
2018년	3	0	0	0	13,145
2019년	7	1	0	1	270,029
2020년	11	0	0	0	360,740
2021년	23	1	0	1	867,634
2022. 5월 말	14	0	0	0	419,832

*2022년 화재통계 수치는 변동될 수 있다.
*승용자동차, 버스, 화물자동차 기준(전기 카트, 전기 굴삭기 등 제외)
(출처 : 소방청)

표 2.3은 2020년 기준 내연기관 자동차 대비 전기차 화재 발생 비율로 아직까지는 내연기관보다는 화재 발생 비율이 적은 것을 알 수 있다.

표 2.3 내연기관 자동차 대비 전기차 화재 발생 비율(2020년 기준)

		자동차 등록현황	화 재	1만대 당 화재발생 비율
차량	내연기관	24,231,017대	4,536	1.88
	전기차	134,962대	교통사고 15	1.63
			배터리 발화 7	0.52
	합계	24,365,979대	4,558	1.87

(출처 : 국립소방연구원)

화재의 여러 가지 실제 사례를 자세히 살펴보면 다음과 같다.

(1) 화재사례 1

식당 주차장에 주차를 하고 주문한 음식이 나오기를 기다리던 중 주차 후 20분 정도 경과한 시점에 운전자가 승용차 안에 놓아둔 휴대폰을 가지러 갔을 때 승용차에 이상이 없었다. 식사를 마치고 주차 후 50분 정도 경과한 시점인 6월 26일 17:00경 되돌아왔더니 타는 냄새가 나서 운전석쪽 문을 열었더니 시커먼 연기가 나왔다.

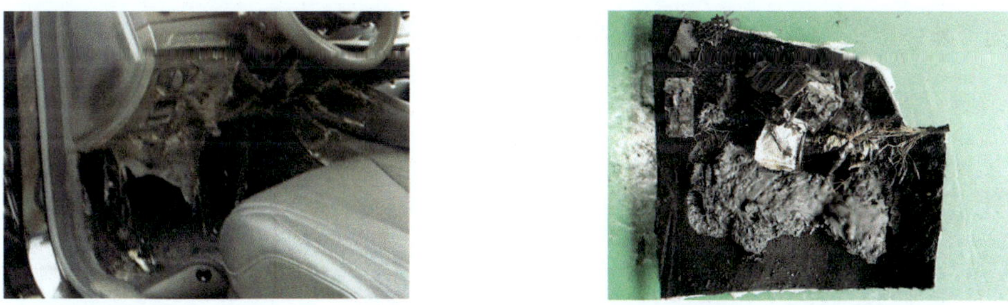

(a) Fire origin (b) Lithium battery debris

그림 2.9 Fire origin and lithium battery on floor mat

그림 2.9의 (a)와 같이 운전석 앞 대시보드 안의 전기배선이 타서 녹아 내려 있는 상태로 진화되어 있음을 발견하였다. 운전석 앞쪽 바닥의 카펫 위에 그림 2.9의 (b)와 같이

블랙박스 보조배터리(리튬배터리) 잔해가 소락(燒落)되어 있고, 소락된 보조배터리는 그림 2.10과 같이 배터리 셀의 케이스가 용융되어 있고 전극 연결 단자 부분에서 용융 흔적이 식별되었다.

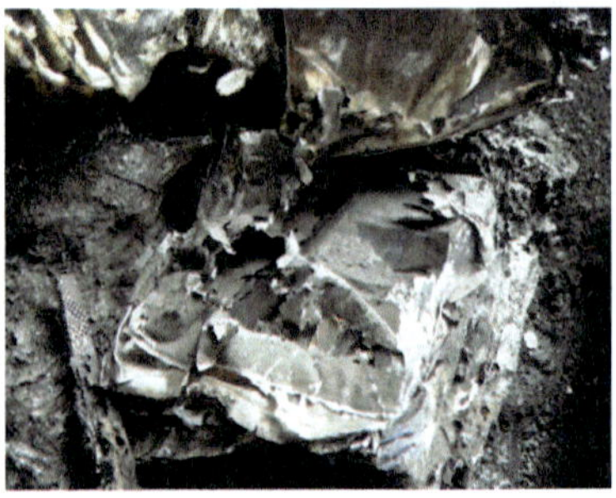

(a) Fused cell case

(b) Terminal

그림 2.10 Fused cell case and terminal

(2) 화재사례 2

아파트 옥외주차장에 주차 후 20분 정도 지난 시점에 관리사무소에서 승용차에 화재가 발생함을 확인한 후 119신고(11월 1일 16:16)를 하여 소방대가 진화한 사례이다.

그림 2.11의 (a)와 같이 조수석 앞 대시보드 쪽이 연소되었다. 조수석앞 대시보드 아래의 바닥을 확인한 바 그림 2.11의 (b)와 같이 내비게이션 모듈에 연결된 보조배터리가 위쪽으로 연소되다가 꺼진 모습이고 그림 2.12와 같이 보조배터리 자체가 부풀어 있었다.

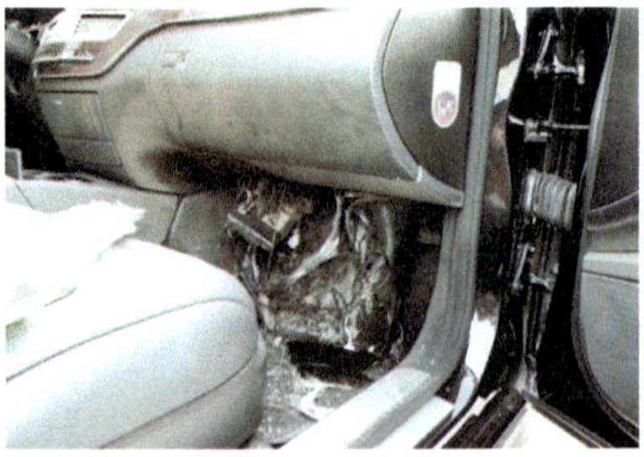

(a) Fire origin

(b) Lithium battery debris

그림 2.11 Fire origin and lithium battery debris

(a) Lithium battery debris

(b) Inflated battery cell

그림 2.12 Lithium battery debris

(3) 화재사례 3

그림 2.13의 (a)와 같은 모델의 총주행거리 5,000km 정도인 캠핑카를 점포 부지 내 천막으로 된 창고 안에 주차해 놓은 상태에서 119신고(10월 5일 04:11)가 된 화재 사례로 화재 발생 당시 비가 내리고 있었다.

(a) Before of fire occurrence

(b) After of fire occurrence

그림 2.13 Before and after fire occurrence of camping car

그림 2.13의 (b)와 같이 화재 발생 현장에서 조사한 바 현장의 잔해와 캠핑카의 연소 상황으로 보아 캠핑하우스 하부측에서 발화되어 연소 및 확대되었음이 확인되었다. 그림 2.14와 같이 캠핑하우스 하부에 위치한 리튬배터리 철제 케이스의 배터리 연결 전선 인입구 부분에 변색흔이 있고, 케이블 도체가 철제 케이스 인입구와의 접촉에 의해 융착되어 있다.

그리고 리튬배터리 케이스 안에는 배터리 셀이 8개씩 2곳에 16개가 들어 있었는데, 그림 2.15와 같이 이 중 1개의 셀이 부풀어 올라 있다.

(a) Battery metal case (b) Melted battery cable

그림 2.14 Battery cable melted and attached at metal case

(a) Front bonnet (b) Engine room

그림 2.15 Car of fire case

(4) 화재사례 4

중고차로 구입한 승용차에 배터리 체크 경고등이 점등되어 서비스센터에 전화하니 점등된 이유를 진단할 수 있다고 하여 서비스센터로 가기 위해 고속도로를 주행 중이었다. 갑자기 속도가 줄어드는 듯한 느낌과 함께 보닛 안에서 전기 스파크 같은 현상이 보이고 동시에 비상등과 계기판의 여러 가지 모양의 것들이 빨간색으로 점등되었다.

(a) Inflated 1 cell (b) Separated cells

그림 2.16 Inflated 1 cell of lithium battery

(a) Main fuse box

(b) (+)terminal

그림 2.17 Main fuse box and (+)terminal

(a) Cable ring

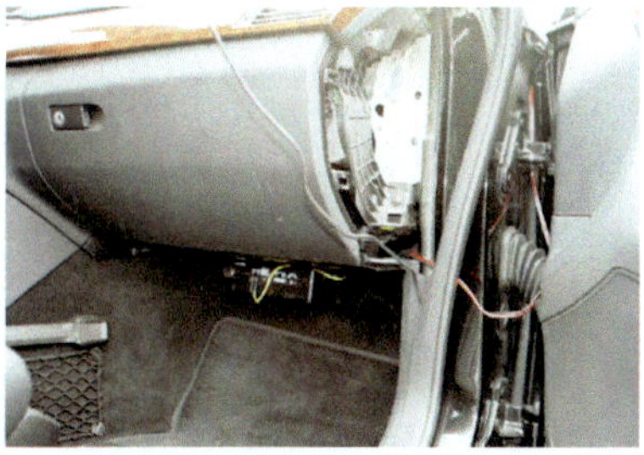

(b) Lithium battery

그림 2.18 Disassembled cable ring and lithium battery for black box

1차선에서 4차선으로 차선 변경 후 놀라서 내려서 보니 보닛에서 화염이 올라와서 시동키를 빼고 빠져 나와서 곧바로 119신고(8월 8일 13:35)를 하였다. 마침 물을 싣고 지나가던 탱크로리에서 소방대가 도착할 때까지 물을 뿌려서 화재가 더 이상 번지지 않게 해주었음에도 그림 2.16과 같이 엔진룸이 피해를 입었다.

그림 2.17의 (a)와 같이 엔진룸 우측에 위치한 메인퓨즈박스의 (+)단자와 차체 나사에 추가로 설치한 가느다란 전선이 접속되어 있다. 이 가느다란 전선을 접속한 메인퓨즈박스의 (+)단자 부위에 그림 2.17의 (b)와 같이 발열흔적과 스파크로 인한 용융흔적이 있고, 메인퓨즈박스의 (+)단자에서 뒤쪽으로 연소 확대가 된 흔적이 남아 있다. 발열흔적이 있는 메인퓨즈박스의 (+)단자를 분해한 바 그림 2.18의 (a)와 같이 메인퓨즈박스의 (+)단자의 케이블 접속고리와 고리에 추가로 끼워 넣은 전선에 스파크 흔적이 있고, 그림 2.18의 (b)와 같이 메인퓨즈박스 (+)단자에 추가로 설치한 전선이 차실내 조수석 앞

쪽 대시보드 아래의 블랙박스용 리튬배터리와 연결되어 있다. 이 배터리는 블랙박스로 24시간 상시 녹화를 하기 위해 설치한 것이다.

02 배터리 화재 실제 사례의 원인 분석(1)

(1) 물리적 원인

① 미국, 테슬라 모델 S(2013년) : 도로의 잔해물이 배터리 팩을 손상시켜 열폭주를 일으킴.

② 미국, 쉐보레 볼트(2011년) : 충돌 테스트 후 3주 후에 열폭주로 화재 발생.

③ 미국, 테슬라 모델 S(2019년) : 샌프란시스코의 주차된 차량이 자발적으로 화재 발생.

④ 노르웨이, 개조된 닛산 캐시카이(2010년) : 충전 중이던 연장선 코드에서 단락이 발생해 화재 발생.

⑤ 미국, 테슬라 모델 X(2017년) : 고속 충돌 후 배터리가 여러 번 재발화.

⑥ 중국, 테슬라 모델 3(2021년) : 광둥에서 충돌 후 화재 발생.

⑦ 미국, 테슬라 모델 S(2018년) : 로스앤젤레스의 주차된 차량이 화재 발생.

⑧ 미국, 현대 아이오닉 EV(2020년) : 플로리다의 진입로에서 충전 중 화재 발생.

⑨ 미국, 테슬라 모델 S(2014년) : 테네시에서 도로의 잔해물에 배터리 팩이 손상되어 화재 발생.

(2) 배터리 결함

① 중국, Zotye M300 EV(2011년) : 배터리 팩의 결함으로 인해 화재 발생, 항저우에서 모든 전기 택시 운영 중단.

② 한국, 현대 코나 EV(2020년) : 주차 중 화재 발생, 전 세계적으로 약 77,000대 리콜.

③ 중국, NIO ES8(2019년) : 시안의 주차장에서 화재 발생, 약 5,000대 리콜.

④ 영국, 재규어 I-Pace(2018년) : 서리의 가정에서 충전 중 화재 발생.

⑤ 네덜란드, BMW i8(2018년) : 주차장에서 배터리 결함으로 화재 발생.

⑥ 중국, BYD e5(2020년) : 우한에서 충전 중 화재 발생.

⑦ 프랑스, 르노 조에(2019년) : 파리의 주택 차고에서 충전 오작동으로 화재 발생.

⑧ 미국, 쉐보레 볼트(2020년) : 버지니아의 주택 차고에 주차된 차량이 화재 발생, 리콜 조치.
⑨ 독일, 아우디 e-트론(2020년) : 뮌헨의 주차장 충전 중 화재 발생.
⑩ 캐나다, 미쓰비시 아웃랜더 PHEV(2019년) : 브리티시컬럼비아의 가정에서 충전 중 화재 발생.
⑪ 호주, 닛산 리프(2016년) : 시드니의 차고에서 충전 중 화재 발생.

그림 2.19는 2023~2024년 각 나라별 전기자동차 리튬이온 배터리 화재 건수를 비교한 도표이다.

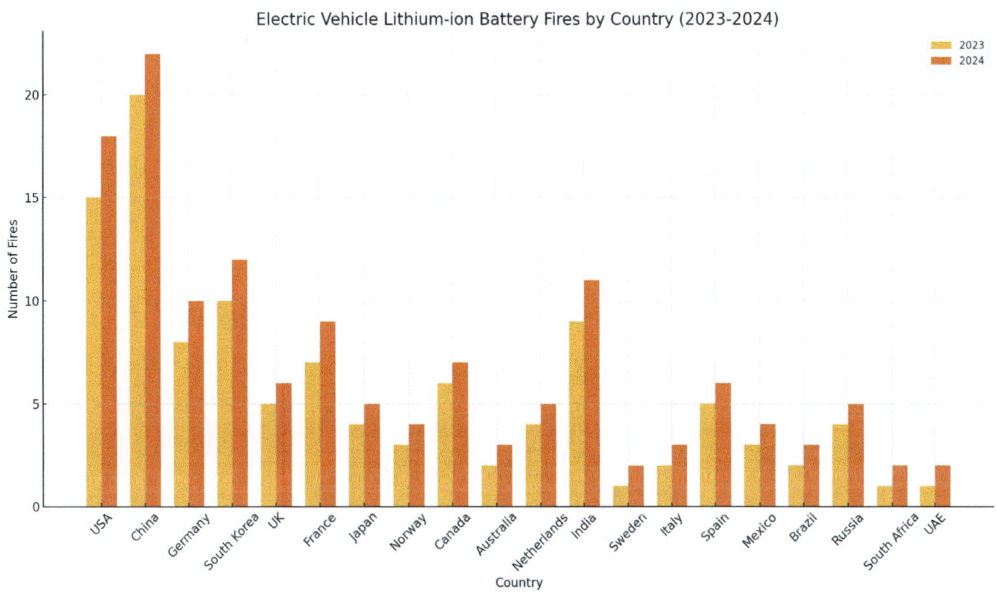

그림 2.19 **나라별 전기자동차 리튬이온 배터리 화재 건수**

03 배터리 화재 실제 사례의 원인 분석(2)

전기차의 화재는 배터리의 열폭주로 연결되므로 전기차의 화재 원인을 조사·분석해 보니 다음 그림 2.20과 같다.

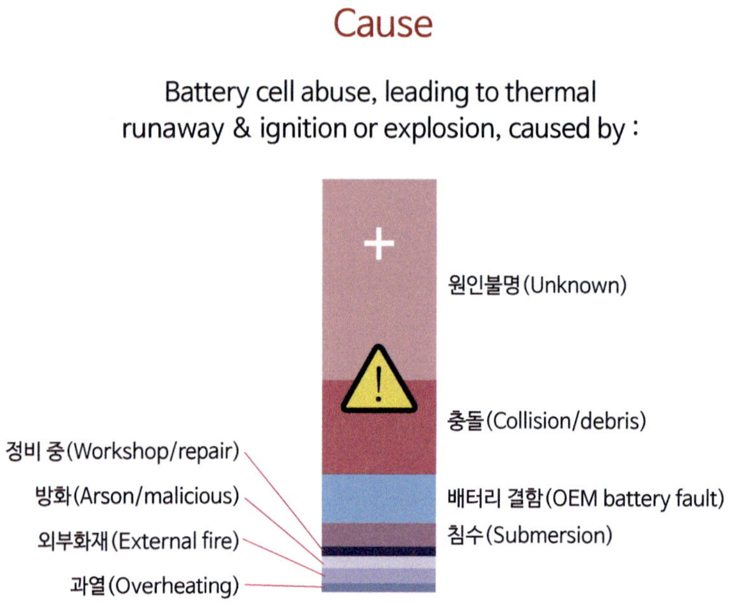

그림 2.20 **전기차 화재의 원인 분석**

(출처 : 호주 국방부의 후원을 받는 EV FireSafe의 2010년부터 2023년 6월 30일까지의 전기차 화재집계 데이터)

원인 불명을 제외하면 충돌과 배터리 결함의 발생 건수가 제일 많았다.

중국 언론이 보도한 한 자료에 따르면 2020~2022년까지 화재 원인을 분석한 결과 86건의 화재사고 중 화재사고 건수 및 유형은 크게 4가지로 구분한다.

① 주차 중 화재 31건
② 충전 중 화재 22건(충전기 화재 포함)
③ 주행 중 화재 20건
④ 충돌 후 화재 6건

다음 사진 2.9는 전기차 화재 장면이다(보도기사 https://carnewschina.com/2022/04/18/chinese-electric-vehicles-are-on-fire/).

사진 2.9 전기차 화재 장면

(1) 국내 전기차 화재발생 현황

① 2017년부터 2023년 6월까지 전기차 화재는 132건이 발생하였으며 인명피해 14명(사망 1명, 부상 13명), 재산피해는 약 45억 원으로 나타나고 있다. 내연기관 자동차와 전기차 1만 대당 화재 건수는 2022년 현재 전기차의 급속한 증가로 인해 내연기관 자동차 1.84와 전기차 1.12로 비슷한 수준이다.

② 전기차 화재는 2022년 44건이 발생하여 4명(사망 1, 부상 3)이 발생하였으나 2023년 6월 현재 42건의 전기차 화재가 발생하여 6명의 부상자가 발생했다. 이처럼 전기차 증가 속도에 따라 전기차 화재 건수도 급격하게 증가하고 있다.

③ 전기차 화재의 원인으로는 총 132건의 화재 중 전기적인 요인이 44건(전기 33건, 기계 8건, 화학 3건), 부주의가 23건, 원인미상이 38건 등으로 나타났다.

표 2.4는 2017~2023년까지의 국내 전기차 화재 사례 분석의 현황을 나타낸 것이다.

표 2.4 **국내 전기차 화재 사례 분석(출처 : 국립소방연구원)**

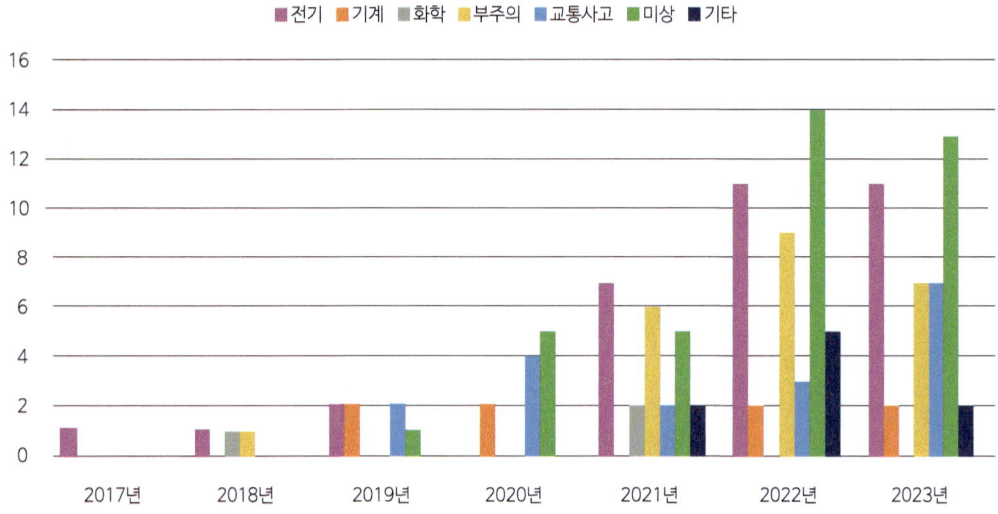

구분	계	전기	기계	화학	부주의	교통사고	미상	기타
2017년	1	1	0	0	0	0	0	0
2018년	3	1	0	1	1	0	0	0
2019년	7	2	2	0	0	2	1	0
2020년	11	0	2	0	0	4	5	0
2021년	24	7	0	2	6	2	5	2
2022년	44	11	2	0	9	3	14	5
2023년 6월	42	11	2	0	7	7	13	2
계	132	33	8	3	23	18	38	9

최근 7년간 발생한 전기차 화재 중 언론 보도에 따른 전기차 화재 45건을 조사 분석한 결과 아래 그림 2.21과 같이 나타났다.

① 국내 전기차 종류별 화재 사례를 분석한 결과 A모델(44%), B모델(39%), C모델(5%) 등에서 각각 5%를 차지하고 있다.

② 화재발생 유형을 분석한 결과 그림 2.21에서 보여주는 바와 같이 주차 중 화재가 19건(42.3%), 충전 중 화재가 10건(22.3%), 주행 중 화재 6건(13.3%), 완충 후 5건(11.1%), 충돌에 의한 화재 2건(4.4%), 기타 3건(6.6%) 등으로 분석되었다.

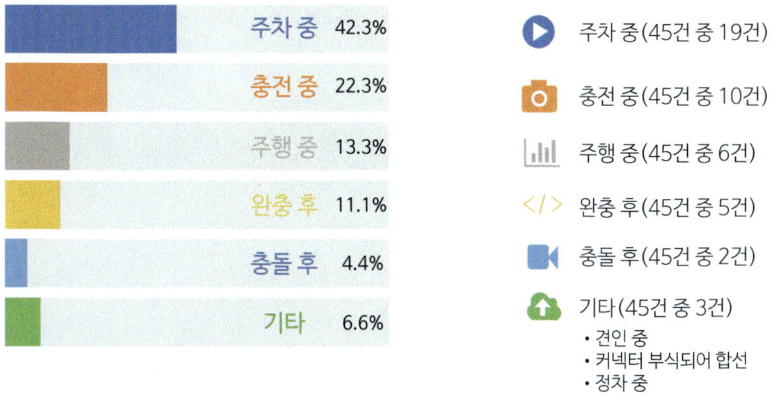

그림 2.21 **국내 전기차 화재발생 원인별 사례 분석**

③ 공동주택에서 발생한 전기차 화재는 13건(28.8%)이며, 공동주택 주차장에서 11건(24.4%)이 발생한 것으로 조사되었다.

〈출처 : 공동주택 전기자동차 화재 대응 매뉴얼, 2024-01-02(국토교통부, LH한국토지주택공사)〉

2.4 덴드라이트(Dendrite) 현상

(1) 덴드라이트 현상이란?

리튬이온 배터리를 사용하다 보면 충전하는 과정에서 음극 표면에 뾰족한 나뭇가지 모양의 결정체가 자라는 경우가 있다. 전극 표면에 리튬 결정이 맺히고, 이것이 사방으로 자라며 점점 쌓이는 것이다. 이 리튬 결정체를 뾰족한 돌기 모양을 닮았다 하여, 수상돌기를 뜻하는 덴드라이트(dendrite)라고 부른다. 다른 용어로는 수지상 결정이라고도 한다. 이 결정체가 배터리의 분리막을 훼손해 수명과 안전성이 낮아진다. 또 분리막을 찢어 화재나 폭발을 유발하기도 한다.

그림 2.22는 덴드라이트 패턴(pattern)으로 덴드라이트의 형성은 다양한 요인에 의해 영향을 받는 복잡한 과정이다. 주요 원인 중 하나는 전지 내부의 이온과 전자의 불균일한 분포로 인해 금속 이온이 음극에 축적되어 덴드라이트가 형성될 수 있다. 또한 전지의 반복적인 충 · 방전 사이클로 인해 음극이 불안정해져 덴드라이트 성장을 가속시킬

그림 2.22 **덴드라이트 패턴**

수 있다.

고분자 전해질은 가격이 저렴하고 제조가 용이해 차세대 고체 배터리 소재로 각광을 받는다. 하지만 산화물계와 황화물계 기존 전해질(전해액)보다 이온 전도도(ionic conductivity, 물질의 이온전도 경향을 나타내는 척도, 수치가 클수록 이온이 움직이기 용이)가 낮아 70~80℃ 고온에서만 활성화되는 특징이 있다. 또한 충·방전 과정에서 리튬이온이 양극과 음극을 오갈 때 리튬이 음극 표면에 쌓이면서 가지 모양 결정체가 생기는 덴드라이트(dendrite) 현상도 리튬메탈 배터리 개발을 위해 반드시 극복해야 하는 과제 중 하나다. 실제로 리튬메탈 배터리는 리튬이온 배터리보다 먼저 시장에 나왔지만 덴드라이트 때문에 대중화되지 못했다. 덴드라이트 현상으로 인해 리튬에서 뾰족하게 자라난 결정체가 분리막 등을 침범하면서 배터리 수명을 저하시키고 화재까지 발생할 수 있다.

덴드라이트(dendrite)란 음극 표면에 리튬 결정이 나뭇가지 모양(수상 돌기)으로 자라나는 현상으로 분리막을 뚫고 양극재를 손상시킬 수 있어 배터리의 안전성을 저해하여 화재의 원인이 된다. 이때 분리막이 파손되면 양극과 음극이 만나 쇼트(short, 단락)가 되어 스파크(spark, 불꽃)가 일어나면서 화재가 발생된다. 전기차에서의 수없이 많은 충·방전 시 덴드라이트 형성은 리튬이온전지의 화재를 유발하는 원인 중 한 요소이다. 이는 삼원계 이차전지의 핵심 금속인 리튬이온(Li^{+})이 갖고 있는 태생적 문제이다.

리튬의 특징은 다음과 같다.

① 리튬(Lithium)은 화학기호 Li, 원자번호 3인 화학 원소로, 연한 은백색 알칼리성 금속이다.
② 모든 금속 중 상온 상태를 기준으로 밀도가 가장 낮고, 고체 원소 중에서는 가장 가볍다.
③ 전기와 열의 전도성이 뛰어나다(이온 전도성이 우수).
④ 전기적 출력이 좋다. 그림 2.23과 같이 여러 금속 중에서 전기적 출력이 우수하다.

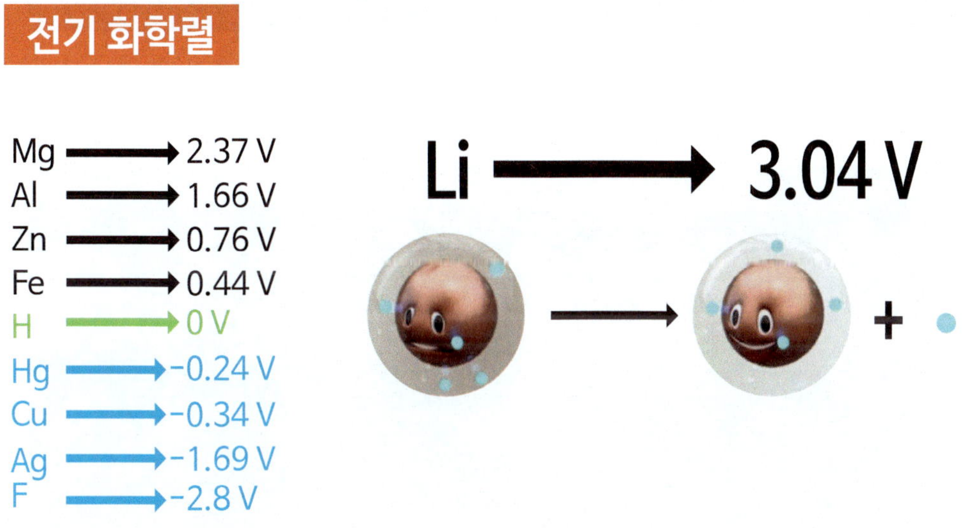

그림 2.23 **전기 화학렬**

⑤ 또한 높은 반응성과 가연성을 가진다.
⑥ 모든 고체 원소 중 특정 열용량이 가장 높은 원소이다.

⑦ 리튬은 질소, 산소, 이산화탄소와 반응할 수 있다.

그림 2.24는 전기차 화재의 주요 원인이 되고 있는 덴드라이트의 생성과 성장을 거쳐 분리막의 손상과 파손을 일으키는 거동이다.

(a) 음극 표면에 형성된 덴드라이트

(b) 덴드라이트가 성장해서 분리막을 뚫고 나옴

(C) 덴드라이트 확대 모습(SEM 사진)

그림 2.24 **덴드라이트의 생성, 성장과 분리막의 손상과 파손을 일으키는 거동**

덴드라이트 형성에 기여하는 또 다른 요인은 전지에 사용되는 전해액의 품질이다. 전해질은 전기를 전도하고 배터리 내에서 이온의 이동을 허용하는 용액이다. 전해액의 품질이 좋지 않으면 불안정해지고 금속 이온과 반응하여 덴드라이트가 형성될 수 있다.

또한, 배터리의 설계 및 구성은 덴드라이트 형성에도 역할을 줄 수 있다. 예를 들어, 음극과 양극이 너무 가깝거나 분리막이 너무 얇으면 덴드라이트가 형성될 가능성이 높다. 마찬가지로, 배터리가 극심한 온도 변화 또는 물리적 손상을 받는 경우 덴드라이트가 형성될 가능성이 높다.

이와 같은 이유로 리튬 덴드라이트 현상이 그림 2.25와 같이 발생하고, 그림 2.26은 덴드라이트 현상 과정을 자세히 보여준다.

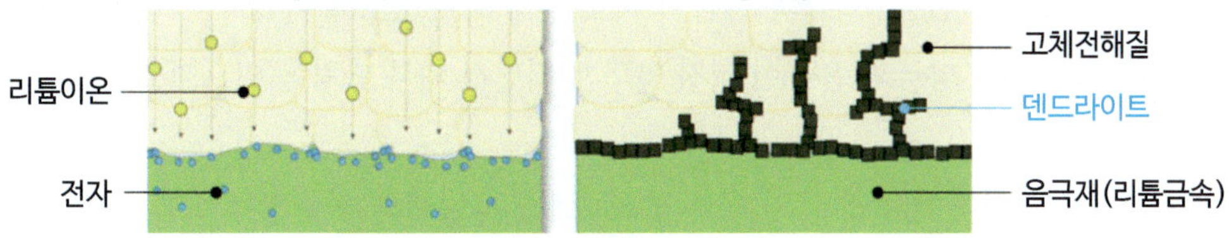

그림 2.25 **전고체 배터리의 덴드라이트 현상**

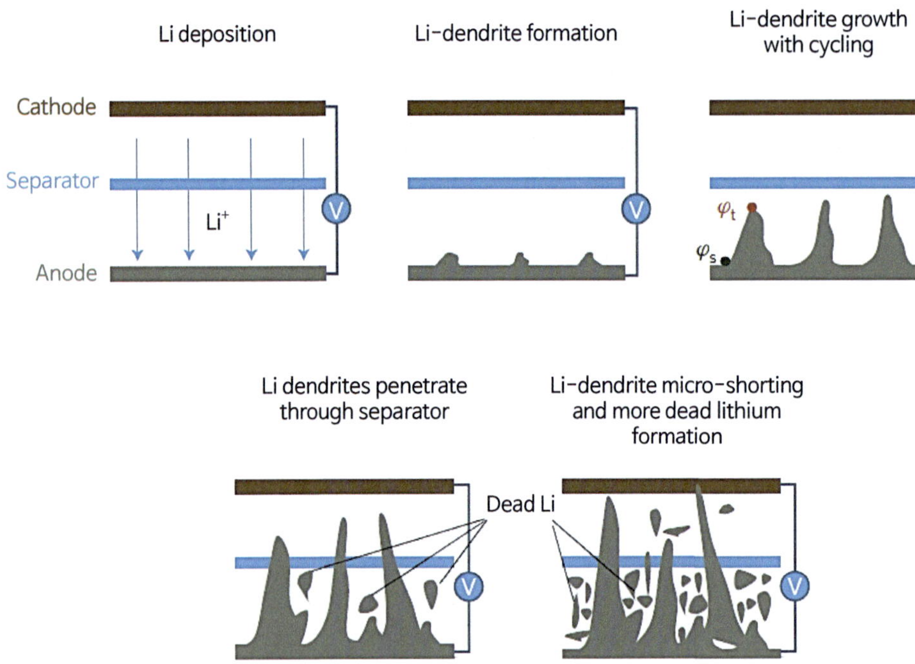

그림 2.26 덴드라이트 현상 과정

(2) 덴드라이트가 리튬이온 배터리에 미치는 영향

덴드라이트 현상은 리튬이온 배터리의 수명과 안전성을 떨어뜨리는 주요 원인으로 꼽히고 있다. 앞의 그림 2.24(a)와 같이 배터리 내부의 음극 전극 표면에 덴드라이트가 형성되기 시작하면 양극과 음극을 활발히 오가야 하는 리튬이온의 이동이 원활하지 못하게 되어, 배터리의 에너지 효율이 떨어지고, 수명 저하로 이어질 수 있다.

또한, 덴드라이트가 자라나며 그 크기가 계속 커질 경우 그림 2.24(b)에서 보여주는 바와 같이 배터리의 핵심 소재인 분리막까지 손상·파손될 수 있다. 분리막은 절연 소재로 이루어진 얇은 막으로, 양극과 음극이 서로 만나지 못하도록 차단하는 역할을 한다. 분리막이 손상되면, 양극과 음극이 직접 맞닿게 되면서 내부 단락을 일으키고 저항이 생길 수 있다.

덴드라이트 현상을 해결하는 것은 차세대 배터리 산업에서 단연 중요한 과제이다.

2.5 리튬 이차전지 화재특성 분석

전기자동차의 배터리로 인한 화재 발생 요인을 분석한 결과 크게 기계적, 전기적, 열적 남용(abuse, 남용 · 혹사)으로 인하여 발생한다.

(1) 기계적 남용-충격 및 충돌사고

1) 화재 · 폭발 발생 메커니즘

전기자동차 화재 발생에 대한 특성을 분석해 본 결과 전기자동차와 기존의 내연기관 자동차는 동력을 제공하는 에너지원과 그 구조가 매우 상이하기 때문에 충돌사고 시 화재 발생 특성에 차이가 있음을 확인할 수 있다. 내연기관과 전기차의 충돌 시 화재 · 폭발 메커니즘을 비교하면 다음 표 2.5와 같다.

표 2.5 내연기관 자동차와 전기자동차의 화재 · 폭발 발생 메커니즘 비교

	내연기관 자동차	전기자동차
충돌 후 연료장치 위험성 (화재 및 폭발 등)	연료계통에서의 충돌 시 연료누출 발생에 의한 화재 • 차량의 전체 연료라인에서 발생 가능 • 연료 시스템/연료라인 등에 외부 파손/파단 등으로 발생하며 직접충돌 및 관성하중 등 종합적 원인으로 발생 • 충돌과 동시에 연료누출 등 확인 가능	대부분 충돌 시 배터리 내부의 셀 단락 등으로 발생하는 화재 • 배터리 내부에서 발생함 • 배터리에 전달된 직접 충돌 하중에 따른 외부 배터리 파손 및 배터리 내부 단락 등 기계-전기화학-열적 변형 및 외부 변형 등 내연기관 자동차와 다른 원인으로 발생 • 충돌 후 화재 · 폭발 발생 시간이 다양함(충돌 직후 발생부터 며칠 후 발생까지)

2) 기계적인 변형 및 충격

기계적인 변형 및 충격으로 인한 화재 발생은 주행 중의 충돌 또는 외부 타격으로 인하여 발생할 수 있으며 이는 기계적 남용의 대표적인 요인으로 볼 수 있고, 내 · 외부 단락, 아크, 기밀성능의 문제 등을 유발할 수 있으며 이로 인한 화재 발생 가능성이 있다.

그림 2.27은 기계적 변형 및 충격 등으로 인한 열폭주 진행 과정을 보여준다.

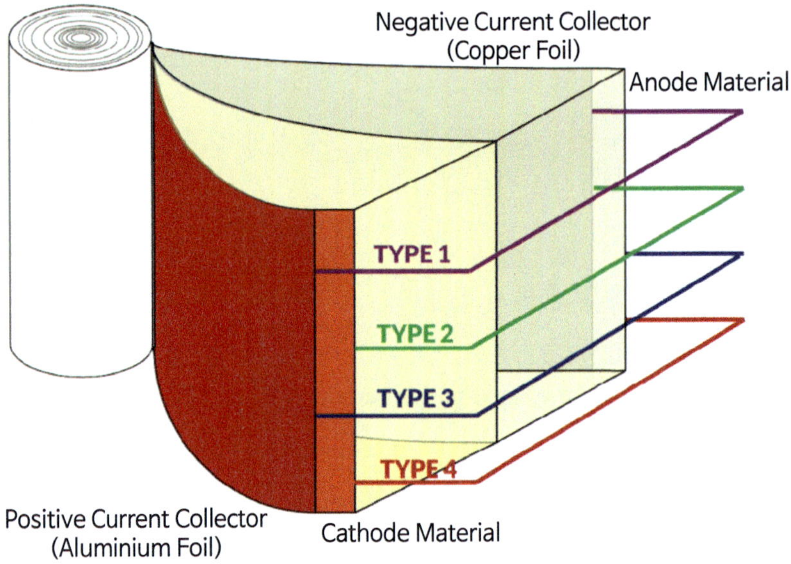

그림 2.27 기계적 변형 및 충격으로 인한 열폭주 진행 과정

(2) 전기적 남용-단락, 과충전, 과방전

전기적 남용의 경우 내부 단락, 외부 단락, 과충전, 과방전으로 화재 발생 요인을 나누어 분석할 수 있다.

1) 내부 단락(Internal short-circuit)

단락(短絡, short)은 한자로 짧을 단(短), 이을 락(絡)을 사용한다. 즉, '짧게 이어진다'라는 뜻이다. 여기서 '짧게 이어진다'는 것은 바로 전기가 저항없이 연결된 것을 말하며, 짧게 이어진 길로 전류가 흐른다는 의미이다. 단락은 쉽게 말해서 회로에서 이상 연결이 발생했을 경우를 말하고 합선이라고도 부른다.

셀 내부 단락의 경우 전기적 남용의 대표적인 요인으로 셀 내부의 결함으로 인하여 음극과 양극이 만나 발생하는 요인이며, 그림 2.28에서와 같이 셀 내부에서 4가지 경우로 발생 가능성이 존재하며 그중 양극 집전체(positive current collector)와 음극재(anode material)가 접촉할 경우가 가장 위험도가 높은 것으로 알려진다.

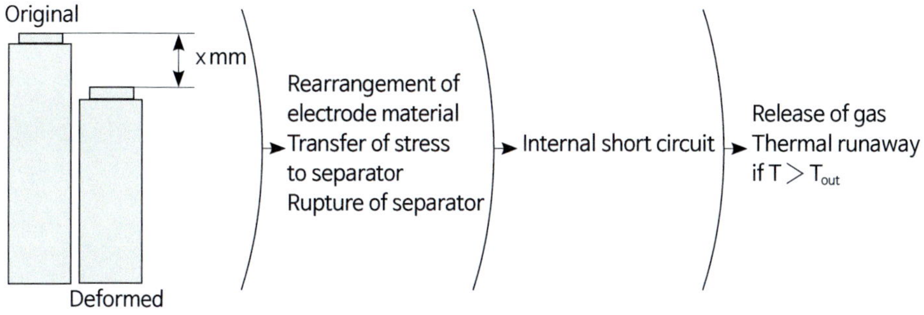

그림 2.28 셀 내부 단락에 대한 4가지 발생 가능성

2) 외부 단락(External short-circuit)

외부 단락은 전기적 남용의 또 다른 대표 요인으로 배터리 안정성에 영향을 주는 요인이며 기계적인 변형이나 충격, 침수, 부식 또는 외부의 전기적 충격으로 인하여 발생할 수 있다.

3) 과충전과 과방전(Overcharge and overdischarge)

과충전과 과방전은 전기적 남용의 다른 요인으로 정상적인 배터리 셀 충방전 범위를 넘어설 경우 배터리 셀 성능 및 안전성에 악역향을 미치며 배터리 셀 양극 및 음극의 성분 변화와 내부 반응으로 인하여 화재로 진행될 수 있다.

(3) 열적 남용 - 고온 노출

고온 노출은 대표적인 열적 남용의 요인으로 배터리 셀의 안전적인 사용에 있어 제한적인 부분으로 배터리 셀이 견딜 수 있는 특정 온도를 넘어선 고온에 노출되면 내부 열화로 인하여 온도 상승이 가속화되며 화재로 진행될 수 있다.

CHAPTER

03

리튬 이차전지 화재 · 폭발 시의 대처 및 해결 방안

3.1 전기차 화재 진압방법 및 방지대책

01 배터리 화재 실제 사례의 원인 분석에 따른 해결책

앞에서 설명한 원인을 통해 아래 그림 3.1과 같이 특성 요인도(Fish bone diagram)로 정리해보았다.

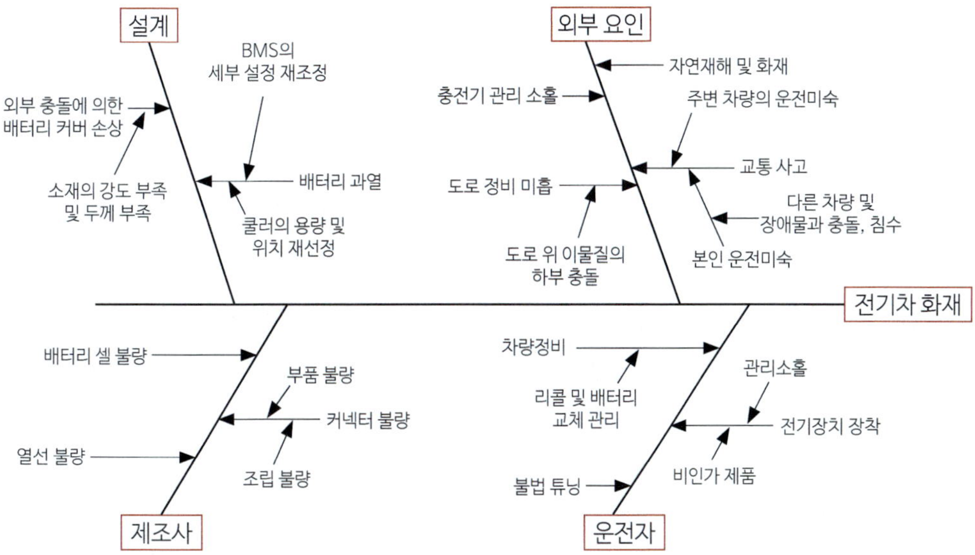

그림 3.1 **전기차 화재 원인의 특성 요인도(Fish bone diagram)**

전기차의 화재는 크게 외부요인, 설계, 제조사, 운전자로 구분했고 이를 통해 각 요인별 해결책을 찾아보려 한다.

(1) 해결책

해결책은 앞 그림 3.1의 특성 요인들을 통해 자연재해, 도로상태, 피할 수 없는 사고처럼 예측할 수 없는 부분은 배터리 또는 차량의 구조적인 원인을 통해 예방하고 그 외에 조치 가능한 사항은 각 요인에 맞게 해결책을 제시하고자 한다.

1) 외부요인

① 충전 중 전기차 화재 방지

충전 중 화재가 되는 원인은 케이블 및 충전단자 불량 등 충전기 자체의 원인도 있지만, 전기차의 주행거리를 늘리기 위해 배터리 사용량의 제한을 적게 설정해서 문제가 생긴다.

BMS를 통해 실제 배터리가 낼 수 있는 능력의 80% 수준으로 제한하게끔 법적 제한이 필요하다.

2) 운전자

① 차량 정비

전기차의 시스템 이상으로 리콜(recall)이 발생하는 경우 운전자의 개인적인 사정으로 기간 내에 리콜을 받지 못하는 경우가 있다. 이를 방지하기 위해 전기차는 차량의 OTA(Over The Air, 자동차에 내장된 소프트웨어를 무선으로 수정, 추가, 삭제하는 업데이트를 말한다) 시스템을 필수로 탑재하여 업데이트를 통한 리콜을 진행한다. 하드웨어에 대한 리콜은 기간을 설정하고 기간이 지날 시 OTA를 통해 차량의 기능 및 운행을 제한하여 화재 원인의 발생을 억제하는 제도가 필요하다.

② 불법 튜닝

이름처럼 불법이지만 처벌이 약해 공공연하게 튜닝(tuning, 자동차의 구조변경으로 성능 향상 및 사용 목적에 적합하게 구조, 장치 일부를 변경하거나 또는 법에 어긋나게 부착물을 추가하는 작업 등을 총칭)은 진행된다. 하지만 전기차의 불법 튜닝은 화재로 이어질 수 있고 이는 엄청난 인명피해와 재산피해를 유발할 수 있다. 그러므로 불법 튜닝에 대한 처벌을 강화하고, 단속 및 안전신문고를 통한 신고를 활성화해야 한다.

3) 제조사(부품 불량)

지금도 많은 제조사들은 불량 부품의 생산 투입 및 조립 불량 방지를 위해 최선을 다하고 있다. 이는 더 나은 품질 활동을 통해 개선해야 한다.

4) 설계

외부 환경 및 운전자에 대한 요인은 법적인 규제를 통해 예방할 수 있고 제조 및 부품의 결함은 더 나은 품질 활동을 통해 개선할 수 있다.

하지만 잘못된 설계는 개선하고 부족한 부분은 보완하는 등 더 많고 근본적인 원인 해결이 가능하다.

설계에 대한 해결책은 보다 자세하게 여러 아이디어 제시를 통해 서술하고자 한다.

화재가 발생할 경우 피해를 최소한으로 줄일 방법을 알아보자.

리튬이온 배터리는 양극에 리튬코발트 산화물($LiCoO_2$)이 사용되어 외부에서 산소를 차단해도 자체적인 산소(O_2)를 발생시켜 외부와 차단해도 화재가 지속된다.

현재 사용방식인 수조에 담그는 방식은 물과 같은 전도성 물체가 양극과 음극 간의 단락으로 인해 화재를 증폭시키므로 외부로 번지는 것과 온도를 낮춰주는 용도로만 사용이 가능하다.

배터리가 밀봉된 형태로 밀봉된 내부의 화재를 진압해야 하는데 이를 해결하기에 어려움이 존재한다. 다음과 같이 Q&A(Question & Answer, 문답)로 쉽게 이해하도록 한다.

Q 리튬이온 배터리는 진화가 어렵다.

A 리튬이온 배터리는 전소하기 전에는 꺼지지 않는 특징이 있다. 완전 진화는 어려우며 최종적으로는 냉각소화가 필요하다.

Q 배터리 화재 등은 냉각소화를 해야 한다.

A 많은 양의 물을 주수하고 수조에 담가서 소화해야 하므로 많은 양의 물이 필요하다.

Q 질식소화포를 사용하여 차량을 밀폐한다.

A 리튬이온 배터리는 분해반응에 따라 산소가 발생해서 외부 밀폐로는 소화가 어렵다. 하지만 열을 차단하여 화재 및 연기의 확산을 저지하는데 유효하다. 완전 소화는 어렵지만 초기화재에 있어서 확대 · 지연효과는 기대할 수 있다.

〈출처 : 공동주택 전기자동차 화재 대응 매뉴얼, 2024-01-02(국토교통부, LH한국토지주택공사)〉

Q 리튬이온 배터리 열폭주를 진압하기 위한 가장 효과적인 방법은?

A 리튬이온 배터리의 열폭주 현상은 분리막의 손상으로 인해 양극과 음극 간의 단락이 발생하는 것으로서 1차로 냉각을 통해 열을 내리고, 2차로 단락을 차단하는 것이 가장 좋은 방법이다.

Q 리튬은 금속이니까 금속화재(D급)로 분류 및 진화가 가능한가?

A D급 소화약제는 분말의 형태로 침투력이 약해 배터리 내부의 화재를 소화하기에는 효과가 적다.

Q 배터리니까 전기화재(C급)로 분류 및 진화가 가능한가?

A 침투력과 냉각효과가 좋은 수계 소화약제를 사용하면 1차 냉각효과로 열을 내리고, 2차로 C급(전기화재) 적응성 있는 비전도성 액체 약제가 양극과 음극을 차단해 쇼트현상을 줄일 수 있어 화재진압 및 재발화 방지에 효과가 클 것으로 예상한다. 예로 수계 소화약제인 포 소화약제는 포 안정제, 그 밖의 약제를 첨가한 액상의 것으로 물과 일정한 농도로 혼합하여 공기 또는 불활성 기체를 기계적으로 혼입시킴으로써 거품을 발생시켜 소화에 사용하는 약제를 말한다.

〈출처 : 가스신문(http://www.gasnews.com)〉

배터리 화재의 핵심은 냉각을 통해 온도를 낮춰 재발화 및 열폭주를 막고 화재 현장을 분리하여 화재 및 연기로 인한 2차 피해를 막아야 한다.

현재 가장 효과적인 부분은 질식소화포와 수조를 통한 냉각, C급 소화기를 통한 냉각 및 양극과 음극 차단이다.

그렇다면 수조에 물 대신 C급 소화기 내용물을 채우고 질식소화포를 덮어서 배터리를 냉각하고 2차 피해를 방지할 수 있을까?

C급 화재용 소화기에서 여러 종류 중 하론(Halon) 소화기(할론 가스를 사용하여 불을 끄는 소화기)는 오존층을 파괴하는 물질로 사용이 규제되고 있고 분말소화기는 분말의 특성상 수조로 쓰기엔 어려움이 있다. 이산화탄소 소화기는 대상물의 손상이 적지만 질식의 우려가 있어 지하 및 일반 가정에는 비치 및 사용이 금지되어 있다.

질식소화포에 이산화탄소(CO_2)를 주입하여 사용하면 질식의 우려가 없고 가스상태로 좁은 공간에 침투가 가능하여 배터리 셀 내부의 냉각도 가능하다.

이산화탄소 냉각의 사용 예시는 드라이아이스(dry ice, 마른 얼음이란 뜻으로 이산화탄소를 냉각시킨 고체 이산화탄소를 말한다. 일반적으로 주로 보냉제나 냉각제로 사용된다)를 통해 알 수 있다.

질식소화포와 드라이아이스를 사용한 화재진압의 예상 시나리오를 아래의 순서로 정리하여 제시한다(사진 3.1 참조).

① 화재가 발생한 전기차에 드라이아이스를 투척한다.

② 질식소화포를 덮어 드라이아이스의 냉기로 배터리의 온도를 낮춰 열폭주를 억제하고 외부와의 접촉을 차단한다.

③ 또는 질식소화포를 덮고 이산화탄소를 주입한다.

④ 사고 현장이 건물의 외벽, 다중추돌 등 질식소화포를 덮기 어려운 곳엔 사용이 어렵다.

사진 3.1 질식소화포와 드라이아이스를 사용힌 화재진압

여기에 다음에서 설명하는 아이디어를 더해 효과적으로 전기차 화재를 진압하는 방안을 제시하고자 한다. 단, 실효성은 실제 검증을 통해 실증 · 증명되어야 한다.

Idea 1

사진 3.2에서 보여주는 바와 같이 난연성 질식소화포에 이산화탄소(CO_2) 주입구를 설치하고 특수 차량을 통해 이산화탄소를 주입하여 화재를 진압한다.

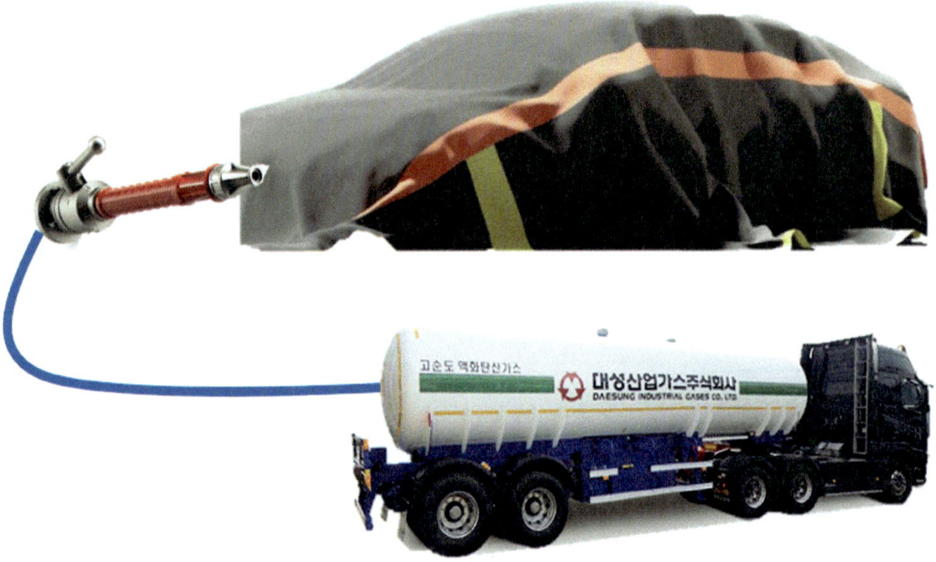

사진 3.2 **난연성 질식소화포에 이산화탄소를 주입하여 화재를 진압하는 예시**

Idea 2

그림 3.2와 같이 질식소화포를 롤(roll) 형태로 장착 후 화재가 발생하면 이에 반응하는 압축가스를 통하여 질식소화포로 배터리(배터리 팩)를 덮는다. 화재의 확산을 지연시켜 탑승자의 탈출 시간을 확보하고 이후 소방 진압을 통해 화재를 진압한다.

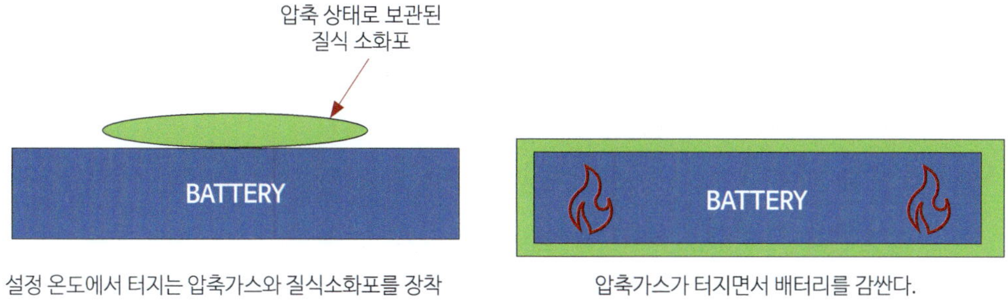

그림 3.2 **배터리 팩 위에 롤 형태 질식소화포의 부착 및 화재 발생 시 터져 감싸서 화재 진압**

Idea 3

사진 3.3과 같이 배터리 셀(cell), 배터리 모듈(module) 사이에 이산화탄소 캡슐과 같은 소화용 캡슐을 배치하고, 앞의 아이디어 2(Idea 2)의 기능을 활용하여 배터리 셀의 과충전, 내부 단락 등으로 인한 자체 진압 및 화재 속도를 지연시킨다.

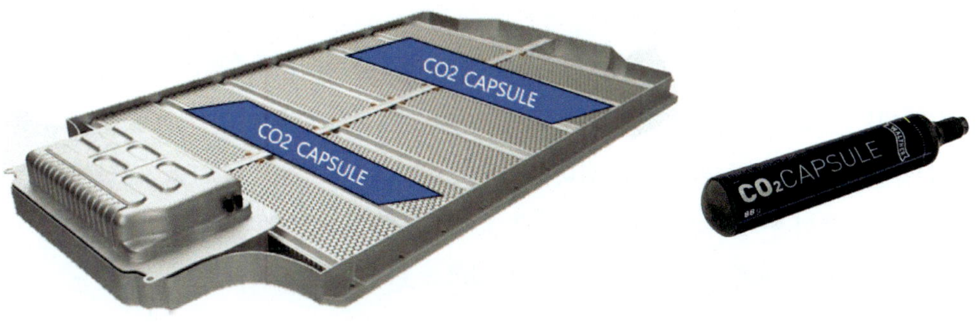

사진 3.3 **배터리 셀(cell), 배터리 모듈(module) 사이에 이산화탄소 캡슐의 소화용 캡슐을 실장 · 배치해 화재 발생 시 초기 소화로 화재 진압**

02 리튬 이차전지 화재 및 폭발문제 발생 시 대처 방안

① 전지의 보호회로 불량이나 충전기나 전원공급장치 자체의 고장 등으로도 화재가 발생할 수 있으므로 충전 시 반드시 이석하지 않아야 하며, 충전을 완료한 후에는 전지와 충전기 등을 반드시 분리시켜야 한다.

② 단시간에 전지를 과도하게 방전시키는 경우, 온도상승에 의해 내부 셀이 손상되어 수명이 단축되거나 화재가 발생할 수 있으므로 임의로 변경하거나 과도한 사용을 지양해야 한다.

③ 전지를 방전된 상태로 장시간 방치하는 경우 보호회로가 정상적으로 작동되지 않아 과방전되어 수명이 단축될 수 있으므로 정기적으로 충전해서 보관한다.

④ 전지가 고온 환경에 노출되는 경우 전지 내부 온도가 높아지게 되고, 이로 인해 화재가 발생할 수 있으므로 직사광선에 노출된 차량 내부나 전기히터 전면 등 60℃ 이상 고온으로 유지되는 장소에서 전지를 보관하거나 충전하는 것을 피해야 한다.

⑤ 화재 발생 시 대처요령

일반 화재처럼 생각해 물이나 일반 소화기를 이용하여 진압을 시도하면 안된다. 먼저 119에 신고를 하고, 사진 3.4와 같은 리튬이차전지 화재에 적응성이 있는 소화약제인 금속화재용 D급 소화기를 사용하거나 사진 3.5와 같은 질식소화덮개(질식소화포)를 사용해 초기 진압을 하고, 진압이 어려울 시 즉시 대피한다.

리튬 배터리 화재 등 초기 진압에 효과적으로 활용 가능한 금속화재용 D급 소화기의 소화약제는 염화나트륨, 흑연, 구리 등을 주성분으로 하는 분말이거나 과립 형태의 물질로, D급 화재용으로만 사용되고 있다. 또한 소화기 약제 중량은 13.6kg 이상이어야 한다. 단, 적응성이 인정되지 않는 금속화재에 소화기를 사용할 경우 폭발적 연소반응이나 유독성 가스가 발생할 수 있어 사용하면 안된다는 단서를 달았다.

현재 소화기는 일반화재용(A급), 유류화재용(B급), 전기화재용(C급), 주방화재용(K급) 등으로 분류되고 있으며, 금속화재에 특화된 소화약제와 소화기는 D급으로 규정하고 있다.

표 3.1은 화재의 분류(A, B, C, D급) 및 소화 방법을 서로 비교한 표이다.

표 3.1 화재의 종류(A, B, C, D급) 및 소화 방법

화재의 분류	분류 색상	원인물질	소화방법	비 고
일반화재 (A급)	백색	나무, 솜, 종이, 고무 등 일반 가연성 물질에 의한 화재.	물로 소화가 가능하다.	타고난 후 재가 남는다.
유류가스 화재(B급)	황색	석유, 벙커C유, 타르, 페인트, 가스, LNG, LPG, 도시가스 같은 가스에 의한 화재. 가스가 누설되어 연소 및 폭발하여 발생하며 가스의 경우 폭발을 야기하기도 한다.	물을 포함하는 액체 냉각작용의 냉각소화, 공기의 차단을 이용. 질식소화(유류) 밸브류 등을 잠그거나 차단시키는 제거소화 효과(가스). 물은 효과가 없으며 토사나 소화기로만 가능하다.	공기와 일정 비율 혼합되면 불씨에 의하여 재가 남지 않는다.
전기화재 (C급)	청색	전기스파크, 단락, 과부하 등으로 전기에너지가 불로 전이되는 것이다.	질식소화, 특수소화기 사용.	물을 사용할 경우 감전의 위험이 있다.
금속화재 (D급)	회색, 은색	철분, 마그네슘, 칼륨, 나트륨, 지르코늄 등 금속물질에 의한 화재로 금속가루의 경우 폭발을 동반하기도 한다.	마른 모래의 질식, 피복효과이며 알킬알루미늄은 팽창질석이나 팽창진주암의 소화제나 특수소화기를 사용.	물을 사용할 경우 폭발의 위험이 있다.

금속화재(D급 화재)

금속화재를 D급 화재로 분류한다. 리튬 배터리 및 금속화재 진압용으로 일반적인 물을 이용한 소화가 불가능하기 때문에 국내법에서는 적용성 있는 소화약제로 팽창질석과 마른 모래가 알려져 있다. 특별히 금속화재를 분류할 경우에는 국외의 경우 리튬, 칼륨, 나트륨, 마그네슘, 티타늄, 알루미늄 같은 금속화재를 D급 화재로 분류한다.
대부분의 금속화재는 약 2,760℃~4,700℃ 범위의 화염온도를 나타낸다. 이 온도는 물을 수소와 산소로 분해할 수 있으며 이산화탄소(CO_2)의 경우 탄소와 산소로 분해할 수 있다. 즉, 수계 소화약제와 이산화탄소를 소화약제로 사용할 경우 화재 확산은 물론 폭발로 까지 이어질 수 있어 금속화재에서 이들 소화약제의 사용을 금지하고 있으며 건조사 또는 금속화재용 소화약제를 사용하도록 하고 있다.

다시 말하자면 가연성 금속류가 가연물이 되는 화재로 인해 폭발 가능성이 높은 가연성이 강한 금속류로는 리튬, 칼륨, 나트륨, 마그네슘, 티타늄, 알루미늄 등이 있으며, 특히 분말상으로 존재할 때 가연성이 훨씬 증가한다. 화재 시 물을 사용하거나 수계 소화약제를 사용하면 물과 반응하여 폭발성이 강한 수소를 발생시켜 위험하다.

소화방법으로는 팽창질석, 팽창진주암, 마른 모래 등을 사용한다.

사진 3.4 금속화재용 D급 소화기

사진 3.5 전기차 화재 진압용 질식소화덮개

리튬전지 생산공장 매년 안전조사 받는다

아리셀 화재 재발 방지 대책
저장 · 처리시설 불연재만 사용
외국인근로자 안전교육 의무화

지난 2024년 6월 다수의 사상자가 발생한 경기도 화성시 아리셀 공장 화재와 같은 사고를 방지하기 위해 리튬전지는 앞으로 '특수가연물'로 지정된다. 화재 위험성이 높은 전지공장은 '화재안전 중점관리대상'으로 지정돼 매년 화재 안전조사를 받는다.

정부는 전지산업 안전관리 강화와 폭발 · 화재 등 사고 방지를 위해 이 같은 내용을 담은 '전지공장 화재 재발 방지 대책'을 마련했다고 10일 밝혔다. 이번 대책의 핵심은 전지제품 · 공장 관리 기준 강화, 전지제품 · 화재 대비 관련 기술 개발, 대응체계 및 안전교육 강화 등이 꼽힌다.

관리 기준을 강화하기 위해 리튬전지 제품은 앞으로 특수가연물로 지정된다.

특수가연물은 위험물보다 화재 위험이 낮지만 화재가 발생했을 때 연소 · 확대가 빠르고 소화가 곤란한 물질이다. 특수가연물로 지정되면 저장 · 처리시설이 화재를 견디는 성능을 강화해야 하고 외벽 마감 재료도 콘크리트나 벽돌과 같은 불연 재료만 써야 한다.

이 같은 조치는 위험물 저장 · 처리시설의 외벽 마감 재료로 샌드위치 패널 등 준불연 재료까지 허용해 화재 위험이 크다는 지적이 반영됐다. 샌드위치 패널은 두 개의 벽체 사이에 단열성 재료를 넣은 벽체용 판재다.

화재 위험성이 큰 고용량 리튬전지를 보관하는 군용 저장창고 역시 구비 조건을 보완하고 점검표를 신설해 관리를 강화해야 한다. 위험성평가 인정사업도 인정 기준을 상향한다. 이 사업은 아리셀 공장에 '우수사업장' 평가를 내리는 등 제 역할을 하지 못했다.

화재안전 중점관리대상 선정 기준도 개선한다. 전지공장은 앞으로 최우선 중점관리대상이 된다.

화재안전 중점관리대상은 다수의 인명 피해 발생이 우려되는 시설이다. 대상으로 지정되면 화재예방법에 따라 화재안전정책 시행계획을 매년 한 차례 수립하고 화재안전조사 및 소방교육훈련을 1회 이상 실시해야 한다.

화재 대비를 위한 기술 개발도 이뤄진다. 우선 전지제품 폭발 등 사고 위험성을 낮추기 위해 액체 전해질 대신 고체 전해질을 사용하는 '전고체 전지 기술'을 개발한다.

고체 전해질은 발화점이 액체 전해질보다 높아 발화 가능성이 상대적으로 낮다.

분리막 손상으로 인한 단락을 방지하는(단락 방지용) 첨가제도 개발한다.

단락(short, 쇼트, 합선)은 전기회로의 절연이 잘되지 않아 두 점 사이가 접속되는 현상이다. 리튬전지의 경우 분리막이 손상돼 단락이 이뤄지면 화재의 원인이 된다. 리튬과 같은 물질 화재에 사용할 수 있는 소화약제 · 소화기기도 개발한다.

대응체계와 안전교육을 강화하기 위해 고위험 사업장 가운데 최근 3년간 점검받지 않은 200곳에 대한 우선 점검을 진행한다. 전지 화재가 발생했을 때 대응할 수 있는 가이드라인을 마련하고 근로자 · 소방대원에 대한 교육과 홍보도 강화한다. 외국인 근로자는 작업장에 배치되기 전 의무적으로 안전보건교육을 이수해야 한다. 이상민 행정안전부 장관은 "관계기관과 함께 이행 상황을 철저히 관리하겠다"고 밝혔다.

(출처 : 매일경제, "리튬전지 생산공장 매년 안전조사 받는다", A27면, 2024. 09. 11.)

03 배터리 화재에 대한 개선방안

① 차량 설계에 안전성을 보강하면 할수록 외부 충격으로 인한 화재 사고는 개선될 수 있다. 다만, 이는 비용이나 무게 증가 등과 직결되는 문제이므로 결국 모든 차에 방탄유리를 장착할 수 없듯이 경제적 논리와 어우러져 일정 수준에서 타협될 수밖에 없다.

② 배터리 팩을 튼튼하게 만드는 방법이 있을 수 있다. 하지만 참 어려운 일이다. 현재 가장 중요한 노력은 전고체 배터리로 방향을 잡는 것인데 아직은 완전 상용화하기까지는 시간이 필요하다. 그 과정에서 분리막을 튼튼하게 제작해 이온 이동속도는 유지하면서 강도를 높이는 방법도 있다. 이는 분리막에 세라믹을 추가해 니

켈 덴드라이트(dendrite)가 발생하더라도 분리막을 쉽게 파손 · 파괴하지 않도록 하는 것이다.

③ 문제가 발생한 배터리 셀 또는 모듈을 다른 셀과 모듈로의 화염 전파를 지연시키는 기술 및 재료의 개발이 필요하다. 아니면 자동 소화 설비를 배터리 팩 내에 설치해 화재 초기 시 자동으로 소화액을 분사해 화재를 진압하는 적극적인 기술도 생각해 볼 수 있다. 이러한 화재의 화염 전파 지연 기술의 개발은 전기차에 탑승한 내부 승객이 대피할 수 있는 시간을 확보해 줄 수 있는 것이다.

(1) 현재의 전기차 화재 진압 방법 탐구

1) 질식소화포(Fire blanket) 사용

질식소화포(窒息消火布)는 불연성 물질로 만든 대형 포로, 화재 현장을 덮어서 산소 공급을 차단하고 열을 억제하여 화재를 진압한다. 화재 차량에 소화포를 덮어 산소를 차단해 불을 끄는 질식소화 방식이다. 소화포는 주로 불연성 섬유나 금속 코팅된 섬유로 제작되며, 고온에서도 견딜 수 있도록 설계되어 있는데 재질에 따라 약 2,000℃까지 견딜 수 있으며 화재의 확산 등을 방지한다.

사진 3.5, 사진 3.6과 사진 3.7의 예와 같이 질식소화포의 작동 원리는 화재가 발생한 전기차나 배터리를 질식소화포로 덮으면 공기 중의 산소가 차단되어 화재가 확산되는 것을 막고 고온을 견디는 소재로 만들어져 화재로부터 발생하는 열을 차단하고 주변으로 확산되는 것을 막는다. 그리고 화재 시 발생하는 연기와 유독 가스를 억제하여 주변 환경과 사람이 대피할 시간을 마련한다. 질식소화포의 장점은 화재가 발생한 초기 단계에서 빠르게 대응할 수 있고 소방대가 출동하거나 인명 대피 또는 다른 차량들이 대피할 시간을 마련한다는 것이 큰 장점이다. 그러나 질식소화포로는 어느 정도까지는 배터리 온도가 내려가지만, 사용 상 한계가 있으며, 그리고 소화 한계 온도에서도 고온이기 때문에 계속 발화로 인한 가연성 가스가 발생한다는 것이다. 따라서 단점 및 한계도 분명히 존재하는데 대규모 화재나 질식소화포 사용 제한이 되는 상황에서는 진압이 어려울 수 있다.

사진 3.6 전기차 화재 시 질식소화포 사용 예시

사진 3.7 실제 자동차 화재에 사용되는 질식소화포 사용 모습

질식소화포의 원리는 화재를 덮어 산소 공급을 차단해 불을 끄는 것이다. 질식소화포는 불연성 및 내열성 재질로 만든 대형 천으로 고온에서도 견딜 수 있도록 제작됐다. 전기차 전체를 덮을 수 있는 크기로 돼 있으며 쉽게 펼치고 덮을 수 있는 특징이 있다.

외부 공기 유입을 차단해 산소 농도를 낮추어 소화하는 방식으로 인접 차량의 화재 확산을 방지하며 연기를 차단함으로써 초기대응에 적합한 소화용 제품으로, 간단하고 빠르며 효과적인 화재 진압 방법이기도 하다. 그러나 산소를 차단하는 질식소화포만으로는 화재의 완전 진압이 불가능하다.

2) 소화수조에 차량 직접 투입

소화수조는 전기차를 완전히 침수시킬 수 있는 크기의 대형 수조로, 보통 소방서나 긴급 대응팀이 사용하는 장비로 마련된다. 소화수조 내부는 전기 전도성이 없는 특수한 소화액이나 물을 담아 화재가 발생한 전기차를 소화수조에 완전히 침수시킨다. 이때 배터리를 빠르게 냉각시키고 산소를 차단한다.

사진 3.8 **전기차 화재 시 소화수조 투입 절차**

산소가 차단되면 화재가 확산되는 것을 방지하거나 약화시키고 고온을 신속하게 낮추어 화재를 진압하게 된다. 또한 침수는 화재가 진압된 후에도 배터리 내부에서 발생할 수 있는 열 폭주나 재발화를 방지하는 재발화 방지도 기대할 수 있다. 사진 3.8과 같이 전기차 화재 발생 시 초기 진화(초진) 후 완전한 화재진압(완진)을 위해 이동식 소화수조를 사용해 화재를 진압하는 단계를 나타낸다. 배터리로 인한 화재는 완전 진화를 하는 데 보통 7~8시간이 소요된다.

하지만 리튬이온 배터리는 소화가 되어도 재발화가 발생할 가능성이 매우 높은 것으로 알려져 있으며, 이에 소비되는 물의 양이 최소 10,000리터(L, liter) 이상이고 소화시간도 약 60분 이상으로 일반적으로 10분 이내에 진화가 가능한 내연기관 자동차 화재와 비교했을 때 전기차 화재의 대응에는 상당한 소방력의 동원과 시간이 요구된다.

특히 고속도로와 같이 인근에 소화전이 없는 상황에서는 소방용수의 보급에 상당한 부담이 생기므로 소방대원의 적극적인 대응이 어려울 수 있다.

3) 질식소화포(Fire blanket)와 소화수조에 차량 직접 투입하여 소화 상승효과

앞서 설명한 질식소화포(fire blanket)로 차량을 덮어 외부 공기(산소, O_2, oxygen)를 막아 화재로부터 발생하는 열을 차단하고, 화재가 확산되는 것을 막고, 또한 화재 시 발생하는 연기와 유독 가스를 억제하는 동시에 소화수조로 배터리 팩을 침수시켜 배터리 온도를 낮춰 소화를 하도록 한 2가지를 동시에 사용하는 방식으로 분명한 소화의 상승 효과가 있다. 그리고 기존 2가지를 따로 사용하는 것보다 조속한 완전 진화가 가능하다.

사진 3.9 질식소화포(덮개)와 전기차용 수조 탱크를 이용한 전기차 화재 진압 시연

사진 3.9는 2024년 8월 13일 전기차 화재 진압 시연 모습을 보여준다.

인천 연수구 송도2동 행정복지센터 주차장에서 열린 '전기자동차 화재대응 민·관 합동 교육'에서 소방관들이 질식소화포와 전기차 수조 탱크를 이용해 전기차 화재를 진압하는 시연을 하고 있다. 불이 난 전기차는 1차 진압 후에도 배터리 잔열로 인한 재발화 가능성이 커 수조 탱크를 활용해 불을 꺼야 한다.

4) 화재가 발생한 배터리에 직접 소방용수 주수(배터리 팩 관통형 방사장치)

사진 3.10에서와 같이 전기차의 화재가 발생하면 해당 차량 위치로 진압 장비를 빠르게 이동시킨 뒤, 전기자동차 하부에 위치한 배터리 팩에 수압을 이용하여 터빈을 돌리고 홀커터(hole cutter, 원통톱으로 전기드릴에 장착해 얇은 금속판 등에 홀(구멍)을 뚫는 공구)를 작동시켜 직접 구멍을 뚫는다. 뚫린 배터리 팩에 소방용수를 분사해 빠르게 진화하는 시스템이다.

그림 3.10 **화재가 발생한 전기자동차에 소방장비를 투입하는 예시**

이는 관통형 방사장치의 선단부 뾰족한 전동 드릴로 배터리 팩에 구멍을 뚫은 후 고압으로 물을 방사시켜 배터리 팩 내부로 소방용수를 직접 주입해 소화하기 때문에 배터리 팩 내부에서 신속히 열확산을 잡아 불의 확산이 없어 초기 진화에 아주 유리한 방법이다.

사진 3.11에서 보여주는 소방 장비는 별도의 전원공급 없이 수압만으로 2분 안에 차체 하부와 배터리 팩에 구멍을 뚫고 물을 분사해 화재를 신속하게 진화하여 최근 각광받는 소화 장비로 평가받고 있다.

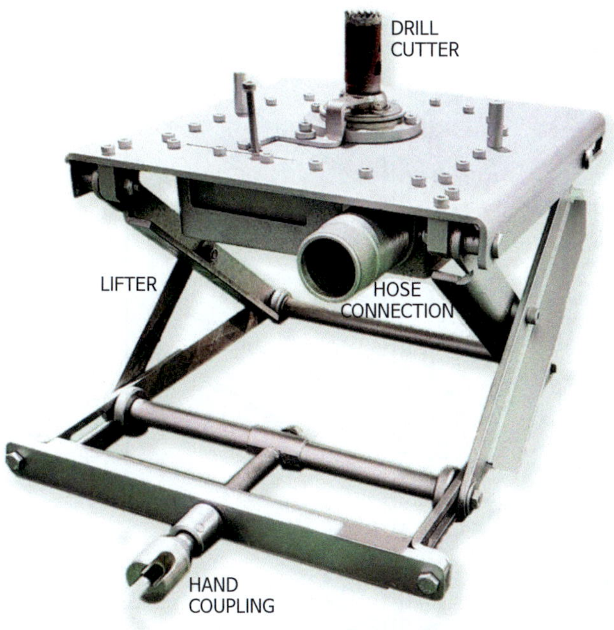

사진 3.11 실제 화재 소화 장비의 모습

04 기존 특허출원의 분석

(1) 소화 유닛을 포함하고 있는 전지팩, 공개번호 10-2021-0097523, KR

1) 주요 구성요소(그림 3.3 참조)

① 배터리 모듈 : 여러 개의 배터리 셀로 구성된 모듈로, 전기 에너지를 저장한다.

② 1차 감지 장치 : 배터리 모듈 내에서 발생하는 과열이나 연기를 감지하여 초기 경고를 제공한다.

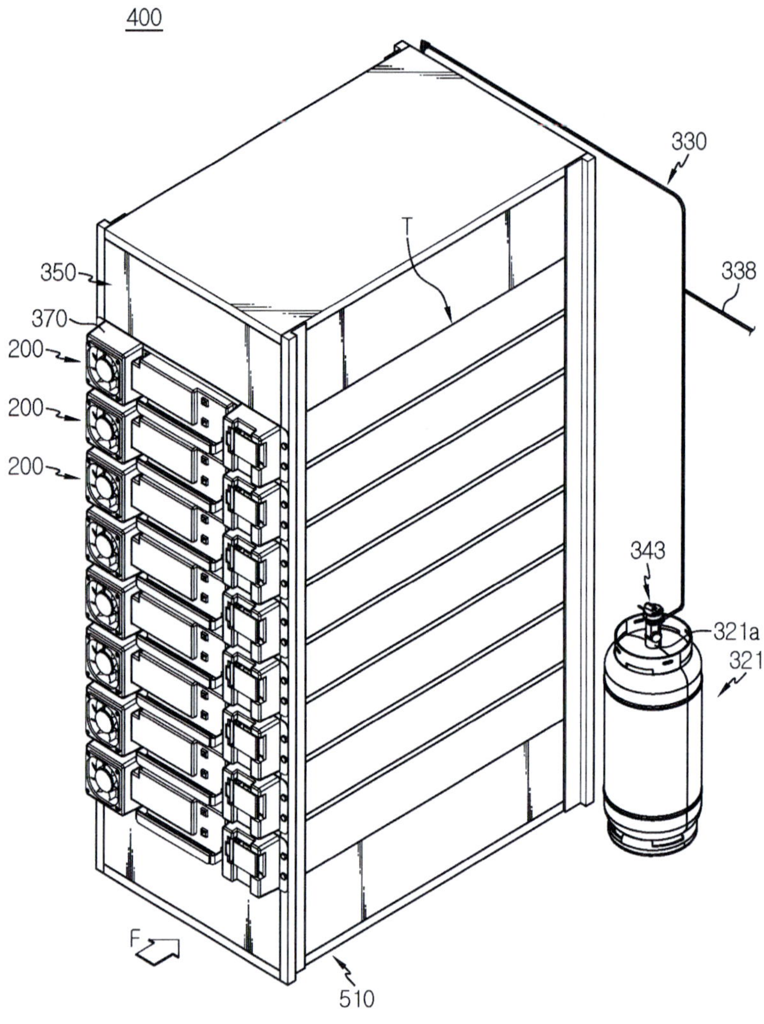

그림 3.3 주요 구성요소의 대표도면

③ 소화약제 탱크 : 소화약제를 저장하는 탱크로, 화재 발생 시 소화약제를 배출한다.

④ 제어 밸브 및 배출 노즐 : 감지 장치에서 신호를 받아 소화약제를 배터리 모듈로 배출하는 역할을 한다.

⑤ 2차 감지 장치 : 1차 감지 장치가 작동하지 않거나 초기 경고 후에도 화재가 진압되지 않을 경우 작동하여 소화약제를 추가로 배출한다.

2) 작동 원리

① 1차 감지 : 배터리 모듈 내의 과열이나 연기를 감지하면 1차 감지 장치가 작동한다.

② 소화약제 배출 : 1차 감지 장치의 신호를 받아 제어 밸브가 열리고 소화약제가 배출된다.

③ 2차 감지 : 1차 감지 후에도 화재가 진압되지 않으면 2차 감지 장치가 작동하여 추가적인 소화약제를 배출한다.

(2) 소화제를 포함하고 있는 전지팩, 공개번호 10-2018-0047439, KR

1) 주요 구성요소(그림 3.4 참조)

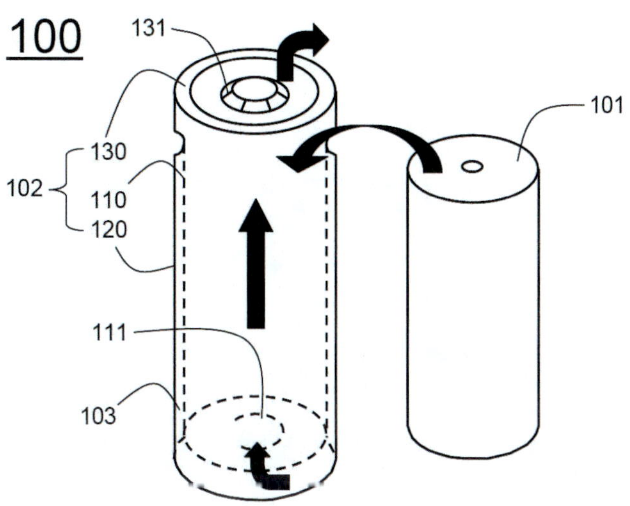

그림 3.4 배터리 내부에 소화액이 들어가 있는 모습

① 전극 조립체(Electrode Assembly)

양극과 음극이 있으며, 이들 사이에 분리막이 개재되어 있고 전극은 전해액과 함께 배치된다.

② 화재 방지제(Fire Extinguishing Agent)

배터리 셀 내부에 화재 방지제를 포함한다. 이 화재 방지제는 액상 플루오르화 케톤(perfluoroketone)으로, 끓는 점이 낮고 높은 열 안정성을 가진다.

플루오르화 케톤

플루오르화 케톤은 끓는점이 섭씨 49℃ 정도로서, 상온에서 무색·무취의 액상으로 존재하며, 환경에 무해하고, 화학적으로 매우 안정하여, 다른 물질과 반응하지 않는 동시에, 절연 내력이 질소의 두 배 이상이므로, 전기가 통하지 않으며, 점성이 매우 낮아, 다른 물질과 접촉 시 방울을 형성하지 않으므로, 빠르게 확산 내지 분산되는 성질을 갖는다.

③ 압력 및 온도 조절 시스템

배터리 셀 내부의 압력과 온도를 모니터링하고 제어하는 장치가 포함되어 압력 상승 시 화재 방지제가 자동으로 방출되어 화재를 예방한다.

2) 작동 원리

그림 3.5에서 보여주는 바와 같이

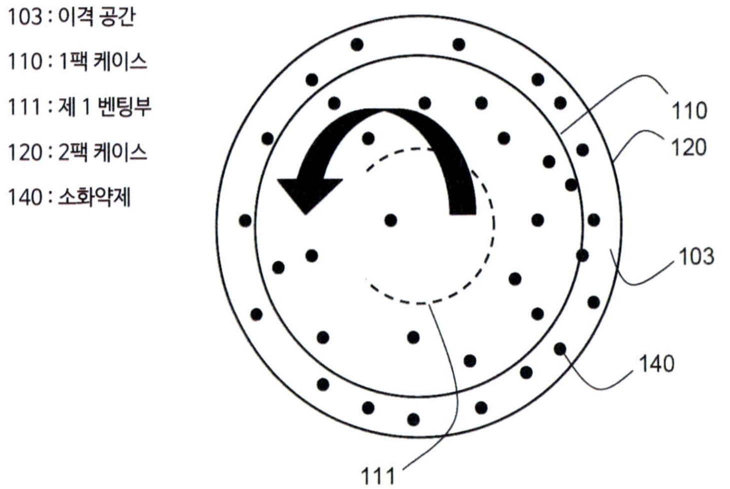

그림 3.5 **주요 구성요소의 대표도면**

제 1팩 케이스 내부의 압력이 임계 압력 이상일 때, 상기 제 1팩 케이스에 형성된 제 1 벤팅부가 개방되어, 상기 제 1팩 케이스의 외면과 제 2팩 케이스의 내면 사이의 이격 공간에 충전된 소화제가 제 1팩 케이스의 내부로 유입되도록 구성됨으로써, 상기 소화제가 전지 내부의 전극조립체에 직접 접촉함으로써, 전지팩의 온도를 감소시킬 수 있으며,

이에 따라, 상기 전지팩의 이상 작동 상태에서 유발되는 내부의 온도 및 압력의 상승에 따른 발화 내지 폭발의 위험을 효과적으로 방지해, 안전성을 향상시킬 수 있으며, 단순히 안전벤트(safety vent)만을 이용해 내부의 온도 및 압력을 감소시키는 종래의 전지팩에 비해 보다 우수한 안전성을 발휘할 수 있는 효과가 있다.

(3) 테슬라(Tesla)의 이동식 충전기

1) 배터리 트레일러(Battery trailer)

사진 3.12와 같이 배터리 셀을 트레일러(trailer)의 형식으로 차량에 장착하고 화재가 발생하면 차량 본체와 배터리 트레일러를 분리하여 탑승자의 안전을 확보한다.

사진 3.12 테슬라의 이동식 충전기 시제품

이때 탈출을 위한 차량의 본체에는 1kW 이내의 소형 보조 배터리를 장착하여 화재시에 비상 탈출 용도로 사용한다.

1kW의 용량이면 4km 정도 운행이 가능하지만 BMS를 통해 1~2km 정도만 운행 가능하게 제한하면 보조 배터리의 안정성도 확보 가능하다.

2) 관련 특허 검색

① 발명의 명칭 : 전기차 충전소 소방 설비

출원인 : 주식회사 파라텍, 휴림로봇 주식회사, 휴림건설 주식회사

등록번호/일자 : 1026177160000 / 2023.12.20.

본 발명은 그림 3.6과 같이 전기차 충전 시 전기차 배터리 화재가 발생하는 경우 자동으로 화재를 감지하여 상기 전기차 배터리 전체가 물에 잠기도록 한 전기차 충전소 소방설비로서, 상기 전기차를 충전하기 위한 전기 충전기가 하나 이상 설치된 전기 충전부 및 상기 전기 충전부의 일측에 위치하여 전기차가 주차되고, 상기 전기차 배터리에 화재가 발생하는 경우 화재를 감지하여 상기 주차된 전기차 둘레에 위치한 테두리부가 상방으로 돌출하면서 수조를 형성한 다음, 외부로부터 상기 수조 내에 물을 공급받아 상기 전기차 배터리 전체가 물에 잠기도록 이루어진 소방 장치부를 포함하여 이루어진 것을 특징으로 하는 전기차 충전소 소방 설비를 제공한다.

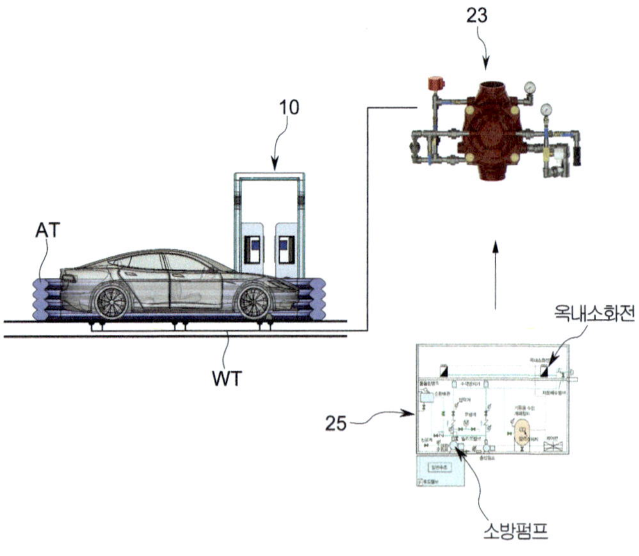

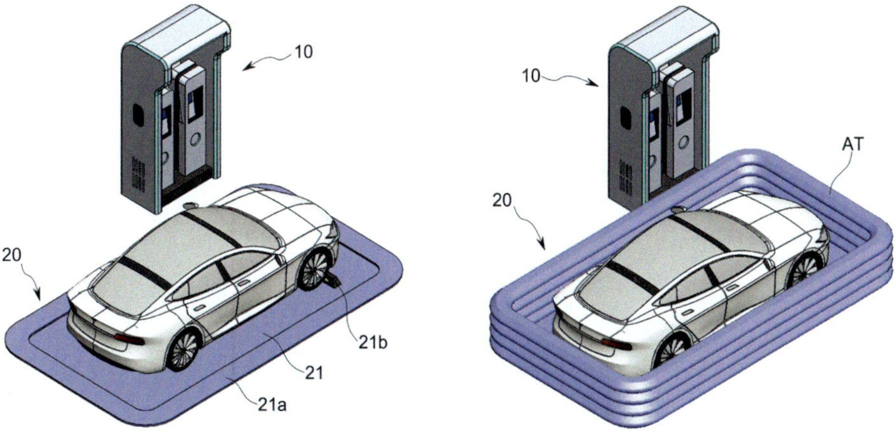

그림 3.6 전기차 충전소 소방 설비의 개략도

② 발명의 명칭 : 전기자동차 배터리 화재위험 감지 및 자동 소화장치
출원인 : 주식회사 광일고무
등록번호/일자 : 1026712690000 / 2024.05.28.

본 발명은 그림 3.7과 같이 전기자동차 배터리 화재위험 감지 및 자동 소화장치에 관

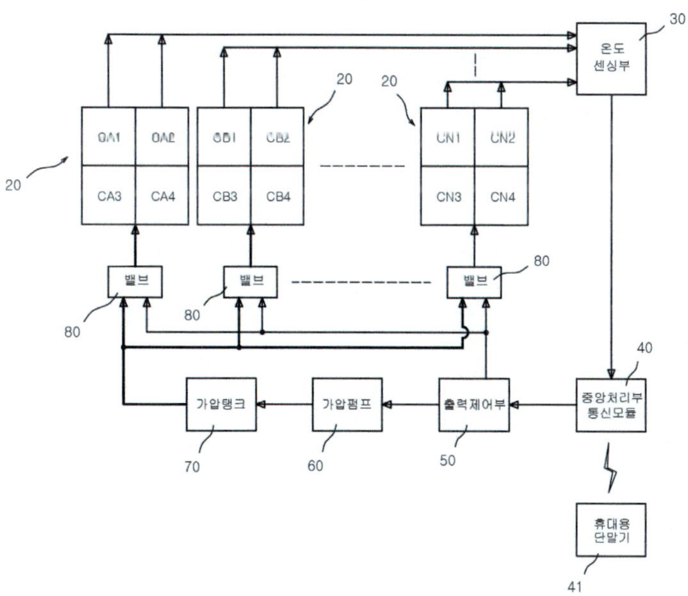

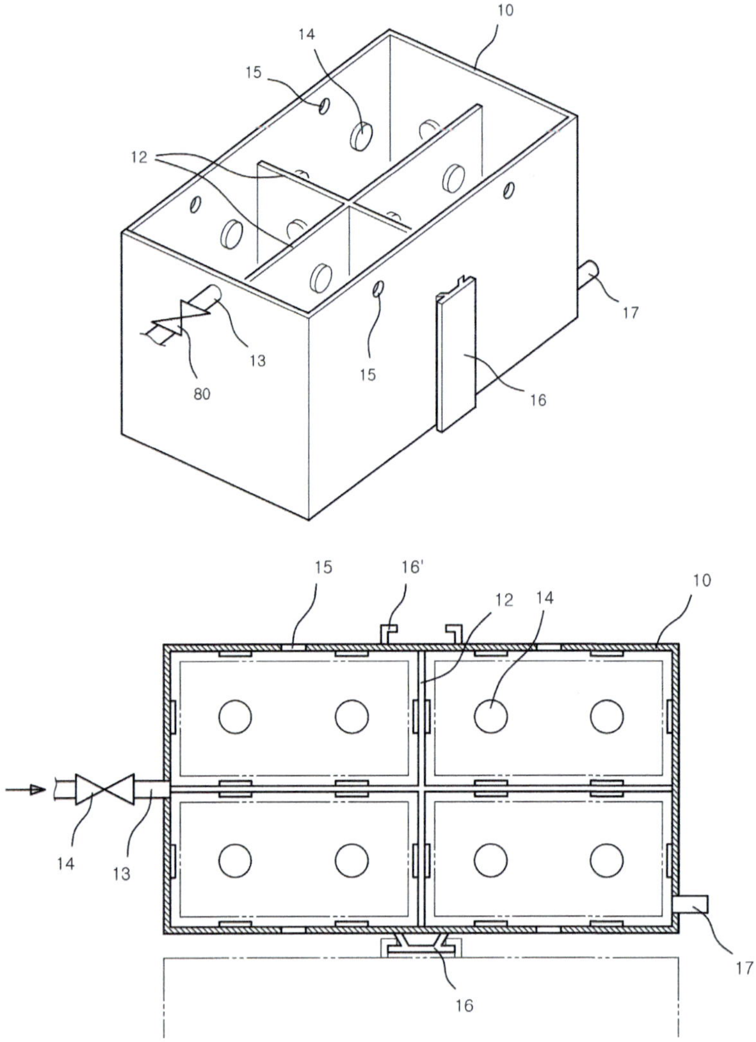

그림 3.7 **전기자동차 배터리 화재위험 감지 및 자동 소화장치의 개략도**

한 것으로 더욱 구체적으로는 분리막 파열에 의한 쇼트, 과충전, 과방전, 내부단락사고, 단자접촉 불량, 충전 불량, 기계적 충격, 전기적 충격 등에 의해 발생되는 열폭주 현상으로 배터리 셀이 이상 과열현상이 발생되는 경우 이를 감지하여 배터리 셀에 물을 주입시키고 수몰방식으로 배터리 셀을 냉각함으로써 화재를 초기에 진화하여 차량 및 인명피해를 최소화 할 수 있도록 한 전기자동차 배터리 화재위험 감지 및 자동 소화장치에 관한 것이다.

③ 발명의 명칭 : 전기차량의 배터리 화재 진압 장치

출원인 : 양상일

등록번호/일자 : 1026724480000/2024.05.31.

본 발명은 그림 3.8과 같이 전기차량의 배터리에서 화재 발생 시 외부의 소화용수를 이용하여 화재를 진압하기 위한 장치에 관한 것으로, 보다 상세하게 설명하면, 전기차량의 차체 외장 패널에 도킹부를 설치하여 상기 도킹부에 소화 호스에 연결된 분사 노즐을 결합함으로써, 외부의 소화용수를 공급받고, 상기 도킹부로부터 전기차량의 다수의 배터리 팩이 설치된 배터리 하우징의 내부 또는 배터리 팩까지 설치된 소화배관을 통해 외부의 소화용수가 상기 배터리 하우징의 내부에 공급될 수 있도록 함으로써, 배터리에 화

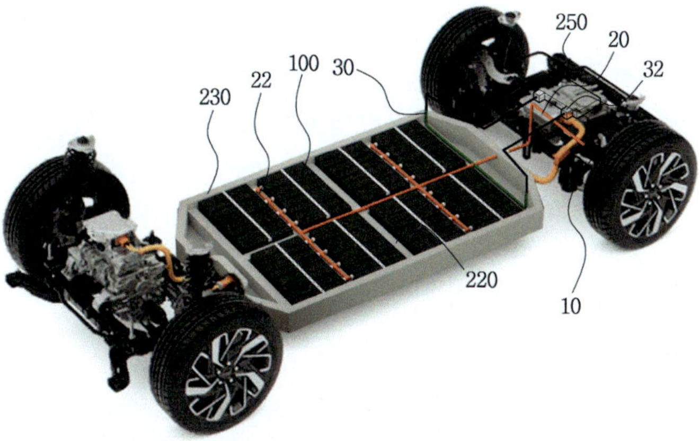

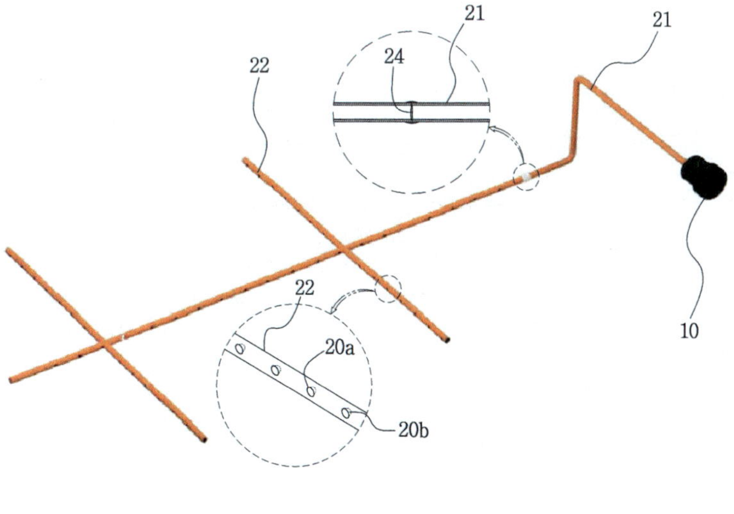

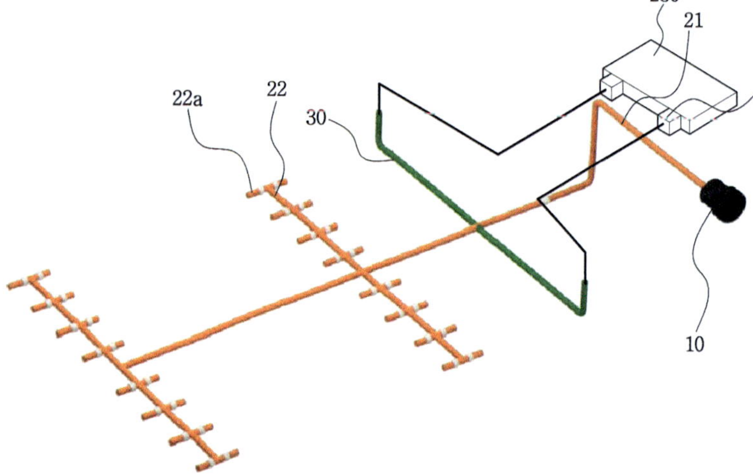

그림 3.8 전기차량 배터리 화재 진압 장치의 개략도

재 발생시 외부의 소화용수가 상기 배터리 하우징의 내부 또는 배터리 팩의 내부에 채워져 화재를 진압할 수 있도록 하는 전기차량의 배터리 화재 진압 장치에 관한 기술 분야가 개시된다.

④ 발명의 명칭 : 리튬이온 배터리 화재 진압용 강화액 소화약제
출원인 : 주식회사 지이브이알, 김종삼, 홍석화
등록번호 / 일자 : 1026641660000 / 2024.05.02

본 발명은 표 3.2와 같이 리튬이온 배터리 화재 진압용 강화액 소화약제 및 그 제조방법에 관한 것으로, 탄산염 및 인산염을 포함하는 무기물, 요소, 계면활성제, 재발화 방지제 및 물을 포함하는 리튬이온 배터리 화재 진압용 강화액 소화약제 및 그 제조방법을 제공한다. 본 발명의 실시형태에 따라서, 강화액 소화약제는 냉각 가스 및 점증제를 더 포함하고, 상기 점증제는 리그노설포네이트염이 사용된다. 본 발명에 따르면, 리튬이온 배터리의 화재에 최적화되어, 리튬이온 배터리의 화재에 대한 초기 진압능 및 재발화 방지능 등이 향상된 특성을 갖는다.

표 3.2 **리튬이온 배터리 화재 진압용 강화액 소화약제 및 그 제조방법**
〈소화약제의 조성(성분/함량) 및 특성평가 결과, 단위 : 중량%〉

비 고		실시예 1	실시예 2	실시예 3	실시예 4	실시예 5	비교예 1
무기물	탄산칼륨	7.5	7.5	7.5	7.5	7.5	7.5
	인산암모늄	6.5	6.5	6.5	6.5	6.5	6.5
요소	요소	5	5	5	5	5	5
계면활성제	SBML[1]	8	15	8	8	8	8
재발화 방지제	HPCTP[2]	5	5	12	12	12	-
	Cl-ETMAM[3]	4	4	-	1.5	1.5	-
	$NaHCO_3$	-	-	-	-	1.5	-
점증제	Ca-LSF[4]	4	12	-	4	4	-
pH 조절제	구연산	0.1	0.1	0.1	0.1	0.1	0.1
물	정제수	잔량	잔량	잔량	잔량	잔량	잔량
특성 평가 결과	소화시간	2′52″	2′05″	3′14″	2′38″	2′27″	4′08″
	재발화 여부	No	No	No	No	No	Re-Ign
	분사능	연속	불연속	연속	연속	연속	연속
	응집/침전	안정	안정	응집-침전	응집	안정	안정

1) SBML : 솔비탄모노라우레이트(sorbitan monolaurate)
2) HPCTP : 2,2,4,4,6,6-헥사페녹시 사이클로트리포스파젠
3) Cl-ETMAM : 염화 에틸트리메틸 암모늄
4) Ca-LSF : 칼슘-리그노설포네이트

3.2 화재 및 폭발의 대처

(1) 재료 공학적 접근

주요 내용은 고체 전해질의 사용이다.

미국 퍼듀 대학교(Purdue University)의 연구진은 사진 3.13과 같은 고체 전해질을 사용하여 리튬이온 배터리의 안전성을 높이고 성능을 개선하는 기술을 개발했다. 이들은 세라믹 나노 입자가 포함된 폴리머 매트릭스 필름을 사용하여 전해질의 화재 위험을 줄였다. 이 소재는 이온 전도성을 높이고, 순수 리튬금속 음극을 사용할 수 있어 배터리의 용량 밀도를 크게 증가시킨다.

사진 3.13 필름 형태의 고체 전해질

(2) 배터리관리시스템(BMS)의 고도화(지능형 모니터링 및 제어)

효율적인 BMS는 배터리의 전압, 전류, 온도 등을 실시간으로 모니터링하여 과충전, 과방전, 과열을 방지할 수 있다. 최근 연구에서는 머신러닝(machine learning, 기계 학습 또는 머신 러닝은 경험을 통해 자동으로 개선하는 컴퓨터 알고리즘의 연구이다. 방대한 데이터를 분석해 '미래를 예측하는 기술'이자 인공지능의 한 분야로 간주된다)과 AI를 활용한 예측 분석을 통해 배터리 상태를 미리 예측하고, 위험 상황을 조기에 감지하여 대응할 수 있는 시스템이 개발되고 있다. 그림 3.9는 전기차에 탑재된 BMS이다.

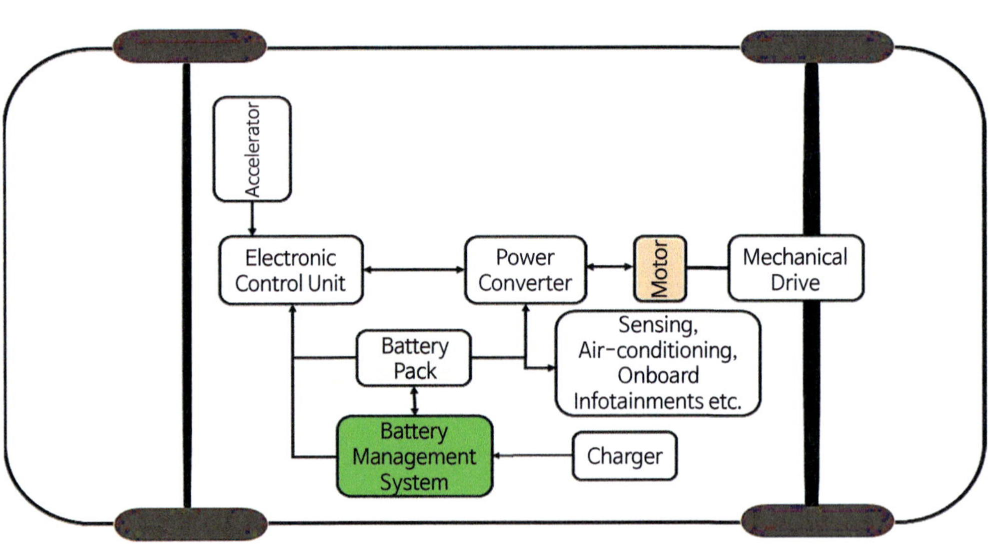

그림 3.9 전기차에 탑재된 BMS

(3) 열관리 및 방열기술

능동 및 수동 냉각시스템에 관한 기술이다.

① 능동 냉각 : 배터리 팩 내부에 액체 또는 공기 냉각시스템을 도입하여 열 축적을 방지하고, 열폭주를 방지할 수 있다.

② 수동 냉각 : 열전달 패드를 사용하여 열을 효과적으로 분산시키고, 고온 영역이 형성되는 것을 방지한다. 이는 화재 발생 가능성을 줄이는 데 도움을 준다.

다음 그림 3.10은 열관리 및 냉각시스템의 한 사례를 보여준다.

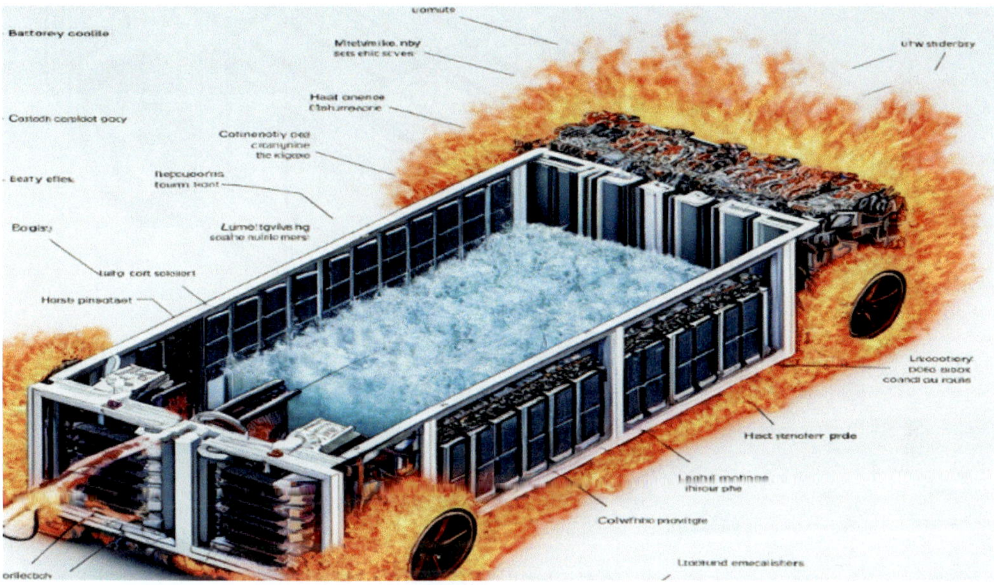

그림 3.10 열관리 및 냉각시스템의 사례

(4) 화재 진압기술(소화 및 차단 시스템)

미국 UL의 소방안전연구소(Fire Safety Research Institute, FSRI)는 리튬이온 배터리 화재의 물리적 현상을 연구하고, 이를 통해 효과적인 소화 방법을 개발하고 있다. 소화제는 에어로졸 소화제 등을 사용하여 배터리 내부의 열폭주를 차단하고 화재를 진압할 수 있다.

그림 3.11은 소화 및 차단 시스템을 보여주는 하나의 개념도이다.

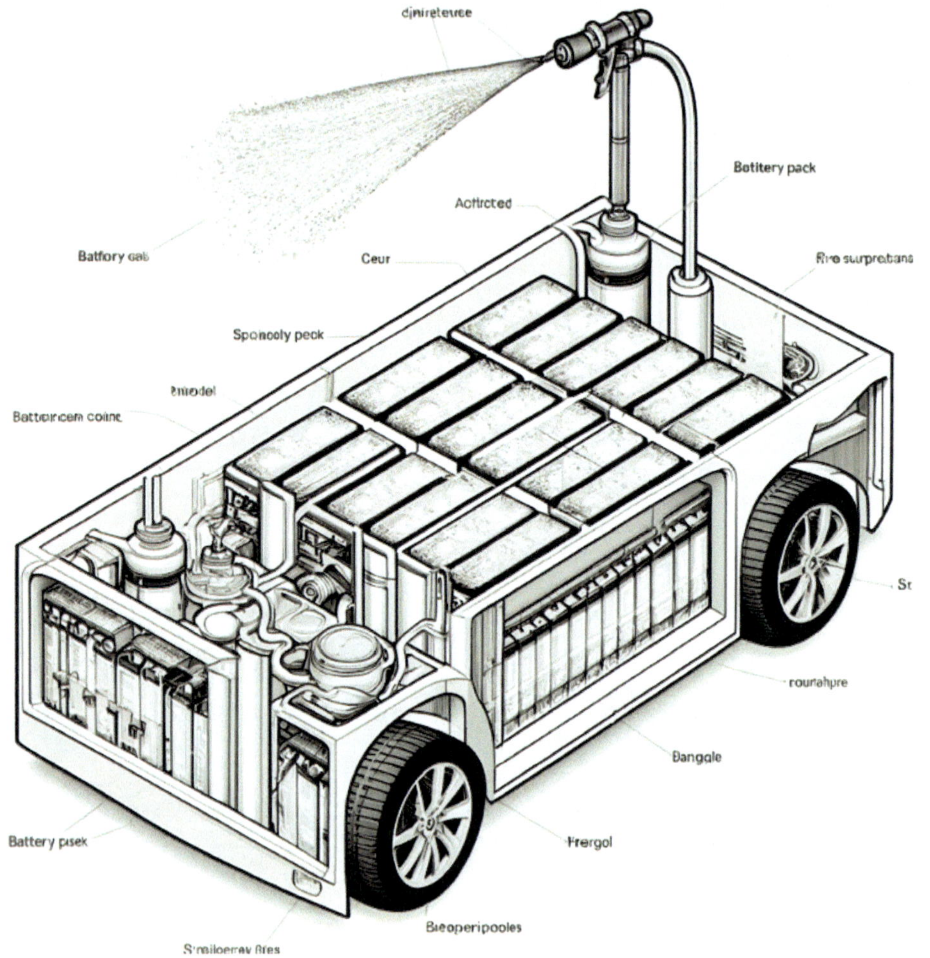

그림 3.11 소화 및 차단 시스템의 개념도(예시)

(5) 설계적 접근

기술적으로 고도화된 안전 환기시스템의 구축이다.

배터리 팩에 안전 환기시스템을 도입하여 가스 배출(벤팅, venting)을 원활하게 하고, 내부 압력을 제어하여 폭발을 방지할 수 있다. 또한, 배터리 셀 간의 물리적 차단막을 설치하여 열폭주가 인접 셀로 전파되는 것을 막을 수 있다.

그림 3.12는 환기시스템의 예시이다.

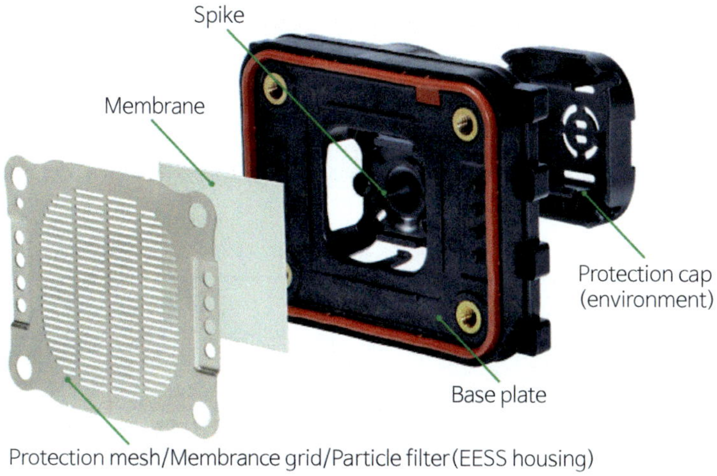

그림 3.12 **환기시스템의 예시**

그림 3.13은 추가 고온 입자 필터 기능을 갖춘 환기 장치이다.

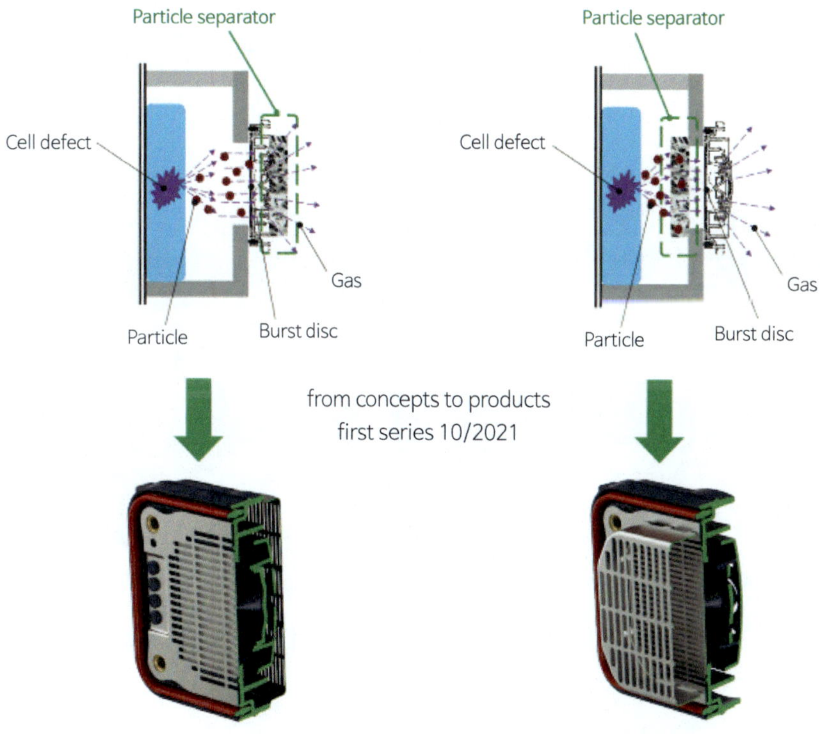

그림 3.13 **추가 고온 입자 필터 기능을 갖춘 환기 장치**

배터리 화재의 한 예를 들자면, 그림 3.14와 같이 전기차의 충돌이나 도로면에서 하부 방향으로부터의 충격 등으로 전기차 하부에 실장되어 있는 배터리 팩에 충격이 전달되고 이런 물리적 스트레스가 누적되어 배터리 팩 내의 배터리 셀에 이상(결함, 고장)이 생겨 전기적, 기계적, 열적 등의 남용(abuse)으로부터 발화의 원인이 시작(개시)된다.

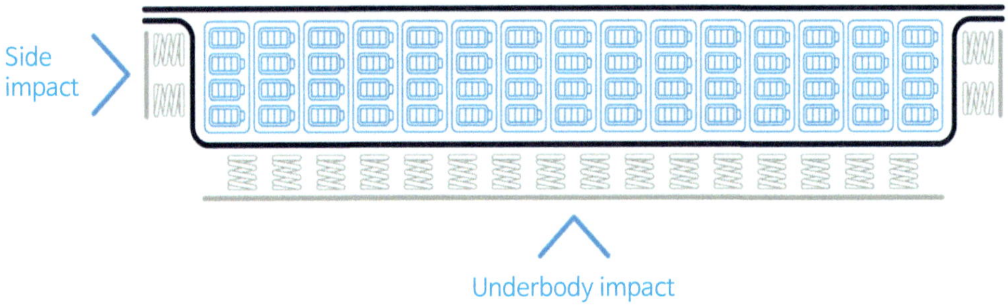

그림 3.14 **전기차의 측면과 하부방향으로부터의 배터리 팩에 가해지는 충격**

배터리 화재는 앞에서 설명한 여러 복합적 원인들로부터 그림 3.15와 같이 발화가 시작(개시)되고 열폭주가 일어나 열전이로 인해 여러 인접 셀들이 연속적으로 폭발하게 된다.

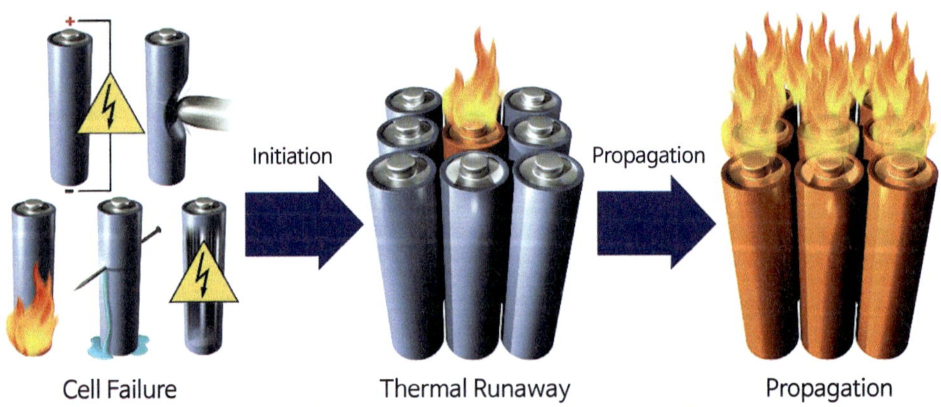

그림 3.15 **배터리 화재의 발화, 열폭주, 열전이로 인한 연쇄 폭발**

(6) 설계적 접근(충격 방지를 위한 고충격성 배터리 팩의 설계)

다음 그림 3.16과 같이 배터리 팩 내에 외부 충격으로부터 셀과 모듈을 보호하기 위한 충격보호용 스프링(강력한 충격흡수장치로 예를 들면, 골판지에 형성된 골처럼)을 둘레에 설치하는 것이다.

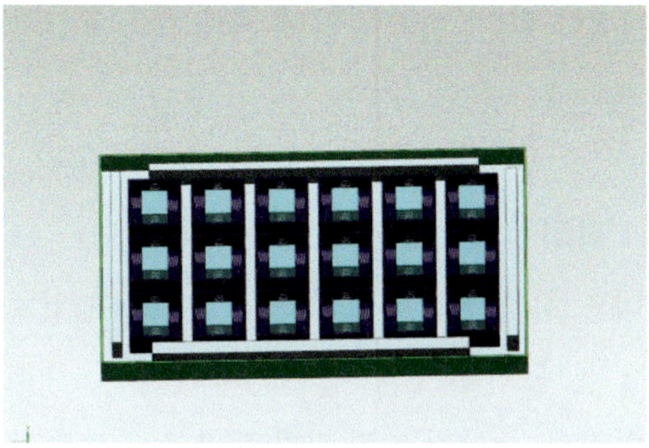

(a) 기존 배터리 팩

(b) 개선된 배터리 팩

그림 3.16 **충격 방지를 위한 고충격성 배터리 팩의 설계**

1) 장점

① 충격 흡수

고강도 스프링은 물리적인 충격을 흡수하여 배터리 셀이 직접적인 충격을 받지 않도록 해준다. 이는 특히 전기차 사고 시 배터리 셀의 손상을 줄여 화재나 폭발의 위험을 낮춘다.

② 경량화 가능성

스프링은 상대적으로 가벼운 재료로 제작될 수 있어, 배터리 팩의 전체 무게를 크게 증가시키지 않으면서도 높은 충격강도를 제공한다.

2) 단점

① 설계 복잡성

배터리 셀 내부에 스프링을 설치하는 것은 셀 설계의 복잡성을 증가시킬 수 있다. 이는 제조 공정과 관련된 추가 비용을 초래할 수 있다.

② 열 관리

스프링이 설치된 공간 내에서의 열 관리 문제를 해결해야 한다. 충격 흡수재가 열을 잘 전달하지 못하면, 배터리 셀의 온도를 효과적으로 조절하는 데 어려움이 있을 수 있다.

③ 장기적인 신뢰성

스프링의 장기적인 신뢰성과 내구성을 고려해야 한다. 반복적인 충격과 진동에 노출될 때 스프링이 변형되거나 파손될 가능성을 평가해야 한다.

(7) 자동 소화수조와 스프링클러(Sprinkler) 장치

'오토캡EV'는 주차장 내 전기차에서 불이 나면 화염 확산을 막으면서 화재를 진압하는 설비다. 하우징과 이동 레일, 열 · 연기감지 센서, 안전 경광등, 위치제어 장치, 내화성캡(원단), 승하강 구동 와이어, 수조 형태인 하장판, 소화전 연결 관창 등으로 구성된다.

그림 3.17 **자동 소화수조와 스프링클러(sprinkler) 장치의 예시**

그림 3.17의 예시와 같이 주차 · 충전 중인 전기차에서 화재가 발생하면 천장에 설치된 열 · 연기감지기가 이를 감지하고 위치 제어장치를 통해 오토캡 하우징이 발화점으로 이동한다. 내화성캡과 하장판이 바닥에 완전히 내려오면 소화전을 통해 물이 분사되

면서 배터리를 냉각하는 방식으로 불을 끈다.

특히 아파트 지하 주자장에는 스프링클러(sprinkler, 관개용 살수기 또는 스프링클러는 물에 높은 압력을 걸어 노즐에서 물보라처럼 분사하는 장치)가 설치되어 있어 효율적으로 신속 소화가 가능하다.

스프링클러는 화재가 발생하면 자동으로 소화수를 분사하여 화재를 진압하는 소화설비이다. 여기에는 크게 다음과 같은 방식이 있다.

1) 습식 스프링클러(Wet sprinkler)

흔히 아파트, 사무실 등에서 사용되며 습식 스프링클러는 알람밸브(유수검지장치)를 중심으로 배관 내에 상시적으로 소화용수가 채워져 있다. 즉, 스프링클러 배관부터 헤드 부분까지 모두 물로 채워져 있어 화재 시 빠른 화재 진압이 가능하다.

2) 건식 스프링클러(Dry sprinkler)

가압송수장치로부터 입상관로에 건식밸브를 설치하고 밸브의 1차측에는 가압송수장치로부터 공급된 가압수를 채우며 밸브 2차측에는 공기압축장치로부터 유입되는 압축공기나 질소가스를 충전시켜 놓고, 화재로 인한 열로 인하여 스프링클러 헤드가 개방되면 압축공기나 질소가스가 배출되면서 밸브 1차측에 있던 가압수가 방수되게 된다.

건식 스프링클러 설비는 2차측 배관에 압축공기나 질소 등을 넣어야 한다. 그러므로 이를 채울 수 있는 에어 컴프레셔와 레귤레이터 등의 부속 설비가 필요하다.

배관 내의 압축공기나 질소가스를 신속히 배출시켜주기 위한 가속장치로 액셀레이터가 부속되는 것이 주요 특징이다.

(8) 워터 커튼(Water curtain)

사진 3.14는 위 · 아래 · 옆 · 뒤 사면에서 물을 뿜어 전기차 화재 확산을 막는 '워터 커튼(water curtain)'의 시연 모습이다.

전기차 화재 예방뿐 아니라 불이 크게 번지는 것을 막기 위한 설비들도 계속 나오고 있다. 사진 3.14는 지난 2024년 8월 23일 인천 서구 하나금융그룹 통합데이터센터의 전기차 충전 구역에서 화재 진압 설비 워터 커튼이 시험 작동되는 모습이다. 전기차에서 불이 나면 충전 구역 천장, 바닥, 양옆, 뒤쪽에 설치된 노즐에서 물을 분사하는(물이 뿜어져 나와) 방식으로 불길 확산을 막고 화재를 진압한다.

사진 3.14 워터 커튼이 작동되는 모습

전기차용 소화 장비는 법으로 정해진 기본적인 스프링클러(sprinkler) 설치나 소화기 배치 등 외에 뚜렷한 기준이 없다. 정부는 전국 공동주택이나 주요 건물에 전기차용 방재 장비인 질식소화포, 이동식 수조, 열 감지기 등이 얼마나 있는지, 사용법을 훈련하는지 여부 등은 전혀 파악도 못하고 있다. 기준이 없다 보니 이런 장비가 없는 곳에 이를 배치시킬 뾰족한 방법도 없다.

1) 간이형 스프링클러(Sprinkler) 확대 검토

스프링클러도 핵심이다. 이번 청라 화재에서도 스프링클러가 작동했다면 피해를 줄일 수 있었을 것이란 비판이 많다. 작년까지 5년간 전국 공동주택 화재 2만 3,401건 중 스프링클러가 정상 작동한 경우는 3,656건(16%)에 그쳤다. 고장 난 경우도 있고 인위적으로 잠가 두거나, 꺼버린 일도 많다는 뜻이다. 정기 소방 점검에서 스프링클러가 실제 작동하는지, 운영엔 문제가 없는지까지 더 촘촘히 관리해야 한다는 지적이 나온다.

스프링클러가 없는 사각지대도 감안해야 한다. 전국 공동주택 단지 약 4만 4,208곳 중

스프링클러가 설치된 곳은 1만 5,388곳(35%)에 그친다. 이영주 경일대 소방방재학과 교수는 "오래된 건물까지 스프링클러 의무화를 하는 건 현실적으로 불가능하니 인센티브 등을 통해 최소 '간이형 스프링클러' 등이라도 넣을 수 있게 유도하는 게 합리적"이라고 했다.

2) 전기차 맞춤 소방 신기술 절실

전기차가 늘어나고 기술이 발전하는 것에 발맞춰서 정부의 소방에 대한 투자도 늘려야 한다는 지적이 나온다. 예컨대 정부는 올해 처음으로 소방청에 전기차 화재 기술을 개발할 예산을 배정했다. 늦었을 뿐만 아니라 금액도 39억 원에 그쳤다는 비판이 있다.

ESS(에너지저장장치) 사태

2017~2019년 ESS(에너지저장장치)에서 잇단 화재가 발생하자 정부는 ESS 충전율을 100%가 아닌 90% 등으로 낮추게 하고, 보조금 지급 기준도 까다롭게 함으로써 결과적으로 한국 제품의 가격 및 품질 경쟁력을 낮추는 결과를 가져왔다. 이후 2020년 세계시장 점유율 50%대였던 한국의 ESS 산업은 중국의 공세 등에 속수무책으로 밀려 작년 기준 한 자릿수 점유율까지 급락했다.

민간 기술도 정부 주도로 검증하고 보급을 늘릴 필요가 있다. 하나금융그룹은 전기차 충전시설의 위 · 아래 · 옆에서 물이 쏟아내 진화를 하는 장치를 개발해 도입했다. DL이앤씨는 차량 하부를 뚫고 물을 배터리에 분사하는 기술을 공동 개발했다. 그러나 수도권의 한 전기차 화재 진화장치 개발기업 관계자는 "권위 있는 기관이 장비의 효과를 검증 · 인증을 해줘야 더 많이 보급할 수 있을 것"이라고 말했다.

참고로 부가 설명하자면 지하 주차장을 바꿔야 한다.

시급한 것 중 하나가 지하 주차장 인프라다. 그림과 같이 2024년 8월 기준 전국 아파트에 설치된 전기차 충전기는 20만 6,047개인데, 이 중 83%인 17만 870개가 지하에 설치돼 있다. 특히 건설업계에 따르면 현재 다수 건물에 전기차 충전소는 지하에서도 맨 아래층이나 구석에 둔 경우가 상당수라고 한다. 전문가들 사이에선 우선 전기차는 가급적 지상, 최소 지하 1~2층에 우선 배치해야 한다는 의견이 다수다. 불이 나면 삽시간에 지하에 연기가 차는데, 불이 난 곳이 깊을수록 소방관들이 연기를 빼면서 지하로 진입하는 데 시간이 걸린다. 지하 주차장은 층고가 낮은 곳도 많은데, 일반 소방차보다 높이가 낮은 저상 소방차도 넉넉하지 않다.

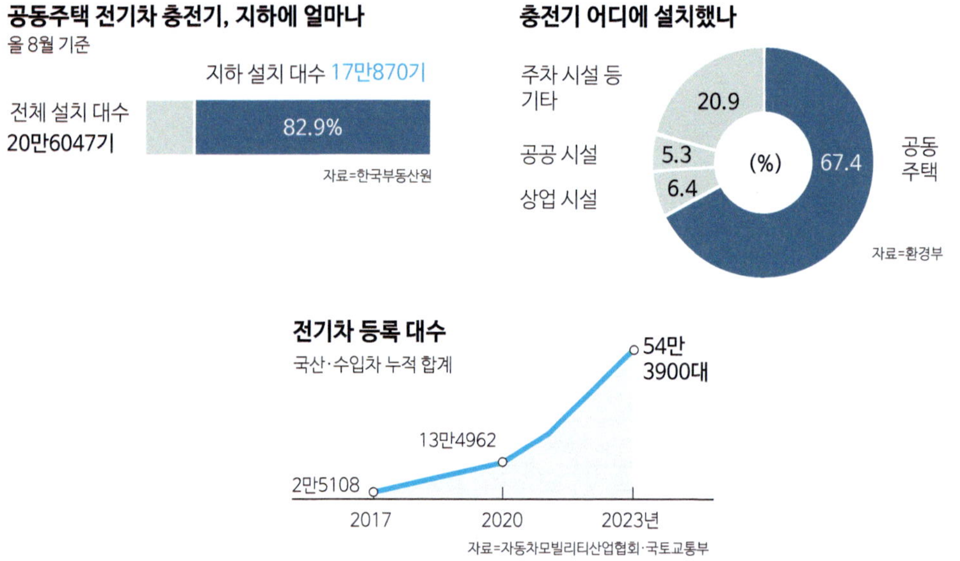

(출처 : 조선일보, "제2 ESS 사태 막아라 … 정부 · 지자체가 인프라 지원해야", A8, 2024. 08. 29.)

(9) 난연 소재의 개발

LG화학이 LX하우시스와 함께 개발한 1,500℃ 화염에서 20분 이상 견디는 배터리 열폭주 지연 소재 '특수 난연열가소성 연속섬유 복합소재(특수 난연 CFT)'는 강한 화염과 높은 압력에서 기존 복합소재보다 14배 이상 긴 시간 동안 견딜 수 있다.

사진 3.15와 같이 LG화학의 자체 테스트 결과 1.6mm 두께의 얇은 특수 난연 CFT에 1,500℃ 이상의 열과 압력을 가했을 때 20분이 지나도 녹아 흘러내리거나 구멍이 생기지 않았다. 이는 업계 최고 수준의 화염 차단 성능이다.

특수 난연 CFT는 단단하고 힘에 의한 변형이 작아(고강성) 전기차 배터리 팩 상단 및 하단 커버 등에 쓰일 수 있다. 기존에 배터리를 둘러쌌던 강철을 대체하는 것이다. 전기차 화재 발생 시 불길이 퍼지는 것을 효과적으로 지연시켜 운전자의 대피와 화재 진압에 필요한 시간을 확보할 수 있다.

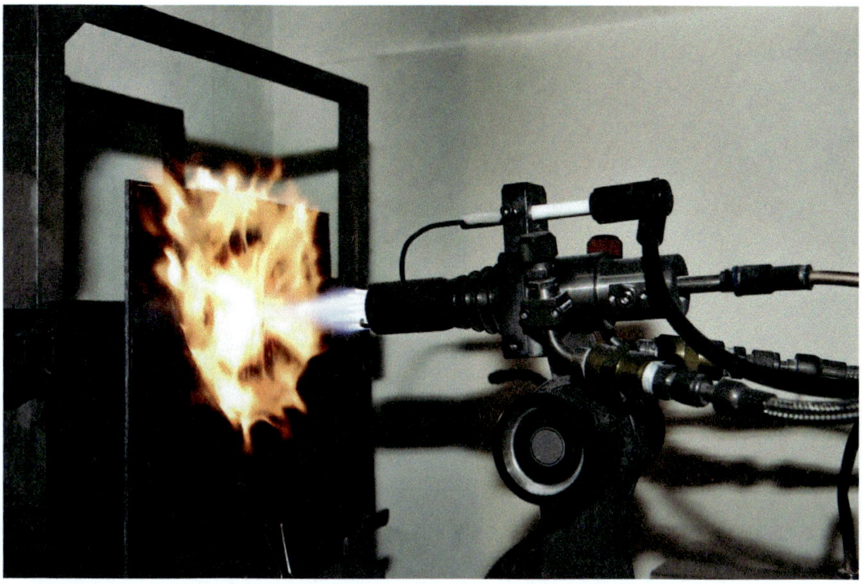

사진 3.15 LG화학 특수 난연 CFT 테스트

3.3 새로운 해결안의 제시

저자는 다음과 같은 여러 가지 방법으로 배터리 열폭주로 인한 화재를 방지해 안전성을 확보하는 새로운 아이디어와 개념설계안을 제시한다.

(1) 배터리 팩 소재 LI-900 내열 세라믹 타일 사용(사진 3.16 참조)

1) 내열세라믹 타일 LI-900이란?

① 미 항공우주국 나사(NASA)가 1981년부터 2011년까지 운용한 유인 우주왕복선은 우주비행사를 태우고 지구와 우주를 넘나들며 다양한 물자를 보내거나 실험을 실시했다. 대기권 진입 속도가 초속 8km 정도인 우주왕복선의 온도는 1,500℃ 정도의 열이 발생하고, 초속 12km의 속도로 지상을 향하는 귀환 캡슐의 온도는 1만℃까지 올라간다. 하지만 본체에 이용하는 알루미늄은 200℃ 정도에서 열에 열화되기 때문에 본체를 초고온에서 보호하는 내열 타일 개발은 우주왕복선 개발에서 중요했다.

사진 3.16 내열세라믹 타일 LI-900

② 과거 2003년 2월 1일 컬럼비아 우주왕복선이 대기권 진입 도중 선체의 내열타일이 일부 떨어져 나가 과열로 인하여 폭발하였다.

③ 이처럼 실리카 유리섬유를 이용한 내열 타일인 LI-900은 석영을 원료로 하는 실리카(silica, 이산화규소(SiO_2))로 뛰어난 단열 성능을 자랑하기 때문에 우주왕복선 본체를 내열 타일로 덮으면 대기권 재돌입을 할 때 기본 알루미늄을 보호할 수 있었다.

④ LI-900은 순도 99.9% 실리카 유리섬유를 스펀지에 더한 소재로 체적 94%를 공기가 차지하고 있어 사진 3.16과 같이 선반에 놓인 회색 큐브를 사람이 맨손으로 만져도 될 만큼 우수한 단열성이 있다.

2) 개념설계안(Concept design)

우선 종래에 사용된 배터리 또는 배터리 팩은 원통형이나 파우치형 리튬이온 배터리를 사용하고 있는데, 원통형 또는 파우치형의 배터리 셀의 케이스를 내열세라믹 타일인 LI-900으로 코팅(coating)하거나 덮는 것이다. 참고로 그림 3.18은 가장 기본 단위가 되는 배터리 셀부터 전기자동차 완성품까지의 시스템 구성도이다.

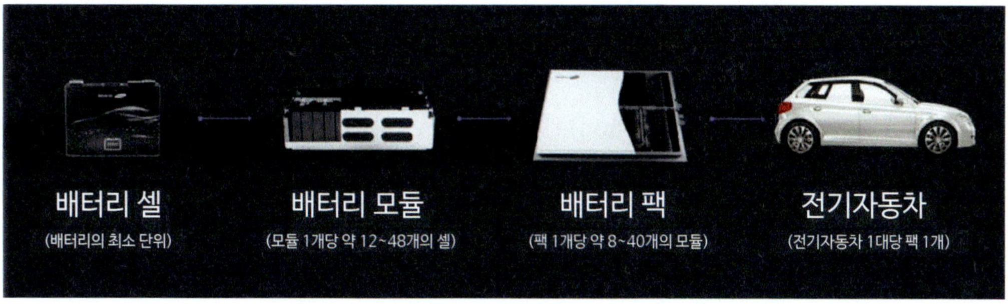

그림 3.18 전기자동차 배터리 시스템 구성

배터리 셀의 결함, 물리적인 외부 충격, 과충전 등으로 인한 분리막의 손상 · 파손으로 발생하는 단락(합선)에 의한 전기차 배터리의 화재 및 폭발을 방지하기 위한 개념설계안으로 그림 3.19와 같이 금속 알루미늄 소재의 원통형 배터리의 케이스(캔, can) 및 플라스틱 소재 또는 알루미늄으로 되어 있는 기존의 배터리 팩 케이스(case)에 LI-900 소재를 코팅하거나, 도포하거나, 표면경화처리를 하거나, 복합재 등으로 만들어 내열성과 내화성을 한층 강화시키는 것이다.

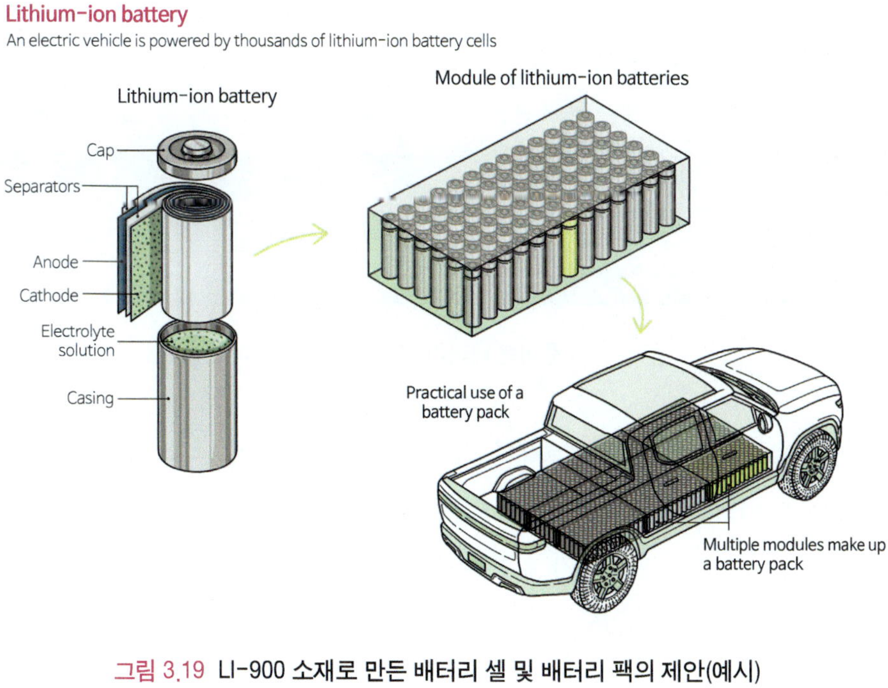

그림 3.19 LI-900 소재로 만든 배터리 셀 및 배터리 팩의 제안(예시)

이와 같이 LI-900 소재로 만든 배터리 셀 및 배터리 팩을 사용한다면 배터리 셀이나 모듈, 팩에서 화재가 발생하여도 외부에는 고온이 전달되지 않고 만약 열폭주로 인해 열이 발산(열전이, thermal propagation)된다고 하여도 화재가 발생한 차량에서 대피 또는 격리시킬 수 있는 충분한 시간을 확보할 수 있을 것으로 생각된다.

(2) 배터리 트레일러(Trailer)

최근 캠핑과 차박에 대한 관심이 높아지고 또한 다양한 장비가 개발되면서 캠핑 트레일러(camping trailer)의 수요도 급증하고 있다. 이 점을 착안하여 사진 3.17과 같이 트레일러에 전기자동차 리튬이온 배터리를 탑재하여 평소에는 트레일러 배터리의 전력으로 주행을 하고 리튬이온 배터리 화재 발생 시에는 트레일러를 분리하여 전기자동차를 안전한 곳으로 이동하여 인명피해와 재산피해를 최소화하도록 한다.

사진 3.17 **리튬이온 배터리 트레일러 차량 장착 예시**

리튬이온 배터리 트레일러 내부에는 기존 캠핑 트레일러와 구조적으로는 매우 흡사하나 리튬이온 배터리의 탑재 유무에 그 차이가 있다.

그림 3.20은 리튬이온 배터리가 실장된 트레일러 내부 구조를 3차원 캐드(CAD)로 모델링해 예시로 제시한 도면이다.

그림 3.20 리튬이온 배터리 트레일러 내부 구조 모델링 예시

그림 3.21은 이와 비슷한 아이디어로 미국 포드(Ford) 자동차에서 특허를 출원 · 등록한 사례의 예시이다.

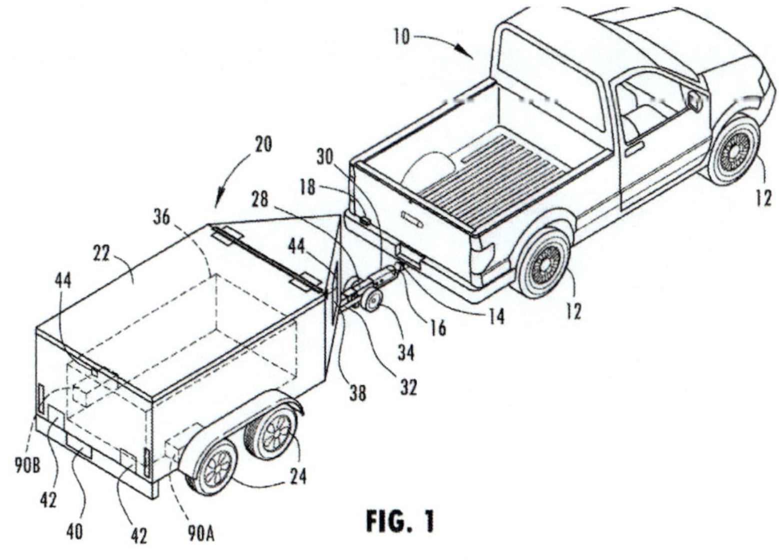

FIG. 1

그림 3.21 미국 포드(Ford) 사(社) 특허 대표도면

(3) 배터리 탈부착 시스템 및 제어 메커니즘

1) 중국 전기자동차 업체의 NIO 배터리 교체 시스템(사진 3.18 참조)

① 중국의 전기자동차 업체 니오(NIO)는 배터리 교체(battery swapping) 기술을 적극적으로 활용하고 있는 대표적인 기업이다. NIO의 배터리 교체 서비스는 사진 3.18에서 보여주는 바와 같이 전기차 운전자들이 배터리를 충전하는 대신 배터리 교체 스테이션(station)에서 완전히 충전된 배터리로 교환하는 방식인데, 배터리 교체에 보통 3~5분 정도 소요되므로 전통적인 충전 방식에 비해 매우 짧은 시간이고 내연기관의 주유 시간과 흡사하다. 이 서비스는 배터리 충전 시간을 크게 줄이고, 전기차 운전자의 편의성을 높이는 데 중점을 두고 있다.

② NIO의 배터리 교체 시간이 3~5분 정도 걸리는 것에 착안하여 리튬이온 배터리에 화재가 발생했을 경우 배터리를 즉시 탈착하는 것을 고안하였다.

③ 리튬이온 배터리 팩은 고정장치에 구속되어 있고 이 고정장치는 차체 프레임에 고정되어 있다.

④ 리튬이온 배터리에 화재가 발생하게 되면 자동차 화재 감지 시스템이 작동하여 고정구의 잠금을 해제하게 되며, 배터리는 자연스럽게 아래로 하강한다.

사진 3.18 중국 전기자동차 업체 니오(NIO)의 배터리 교체 시스템

(4) 개념설계안(Concept design)

1) 개요

그림 3.22는 중국 NIO사(社)의 배터리 교체 시스템 특허 일부로 전체 시스템을 나타내는 대표 도면이다. 전체 시스템의 주요 구성을 보여주는 구성도이기도 하다.

이 특허를 참고로 하고, 벤치마킹하여 새로운 아이디어에 의한 개념설계안으로 화재 발생 시 전기차 하단에 탑재된 배터리 팩을 바닥으로 이탈시키는 방법을 제시한 것이다. 이러한 방식은 특히 전폭기가 공중에서 폭탄을 투하시키는 원리 및 메커니즘을 활용한 것이다.

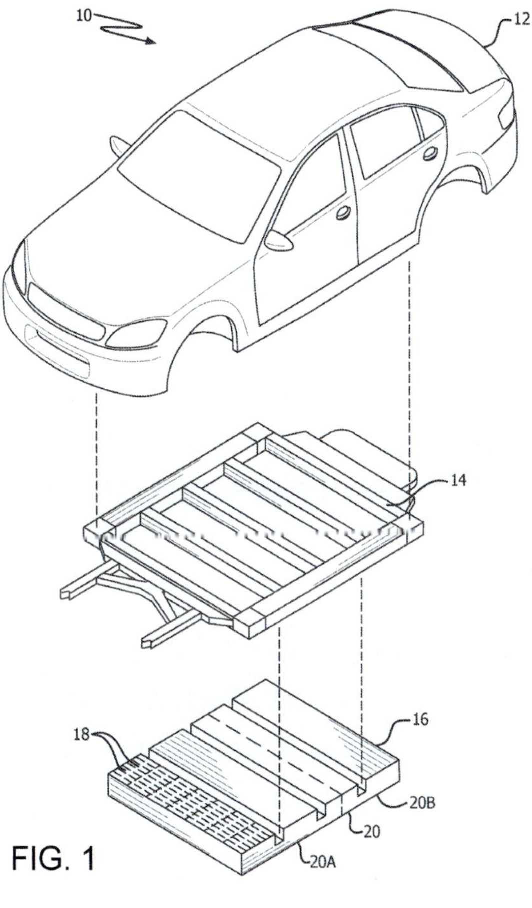

FIG. 1

그림 3.22 중국 NIO사(社) 배터리 교체 시스템 특허 일부

① 그림 3.23과 같이 로우 커버(low cover)는 배터리 모듈을 감싸고 있는 장치로써 배터리를 보호하고 자동차 전장에 배터리를 고정시키는 역할을 하고 있다.

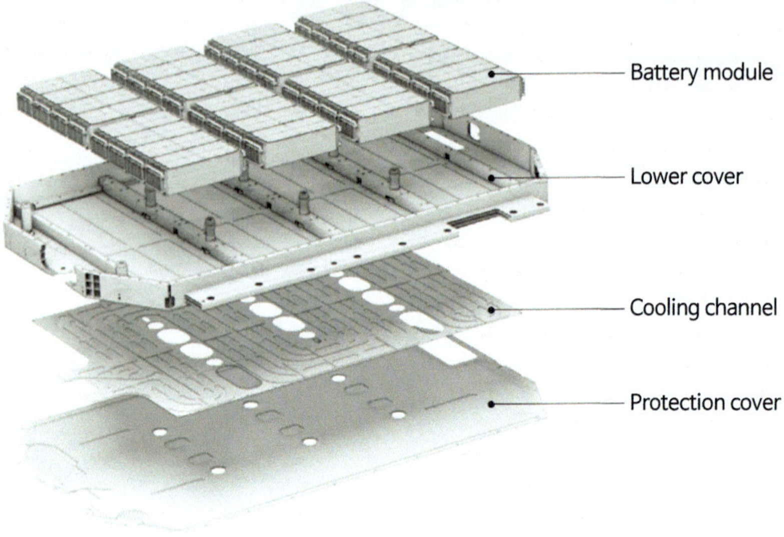

그림 3.23 **전기자동차 배터리 구성**

② 일반적으로 배터리에 화재가 발생하면 소화를 하지만 열폭주 현상으로 인해 산소 차단 등 일반적인 소화 방법으로는 리튬이온 배터리의 진화가 쉽지 않기 때문에 인명이나 재산피해를 최소화하기 위해 화재가 발생한 배터리를 안전하게 분리하는 것이 바람직하다고 본다.

③ 화재 또는 응급상황 시 컨트롤러(슈퍼커패시터 배터리 등 긴급 · 보조 배터리 사용)에서 신호를 보내 브라켓(bracket)을 개방시키면 배터리 팩을 고정하고 있던 브라켓이 해제되면서 바닥으로 배터리를 떨어뜨린다. 이때 차량은 저용량의 긴급 · 보조 배터리로 별도 전원을 이용하여 전기차를 제어하면서, 운전자와 탑승객은 탈출하여 화재가 발생한, 바닥에 떨어진 주(main) 배터리로부터 멀리 대피하고 화재로 인한 인명 및 재산 피해를 최소화하는 것에 그 목적이 있다.

전기차 화재는 차량 하부에 내장된 대용량 리튬 배터리의 열폭주 현상으로 인한 화재 시 초기 긴급 · 신속한 진화가 어려운 현장 문제와 배터리를 둘러 싼 배터리 팩 케이스로 인해 소화약제 침투의 어려움 때문에 초기 진화가 힘들다. 또한 국내외에 유통되는 일반 소화기로는 화재 진압이 불가능하고, 현재까지는 전 세계적으로도 리튬 배터리 화재에 완전히 적응되는 소화기가 없기 때문에 배터리 팩에 지나친 과열, 이상 징후 또는 화재 시 신속하게 배터리 팩을 지면에 탈락(이탈)시킨 후 전기차가 신속하게 현장을 빠져나가 안전성 확보 및 전기차로 인한 연쇄 폭발 방지를 위한 획기적인 방식을 제안하는 것이다.

2) 배터리 브라켓 시스템

개념설계안으로 제시한 배터리 브라켓 시스템의 3차원(3D) 모델링 도면을 그림 3.24와 그림 3.25로 보여준다.

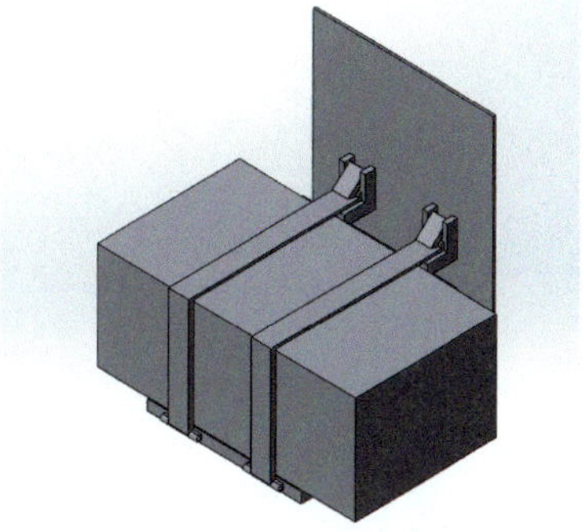

그림 3.24 **배터리 브라켓 등각도**

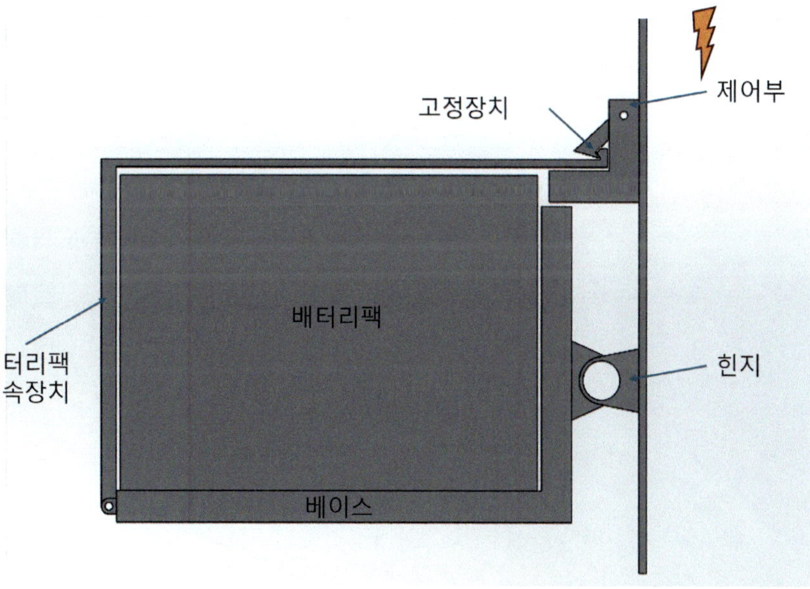

그림 3.25 **배터리 브라켓 시스템 측면**

배터리 브라켓 시스템은 베이스(base, 기본이 되는 밑판), 배터리 팩 결속장치, 힌지, 고정장치, 제어부 등으로 구성되어 있으며 베이스 위에 배터리 팩이 올라간 형태이다. 배터리 팩 결속장치를 이용해 배터리 팩을 단단히 고정시키게 된다.

이 결속장치는 고정장치와 결합되어 평상 시에는 배터리 팩이 고정되어 있으나 배터리 이상 감지 시에는 아래 그림 3.26과 같은 순서도(flow chart, 흐름도)와 같이 동작하게 된다.

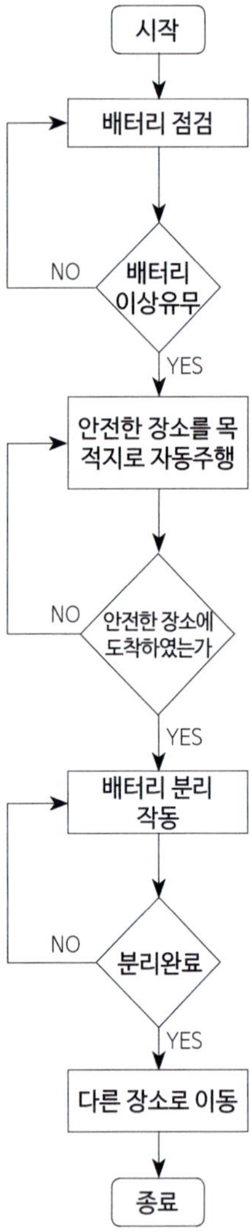

그림 3.26 **배터리 브라켓 시스템 순서도(플로우 차트)**

주(main) 배터리 팩에 화재 등과 같은 이상이 발생하면 배터리 모듈 또는 배터리 팩에 부착되어 있는 센서가 제어부에 이상 신호를 보내고, 제어부(controller, 컨트롤러)는 이를 감지해 즉시 배터리 팩을 결속하고 있는 브라켓 결속장치를 해제해 화재가 발생한 주(main) 배터리 팩을 전기차 내부 하단에서 도로 바닥으로 이탈시키는 플로우 차트(flow chart, 순서도 · 흐름도)이다.

평상시 제어부(컨트롤러)는 배터리의 상태를 수시로 확인하고 배터리에 이상이 감지될 경우 자동차를 안전한 곳으로 자동으로 이동시킨다. 안전한 곳에 도착한 경우 자동차의 메인(main) 컨트롤러에서 배터리 브라켓 시스템의 제어부에 신호를 인가하고 결속장치가 해제되어 배터리 팩을 바닥으로 탈락(이탈)시킨다.

배터리 탈락이 완료되면 자동차는 다른 인접한 안전한 곳으로 다시 주행한다. 그림 3.27은 배터리가 지면으로 탈락(이탈)되는 모습 예시를 보여준다. 배터리 팩 이탈 메커니즘의 작동 모습이다. 3차원 캐드(3D CAD)로 설계했다.

그림 3.27 **배터리가 지면으로 탈락(이탈)되는 모습 예시**

3) 배터리 고정장치 1

배터리 고정장치의 구성요소와 작동 메커니즘을 다음과 같이 3차원 캐드(3D CAD)로 조립설계를 해 설명하고자 한다.

① 고정 시

그림 3.28은 볼트로 배터리를 고정시킬 때의 조립도면을 보여주고 있다.

로우 커버(lower cover)를 그림 3.28과 같이 볼트(bolt)로 고정을 시키면 핀(pin)에 의해 볼트가 빠지지 않으므로 배터리 모듈이 차체에 고정되어 있다.

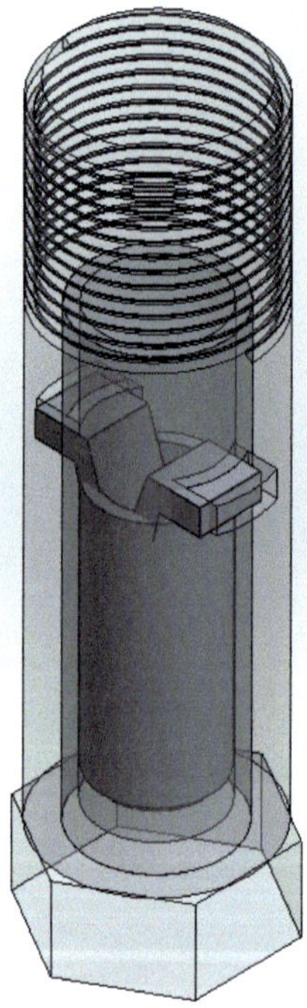

그림 3.28 **볼트로 배터리를 고정시킬 때**

② 분리 시

그림 3.29는 분리 시의 내부 구조를 보여준다. 양쪽으로 잠금되어 있는 핀이 내부로 들어가 있는 상태이다. 그림 3.30에서 보여주는 바와 같이 배터리 화재 시 열원으로 인해 핀에 고온이 영향을 미칠 경우 핀 내부에 있는 팽창 물질에 의해 내부 로드(rod)가 움

직이게 되고 볼트를 고정하고 있던 락핀(lock pin, 잠금핀)이 축소된다.

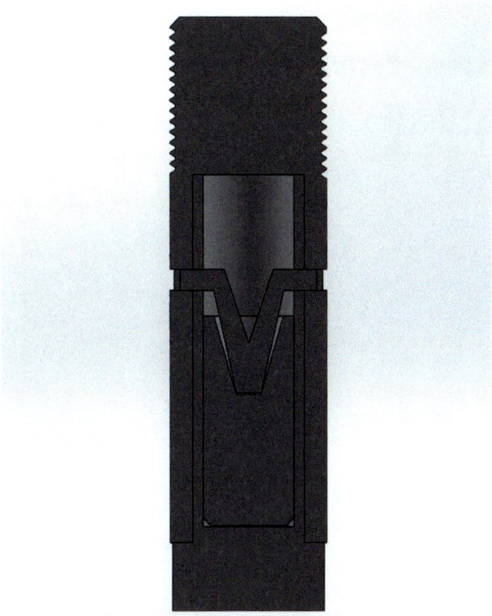

그림 3.29 **내부 구조**

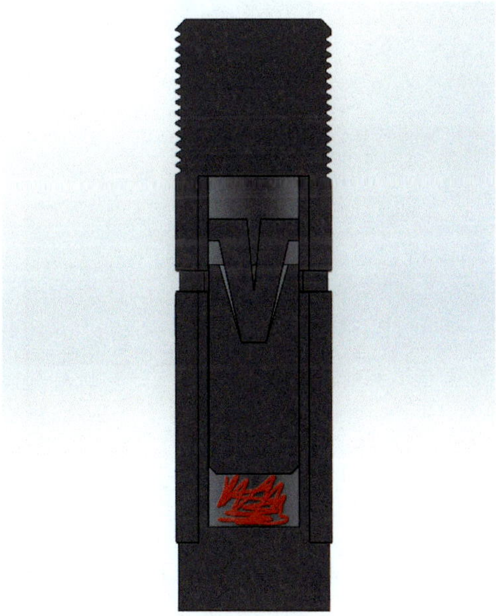

그림 3.30 **배터리 화재 시 열원에 의해 핀이 움직이는 모습**

배터리 화재 시 발생하는 고온의 압력이 높은 팽창 물질(기체)로 하여금 내부 로드(rod)를 움직여, 볼트를 고정하고 있던 락핀(lock pin, 잠금핀)이 축소되면서 볼트를 리니어(linear, 선형) 방향으로 밀어서 볼트를 탈락(이탈)시키는 모습을 그림 3.31에 3D CAD에 의한 조립도로 나타내고 있다. 또는 브라켓 시스템에 구성된 리니어 모터(linear motor)가 회전하면서 로드(rod)를 직선 운동으로 움직여 볼트를 탈락(이탈)시키는 메커니즘으로 해결할 수도 있다.

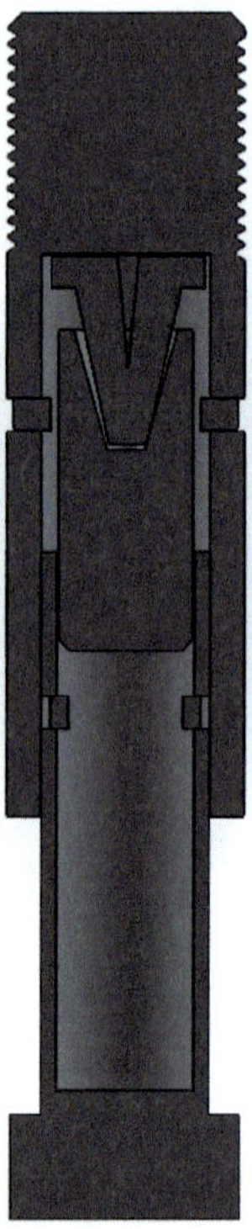

그림 3.31 **볼트가 탈락(이탈)하는 모습**

4) 배터리 고정장치 2

① 고정 시

그림 3.32는 또 다른 배터리를 고정시키는 메커니즘의 조립도면을 보여주고 있다.

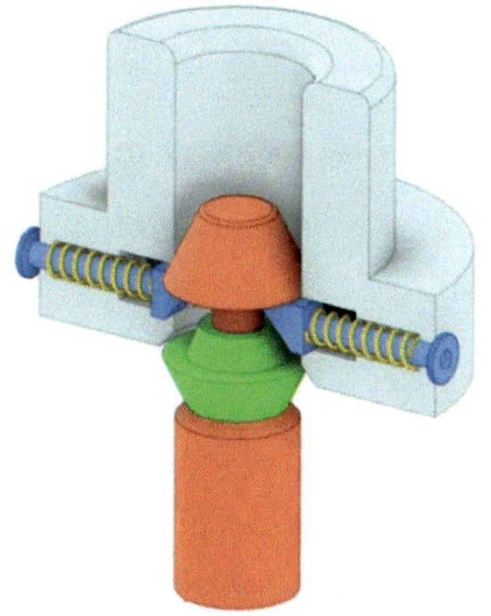

그림 3.32 **배터리를 고정시킬 때**

② 작동 시

배터리 화재 시 여분의 별도 배터리(예를 들면, 화재 염려가 거의 없는 소용량의 슈퍼 커패시터 등) 전원에 의해 제어부의 감지와 명령에 따라 배터리 브라켓 시스템에 구성된 모터(motor)가 회전하면서 실린더 내부에 있는 스핀들 축(spindle shaft)을 직선 방향으로 움직여, 볼트를 고정하고 있던 락핀(lock pin, 잠금핀)이 축소되면서 볼트를 리니어(linear, 선형) 방향으로 밀어서 볼트를 탈락(이탈)시키는 모습을 그림 3.33에 3D CAD에

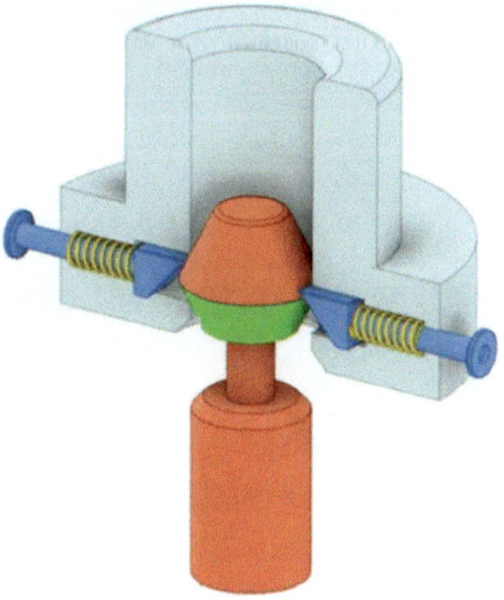

그림 3.33 **작동 시의 메커니즘 구조**

의한 조립도로 나타내고 있다.

(5) 센서 및 IoT를 활용한 리튬 이차전지 화재 및 폭발 문제 해결방안

리튬이온 이차전지 화재 및 폭발을 방지하기 위해 다음과 같이 단계별 복합적 해결방안을 제시한다.

1) 강도 높은 보호막(팩) 씌우기

그림 3.34와 같이 리튬 이차전지의 폭발을 방지하기 위해서 리튬 배터리를 강도 높은(내구성이 우수한) 보호막(팩)을 씌워 폭발하지 않도록 한다. 이때 덮개는 수백℃ 이상~1,000℃까지 견딜 수 있는 강도의 보호막 팩의 형태로 씌워 폭발을 방지한다.

예를 들면, 보호막은 내열성이 아주 우수한 세라믹(ceramic)으로 코팅하거나, 스프레이 · 페인팅(painting, 도장)으로 도포하거나, 복합재 등으로 신소재를 만드는 것이다. 또는 별도의 덮개(cover)로 배터리 팩의 6면을 감싸 씌우는 구조이다.

그림 3.34 열적 내구성이 우수한 리튬이온전지(배터리) 팩 형태의 덮개 씌움

2) 화재 감지 센서 부착

그림 3.35와 같이 리튬이온 배터리 보호막(팩)에 화재 시 발생되는 가스 중에 CO_2와 CO 가스를 가연성 연기(가스) 감지기와 CO 계열 감지 센서를 통해 초기에 화재를 감지할 수 있는 화재 감지센서를 부착한다.

리튬이온 이차전지에 화재가 발생하면 화재 감지센서가 화재를 감지하고, 화재 감지 경고등 및 경고음을 보내 화재 발생을 알린다.

그림 3.35 **리튬이온전지 배터리 팩의 덮개에 다수 개의 화재 감지센서 부착**

3) 화재 감지되면 소화액을 분사

그림 3.36과 같이 리튬이온 이차전지 폭발 방지 보호팩에 부착된 다수 개의 화재 감지 센서를 통해 화재 발생 시 경고음 송신 후 즉시 별도 탱크에 저장된 금속화재용 D급 소화액을 스프링클러(sprinkler, 화재가 발생했을 때 열을 감지해 자동으로 물을 뿌리는 장치로 물에 높은 압력을 걸어 노즐에서 물보라처럼 분사하는 장치이다. 관개용 살수기라고도 한다)와 같은 원리로 분사하여 배터리의 온도를 낮춰 화재를 진압한다.

그림 3.36 리튬이온 배터리의 강력 보호막에 화재 감지센서 및 소화액 분사기 부착

4) 화재 진압과 동시에 산소제거기 설치 및 작동으로 화재의 완전 진압

그림 3.37과 같이 리튬이온 이차전지 폭발방지 보호막에 산소제거기를 설치하여 산소를 제거하여 더 이상 화재가 확대되거나 폭발하지 않도록 빠르게 산소를 제거해, 화재를 진압, 폭발을 방지한다.

산소제거 방법은 탄소(C)를 투입하여 CO_2를 생성시켜 산소를 제거하는 방법이 가능하다. 따라서 리튬 이차전지 화재 및 폭발 문제를 해결하기 위해서 다음과 같이 복합적, 단계적 기기작동을 통해 화재와 폭발 문제를 해결한다.

① 리튬 이차전지 배터리에 폭발을 방지하기 위해서 리튬 이차전지를 화재에 견디는 내열성 강도가 높은 보호막(팩)을 씌워 폭발을 방지한다. 이때 덮개(cover)는 배터리의 열폭주 시 발생하는 온도와 상응하는 최대 1,000℃ 이상을 견딜 수 있는 내열성 강도의 덮개(난연성 또는 불연성 소재의 덮개도 가능하다)를 팩의 형태로 씌워 폭발을 방지한다.

② 여기에 더하여 리튬이온 배터리의 보호막(팩)에 화재 시 발생되는 가연성 가스 중에 CO_2와 CO의 가스(연기)를 감지할 수 있는 가스 감지센서를 설치하여 화재 초기에 화재를 감지할 수 있는 화재 감지센서를 부착한다. 화재 발생 시 센서 작동 및 경고음을 통해 화재를 알린다. 이와 동시에 제어기(controller)가 명령을 내려 소화

액을 분사하여 화재를 진압하고, 동시에 산소제거기로 산소까지 제거하여 신속하게 화재를 완전히 진압한다.

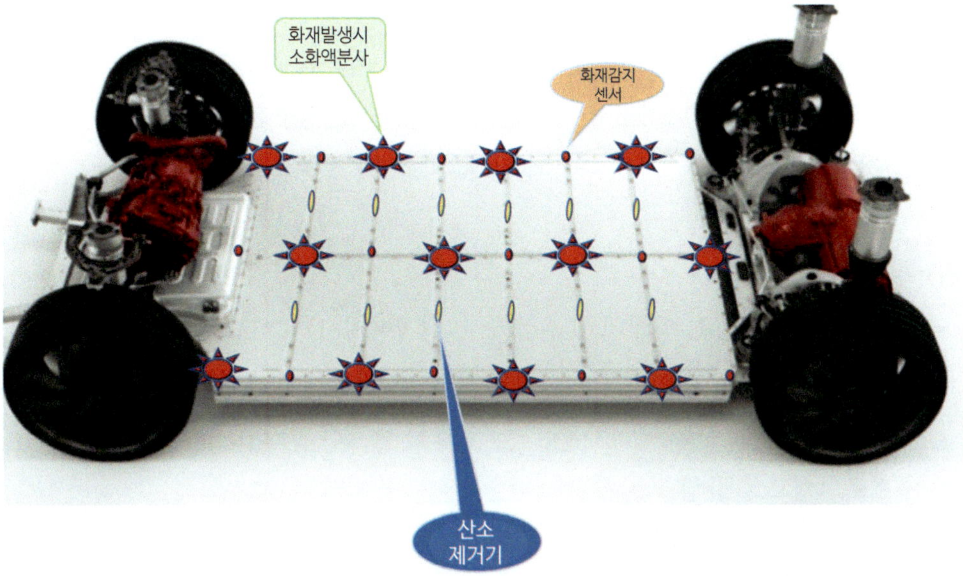

그림 3.37 **리튬이온 배터리의 보호막(혹은 덮개)에 산소제거기 설치 및 작동**

따라서 다양한 원인으로 리튬이온 이차전지에 화재 발생 시 초기 진압 및 이로 인한 폭발까지 방지하도록 한다.

즉, 리튬이온 이차전지에 내열강도 높은 덮개를 씌우고, 덮개에는 화재 감지센서, 소화액 분사기, 산소제거기를 설치하고 센서 및 IT기술을 활용한 단계별 작동을 통해 초기 화재 진압 및 배터리 폭발을 방지한다.

(6) 전기차 배터리 정밀 진단기(KIDAS) 탑재로 실시간 측정

1) 정밀 진단기(KIDAS) 탑재

KIDAS(Korean In-Depth Accident Study, 한국형 교통사고 심층조사)는 전기차 제조사로부터 배터리 정보를 제공받아 성능을 정밀 점검할 수 있는 장치다. 배터리 화재와 밀접한 관련이 있는 배터리 모듈 온도, 배터리 열화 상태(열에 의해 변질되는 정도), 배터리 셀 간 전압편차 등을 비롯해 누적 충전 및 방전량 등을 확인할 수 있다.

최근 전기차, 에너지저장장치 등 전기화학 장치의 보급과 확산이 기하급수적으로 늘어남에 따라 신뢰성 있는 배터리의 상태 및 성능진단 솔루션이 필수적인 요소가 되었다.

예를 들면, 배터리 진단 솔루션은 EIS(Electrochemical Impedance Spectroscopy, 전기화학 임피던스 분광학), DC-TRA(Transient Response Analysis, 과도 응답 분석), Capacity-Method(용량법) 등 다양한 방법의 조합을 이용한 복합진단을 통하여 신속하고 정확하게 전기차 및 에너지저장장치 배터리의 상태 및 성능진단을 할 수 있다.

2가지 진단의 내용을 살펴보면 다음과 같다.

① 복합진단

- 배터리 충방전기, AC 임피던스 분석기, 절연저항기, DAQ(Data Acquisition의 줄임말로 데이터 수집 · 데이터 습득이라는 뜻이며, 센서와 컴퓨터를 이용해 전기적(전압, 전류), 화학적(온도, 압력, 음성 등) 신호를 측정하는 모든 행위를 의미한다), 진단 프로그램으로 구성
- 정밀 검사, 표준 검사, 빠른 검사
- 진단 결과는 SOC(충전 상태, State of Charge), SOH(잔존 수명), SOP(출력 상태), SOB(밸런싱 상태) 제공

② 신속진단

- AC 임피던스 분석기, BMS Analyzer(배터리관리시스템 분석기), 진단 프로그램
- EIS(Electrochemical Impedance Spectroscopy, 전기화학 임피던스 분광학) 기반 신속 진단, 15분 이내
- 진단 결과 SOC, SOH, SOP, SOB 제공

검사 데이터를 활용한 배터리 진단 알고리즘을 통해 배터리의 상태를 진단하는 데 있어 진단 방법은 배터리 셀 전압, 모듈 온도 등의 모든 정보를 측정(계측) · 활용하고, 교류 임피던스(ACIR) 기반 EIS 분석과 직류 임피던스(DCIR) 분석을 병행하여 진행한다.

배터리의 내부 저항(IR, Internal Resistance)을 측정하기 위한 방법에는 DCIR(Direct Current Internal Resistance, 직류 내부 저항)과 ACIR(Alternating Current Internal Resistance, 교류 내부 저항)이 있다.

ACIR은 교류 전류가 흐르는 상태에서 배터리의 임피던스를 평가하는 방법으로, 교류를 사용하여 배터리 저항을 측정하여 분극의 영향을 제거하고 전류에 대한 재료의 저항을 직접 측정하는 것이다.

검사 소요시간은 빠른 검사는 15분 이내, 표준 검사(부분 충방전)는 1시간 이내, 정밀 검사(완전 충방전)는 8시간 이내이다. 컴퓨터(PC)에서 프로그램의 바이러스를 체크하듯이 실시간 또는 주기적으로 배터리 상태를 체크 · 진단하여 캔(CAN, Controller Area Network, 차량 내에서 호스트 컴퓨터 없이 마이크로 컨트롤러나 장치들이 서로 통신하기 위해 설계된 표준통신규격으로 여러 개 ECU(Electronic Control Unit, 자동차의 전자 제어장치)를 병렬로 연결하여 데이터를 주고받는 통신방법이다) 통신을 통해 전기차 모니터 상 또는 스마트폰으로 알려주는 방식을 취하면 된다.

리튬이온 배터리에 있어 SOC, SOH, SOP, SOB 등의 진단은 배터리의 장기적인 성능을 평가하고 배터리 수명을 예측하는 데 도움을 줄뿐만 아니라 배터리에 의한 전기차 화재 및 폭발의 사전 예방에도 매우 필수적이다.

① SOC(충전 상태, State of Charge)

SOC는 현재 배터리의 용량으로 배터리의 잔존 용량을 나타내기 위해 현재 사용할 수 있는 배터리 용량을 전체 용량으로 나누어 백분율(%)로 표현하며, 배터리 전해질의 비중이나 산도(pH)를 측정하여 계산한다.

SOC는 전하(Charge)의 상태라는 뜻으로 배터리 셀(cell)로부터 사용할 수 있는 전기량(Quantity)을 의미한다. 공식은 아래와 같이 전체 가용할 수 있는 전하량과 남아 있는 전하량의 비율로 나타낸다.

$$SOC(\%) = \frac{Q_0 + Q}{Q_{max}} \times 100$$

$$SOC_0(\%) = \frac{Q_0}{Q_{max}} \times 100$$

- SOC : % 단위를 사용하며, 현재의 전하 비율
- SOC_0 : % 단위를 사용하며, 공장 출하 시의 초기 전하 비율로 이때 Q_{max}는 초기 출하 시의 Q_{max}이다.
- Q_0 : mAh 단위를 사용하며, 초기 배터리 전하량

- Q : mAh 단위를 사용하며, 초기 배터리에서 충전되거나 방전된 양(충전 시는 양수, 방전 시는 음수)
- Q_{max} : mAh 단위를 사용하며, 배터리의 현재 최대 용량

② SOH(잔존 수명, State of Health)

SOH는 배터리 출시(초기 최상의 성능)에서부터 현재 배터리가 가진 성능(사용 중의 성능) 수준까지 배터리의 열화(노화) 상태를 보여주는 지표이다.

열화(劣化, 노화 : aging · degradation · deterioration)란 제품, 재료(소재)가 사용 기간(시간)이 지남에 따라 열, 빛 또는 물리적 충격, 여러 스트레스의 누적 등으로 인하여 발생되는 화학적, 물리적, 기계적 구조가 변하는 현상으로, 성능 저하가 일어나는 물리적, 화학적 현상이다. 성능의 저하 즉, 열화(노화)가 일어나면 재료의 성질(물성, material property)이 약화될 수 있어 품질 저하가 발생하게 된다.

따라서 전기자동차의 경우 배터리 보증기간은 차종, 제조사 등에 따라 다르나 2년에 4만km~10년에 30만km까지 다양하게 제시하고 있다.

모든 제품에는 유효기간과 수명이 있다. 당연히 배터리에도 사용 가능한 수명이 있는데 SOH는 배터리의 잔존 수명이자 현재 성능 상태를 알 수 있는 지표로 즉, 유입되고 유출되는 전류를 카운팅(counting, 계산)하여 잔존 용량을 추정하는 방법이다. 배터리의 잔존 수명이자 현재 성능 상태(건강 상태)를 알려주는 지표가 되는 SOH는 배터리의 최초 성능 대비 현재 배터리가 가진 성능 수준을 한눈에 확인할 수 있도록 해준다.

SOH는 배터리가 최초 성능 대비 현재 얼마의 성능을 가지는 지를 의미하며, 배터리의 잔존 수명이자 현재 성능 상태이다.

리튬이온(Li-ion) 배터리의 열화 과정 및 SOH(State of Health, 잔존 수명) 판별 방법에 대한 분석 논문에 의하면, 리튬이온 배터리의 SOH는 충 · 방전 주기의 횟수와 방법 및 전류에 따라 달라지며, 특히 온도에 따라 임피던스가 민감하게 변화하며, 그 과정에서 OCV(Open Circuit Voltage, 개방전압)가 변하게 된다. 따라서 온도 변화와 배터리의 충 · 방전 과정에서 변화하는 임피던스의 특성과 그에 따른 OCV 변화를 고려하여 SOH를 판별하는 방법이 있으며, 리튬이온 배터리의 열화 과정이 진행된다.

③ SOP(출력 상태, State of Power)

SOP는 말 그대로 리튬이온 배터리의 출력(전력) 상태를 뜻한다. 배터리가 일정 시간 범위 동안 전기자동차(EV)를 충전하거나 방전할 수 있는 전력의 가용성을 말한다. SOH가 떨어지면 나머지 출력과 셀 밸런싱이 안 좋아질 수 있다.

SOP를 보통 전력 제한(power limit)이라고 부르는데, 이는 현재 가용한 출력이 얼마이냐인 것이다.

④ SOB(밸런싱 상태, State of Balance)

SOB는 배터리의 셀 밸런싱 상태로 전압균형 상태를 말한다.

배터리의 수명 정보를 결정하는 하나의 요인이다.

⑤ SOT(온도 상태, State of Temperature)

배터리 셀의 발열 상태이다. SOT는 배터리의 온도를 추정하는 연구분야로 배터리를 사용하는 대상에 따라 달라질 수 있지만, 전력구동 시 배터리 셀 내부를 열화상 카메라로 하나씩 체크한다. 배터리 셀에 있어 각각의 전극(electrode)과 전해질(electrolyte), 집전체 등의 온도 분포를 모두 분석할 수는 없다. 따라서, 가장 온도의 대표성을 띈다고 추정되는 곳의 셀 표면 온도(surface temperature)를 잴 수 밖에 없다.

하지만 보통 배터리 상태 추정 혹은 열폭주와 같은 이상 상태를 진단하기 위해서는 표면 온도(surface temperature)로 감지가 되는 경우라면 이미 셀 내부적으로는 열적 위험(thermal hazard)이 많이 진행된 상태이기에, 셀 내부 온도 변화를 어떻게든 파악하려는 연구가 현재 진행되고 있다.

2) 배터리 성능 신속 진단기의 부착으로 실시간 모니터링

한편으론, 전기차 배터리 성능진단과 진단데이터 기반 전기차 애프터 마켓 통합 플랫폼 서비스를 제공하는 이브이링크는 전기차 배터리 신속 진단기 'CDS'와 스마트 방전기를 출시했다. CDS는 전기차의 BMS 정보를 이용해 신속하게 배터리 상태를 진단하는 장비다. 준비에서 리포트까지 10분 내 잔존 성능을 평가할 수 있으며, 고전압으로부터 작업자의 안전을 보장하고 배터리 개체별 평가가 가능하다는 장점을 가지고 있다. 또한 기존 진단기에 비해 매우 경제적인 가격이라는 것이 장점이기도 하다.

8시간이나 소요됐던 기존 완전 충·방전 방식의 표준 성능평가에 비해 진단시간을 10분 이내로 단축하는 획기적인 기술이 적용된 신속 진단기 'CDS(Component Diagnostics Solution)'와 실시간 모니터링이 가능한 안전 기반 '스마트 방전기'를 개발했다.

스마트 방전기는 방전 중 전류량, 전력량, 온도 등을 모니터링해 화재 등의 위험요소를 사전에 감지하고 예방할 수 있다. 기존 방전기는 방전상태를 실시간으로 알 수 없다는 것이 단점이 있었지만 본 제품은 이 부분에서도 확실히 차별화된 제품이다.

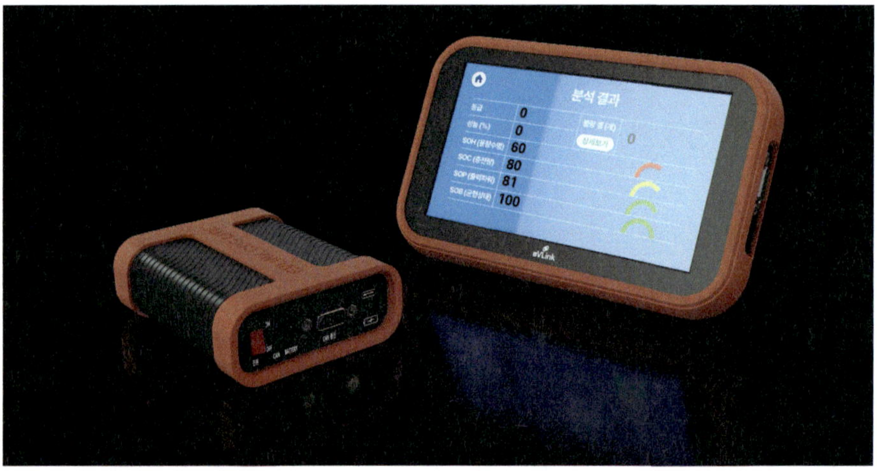

사진 3.19 이브이링크가 출시한 전기차 배터리 신속 진단기 CDS

사진 3.20 배터리 신속 진단기를 장착한 전기차의 개념설계안

사진 3.19는 이브이링크가 출시한 전기차 배터리 신속 진단기 CDS 실물이다. 따라서 사진 3.20에서 보여주는 바와 같이 전기차 배터리 신속 진단기 CDS로 이를 내비게이션과 같이 전기차에 부착・실장이 가능하도록 하여 여분의 보조 배터리(리튬이온, 리튬인산철, 슈퍼커패시터 등)를 사용해 주행 중이나, 정차 중이나, 시동이 커진 주차 중에서도 배터리의 상태를 실시간 또는 주기적으로 모니터링해 사용자에게 신속히 알려주는 개념설계안을 제시한다.

3.4 전기차 화재에 대한 안전성 확보 노력

전기차 화재의 가장 큰 원인 중 하나인 배터리 열폭주를 방지하기 위하여 자동차 제조사, 배터리 제조사, 정부 및 연구소 등에서는 다양한 연구를 진행하고 있다. 기본적으로 리튬 이차전지의 최적 열안전관리를 기반으로 셀 단위에서는 양극・음극재의 코팅, 도핑(doping, 불순물(dopant)을 추가하여 전기적, 물리적인 특성을 변화시키는 것을 의미)을 통한 안전성 개선, 불연성 전해질, 내구성 및 내열성 향상 코팅 분리막 등의 연구가 진행 중이며, 배터리 모듈, 팩 단위에서는 열전이 차단, 열제어를 위한 벤트(vent, 내부에 가스가 찼을 때 터지는 현상을 막기 위한 가스배출 장치) 압력 저하, PTC(Positive Temperature Coefficient, 정온도계수소자 : 어떤 온도에 도달하면 온도 상승에 대해 저항값이 급격히 증가하는 정특성 서미스터이다. PTC 서미스터 소자를 이용해 소형으로 전기화재 방재시스템을 구축할 수 있다), CID(Current Interrupt Device, 전류차단장치・과전류정지장치 : 리튬이온전지 셀에 장착되는 대표적인 보호장치로, 과충전 시 압력을 감지해 셀 내부 압력을 제거하는 세이프티 벤트(safety vent)와 함께 전류 흐름의 차단과 셀 내부 압력 감소 등의 기능을 수행하는 핵심 부품이다. 이상온도 및 압력 발생 시 내부의 CID가 전류를 차단하고, 이후 내부 압력을 배출시키는 방식으로 화재를 방지한다. 이차전지의 충전 시 안전성을 확보하기 위한 핵심 부품으로 전류차단장치(CID)는 배터리 내부의 과열과 압력을 감지해 배터리 열폭주 전의 현상을 사전에 차단하는 용도로 사용된다), PCM(Phase Change Material, 상전이물질・상변화 물질 : 나사(NASA, 미국 항공우주국)에서 우주개발의 일환으로서, 우주의 열악한 환경으로부터 우주인과 기기 등을 보호할 목적으로 개발된 물질이다. 주변의 온도 변화에 따라 고체에서 액체로 변화할 때 열을 흡수해 내부에 저장했다가 다시 액체에서 고체로 변화할 때 저장했던 열을 방출하며, 이때 온도 범위와 필요에 따라 적정 에너지를 저장하고 온도를 유지하기 위한 목적이다) 등의 적용 기술 개발이 이루어지고 있다.

그림 3.38은 배터리 열안전 관리에 대한 구체적이며, 체계적인 모식도를 나타낸다.

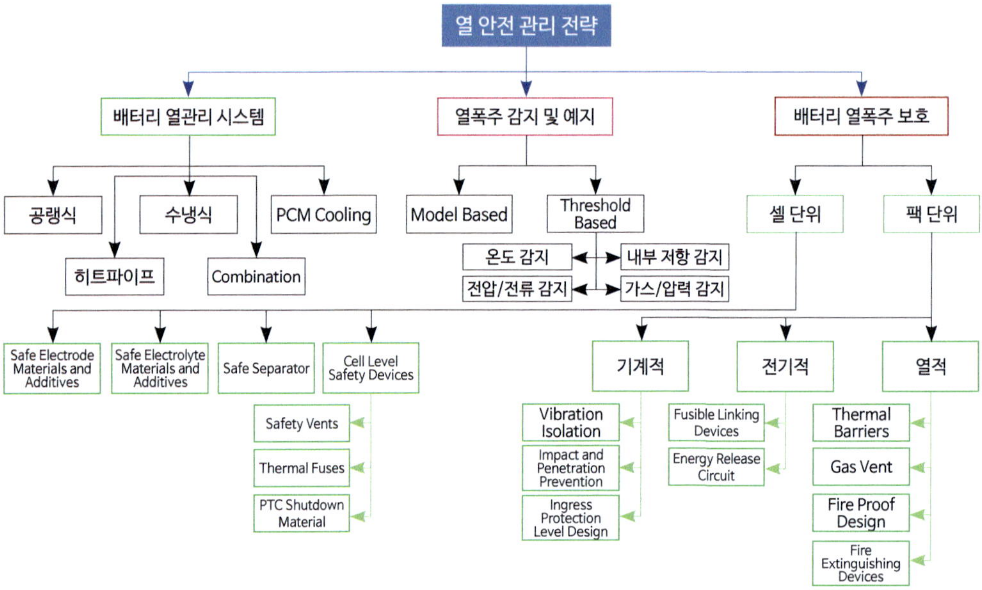

그림 3.38 **배터리 열안전 관리 모식도**

또한 열확산 방지를 위한 소재 적용에 대한 다양한 연구가 진행 중이며, 특히, 열확산 방지 소재는 열폭주 시 발생하는 1,000℃ 이상의 고열 · 고압을 견디고 단열성, 무게 증가 최소화, 성형성, 저진동, 저분진 등의 조건을 만족하면서 1,000℃ 화재에서 열전이 방지 150℃ 이하, 5분 이상의 성능을 만족해야 한다.

글로벌 자동차 OEM(Original Equipment Manufacturing, 주문자의 의뢰에 따라 주문자의 상표를 부착하여 판매할 제품을 제조 · 제작) 제조사에서는 무기소재를 이용한 단열 시트를 적용 중이나 무게가 무겁고 3차원 형상 가공성이 부족한 단점이 있어 이를 보완하기 위한 소재 연구 및 배터리 모듈 · 팩의 구조 설계를 통한 다양한 연구를 진행하고 있다.

현재는 감지 시스템 및 열관리 시스템 등의 시스템 단위의 개발이 진행 중으로, 감지 시스템은 온도 상승 및 전류 강하 모니터링과 사전 진단 시스템을 적용하고, 배터리 열관리 시스템은 냉각 또는 가열 기능을 통해 적절한 온도 범위 내에서 배터리 작동을 제어하는 역할을 수행한다.

특히, 대부분의 열관리 시스템이 열폭주 초기 단계에서 온도 상승을 억제할 수 있어야 하므로 냉각 기능이 강조되고 있다. 냉각 열관리 시스템은 공기, 냉매, 유체 적용 방식으로 나뉘며, 현재는 공기, 냉매를 위주로 적용 중이다. 하지만 주행거리 증가에 따른 고용량 배터리 적용으로 유체(냉각수, 침수(immersion) 등)를 적용하는 냉각시스템의 요구가 커지고 있으며, 100kWh 이상의 경우는 액체(liquid) 냉각시스템 적용이 일반화될 것으로 예상되고 있다.

전기차 화재는 전기차 보급이 진행된 이후로 끊임없이 발생하고 있어 전기차의 안전성 문제가 국민적, 사회적 관심사로 부각됨에 따라 전기차에 대한 안전기준을 재점검해 화재 사고 예방 및 대책 기술의 개발 필요성이 커지고 있다. 특히, 전기차 배터리 팩의 고용량화에 따라 셀 에너지 밀도 및 팩 에너지 밀도가 높아져서 화재 안전성이 상대적으로 낮아지고 있어 이에 대한 현실적인 대책이 요구되고 있으며, 이로 인해 배터리 셀(cell), 모듈(module), 팩(pack), 시스템 전 분야에 걸쳐 화재 안전성 향상을 위한 연구와 화재 발생 예방 및 대응을 위한 기술개발이 진행되고 있다.

이제까지의 전기차 배터리는 초기 시장 창출을 위해 배터리 용량을 크게 하기 위한(고용량화) 에너지 밀도 향상, 1회 충전 주행거리 향상, 가격 경쟁력 확보 등의 구매 소비자를 대상으로 한 기술 확보에 집중해왔나. 하지만 생산 대수 및 시장 보급 확산이 빠르게 진행됨에 따라 충전 성능, 에너지 효율, 내구성 등과 함께 배터리 품질 안전성 확보를 위한 사용자 중심의 연구개발이 더욱 요구되며, 특히 전기차 화재 예방을 위한 안전성 확보는 더 이상 간과할 수 없는 이슈로 다가왔다. 국가의 미래 신산업인 친환경차 산업의 글로벌 시장 선점 및 국가 산업 공급망 안정화를 위해서는 안정적인 사용 환경 구성 관련 기술 확보가 선제적으로 진행되어야 하며, 이를 위해 각 전기차, 배터리와 연계된 산업 분야에 있어, 보다 활발한 연구가 절실히 요구되고 있다.

CHAPTER

04

전기차 화재 및 대응에 관한 신문기사 인용 및 고찰

4.1 사례연구와 분석

01 '전기차 화재' 주범 정말 맞나요 … 배터리 '완충' 미스터리

배터리 충전율 규제 논란
서울시 "90% 충전" … 충남, 규제 추진
배터리사 "완충 땐 화재 위험" 지적
완성차 "100% 완충 없게 설정" 반박
화재 예방책 '과학 공방'으로 번져

잇따른 전기차 화재로 충전율을 기준으로 한 전기차 규제가 나오고 있다. 서울시는 지난 9일 충전율을 90%로 제한한 전기차만 아파트 지하 주차장 출입을 허용하기로 했고, 충청남도도 같은 내용의 규제를 추진한다. 이에 대해 배터리 제조사와 완성차 업체는 미묘하게 다른 입장을 보이고 있다.

배터리 제조사는 완충 상태의 배터리는 덜 충전된 배터리에 비해 상대적으로 화재 위험이 높다고 본다. 업계 관계자는 12일 "배터리 셀의 충전율이 높다는 것은 인위적으로 어딘가에서 에너지를 뽑아 셀에 저장해놓은 것이라 불안정한 상태로 볼 수 있다"라며 "이럴 때 배터리의 음극과 양극 간 전위 차가 발생하기에 이를 분리막으로 차단해 안전성을 보증한 것"이라고 설명했다. 배터리 화재는 배터리 셀 내부에서 나뭇가지 형태로 달라붙는 결정체인 덴드라이트가 발생하며 분리막이 찢어지면서 발생한다. 배터리 제조사는 충전율을 30~80% 사이에서 관리하는 게 안전하다고 본다.

전문가들도 다수는 완충 배터리가 상대적으로 화재에 취약하다고 본다. 선양국 한양대 에너지공학과 교수는 "배터리를 충전하면 할수록 양극에 있는 리튬이 음극으로 들어가면서 불안정성이 높아진다"며 "이 때문에 곧바로 화재 위험도가 증가한다고 말할 순 없지만, 충전할 수록 불안정성이 높아지고 화재 위험도 같이 증가한다"라고 말했다.

완성차 업계 "내구 마진 때문에 96%만 충전 가능"

그러나 전기차를 생산하는 완성차 업체들의 입장은 다소 다르다. 요지는 전기차의 경우 배터리 성능 최대치로 완충을 하고 싶어도 할 수 없도록 설계되어 있다는 것이다. '완충=화재 위험'이라고 단정할 수 없다는 주장이다.

완성차 · 배터리 업계에 따르면, 공장 제조 단계에서의 배터리 성능과 전기차 탑재 이후 성능엔 차이가 있다. 제조단계에서 완전 방전시 0%, 완전 충전시 100%라 할 때 배터리가 전기차에 탑재된 뒤엔 2~96%만 쓰도록 설정된다는 것이다. 전기차 패널에 '100% 충전'이라고 뜨더라도 실제 배터리 충전량은 96%고, 0%로 뜨면 실제로는 2%는 남아있다는 의미다. 국내 완성차 업계 관계자는 "최대 충전량과 실제 충전량 차이를 내구 마진(차이)이라고 한다. 이 마진을 두는 이유는 안전성 때문이라기보다는 배터리 수명을 단축시키지 않기 위한 '내구성' 유지 차원"이라고 설명했다.

완성차 업체들은 완충과 화재는 큰 관련이 없다고도 본다. 현대차그룹 관계자는 "일각에서는 화재의 원인으로 과충전을 얘기하는데, 현대차 · 기아 전기차는 과충전으로 화재가 발생한 사례가 없다"고 말했다. 대신 배터리 불량을 주요 원인으로 본다. 이 때문에 완성차 업계는 서울시 등이 제시한 충전율 90% 기준이 과학적인 규제는 아니라고 본다.

NCM(니켈코발트망간) 배터리와 LFP(리튬인산철) 배터리에 일률적으로 90% 충전율 규제를 적용한 것도 논란이다. NCM 배터리는 일반적으로 충전율이 80% 이하일 때 안정적이라는 평가가 많지만, 화재 위험도가 상대적으로 낮은 LFP 배터리 탑재 차량은 100% 충전을 하도록 권장해 왔다. 테슬라도 LFP 배터리가 장착된 차량엔 일주일에 한 번 완충하라고 권고한다.

한편 이날 환경부 차관 주재로 행정안전부 · 국토교통부 · 산업통상자원부 등과 전문가가 참여하는 전기차 및 지하 충전소 화재 안전 관계부처 회의가 세종 열렸다. 전기차 배터리 제조사 공개, 100% 충전 제한, 지하 충전시설 설치 금지 등의 방안이 논의됐다고 한다. 정부는 13일 국무조정실장 주재 차관회의를 열고 대책의 기틀을 잡은 뒤 다음달 전기차 화재 종합대책을 발표할 예정이다.

(출처 : 중앙일보, "'전기차 화재' 주범 정말 맞나요 … 배터리 '완충' 미스터리", B1면, 2024. 08. 13.)

02 전기차 배터리 충전 덜 하면 불 안날까

과학계가 본 전기차 화재 예방 대책

충전 제한 땐 열폭주 가능성 줄어 … 화재 연쇄반응은 줄일 수 있지만
불씨 없애는 근본적 대안은 아냐 … 배터리 자체 안전성 향상이 관건
제조사 공개, 기술 발전 계기돼야

1일 인천 서구의 한 아파트 지하 주차장에서 전기차 화재로 차량 100대 이상이 불타거나 손상된 사고의 파장이 '일파만파'로 커지고 있다. 전기차 화재에 대한 국민들의 불안감이 커지면서 정부는 배터리 제조사 공개나 완충 전기차 지하 주차 제한 등 여러 대책을 거론하고 있다. 이 같은 방안을 비롯해 전기차 자체와 충전기 등 기반시설에 관한 전기차 화재 종합 대책을 9월 초에 내놓을 계획이다.

15일 과학계에 따르면 과학자들은 이 같은 대책에 대해 전기차 화재 피해를 줄이는 효과가 있긴 하겠지만 궁극적인 해결책으로 보기는 어렵다는 데 한목소리를 내고 있다. 결국 배터리의 안전성을 높이는 기술 개발이 필요하다는 이야기다.

완충 제한, "궁극적 해결은 아니다"

서울시는 전기차 화재 예방책으로 90% 이상 충전된 전기차는 지하 주차장 주차를 제한하는 방침을 내놨다. 지하 주차장 특성상 전기차 화재를 진압하기 어렵다는 전문가들의 의견에 따라 화재 위험이 더 높은 것으로 알려진 100% '완충' 전기차의 지하 주차장 주차를 막는다는 것이다. 실제로 전기차의 지하 주차장 진입을 다른 입주민들이 막아서는 등 갈등도 빚어지는 상황이다.

지상 주차는 전기차 화재 진압에 도움이 될 수 있다. 화재 발생 시 피해를 줄이고 공간이 확보돼 화재 진압이 더 수월하기 때문이다. 김도엽 한국화학연구원 에너지융합소재연구센터 책임연구원은 "전기차를 지상에 주차하면 여름철 차량 온도가 지하에 있을 때보다 높아질 수는 있지만 배터리는 차체 바닥에 있어 직사광선을 받지 않고 그 정도 온도 차로 위험성이 커지지는 않을 것"이라고 말했다.

사진 4.1은 지하 주차장에 있는 완속 충전기로 전기차를 충전하고 있는 모습이다.

서울시는 최근 전기차 화재 예방책으로 화재 위험이 더 높은 것으로 알려진 90% 이상 충전된 전기차의 지하 주차장 주차를 제한하는 방침을 내놨다.

사진 4.1 지하 주차장에 있는 충전기로 전기차의 충전

과학자들은 다만 배터리 충전 정도가 화재 발생 가능성에 영향을 주기보다는 화재 발생 이후 차이에 영향을 줄 것으로 보고 있다. 배터리 충전량이 적은 차는 화재 규모를 줄이는 효과가 있지만 화재 발생 자체에 대한 영향은 작을 수 있다는 의미다. 전기차 배터리 화재 진압이 어려운 이유는 연쇄반응이 일어나며 순식간에 온도가 치솟는 '열폭주' 현상이 일어나기 때문이다. 배터리 충전량이 적으면 열폭주 연쇄반응이 시작하는 데 필요한 온도가 높아져 열폭주가 일어날 가능성이 줄어든다. 또 열폭주가 일어나더라도 전체 온도 상승을 억제할 수 있다.

배터리 연구자인 조수근 포항가속기연구소 연구원은 "100% 충전된 배터리보다 90% 충전된 배터리가 화학적으로 안정적이지만 화재가 발생할 가능성에 영향을 주기보다는 화재가 발생한 이후 차이를 조금 만드는 정도"라고 말했다.

조 연구원은 또 "충전량 90% 기준은 일단 임시방편일 수 있다. 충전량이 절반 이하 수준으로 적으면 열폭주 연쇄반응이 유의미하게 약해지지만 제조사마다 배터리 셀이 다르고 주변 조건도 다양하기 때문에 안전 기준을 딱 정하기는 쉽지 않다"고 진단했다. 이어 "1차적으로는 전기차 배터리 자체에서 화재 발생을 막는 것이 가장 좋고, 전기차 충전기 주변 인프라 등 차 외부에서도 2차, 3차로 화재 예방 대책을 동시에 마련하는 노력이 필요하다"고 말했다.

전기차 배터리 제조사 공개는 바람직

배터리 정보는 그동안 업계에서 영업 비밀로 불리며 명확하게 공개되지 않았다. 하지만 인천 지하 주차장 화재를 일으킨 전기차에 기존에 알려진 것과 다른 제조사의 배터리가 탑재된 것이 확인되며 배터리 제조사를 공개해야 한다는 목소리가 커졌다. 이에 정부는 국내에 시판되는 모든 전기차 제조사에 배터리 제조사 자발적 공개를 권고하기로 했다.

연구자들은 배터리 제조사 공개는 바람직한 방향이라고 보고 있다. 제조사들이 좀 더 책임 있게 배터리를 개발, 제조하는 계기가 될 수 있기 때문이다. 김 연구원은 "제조사를 공개하면 배터리 제조 업체들도 조금 더 안전한 배터리를 만들기 위해 신경 쓸 것"이라고 말했다. 조 연구원은 "다만 중국산 배터리라고 해서 품질이 낮다는 건 오해일 수 있다"며 "제조사마다 배터리 셀 구조 등이 다르긴 하지만 배터리 자체만의 문제로 단정 짓기에는 차체 등 변수가 많아 다른 요인이 관여됐을 수도 있다"고 덧붙였다.

(출처 : 동아일보, "전기차 배터리 충전 덜 하면 불 안날까", A21면, 2024. 08. 16.)

분석 및 해설 **배터리 충전율**(Charging rate of battery) 〈1〉

결론부터 말하자면, 전기차 배터리 충전 덜 하면 불 안날까? 이에 대한 저자의 대답은 "그렇지만은 않다"는 것이다. "단지, 화재 가능성은 낮아질 뿐이다. 분명히 전기차의 화재를 줄이는 효과는 있지만, 근본적이고 궁극적인 해결책은 아니다"라고. 배터리의 화재 원인은 아주 복합적이다. 앞에서 자세히 설명한 것처럼 기계적 요인, 열적 요인, 물리적 요인, 화학적 요인 등으로 기인한다. 여기서 요인을 남용(abuse, 오용)이란 용어로 대신 말할 수 있다.

예를 들면, 미세 단락(短絡, 양극과 음극의 접촉)은 배터리 셀 자체의 불량(공정 또는 제조 상 불량)이나 운행 중에 심한 외부 충격 또는 충돌에 의한 과도한 진동 등의 물리적 스트레스의 누적과 과충전 · 과방전 시의 과열(특히 과충전에서 문제가 크다) 등의 열적 스트레스의 누적이 복합적으로 작용해 분리막의 손상·파손으로 배터리 내부에서 양극재와 음극재가 접촉해 과도한 전류가 흐르거나, 전해액의 화학반응에 의한 과열 및 열폭주 발생, 배터리 배선(버스 바, 케이블) 등의 품질 불량과 잘못된 연결 등으로 합선이 생겨 배터리 화재 및 폭발이 발생한다.

배터리를 충전시키는 속도를 나타낸 값을 C-rate(Current rate)라고 한다. C-rate는 Current Rate의 줄임말로, 배터리를 충전 또는 방전시키는 속도를 나타내는 값이다. '충·방전율'이라고도 하는데, 단위는 용량을 뜻하는 Capacity의 약자인 C를 사용한다. C-rate는 충·방전 전류(A)를 배터리의 정격 용량 값(Ah)으로 나눈 값으로, 표준값은 1C이며, 아래와 같이 계산할 수 있다.

$$\text{C-rate(C)} = \frac{\text{충·방전 전류(A)}}{\text{배터리의 정격 용량 값(Ah)}}$$

(배터리 용량, 1시간에 사용할 수 있는 전류량)

여기서, 단위 C는 용량을 뜻하는 Capacity의 약자이다.

그렇다면 C-rate는 배터리 사용에 있어서 어떤 의미를 가질까?

첫째, 충전 C-rate 값을 통해 배터리의 충전 시간을 짐작할 수 있다. 예를 들어, '10C로 충전 가능한 배터리'라는 표시를 통해서는 배터리 용량 대비 10배 용량의 전류로 충전이 가능하다는 것과 그로 인해 완충(full charging, 완전 충전으로 100%까지 충전)까지 최소 6분의 시간이 필요로 함을 알 수 있다.

다음 표 4.1은 예시를 돕기 위한 계산이며, C-rate는 실제 사용 환경과 조건 그리고 SoH(잔존 수명, State of Health)에 따라 달라질 수 있다.

표 4.1 C-rate 값에 따른 충방전 소요 시간 및 가용 전류의 세기

	0.1C	0.2C	0.5C	1C	2C	5C	10C	
…	10시간	5시간	2시간	1시간	30분	12분	6분	…
	0.1배	0.2배	0.5배	표준	2배	5배	10배	

둘째, 방전 C-rate 값은 제품 성능의 한계를 예측할 수 있다. 예를 들어, 하늘을 나는 드론의 배터리는 작고 가벼운 것이 유리한데, 만약 드론 배터리의 방전 C-rate 값이 낮다면, 빠른 시간 내에 많은 전류를 공급하지 못하기에 높은 전류를 요하는 고성능 동작

이 어려울 수도 있다. 반면에 방전 C-rate 값이 높다면 방전 속도가 더 빠르다는 의미이고, 빠른 시간에 많은 전류를 공급할 수 있기에 순간적으로 높은 전류를 요구하는 고난도 비행이 가능하다는 것으로 해석할 수 있다.

예를 들면, 방전 C-rate 값이 100C인 드론 배터리가 있다고 가정해 보겠다. 이는 드론의 배터리가 자기 용량의 100배까지 전류를 공급할 수 있다는 것이고, 이러한 100배 전류 공급이 필요한 동작을 지속할 경우 표준인 1시간(3,600초)보다 100배 빠르게 방전될 것이므로 배터리 방전 시간은 단 36초라고 계산할 수 있는 것이다.

2024년 8월 13일 KBS에서 보여준 영상에서 전기차 화재 모의 실험 결과 충전율이 높을수록 더 빨리 불이 붙는 것을 확인했다. 실험 결과 열폭주 시 화재는 대략 240℃에서 시작됐다. 전기차 리튬이온 배터리의 안전성을 확보하기 위해서 충전율 제한이 필요한 이유이다.

충전율이 높을수록 화재 위험성이 크다는 것은 완충(full charging, 완전 충전) 시 배터리 충전 용량이 100% 도달했다는 것으로 그 만큼 전기적 용량이 배터리에 가득찼다는 것이다. 전기적 용량(quantity)은 전압에 비례하므로 완충 시에는 그 만큼 전압이 올라가는데, 전압(電壓, electric pressure)이 올라갈수록 전기 압력으로 인한 열적 스트레스가 더욱 작용해 당연히 화재 위험성도 커진다. 전압(V)은 V = iR이므로 전류가 흐르면 반드시 이에 대응하는 저항이 생기며, 이는 발열(열 저항) 작용으로 나타나기 때문이다. 저항이 있는 물질에 전류가 흐르면 열에너지가 발생하게 된다. 저항이 발생하는 이유는 물질을 구성하는 원자와 물질을 이동하는 전자의 부딪힘 때문인데, 전류가 흐를 때의 저항의 발생 비율은 재료의 종류, 온도 및 길이, 단면적 등 크기를 비롯한 소비전력, 시간에 따른 전력량 등으로 결정되며 사용 조건 및 환경에 따라 달라진다.

마찬가지로 급속 충전 시보다 완속 충전 시에는 낮은 전압으로 충전되지만 한편으로 충전 시간이 더욱 오래 걸려, 저항으로 인한 발열 비율도 커지므로 열적 스트레스(부하)가 커져 전기차의 동일 조건에서는 완속 충전 시에 화재 위험이 큰 이유이다.

특히 과충전(overcharging) 시에는 발열이 과다하여, 과열(overheating)로 인해 완충(full charging, 완전 충전) 조건 및 상태보다도 더욱 화재 위험성이 커지는 것이다.

참고로 전기차 충전 시간(완전 방전에서 완전 충전까지의 시간)은 다음 표 4.2와 같다. 현재 아파트나 공공기관의 지하 주차장에 설치된 배터리 용량은 약 6~7kW 전력용량을 가진 완속 충전기가 주로 설치되어 있으며, 완속 충전 시간은 일반적으로 4~5시간

표 4.2 **전기차 충전 시간(완전 방전에서 완전 충전까지의 시간)**

	용 량	충전 시간
완 속	40kW 미만	약 4~8시간
급 속	50~100kW	30~60분
초급속	100kW 초과	30분 이내

이 소요된다.

전기(electricity)는 일정한 전압(電壓, electric pressure)과 전류(electric current)를 가지고 있다.

여기서 전압 또는 전위차(電位差, electric potential difference)는 전기장 안에서 전하가 갖는 전위의 차이이다. 가장 일반적인 영어 명칭은 볼트(Volt, Voltage)이다.

전압을 정확하게 말하자면 단위 양전하 간 전위(=전기적 위치에너지)의 차로 정의된다. 즉, 전압은 전기적 위치에너지의 차를 말한다.

앞에서 설명했듯이 예를 들어 BMS(Battery Management System)가 배터리 내부를 제어하고 보호하는 장치로 기본적인 보호 기능 외에도 모니터링(monitoring, 감시 기능으로 작동 및 프로그램 수행 중에 일어날 수 있는 오류 · 오작동에 대비하는 것)이나 셀 밸런싱(cell balancing) 등 배터리 관리에 필요한 다른 많은 기능을 수행한다.

특히 중요한 배터리 셀 밸런싱(cell balancing)은 리튬이온 배터리가 사용되면서 필요해진 배터리의 안전성 확보를 유지하는 주요 기술이다. 직렬 연결된 배터리가 충전 또는 방전이 진행될 때 전압의 차이를 최소화시켜 모든 셀의 충전량을 동일하게 만드는 방식이다. 이는 여러 셀이 있는 배터리 팩의 가용 용량을 개선하고 각 셀의 수명을 늘리는 기술이라 할 수 있다. 예를 들면, 수동형 셀 밸런싱은 열 방출을 통해 용량이 더 많은 셀에서 전하를 제거해 모든 셀의 충전량을 동일하게 만드는 방식으로, 일정 전압에 도달했을 때 그 이상의 전류를 저항으로 보내 전류를 소산(燒散, 열을 발생시켜 흩어버림)시킨다. 이때 열이 발생하는 것이다.

03 현대-기아차 대부분 국산 배터리 장착 … 벤츠 14개 모델에 중국산

[전기차 포비아]

전기차 배터리 궁금증 Q&A

국내 시판 88종에 LG엔솔 최다 채택 … 전기차 화재 빈도, 내연車보다 낮아

'100% 완충' 무조건 위험한건 아니야 … 모니터링 앱 쓰면 과충전 방지 가능

정부가 완성차 제조사에 국내에서 판매되는 모든 전기차의 배터리 정보 공개를 권고함에 따라 14일 독일 폭스바겐그룹코리아와 일본 렉서스코리아가 추가로 자사 전기차에 탑재된 배터리를 밝혔다. 이에 따라 표 4.3과 같이 현재 국내에서 전기차를 판매하는 주요 완성차 업체 중 테슬라를 제외하고 14개 브랜드 총 88종 모델의 배터리 제조사가 공개됐다.

'릴레이 배터리 제조사 공개'가 시작된 것은 이달 초 인천 아파트에서 발생한 전기차 화재가 계기가 됐다. 각종 안전 대책이 쏟아지는 와중에 인천발 '전기차 포비아(공포

표 4.3 전기차 업체들이 공개한 배터리 제조사

전기차 업체들이 공개한 자사 차량 배터리 제조사

배터리 제조사 ▼		
LG엔솔 (한국)	현대차	아이오닉6, 코나, 캐스퍼
	기아	EV3 , 니로EV, 봉고Ⅲ EV
	볼보	XC40 , C40 리차지
	폭스바겐	ID4 프로
	아우디	Q4 이트론 40, 이트론 50 콰트로
삼성SDI (한국)	BMW	i4, i5, i7 전 트림, iX xDrive50
	아우디	이드론 3, Q8 50 이드론 괴드로
SK온 (한국)	현대차	아이오닉5, 아이오닉6
	기아	EV6, EV9
	제네시스	GV60, G80, GV70
CATL (중국)	현대차	코나
	기아	니로EV, 레이EV
	벤츠	EQE 350 4매틱 SUV, EQS 450 4매틱 SUV , 마이바흐 EQS 680 SUV
BYD(중국)	KG모빌리티	토레스EVX, 코란도EV
파라시스 (중국)	벤츠	EQE 350+, EQS 350

대표 차종 위주. 차종 중 일부는 복수 업체의 배터리 사용.

자료: 각 사

중)'가 너무 과열됐단 지적도 있다. 전기차 화재를 둘러싼 논쟁을 문답(Q&A) 형식으로 정리했다.

—각 전기차에 어떤 배터리가 많이 사용됐나.

"배터리 제조사가 공개된 전기차 모델 중에 LG에너지솔루션 배터리를 장착한 전기차 모델이 25개로 가장 많았다. SK온이 24개, CATL이 20개, 삼성SDI는 19개, 파라시스가 5개, 비야디(BYD)가 2개, PPES가 1개로 그 뒤를 이었다. 메르세데스벤츠의 'EQA 250'에는 SK온과 CATL 배터리가 모두 사용되는 등 1개 모델에 복수의 배터리사 제품을 채택한 차종도 적지 않았다.

CATL, BYD, 파라시스 등 중국 배터리를 탑재한 전기차는 공개 모델 전체의 약 31%에 달했다. 특히 모회사의 1, 2대 주주가 중국 자본인 벤츠는 이번에 공개한 16개 모델 중 14개 모델에 중국 회사 배터리가 일부라도 포함된 것으로 나타났다. 인천에서 화재가 발생한 벤츠의 고급 세단 'EQE 350+'를 비롯해 5개 벤츠 차량에는 글로벌 10위권 배터리사인 파라시스 제품이 사용됐다."

—전기차가 내연기관차보다 불이 더 잘 나나.

"통계상으로는 내연기관차의 화재 빈도가 더 높다. 지난해 자동차 1만 대당 전기차 화재는 1.3건이었는데, 내연기관차는 1.9건이었다. 하지만 전기차의 경우 최근 몇 년 사이 보급이 본격화돼 '새 차' 비율이 높은 것치고는 화재가 많은 것이란 분석도 있다."

—배터리를 100% 충전하면 불이 나기 쉬운가.

"갑론을박이 있다. 일반적으로는 덜 충전된 배터리가 화재 위험이 낮다는 분석이 많다. 충전이 많이 될수록 배터리 내 에너지가 더 많아지고 배터리를 더 불안정한 상태로 만들 수 있기 때문이다. 배터리 업계는 배터리 수명을 위해서라도 30~90% 충전을 권고한다.

그렇다고 완충한 전기차를 시한폭탄 취급할 필요는 없다는 것이 대다수 전문가의 의견이다. 겉보기에 완충으로 표시돼도 실제로는 95~97% 정도만 충전되도록 설정돼 있기 때문이다."

—전기차의 지하 주차는 위험한가.

“지상보다는 지하 주차장 화재 진화가 더 어려울 수 있다. 구조상 연기 배출이 원활하지 않아 시야 확보도 어렵다. 이 때문에 이번 인천 지하 주차장 화재에서도 소방대원들이 직접 호스를 들고 진화 작업에 나서야만 했다. 진화에 8시간이 넘게 걸렸다.”

—전기차 화재가 발생하면 어떻게 끄나.

“전기차 화재 진화에는 질식소화포와 이동식 수조가 활용된다. 특수 소재 담요인 질식소화포는 공동주택에서도 구비해 놓을 만하다. 이를 덮으면 화염이 주변으로 퍼지는 것을 막을 수 있다. 이후 소방서에서 이동식 수조로 불이 난 차량을 막은 뒤 물을 채우면 차량 하부에 장착된 전기차 배터리가 냉각돼 화재가 진압된다.

일부 업체에서는 금속화재에 사용하는 ‘D급 소화기’를 마치 전기차 배터리용 소화기인 것처럼 과장 광고하고 있다. 이와 관련해 소방청에서는 ‘리튬배터리의 열폭주 현상 및 소화약제 침투 곤란으로 국내외에 유통되는 소화기로는 (전기차 화재) 진압이 불가하다’고 안내한 바 있다.”

—충전 모니터링 앱을 쓰면 화재를 막을 수 있나.

“과충전을 예방할 수 있다. 전기차 충전 업체 혹은 완성차 업체에서는 전기차 충전량을 관리하는 앱을 제공하고 있다. 이를 통해 실시간으로 충전 상태를 확인하고, 충전이 완료되면 신속하게 충전 케이블을 제거할 수 있다. 앱으로 손쉽게 희망 충전율을 변경하는 것도 가능하다.”

(출처 : 동아일보, “현대-기아차 대부분 국산 배터리 장착”, 8면, 2024. 08. 15.)

분석 및 해설 배터리 충전율(Charging rate of battery) 〈2〉

충전할수록 저항에 의한 발열 작용으로 열 스트레스가 증가하기 때문에 배터리의 불안정성은 당연히 증가한다. 이는 전기를 충전해 사용하는 모든 전기제품에서 생기는 당연한 현상(물리적 법칙)이다.

배터리의 충전량(DoC, Depth of Charge : 충전깊이 · 충전심도)은 배터리 용량으로 충전 시 배터리가 저장할 수 있는 전기의 양이다. 배터리가 완전 방전상태로부터 충전된 수준을 뜻한다.

이차전지인 리튬이온 배터리는 충전 및 방전 과정에서 충전깊이 및 방전깊이가 변하면서 전압도 지속적으로 변한다. 그리고 리튬이온 배터리는 충전과 방전을 반복하면 열화(degradation) 현상을 겪는다. 열화 현상은 당연히 배터리 수명에도 영향을 끼친다.

열화(劣化, aging · degradation · deterioration : 물성의 약화 또는 성능이나 품질의 저하)란 노화와 비슷한 의미로 재료(소재)는 물론 제품에 있어 열, 빛, 수분, 습기를 비롯한 피로 누적 등으로 인하여 발생되는 화학적 또는 물리적 구조가 변하는 현상이다. 열화(노화)가 일어나면 재료의 성질(물성, material property)이 약화될 수 있으며, 성능이나 품질의 저하가 일어난다.

또한 배터리 사이클 수명(cycle life)은 충 · 방전심도(DoD, Depth of Discharge), 평균 충전상태(SoC, State of Charge), 온도, 충방전율의 변화에 따라서 매우 크게 좌우된다.

배터리 상태를 나타내는 대표적인 지표에는 그림 4.1과 같이 SoH(State of Health), SoC(State of Charge) 그리고 DoD(Depth of Discharge) 등이 있다. SoH(State of Health)는 배터리의 성능(건강상태)을 나타내는 지표이고, SoC(State of Charge)는 배터리 충전상태, 즉 잔존용량을 나타내는 지표이다. 또한 DoD(Depth of Discharge)는 배터리의 방전 상태를 나타내는 지표이다.

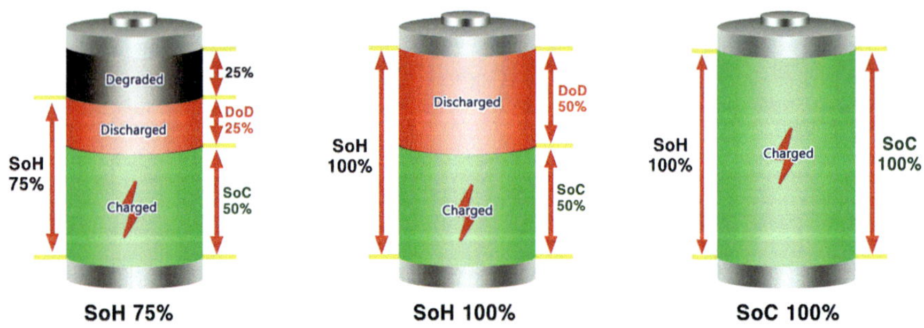

그림 4.1 **배터리 상태 지표 : SoH, SoC 및 DoD**

따라서 전기차에 사용하는 에너지 밀도가 높은 고용량 배터리에서는 보다 안전하고 효율적으로 에너지를 사용하기 위해서 배터리를 보호하고 관리할 수 있는 장치가 필요한데, 이때 사용되는 회로 장치가 바로 PCM(Protection Circuit Module, 보호 회로 모듈)

과 BMS(Battery Management System, 배터리관리시스템)이다.

그러나 보호 회로의 과충전 전압 보호기능이 고장나면 배터리 셀이 임계전압(threshold voltage, 문턱전압 : 정상 양극 전압의 최대 이론값으로 들어오는 전기의 충전량이 미리 설정된 표준을 충족하기에 충분하면 임계전압이 충족되고, 이를 활성화하기 위해 장치 전체에 전력이 흐를 수 있다. 방과 방 사이를 구분하는 문턱(threshold)처럼, 문턱전압은 전류의 흐름이 변하는 전압의 임계점을 의미한다) 이상으로 올라가거나, 배터리 용량 대비 과한 용량(즉, 전압)이 지속적으로 공급되는 과충전이 생기면 열폭주로 인한 화재 가능성도 높아진다.

따라서 전기차 배터리의 충전율을 최대 95~97% 정도로 충전되도록 제어 · 제한해 완충(full charging, 완전 충전) 및 과충전(overcharging)이 되지 않도록 하여 배터리의 안정성을 확보하고 있다. 보다 배터리 수명 및 안정성을 유지하면서 동시에 전기차 화재로부터의 사전 예방을 위한 안전성을 확보하기 위해서는 배터리 충전율을 90% 이내로 제한하는 것은 바람직하다. 배터리 충전 시 안전 마진(safety margin, 안전 여유) 10%를 주어 90%까지 충전 제한(10% 여유를 남겨 두는 것)을 하면 당연히 100% 충전하는 것보다 안전한 것은 틀림없다. 반면에, 그 만큼 전기차의 주행거리(운행거리)가 단축되고 또한 충전 사이클이 짧아진다는 단점도 있다.

(1) 리튬 배터리 이차전지의 위험성 및 대책 – 퍼스널 모빌리티(Personal Mobility, 개인형 이동수단)를 중심으로

재충전해 재사용이 가능한 전지를 이차전지라고 한다. 반면에 1회용 전지를 일차전지라고 한다. 일차전지는 1회만 사용하고 재사용이 불가해 버리는 전지로, 마트 등 시중에서 쉽게 구입하는 건전지가 바로 일차전지라고 생각하면 된다.

반면, 재사용이 가능한 모든 전지는 이차전지이다. 리튬계열(리튬이온, 리튬폴리머, 리튬인산철)이 대표적 이차전지이다.

재충전으로 재사용과 더불어 고용량화가 가능한 여러 장점이 있지만 아직도 성능 상 안정성과 사용 시의 안전성에 있어 몇 가지 단점과 문제점이 있어 이를 전기자전거, 전동킥보드, 전기스쿠터, 전기바이크 등으로 대표되는 퍼스널 모빌리티(Personal Mobility, 개인형 이동수단)를 중심으로 설명하고자 한다.

1) 과충전(Overcharge) 시

배터리 내부에서 과열과 화학반응이 일어나는 스웰링(swelling, 일명 배부름 현상) 현상이 일어나며 용기 내부 압력 증가로 인해 폭발과 연소로 인한 화재가 발생한다. 배터리 스웰링 현상이란 배터리가 이상 현상으로 인해 배가 부른 듯이 부풀어 오르는 현상이다. 스웰링 현상이 일어나면 지속된 부피 증가로 인접한 부품 및 소재 등에 압력을 가하게 되어 나쁜 영향을 미쳐 분리막의 손상 · 파손을 유발하거나, 심지어는 배터리 셀 케이스가 터지게 되면 리튬이온과 전자가 만나는 화학작용으로 화재가 발생할 수 있다. 이때 부피가 커지는 이유는 배터리 내부에서 기체가 발생하기 때문이다.

리튬이온 배터리에서 발생하는 기체는 2가지 종류가 있는데, 전해질과 물이 만나 발생하는 HF(Hydrogen Fluoride, 불화수소 : 플루오린화 수소, 에칭가스 등으로도 불리는 플루오린과 수소의 화합물로, 화학식은 HF로 무색의 기체이다)와 전해질(여기서는 전해액)이 증발하여 발생하는 기화가스이다.

전해질은 유기용매인 EC(Ethylene Carbonate, 에틸렌 카보네이트 · 탄산 에틸렌)와 DEC(Diethyl Carbonate, 디에틸 카보네이트)를 일정 비율로 섞고 $LiPF_6$(육불화인산리튬은 화학식 $LiPF_6$를 갖는 무기 화합물로 백색의 결정성 분말이다)를 넣어서 사용한다.

① 보통 리튬이온 배터리나 리튬폴리머는 공칭 전압 3.7V이면 만충 전압은 4.2V이다. 즉, 과충전은 만충 전압인 4.2V가 넘어서면서부터 발생하는 현상이다.

② 예를 들면, 현재 완제품으로 사용되는 대표적인 퍼스널 모빌리티(Personal Mobility, PM)인 전기자전거용 배터리들은 대부분 공칭 전압 3.7V에 만충 전압은 4.2V이다. 그러므로 37V 제품(10셀)은 만충 전압이 4.2×10=42V가 되는 것이다.
48V 제품(13셀, 3.7×13=48.1V)은 만충 전압이 4.2×13=54.6V이다.
만약 충전기로 충전 중일때 와트미터(wattmeter, 전력량계) 또는 볼트미터(voltmeter, 전압계)로 이 전압보다 높게 측정된다면 바로 충전기와 배터리를 분리해야 한다.
그리고 충전 완료된 배터리 전압을 재었을 때 이 전압보다 높으면 충전기나 배터리에 문제가 있는 것이므로 반드시 구매처나 A/S센터에서 점검을 받아야 한다. 이보다 전압이 낮은 건 여러 가지 이유가 있겠지만 안전상에는 문제가 없는 것이다.
과방전 시 방전 종지전압(배터리마다 다르며, 보통 2.5V~2.7V 정도) 이하로 내려가면 전극 영구 손상으로 인해서 충전이 안된다.

2) 과방전(Overdischarge) 시

과방전일 경우는 다음과 같이 2가지 경우가 있다.

① 첫 번째는 자연방전으로 오랫동안 사용하지 않는 경우이고

② 두 번째로는 방전 종지전압까지 떨어졌는데 과다 사용할 경우이다. 이 경우는 직렬로 연결된 배터리 셀 중에 밸런스가 심하게 틀어진 배터리 경우 총 전압은 낮지 않으나 일부 셀의 전압이 낮을 경우, 과다하게 방전이 된 셀은 열을 내면서 해당 셀만 망가지게 된다. 이 두 번째 경우도 잘못하면 과열로 인해 불이 날 수도 있다.

하지만, 전기자전거 배터리는 BMS가 달려 있으므로 두 번째 경우는 BMS 오류나 오작동이 없는 한 거의 화재가 발생하지 않는다.

③ 세 번째로는 자연 과방전된 배터리들은 셀당 전압이 2V 이하인 경우 충전을 시도하면 안된다. 이 경우도 불이 날 수 있다. 어차피 충전이 된다 해도 정상적으로 사용이 불가능하다.

3) 단락(Short, 합선)

배터리가 단락(short, 일명 쇼트)되면 스파크(spark)로 인한 전기 불꽃과 함께 역시나 배터리 과열로 인한 화재가 발생한다. 이는 과충전 현상과 비슷하다. 배터리 단락(쇼트)이란, 출력단의 (+)극과 (−)극이 물리적으로 접촉되는 현상이다.

단락 현상은 배터리 화재의 주요 원인 중 하나로 꼽힌다.

배터리의 미세 단락(短絡, 양극과 음극의 접촉)은 배터리 셀 자체의 불량(공정 또는 제조 상 불량)이나 운행 중에 심한 외부 충격 또는 충돌에 의한 과도한 진동 등의 물리적 스트레스의 누적과 과열 등의 열적 스트레스의 누적 등이 복합적으로 작용하고 한편으론 리튬이온이 음극에 침착되어 일어나는 덴드라이트(dendrite) 현상 등으로 배터리의 구조 손상, 분리막의 손상 · 파손으로 배터리 내부에서 양극과 음극이 만나(접촉) 단락(쇼트, short)이 생기거나, 양극재와 음극재가 접촉해(붙어) 과도한 전류가 흐르거나, 전해액의 화학반응에 의한 과열을 비롯한 배터리 배선(버스 바(busbar, 전류를 전달하는 데 사용되는 단단한 금속 막대), 케이블) 등의 품질 불량과 잘못된 연결, 열화 및 노후화

등으로 합선이 발생해 화재가 일어난다.

이에 대한 내용으로, 2024년 8월 20일 현대차그룹이 전기차 화재에 대한 분석 내용을 공식적으로 발표한 신문 기사를 다음과 같이 인용하고자 하니, 참고로 하면 전기차 화재 원인에 대해 더욱 광범위하고 자세한 내용을 알고 이해할 것이다.

“배터리 충전량이 화재 주범 아냐”

현대차 지나친 과충전 우려에 ‘3중 예방장치’ 등 자료 공개 · 화재원인 놓고 논쟁 계속될 듯

현대차그룹이 20일 “배터리 충전량이 화재를 일으키는 핵심 요소가 아니다”라며 그 근거를 소개했다. 지난 1일 청라 화재 사건을 계기로 불거진 ‘전기차 과충전 우려’가 과도하다는 자료를 공개한 것이다. 전기차 포비아가 확산될 경우, 전기차 시대를 대대적으로 준비하고 있는 완성차와 배터리 업계가 함께 위기에 처할 수 있다는 긴장감이 그만큼 높기 때문이다. 다만 전기차 고유의 과충전 방지 기능이 제대로 작동하지 않아 화재로 이어질 가능성도 학계에서 거론돼, 향후 이를 둘러싼 논쟁이 계속될 거란 전망이 나온다.

현대차그룹에 따르면, 전기차 배터리는 애초에 배터리사의 제조 단계부터 최대 충전 가능 용량보다 적게 충전되도록 설계된다. 또 자동차 제조사가 추가로 일부 사용 가능 용량을 마진으로 남겨둔다. 여기에 배터리 제어 시스템인 BMS가 가장 적은 용량이 남은 셀을 기준으로 전체 충전 가능 용량을 재산정한다. 이 같은 3중 방지 장치 때문에 과충전될 가능성은 거의 없다는 것이 현대차그룹 분석이다. 현대차그룹은 “화재 직접 원인은 배터리 내부 단락(합선)”이라며 “충전량은 화재의 지속성에는 영향을 줄 수 있지만, 직접 원인은 아니다”라고 주장했다.

현대차그룹은 이날 배터리 이상 징후를 문자로 통보하는 체계를 법인차로 확대하겠다는 계획도 밝혔다. 이미 현대차그룹 모든 전기차엔 이런 기능이 탑재돼 있지만, 법인차는 회사 명의여서 실제 운전자에게 배터리 이상 징후가 통보되지 않았다. 법인차도 운전자가 현대차그룹 앱을 통해 명의를 등록하면 문자 통보가 가능하기 때문에, 대형 법인과 기업을 대상으로 이를 독려할 예정이다.

(출처 : 조선일보, “배터리 충전량이 화재 주범 아냐”, B4면, 2024. 08. 21.)

분리막을 찢어, 뚫고 나와 분리막 손상 · 파손을 일으키는 덴드라이트(dendrite, 수상돌기) 현상은 음극 표면에 리튬 결정이 맺혀, 뾰족한 나뭇가지 모양의 수상돌기 결정체

로 자라나는 현상을 의미한다. 배터리 충전 시에는 양극에 있던 리튬이온이 전해질(대부분은 전해액)을 통해 분리막을 지나 음극으로 이동한다. 리튬이 주로 흑연 소재로 된 음극 표면에 적체돼 나뭇가지 형태(수상돌기라고 한다)를 띤 결정체를 형성하는 덴드라이트(dendrite) 현상이 발생하는데, 이는 리튬 배터리의 충전 과정에서 음극 표면에 쌓이는 나뭇가지 모양의 결정체로 분리막을 뚫고 나와 단락을 일으킨다. 내부 단락이 일어나면 배터리 셀의 내부 전기저항이 급격히 올라가 열이 발생하여 화재의 원인이 되기 때문에 리튬이온 배터리의 수명과 안전성을 떨어뜨리는 주요 원인으로 꼽히고 있다.

이렇게 앞에서 설명한 3가지가 리튬계열 배터리가 가지고 있는 가장 큰 단점으로 과열로 인한 화재 및 폭발 가능성이란 안전상의 문제점이 상존한다.

쉽게 정리하지면, 3가지 주된 요인인 ① 과충전, ② 과방전, ③ 쇼트 등에 약하며 이것이 주요 원인이 되면 불이 날 수 있다.

4) 해결안

이와 같은 단점을 없애는 또는 해결하는 방법은 쉽게 역으로 생각하면, 다음과 같다.

① 충전 시 과충전이 될 경우에는 충전을 멈춘다(과충전보호)
→ 충전율을 낮추거나 과충전보호 회로(장치)의 설정

② 방전 시 과방전 직전에 배터리 출력을 강제로 차단한다(과방전보호)
→ 방전율을 낮추거나 과방전보호 회로(장치)의 설정

③ 내부 단락(쇼트)이 날 경우 배터리 출력을 강제로 차단한다(쇼트방지) → PCM, BMS와 독립된 제어시스템으로 전류 차단 및 쿨링시스템(냉각장치) 작동방법들을 자동적으로 해주면 된다.

이 같은 기능을 해주는 것이 바로 리튬 배터리 보호회로이며 크게 PCM, BMS 두 가지로 나눈다.

① PCM(Protection Circuit Module, 보호 회로 모듈)

PCM은 기본적인 4가지 기능이 있다.

- 과충전 보호기능
- 과방전 보호기능
- 과전류 차단기능(1.5~3A정도 소형 셀에 필요한 기능이다.)
- 단락보호기능

② BMS(Battery Management System, 배터리관리시스템)

BMS는 PCM의 기본 보호기능 외에 추가로 배터리를 관리하는 기능이 있다.

- 통신기능
  유무선 통신을 이용해 모니터링한 배터리의 정보를 전송하거나 제어
- 모니터 기능
  배터리의 모든 정보, 예를 들어 충방전 상태, 전압, 온도, 내부 압력 등을 감시
- 계산기능
  배터리 스스로 잔량, 시간, 총 에너지량 등을 계산하고 충방전 시에 제어
- 기본보호 및 셀 밸런싱기능

퍼스널 모빌리티에 있어 즉, 전기자전거용이나 전동킥보드용 등 중출력 배터리 팩에 우리가 흔히 사용하는 보호회로 BMS는 위의 ④번 기능만 가지고 구성한 최소 기능의 BMS이다. 따라서 중출력 배터리 팩을 사용하는 퍼스널 모빌리티의 BMS를 100% 신뢰해서는 안된다.

위에서 소개한 4가지 모든 기능이 가능하려면 BMS 가격이 당연히 비싸지게 되기에 전기차에만 적용하고 있는 상황이다.

전기차의 대용량·고출력 배터리 팩에 사용하는 BMS는 모든 기능을 갖추고 안전성을 극대화하고 있다.

BMS는 마지막 최후의 수단 정도로만 생각해야 한다. 즉, 사용자의 안전성을 확보하기 위한 기본적인 보험 정도로 생각해야 한다.

왜냐하면 BMS 자체가 불량이거나 사용 중 고장이 날 수도 있다.

사례로 저가 이동수단 공유킥보드를 비롯한 전기자전거 등에서는 국산 BMS는 성능은 좋지만 가격이 비싼 비용 문제 때문에 지금 사용되는 BMS는 거의 99%가 중국산이라고

생각하면 된다.

우리가 상해 보험을 든다고 사고가 안나는건 아닌 것처럼 BMS가 달려있다고 100% 절대 안전하지 않다는 것이다. 다시 말하자면, 없는 것보단 있는게 즉, 안전장치가 있는 것이 낫다는 뜻이다.

그러므로 평소 충전 시에도 충전이 다 완료되면 충전기와 배터리를 분리하고 그게 귀찮으면 타이머 콘센트(timer concent, 콘센트 타이머 : 타이머(타임 스위치, time switch)와 콘센트, 플러그가 일체형으로 제작되어 있으며 타이머 콘센트는 말 그대로 콘센트에 타이머 기능이 있는 것을 말하는데, 지정한 시간에 전기가 들어오고 지정한 시간에 전기를 차단하는 콘센트이다) 같은 것을 사용하는 것이 안전하다.

저가 개인형 이동수단에서는 지금 대부분 사용 중인 배터리용 BMS가 완벽한 셀 밸런싱을 못해 줄 수 있다.

전기차에 탑재된 BMS처럼 완벽하게 셀 밸런싱을 해주려면 기술적으로는 가능하나 BMS 단가가 많이 올라가므로 저가 개인형 이동수단에서는 현실적으로 어렵다.

중국산이지만 가격이 저렴하지 않은 BMS를 사용해서 일반 충전기로 충전하면서 셀간 전압을 모니터링 해보면 충전 중일 때 일정하던 셀 전압들이 완충 이후 조금씩 틀어지는 경우도 있다.

완벽한 셀 밸런싱을 충전 시마다 하려면 RC(Radio-Control, 무선 조종)용 배터리 급속 충전기로 해야만 한다.

참고로, 소형 원통형 이차전지에는 전류 과부하를 차단하는 부품인 CID가 있다. CID(Current Interrupt Device, 전류 차단장치)는 소형 원통형 전지에서 셀 내 압력 상승 시 전류를 차단하는 부품으로 전형적으로 배터리 내부의 압력(내압)이 소정 값보다 커지는 경우에 배터리로부터 전류경로를 차단함으로써 안전성을 확보하는 부품이다.

③ BMS와 PCM의 필요성

그렇다면 BMS와 PCM은 왜 필요할까? 리튬이온 배터리의 경우는, 절대 '완전 방전'이 되면 안되는 제품이다. 리튬이온 배터리의 일반 전압이 3.7V이고, 2.5V 이하로 방전시키면 배터리 내부 자체가 파손되기 때문이다.

또한 과충전으로 전압이 일정 이상 지속적으로 인가될 경우(원통형 배터리 기준으로 1개 당 4.25V 이상) 배터리가 부풀어 오르는 스웰링 현상이 일어나서나, 폭발할 수도 있다. 그렇기 때문에 리튬이온 배터리에는 이것을 방지하기 위하여 과충전 · 과방전 보호 회로인 BMS나 PCM을 장착해야 하는 것이다.

활용 분야에도 차이가 있다. BMS는 전기차 등 대용량의 배터리를 사용하는 분야에서 주로 활용하고 있으며, PCM은 소용량의 배터리를 사용하는 분야에서 주로 활용하고 있다. 안전 문제로 인해 당연히 BMS가 더욱 중요하고, 선호하는 추세이다.

전기차 등에서는 배터리 화재 및 폭발이 가장 큰 안전 이슈(issue, 화제 · 논쟁)가 되므로 BMS와 PCM을 같이 사용하고 있다.

BMS와 PCM이 사용되는 제품들을 구분하면 다음과 같다.

- BMS가 사용되는 제품 : 전기자동차, 하이브리드 자동차, 스마트 그리드, ESS(Energy Storage System, 에너지저장장치), 전기 오토바이(e-bike), 전기자전거, 전동킥보드, 드론 등
- PCM이 사용되는 제품 : 스마트폰, 노트북, 태블릿, 디지털 카메라, 파워 뱅크(power bank, 휴대할 수 있는 보조 배터리 또는 외장 배터리 팩), 손전등 등

그러나 현재 기술로는 배터리 성능과 안전성 모두를 완전하게 얻기가 쉽지 않으므로 어느 것이 더 중요한지를 판단해 우선 적용하고, 문제점 및 개선점은 혁신적이고 고도화된 기술개량과 새로운 기술개발로 해결해 가는 것이 바람직하다고 판단한다.

04 이제야 전기차 화재 컨트롤타워 꾸린 정부

부랴부랴 국무조정실이 총괄
13일 방기선 실장 주관 회의
전기차 · 충전기 안전대책 논의
국내차 배터리 제조사 밝히자
BMW 수입차 첫 정보 공개

지난 1일 인천 청라지구 아파트 지하주차장에서 발생한 대규모 전기차 화재 사고로 '전기차 포비아'가 확산되는 가운데 열흘이 지나도록 정부 대책은 오리무중이다.

표 4.4 전기차 대책 회의 주요 안건

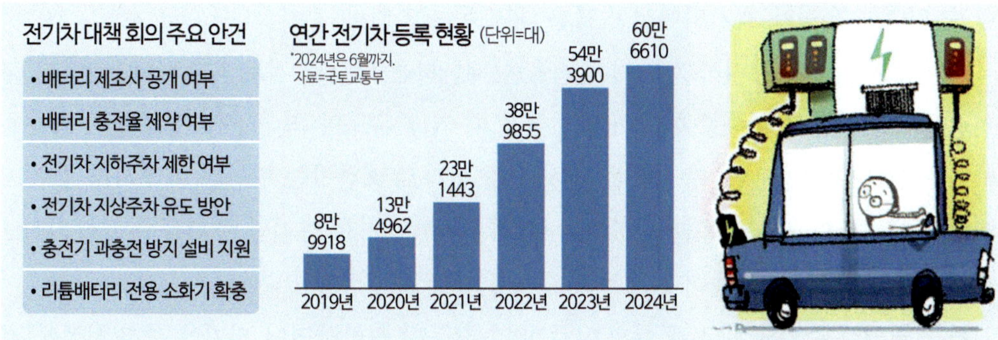

전기차, 배터리, 충전기 등 부처 간 업무가 복잡하게 얽혀 있어서다. 그동안 전기차 보급에만 집중한 반면 안전 관리에는 손을 놓은 결과다. 사실상 정부 내 컨트롤타워 부재로 소비자들의 불안감은 갈수록 커지고 있다. 윤석열 대통령은 12일 한덕수 국무총리와의 주례회동에서 "전기차 화재에 따른 국민 불안감이 없도록 신속하게 대책을 추진하라"고 지시했다.

이날 정부가 뒤늦게 환경부 차관 주재로 국토교통부와 산업통상자원부, 소방청 등과 관계부처 회의를 열었지만 뾰족한 방안을 내놓지 못했다. 부랴부랴 국무조정실이 컨트롤타워를 맡아 방기선 국무조정실장 주재로 13일 관계부처 대책 회의를 열기로 했지만 실질적인 종합 대책이 나오기까지는 적지 않은 시간이 걸릴 전망이다.

전기차 대책 회의 주요 안건은 표 4.4와 같다.

정부는 전기차 배터리 제조사 의무 공개를 두고도 정확한 방향을 정하지 못하고 있다. 이미 현대자동차는 전기차 차종별 배터리 제조사를 모두 공개했다. 기아도 이날 홈페이지에 배터리 정보를 공개했다. 전기차 12종 중 니로 EV와 레이 EV 2개 차종만 중국 제품이다. 배터리 제조사 관련 정보 비공개 방침을 고수해오던 메르세데스-벤츠 코리아도 입장을 선회해 제조사 공개를 추진 중인 것으로 알려졌다. BMW는 수입차 업체 중 처음으로 이날 오후 홈페이지에 배터리 제조사 정보를 공유했다. iX1, iX3 두 차종은 CATL 배터리를, 나머지 8종은 삼성SDI 배터리를 장착하는 것으로 나타났다.

주관 부처인 국토부는 내년 2월 시행할 '전기차 배터리 안전성 인증제'와 연계 여부를 검토하고 있다. 전기차 제원 안내에 배터리 제조사를 반드시 포함하도록 하는 방안이 거론된다.

다만 배터리 제조사 정보는 영업비밀에 해당해 공개를 강제할 경우 통상 문제로 비화할 수 있다는 우려가 제기되면서 속도를 내지 못하고 있다.

배터리 과충전을 방지하기 위해 충전율을 제한하는 방안도 검토되고 있다. 배터리 충전량은 배터리에서 열폭주 현상이 발생했을 때 최고 온도와 최대 온도 상승률에 영향을 미치는 것으로 확인됐다. 충전율을 일정 수준 이하로 제한하는 방안은 제조사가 소프트웨어 업데이트만으로 적용할 수 있어 비교적 시행이 쉽다. 하지만 충전율이 제한되면 1회 충전 시 주행거리도 줄어 전기차 차주가 반발할 가능성이 크다.

최근 전기차 주차와 관련해 아파트 주민 간 갈등이 심화하면서 전기차 충전 시설을 지하가 아닌 지상에 설치하도록 유도하는 방안이 거론된다. 또 과충전 방지를 위해 전기차와 통신할 수 있는 '전력선통신(PLC) 모뎀' 장착 기기를 확대하는 방안도 논의 중이다. 다만 최근에 지은 아파트는 단지 내 지상으로 차가 다니지 못하는 곳이 많아 실현 가능성이 낮다는 지적이 나온다. 정부의 대책이 늦어지면서 전기차는 물론 하이브리드 차량에 대한 화재 불안감도 확산하고 있다.

플러그인하이브리드차(PHEV)는 엔진과 배터리가 모두 탑재되는 만큼 차량 무게를 줄이기 위해 가볍고 효율이 높은 NCM(니켈 · 코발트 · 망간) 배터리를 주로 장착한다. 이 같은 고효율 배터리는 니켈 함량이 높아 화재에 상대적으로 더 취약하다.

다만 전문가들은 하이브리드 차량의 경우 배터리 용량이 작고, 완전충전 · 급속충전을 지원하지 않는다는 점에서 화재 위험이 낮다고 분석한다. 김필수 대림대 미래자동차학부 교수는 "하이브리드 차량은 화재가 발생해도 전기차처럼 화재 규모가 커지지는 않을 것"이라고 설명했다.

(출처 : 매일경제, "이제야 전기차 화재 컨트롤타워 꾸린 정부", A12면, 2024. 08. 13.)

분석 및 해설 **전력선통신(PLC, Power Line Communication) 모뎀**

전기차 화재는 완성품인 전기차를 비롯한 핵심 부품 배터리와 필수 운영 · 서비스 제품인 충전기 등과 사용 상의 요인들이 서로 복잡하게 얽혀 있다.

배터리의 과충전을 방지하기 위해 충전율을 제한해 줄이면 배터리에서 열폭주 현상이 발생했을 때 최고 온도와 최대 온도 상승률에 영향을 미친다. 충전율이 줄어든 만큼 전압 상승과 이에 따른 전기량 공급으로 인해 발생되는 온도를 줄일 수 있다.

과충전방지 제어기술의 한 방법으로 제시되는 배터리 충전율을 일정 수준 이하로 제한하는 방안은 배터리 제조사가 소프트웨어 업데이트만으로 쉽게 적용할 수 있고, 또한 충전기에서도 소프트웨어 업데이트로도 가능하다. 이는 이중으로 충전율 제한이 가능하다는 뜻이다.

한편으로 과충전 방지를 위해 전기차와 통신할 수 있는 전력선통신(PLC) 모뎀을 장착하면 배터리에 관한 모든 정보를 실시간으로 파악할 수가 있다.

PLC(Power Line Communication)는 말 그대로 전력선통신이라는 뜻이다. 현재 한국전력(한전)에서 추진하고 있는 과제 중의 하나이다. 각자의 가정에는 TV, 전화, 인터넷 등을 사용할 때 모두 케이블을 따로 사용한다. 예를 들면 전화선 모뎀용 케이블, 와이파이(wifi) 연결선, 인터넷 광케이블 같은 것이 있다. 한편으로는 이를 사용하기 위해서 각 가정에는 전기가 들어오는 전력선이 존재하는 데 바로 이 전력선에 전기만 공급할 게 아니라 영상, 데이터와 음성신호까지 모두 보내 각 가정에서 통화, 인터넷은 물론 IoT (Internet of Things, 사물인터넷 : 각종 사물에 센서와 통신기능을 내장하여 인터넷에 연결하는 기술. 즉, 무선 통신을 통해 각종 사물을 연결하는 기술을 의미한다)까지도 가능하게 하는 것이다. 전기 공급을 위해서는 전력선은 반드시 필요하기에 다른 전기를 사용하는 모든 기기의 케이블을 전력선 1개로 합쳐 사용하자는 것이다. 이것이 PLC다.

현재 가정에서는 보통 220V, 60Hz 주파수 대역을 사용한다.

일본의 경우는 110V, 주파수 대역은 두 종류를 사용하는데 동부 지방에서는 50Hz, 서부 지방(나고야와 교토, 오사카 등)에서는 60Hz이다.

따라서 가정에 들어오는 전기는 60Hz 대역의 주파수인 것이다.

이 60Hz 대역 이외의 다른 주파수에 원하는 정보(음성, 데이터, 영상)를 실어 보내는 것이다. 그러나 현재 적용되지 못하고 있는 문제점은 초당 비트(bit) 전송속도가 수백만 bit/sec인 5G 네트워크에 비해 수백 bit/sec로 너무 느리기 때문이다. 예를 들어 영화 한 편을 다운받는데 몇 십 배 시간이 더 걸릴 정도로 전송속도가 느리다. 현재 기술로는 아직 상용화해 적용이 힘들기에 해결할 문제이다.

그러나 전기차에 있어 배터리 정보에 한정하다면 이 기술을 쉽게 적용할 수가 있다.

모뎀(Modem, MOdulator and DEModulator의 약어)은 통신을 위한 변복조 장치이다. 디지털 신호를 아날로그 신호로 변환하여 전화선을 통해 전송할 수 있도록 하는 데 사용한다. 즉, 아날로그/디지털 변환기의 일종으로 컴퓨터의 디지털 신호를 아날로그 신호로 바꾸어 전송하고, 아날로그 신호를 받아 디지털 신호로 읽어낸다. 좁은 의미에서는 개인용 컴퓨터와 전화선을 이어주는 주변기기이다. 초기 모뎀은 주로 전화선을 통한 데이터 전송을 위해 사용했다.

전기차 화재 우려가 계속되면서 전기차 안전사고의 원천 차단을 위해 배터리관리시스템(BMS) 진단기능을 강화하도록 했다. 운행 단계에서 BMS가 배터리 이상 변화를 자체 진단해 충전 제한 등 안전조치를 수행할 수 있도록 하는 방식이다. 이는 운행 중에 배터리에 이상 요인이 발생 시 BMS의 캔(CAN) 통신으로 이상 변화를 진단하는 기능을 탑재하는 방식이다.

BMS CAN 통신이란 일반적으로 사용하고 있는 차량 내 통신을 말한다. CAN(Controller Area Network의 약자로 차량 내 ECU들 간의 데이터 공유를 위해 개발된 통신시스템이다. 새로운 모빌리티 서비스를 촉진하는 혁신적 솔루션으로 독일 보쉬(Bosch)가 최초로 개발했다) 통신 모듈을 활용한 CAN 통신 기반의 급속충전 모니터링 및 개별 배터리관리시스템이다. 전기자동차의 보급 확대에 따른 충전 인프라 구축을 위해서는 전기차량의 충전 시 충전상태를 모니터링할 수 있는 충전 모니터링 시스템의 설계 방법, 급속충전기술은 현재 배터리(battery)의 성능 및 안전성 등 다양한 요인에 따라 동작성능이 좌우되므로 모니터링 시스템에 의한 충전상태 파악은 충전 알고리즘의 개선, 전기자동차 BMS와의 연동, 사용자와의 충전 프로세스 제어 등 다양한 운행 및 작업환경과 연계되어 있다.

따라서 급속충전시스템의 동작상태를 CAN 프로토콜(protocol, 통신 프로토콜 또는 통신 규약은 컴퓨터나 원거리 통신장비 사이에서 메시지를 주고 받는 양식과 규칙의 체계이다. 통신 프로토콜은 신호 체계, 인증 그리고 오류 감지 및 수정 기능을 포함할 수 있다)을 이용해 배터리의 충전 상태 등을 실시간으로 감시가 가능한 시스템을 설계 · 제작하여 전기자동차 배터리를 최단 시간에 최적화된 상태로 충전 가능하도록 CAN 통신 기반 급속충전 모니터링 시스템을 설계하는 방법과 시스템을 구현하여 성능을 확인하는 것은 전기차의 운행, 충전, 정차 등 전반적 관리에 있어 안전을 확보하는 필수적 요건이다.

CAN 통신은 자동차 내부 각각의 전자제어장치들(ECUs, Electronic Control Units)이 서로 정보를 주고 받는 통신방식으로, BMS가 배터리의 상태를 통신으로 감지하는 현재 최적의 배터리 이상변화의 감지 · 진단 · 판단 · 대응 및 조치하는 수단이다. 이는 우리 몸의 신경계와 비슷한 원리로 몸의 각 부위가 신호를 주고받아 움직이는 것처럼, 자동차 내부의 각 부분들도 CAN 통신을 통해 서로 정보를 주고받으며 작동하는 것이다.

전기차 전체 시스템의 안전, 배터리, 충전까지에 있어 전기차의 시스템 구성 및 이해, 구동축전지 안전성 강화, 배터리 BMS 연구개발 및 기술의 전반적 이해가 가능해야 전기차 안전기준을 명확히 정립할 수가 있다.

전기차 안전사고 방지를 위한 전기차 배터리 안전기준이 현행 7개 항목에서 국제기준 12개 항목으로 대폭 확대되었다. 항목으로는 과충전시험/과방전시험/과전류시험/열충격시험/연소시험/단락시험/과열방지시험/침수시험/충격시험/압착시험/진동시험/낙하시험 등을 포함한 12개 안전성평가 항목을 신설해 친환경 전기자동차의 핵심부품 배터리 인증을 비롯한 지속적 전기차 안전관리 기준 개발 등을 통해 전기차의 안전성은 앞으로 더욱 향상될 것으로 전망한다.

전기자동차(전기차)와 전기이륜차의 구동축전지(배터리 팩) 안전기준은 국제기준 대비 한층 강화되었다.

12개 안전성평가 항목을 구분하면, 배터리의 시험기준인 SoC(State of Charge, 충전상태) 95%에서, 다음과 같이 배터리에서 발생할 수 있는 복합적 요인들을 크게 4가지로 구분해 세부 항목을 시험 · 인증하고 있다.

① 열적 안전성시험(3항목) : 열충격시험, 연소시험, 과열방지시험
② 전기적 안전성시험(4항목) : 단락시험, 과충전시험, 과방전시험, 과전류시험
③ 화학적 안전성시험(1항목) : 침수시험
④ 물리적 안전성시험(4항목) : 진동시험, 충격시험, 압착시험, 낙하시험

05 배터리 실시간 점검 · 과충전 3중막 … 불안감 진화 나선 車업체

'전기차 포비아 차단' 안전 강조
현대차그룹 '새 BMS' 전 차종에
"과충전 문제 가능성 0%" 강조
이상징후 감지되면 긴급출동도
테슬라는 고객에게 일일이 메일

지난 1일 인천 청라에서 발생한 벤츠 전기차 화재로 '전기차 포비아'(공포)가 소비자들 사이에 급속히 확산하면서 현대차는 물론 테슬라 등 글로벌 전기차 제조 업체들도 비상이 걸렸다. 현재 세계 각국은 탄소 감축에 나서며 내연차 판매를 줄이지 않으면 벌금을 물리는 등 전기차 전환을 강력 재촉하고 있다. 이 때문에 자동차 기업들은 대규모 선(先)투자를 통해 신형 전기차를 속속 출시해왔다. 우리나라도 지난해 전기차 판매량이 약 16만 대로 전체 차 판매량의 9%까지 커졌다. 그러나 청라 화재 사건을 계기로 기존 전기차 고객들이 차별받거나, 잠재적인 고객 수요가 줄어들 수 있다고 보고 전기차의 안전성과 장점에 대해 강조하고 나선 것이다.

국내 전기차 1위 현대차그룹은 15일 현재 판매 중인 전기차에 적용된 배터리관리시스템(BMS · Battery Management System) 기술을 이례적으로 세세하게 공개하면서, 전 차종에 BMS 신기술을 도입하기로 했다고 밝혔다. 2위 테슬라 역시 이례적으로 고객, 언론 등에 테슬라 제품의 안전성을 소개하는 메일을 보냈다. 강남훈 한국자동차모빌리티산업협회 회장은 "이번 화재가 우리 전기차 산업이 더욱 발전할 수 있게 더 안전한 제품을 만들고 인프라를 정비하는 계기가 되어야 할 것"이라고 말했다.

표 4.5는 자동차업계가 발표한 전기차 불안 해소를 위한 방침이다.

표 4.5 **전기차 불안 해소 나서는 자동차업계**

현대차그룹

-배터리관리시스템(BMS) 기술 세세히 공개
-전기차 이상 징후 소방 등에 자동 통보 기술 개발 중

테슬라

고객 등에게 전기차 안전 기술 담긴 메일 보내 안내

KG모빌리티

국내 유일 배터리 10년, 100만km 보증제 시행 중

스텔란티스

전기차뿐만 아니라 플러그인 하이브리드 차
배터리 제조사도 공개

국내 자동차업계 공통

전기차 무상점검 시작

현대차 · 기아, "과충전, 3중 예방 장치" 강조

이날 현대차 · 기아가 공개한 BMS의 핵심 기능은 배터리가 안정적으로 작동하는지 정밀하게 살피는 것이다. 전압, 전류, 온도 등이 급격하게 변하지 않는지 차량이 작동하지 않을 때도 실시간으로 살핀다. 정상 범위를 벗어나는 징후가 탐지되면, 현대차그룹 고객 지원 센터로 알리거나 고객에게 긴급 출동을 신청할 수 있음을 알려준다. 현대차그룹은 즉각 대응이 필요한 심각한 상황에서는 차가 자동으로 소방이나 경찰 등에 이를 통보하는 기능도 개발 중이다.

배터리 안에서 일어나는 순간적이고 미세한 단락(합선)을 감지하는 시스템도 최근 출시한 신차에 넣고 있다. 현대차는 "기존 전기차에도 연말까지 무선 업데이트를 통해 장착할 계획"이라고 했다. 단락은 배터리 양극과 음극이 직접 만나는 것으로 화재의 주요 원인 중 하나로 꼽힌다. 아주 작은 단락 현상도 감지해 경고를 해주면, 화재 예방에 도움이 된다는 자체 분석에 따른 것이다.

현대차그룹에 따르면 일각에서 우려하는 '과(過)충전'을 방지하는 '3중 예방' 장치도 주요 전기차에 이미 장착돼 있다. 기본적으로 BMS와 차에 장착된 충전 제어기가 정해진 충전량을 넘지 않도록 평상시 관리를 한다. 만약 충전 제어기에 오류가 발생해 충전이 다 되었는데도 전류가 흐르면 BMS가 충전 종료 명령을 내린다. 충전 제어기와 BMS가 모두 고장 나면 독립된 시스템이 차에 전류가 들어오지 않게 충전기와 차량 사이를 연결하는 스위치를 물리적으로 차단한다. 현대차 · 기아는 "현재까지 자사 전기차 중 과충전에 따른 화재는 한 건도 없었다"며 "과충전에 의한 문제 가능성은 0%에 가깝다"고 밝혔다.

하이브리드 배터리 제조사도 공개

테슬라도 이날 고객 등에게 메일을 발송해 BMS 등 제품에 적용된 안전 기술을 소개했다. 차에 탑재된 이 시스템이 배터리 이상 증상을 감지하면 고객에게 이를 알리고 긴급 출동 서비스나 서비스 센터 예약을 지원한다는 것이다. 다만 테슬라는 국내에 판매 중인 전기차에 들어가는 배터리 제조사를 공개하진 않았다. 자동 긴급 제동 시스템 등에 대해서도 소개했는데, 지난 14일 경기 용인에서 테슬라 차량이 카페로 돌진해 10여 명이 다친 사건을 감안한 것으로 해석됐다.

중국 BYD(비야디)의 배터리를 사용한 토레스 EVX와 코란도 EV를 판매 중인 KG모빌리티는 지난 14일 "국내에서 유일하게 배터리에 대해 10년 또는 100만km 무상 보증을 하고 있다"고 강조했다. 지프, 푸조 등이 소속된 스텔란티스는 플러그인 하이브리드차에 들어간 배터리 제조사도 공개했다. 방실 스텔란티스코리아 대표는 "전기차에 대한 막연한 불안감을 빠르게 해소하기 위해 노력할 것"이라고 했다.

(출처 : 조선일보, "배터리 실시간 점검 · 과충전 3중막 … 불안감 진화 나선 車업체", B3면, 2024. 08. 16.)

06 전기차 화재의 원천 차단이 가능한가?

현대차 · 기아, BMS 기술 승부수
배터리 두뇌 역할하는 시스템
단락 · 과충전 등 화재 원인 감지
글로벌 완성차 중 첫 서비스
AI 통합안전관리도 개발 중

현대자동차 · 기아가 전기차 배터리 화재를 사전에 감지할 수 있는 기술을 모든 전기차에 적용하기로 했다. 과도한 '전기차 공포'를 잠재우고, 경쟁사와의 기술 격차를 벌리기 위한 선제 조치로 해석된다.

현대차 · 기아는 오래 전부터 하이브리드차를 개발하며 BMS 제어 기술 기반을 쌓고 다양한 기술적 난제를 해결하는 과정에서 지금의 BMS를 확보했다고 설명했다.

두 회사는 "안전성과 주행거리, 충전 시간 등 소비자가 중시하는 전기차의 기본기를 끌어올리고자 하드웨어부터 소프트웨어까지 방대한 노력을 펼치고 있다"고 강조했다.

BMS의 주요 역할 중 하나는 배터리가 안정적으로 작동할 수 있게 만들어 주는 정밀 '배터리 시스템 모니터링' 기능이다.

모니터링 항목은 전압편차와 절연저항, 전류 · 전압 변화, 온도, 과전압 · 저전압 등이다.

BMS는 배터리 이상 징후를 탐지하면 즉각 위험도를 판정, 차량 안전 제어를 수행한다.

이상 징후 데이터는 원격 지원센터로 전송되고, 이어 고객에게 입고 점검과 긴급 출동을 안내하는 문자메시지가 자동 발송된다.

최근 출시 차량에는 며칠 또는 몇 주 이전의 잠재적 불량까지 검출할 수 있는 순간·미세 단락을 감지하는 기능도 추가됐다.

현대차·기아는 심각한 문제가 발생한 것으로 판단되면 관계기관에 자동 통보하는 시스템 개발도 추진할 예정이다.

첨단 진단 기술과 클라우드 서버 기반의 원격 정밀 진단을 활용한 '온보드-클라우드 통합 안전관리 시스템'도 개발 중이다.

BMS는 '배터리의 두뇌'로 불린다. 배터리는 LG에너지솔루션과 같은 셀 제조사가 생산하지만 차량에 장착된 배터리 성능을 BMS를 통해 제어·관리하는 건 전기차 제조사다.

BMS의 또 다른 주요 역할은 배터리 과충전을 3단계에 걸쳐 방지하는 것이다.

1단계로는 BMS가 안전 충전량 범위에서 충전이 진행되도록 제어하고, 충전량이 정상 범위를 넘어서면 2단계 조치로 즉시 충전 종료를 시행한다. 두 단계의 조치가 통하지 않을 때에는 3단계로 별도 회로가 작동해 전류를 강제로 차단한다.

충전 상태 집중 모니터링, 충전 제어기와의 긴밀한 협조제어 등을 통해 3단계 별로 과충전을 원천 차단하는 다중안전 시스템을 적용했다.현대차·기아는 "현재까지 자사 전기차 중 과충전에 따른 화재는 한 건도 없었다"며 "과충전에 의한 문제 가능성은 0%에 가깝다"고 밝혔다.

현대차·기아는 배터리의 순간·미세 단락(양극과 음극의 접촉) 등 배터리 이상 현상을 감지하고, 이를 차주와 제조사에 즉시 통보하는 배터리관리시스템(BMS) 기술을 앞으로 출시하는 모든 신형 전기차에 적용한다고 15일 발표했다. 기존 전기차에 대해선 연말까지 BMS 기능을 업데이트할 수 있는 기술을 개발해 순차적으로 서비스를 제공할 예정이다.

"과충전으로 인한 화재 없을 것"

현대차·기아가 공개한 신형 BMS 기술의 핵심은 배터리 이상 사전 알림 기능이다. 그림 4.2와 같이 과충전이나 미세 단락(분리막 손상 등으로 양극과 음극에 전류가 흐르는 현상) 등 배터리 화재 가능성이 발생했을 때 이를 미리 감지해 차주에게 문자메시지 등으로 알려준다. 이상 징후라고 판단된 정보는 동시에 현대차·기아의 원격지원센터로도 전송된다. 이상 여부 진단은 BMS를 통해 이뤄진다.

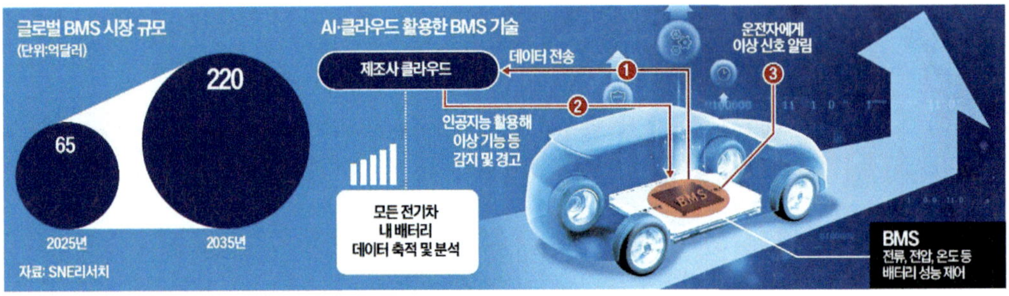

그림 4.2 AI · 클라우드 활용한 BMS 기술

현대차 · 기아의 BMS가 현재 모니터링하는 항목은 배터리의 △전압편차 △절연저항 △전류 및 전압 변화 △온도 △과전압 및 저전압 등으로 사실상 배터리 충전과 방전에 관한 모든 정보다. 현대차 · 기아는 BMS에 순간 · 미세 단락을 수일 전에 감지하는 기능을 추가해 모든 전기차에 적용하기로 했다.

과충전은 전기차 화재 요인 중 하나로 꼽힌다. 충전이 완료된 상황에서 계속 충전이 이뤄지면 화재가 일어날 수 있다는 주장도 있다. 이 같은 논란에 따라 서울시 등 일부 지방자치단체는 '90% 이상 충전 금지' 등의 대책을 내놨다. 인천 청라 아파트에서 발생한 벤츠 화재는 외부 충격에 의한 미세 단락이 장시간 방치됐기 때문이라는 데 무게가 실리고 있다. 현대차 · 기아 관계자는 "현재 BMS 기술로도 과충전으로 인한 화재를 미연에 방지할 수 있다"며 "신형 기술을 적용하면 단락 현상으로 인한 배터리 화재도 막을 수 있다"고 설명했다.

'전기차 포비아' 차단 위한 결단

현대차 · 기아는 이달 1일 '청라 벤츠 전기차 화재' 발생 이후 고위 임원이 주재하는 긴급회의를 수시로 여는 등 기민하게 움직이고 있다. K배터리를 장착한 자사 차량으로까지 전기차 공포가 번지는 것을 차단하기 위해서다. 현대차만 해도 지난 10일 국내 전기차 판매사 중 가장 먼저 배터리 제조사를 자발적으로 공개하는 조치를 취했다. 이어 13일부터 현대차와 기아는 전국 직영센터 및 서비스센터에서 무상으로 전기차를 점검할 수 있는 '전기차 안심 점검 서비스'를 기한 없이 운영하고 있다.

신형 BMS 기술을 적용하기로 한 것은 한 걸음 더 나아간 조치다. 전기차업계 관계자는 "전기차 화재가 발생하면 완성차 업체와 배터리 셀 제조사 간 원인 공방이 벌어지곤

했다"며 "현대차 · 기아가 BMS 기술로 전기차 화재를 봉쇄하겠다고 명시적으로 밝힌 것은 위험을 감수하고서라도 소비자 신뢰를 회복하겠다는 의지"라고 말했다.

현대차 · 기아는 인공지능(AI)과 클라우드 기술을 적용해 BMS 기능을 고도화할 방침이다. BMS를 통해 배터리의 모든 정보를 자사 클라우드에 모은 뒤 AI로 분석해 안전을 관리하는 '온보드-클라우드 통합 안전관리 시스템'이다.

(출처 : 한국경제, "현대차 승부수, 전기차 화재 원천 차단", A11면, 2024. 08. 16.)

분석 및 해설 배터리 이상 및 BMS의 디테일(Detail) 감지

단락 현상은 배터리 화재의 주요 원인 중 하나로 꼽힌다.

배터리의 미세 단락(短絡, 양극과 음극의 접촉)은 배터리 셀 자체의 불량(공정 또는 제조 상 불량)이나 운행 중에 심한 외부 충격 또는 충돌에 의한 과도한 진동 등의 물리적 스트레스의 누적과 과열 등의 열적 스트레스의 누적이 복합적으로 작용해 분리막의 손상 · 파손으로 배터리 내부에서 양극재와 음극재가 접촉해 과도한 전류가 흐르거나, 전해액의 화학반응에 의한 과열, 배터리 배선(버스 바, 케이블) 등의 품질 불량과 잘못된 연결 등으로 합선이 발생해 생긴다.

BMS(Battery Management System, 배터리관리시스템)는 배터리의 현재 상태를 측정 · 진단하고 이상 현상을 감지함으로써 충전 · 방전 속도 관리, 열 분산, 전압의 고른 유지(셀 밸런싱으로 개별 셀의 전압편차를 방지한다) 등 배터리를 최적 상태로 제어하는 소프트웨어다.

전기차 배터리의 직렬 연결된 개별 셀(cell)의 전압을 0.04% 오차 이내의 정확도로 정밀하게 측정할 수 있는 배터리 이상 감지 기술은 있지만, 그러나 배터리의 성능과 효율성을 높이기 위해 병렬 연결된 개별 셀(cell)의 전압편차를 정밀 오차 범위 이내로 측정하는 기술은 현재는 없다.

지금까지는 화재 감지 BMS 기술이 단지 주행 중, 충전 중에만 배터리 상태를 상시 점검하는 기능은 있었지만 향후에는 BMS가 오랜 시간의 정차나 오랜 기간의 주차 중에도 실시간 혹은 주기 · 정기적으로 작동해 배터리 셀 상태 및 이상 징후를 감지 및 감시 모니터링해 위험 발생 시 차주나 관계 기관에 통보하는 시스템이 구축되어져야만 한다.

BMS는 용어 Battery Management System의 뜻 그대로, 전기차의 동력원이 되는 핵심

부품 배터리를 보호하고 관리하는 통합적인 배터리관리시스템이다.

BMS는 전기차의 주행(운행) 상 배터리의 다양한 충전·방전 및 환경 조건에서 안전한 작동, 성능, 배터리 수명을 보장하는 시스템으로 배터리의 전압, 전류 및 온도를 모니터링하여 최적의 상태로 유지·관리해준다. 또한 시스템의 안전 운영을 위한 경보 및 사전 안전 예방 조치도 해주는 현재 기술로는 배터리의 안전성을 확보해주는 최고의 기술이다.

그러나 아무리 좋고 우수한 기술이라 하더라도, 계속 말하듯이 배터리의 화재 및 폭발은 기계적 남용, 열적 남용, 전기적 남용, 물리적 남용, 화학적 남용 등이 복합적으로, 그리고 지속적으로 누적되어져 시간의 흐름에 따라 나중에 나타나는 현상이기 때문에 이에 독립된 전원을 공급해주는 별도의 여분 배터리가 반드시 필요하다. 여기에는 가장 안전성이 높은 슈퍼커패시터 이차전지가 최적이라고 저자는 판단한다. 남용(abuse, 오용)은 정상 상태의 일정한 기준(수준)이나 한계(한도)를 벗어난 과한(과도한) 행위나 함부로 사용 또는 작동을 의미한다.

그리고 배터리 화재의 예방책으로 배터리 상태를 감지하여 과열이 발생 시 이를 초기에 방지·제어·진압하는 열 분산 관리 기술뿐만 아니라 열 냉각효과가 뛰어난 고도화된 냉각시스템기술이 반드시 필요하다.

07 "전기차 화재 '열폭주' 원인이…" 새로운 가설에 '화들짝'

전기차 배터리 열폭주 땐 1,000도 치솟아
진화에 물 110t 필요
이차전지 화재, 대안은 없나
'리튬이온' 태생적으로 화재 취약
고온에 분리막 손상 가능성 커져
양극과 음극 접촉 땐 합선 일어나
한 번 불 나면 끄기 쉽지 않아
전고체 배터리 화재 안전성 높아
'불쏘시개' 전해액 고체로 이뤄져
K배터리, 2027년 양산 목표 개발

지난 1일 800여 대의 차량에 피해를 준 인천 청라 전기차 화재의 원인으로 여름철 고온다습한 기후에 따른 리튬이온 배터리(이차전지) 내 분리막 손상 가능성이 거론되고 있다. 온도가 높아지면 전해질의 기화로 발생한 가스가 배터리 내부 압력을 증가시킨다. 이 압력으로 분리막이 녹고, 누전의 한 종류인 쇼트(합선)가 일어나 '열폭주'가 발생할 수 있다는 것이다. 에어컨 실외기와 자동차가 내뿜는 열기가 밖으로 배출되지 못하고 지하에 쌓이는 아파트와 대형마트의 주차장이 전기차 화재 사고에 취약하다는 지적이 나온다.

그림 4.3은 배터리 화재 · 폭발의 주요 3가지 원인으로 지나친 충전으로 내부 압력 상승 요인이 되는 과충전, 배터리 온도 상승에 따른 자체 발열로 인한 열폭주, 배터리 구조 손상으로 화재 발생의 요인이 되는 외부 충격 등을 나타낸 그림이다.

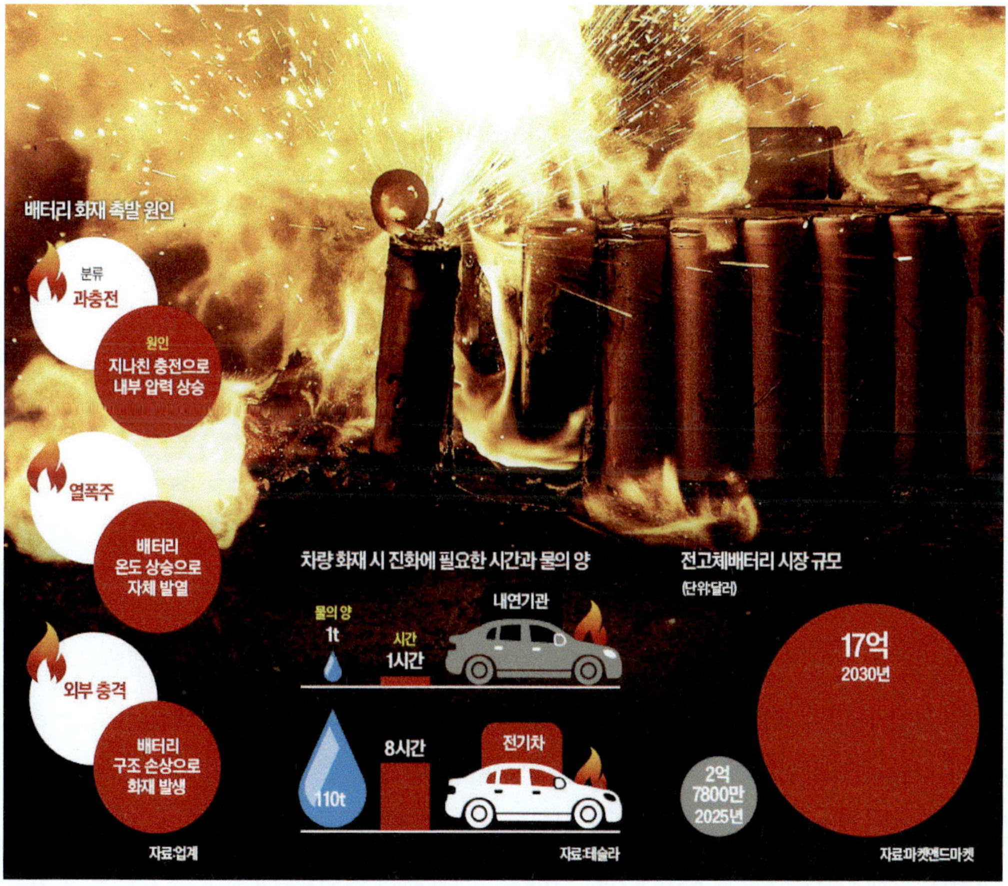

그림 4.3 배터리 화재 · 폭발의 주요 3가지 원인

분리막 손상 시 열폭주 못 막아

16일 과학계에 따르면 이번 화재를 촉발한 리튬이온 배터리를 구성하는 양극재, 음극재, 전해질, 분리막 중 화재와 가장 밀접한 연관이 있는 건 전해질과 분리막이다. 액체인 전해질은 리튬이온이 양극과 음극으로 이동하며 전류를 생성하도록 통로 역할을 한다. 절연 소재인 분리막은 리튬이온 배터리를 구성하는 물질 중 가장 중요하다. 두께는 머리카락 굵기의 25분의 1에 불과한 4μm(마이크로미터)에서 최대 25μm지만 이차전지 원가의 15%를 차지한다. 분리막은 양극과 음극의 직접 접촉을 차단하면서 0.01~1μm의 미세한 기공(공기 구멍)으로 리튬이온만 통과시켜 전류를 발생시킨다. 분리막은 리튬이온만 통행하도록 하는 것이 핵심 기능이다. 양극과 음극이 직접 접촉하면 쇼트가 발생하기 때문이다.

그림 4.4는 리튬이온 배터리와 전고체 배터리의 구조와 구성을 보여주는 개략도(구성도)이다.

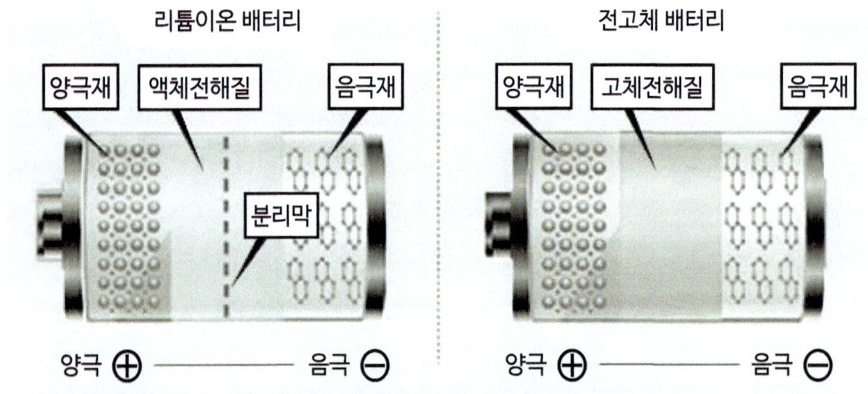

그림 4.4 리튬이온 배터리와 전고체 배터리의 개략도

분리막에 손상이 생겨 양극과 음극이 만나면 쇼트를 넘어 열폭주가 발생한다. 그동안 알려진 분리막 손상 요인으로는 배터리 셀 내부에서 나뭇가지 형태로 달라붙는 결정체인 리튬 덴드라이트가 분리막을 찢는 현상이 주로 언급됐다. 하지만 전문가들은 여름철 고온 다습한 기후가 원인이 될 수 있다는 새로운 가설을 제기하고 있다. 에어컨 실외기와 자동차가 내뿜는 엄청난 열기가 밖으로 배출되지 못하고 지하에 고스란히 쌓였다가 전기차 배터리의 온도를 높여 화재를 촉발했다는 얘기다. 배터리 내부가 뜨거워지면 전해질의 기화로 발생한 가스가 배터리 내부 압력을 증가시킨다. 그러면 분리막이 녹고, 쇼트가 일어나 열폭주가 발생한다. 열폭주가 한 번 발생하면 온도는 순식간에 1,000도 이상으로 치솟는다.

전기차 화재는 수평으로 번진다

전기차 화재는 배터리 셀 1개의 열폭주에서 시작한다. 전기차 배터리는 셀을 묶어 만든 모듈 집합(팩)으로, 수백~수천 개의 셀로 구성된다. 셀에 불이 나면 인접한 셀로 순식간에 불이 옮겨붙는다. 전기차 화재의 위험성은 옆으로 불이 번진다는 데 있다. 국립소방연구원의 '전기차 화재 대응 가이드'에 따르면 내연기관차는 화염 상승 효과로 불이 위로 향한다. 하지만 전기차 화재는 배터리 팩에서 방출되는 압력과 가연성 가스로 인해 수평 형태로 화염이 번진다. 바로 옆 차량으로 불이 번지는 데 75초, 그 옆 전기차까지 불과 2분밖에 걸리지 않는다.

전기차 배터리는 충격 방지를 위해 하드 케이스로 패킹돼 불을 끄는 게 극도로 어렵다. 테슬라 내부 조사 보고서에 따르면 내연기관차 화재 진화에 1시간이 소요된 반면 전기차 화재는 8시간이나 걸렸다. 필요한 물의 양도 내연차 1t, 전기차 110t으로 차이가 컸다. 이처럼 리튬이온 배터리는 태생적으로 화재와 폭발에 취약하다. 지난 6월 24일 경기 화성시 아리셀 일차전지 공장에서 발생한 화재도 리튬에 의한 화재였다. 당시 공장에 있던 리튬전지 3만 5,000개가 모두 폭발하고 스스로 다 타서 꺼진 뒤에야 진화 작업이 가능했을 정도로 열폭주 현상은 심각했다.

배터리 화재를 막을 방법이 없는 것은 아니다. 물을 뿌려 주변 온도를 낮추는 주수소화, 전기차 하부 배터리 팩을 냉각하는 상방향 방사 장치, 연기 발생 억제 및 외부 화염을 차단하는 질식 소화덮개, 전기차를 이동식 소화 수조에 담그는 방법 등을 활용할 수 있다. 기술적으론 삼성SDI와 LG에너지솔루션, SK온 등 주요 배터리 제조사가 양극과 음극의 접촉 차단을 위해 분리막을 더욱 촘촘히 쌓아 손상 위험을 줄이는 'Z스태킹 공법'을 도입했다. 분리막을 세라믹으로 코팅해 강도를 강화해서 손상을 방지하고 신소재인 탄소나노튜브를 활용해 양극재 · 음극재의 부피 팽창을 막는 시도도 활발하다.

전고체 배터리가 대안

보다 근본적인 대책으론 전고체 배터리가 거론된다. 리튬이온 배터리의 전해질은 휘발성 액체다. 쇼트 발생 시 전해액이 불쏘시개 역할을 해 치명적이다. 전고체 배터리는 구성 요소가 모두 고체로 이뤄져 쇼트가 발생해도 불이 나지 않는다. 한국과학기술기획평가원에 따르면 리튬이온은 60도가 넘으면 폭발 사고 발생 확률이 높아지지만 전고체는 170도까지 안정적이다. 삼성SDI와 LG에너지솔루션은 각각 2027년과 2030년 양산을 목표로 전고체 배터리 개발에 한창이다. 시장조사기관 마켓앤드마켓은 글로벌 전고체 배터리 시장이 2025년 2억 7,800만 달러에서 2030년 17억 달러로 커질 것이라고 분석했다.

넘어야 할 난제는 많다. 전고체 배터리는 전해질이 고체여서 이온의 이동이 액체 전해질보다 느리다. 전지 성능이 떨어진다는 뜻이다. 세계 최대 자동차 부품 및 전동공구 업체인 독일 보쉬는 2015년 전고체 배터리 관련 기술을 보유한 미국 스타트업 시오를 인수했다가 2018년 매각했다. 다이슨은 2015년 미국의 전고체 배터리 관련 업체 삭티3를 인수했지만 2018년 사업 철수 결정을 내렸다. 도요타는 전고체 배터리 상용화 시점을 2021년에서 2025년, 2028년으로 계속 지연시키고 있다.

그럼에도 안전을 위해 전고체 배터리가 미래 전기차 경쟁력을 좌우할 것이라는 데 이견이 없다. 다만 가격 경쟁력 확보를 위해 정부 지원이 필요하다는 지적이 나온다. 이호근 대덕대 미래자동차과 교수는 "전고체 배터리가 2~3년 뒤 출시된다고 해도 가격이 너무 높을 것"이라며 "정부가 보조금을 준다면 전고체 배터리를 장착한 전기차 양산 시점을 앞당길 수 있다"고 말했다.

(출처 : 한국경제, "전기차 화재 '열폭주' 원인이… 새로운 가설에 화들짝", A20면, 2024. 08. 17.)

분석 및 해설 배터리의 분리막과 분리막 소재 PE와 PP

화재의 원인으로 여름철 고온다습한 기후에 따른 리튬이온 배터리(이차전지) 내 분리막 손상 가능성이 거론되고 있다. 하지만 가설과 같이 아주 사소한 영향을 받을 수 있지만 분리막의 손상 가능성은 거의 없다. 그 이유를 정리하면 다음과 같다.

① 배터리 팩은 전기차 차체 하단에 실장·위치한다.

② 배터리 팩은 수분이나 먼지 등으로부터 쇼트(short, 단락) 방지를 위해 IP58, IP68

방수 등급으로 방수 및 방진으로부터 완벽하게 밀봉(밀폐)되어 있어 습기에 매우 적절하게 대응하고 있다.

최고 등급인 IP68 방수 등급의 중요성을 말하자면,

IP68 표준은 기기의 방진 및 방수 성능을 나타내는 국제 표준이다. 이 표준은 별도의 문서가 아니며 국제전기기술위원회(IEC)에서 발행한 IEC 60529 표준의 일부이다. 이 표준은 IP68을 포함하여 다양한 수준의 방진 및 방수를 정의한다. IP68 방수는 IP 등급 시스템으로 표시되는 최고 수준의 방수 중 하나이다. 특히 IP68의 "6"은 고체 물질에 대한 최고 수준의 보호 수준을 나타내며, 유해한 먼지나 입자가 제품 내부로 유입되지 않도록 보장한다. "8"은 액체에 대한 최고 수준의 보호 수준을 나타내며, 제품이 손상을 입지 않고 장기간 1m 깊이 이상의 물에 지속적으로 침수되는 것을 견딜 수 있음을 의미한다.

IP68 방수 등급은 물, 습기 또는 열악한 환경 조건에 노출될 수 있는 장치 및 장비에 가장 중요하다. 이러한 수준의 보호 기능은 제품의 신뢰성과 수명을 보장하므로 스마트폰, 스마트워치, 카메라, 태양광 패널을 비롯한 전기차 배터리 팩 등 다양한 응용 분야에 적합하게 적용되고 있다.

하지만 IP68 등급의 기기를 사용하더라도 침수의 위험성은 존재한다. 보통 방수 테스트는 맑은 물, 일정한 온도(섭씨 15~35도)와 수압(86~106kPa 수압)에서 이루어지기 때문에 염분이 많은 바닷물이나 염소 등 소독 성분이 있는 수영장 물 등에 노출되면 IP68 등급이라도 고장이 날 수 있다.

③ 배터리 팩 케이스는 주로 금속 알루미늄으로 되어 있어 열전도도가 아주 우수해 열 분산 효과가 크고, 팩 내부에도 히트 싱크(heat sink) 등이 내장되어 고열에 대응하고 있다.

④ 전기차 자체에 라디에이터(radiator)를 이용해 엔진과 배터리 팩을 식혀주고 있다. 또한 라디에이터 그릴(grille, 격자)로 공기가 유입되어 열을 식히는 기능을 하고 있다. 냉각(cooling)으로 열 분산 및 열관리시스템과 냉각시스템이 갖춰져 있어 주행 중에는 전혀 문제가 없지만 고온다습한 여름에는 가설과 같이 아주 사소한 영향을 받을 수 있지만 이런 고온다습한 환경이 분리막에 영향을 끼쳐 화재를 유발한 가능성은 거의 없다고 저자는 판단한다.

그러면 분리막의 중요성이 상소되고 있기에, 분리막의 구조, 특성, 기능, 원리 등을 정확히 파악하고 이해하여야 분리막의 손상·파손 등이 발생하는 거동 메커니즘을 알 수가 있다.

그러면 신문기사에서 언급한 현재 분리막과 분리막의 소재가 되는 PE(Polyethylene, 폴리에틸렌)와 PP(Polypropylene, 폴리프로필렌)에 대해 자세히 설명하고자 한다.

(1) 배터리 안전을 책임지는 분리막(Separator)

1) 분리막이란?

양극과 음극이 배터리의 성능을 대표하는 소재라면, 분리막은 배터리의 안전성과 관련된 핵심 소재라고 할 수 있다.

리튬은 자체로서 발화, 폭발 등을 유발할 수 있는 불안전한 물질로 리튬 이차전지의 경우 과충전, 과전류 또는 지속적인 열발생(가열)으로 인한 과열, 외부 충격 등에 의해 단락이 되면 내부 압력의 급격한 증가로 발화로 인한 화재, 폭발의 원인이 되며 특히, 고온에 노출될 경우 발화, 폭발 등의 위험성이 높아진다.

분리막은 간단히 설명하면 절연 소재의 얇은 막(membrane)으로, 역할은 크게 4가지 정도로 요약할 수 있다.

① 우선, 첫 번째로 이름에서 알 수 있듯이 분리막은 배터리 내부에서 양극과 음극이 접촉하지 않도록 분리하고 있다. 이렇게 분리막은 양극과 음극이 서로 섞이지 않도록 물리적으로 막아주는 역할뿐만 아니라, 전자가 전해액을 통해 직접 흐르지 않도록 하고, 내부의 미세한 구멍(기공)을 통해 원하는 리튬이온만 이동할 수 있게 만든다. 분리막이 손상되면 배터리의 내부 단락(쇼트, short)으로 누전이 되어 불꽃이 발생하면서 열폭주가 발생될 수 있다.

② 두 번째로는 분리막에는 우리 눈에는 보이지 않지만 매우 미세한 기공(pore)을 가지고 있어 그 구멍을 통해 리튬이온(Li-ion)이 양극과 음극 사이를 이동할 수 있도록 하는 역할을 하고 있다.

③ 세 번째로는 배터리 내부 온도가 일정 수준 이상 올라가게 되면, 분리막 표면에 위치한 기공(pore)들이 막혀 리튬이온의 이동을 차단해 내부적으로 쇼트(short, 단락·합선) 발생을 방지한다.

④ 마지막, 네 번째로 분리막은 높은 기계적 강도를 지니고 있어 강한 힘을 받을 때 배터리 내부에서 발생하는 부산물이나 이물질들을 막아 안전성을 확보하는 역할을 수행한다.

그림 4.5는 분리막 속 기공을 통해 리튬이온이 이동하는 모습을 그린 것이다.

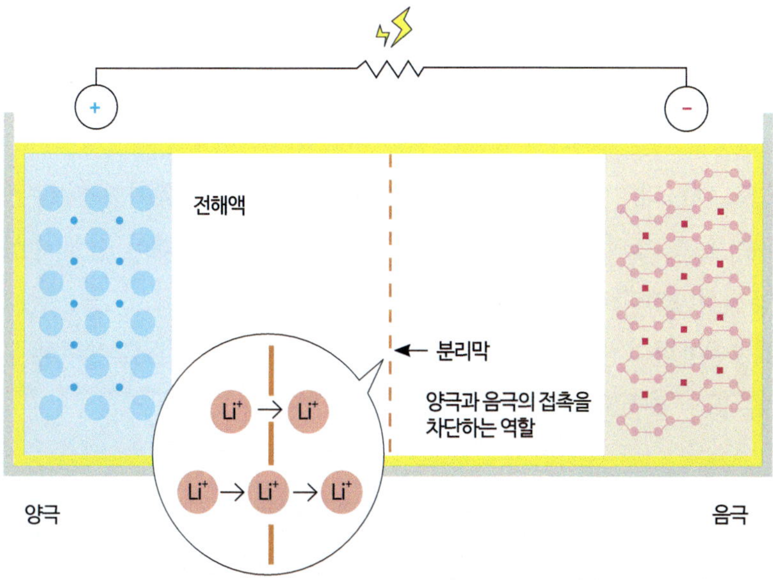

그림 4.5 **분리막 속 기공을 통해 리튬이온이 이동하는 모습**

2) 좋은(기능과 안전성이 우수한) 분리막은 어떤 조건을 갖춰야 할까?

분리막은 다른 소재들과 달리 배터리의 안전성과 연관되어 있기 때문에 여러 조건들이 갖춰져야 한다.

우선 분리막으로 사용되려면, 전기화학적으로 안정적이어야 하고, 절연성이 뛰어나야 한다. 양극과 음극의 접촉을 차단해야 하는데 분리막이 리튬이온이나 배터리 내부에 있는 다른 이온들과 반응해 버린다면, 마치 고양이에게 생선을 맡기는 것과 같은 비유가 되는 것이다.

또한 리튬이온이 원활하게 분리막 사이를 통과할 수 있도록 분리막 표면에 구멍(기공(氣孔), pore)이 많아야 하며, 그 크기는 균일해야 한다. 구멍이 별로 없거나 들쭉날쭉하면, 리튬이온이 이동하는데 어려움이 있다.

기공(氣孔, Pore)의 형태

기공의 형태는 리튬이온(Li-ion)이 이동하는 경로(path, 유로)와 직접적인 관련이 있고, 굴곡률(tortuosity, 굴곡도, 다공성 물질이 얼마나 구부러진 유로를 가지고 있는지를 나타낼 때 사용되는 인자)는 셀(cell, 전지·배터리)의 내부 저항(internal resistance)에 영향을 미치기 때문에 적절한 형상을 갖고, 적절한 연신을 할 수 있어야 한다.

그리고, 배터리의 온도가 일정 수준을 넘어섰을 때 분리막 자체적으로 기공을 막아(셧다운, shut-down) 리튬이온의 이동을 차단해 배터리의 안전성을 확보할 수 있어야 한다.

마지막으로, 배터리의 에너지 밀도 향상을 위해서는 두께가 얇아야 더 많은 양의 활물질을 넣을 수 있고, 그러면서도 분리막의 기계적 강도가 우수해야 쉽게 손상되지 않고 배터리의 안전성까지 확보할 수 있다.

사진 4.2는 전자현미경(SEM, Scanning Electron Microscope)으로 살펴본 분리막 조직 구조이다. 수 많은 촘촘한 기공들이 형성되어져 있다.

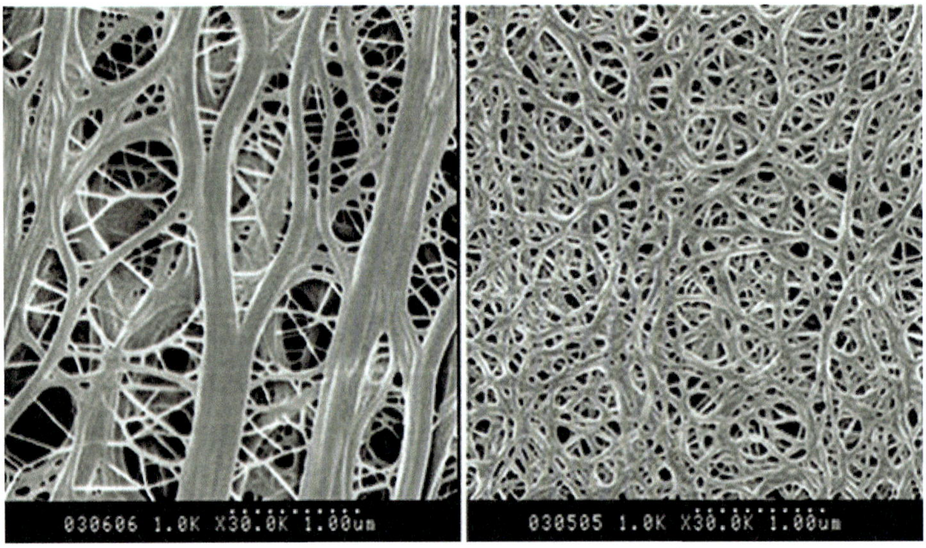

사진 4.2 **전자현미경으로 살펴본 분리막**

3) 코팅(Coating) 기술을 통해 한 단계 진화하는 분리막

분리막의 소재로는 폴리올레핀(Polyolefin, PO), 폴리에틸렌(Polyethylene, PE), 폴리프로필렌(Polypropylene, PP) 등과 같이 절연 특성이 뛰어난 고분자 소재가 사용된다. 이 소재들을 연신하여 미세한 기공을 만드는데 그 방식에 따라 건식과 습식으로 종류를 나눌 수 있다.

건식 제조는 단순히 기계적인 힘으로 필름 원단을 당겨 기공을 만드는 방식이고, 습식 제조는 필름에 여러 참가제를 추가해 화학적인 방식으로 기공을 만드는 방식이다. 건식의 경우, 제조공정은 간단하나 기공 사이즈가 불균일하고, 습식에 비해 기계적 강도도 약하다. 반면, 습식의 경우는 제조공정이 복잡해 고가지만 균일하게 기공의 사이즈를 만들 수 있다는 장점이 있다.

과거에는 분리막으로 필름 소재 하나만을 사용했지만, 최근에는 분리막의 성능을 강화하기 위해 다양한 소재와 방식으로 코팅하여 사용하고 있다. 이는 분리막을 강화해 아주 얇은 막인 분리막의 찢어짐을 비롯한 손상이나 파손(분리막의 결함이 배터리 화재나 폭발의 주된 원인이 되고 있다)을 방지하기 위한 기계적 강도 즉, 내구성을 향상시키는 것으로 내열성과 기계적 강도가 아주 우수한 세라믹 코팅 등으로 강화막(강화재)을 입히는 방법이다.

삼성SDI는 분리막 코팅 기술 내재화를 통해 차별화된 경쟁력을 확보하고 있다. 초고내열성 분리막 개발을 통해 배터리 안전성을 확보하고 박막화 기술로 배터리 용량 증가에 일조했다. 또한, 배터리의 품질 확보를 위해 접착분리막을 개발하여 사용 중이며, 안

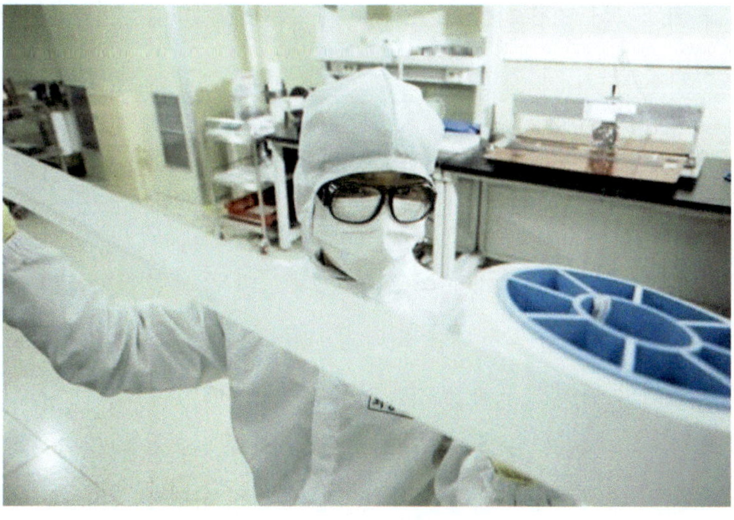

사진 4.3 삼성SDI의 분리막

전성과 품질을 동시에 확보하기 위한 고내열 접착분리막의 개발은 양산 완성 단계에 있다(사진 4.3 참조).

코팅방식은 구체적으로 내열코팅과 접착코팅으로 나눌 수 있다. 내열코팅은 분리막 원단 필름에 고내열 바인더와 세라믹 입자를 코팅해 원단의 수축을 억제하는 방식이다. 접착코팅은 분리막 원단 필름에 접착 바인더를 코팅하고 이를 극판과 접착해 안전성을 향상하고 변형을 방지하는 방식이다.

예를 들면, 삼성SDI는 분리막 코팅기술을 내재화 해 차별화된 경쟁력을 확보하고 있다. 2013년 자체 연구 개발을 시작해 이듬해 2014년 구미사업장에 분리막 생산라인을 완성했다. 삼성SDI의 분리막은 외부에서 공급받은 원단에 세라믹과 폴리머(polymer, 고분자화합물)소재를 섞은 슬러리를 코팅해 내열성과 접착성은 물론 뛰어난 원가경쟁력을 갖추고 있다.

최근에는 배터리 분리막 표면에 세라믹코팅과 바인더코팅을 동시에 하는 기술을 개발했다. MCS(Multi-layer Coated Separator) 기술을 적용한 '고내열성 접착 분리막'이다. 분리막 표면에 코팅을 하고 접착력을 더하면 내열기능이 향상돼 배터리의 화재위험을 크게 낮출 수 있고, 물리적 충격에 대한 안전성도 높일 수 있다.

또한 SK이노베이션에서 개발한 분리막은 다공성, 내열성, 내공성, 절연성, 얇은 두께, 우수한 강도 등의 특징을 갖추고 있다.

분리막 면적의 약 70%까지 기공도를 확보하게 되면 이온의 이동이 많아져 에너지 밀도는 올라가나 기계적인 물성은 약해진다. 이를 극복하기 위해 전해액과 친화성을 갖는 세라믹 코팅 처리를 한다.

세라믹 코팅 분리막(CCS, Ceramic Coated Separator)은 범용 리튬이온 분리막(LiBS, Li-ion battery separator)의 단면이나 양면에 혼합무기물층을 보강한 것으로 성능이 뛰어난 분리막으로 2011년 SK이노베이션이 자체적으로 개발했다. 배터리의 안정성과 직결되는 내열성과 관통 성능을 크게 높여줄 수 있어 일반 습식 분리막보다 부가가치가 높다. 세라믹 코팅 분리막 기술을 통해 분리막의 내구성도 크게 높인다. CCS 기술은 미세한 세라믹층을 분리막 위에 도포하는 기술이다. 대용량 배터리로부터 나오는 열에도 분리막이 변형되거나 수축되는 현상을 최대한 방지해 화재 위험을 낮춘다.

그림 4.6은 SK이노베이션에서 개발한 세라믹입자 코팅 처리 분리막(CCS)의 모습이다.

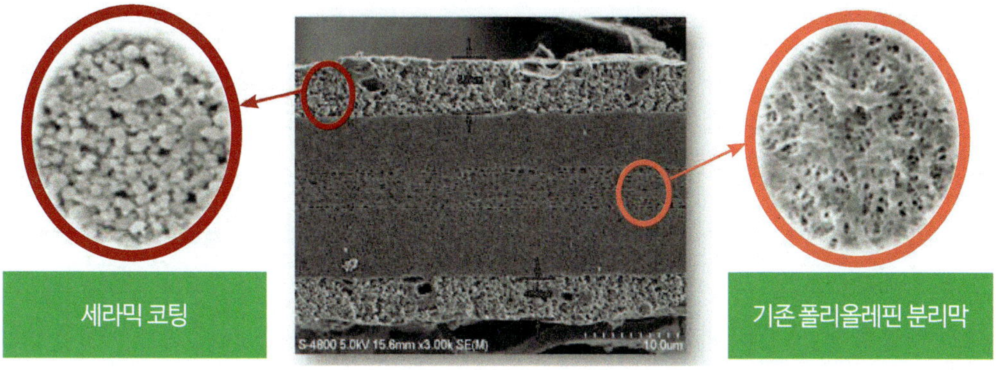

그림 4.6 SK이노베이션에서 개발한 세라믹입자 코팅 처리 분리막(CCS)

기존 분리막 기초 소재인 PE 대비 고내열, 고강도 특성을 지닌 슈퍼엔지니어링 플라스틱(super engineering plastic)을 개발 중이며 이는 세라믹 코팅이 없어 두께와 무게는 감소하고 에너지 밀도는 상승한다.

그림 4.7은 세라믹 코팅 분리막 기술개발의 발전 단계를 보여준다.

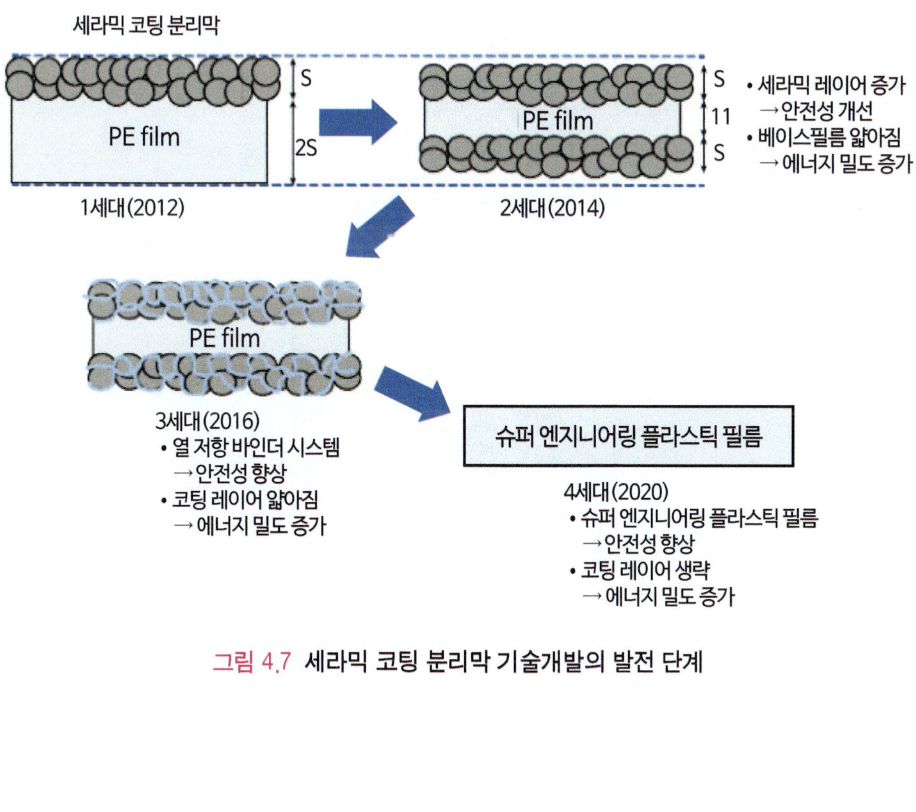

그림 4.7 세라믹 코팅 분리막 기술개발의 발전 단계

분리막은 음극과 양극을 안정적으로 분리하고, 리튬이온을 잘 통과시켜야 하며, 이물질 이동을 차단하고, 온도 증가 시 기공을 막아 리튬이온의 이동을 차단해야 한다. 이에 필요한 특성은 다음과 같다.

① 전기화학적 안정성(저항성) : 배터리 전해액에 장시간 담겨져도 변형이 되지 않아야 한다.
② 유연성 : 금속 전극과 닿았을 때 변형이 되지 않아야 한다.
③ 강도 : 조립 과정과 롤링 과정에서의 압력에 견딜 수 있어야 한다.
④ 통기성과 투공성 : 리튬이온을 원활하게 통과시킬 수 있어야 한다.
⑤ 연신률 : 극박으로 만들 수 있어야 한다.
⑥ 젖음성 : 전해액이 분리막 표면에 충분히 젖을 수 있어야 이온 전도도가 향상된다.
⑦ 내열성 : 특정 온도(130~150℃) 이상의 열환경에서 응용하여 기공이 폐쇄되어야 한다.

4) 분리막의 크기

박막 분리막의 두께는 10~25 마이크로미터(μm, 1μm=10^{-3}mm), 기공 크기는 10~500 나노미터(nm, 1nm=10^{-6}mm) 정도로 매우 작아서 리튬이온(Li^+)이 빠르고 안전하게 이동할 수 있다. 분리막의 안전성을 높이기 위해 강화막 코팅을 한다. 그림 4.8은 분리막의 단면 구조를 나타낸다.

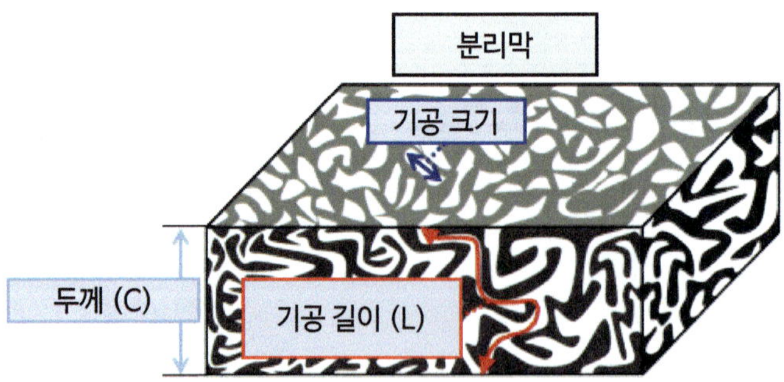

그림 4.8 분리막의 단면 구조

분리막의 특성을 나타내는 주요 기계적 요소(항목)는 표 4.6과 같다.

표 4.6 **분리막의 주요 요소의 특성**

	단 위	내 용
두 께	μm	10~25
기공크기	nm	10~500
기공도	%	30~60
통기도	sec/100mL	〈650
뚫림강도	gf	〉350
인장강도(Machine Direction)	MPa	~100

그림 4.9는 분리막에 있어 기공의 단면도이다.

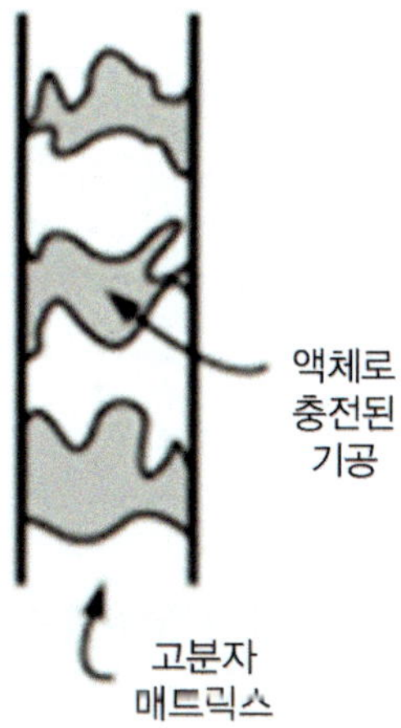

그림 4.9 **분리막 기공(pore)의 단면도**

5) 리튬 배터리 화재 원인

분리막이 손상되면 양극과 음극의 국부적 단락(short, 합선)이 발생하면서 방전량에 따라 LIB(Li-ion battery, 리튬이온 배터리)의 내부 온도를 상승시킨다. 이로 인해 자기 발열(self-heating)이 지속되면서, 과열로 인한 열폭주에 진입하여 가스 분출과 폭발이 발생하고 화재로 이어진다.

따라서 LIB가 열폭주 상태에 도달하면 물 분사 또는 냉각 등의 방법으로는 열폭주를 중단시킬 수 없다. 따라서 전기적 단락으로 인한 화재 및 열폭주를 막기 위해서는 분리막은 절연체가 되어야 한다.

그림 4.10 (a)는 분리막의 역할을 보여주는 개념도이고, (b)는 폴리올레핀계 미세 다공성막(미세기공이 형성된 박막)으로 분리막의 원단 소재이다. 롤(roll) 형태로 감겨있으며 연신 공정을 거친다.

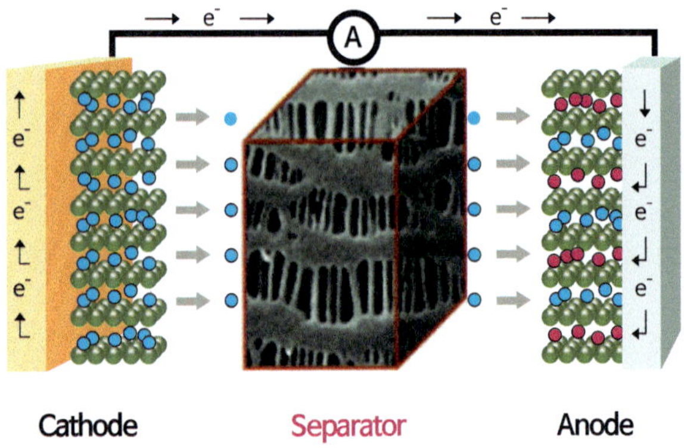

(a) 분리막의 역할을 보여주는 개념도(양극, 분리막, 음극)

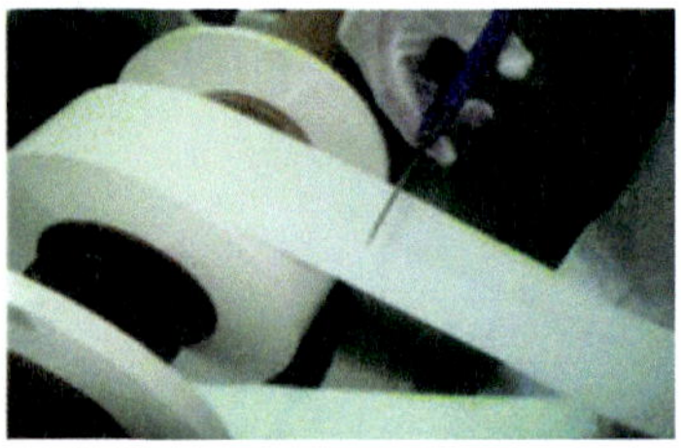

(b) 폴리올레핀 미세 다공성 막

그림 4.10 분리막의 개념도와 분리막 원단

(2) 분리막을 손상 · 파손시키는 덴드라이트(Dendrite) 현상

1) 덴드라이트 현상

덴드라이트(dendrite)는 나뭇가지 형상의 수상돌기 결정체를 뜻한다. 반복되는 충전으로 인해 양극재에서 이동한 리튬이 음극 표면에 침착 · 축적돼 가지를 뻗으며 크기가 성장하여 나중에는 두께가 아주 얇은 분리막을 뚫고 나와 전해액의 양극과 음극을 접촉시켜 단락(쇼트, short, 합선)을 일으켜 화재 유발의 원인이 되고 있다. 분리막의 손상 · 파손을 일으키는 덴드라이트(dendrite, 수상돌기) 현상은 음극 표면에 리튬 결정이 맺혀, 뾰족한 나뭇가지 모양의 수상돌기 결정체로 자라나는 현상을 의미한다. 배터리 충전 시에는 양극에 있던 리튬이온이 전해질(대부분은 전해액)을 통해 분리막을 지나 음극으로 이동한다. 리튬이 주로 흑연 소재로 된 음극 표면에 적체돼 나뭇가지 형태(수상돌기라고 한다)를 띤 결정체를 형성하는 덴드라이트(dendrite) 현상이 발생하는데, 이는 리튬 배터리의 충전 과정에서 음극 표면에 쌓이는 나뭇가지 모양의 결정체로 리튬이온 배터리의 수명과 안전성을 떨어뜨리는 주요 원인으로 꼽히고 있다.

수상돌기를 뜻하는 덴드라이트는 리튬이온전지를 사용하는 과정에서 일정하게 생기는 나뭇가지 모양의 결정이다. 나뭇가지 모양의 결정인 금속 덴드라이트는 금속이 녹아 있는 용액에서 금속 핵이 생긴 다음 사방으로 가지를 뻗으며 자란다. 전지의 양극에 뿌리를 두고 무작위로 자라나며 크기가 너무 커지면 양극과 음극 사이의 분리막을 뚫고 단락을 일으킨다. 내부 단락이 일어난 전지는 기전력을 잃는다. 리튬 덴드라이트가 발생하면 배터리 셀의 내부 전기저항이 급격히 올라가 열이 발생하여 화재의 원인이 되기도 한다.

덴드라이트(dendrite, 리튬 결정체)로 인한 분리막 손상(파손)을 방지해 전기차 화재를 예방하기 위한 최근 기술개발의 2가지 사례를 다음과 같이 설명하고자 한다.

첫 번째 사례는 배터리에서 화재가 발생하는 가장 큰 이유 중의 하나로 분리막 손상(파손)으로 양극과 음극이 접촉해 스파크(spark, 불꽃)를 일으키는 쇼트(short, 단락 · 합선)를 꼽는다. 이런 쇼트를 억제하기 위해 음극시트(anode sheet)를 개발 중에 있다.

이는 화재의 원인으로 불리는 덴드라이트(리튬 결정체)로 인한 분리막 손상(파손)을 음극시트가 기존 분리막 코팅보다 더 잘 보호해줄 수 있기 때문이다.

두 번째 사례는 분리막 코팅 기술로 배터리 화재를 막는다. 이는 전기차 화재를 예방하는 분리막 기술이다.

분리막에 폴리에틸렌(PE) 기반 특수물질을 12μm(마이크로미터 · 1μm=100만분의 1m로 즉, 0.012mm이다) 두께로 코팅하는 기술이 핵심요소기술이다.

이 기술을 통해 덴드라이트(dendrite, 수상돌기)가 분리막에 접촉하는 순간부터 이상을 감지해 회로를 차단하고 사용자에게 통보한다.

배터리 셀은 양극과 음극, 그리고 이 둘을 구분하는 분리막으로 이뤄졌다. 불량 배터리 셀의 음극 내부에서는 나뭇가지 형태 금속 결정체인 덴드라이트가 생성된다. 음극에서 생긴 덴드라이트가 점점 커지며 분리막을 찢고 양극과 만나는 순간 단락(합선)이 생기며 화재가 발생한다.

이 기술을 배터리 셀 제조 단계에 적용하는 것이 목표이다. 현재 상용화가 가능한 수준으로 전고체 배터리가 화재를 막을 꿈의 기술이라는 평가에 대해선 부정적인 견해를 밝혔다. "액체 전해질을 고체(전해질)로 바꾸더라도 덴드라이트 확산을 막지 못한다는 실험 데이터 및 평가 결과가 2023년 6월 국제학술지 네이처를 통해 발표됐다"고 주장했다(출처 : 24M테크놀로지).

08 전기차社 절반, 화재예방 핵심정보 미공개 …'안전 인증' 반쪽 우려

국내 판매 14곳 중 벤츠-볼보 등 7곳 … "기술유출 우려" 정보 제공 안해
BMS 미공개땐 성능 정밀검사 불가 … "인증제 실효성 위해 공개 의무화를"
테슬라도 배터리 업체 공개 합류

국내에서 전기차를 판매하는 국내외 제조사 14곳 중 7곳이 공공기관에 화재 예방을 위한 핵심 정보를 제공하지 않는 것으로 나타났다. 그림 4.11과 같이 배터리관리시스템(BMS)는 배터리 모듈 온도, 셀 간 전압 편차, 전류 흐름을 막는 저항 등 '배터리의 두뇌'로 불리는 '배터리관리시스템(BMS)'에서 추출할 수 있는 정보다. 제조사들은 기술 유출이 우려된다며 정보 제공을 거부하고 있다. 내년 2월부터 시행하는 '배터리 안전성 인증제'와 '배터리 이력제'가 반쪽짜리에 그칠 수 있다는 우려가 나온다.

그림 4.11 전기차에 있어 배터리관리시스템(BMS)의 주요 기능

16일 한국교통안전공단과 국토교통부 등에 따르면 전기차 제조사 14곳 중 7개 업체는 교통안전공단에 BMS 정보를 제공하지 않는다. 인천 청라 아파트 지하주차장에서 화재가 발생한 'EQE' 제조사인 메르세데스벤츠를 포함해 볼보, 폴스타, 포르셰, 스텔란티스, 재규어랜드로버, KG모빌리티 등이 해당된다. 이들 제조사가 13일까지 판매한 전기차는 총 3만 2,056대로 국내에 등록된 전기차의 8.2%다. 다만 KG모빌리티 관계자는 "아직 신차 출시 후 정기점검 시기가 도래하지 않았다. 내년 배터리 인증제와 이력제 시행에 맞춰 BMS 정보를 제공할 것"이라고 했다.

BMS는 배터리 상태를 수시로 점검해 최적의 조건으로 배터리를 유지해주는 기술이다. 전기차 정기점검 때 배터리 안전성과 성능을 정확히 점검하려면 BMS가 관리하는 배터리 모듈 온도, 열화 상태(열에 의해 변질되는 정도), 셀 간 전압 편차 등의 수치가 필수적이다. BMS 정보를 공단에 제공하지 않는 7개 제조사의 전기차는 배터리 성능 검사가 제대로 이뤄지지 않는다는 의미다. 교통안전공단 관계자는 "BMS 정보가 없으면 정밀진단을 제대로 할 수 없다"고 말했다.

이들 중 다수 제조사는 7곳은 기술 유출 가능성을 들며 정보 제공을 거부하고 있다. 현재 자동차관리법 시행 규칙상 전기차 제조사들은 점검에 필요한 정보를 제공해야 하지만 BMS 정보는 의무 제공 대상에서 제외돼 있다. 정부 관계자는 "BMS 기술 전체가 아니라 진단에 필요한 일부 정보를 요구하는 것"이라며 "기술 유출을 우려할 문제가 아니다"라고 설명했다.

문제는 BMS 정보 없이는 내년 2월 시행을 앞둔 배터리 안전성 인증제와 배터리 이력제의 실효성이 떨어진다는 점이다. 배터리 인증제는 전기차 출시 전 배터리가 안전기준에 적합한지 여부에 대해 국토부 장관의 인증을 받도록 하는 제도다. 이력제는 배터리 점검 이력이나 리콜 여부 등 생애 주기 등을 관리하는 제도다. BMS에 나오는 수치들을 확인해서 평가하고 기록해야 의미가 있다.

정부는 방안 마련에 나섰다. 최근 정부는 BMS에 담긴 안전 정보를 공개하는 자동차 회사에 추가 보조금으로 대당 30만 원을 지급하며 정보 공개를 유도하는 방안을 추진하기로 했다. 하지만 제조사들의 반응은 미온적인 상황이다. 국토부 관계자는 "배터리 인증제가 시행되면 BMS 정보 없이는 인증 자체가 불가능하니 인증 통과가 어려울 수 있다"며 "향후 BMS 정보를 제공받을 수 있는 방안을 강구할 것"이라고 압박했다.

김필수 대림대 미래자동차학부 교수는 "BMS 정보 없이는 배터리 성능을 정밀 점검할 수 없으니 정보 제공을 의무화하는 방안을 검토해야 한다"며 "정부가 제조사 측과 지속적으로 협의해야 할 것"이라고 주장했다.

한편 16일부터 테슬라코리아도 국토부에 제출한 자료를 통해 배터리 제조사를 공개했다. 그림 4.12는 2024년 8월 13일 전기차 등록대수 기준 배터리관리시스템(BMS) 정보 제공 제조사 현황을 나타낸다.

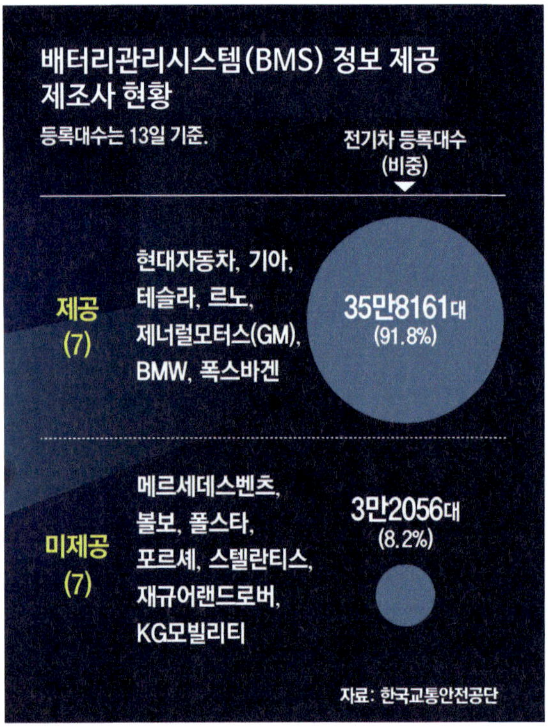

그림 4.12 **배터리관리시스템(BMS) 정보 제공 제조사 현황**

모델3와 모델Y에 LG에너지솔루션, 일본 파나소닉, 중국 CATL 배터리를 탑재했다고 밝혔다. 모델X와 모델S에는 일본 파나소닉 배터리를 적용했다. 13일 정부가 국내에서 전기차를 파는 모든 제조사에 배터리 정보를 공개하도록 권고한 뒤 뒤늦게 테슬라도 참여한 것이다. 테슬라는 올해 상반기(1～6월) 국내 전기차 판매대수 기준 점유율이 26.5%로 1위다.

테슬라까지 정보를 공개하면서 국내 21개 전기차 브랜드 모두가 자사 전기차의 배터리 정보를 공개했다. 배터리 정보는 국토교통부 자동차 리콜센터 홈페이지나 각 사 홈페이지 등에서 확인할 수 있다.

(출처 : 동아일보, "전기차社 절반, 화재예방 핵심정보 미공개 … '안전 인증' 반쪽 우려", 6면, 2024. 08. 17.)

09 "열폭주 감지하는 BMS … 정확도 높이면 2일전 경고 가능"

차주에 BMS 정보제공 동의 의무화 … '전기차 포비아' 대책 추진

스마트폰 앱처럼 차량 소유주가 전기차 배터리관리시스템(BMS)의 주요 정보를 완성차 업체에 필수적으로 제공하도록 하는 방안이 추진된다. 현대자동차 등 완성차 업체가 배터리 이상을 미리 감지할 수 있는 BMS 기술을 내놓고도 차주의 정보 제공 동의를 받지 못해 제대로 활용하지 못하는 사각지대를 해소하자는 취지다.

18일 관련 부처에 따르면 정부는 최근 열린 전기차 안전 관계부처 회의에서 차주의 BMS 정보 제공 동의를 필수화하는 방안을 논의했다.

정부 관계자는 "국토교통부가 규정을 마련하고 산업통상자원부는 연구개발(R&D)을 지원하는 등 종합적인 대책을 검토하고 있다"고 말했다. 이 관계자는 "다만 위치 정보 등 사생활 관련 개인정보는 제공 대상에서 철저히 제외할 것"이라고 했다.

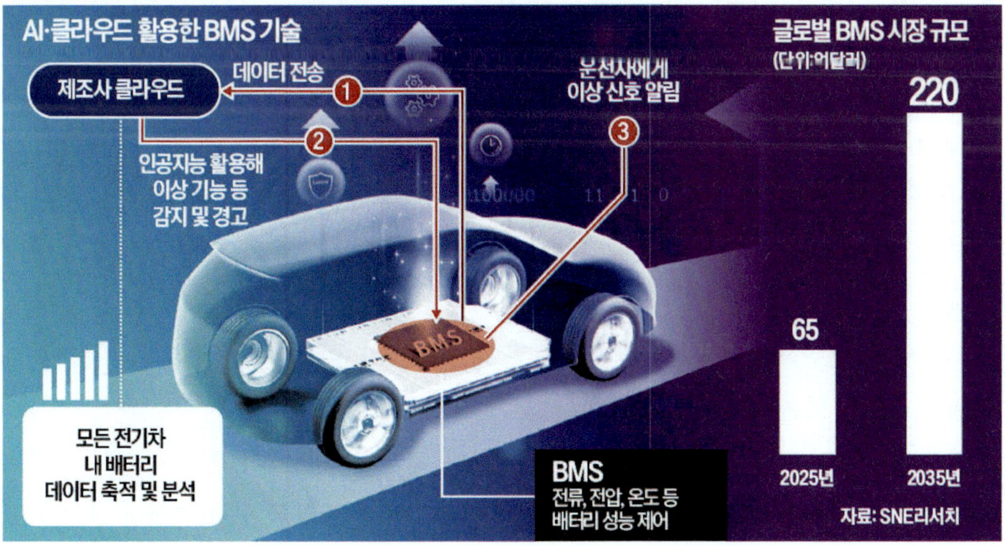

정부는 테슬라와 같이 차주가 처음 차를 인도받을 때 BMS 정보 제공에 동의하지 않으면 차량이 작동하지 않는 방식 등을 검토하는 것으로 알려졌다. 스마트폰 앱을 내려받을 때 필수 정보 제공에 동의하지 않으면 앱을 사용할 수 없는 것과 비슷한 방식이다.

지난 6일 충남 금산군에서 발생한 기아 EV6 화재 당시 배터리관리시스템(BMS)은 사고 전에 자체 경보를 울렸다. 사후 조사 결과 밝혀진 내용이다. 하지만 이 차량은 차주가 BMS 정보 제공에 동의하지 않아 제조업체와 차주 모두 제때 경보를 받지 못했고, 적절한 조치도 할 수 없었다.

이뿐만 아니라 사고가 난 EV6 차량의 배터리와 전기자동차 충전기는 화재 이후에도 사용이 가능한 것으로 알려졌다. 과충전이 화재의 원인이 아니라는 점을 짐작할 수 있는 대목이다.

과충전 방지도 BMS 기술의 일부

애초 전기차의 과충전을 방지하고, 충전 시설을 지상으로 이전하는 데 주력할 것으로 알려진 정부의 대책이 BMS로 방향을 튼 것은 BMS 기술 강화가 더 포괄적이고 근본적인 전기차 안전 대책이라고 판단했기 때문이다. BMS 정보가 더 이상 차량 소유주의 개인정보가 아니라 공공의 안전을 위한 공익 정보로 취급되고 있다는 것이다.

전문가들도 정부의 접근법 변화를 환영했다. 이백행 한국자동차연구원 수석연구원은 "과충전 방지 기능도 BMS 기술의 일부"라며 "과충전을 막기보다 BMS를 고도화해 리스크를 미리 감지하고, 대응하는 편이 낫다"고 말했다.

최근 출시된 전기차들이 필요한 만큼 충전되면 스스로 전기 공급을 막는 기능을 갖추고 있다는 점도 과충전 방지보다 BMS의 중요성이 커지는 이유다.

자동차업계와 한국전력에 따르면 전기차 충전 중 화재사고를 조사한 결과 충전기는 꽂혀 있었지만 충전이 완료돼 전력이 공급되지 않는 상태인 경우가 더 많은 것으로 나타났다.

서울시 등 일부 지방자치단체가 대책으로 내놓은 '90% 이상 충전 금지'가 전문가들과 여론의 비판을 받은 이유다.

전문가들은 전기차 화재의 원인을 과충전보다 배터리의 미세한 손상이 장기 누적된 데서 찾고 있다. 정부 관계자는 "언덕과 과속방지턱이 많은 한국 도로 특성상 전기차 배터리에 가해지는 미세한 충격의 빈도가 높다는 분석이 있다"며 "미세 결절 등이 누적되면서 장기적으로 배터리의 안전성을 떨어뜨렸을 가능성이 있다"고 말했다.

BMS 정보 제공이 사고 예방 핵심

BMS 정보 제공 동의가 사고 예방의 핵심으로 꼽힌다. 테슬라는 초기 설정 시 BMS 정보 제공에 동의하지 않으면 차량 작동 자체가 불가능하다. 우리나라는 정보 제공 동의 관련 규정이 없다.

현대자동차·기아는 15일 배터리 이상 현상을 감지하면 이를 차주와 제조사에 즉시 통보하는 BMS 기술을 앞으로 출시하는 모든 신형 전기차에 적용한다고 발표했다. 하지만 차주의 정보 제공 동의가 없으면 차량에 최신 기술을 적용하더라도 제조사가 정보에 접근할 수 없어 대처에 한계가 있다는 게 정부 설명이다. 위치정보 등 사생활과 관련한 데이터는 동의 대상에서 제외된다.

수집하는 정보의 범위를 늘리고 정확도를 높이는 BMS 기능 강화도 대책에 포함된다. 현재 BMS는 배터리의 전압, 전류, 온도 등 기본적인 정보를 수집하지만 배터리의 상태 변화를 미리 감지할 수 있는 기능을 추가하면 더 이른 시점에 사고 발생 가능성을 경고할 수 있다는 것이다. 이 수석연구원은 "경고 시점을 사고 발생 10~20분 전에서 1~2일 전으로 당길 수 있고, 대처 안내 역시 '즉시 운행 중단' '정비소 점검' 등 단계별로 할 수도 있다"고 설명했다.

(출처 : 한국경제, "열폭주 감지하는 BMS … 정확도 높이면 2일전 경고 가능", A5면, 2024. 08. 19.)

10 전기차 100% 충전해도 불나지 않아, 과충전 아닌 배터리 내부 결함 추정

자체 방지기술 적용 … 셀 편차 관리 BMS 중요성 강조
완충땐 배터리 용량 80% 사용, 이상 징후 시 BMS가 전원차단
배터리 제조사 정보 공개 필수, 화학요소·성분 포함해야

윤원섭 성균관대학교 에너지과학과 교수(성균에너지과학기술원 차세대배터리 연구소장)가 지난 16일 국내 언론과 만나 전기차를 향한 막연한 두려움에 대해 우려를 표시했다.

"충전 깊이(충전량) 때문에 사고가 나는 게 아니라, 배터리 셀 내부 고장이나 배터리 제어시스템(BMS) 결함 때문에 화재가 발생하는 것입니다."

특히 전기차 과충전으로 인한 화재 위험보단 셀 자체 성능 결함과 차량 관리 시스템 오류로 인한 화재 가능성이 더 큰 만큼 이를 관리·감독할 수 있는 대책이 필요하다는 게 그의 의견이다. 그는 2026년부터 성균관대가 삼성SDI와 함께 설립하는 배터리공학과를 이끌게 될 배터리 전문가다.

윤 교수는 최근 전기차에 대한 잘못된 정보가 확산하고 있다고 진단했다. 특히 100% 충전의 위험성을 묻는 말에 "충전량과 화재가 관련 있는 것은 당연하지만 지배적인 원인은 아니다"고 말했다.

윤 교수에 따르면 NCM(니켈·코발트·망간) 배터리의 경우 양극의 전체 용량은 1g당 275mAh 수준이지만 100%로 규정하고 있는 양은 200~210mAh 정도에 불과하다. 이미 제조사에서 과충전이 이뤄지지 않도록 안전 마진을 확보하고 있는 셈이다.

또 100%라고 말하는 것은 안전까지 고려한 수명이라며, 즉 안전까지 고려한 배터리 수명을 100%로 표현할 뿐 실제 배터리 용량은 더 크다는 의미다.

그는 "배터리 전체 용량만큼 충전하면 당연히 위험하고 이를 과충전이라고 부르고 있지만 과충전은 기본적으로 몇 가지 방법으로 이미 차단이 돼 있다"며 "셀 제조사에서도 자체적인 과충전 방지 기술을 가지고 있고 자동차 회사에서도 소프트웨어적으로 배터리관리시스템(BMS) 등이 갖춰져 있다"고 말했다.

이어 "화재는 결국 충전량 때문이 아니라 셀 내부 결함이나 그 결함을 컨트롤할 수 있는 BMS에 결함이 있을 때 발생한다"며 "최근 일어난 벤츠 화재 원인 역시 셀의 내부 결함을 원인으로 추정할 수 있다"고 했다.

윤 교수는 소비자 선택권을 높이기 위해 배터리 제조사를 공개해야 한다고 강조했다. 그는 "배터리는 자동차 엔진만큼 굉장히 중요한 부품이기 때문에 제조사뿐만 아니라 셀에 들어가는 기본적인 화학 요소, 성분 등을 드러내야 한다"고 했다.

이어 "배터리 성능을 판단할 때 △에너지 밀도 △파워 △가격 △제품 수명 △안전 등을 고려하는데, 이를 골고루 잘 갖춘 게 (LG에너지솔루션·삼성SDI·SK온)배터리 3사"라며 "소형부터 중대형까지 충분한 경험과 노하우를 쌓아 경쟁 셀 회사와 비교해도 우위에 있다"고 말했다.

윤 교수는 배터리 특성상 셀의 편차가 발생할 수밖에 없는 환경인 만큼 누적된 셀의 결함을 관리할 수 있는 BMS의 중요성을 강조했다. 그는 "어느 순간 갑자기 불이 나는 게 아니라 서서히 결함이 누적되고, 이를 알 수 있는 신호가 있었을 것이므로 이에 어떻게 대처하느냐가 관건"이라고 설명했다. 특히 "현대차의 경우 E-GMP라고 전기차 전용 플랫폼을 활용해 더 진보된 기술을 적용한 경우가 3년 정도 됐다"며 "그 사이에 비충돌로 인한 화재가 한 건 정도밖에 없는 것으로 아는데, 그만큼 관리가 굉장히 잘 돼 있는 것"이라고 했다.

윤 교수는 전기차 화재 예방을 위해선 임시방편이 아닌 근본적인 대책이 필요하다고 했다. 윤 교수는 "'지하 주차장에 들어가면 안 된다'는 것은 약간 마녀사냥의 느낌이 나는 부분이 있다"며 "지금 당장 불안하니까 그런 게 심리적인 불안감을 잠재울 수 있지만 이를 법제화하거나 규정화할 때는 인과 관계를 확인해 봐야 하므로 좀 더 시간을 두고 전문가들이 모여 심도 있게 토의하고 검증한 다음 대책을 세우는 게 중요하다"고 말했다.

(출처 : 머니투데이, "전기차 100% 충전해도 불나지 않아, 과충전 아닌 배터리 내부 결함 추정", 14면, 2024. 08. 19.)

11 현대차 · 기아 전기차 '안심만만' … "100% 완충 떠도 화재서 안전"

실제 충전량, 계기판보다 적어 3단계 안전 기술로 제어 · 관리
과충전 폭발 사고 한건도 없어

인천 청라 아파트 지하주차장 화재로 '전기차 포비아'(공포)가 커지는 가운데 현대자동차 · 기아가 배터리 충전량(SoC)은 전기차 화재와 직접적인 관계가 없다고 밝혔다.

계기판에 '배터리 100% 충전' 표시가 떠도 배터리 제조사와 자동차 메이커가 일정량의 충전 여유(마진)를 둔 만큼 실제 충전량은 이보다 적다는 이유에서다. 현대차 · 기아는 충전 과정 등에서 문제가 생겨도 배터리관리시스템(BMS)을 통해 충분히 제어할 수 있다고 강조했다.

현대차 · 기아는 20일 "현대차와 기아 운전자가 계기판에서 확인할 수 있는 배터리 충전량에는 이미 세 개의 마진이 반영된 상태"라고 밝혔다. 첫 번째는 배터리 제조사가 설정한 마진이다. 니켈 · 코발트 · 망간 등으로 제조한 삼원계(NCM) 배터리는 g당 최대

275mAh 정도의 에너지를 담을 수 있다. 그러나 배터리 제조사는 이보다 낮은 g당 200~210mAh 수준만 사용할 수 있도록 설계한다고 현대차는 설명했다.

여기에 자동차 제조사가 안전 및 내구성 등을 확보하기 위해 추가로 설정한 마진과 BMS가 사용 가능한 용량을 재산정하는 '리밸런싱' 과정에서 추가로 확보하는 마진이 더해진다. 리밸런싱은 배터리를 구성하는 수많은 셀 가운데 가장 성능이 떨어지는 셀을 기준으로 전체 충전 가능 용량을 다시 설정하는 것을 말한다.

회사 관계자는 "BMS에는 15년 이상의 노하우가 담긴 과충전 방지 기술이 적용돼 있다"며 "현재까지 단 한 건의 과충전 사고도 발생하지 않았다"고 말했다.

현대차·기아는 대다수 전기차 화재가 배터리 제조 불량 또는 외부 충돌 등에 의해 발생한 내부 단락(쇼트) 때문이라고 지적했다. 그런 만큼 배터리 셀 제조사와 함께 품질 관리를 더욱 철저하게 하고 BMS를 통해 오류를 진단하는 것이 중요하다고 했다. 현대차·기아는 BMS가 전류 및 전압의 변화부터 온도, 순간 미세 단락 등을 진단한 뒤 이상 징후가 확인되면 사용자에게 문자메시지로 통보하는 시스템을 갖췄다고 설명했다.

현대차 관계자는 "계기판에 나오는 100% 완전 충전 상태는 안전성이 철저히 검증된 구간 내에서의 충전량을 의미하는 만큼 불안해할 필요가 없다"며 "배터리 사전 진단 및 화재방지 기술을 고도화해 안심하고 전기차를 운행할 수 있도록 하겠다"고 밝혔다.

(출처 : 한국경제, "현대차·기아 전기차 '안심만만' … 100% 완충 떠도 화재서 안전", A13면, 2024. 08. 21.)

12 '전기차 공포' 진화 나선 車업계 "배터리 두뇌(BMS)가 과충전 차단"

현대차-기아, 안전 홍보-위험성 반박
'충전 90% 이하만 지하주차' 대책에 … 업계 "배터리 충전량과 화재 무관
대부분 제조 불량-외부 충돌 원인"
"보급 확대서 안전 대책 강화로" 지적

인천 청라 화재 사고 이후 전기차 '포비아'(공포증)가 확산하자 완성차 및 배터리 셀 제조사들이 '안전 제일주의'를 내세우며 진화에 나섰다. 각 사가 보유한 첨단 안전 기술을 소개하는가 하면 전기차 화재의 한 요인으로 거론되는 과충전 문제에 대해서도 반박

하고 있다. 캐즘(일시적 수요 정체)에 빠진 전기차 시장이 완전히 얼어붙기 전에 반전의 계기를 마련해 보려는 전략으로 해석된다.

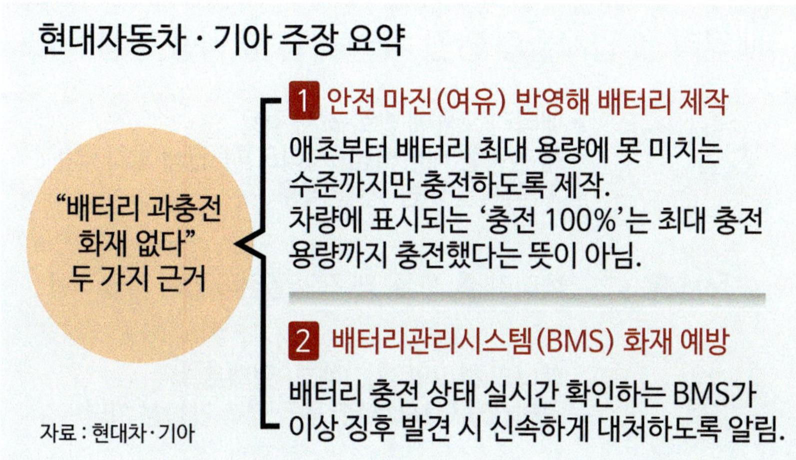

현대자동차 · 기아는 20일 전기차 안전 관련 보도자료를 내고 "배터리 충전량과 화재는 상관성이 없다"고 주장했다. 서울시가 공동주택 지하주차장에 배터리 잔량이 90% 이하인 전기차만 출입하도록 제한하는 대책을 내놓은 것을 의식한 행보다. 정치권 또한 이달 중 전기차 화재 방지 대책 발표를 앞두고 '충전율 제한'을 검토하는 것으로 알려졌다.

현대차 · 기아는 먼저 배터리 수명과 차량 성능 향상을 위해 애초에 최대 용량까지 충전하지 못하도록 마진(여유)을 두고 제조된다는 근거를 들었다. 차량에 표시되는 '충전율 100%'는 배터리 최대 용량까지 충전된 게 아니라는 의미다. 또한 그 범위를 넘어 충전되는 문제가 발생해도 '배터리 두뇌' 역할을 담당하는 배터리관리시스템(BMS)이 "전력과 스위치를 차단해 추가적인 충전을 막는다"고 했다.

그러면서 "배터리 화재는 충전량과 무관하게 (셀) 제조 불량이나 외부 충돌 등에 의해 내부 물리적 단락(합선)이 발생해 이뤄지는 경우가 대부분이다"라고 주장했다. 윤원섭 성균관대 에너지과학과 교수도 최근 "충전율과 화재는 당연히 관련이 있지만 지배적 원인은 아니다"라고 밝힌 바 있다.

KG모빌리티가 전기차 특별 안전 점검에 나서는 등 다른 완성차 업체들 또한 전기차 고객의 불안감 해소에 나선 상황. 17개 완성차 업체가 일제히 배터리 제조사를 공개한 데 이어 저마다의 안전 대책, 기술력을 소개하는 데 열중하는 분위기다.

배터리 셀 업체들의 안전 기술 개발 및 적용 현황

업체	기술
LG에너지솔루션	▪ 배터리 모듈에 방화 소재 적용 ▪ 새 원통형 배터리(46시리즈)에 연쇄 발화 막는 '디렉셔널 벤팅' 기술 적용
삼성SDI	배터리 셀, 모듈, 팩 간의 열전파 방지 기술 적용
SK온	배터리 분리막 '지그재그' 형태로 쌓는 공법(Z폴딩)으로 양·음극 접촉 가능성 차단

자료 : 각 사

LG에너지솔루션이 배터리 모듈에 방화 소재를 적용하기로 하는 등 배터리 셀 업체들도 마찬가지. 이항구 자동차융합기술연구원장은 "외신조차 주목하는 이례적인 사고가 국내에서 발생하면서 '전기차 대중화' 시기로 진입하는 초창기에 전기차 산업 생태계 전체가 큰 난제에 부닥친 형국"이라고 했다.

일각에선 이번 화재로 그간 '친환경성'만 강조하며 보급률을 높이는 것에 중점을 두던 전기차 정책을 되짚어 봐야 한다는 지적도 나온다.

전기차가 늘어나는 것만큼 전기차 화재 건수도 가파르게 오르는 만큼 중장기적인 안전 대책이 마련돼야 한다는 얘기다.

소방청의 연료별 자동차 화재 건수와 카이즈유 데이터 연구소의 누적 자동차 등록 대수에 따르면 전기차 1만 대당 화재 발생 건수는 2019년 0.78대에서 2023년 1.32대로 급증했다. 2023년 수치에서 전기차는 경유(1.48대)에 이어 2위에 올랐다. 이덕환 서강대 명예교수(화학 · 과학커뮤니케이션)는 "비교적 새 차인 전기차의 화재 발생 건수가 노후 차량이 많은 가솔린보다 많아졌다는 점에 주목해야 한다"며 "보급률을 올리는 것에만 급급하다가 정작 안전이 등한시돼 있었는데 이번에 설익은 정책이 아닌 근본적인 안전 대책을 세워야 한다"고 설명했다.

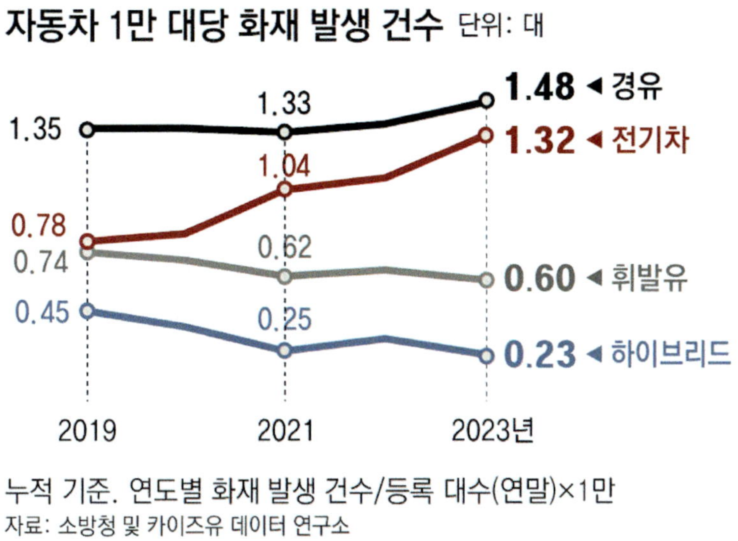

(출처 : 동아일보, "전기차 공포" 진화 나선 車업계 "배터리 두뇌(BMS)가 과충전 차단", B3면, 2024. 08. 21.)

분석 및 해설 배터리의 분리막과 분리막 소재 PE와 PP

위의 신문기사 내용에서 언급한 "사고가 난 EV6 차량의 배터리와 전기자동차 충전기는 화재 이후에도 사용이 가능한 것으로 알려졌다. 과충전이 화재의 원인이 아니라는 점을 짐작할 수 있는 대목이다."라는 사례는 아주 복합적으로 얽혀있는 원인 중 단지, 하나의 경우(사례)일 뿐이다. 과충전도 전기차 화재의 결정적 원인이 아니라 단지, 다양하고 복잡하게 얽혀 있는 많은 원인 중에서 주된 하나의 원인일 뿐이다.

배터리 충전량(SoC, State of Charge)는 말 그대로 배터리의 충전상태를 의미하며, 배터리의 잔존 용량을 나타내기 위해 현재 사용할 수 있는 배터리 용량을 전체 용량으로 나누어 백분율(%)로 표현한다.

배터리 충전 시 과충전 방지를 위한 충전량 안전 마진(safety margin)에 대해 설명하면, 첫 번째는 배터리 제조사가 안전 마진을 확보하며 두 번째로는 자동차 메이커(완성차 제조사)가 일정량의 충전 여유(마진, charge margin)를 둔 만큼 실제 충전량은 이보다 적다. 그리고 세 번째로, 여기에 자동차 제조사가 안전 및 내구성 등을 확보하기 위해 추가로 설정한 마진과 BMS가 사용 가능한 용량을 재산정하는 '리밸런싱' 과정에서 추가로 확보하는 마진이 더해진다. 리밸런싱(rebalancing, 재조정 · 재설정으로 다시 셀 간 전압 균형을 맞추는 것)은 배터리를 구성하는 수많은 셀 가운데 가장 성능이 떨어지는 셀을 기준으로 전체 충전 가능 용량을 다시 설정하는 것을 말한다.

예를 들어, 직렬로 연결된 셀 2개를 충전할 때 첫 번째 셀은 4.2V 전압을 달성했지만 두 번째 셀은 전압이 4.0V에 그치는 경우가 생기는데, 이때 셀 간 전압 편차가 0.2V이다. 이렇게 직렬로 연결된 배터리 셀 간의 전압 차이(전압 편차)를 조정하여 맞추는 것을 셀 밸런싱(cell balancing)이라고 하는 데, 이를 자동차 제조사에서 최종적으로 다시 체크해 재조정하는 작업인 리밸런싱을 하는 것으로 과충전으로 인한 화재 방지를 위해 3중(3단계)으로 충전량을 안전 기술로 제어 · 관리를 하고 있다는 것이다.

그래서 배터리 충전량에는 이미 세 개의 마진이 반영된 상태라고 밝힌 것이다.

여기서 첫 번째는 배터리 제조사가 설정한 마진이다. 니켈 · 코발트 · 망간 등으로 제조한 삼원계(NCM) 배터리는 g당 최대 275mAh 정도의 에너지를 담을 수 있다. 그러나 배터리 제조사는 이보다 낮은 g당 200~210mAh 수준만 사용할 수 있도록 설계한다고 현대차는 설명했다.

배터리의 충전용량(충전량) 즉, 배터리 용량(battery capacity, 단위는 mAh(밀리암페어아워, 밀리암페어시))이란 배터리가 저장할 수 있는 전기의 양으로, 최대 충전용량 275mAh의 약 73~76%로 안전율을 준 200~210mAh 수준으로 제한을 주어 관리하고 있는 것이다.

이는 다른 가전제품의 배터리와 마찬가지로 전기차용 배터리도 100% 충전해도 3단계로 안전 마진을 준 충분한 안전범위 내에서 관리되도록 설계 · 설정되어 있으며, 만에 하나 문제가 발생하더라도 배터리 두뇌 역할을 담당하는 첨단 BMS가 이를 차단하고 관리한다. 안전성이 검증된 범위에서 배터리 충전용량이 산정되기에 실제로 전기차를 완충(완전 충전)하더라도 전기차에는 추가 여분의 충전 가능 용량 24~27%가 존재한다. 운전자가 수치 상으로 볼 수 있는 계기 상 100% 충전량은 총 3개의 마진이 반영된 결과치는 단지 73~76%일 뿐이다.

모든 장치, 기기 및 시스템을 컨트롤(control, 제어)하는 자동차의 두뇌 ECU(Electronic Control Unit, 전자제어장치)나 컴퓨터의 두뇌 CPU(Central Processing Uunit, 중앙처리장치), 스마트폰의 두뇌 AP(Application Processor, 모바일 중앙처리장치) 등과 같이 사용 조건과 환경에 관계없이 배터리의 오랜 기간, 지속 사용에도 배터리의 모든 기능과 동작(작동)을 제어하는 BMS가 한 치의 오류도 없이 완전하게 작동 · 유지되도록 하는 완벽하고 고도화된 기술 그리고 BMS 자체에 오류 진단 및 오류 수정 기술까지 적용된다면 분명히 배터리의 발화 · 화재 · 폭발 가능성도 분명히 낮출 수 있다.

"과충전 방지 기능도 BMS 기술의 일부"라며 "과충전을 막기보다 BMS를 고도화해 리스크를 미리 감지하고, 대응하는 편이 낫다"것에는 당연히 동의한다. 왜냐하면 과충전 방지 기술이 BMS의 주요 기능 중의 하나이기 때문이다. 완성차 업체에서는 과충전에 대비해 배터리 BMS와 함께 물리적 제어에 의한 전원 차단 시스템을 갖추고 있다.

피로 · 파괴 거동의 한 예를 들어 보자. 과충전으로 인한 열적 피로를 말하자면, 과충전으로 임계점 이상으로 과도한 전기가 배터리 셀에 흐르면 이에 대응하는 저항으로 인해 당연히 열이 발생한다. 열 발생이 지속으로 누적되면 열피로(이를 열피로도라고 한다)가 생기고, 특히 고온에서는 외부 물리적 힘(충격, 낙하, 진동, 떨림 등)이 작용하지 않아도 시간에 따른 시간 의존성 변형이나 손상(파손)이 일어나는 크리프(creep, 재료가 일정한 응력 하에서 온도의 영향을 받을 때 특정 시간 동안 발생하는 변형으로, 금속 및 플라스틱 소재에서 크리프는 일반적으로 고온에서 발생한다) 현상으로 열변형에 의한 파괴나 절단에 이르는 상황까지 된다. 따라서 대용량 · 고출력인 전기차의 열이 발생하는 배터리에서는 열피로 증가 및 누적으로 인한 열적 리스크(risk)가 상존하기에, 과충전으로 인한 화재 가능성도 있으므로 BMS와 냉각시스템이 그 만큼 중요하다.

BMS(Battery Management System, 배터리관리시스템)가 배터리 안전성을 담보하는 핵심 부품인 동시에 CTE(Critical Technology Element, 핵심요소기술)이므로 본 저서에서는 많은 내용으로 심도있게 다루는 것이다.

BMS는 배터리 상태를 수시로 점검해 최적의 조건으로 배터리를 관리 · 유지해주는 기술이다. 전기차 정기점검 때 배터리 안전성과 성능을 정확히 점검하려면 BMS가 관리하는 배터리 모듈 온도, 열화 상태(열에 의해 변질되는 정도), 셀 간 전압 편차 등의 수치가 필수적이다.

특히 배터리 특성상 셀의 편차(셀 간 전압 편차)가 발생할 수밖에 없는 기술적 한계와 환경인 만큼 누적된 셀의 결함을 관리할 수 있는 BMS의 중요성이 크기 때문이다.

따라서 언제, 어디서나 즉 전기차 주행 중, 충전 중 그리고 정차(운행 중단) 시에도 배터리의 성능 및 안전성을 정밀하게 점검해 배터리의 성능, 내구성 및 안정성을 최적으로 유지하는 전기차에 있어 절대적으로, 필수적으로 중요 기능을 하는 장치이다.

따라서 BMS의 정보 공개는 당연할 뿐 아니라 법적으로도 의무화해야만 한다. 전기차 배터리의 발화 · 화재 · 폭발은 앞에서 자세히 설명한 바와 같이 배터리 셀 자체의 결함(failure, 고장 · 불량, 셀 결함으로 품질 불량을 총칭)과 함께 여러 기계적, 전기적, 열적, 물리적, 화학적 오용(abuse, 남용)을 비롯한 전자장치의 오동작(오작동)과 소프트웨어 오류(error) 등의 복합적 요인(원인)들로 인해 장기적으로 피로 및 누적되어 야기되는, 사전에 예측치 못하는 시간 의존성 이상 현상이기 때문이다.

그렇기 때문에 BMS에 기록된 모든 데이터를 수집해 빅데이터화하여 AI 등으로 분석하고, 추출하면 배터리 셀 내부 결함이나 고장인지, 하드웨어를 비롯한 시스템의 고장(오동작 등)인지, 아니면 운용 소프트웨어의 오류인지 등을 추정하고 예측해 보다 분명하고, 명확한 원인 규명에 도달할 수 있다고 본다. 동시에 전기차 사용자와 제조사 등 관련 기관에도 배터리가 정상 상태에서 벗어난 이상 여부를 감지하는 즉시 사전에 미리 애플리케이션 앱 및 차량 모니터에 전송하면(당연히 경고음과 같이) 여유를 갖고 신속히 대응 · 조치해 화재 및 폭발 사고를 미연에 방지할 수가 있다. 이것이 생명의 안전과 모두의 경제적 손실을 예방하는 위한 최상의 방법(최적의 솔루션)이라고 할 수 있다.

이는 자동차에서 발생하는 이상 현상인 급발진의 원인이 담겨있는 자동차 EDR(Event Data Recorder, 사고기록장치)의 핵심정보와 같기 때문이다. EDR(Event Data Recorder)이란 차량운행 중에 일정 조건의 충돌이나 사고(event)가 발생하면 사고 전 · 후 일정시간(5초) 동안의 운행정보나 충돌정보를 기록, 저장, 추출할 수 있는 장치를 말하며, 주로 차량의 에어백 제어모듈(ACU, Airbag Control Unit)나 엔진 ECU(Electronic Control Unit, 전자제어장치) 혹은 PCM(Power Control Unit, 전원제어장치) 등에 내장된 일종의 데이터 기록 장치를 말한다.

EDR에는 차량의 속도(충돌 전후 속도 변화), 브레이크 작동 여부 및 브레이크를 밟은 정도, 엔진 회전수(RPM) 등의 중요 정보가 기록돼 담겨 있어, 급발진 사고 원인 규명에 필요한 정보를 제공한다.

13 화재에 가장 안전한 차는 하이브리드

배터리 크기 전기차 10분의 1

과부하 걸리지 않게 설계돼

하이브리드 차량이 다른 연료의 차종보다 화재가 가장 적게 난 것으로 조사됐다. 차량 화재는 일반 도로에서 발생한 사례가 가장 많았다. 18일 소방청의 '자동차 유종별 화재 현황'에 따르면 최근 5년간 하이브리드 차량의 화재 건수는 총 131건으로 모든 유종의 차들 중 가장 적었다. 경유차 화재가 6,777건으로 가장 많았고 휘발유차가 3,885건으로 그다음이었다. 전기차 화재는 157건으로 집계됐다.

하이브리드 차량은 전기차처럼 배터리를 탑재하고 있지만 배터리 크기가 전기차 대비 10분의 1로 작아 화재 위험이 낮다는 분석이다. 내연기관과 전기 배터리 작동을 양분해 둘 중 어느 한쪽에 과부하가 걸리지 않도록 설계돼 있는 점도 화재 가능성을 줄이는 요인이다. 하이브리드 차량은 2019년 누적 등록 대수가 50만 6,000대였고, 2023년에는 154만 2,000대로 3배 이상 증가했다. 엔진과 전기 모터를 같이 쓰는 하이브리드차는 친환경차로 분류되는 데다 연료를 적게 써 꾸준히 인기를 끌어왔다. 이 같은 인기에도 하이브리드 차량 화재는 2019년 23건에서 2023년 31건으로 차량 대수 증가 대비로는 적게 늘었다.

반면 경유 차량은 매해 차량 등록 대수가 감소했음에도 불구하고 차량 노후화 영향 등으로 화재 건수가 증가했다. 경유차는 2019년 996만 대에서 2023년 950만 대로 줄었으나 화재는 1,348건에서 1,414건으로 늘었다.

전기차의 경우 차량 증가세와 비례해 화재 발생이 늘어나고 있다. 전기차 전체 판매 규모는 2019년 9만 대에서 2023년 54만 4,000대로 늘었다. 전기차 화재 건수는 같은 기간 7건에서 72건으로 증가했다. 지난해 말 누적 등록 대수가 1,231만 4,000대인 휘발유 차량의 화재는 매년 비슷한 수치를 유지하고 있다. 지난해 말 누적 등록 대수를 기준으로 화재 발생률을 계산하면 하이브리드 차량은 0.002%로 가장 낮았다. 뒤를 이어 휘발유차, 전기차, 경유차로 집계됐다.

(출처 : 매일경제, "화재에 가장 안전한 차는 하이브리드", A2면, 2024. 08. 19.)

분석 및 해설 하이브리드 전기자동차(HEV, Hybrid Electric Vehicle)

하이브리드 전기자동차(HEV)는 엔진과 모터동력을 조합하여 구동하는 자동차로, 즉 전기와 가솔린 모두를 이용하는 자동차이다.

하이브리드 자동차로 불리기 위한 필수 조건은 배터리와 전기모터를 갖추고 있어야 한다는 것이며, 배터리와 전기모터만으로 구동되는 차는 순수한 전기차(EV)이지만, 거기에 기존 방식의 내연기관을 함께 갖추고 있기 때문에 순수하지 못한 전기차 또는 순수하지 못한 내연기관 자동차라 하여 하이브리드 자동차라 하는 것이다.

내연기관이 비효율적으로 움직일 때, 전기모터가 보충하는 원리이다. 하이브리드 기관은 주로 가솔린 기관에 쓰인다. 가솔린 기관의 최대 효율 구간은 상대적으로 협소하기 때문에 전기모터 기관이 들어감으로써 효율이 높아지기 쉽기 때문이다.

하이브리드 자동차의 장점과 단점을 살펴보면, 우선 하이브리드 자동차의 가장 큰 장점은 높은 연비이다. 하이브리드 자동차가 높은 연비를 자랑할 수 있는 이유는 가솔린 엔진과 전기모터가 적절하게 조화되어 있기 때문이다.

하이브리드 자동차는 출발하거나 가속, 감속이 되었을 때에는 가솔린 엔진과 전기모터가 같이 사용되어 배터리를 저장하고 출력하며 연료 소모를 줄이는 기능을 가지고 있다. 또한 하이브리드 자동차는 자동차의 무게 중심 부분에 배터리가 들어가기 때문에 코너링이 안정적이며, 전기모터를 사용하기 때문에 엔진을 이용하는 내연기관 자동차보다 소음이 적은 특징이 있다. 또한 연료 사용량이 적어 화석연료를 많이 사용하지 않아 친환경적이다.

반면 하이브리드 자동차의 단점으로는, 하이브리드 자동차는 큰 엔진과 40kg이 넘는 배터리가 트렁크에 위치해 있기 때문에 트렁크의 용량이 적다는 단점이 있다.

최근에는 배터리를 트렁크 아래쪽에 위치시킴으로써, 트렁크 용량 증가가 가능해지기도 하였지만 아직까지 내연기관 자동차의 트렁크 용량보다는 작기 때문에 트렁크에 짐을 많이 싣고 다니는 용도에는 불편함을 유발할 수 있다.

두 번째, 단점은 전기모터와 대용량 배터리 탑재로 인한 기존 내연기관 자동차보다 비싼 가격이다. 또한 하이브리드 자동차의 특성상 구조가 복잡하게 되어 있기 때문에 사고가 났을 때 수리 비용이 내연기관 차량보다 많이 발생하며 호환 가능한 부품을 구하기가 어렵다는 단점이 있다.

하이브리드 자동차는 연료 소모는 최소화하면서 주행 성능은 극대화하기 위해 출발과 저속주행, 가속주행, 고속주행, 감속주행, 정지 등 5가지 주행 형태별로 모터주행과 엔진주행을 적절히 조합한 주행모드로 주행한다. 그림 4.13은 도로 주행환경에 따른 하이브리드 전기자동차의 주행 특성을 보여준다.

그림 4.13 도로 주행환경에 따른 하이브리드 전기자동차의 주행 특성

그림 4.14는 하이브리드 전기자동차의 내부 구조를 평면 개념도로 보여주고 있다. 배터리와 연료탱크가 뒷자석 시트 및 트렁크 하단부 밑에 실장되어 있다.

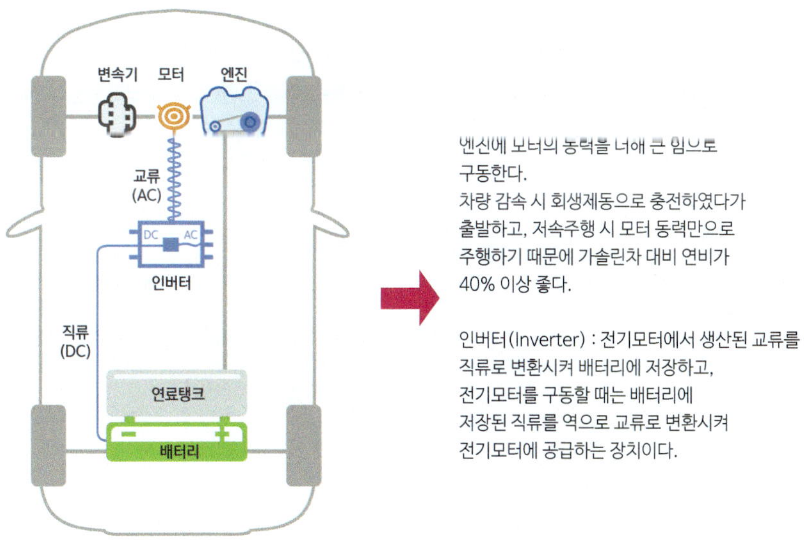

그림 4.14 하이브리드 전기자동차의 내부 구조

1) 플러그인 하이브리드 전기자동차(PHEV, Plug-in Hybrid Electric Vehicle)

플러그인 하이브리드 전기자동차(PHEV)는 엔진과 모터동력을 조합하여 차량을 구동하는 면에서 하이브리드 전기자동차와 동일하지만, 플러그인 하이브리드 전기자동차는 외부 전원을 연결하여 배터리를 충전할 수 있고, 하이브리드 전기자동차는 감속 시 생산한 전기만으로 충전한다는 점에서 다르다.

따라서 외부 전원으로 배터리를 충전할 수 있기 때문에 하이브리드 전기자동차보다 긴 구간을 모터만으로 주행할 수 있다.

배터리를 가득 충전한 후 출발하면 처음 40km 전후까지 배터리 전원의 힘만으로 가는 전기차 모드로 주행하고, 그 이후는 배터리 충전량을 일정 수준으로 유지하면서 하이브리드 모드로 주행한다. 그림 4.15는 도로 주행환경에 따른 플러그인 하이브리드 전기자동차의 주행 특성을 보여준다.

그림 4.16은 플러그인 하이브리드 전기자동차의 내부 구조를 평면 개념도로 보여주고 있다. 배터리와 연료탱크가 뒷자석 시트 및 트렁크 하단부 밑에 실장되어 있다. 특징은 외부 전원을 연결하여 배터리를 충전할 수 있도록 앞부분에 OBC(On Board Charger) 완

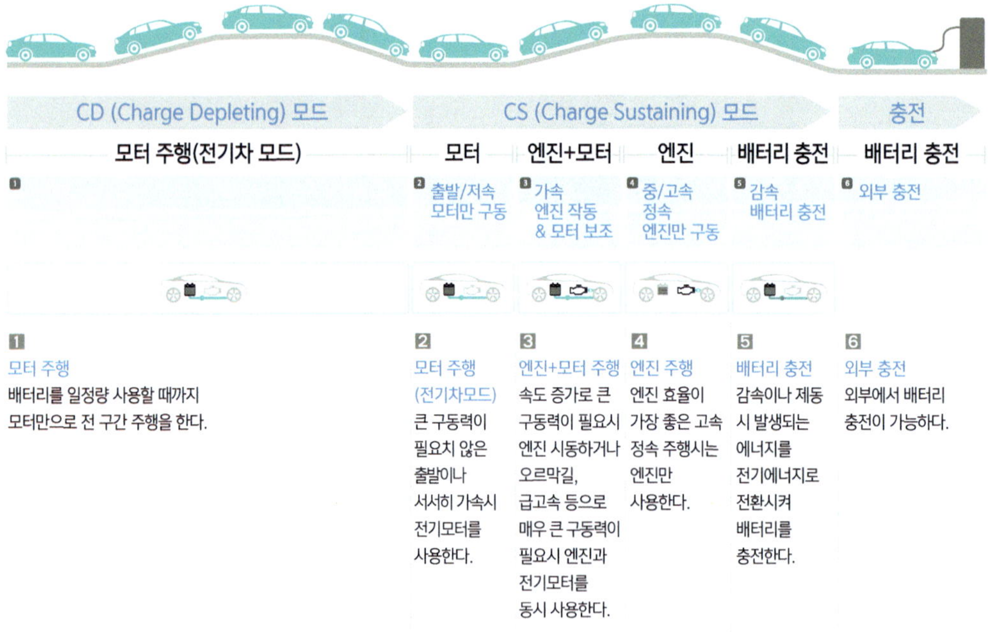

그림 4.15 도로 주행환경에 따른 플러그인 하이브리드 전기자동차의 주행 특성

속충전기가 내부에 실장되어 있다.

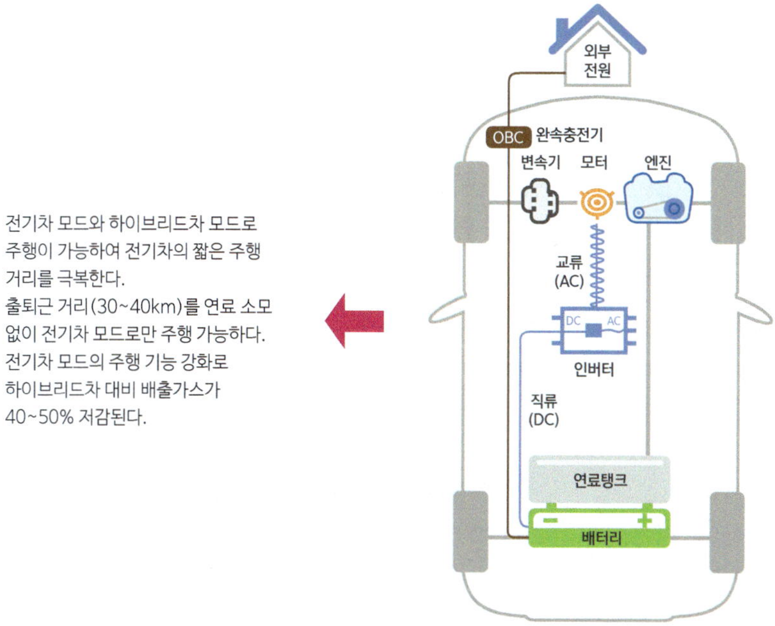

그림 4.16 플러그인 하이브리드 전기자동차의 내부 구조

2) 전기자동차의 배터리 팩과 냉각

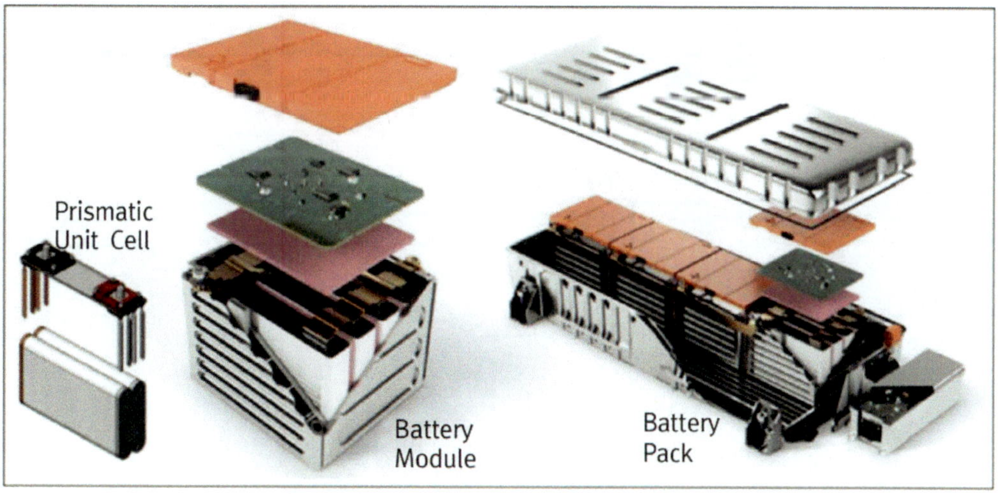

(a) 배터리 모듈 (b) 배터리 팩(battery pack)

그림 4.17 전기자동차의 배터리 팩(battery pack)의 구성 요소

그림 4.17은 전기자동차의 배터리 팩(battery pack)을 구성하는 구성 요소이다. 그림 4.17(a)는 배터리 셀(cell)과 보호회로(BMS, Battery Management System) 등이 결합된 모듈이고, (b)는 외장 케이스로 조립된 배터리 팩(battery pack)이다.

그림 4.18은 전기자동차가 주행 시 배터리에서 발생하는 열발산을 냉각시키는 냉각시스템 BTMS(Battery Thermal Management System)의 구성도이다.

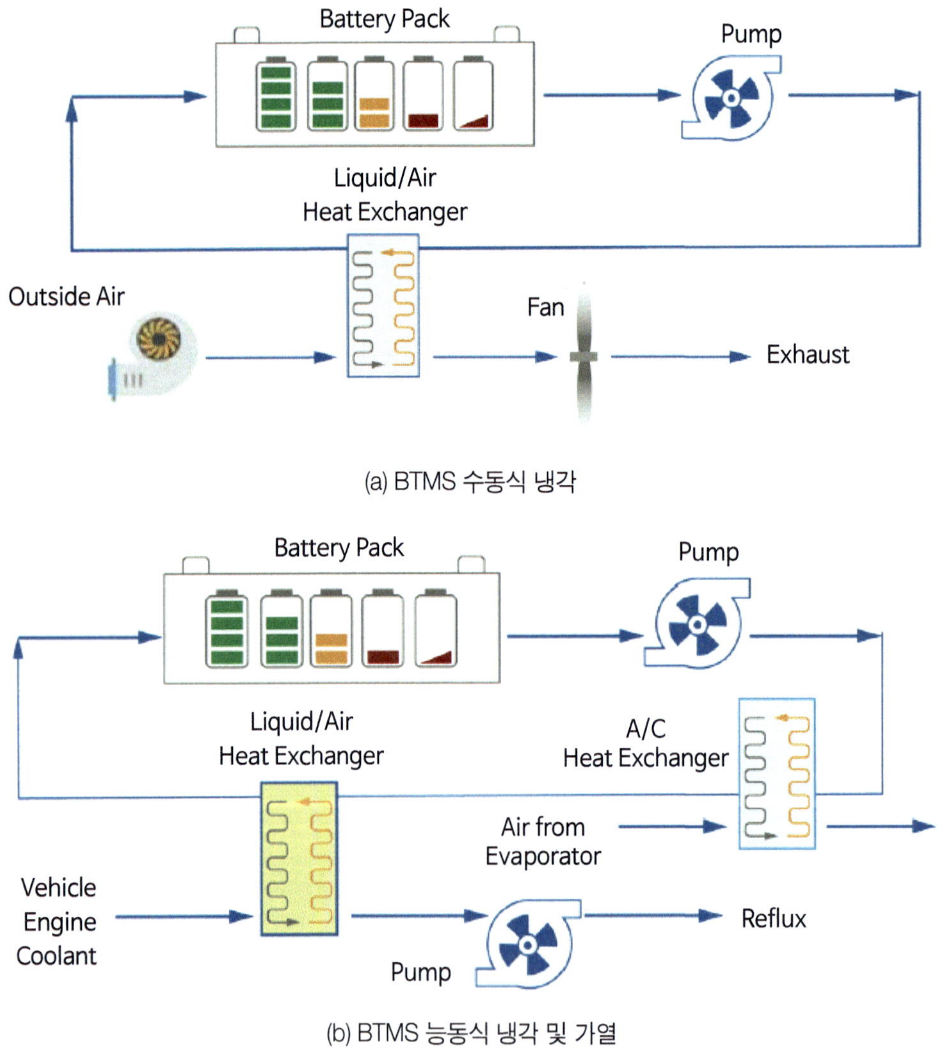

그림 4.18 **전기자동차 냉각장치 BTMS의 구성도(개념도)**

14 "전기차 공포 막아라" 열화상 CCTV · 질식소화덮개 지원

성동구 이동식 소화수조 마련
강남구 '24시간 모니터링' 등
서울 자치구 관련대책 잇따라

사진 4.4 메르세데스-벤츠코리아의 전기차 무상 점검이 시작된 지난 14일 서울의 한 벤츠 공식 서비스센터에서 직원이 입고된 전기차를 점검하고 있다.

최근 인천시의 한 아파트와 경기 용인시 도로 등에서 전기차 화재가 발생하며 불안감을 호소하는 시민들이 늘어나는 가운데, 서울 자치구들도 잇따라 관련 대책을 내놓고 있다.

18일 서울 각 자치구에 따르면 성동구는 관내 성동소방서 · 성동경찰서 등 관계기관과 함께 전기차 사고 예방에 주력하고 있다. 성동소방서에 전기차 화재 진압 때 배터리 팩 냉각 효과가 큰 것으로 알려진 이동식 소화수조(이동식 침수조)와 불이 난 차량을 덮는 질식소화덮개 등 전기차 화재 진압 장비들을 추가로 지원한다.

또 전기차 충전 구역엔 열화상 폐쇄회로TV(CCTV) 설치를 권고해 화재를 조기에 감지하고 경고하는 시스템을 만든다는 방침이다.

서초구는 전기차 화재 발생 시 빠른 초동대처가 가능하도록 질식소화덮개와 상방향 직수장치, 전용소화기 등 화재진압장비를 담은 화재대응키트를 접근이 용이한 장소에 설치한다. 이와 별도로 전기차 전용 주차구획을 비추는 열화상 카메라를 설치해 구 차원에서 24시간 모니터링을 실시하고, 위험 상황을 사전에 발견할 수 있도록 조치한다(사진 4.5 참조).

사진 4.5 **불이 난 차량을 덮을 수 있는 질식소화덮개 /사진제공=서초구청**

서울시에서 전기차 등록 대수(올해 7월 기준 누적 1만 3,703대)가 가장 많은 강남구도 관내 공영주차장 56개 중 전기차 화재 시 인명과 재산 피해가 크게 이어질 수 있는 옥내 주차장 20곳 전체에 질식소화포 22개를 설치해 대비 중이다. 강남구는 특히 역삼문화공원 제1호공영주차장, 논현초교 · 언주초교 공영주차장 3곳에 온도 상승을 조기 감지하는 열화상 카메라 9대를 설치하고, 통합주차관센터와 연동해 24시간 모니터링을 실시하고 있다.

관악구는 전기차 화재 사고 발생을 예방하기 위한 태스크포스(TF)를 새롭게 구성해 운영 중이다. TF는 관내 전기차 충전소 1,162기에 대해 충전시설이 설치된 장소와 화재 예방시설 설치 유무 등에 대한 전수조사를 실시하고, 시설별 맞춤형 화재 안전 대책을 마련한다. 서울시 긴급 점검 대상에 포함되지 않은 1,000세대 미만 공동주택과 유동 인구가 많은 대규모 점포에 대해 관악소방서와 합동 점검을 추진한다. 스프링클러와 같은 필수 소방시설의 유지관리 상태 등도 확인한다. 아울러 관내 공동주택 안전관리자 200

여명을 대상으로 소방교육도 진행한다.

(출처 : 머니투데이, "전기차 공포 막아라, 열화상 CCTV · 질식소화덮개 지원", 2면, 2024. 08. 19.)

15 캐즘 · 화재 후폭풍에도 … 車업계 신기술 전기차로 정면돌파

위기를 기회 삼는 기업들
글로벌경쟁 中에 뒤처질라
배터리 감시 기술 적용 등
화재예방 전화위복 계기로
현대차 아이오닉9 연내 공개
기아 EV 국산 배터리로 주목
BMW · 볼보도 예정대로 출격

전기차 포비아

인천 청라 전기차 화재로 전기차 포비아(공포증)가 확산하고 있지만, 현대차그룹을 비롯한 완성차 업계는 전동화 전환 속도를 늦추지 않는다는 방침이다. 전동화 속도를 늦출 경우 빠르게 성장하는 중국 전기차 업계에 한순간에 경쟁력을 뺏길 수 있다는 이유에서다. 안전성을 더욱 높이는 데 주력하면서도 전동화 경쟁력을 잃지 않겠다는 것이 목표다.

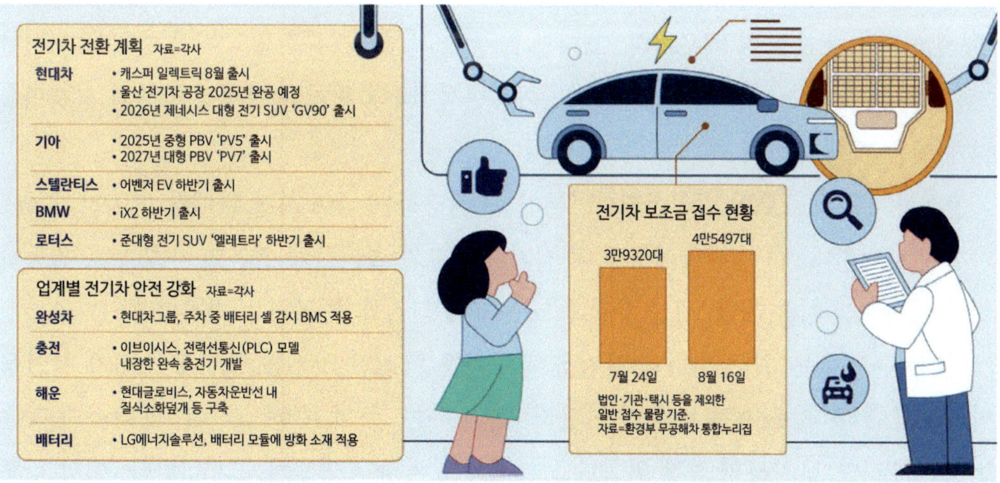

19일 업계에 따르면 인천 화재 후폭풍 속에서도 현대자동차·기아 등 국내에서 차량을 판매하는 완성차 업체·수입차 업체 중 예정됐던 전기차 신차 출시 일정을 미룬 곳은 한 곳도 없는 것으로 파악됐다. 전기차 캐즘(성장 정체)에 화재가 겹쳤지만, 장기적인 방향에서의 전동화 전환에 대한 변동은 없다는 입장이다.

현대차는 올해 하반기로 예정한 프리미엄 전기차들의 출시 일정을 그대로 유지한다는 방침이다. 현대차는 11월 미국 로스앤젤레스(LA) 오토쇼에서 플래그십 전기 스포츠 유틸리티차량(SUV) 아이오닉9을 공개하고 바로 출시 준비에 돌입한다는 계획을 최근 수립했다. 아이오닉9은 99.8kWh의 대용량 배터리를 장착하는 것으로 알려졌다.

배터리 용량이 큰 만큼 화재 가능성이 작지 않다는 지적이 있을 수 있지만, 자체 배터리관리시스템(BMS)의 주자 중 배터리 셀 감시 기능 등 최첨단 화재 방지 시스템으로 전기차 포비아를 정면 돌파한다는 전략이다. 현대차는 올해 하반기 중 제네시스 G80 전기차의 연식변경 모델 출시도 앞두고 있다. 지난달 공개한 캐스퍼 일렉트릭의 출고 일정에도 변화가 없다는 게 현대차 측 설명이다.

2025년까지 최소 4개 차종의 국내 출시를 앞두고 있는 기아 역시 "출시 일정에 변화는 없다"고 밝혔다. 기아는 올해 하반기 중 보급형 전기차 EV3, 2025년 EV4와 EV5, 중형급 PBV(목적기반차량) 등 4종의 대량 판매 모델 출시를 앞두고 있다.

기아는 특히 이번 배터리 제조사 공개를 통해 현대차그룹의 E-GMP 플랫폼을 활용하는 EV 시리즈 전 모델이 국산 배터리를 장착한다는 사실이 알려지면서 오히려 국내 고객 수요를 끌어올릴 수 있는 계기로 보고 있다.

현대차그룹이 이처럼 전동화 전환 속도를 유지하는 것은 현재의 시기가 '패러다임 전환'에 해당한다고 보기 때문이다. 고태봉 iM증권 본부장은 "중국은 이미 전기차가 지난 7월 신차 판매의 절반을 넘어가는 상황"이라면서 "국내 전기차 업체들이 해외 경쟁력을 잃게 되는 것에 대한 우려가 있다"고 말했다.

현대차그룹은 글로벌 기업이지만, '본진'에 해당하는 국내 시장 판매량이 여전히 20% 가까이 차지한다. 이런 상황에서 국내 전기차 수요가 줄어들게 된다면 자칫 추후 전동화 전환 단계에서 기술 개발, 생산 차질 등의 문제에 직면할 수 있다는 지적이다.

현대차·기아는 최근 전기차 안전을 책임지는 핵심인 BMS를 공개해 소비자 불안을 잠재우기도 했다. BMS는 배터리를 관리·보호하는 '두뇌'에 해당한다. 배터리의 작은 이상 징후라도 탐지하면 즉각 위험도를 판정하고 차량을 안전하게 제어한다. 이상 징후

데이터는 원격 지원센터로 전송되고, 이어 고객에게 입고 점검과 긴급 출동을 안내하는 문자메시지가 자동 발송된다.

수입차 국내 판매 1 · 2위를 다투는 메르세데스-벤츠코리아가 전기차 화재의 직격탄을 맞았지만 수입차 업계는 전기차 국내 출시 일정을 늦추지 않는 분위기다. BMW코리아는 올해 하반기로 예정된 소형 SUV iX2와 i4 부분변경 출시를 그대로 추진한다. 중국 CATL 배터리를 탑재하는 것으로 알려진 볼보 EX 30 역시 당초 계획대로 올해 하반기 중 국내 출시를 예정하고 있다.

자동차 업계는 화재 방지 시스템 구축에도 더욱 힘을 쏟고 있다. LG에너지솔루션은 배터리 모듈에 방화 소재를 적용한다고 최근 밝혔다. 특히 하반기 양산을 시작하는 원통형 '46시리즈'는 셀 단계에서 배터리 내부에서 폭발이 발생해도 연쇄 발화로 이어지지 않게 하는 '디렉셔널 벤팅' 기술을 적용할 방침이다. 삼성SDI는 배터리 셀, 모듈, 팩 간의 열전파 방지 기술을 개발해 제품에 적용하고 있다고 밝혔다. SK온은 분리막을 지그재그 형태로 쌓는 'Z 폴딩' 공법으로 양극과 음극 접촉 가능성을 차단해 화재 발생 위험을 낮추는 기술을 최근 도입했다.

김재구 명지대 경영학과 교수는 "국내에서 전기차 캐즘에 화재까지 겹치면서 소비자 불안감이 높은 상황이지만 전동화 전환은 거스를 수 없는 글로벌 추세"라면서 "완성차와 배터리 업계는 안전성과 투명성을 앞세워 기술력을 높이면서도 전동화 전환을 지체 없이 추진할 필요가 있다"고 말했다.

(출처 : 매일경제, "캐즘 · 화재 후폭풍에도 … 車업계 신기술 전기차로 정면돌파", A4면, 2024. 08. 20.)

16 불 붙어도 20분 버틴다 … 현대모비스, 배터리 개선 속도

K배터리의 진화
현재 패킹 기법 지연 시간 5분 그쳐
내화패드 · 특별 도료 등 기술 적용
내년 출고되는 현대 · 기아차에 탑재

전기차 배터리에 불이 났을 때 열폭주로 이어지는 현상을 최장 20분 동안 지연시키는 기술이 이르면 내년 출고되는 차에 적용된다. 개별(셀) 배터리를 포장하는 패킹 기법을 고도화해 발화 시간을 지연시키는 방식이다. 현재 패킹 기법의 배터리 열폭주 지연 시간은 5분 정도인 것으로 알려져 있다.

18일 업계에 따르면 현대차·기아에 전기차용 배터리 팩을 공급하는 현대모비스는 최근 이 같은 화재 지연 기술을 개발해 최종 점검 단계를 밟고 있다. 패킹 기법을 향상하고 내화성(耐火性)이 더 강한 소재를 사용해 전기차 화재 위험 징후가 발견됐을 때 탑승자가 대피할 시간을 20분까지 벌 수 있도록 한 것이다.

전기차 한 대엔 300~500개의 배터리 셀이 들어간다. 1회 충전 주행거리가 길수록 더 많은 배터리가 탑재된다. 셀 하나에서 불이 발생했을 때 다른 셀로 불길이 퍼지면서 대형 사고로 이어지는데, 이 셀 사이를 막아주는 게 발화 지연 기법의 핵심이다.

현대모비스가 개발한 기술은 배터리시스템 설계와 절연소재로 나뉜다. 배터리 셀 간 면압력(두 물체의 접촉면에 따라 받는 힘)을 줄이고 내화성(불에 잘 타지 않고 견딤)을 높이는 방식을 개발했다. 셀 사이에는 우주왕복선 단열재로도 사용되는 실리콘 등을 활용한 소재를 개발해 얇은 패드를 끼웠다. 내화실리콘은 최대 섭씨 1,600도의 열도 견딜 수 있다.

차량 하부 배터리시스템(모든 셀과 여러 전장부품을 통합한 대형제품) 케이스에도 내화패드를 붙였다. 여기에 특별 도료를 입혀 배터리 셀에서 화재가 발생했을 때 옆에 있는 셀로 열이 전이되는 시간을 20분까지 늦출 수 있도록 했다.

이 기술은 내년부터 양산차에 적용이 가능할 전망이다. 현대모비스 관계자는 "열폭주 전이 기술은 사실상 검증까지 끝난 상황"이라며 "현재 생산되고 있는 전기차에 최종 적용해 테스트하는 작업을 진행하고 있다"고 말했다. 현대모비스는 궁극적으로는 셀 간 열 전이를 원천 차단하는 기술도 개발 중이다.

전기차에 열폭주 지연 기술을 적용하도록 하는 규제는 세계적인 추세다. 중국은 2021년 세계 최초로 전기차에서 최소 5분간 열폭주가 발생하지 않도록 규제를 신설했다. 유럽 역시 지난해 해당 법규를 만들었다. 한국과 미국은 법규 제정을 검토 중이다. 이 규제는 출시 전 인증된 소재와 기법을 썼는지 사전 검증하고, 사고가 발생했을 때 제조자 책임을 묻는 판단 기준으로 쓰인다. 중국과 유럽에선 열폭주 지연 의무 시간을 현재 5분에서 20분 이상으로 늘리는 방안이 검토되고 있다.

(출처 : 중앙일보, "불 붙어도 20분 버틴다 … 현대모비스, 배터리 개선 속도", B4면, 2024. 08. 20.)

17 '불안과의 전쟁' 전기차 … 화재 막는 BMS 떠오른다

배터리 관리 '두뇌' 역할 핵심기술

LG엔솔, 안전진단 SW사업 확대

기아는 이상 징후 고객에게 문자

전기차 · 배터리 업계가 인천 청라 전기차 화재 이후 배터리 안전성에 대한 우려가 확산하는 것을 막기 위해 '배터리관리시스템(BMS)' 서비스를 확대한다. BMS는 배터리 정보를 실시간으로 모니터링해 이상 징후를 발견하고 최적 상태로 관리하는 배터리의 '두뇌' 역할을 하는 핵심 기술이다. 배터리 셀마다 전압과 온도를 파악해 충전 등 상태뿐 아니라 과열 등 안전 상태도 파악할 수 있다.

주로 배터리와 일체형으로 제작된 BMS는 배터리 셀마다 전압과 온도를 파악해 다양한 정보를 전기차 · 배터리 제조사 클라우드로 전송한다. BMS 전용 별도 전원 장치가 있어 시동이 꺼진 주차 중에도 주기적으로 모니터링한다. 이렇게 축적된 BMS 완성도와 데이터는 전기차 · 배터리 기술 노하우를 판가름하는 기준으로도 꼽혀, 그동안 내부 정보로 관리돼왔다.

전기차 내부에 LG에너지솔루션의 배터리가 장착돼 있는 모습(투시도). (자료 : LG에너지솔루션)

그러나 최근 전기차 · 배터리 안전성 우려가 커지면서 BMS 정보를 외부에 더 적극적으로 공개하고 있다. 기아는 전기차 배터리에 이상이 있을 경우 고객에게 문자로 알리는 서비스를 21일 시작한다고 밝혔다. 앞서 현대차·제네시스가 시작한 서비스로 전기차 화재 후 커진 불안감을 해소하기 위한 방안이다. BMS는 온도, 과전압, 저전압 등 배터리 이상 징후가 있을 땐 이 정보를 현대차·기아의 원격지원센터로도 전송하는데, 이를 고객에게도 신속히 알린다는 계획이다. 회사는 BMS가 확인한 이상 징후의 위험 정도에 따라 고객에게 점검이나 긴급 출동 서비스 등을 안내한다.

배터리 제조사 LG에너지솔루션은 BMS 서비스를 사업화해, 기존 고객사가 아닌 완성차 업체를 상대로도 소프트웨어를 판매할 계획이라고 이날 밝혔다. LG엔솔의 BMS 안전진단 소프트웨어는 이미 완성차 업체 9사 차량에 적용되고 있는데, 자체 BMS 기술이 없는 회사에서도 이 소프트웨어에 대한 수요가 커졌다는 분석이다. 회사 관계자는 "최근 완성차 업체들의 BMS 관심이 높아졌지만, 당장 신뢰성 있는 소프트웨어를 자체 개발하거나 적용하려면 많은 시간과 자원이 필요하다"며 "완성차 기업들과 적극 협력할 것"이라고 했다.

(출처 : 조선일보, "불안과의 전쟁 전기차 … 화재 막는 BMS 떠오른다", B3면, 2024. 08. 22.)

18 화재 예방 '배터리 두뇌'에 달렸다 … K배터리 "SW 키우자"

배터리 안전성 강화 행보
LG엔솔·삼성SDI, 관련 SW 개발
불량 발생·열 폭주 등 위험 예방
전문가들 "AI 기술로 안전성 강화"

배터리 제조사들이 화재예방과 품질관리를 위해 소프트웨어 사업을 키우고 있다. '배터리 두뇌'를 똑똑하게 만들어 안전성을 높이겠다는 전략이다.

LG에너지솔루션은 21일 배터리 안전진단 소프트웨어 사업을 확대하겠다고 밝혔다. 20년 이상 축적한 배터리관리시스템(BMS) 설계 역량과 실증 데이터를 활용해 안전진단 소프트웨어 분야에서 독보적인 기술력을 확보했다고도 강조했다.

BMS는 배터리를 효율적으로 관리하고, 배터리 제어 정보를 제공하는 총감독 혹은 두뇌 역할을 하는 소프트웨어다. LG에너지솔루션은 이 분야에서 8,000건 이상의 특허를 보유했다.

이 소프트웨어를 통해 충전 중 전압 하강, 배터리 탭 불량, 미세 내부 단락, 비정상 퇴화·방전, 특정 셀 용량 편차, 리튬 과다 석출 등 다양한 불량 유형을 분석해 낼 수 있다. LG에너지솔루션의 안전진단 소프트웨어는 현재 글로벌 완성차업체 9곳 등 전기차 10만대 이상에 적용됐다. 최근 현대차도 이 기술을 활용했다고 한다.

LG에너지솔루션은 또 배터리 퇴화도를 정밀 진단하고 예측하는 기술도 개발했다. 이 회사의 BMS 소프트웨어는 차량의 주행 패턴 등을 기반으로 미래의 배터리 잔존 용량 및 퇴화도를 미리 계산한다. 삼성SDI 역시 열 전파를 예측하는 소프트웨어를 개발하고 고도화 중이다. 배터리 하나에 문제가 생겨 연쇄적으로 열 전파가 일어나면 화재 및 폭발로 번질 수 있기에 이를 소프트웨어로 차단하려는 것이다.

과학계에서도 인공지능(AI) 모델과 결합하는 방식 등을 통해 배터리 안전성을 높여야 한다는 지적이 나오고 있다. 한국과학기술단체총연합회(과총)는 이날 서울 강남구 한국과학기술회관에서 '배터리 안전에 대한 과학적 접근' 포럼을 열고 배터리 화재 해법을 논의했다.

오기용 한양대 기계공학부 교수는 전기적 흐름, 배터리 구성 요소별 녹는점 등을 담아 열 폭주 방정식을 설계하고, 이 방정식을 배터리 변화를 측정하는 AI 모델과 결합한다면 안전성을 높일 수 있다고 주장했다.

궁극적으로는 배터리 구성 물질을 불에 잘 타지 않는 소재로 대체해야 한다는 지적도 나왔다. 도칠훈 한국전기연구원(KERI) 이차전지연구단 박사는 "배터리 단락을 막는 분리막과 전해액을 불연성 물질로 대체해야 한다"라며 "불연성 전지 도입을 촉진하는 법인 등을 세고·입법해야 한다"고 말했다.

한편, 중국발 공급 과잉 여파가 세계 경제를 압박하는 가운데, 배터리의 경우 중국에서 생산되는 물량이 전 세계 수요를 넘어서는 수준으로 쏟아지고 있다는 자료가 나왔다.

21일 한국무역협회가 발간한 '중국 공급과잉에 따른 주요국 대응 및 시사점' 보고서에 따르면, 주요 산업 분야에서 중국의 공급 과잉은 세계 시장이 감당할 수 있는 규모를 넘어섰다. 지난해 중국의 배터리 생산량은 1.07테라와트시(TWh)로, 전 세계 수요(0.95 TWh)보다 많다.

이정아 한국무역협회 수석연구원은 "중국이 만드는 배터리만으로 글로벌 수요를 맞추고도 중형 전기차 156만대 분량의 배터리가 남는 상황"이라고 분석했다.

(출처 : 중앙일보, "화재 예방 '배터리 두뇌'에 달렸다… K배터리 SW 키우자", B5면, 2024. 08. 22.)

⑲ "30조 BMS 시장 선점" … '전기차 포비아' 속 기술 고도화 경쟁

완성차 업계 주도 속 배터리社 추격
충전상태 알림 넘어 안전 기술 탑재
세계 BMS 특허 출원 4년새 142%↑
"전동화 시기 업체 핵심 기술 경쟁력"

완성차 vs 배터리사 BMS 경쟁 자료: 각 사

완성차	배터리
• **현대자동차·기아** 현대차 제네시스의 배터리 이상 알림 서비스 기아에 확대 전압편차, 절연저항 등 BMS 모니터링 항목 공개	• **LG에너지솔루션** 배터리 안전진단 소프트웨어 사업 본격화 BMS분야 8000개 이상 특허 보유
• **KG모빌리티** 배터리 정보제공 가능한 BMS 소프트웨어 개발	

'전기차 배터리의 두뇌'로 불리는 배터리관리시스템(BMS)을 놓고 완성차 업체와 배터리 업체 간 기술 경쟁이 치열해지고 있다.

여기서 BMS 주도권을 가져야 향후 30조 원까지 성장할 것으로 예상되는 BMS 시장을 선점할 수 있기 때문이다. 완성차 업체는 "전기차의 종합적인 안전은 완성차 업체가 책임져야 한다. 전기차의 종합적인 안전과 성능 관리에선 완성차 업체가 앞선다"는 논리를 펼친다. 배터리 업체는 "배터리 관련 기술과 정보는 배터리 제조 업체가 최고"라고 맞서고 있다.

30조 원 신성장 시장으로 '배터리 두뇌' 주목

BMS는 전기차 안전에 관한 핵심 기술로 꼽힌다. 배터리에 연결된 센서로 전압, 전류, 셀 온도 등 배터리에 관한 모든 정보를 측정한다. 이를 통해 이상 상황을 미리 감지하거나 성능이 떨어질 경우 이를 향상시키는 조치를 취한다.

배터리는 충돌 등에 의해 다량의 셀이 동시에 손상되는 경우가 아니면 문제가 발생하기 전 전압 하락(전압 하락으로 셀 간의 전압 편차가 생기며 이로 인한 과열 현상이 발생)과 같은 전조 증상이 나타난다. 이 때문에 배터리 상태를 실시간으로 모니터링하는 BMS가 중요하다.

업계의 관심은 이제 'BMS 고도화'로 옮겨가고 있다. 배터리 충전 상태 등을 알려주는 수준 이상의 안전 기능을 개발해 차량에 적용하겠다는 것이다. 시장 조사 업체 SNE리서치에 따르면 BMS 시장은 2025년 68억 달러(약 9조 277억 원)에서 2035년 220억 달러(약 30조 원)로 증가할 것으로 예상된다.

관련 경쟁도 심화하고 있다. 완성차 업체인 현대자동차 · 기아는 'BMS 안전 서비스 확대' 홍보 자료를 사흘에 걸쳐 발표했다. 배터리 제조사인 LG에너지솔루션도 21일 BMS 관련 특허 건수가 국내 업체들 가운데 가장 많다고 자료를 냈다.

완성차 vs 배터리 업체 간 경쟁 가열

현재까지 BMS 시장 주도권을 쥔 건 완성차 업체들이다. 배터리 정보를 측정하는 센서와 이와 연동된 칩 등 하드웨어를 주로 완성차 업체가 제작하기 때문이다. 현대차 · 기아와 같은 소프트웨어(SW) 역량 강화에 나선 완성차 업체들은 이 물리적 장치 위에 구동하는 각종 안전 기능도 직접 제작한다.

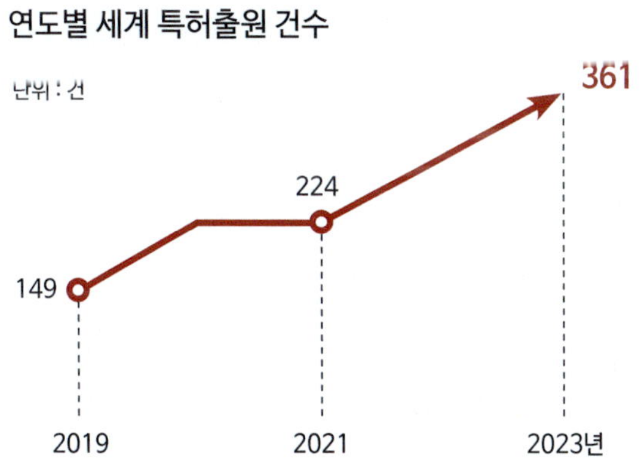

자료 : 세계지식재산기구(WIPO)

배터리 업체들의 추격도 거세다. 하드웨어에 해당하는 BMS 장치(BMU)를 직접 개발하거나 관련 SW 특허를 출원하며 주도권 다툼을 벌이고 있다. LG에너지솔루션은 최근 "글로벌 완성차 업체 9곳에 안전진단 SW(BMS)를 적용하고 있다"며 "배터리 안전진단 SW 사업 확대에 나설 것"이라고 밝혔다.

앞으로 BMS 경쟁은 업종과 국가를 초월해 더 격화할 것으로 예상된다. 세계지식재산기구(WIPO)에 따르면 BMS 관련 2023년 특허 출원 건수는 361건으로 4년 전 149건보다 142% 증가했다. 연평균 증가율로 보면 25%다. 누적 특허 출원 건수에서 LG에너지솔루션(1위 · 251건), 현대차(3위 · 98건), 기아(9위 · 50건) 등 한국 업체 3곳이 상위 10위 안에 이름을 올렸다.

이항구 자동차융합기술원장은 "무선 업데이트(OTA, Over-The-Air : 무선 소프트웨어 업데이트(Software Update) 기술로, 무선 통신을 활용하여 소프트웨어를 업데이트하는 기술을 의미한다)를 통해 각종 SW 기능을 이용할 수 있는 '모빌리티 혁신'이 이뤄지고 있다"며 "배터리 안전, 성능을 다루는 SW인 BMS 또한 전동화 시기 업체의 핵심 기술 경쟁력으로 올라서는 양상"이라고 설명했다.

데이터 확보 놓고 신경전도

BMS 고도화에 필요한 데이터 확보를 놓고 업체들 간 신경전도 더 거세질 것으로 보인다. 26일 자동차 및 배터리 업계에 따르면 국내 완성차 업체들은 BMS 운영 실데이터를 기술 고도화의 목적으로 수집하고 있다. 이를 토대로 배터리 안전과 성능을 진단하는 SW를 개발하고 있다.

반면 배터리 업체들은 배터리 결함 등 특수한 경우가 아니면 배터리 정보를 공유받기 힘든 상황이다. 완성차 업체로부터 데이터를 받으려 해도 고객들로부터 '제3자 정보 제공 동의'를 따로 받아야 한다. 결국 전기차를 직접 구매해 주행하는 등의 방식으로 데이터를 확보하고 있다.

일각에선 소비자 안전 문제인 만큼 BMS 데이터를 공유해야 한다는 지적이 나온다. 배터리 업체 관계자는 "안전과 연관된 데이터를 공유하며 함께 성장할 수 있는 데이터 생태계를 만드는 것이 필요하다"고 설명했다.

김필수 대림대 미래자동차학부 교수는 "배터리 데이터는 완성차 업체들의 핵심 자산으로 여겨지고 있어 이를 배터리 업체와 쉽게 공유하긴 힘들 것"이라면서 "BMS 주도권을 놓고 완성차 업체와 배터리 업체들 간 경쟁이 심화하는 와중에 관련 시장도 급성장할 것"이라고 내다봤다.

(출처 : 동아일보, "30조 BMS 시장 선점 … '전기차 포비아' 속 기술 고도화 경쟁", B4면, 2024. 08. 27.)

20 LG에너지솔루션, '배터리 안전진단 소프트웨어' 사업 본격화

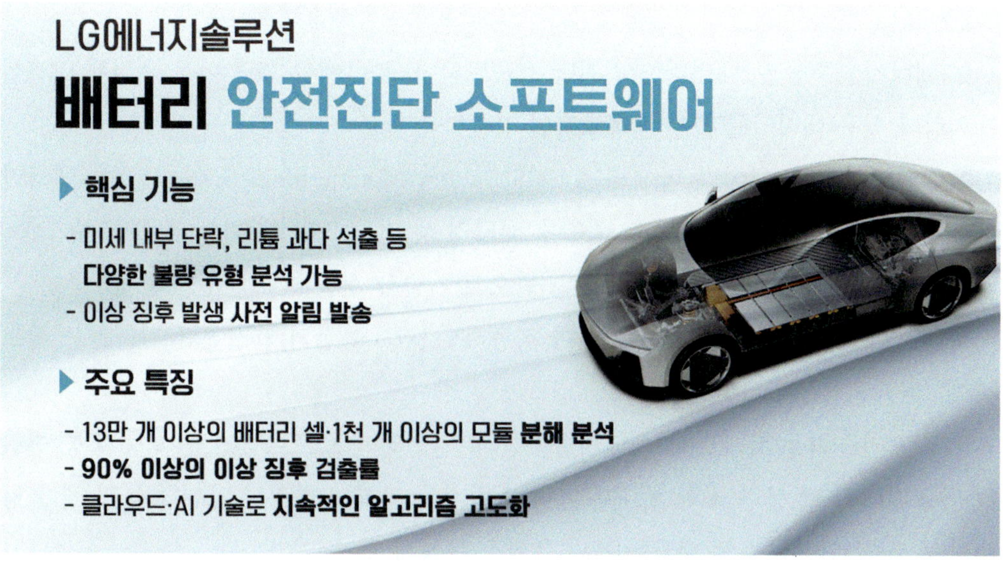

20년 이상 축적된 BMS 설계 역량 및 실증 데이터로 독보적 기술력 확보

- 8,000여 개의 BMS 관련 특허 및 배터리 셀 13만 개 이상 분해 분석
- 10만 대 이상 전기차에 이미 적용해 90% 이상 검출률 검증 완료
- 미세 내부 단락, 리튬 과다 석출 등 다양한 불량 유형 판별 가능

글로벌 완성차 업체 요청에 따라 본격적인 협업 확대 및 판매 추진

- 자동차 BMS에 안전진단 소프트웨어 적용, 이상 징후 사전 알림
- 높은 진단 정확도로 장기간 전기차 운행에도 안심하고 사용 가능
- 다른 회사 배터리에도 적용 가능한 솔루션으로 주목

배터리 퇴화도 정밀 진단 및 예측 기술도 개발

- 클라우드 및 AI 기술로 고도화 … 퇴화 진단 오차율 1%대
- 퀄컴과 SoC(System-on-Chip)기반 첨단 BMS 진단 솔루션 개발 협력

김동명 CEO "배터리 제조뿐만 아니라 안전하고 건강한 사용을 위한 BMS솔루션 분야에서도 최고의 고객가치 제공할 것"

LG에너지솔루션이 최근 전기차 배터리의 안전한 사용에 대한 관심이 높아지는 가운데 차별화된 기술력을 기반으로 '배터리 안전진단 소프트웨어' 사업 확대에 본격 나선다.

20년 이상 축적된 BMS 설계 역량 및 실증 데이터로 독보적 기술력 확보

LG에너지솔루션은 '배터리 안전진단 소프트웨어' 분야에서 20년 이상 축적된 BMS설계역량과 실증 데이터를 활용한 독보적인 기술력을 확보하고 있다.

안전진단 소프트웨어가 탑재되는 BMS(Battery Management System) 분야에서만 8,000개 이상의 특허를 보유하고 있으며, 배터리 셀 기준 13만 개 이상, 모듈 기준 1,000개 이상을 분해 분석한 실증 데이터를 기반으로 기술을 개발했다.

특히, 10만 대 이상의 전기차에 이미 적용하여 90% 이상의 안전진단 검출률을 확보했다.

이러한 기술력을 토대로 LG에너지솔루션의 '안전진단 소프트웨어'는 ▲충전 중 전압하강 ▲배터리 탭 불량 ▲미세 내부 단락 ▲비정상 퇴화 ▲비정상 방전 ▲특정 셀 용량편차 ▲리튬 과다 석출 등 다양한 불량 유형을 분석해 낼 수 있다.

그 동안 기존 배터리 진단 소프트웨어는 가상의 조건들을 예측해 개발한 기술이 대부분이라 실제 사용 환경에 적용했을 때 정확도가 떨어진다는 지적이 있었다.

글로벌 완성차 업체 요청에 따라 본격적인 협업 확대 및 판매 추진

최근 전기차 배터리의 안전한 사용에 대한 관심이 높아지면서 정교한 배터리 상태 관리에 대한 중요성이 커지는 가운데 완성차 업체들은 배터리 정보를 측정 후 분석해 문제를 사전에 감지하는 BMS(Battery Management System)의 기능에 주목하고 있다. LG에너지솔루션의 안전진단 소프트웨어는 자동차용 BMS에 적용해 배터리 이상 징후를 사전 진단하는 기능을 제공한다. 이미 글로벌 완성차 업체 9곳의 차량에 적용되고 있다.

90% 이상의 안전진단 검출률을 기반으로 화재 등으로 이어질 수 있는 이상 징후를 사전에 감지하고, 고객에게 안내할 수 있어 장기간 전기차 운행에도 안심하고 사용이 가능하다. 또한, 다른 회사의 배터리가 탑재된 차량에도 적용이 가능해 더욱 주목받고 있다. LG에너지솔루션은 이미 검증된 안전진단 정확도와 축적된 기술력을 토대로 완성차

업체들의 요청에 따라 안전진단 소프트웨어의 본격적인 협업 및 판매에 나서기로 했다. LG에너지솔루션 관계자는 "최근 완성차 업체들의 안전진단 기술에 대한 관심이 높아지고 있지만 당장 신뢰성 있는 소프트웨어를 자체 개발하거나 적용하려면 많은 시간과 자원이 필요하다"며 "LG에너지솔루션은 이미 경쟁 업체를 압도하는 진단 검출력과 관련 특허 및 실증 데이터를 확보하고 있어 곧바로 차량용 BMS에 적용이 가능한 만큼 안전한 전기차 배터리 사용을 위해 고객들과 적극 협업을 추진할 것"이라고 말했다.

배터리 퇴화도 정밀 진단 및 예측 기술도 개발 … 오차율 1%대

LG에너지솔루션은 안전진단 기술뿐 아니라 배터리 퇴화도 정밀 진단과 예측 기술도 개발했다.

LG에너지솔루션의 BMS 소프트웨어는 차량의 주행 패턴 등을 기반으로 미래의 배터리 잔존 용량 및 퇴화 상태를 예측할 수 있다. 이 과정에서 LG에너지솔루션의 배터리 전기화학적 전문성을 기반으로 리튬 석출, 양·음극의 퇴화 등 다양하고 복잡한 퇴화 메커니즘이 반영된 배터리 물리모델이 반영됐다.

특히, AI 컴퓨팅 기술을 활용해 알고리즘을 지속적으로 고도화함으로써 좀더 정확한 배터리 상태 진단이 가능한 것이 특징이다. 다양한 전기차의 배터리 셀 정보를 지속적으로 알고리즘에 적용, 보완함으로써 배터리 퇴화 진단의 오차율도 업계 최고 수준인 1%대로 낮췄다.

또 현재 방대한 양의 배터리 데이터를 실시간으로 분석하기 위해 클라우드 기술을 활용하고 있으며, 지난해 기준 국내 전기차의 약 2.2%에 해당하는 1만 2,000대 차량의 배터리 데이터를 수집해 분석했다.

더불어 차량이 새로운 생활 플랫폼으로 자리잡은 미래 모빌리티 시대를 겨냥해 SDV(Software Defined Vehicle) 플랫폼에 최적화된 BMS 하드웨어 및 소프트웨어도 개발하고 있다. 차량의 SoC(System-on-Chip) 컴퓨팅 성능을 활용해 연산능력을 향상시켜 더욱 정교한 배터리 알고리즘을 구현할 수 있게 된다. 차량으로부터 직접 획득한 추가적인 정보를 활용해 사용자에게 새로운 배터리 서비스를 제공하는 것도 가능해진다.

LG에너지솔루션은 지난 3월 퀄컴과 SoC를 기반으로 한 첨단 BMS 진단 솔루션 개발 협력에 나서는 등 BMS 역량 강화를 위한 노력을 지속하고 있다. 또한 반도체 기업 ADI와도 MOU를 체결해 고성능 배터리 관리칩의 안정적인 공급 및 기술 개발에 협력하기로 했다.

LG에너지솔루션 CEO 김동명 사장은 "배터리 제조뿐만 아니라 안전하고 건강한 사용을 위한 BMS 솔루션 분야에서도 대체 불가능한 최고의 차별적 고객가치를 제공해 나갈 것"이라고 밝혔다.

(출처 : LG에너지솔루션, "배터리 뉴스, 보도자료", 2024. 08. 21)

21 전기차 화재, BMS로는 못막아 … 전극 단위 모니터링해야

인천 청라 벤츠 전기차 화재사고 이후 '안전성'은 전기차와 배터리의 품질 평가 기준으로 부상하고 있다. 전기차 제조사들도 그동안은 1회 충전당 주행거리를 향상하기 위해 배터리 용량을 키우고 효율성을 높이는 기술에 집중했지만, 최근엔 배터리 안전성에 더 주목하고 있다.

미국의 배터리 기술 지식재산(IP) 기업 24M테크놀로지스도 그중 하나다. 나오키 오타 24M 회장 겸 최고경영자(CEO)는 지난달 27일 중앙일보와 만나 "(일각에서 해법으로 기대하는) 전고체 배터리도 근본적으로 화재를 막을 수는 없다는 연구가 최근 나오고 있다"며 "배터리 셀의 양극과 음극을 정밀 모니터링해 이상이 감지되면 배터리 내부 에너지 흐름을 차단하는 게 근본 해법"이라고 말했다. 그는 한국 자동차 · 배터리 기업들과 협력을 논의하기 위해 방한했다.

'꿈의 배터리'로 불리는 전고체 배터리는 가연성인 전해액을 고체로 바꾼 배터리로 국내 배터리 3사 등이 연구개발 중이다. 전해질은 분리막을 투과해 리튬이온을 양극과 음극으로 전달하는데, 전해질이 고체로 바뀌면 분리막이 필요 없어 배터리 부피가 줄고 더 안전할 것이란 기대가 있다. 나오키 회장은 "24M은 분리막 신소재로 해결책을 찾았다"며 "전극 단위 모니터링도 가능하다"고 했다.

오타 회장은 최근 한국에서 화재 예방 방법으로 거론된 배터리관리시스템(BMS)에 대해선 "집안의 모든 전원을 관리하는 '두꺼비집'(회로차단기)이 있고, 방마다 스위치가 있지 않나. BMS는 회로차단기 역할일 뿐 각 방의 전원에 문제가 있는지 모니터링하고 대처할 수 있어야 한다"고 강조했다.

(출처 : 중앙일보, "전기차 화재, BMS로는 못막아 … 전극 단위 모니터링해야", B5면, 2024. 09. 02.)

22 필름형 센서로 전기차 화재 막는다

유민에쓰티, 누액 즉각 감지

최근 인천 청라 아파트 지하 주차장에서 발생한 전기차 화재로 배터리 안정성에 대한 우려가 높은 가운데 사전에 이상 징후를 포착해 사고를 예방할 수 있는 기술을 국내 중소기업이 선보여 주목된다.

2일 배터리 업계에 따르면 유해화학물질 방재기술 전문기업 유민에쓰티는 전기차 화재 원인으로 꼽히는 배터리 누액 현상을 초기에 감지하는 폭발 방재 센서를 개발해 상용화 준비를 마쳤다.

김동환 유민에쓰티 대표는 "이차전지로 많이 쓰이는 리튬이온 배터리는 전해질이 액체로 구성돼 있어 온도 변화에 따른 배터리 팽창이나 외부 충격으로 인한 누액 같은 배터리 손상이 화재나 폭발로 이어질 수 있다"며 "이를 사전에 감지해 폭발을 예방할 수 있는 시스템 센서 개발에 성공해 국내 배터리 대기업의 품질 테스트를 통과했다"고 말했다.

전기차 화재는 대부분 배터리 발열 현상에서 시작된다. 이후 배터리가 팽창하면서 가스가 생성되고 전해질이 새어 나오는 과정에서 화재가 발생한다.

유민에쓰티의 필름형 센서는 발열 현상과 팽창, 가스, 누액을 실시간 감지할 수 있다. 이 데이터를 인공지능(AI)으로 분석해 사전에 배터리 이상 징후를 포착하는 구조다.

(출처 : 매일경제, "필름형 센서로 전기차 화재 막는다", A14면, 2024. 09. 03.)

분석 및 해설

완성차 업체는 "전기차의 종합적인 안전은 완성차 업체가 책임져야 한다. 그리고 전기차의 종합적인 안전과 성능 관리에선 완성차 업체가 앞선다"는 논리를 펼친다. 배터리 업체는 "배터리 관련 기술과 정보는 배터리 제조업체가 최고"라고 맞서고 있다.

두 업체의 논리는 서로의 입장에서는 맞는 말이다.

그러나 전기차의 안전은 배터리 자체의 품질과 전기차 운행에 있어 안전에 관한 모든 제어시스템(메커니즘, 센서 등 전장, 하드웨어, 소프트웨어)이 결합된 것이다.

따라서 전기차 안전성을 확보하고 고도화하기 위해서는 전기차의 수명이 다할 때까지의 전주기 수명관리에 대한 통합적 정보가 필수적이다. 이런 정보는 전기차 운전자의 주행 패턴, 도로 상태, 주위 환경, 배터리 충방전 정보, 사용 주기를 비롯한 배터리와 전기차 운행에 대한 빅데이터가 중요하다. 데이터가 많을수록 정확한 원인과 대책을 AI가 매칭해 최적화 솔루션을 도출할 수가 있는 것이다.

따라서 안전과 직결된 BMS 데이터는 완성차 업체와 배터리 제조사 간의 공유가 필수적이다. 서로 공유해 더 안전성과 품질이 강화된 배터리를 제조하고 완성차 업체는 이를 실장해 더욱 고도화된 안전성을 갖는 전기차를 만들어야만 시너지 효과가 크다.

전기차 안전의 핵심인 BMS(Battery Management System, 배터리관리시스템)를 고도화하기 위해서는 완성차 업체들과 배터리 업체들 간의 데이터 확보 경쟁이 치열해질 것이다.

하지만 소비자 안전과 직결된 문제인 만큼 데이터를 서로 공유해야만 만다. 그래야만 전기차 화재 및 폭발 현상에 대한 과학적이고 명확한 원인 분석을 신속히 규명하고 이에 대응하는 최적의 솔루션을 각 업체가 내놓을 수 있다.

자동차 및 배터리 업계에 따르면, 국내 완성차 업체들은 BMS 운영 실데이터를 기술 고도화의 목적으로 수집하고 있다. 이를 토대로 배터리 성능을 개선하는 소프트웨어(SW)를 개발하고 있다.

반면 배터리 업체들은 배터리 자체의 결함 등 특수한 경우가 아니면 배터리 정보를 공유받기 힘든 상황이다. 완성차 업체로부터 데이터를 받으려 해도 고객들로부터 '제3자 정보 제공 동의'를 따로 받아야 한다. 결국 배터리 제조업체들은 전기차를 직접 구매해 주행하는 등의 방식으로 BMS 데이터를 확보하고 있어 아주 제한된 데이터만을 얻고 있는 실정이다.

현재 세계적 경쟁력을 갖는 전기차와 배터리가 계속 우위를 유지하려면 당연히 BMS 데이터를 서로 공유해야만 한다. 이는 소비자의 안전 문제는 물론 대한민국 최첨단 산업의 경쟁력을 확보하는 문제이기 때문이다.

고귀한 생명 안전과 연관된 BMS 데이터를 서로 공유해 함께 성장할 수 있는 빅데이터 기반의 데이터 생태계를 만드는 것이 결국 첨단 전기차와 배터리 산업이 세계 선도적 위치를 유지하며 공생하는 길이다.

분석 및 해설

전기차 화재 사고 이후 배터리 안전성은 전기차와 배터리의 품질 평가 및 신뢰성 기준(지표)으로 부상하고 있다.

가장 근원적이며 이상적인 해결책은 배터리 셀의 양극과 음극을 정밀 모니터링해 이상이 감지되면 배터리 내부 에너지 흐름을 차단하는 게 근본 해법이다.

예를 들면, 집안의 모든 전원을 관리하는 두꺼비집(회로차단기)이 있고, 방마다 스위치가 있다. BMS는 회로차단기 역할일 뿐 아니라 각 방의 전원에 문제가 있는지 모니터링하고 대처할 수 있어야 한다.

맞는 말이다. 여기서 각 방은 배터리 셀 각각의 개체를 의미한다. 각 배터리 셀에 있어서 양극과 음극과의 전압 편차 등을 비롯한 이상 감지, 쇼트(short, 단락) 등을 위해서는 감지 센서(sensor)가 반드시 있어야 하는 데, 이를 모든 셀마다 실장하기도 어렵고, 배선 문제도 난해하고, 무선으로 센싱하는 데도 한계가 있고, 특히 가격 상승 문제 등으로 현실적으로 적용하기는 어렵다.

참고로 현재 전기차에는 주로 사용하고 있는 2170원통형 배터리 3,000~4,000개가 사용되고 있다.

"4680 배터리 양산만 하면 대박 … 韓美日 기술 경쟁"

염폭주 방지 등 안전성 우수
LG엔솔, 12월 삼원계 양산
삼성SDI · SK온, 상용화 속도
파나소닉 · 테슬라도 연구 분주

"상업화에 성공하면 말 그대로 대박이다. 판도를 바꿀 무기가 될 수 있다."

요즘 국내 배터리 3사의 최고기술책임자(CTO)들이 46파이(지름 46mm, 높이 80mm) 원통형 배터리에 대해 공통적으로 하는 얘기다. 일상생활에서 흔히 보이는 AA건전지와 비슷한 크기의 2170 원통형 배터리를 확 키운 46파이(Ø) 배터리의 대량 양산 가능성이 커지면서 업계에선 "오랜 숙원이 풀리고 있다"는 말도 나온다. 46파이는 기존 배터리 유형에 비해 에너지 효율은 물론 최근 주목받고 있는 전기차 화재 문제도 대폭 개선할 수 있는 첨단 배터리다. 전고체 배터리가 안전에서 '꿈의 배터리'로 언급되지만, 상용화를 위해선 10년 이상의 시간이 걸릴 것으로 예상된다. 배터리업체들이 46파이를 실현 가능한 돌파구로 여기고 본격적인 전쟁을 준비하고 있는 배경이다.

4680 원통형 배터리

2170원통형		4680원통형
지름 21mm 높이 70mm	크기	지름 46mm 높이 80mm
3000~4000개	전기차 투입 개수	600~1300개
230~250kg	전기차1대당 총무게	180~200kg
복잡	배터리관리시스템	단순

배터리업계에 따르면 46파이(Ø) 생산에 선착하는 업체는 LG에너지솔루션이 유력하다. LG에너지솔루션은 늦어도 올해 12월부터는 충북 오창 공장에서 삼원계 46파이 생산을 시작한다. 내부적으로 양산 성공을 위해 전사적인 투자를 하고 있는 것으로 알려졌다. 46파이는 양극재, 음극재, 전해질, 분리막으로 구성된 셀을 둘둘 말아 대형 원통형으로 만들어야 하는데 양산 난도가 기존 유형과 비교할 수 없을 정도로 높다.

삼성SDI는 내년 양산을 목표로 하고 있다. 기존 계획은 2026년이었지만, 시장 판도를 읽고 양산 계획을 1년 당겼다. SK온 역시 46파이를 '게임 체인저'로 여기고 이석희 대표가 46파이 태스크포스(TF)를 직접 이끌고 있다.

일본 파나소닉도 경쟁에 뛰어들었다. 테슬라는 아예 46파이 자체 생산을 시도하고 있다.

주요 배터리 강자들이 46파이 개발에 뛰어드는 건 '슈퍼셀'이라고 불릴 만큼 장점이 크기 때문이다. 46파이의 가장 큰 장점은 안전성이다. 기존 제품에 비해 셀을 적게 쓰는 데다 커진 만큼 내부 공간이 많아 배터리 내부에 가스나 열이 발생하더라도 열폭주로 이어지지 않도록 제어할 수 있다. 배터리업계 관계자는 "배터리 팩 내부에 쿨링 시스템을 장착하기에도 편하다"고 설명했다.

각형의 리튬 · 인산철(LFP) 배터리를 내세워 글로벌 시장 점유율을 높이는 중국 회사들의 진격을 막을 수 있는 무기로도 여겨진다. 중국에선 CATL 등이 46파이 개발에 나서고 있긴 하지만 개발 기간이 짧아 아직 K배터리와의 기술 격차가 있다는 분석이 나온다.

(출처 : 한국경제, "4680 배터리 양산만 하면 대박 … 韓美日 기술 경쟁", A10면, 2024. 08. 31.)

분석 및 해설 **난연성 소재와 열폭주 지연 기술**(냉각장치)

전기차 대용량 · 고출력 이차전지(배터리)에 있어 위의 신문기사 내용과 관련된 기술에 대한 주요 내용을 다음과 같이 크게 나눠 설명하고자 한다.

우선 새로운 기술인 BMS S/W 고도화로 AI 솔루션(solution, 해결)으로 다양하고 복합적인 배터리 화재의 이상 징후를 사전에 정밀 진단 및 예측 시스템의 개발이 필요하다. 이는 배터리로 인한 화재 예방 및 안전성 확보를 위한 BMS 고도화 및 안전성의 완성도는 이미 의료 분야를 비롯한 첨단 반도체 공정 분야에서 이상 진단 및 예측 시스템이 적용되고 있기에 쉽게 설계가 가능하다. 여기서 중요한 것은 배터리의 발화 및 화재를 유발하는 정확한 원인(불량, 결함)과 현상에 대한 데이터의 수집이다.

AI(Artificial Intelligence, 인공지능) 솔루션에 의한 이차전지 배터리 안전성 확보를 위한 안전 진단 S/W(소프트웨어)의 개발 · 탑재는 진화된 빅데이터 수집과 고도화된 AI 진단 솔루션으로 충분히 해결할 수 있다.

배터리 화재의 이상 징후를 사전에 정밀 진단 및 예측하는 시스템의 개발에 필요한 핵심 기능으로 기본적인 전류와 전압, 배터리 온도를 비롯한 미세 내부 단락(합선, short : 미세 단락은 물론 순간 단락까지도), 리튬 과다 석출(덴드라이트 현상 감지), 과충전에 의한 과열, 충전 중 전압하강, 배터리 탭(tab, 단자) 불량, 비정상 열화(퇴화 · 노화), 비정상적 방전과 전압 떨어짐(예를 들면, 충전 중 전압 강하), 특정 셀의 용량 편차, 물리적 충격 등 다양한 데이터 분석에 의한 이상 여부와 그 결과로 나타나는 현상을 통한 불량 유형의 분석 기능과 이상 징후 발생 예측 및 자체 해결 기능(self-solution, 또는 자체 치료, self-treatment)이 필요하고, 사전에 알림 발송으로 미리 대피 · 대응할 여유를 갖도록 해야 한다.

이상 징후 진단 및 예측 시스템으로 치명적 결함뿐만 아니라 정상 범위를 벗어난 비정상적으로 거동되는 진행성 불량(결함, 이상)의 진단이 예측되어지고 차량의 주행 패턴, 배터리의 노화 상태(열화 상태 · 퇴화 상태)를 기반으로 향후(미래 특정 시점)의 배터리의 상태, 사용 수명과 안전성 여부 정밀 진단 및 예측 기술(사전 파악)도 정밀하게 이뤄질 것이다. 진단 및 예측 오차율도 1% 범위 이내의 정밀도와 정확도를 갖는 배터리 안전 진단 및 예측 시스템을 기대하고 있다.

BMS는 배터리 상태를 총체적으로 실시간 모니터링해 최적의 조건에서 배터리를 유지 · 사용할 수 있도록 제어하는 시스템이기에 계속 언급하듯이 진행성 불량(이상)뿐만 아니라 잠재적 불량(이상)까지도 검출해 배터리의 건강 상태(SoH, State of Health)를 점검 · 진단 · 유지 · 관리(AI에 의한 불량을 자체로 처리 해결)함으로써 SoH를 최적으로 유지할 수 있는 실시간 배터리 진단 및 예측 시스템이 근간에 서비스되리라 생각한다.

이렇게 되면 전기차 운전자는 전기차에 탑재된 모니터는 물론 스마트폰 앱(애플리케이션) 화면으로 볼 수 있고, 제조사에도 실시간으로 또는 주기적(예를 들면, 5분, 10분, 30분, 1시간 간격 등)으로 배터리 데이터가 수집돼 주행거리, 배터리 상태, 배터리 수명, 충전 · 방전 패턴을 비롯한 전기차 운행 습관 및 모든 정보를 확인해 고객에게 개별 맞춤형으로 제공함으로써 전기차의 안전성을 확보할 수 있는 혁신적인 방안이 될 것이다.

AI 솔루션에서 주요 특징의 예를 들면, LG에너지솔루션의 배터리 안전진단 소프트웨어는 13만 개 이상의 배터리 셀, 1,000개 이상의 배터리 모듈을 분해 · 분석해 90% 이상의 이상 징후 검출률을 기반으로 클라우드 · AI 기술로 지속적인 알고리즘을 고도화해 화재 등으로 이어질 수 있는 이상 징후를 감지할 수 있다.

그리고 다음 2가지 사항에 대해서도 자세히 기술한다.

① 난연성 소재

② 열폭주 지연을 위한 냉각기술(저자의 연구 및 특허출원 내용)

열폭주 확산 지연 넘어 '불끄는' 플라스틱 만든다

소화분말 함유 · 열폭주 차단 제품 개발 속도···성장성 기대되지만 아직 단가 높아

석유화학 업계가 전기차 '열폭주'에 대응할 수 있는 난연 플라스틱 포트폴리오를 늘린다. 기존 난연 플라스틱이 화재 확산을 늦추는 데 그쳤다면 이제는 아예 화재를 방지 · 차단할 수 있는 기술 개발에 속도를 낸다.

6일 석유화학 업계에 따르면 전기차용 배터리 소재를 생산하는 기업을 중심으로 소화 분말을 함유해 화재 발생시 불을 끌 수 있는 플라스틱 개발이 논의되고 있다. 배터리에서 불이 발생하면 수초 안에 700도 이상의 고온을 내는 '열폭주' 현상이 발생한다. 이 때 배터리를 구성한 플라스틱이 녹으면서 소화 분말이 분출되는 식이다. 이밖에도 석유화학 업계는 고온이 외부로 전달되는 것을 막는 단열 플라스틱 등 열폭주 현상에 대비한 다양한 소재를 개발 중이다.

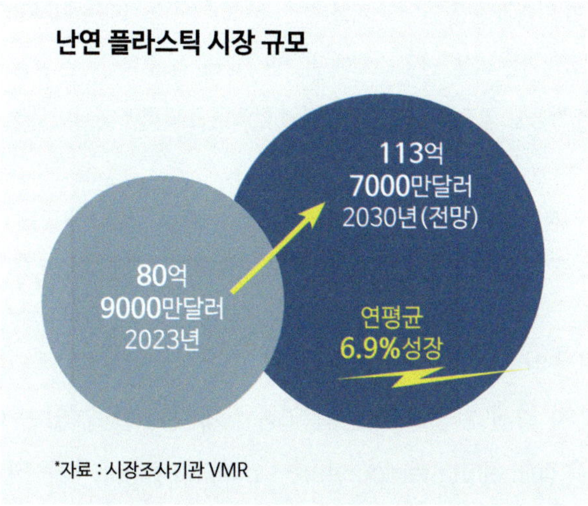

그림 4.19 난연 플라스틱 시장 규모

기존 난연 플라스틱은 화재 확산을 늦춰 인명 구조에 필요한 시간을 버는 역할을 해왔다. LG화학은 2022년 배터리 커버용 난연 플라스틱 개발에 성공한 이후 제품 포트폴리오를 확장하고 있다. 롯데케미칼은 지난 6월 짧은 유리 섬유(SGF)가 적용된 소재(PP/SGF)와 긴 유리 섬유(LGF)로 강성을 보완한 고강성 난연 폴리프로필렌(PP) 플라스틱을 만들었다. 자체 배터리 열폭주 시험 결과 1,000도 이상의 온도에서 성형품 본래의 형태를 유지한 채로 PP/SGF는 300초 이상, PP/LGF는 600초 이상 견뎠다.

석유화학 업계는 열폭주 발생시 화재를 지연시키는 역할을 넘어 실제 화재를 방지 · 차단하는 소재를 만든다는 계획이다. 앞서 LG화학은 열폭주를 억제하는 온도 반응성 '안전성 강화 기능층'(열폭주 억제 소재)을 개발했다. 열폭주 억제 소재는 온도에 따라 전기 저항이 변하는 복합 물질이다. 온도가 오르는 초기 단계에서 전기 흐름을 차단하는 '퓨즈' 역할을 한다는 설명이다. LG화학은 모바일용 배터리에 열폭주 억제 소재 안전성 검증 테스트를 마치고 내년까지 대용량 전기차용 배터리에도 안전성 테스트를 이어갈 계획이다.

이 같은 난연 플라스틱 수요는 늘어날 전망이다. 완성차 업계는 연비 효율 향상 등을 위해 금속 소재를 플라스틱으로 대체하는 추세다. 이에 더해 지난 8월 인천 청라 전기차 화재 이후 난연 · 불연 소재에 대한 관심이 높아지고 있다. 또 항공 · 우주 분야 등 다른 산업군에서의 적용 가능성도 크다. 시장조사기관 VMR에 따르면 난연 플라스틱 시장 규모는 2023년에 80억 9,000만 달러에서 2030년 113억 7,000만 달러로 연 평균 6.9% 성장할 전망이다.

문제는 가격이다. 최근 전기차 수요는 저가 전기차 중심으로 옮겨가는 양상이다. 원가 절감 압박을 받는

> 배터리 · 완성차 회사가 단가가 높은 난연 소재를 전면 채택하기는 어렵다는 지적이다. 이와 관련, 업계 관계자는 "기술 개발에 들어가는 비용, 난연 소재에 필요한 첨가물 등을 감안하면 당장 공급 가격을 낮추기는 어렵지만 대량 생산이 가능할 정도로 수요가 생긴다면 합리적인 가격에 공급이 가능하게 될 것"이라고 말했다.
>
> (출처 : 머니투데이, "열폭주 확산 지연 넘어 '불끄는' 플라스틱 만든다", 13면, 2024. 10. 7.)

위의 신문기사 내용의 문제점을 분석해 보면,

첫 번째로 현재까지 최신 기술로 개발된 열폭주에 대응할 수 있는 난연 플라스틱은 아직도 금속에 비해 융점(melting temperature · melting point, 녹는점)이 상당히 낮아 열폭주 시 발생하는 700℃ 이상의 온도에서 절대 견딜 수가 없다. 난연 플라스틱은 배터리 셀 결함이나 전기차 사용 중 외부 요인 및 상황에 의한 배터리 화재 시, 단지 열폭주로 가기 전의 시간을 지연시켜주는 역할만 할 뿐이다.

성형품 본래의 형태를 유지하는 유리전이온도(Tg, Glass trasition temperature : 유리전이온도는 반결정성 또는 비결정성 고분자(폴리머, polymer)가 딱딱한 유리질 상태(glassy state)에서 부드러운 고무 상태(rubbery state)로 변화하기 시작하는 온도를 뜻한다)까지 PP/SGF(PP와 Short Glass Fiber 복합재)는 300초(5분) 이상, PP/LGF(PP와 Long Glass Fiber 복합재)는 600초(10분) 이상 견뎠다는 실증시험 결과를 제시했다.

따라서 열폭주로의 도달 이전에 운전자 및 탑승자가 탈출할 수 있는 시간인 골든타임을 마련해 주고, 한편으론 시간을 약간 지연시켜줌으로써 소화 효과를 높혀줄 뿐이다.

참고로 분리막의 2가지 주요 소재인 범용 플라스틱 폴리프로필렌(Polypropylene, PP)의 융점(용융온도)은 175℃, 저밀도 폴리에틸렌(LDPE, Low density Polyethylene)은 115℃, 고밀도 폴리에틸렌(HDPE, High density Polyethylene)은 137℃이다.

한편 가격이 고가인 슈퍼엔지니어링 플라스틱 PTFE(Polytetrafluoroethylene, Teflon)의 융점은 327℃이다. PTFE(폴리테트라플루오로에틸렌, 테플론)은 고강성이면서도 난연성이 플라스틱(폴리머) 중에서 가장 뛰어나다.

두 번째로는 생산성과 경제성이다. 주요 기존 소재인 폴리프로필렌(PP)은 가격이 저렴하고 생산성(사출성 및 가공성)이 좋은 일반 범용 플라스틱이다. 이 기본 소재에 유리섬유(glass fiber)를 혼합해 강성을 증가시킨 고강성 복합소재, 그리고 난연성을 강화시킨 유리섬유강화 폴리프로필렌 복합소재는 가격이 고가이다. 따라서 기존 범용 플라스틱 폴리프로필렌보다 안전성은 더욱 좋아졌지만 제조성(사출성을 포함한 가공성)도 떨어질 뿐 아니라 가격이 비싸서(단가가 높아) 경제성도 떨어진다는 점이다.

(1) 난연성(불연성, 내화성) 소재

우선 배터리 팩 소재로 금속 Al(알루미늄)과 같이 널리 사용되는 고분자재료(Polymer, 폴리머) 플라스틱의 열적 성질에 대해 살펴보기로 하자.

플라스틱의 발화 및 화재에 대비하는 열특성 시험으로서는 다음과 같은 것이 있다.

① 내열성 시험
② 내한성 시험
③ 연소성 시험

1) 내열성 시험(Thermal endurance test)

내열성 시험방법에는 하중변형온도 시험과 바이켓(vicat) 연화온도 시험이 있다. 하중변형온도는 종래에는 열변형온도라고 부른 것이지만, 표현이 오해를 살 우려가 있어 ASTM, ISO, JIS 모두 하중변형온도라고 개정되었다.

① 하중변형온도(Deflection temperature under load) 시험

막대기 형상의 시험편 중앙에 하중을 가하면서 2℃/분의 속도로 온도를 상승시키고 0.25mm(0.01inch) 변형이 생겼을 때의 온도를 하중변형온도라 한다. 하중은 플라스틱의 종류 및 시험편의 두께에 따라 4.6kgf/cm^2(66psi) 혹은 18.6kgf/cm^2(264psi)가 사용된다.

하중변형온도는 그 시험방법에서 알 수 있는 것과 같이 플라스틱의 강성에 따라 그 결과치가 변화한다. 비결정성 플라스틱에서는 하중변형온도는 유리(glass) 전이점 이하에 가까운 온도를 표시하므로 어느 정도 실용적일 수 있으나, 결정성 플라스틱에서는 하중변형온도는 유리(glass) 전이점과 결정융점의 사이 온도를 나타낸다. 따라서, 논리적으로 실용적으로 의미없는 온도로 되고 측정오차도 크다.

유리 전이점(Glass transition point, 유리전이온도 Tg)

전이온도라 함은 물질의 성질이 비연속적으로 변화하는 온도를 의미한다. 전이온도에는 1차 전이온도(first order temperature)와 2차 전이온도(second order temperature) 또는 유리(glass) 전이점이 있다.

다음 표 4.7은 플라스틱(폴리머, 수지)의 유리전이온도 및 용융온도를 나타냈다.

표 4.7 **플라스틱 재료의 유리전이온도 및 용융온도**

수지명	유리전이온도 (Tg, Glass transition temperature) [℃]	용융온도 (Melting temperature) [℃]
LDPE(Low density polyethylene)	-110	115
PTFE(Polytetrafluoroethylene, Teflon)	-97	327
HDPE(High density polyethylene)	-90	137
PP(Polypropylene)	-18	175
PA(Nylon 6, Nylon 66)	57	265
PVC(Polyvinylchloride)	87	212
PS(Polystyrene)	100	240
PC(Polycarbonate)	150	265

그림 4.20과 같이 1차 전이온도는 융점과 같이 물리적 성질의 불연속적인 변화 즉, 체적 자체가 급격히 변화하는 온도이고, 2차 전이온도 또는 유리(glass) 상태의 굳은 상태에서 고무와 같이 연질상태로 변화하는 온도이다.

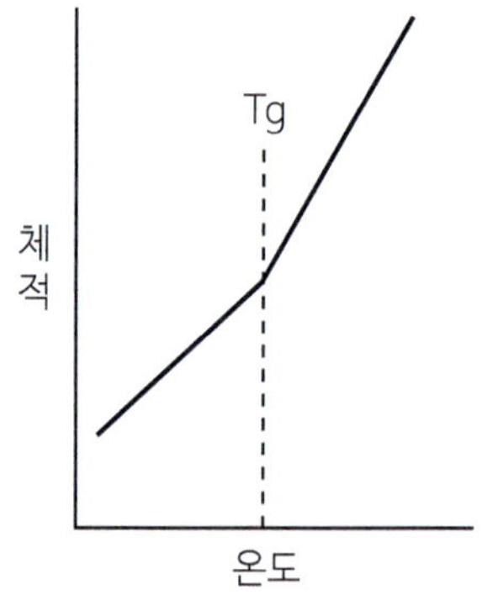

그림 4.20 **유리(glass) 전이점**

② 바이켓(Vicat) 연화점(軟化点, softening temperature)

단면 1mm² 원주형의 침에 1,000g의 하중을 가하고, 침이 1mm 침입할 때의 온도이다. 수조의 시험개시 온도는 25~30℃로 하고 상승온도는 0.8~2℃/min으로 한다.

2) 내한성 시험

내한성은 빙점 이하의 저온도에서의 저항성을 말한다. 시험방법으로서는 일정 치수의 시트(sheet, 판) 상태의 시험편을 드라이 아이스(dry ice)로 냉각한 저온도 욕조에 담그고 아이조드(Izod) 충격시험과 유사한 방법으로 일정 크기의 충격력을 가해 파괴되었을 때의 욕조온도가 내한성이 된다. 이것은 취성온도(brittleness temperature) 시험이라 할 수 있으며, 취성으로 인해 파괴되는 온도를 표시하는 것이다.

3) 내연성 시험(Flammability test)

플라스틱 재료는 아무리 내열성이 좋은 것이라 해도 유기합성물질이므로 화염을 직접 댈 때 절대 연소하지 않는 것은 없다. 따라서 플라스틱 재료의 내연성(연소성이라고도 한다)이라고 말하는 것은 철강이나 콘크리트와 같이 내화성을 의미하는 것이 아니고 연소에 대해 어느 정도 저항이 있는가를 표시하는 것이다. 그림 4.21은 UL 94HB 등급용 수평으로의 화염시험법을 보여주고 있다.

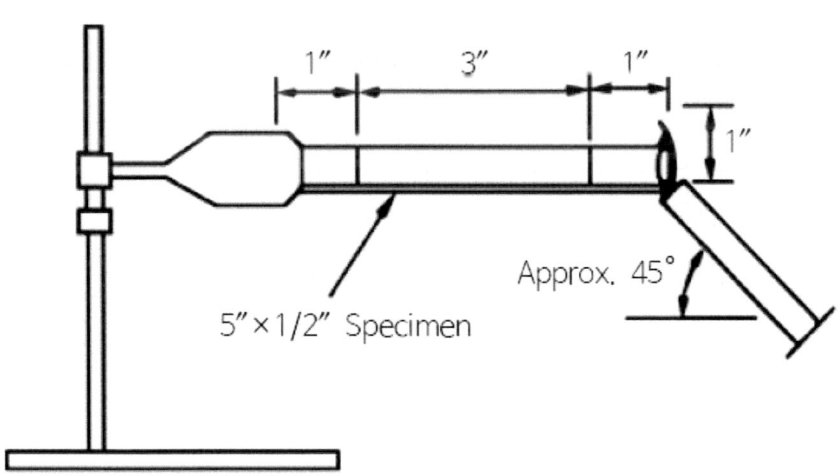

Horizontal Burning Test for UL 94HB Classification

94HB Horizontal Flame Class Requirements	
Thickness	Burning Rate
≥ 1/8 in.	≤ 1-1/2 in./min.
< 1/8 in.	≤ 3 in./min.

그림 4.21 UL 94HB 시험법

시험방법으로는 UL 시험법이 일반적으로 사용되고 있다. UL 시험법은 미국 underwriters laboratories Inc.(약칭 UL)가 제정한 시험법으로 미국 국내에서 사용하는 전기기구 및 구성재료는 이 시험법에 합격해야 하는 것이 실제상 필수조건으로 되어 있고, 특히 미국 수출품에도 이 시험에 합격해야 하는 것이 절대 필수조건으로 되어 있다. UL 시험법에는 지연성(94HB), 자기소화성(94V-0, 94V-1, 94V-2) 등으로 구분되어 있다.

그림 4.22는 UL 94V-0, V-1, V-2 등급용 수직으로의 내연성 시험법을 보여주고 있다.

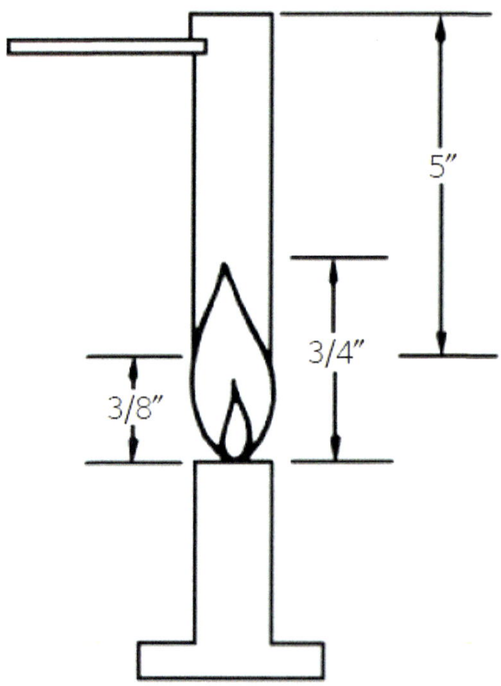

Flammability Test for UL 94V-0, V-1, V-2

Vertical Flame Class Requirements			
	94V-0	94V-1	94V-2
Individual Flame Time,	≤10	≤30	≤30
seconds Total Flame Time,			
seconds (5 specimens)	≤50	≤250	≤250
Glowing Time, seconds			
(individual specimens)	≤30	≤60	≤60
Particles Ignite Cotton	No	No	Yes

그림 4.22 UL 94V-0, V-1, V-2 시험법

표 4.8은 UL 94V-0, V-1, V-2 등급용 수직으로의 내연성 시험법의 결과 판정에 대한 내용을 설명하고 있다.

표 4.8 결과 판정

94HB	A. 두께 0.12in(3.048mm)~0.5in(12.7mm)의 시험편은 중간 3in 구간에서 분당 1.5in 이상 속도로 연소하지 않아야 한다. B. 두께 0.12in(3.048mm) 이하의 시험편은 중간 3in 구간에서 분당 3in 이상 속도로 연소하지 않아야 한다.
94V-0	A. 어느 시험편도 착화 후 10초 이상 화염을 내면서 연소하지 않아야 한다. B. 5개의 시험편에서 10회의 착화시험에서 연소시간 합계는 50초 이내일 것. C. 어느 시험편도 홀딩 클램프(holding clamp)까지 연소하지 않아야 한다. D. 시험편 12in 아래에 위치한 건조된 외과용 흡수솜을 떨어진 불똥에 의해 연소시키지 않아야 한다. E. 어느 시험편도 두 번째 착화시험에서 30초 이상 착화되지 않아야 한다.
94V-1	A. 어느 시험편도 착화 후 30초 이상 화염을 내면서 연소하지 않아야 한다. B. 5개의 시험편에서 10회의 착화시험에서 연소시간 합계는 250초 이내일 것. C. 어느 시험편도 홀딩 클램프(holding clamp)까지 연소하지 않아야 한다. D. 시험편 12in 아래에 위치한 건조된 외과용 흡수솜에 떨어진 불똥에 의해 연소시키지 않아야 한다. E. 어느 시험편도 두 번째 착화시험에서 60초 이상 착화되지 않아야 한다.
94V-2	A. 어느 시험편도 착화 후 30초 이상 화염을 내면서 연소하지 않아야 한다. B. 5개의 시험편에서 10회의 착화시험에서 연소시간 합계는 250초 이내일 것. C. 어느 시험편도 홀딩 클램프(holding clamp)까지 연소하지 않아야 한다. D. 시험편 12in 아래에 위치한 건조된 외과용 흡수솜에 떨어진 불똥에 의한 착화는 단시간이어야 한다. E. 어느 시험편도 두 번째 착화시험에서 60초 이상 착화되지 않아야 한다.

4) 열전도도(Thermal conductivity)

열전도도는 재료의 온도를 1°K 변화시키는데 요구되는 단위 길이당 전도에 의한 열전

달률로 정의되고, 단위는 W/m · °K이다. 재료가 열을 손실시킬 수 있는 열전달 속도를 계산하기 위하여 필수적이며 고분자(폴리머, polymer) 수지의 중간지점에서 측정한다.

열전도 방정식은 재료의 열적인 변화를 계산하는데 사용된다. 열전도 방정식은 용융 밀도 및 비열과 함께 사용되어 재료의 열확산 속도를 결정한다. 열확산 속도는 열이 재료를 통하여 퍼져나가는 비율이다. 열확산이 빠르면 열이 보다 빠른 속도로 재료를 통하여 전달된다. 열확산은 다음의 식에 따른다.

열전도도 (thermal conductivity, W/m·°K)

열확산도(thermal diffusivity, m^2/s) $\alpha = \dfrac{k}{\rho C_p}$

밀도 (density, kg/m^3) 비열 (specific heat, J/kg·°K)

참고로, 공기의 열전도도는 0.025W/m°K로 낮으며, 구리의 열전도도는 약 401W/m°K이다. 자기만의 기준값을 가지고 있는 것도 중요하다. 어떤 물체를 두고 열전도도를 유추하거나 평가를 할 때 기준값은 유용하게 사용된다. 다르게 보면 판단의 기준이라고 볼 수 있다.

일반적인 재료의 열전도도를 표 4.9에 요약하였다.

재료에서는 발열 즉 가열 시 열전달이 지속적으로 이루어진다. 열전도도뿐만 아니라 열팽창계수 등도 복합적으로 고려되어야 하는 경우가 많다.

표 4.9 **일반적인 재료의 열전도도(25℃ 기준)**

재 료	열전도도[Watts/meter · °K (W/m · °K)]	재 료	열전도도[Watts/meter · °K (W/m · °K)]
Acrylic	0.200	Nickel	91.0
Air	0.024	Paper	0.05
Aluminum	250.0	PTFE(Teflon)	0.25
Copper	401.0	PVC	0.19
Carbon Steel	54.0	Silver	429.0
Concrete	1.05	Steel	46.0
Glass	1.05	Water	0.58
Gold	310.0	Wood	0.13

플라스틱 소재의 열전도도를 표 4.10에 요약하였다.

표 4.10 플라스틱 소재의 열전도도(Thermal conductivity)

재 료	열전도도 (W/m · °K)	재 료	열전도도 (W/m · °K)
Elastomer		Polyethylene	
-Acrylonitrile butadiene rubber	0.25	-Low density(LDPE)	0.33
-Styrene butadiene rubber(SBR)	0.25	-High density(HDPE)	0.15
-Silicone rubber	0.23	-Ultrahigh molecular weight(UHMWPE)	0.33
Epoxy	0.19	Polyethylene terephthalate(PET)	0.15
Nylon 6, 66	0.24	Polyethylene methacrylate(PMMA)	0.17~0.25
Phenolic	0.15	Polypropylene(PP)	0.12
Poly butylene terephthalate(PBT)	0.18~0.29	Polystyrene(PS)	0.13
Polycarbonate(PC)	0.20	Polyvinyl chloride(PVC)	0.15~0.21

23 '불에 안 타는 ESS' 세계 첫 개발

한화에어로스페이스가 윤활유 전문 기업 SK엔무브와 협력해 세계 최초로 불에 타지 않는 '액침 냉각 ESS(에너지저장장치)' 개발에 성공했다고 10일 밝혔다. 리튬이온 배터리의 모듈(배터리 셀 묶음) 내부를 냉각 절연액으로 채워 열을 식히고 산소 유입을 차단해 불이 번지는 걸 막는 원리다.

두 회사는 이날 '액침냉각 ESS 기술' 설명회를 열고 이 같은 기술을 공개했다. SK엔무브 관계자는 "화재가 나려면 가연성 물질과 높은 온도, 산소가 필요하다"며 "하지만 배터리 셀들이 냉각 절연액에 담겨 있으면 셀 하나가 발화하더라도 열이 금방 식고 산소도 차단돼 불이 번지지 않는다"고 말했다. 한화에어로는 '액침냉각 ESS'를 해양수산부 산하 선박해양플랜트연구소 전기추진 선박에 공급해 실증 테스트를 하고 있다.

SK엔무브는 앞으로 액침냉각 기술을 화재가 나기 쉬운 데이터센터나 전기차 배터리로도 확대한다는 계획이다. 회사 측은 "ESS와 데이터센터, 전기차 배터리에 적용하는 냉각 절연액의 첨가제 등이 각각 다른 만큼 순차적으로 기술을 개발해 적용 대상을 확대해 나갈 예정"이라고 했다.

(출처 : 조선일보, "불에 안 타는 ESS 세계 첫 개발", B4면, 2024. 09. 11.)

24 한화 · SK 손잡고 세계 최초 '불타지 않는 ESS' 개발

한화에어로스페이스가 윤활유 전문기업인 SK엔무브와 협력해 세계 최초로 '불타지 않는 에너지저장장치(ESS)' 개발에 성공했다.

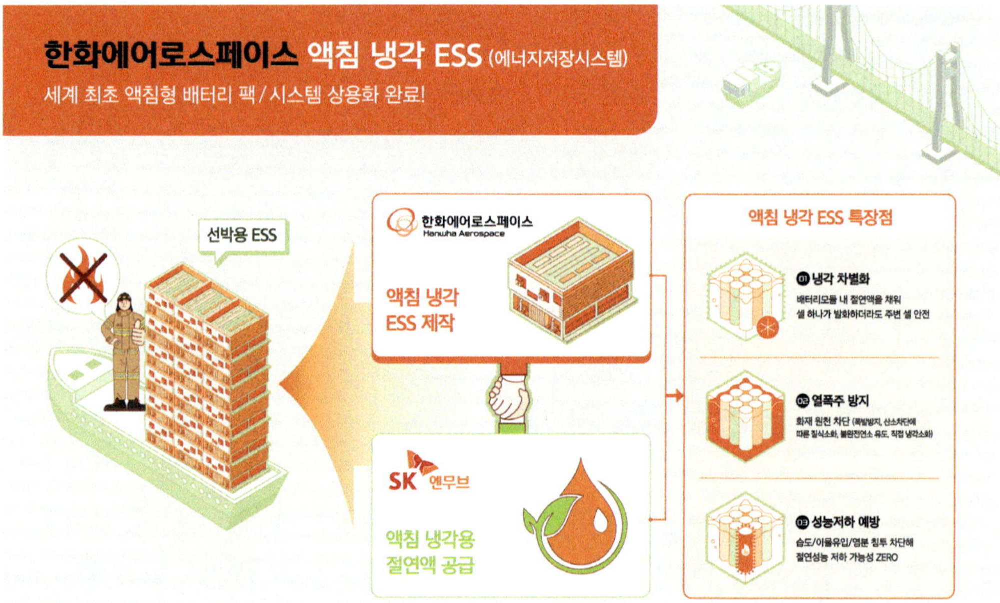

한화에어로스페이스와 SK엔무브는 10일 서울 장교동 한화빌딩에서 '액침냉각 ESS 기술' 설명회를 열고 리튬이온 배터리 모듈에 냉각 플루이드(Thermal Fluids)를 채워 화재를 원천 차단할 수 있는 기술을 개발했다고 밝혔다. 이 기술은 해양수산부 산하의 선박해양플랜트연구소(KRISO)의 전기추진선박에 공급해 실증 테스트를 진행 중이다.

액침냉각 ESS는 배터리 셀(Cell) 하나가 발화돼도 내부에서 차단되기 때문에 다른 셀에게 영향을 주지 않아 화재 예방이 가능하다. 기존에 ESS 온도를 낮추기 위한 공랭, 수냉식 방식과 달리 냉각 플루이드로 내부를 완전히 채운 방식은 외부로부터 먼지와 염분 등의 유입도 원천 차단해 내부 손상으로 화재가 발생할 가능성도 제거했다.

이날 발표에 나선 손승현 한화에어로스페이스 에너지시스템센터장은 "해양 선박용 ESS는 안전성이 필수 조건"이라며 "20년 이상의 연구개발(R&D)과 시행착오를 겪으며 쌓아온 ESS 설계 능력과 경험을 기반으로 업계 최고 수준의기술과 제조 역량을 확보했다"고 말했다.

SK엔무브도 이날 액침냉각 기술의 핵심소재인 냉각 플루이드 기술을 소개했다. 플루이드는 액체와 기체의 중간 성질을 지닌 물질로 모듈 내부에서 전기가 통하지 않게 하고, 열을 식혀주는 역할을 한다. SK엔무브는 이 분야에 국내 최초로 진출해 2022년부터는 육상에서도 사용할 수 있는 기술을 개발, 화재에 취약한 데이터센터나 전기차에도 적용할 예정이다.

서상혁 SK엔무브 e-Fluids B2B 사업실장은 "SK엔무브의 세계적인 고급기유 기술을 바탕으로 차별화된 첨가제를 활용해 화재 예방 성능을 극대화하는 기술을 개발하겠다"고 말했다.

글로벌 시장 조사기관인 마켓앤드마켓(MarketsandMarkets)에 따르면 전 세계 선박용 ESS 시장은 2021년 약 21억 달러(약 3조 원)에서 2030년 약 76억 달러(약 10조 원)로 연평균 15.5%의 성장이 예상된다. 한화에어로스페이스 관계자는 "한화오션과도 해양 사업분야에서 시너지를 발휘해 친환경 선박 분야 밸류체인 구축에 속도를 낼 예정"이라고 말했다.

(출처 : 머니투데이, "한화 · SK 손잡고 세계 최초 '불타지 않는 ESS' 개발", 13면, 2024. 09. 11.)

분석 및 해설 액침 냉각 및 고도화 냉각장치(냉각시스템)

액침냉각 기술(Immersion cooling technology)이란 열이 발생하는 전자기기 등을 열전도율이 높은 비전도성 액체(non-conductive liquid, 이를 플루이드(fluid)라 한다)에 넣어 열을 흡수하는 기술을 말한다. 이 기술은 리튬이온 배터리 모듈에 냉각 플루이드(cooling fluid, 절연액)를 채워 넣어 열을 흡수한다. 보통 배터리에서 생기는 화재는 개별 한 셀(unit cell)에서 일어나 열폭주와 열전이로 인해 다른 셀로 옮겨붙으며 화재 규모가 더욱 커지는데, ESS 내부를 냉각 플루이드가 완전히 채워 다른 셀로의 열전이(열전달)을 차단하는 원리를 적용해 화재를 사전에 예방 및 원천 차단하는 기술로 세계 최초의 적용이다.

리튬이온 배터리 모듈을 가득 채운 냉각 플루이드가 배터리 화재의 초기 불씨를 식히기 때문이다. 발열 대상을 비전도성 유체로 직접 식힌다(냉각한다).

이 기술의 특징은 기존의 공기로 식히는 공랭식이나 액체로 식히는 수랭식과는 달리 냉각 플루이드는 액체와 기체의 중간 성질을 띠며 외부에서 유입되는 먼지와 습기, 염분 등을 비롯한 오염 물질 등을 완벽히 차단한다. 배터리 모듈(module, 배터리 셀 묶음) 안에서 전기가 통하지 않도록 하고 ESS 내부 손상 우려도 차단해 화재 발생 가능성을 없앴다. 따라서 액침냉각 기술은 기존의 공랭, 수랭식보다 안전성과 냉각 효율성이 뛰어나다.

냉각 플루이드의 경우 공기 대비 절연내압(절연내전압, Dielectric Withstand Voltage)이 3.5배 높아 화재가 예방되며, 한편으론 냉각 플루이드로 배터리 모듈 내부를 완전히 채웠기 때문에 화재의 원인이 되고 있는 결로, 먼지, 부식 등을 막을 수가 있는 것이다.

절연내압(절연내전압)이란 배터리를 비롯한 전기제품이나 부품이 취급하는 전압에 대해 충분한 절연내력이 있는지(절연파괴가 되지 않는지)를 확인하기 위한 시험이다. 배터리를 비롯한 모든 전자기기 · 제품은 안전해야 사용자의 생명이나 재산에 손실을 주지 않는다. 감전, 폭발, 화재 등의 사고로부터 사용자를 보호해야 된다. 그래서 전자기기 · 제품의 안전에 관한 항목 중에서도 특히 감전사고, 화재사고의 방지가 아주 중요하다. 전자기기 · 제품은 상당히 많은 부품으로 구성되어 있지만 기본적으로는 전기를 공급하는 부품(도체)과 전기를 차단하는 부품(절연체)으로 구성되어 있다. 특히 전기를 차단하는 부품(절연체 등)에 절연불량이 있으면 사람이 그 전자기기 · 제품에 접촉해 감전할 가능성이 있으며 또한 이것으로 인해 발열하면 화재를 일으킬 수가 있기 때문이다.

한편으론 액침냉각 기술에는 고품질 윤활기유를 활용한 액침냉각 시스템용 냉각 전용 플루이드 즉, 윤활유가 사용되고 있다.

배터리 모듈 안에서 전기가 통하지 않도록 하며 ESS(Energy Storage System, 에너지저장장치) 내부 손상 우려도 차단해 화재 발생 가능성을 없앴다는 것이 특징이다. 기존의 ESS뿐 만 아니라 이동성이 있는 특히 친환경 선박용 ESS에 큰 필요성이 강조된다. 선박용 ESS는 배터리의 안전성이 파도, 충격을 비롯한 물리적인 환경의 영향을 크게 받는 곳에 사용이 가능한 안전성이 높고 환경친화적인 수준 높은 기술이기 때문이다. 향후 안전성의 요구되는 전기차 등 리튬이온 배터리가 쓰이는 다른 분야로의 발전 가능성이 주목된다.

4.2 열폭주 지연을 위한 냉각기술(저자의 특허출원 내용)

저자의 그 동안의 연구 내용, 특허 출원 내용, 세미나 등을 통해 이차전지 리튬이온 배터리의 열폭주 지연을 위한 냉각기술의 한 사례를 다음과 같이 상세히 기술한다.

01 연구 내용

형상 자유도가 높은 진공 원리의 판상형 냉각장치 및 냉각시스템
(Plate-type cooling device and cooling system of vacuum principle with high degree of freedom about shape)

(1) 기술 분야

본 기술은 전기를 사용하고 있는 장치 및 시스템의 모든 분야에 적용할 수 있는 형상의 자유도가 높은 진공 원리를 갖는 무동력(동력이 필요 없는) 판상형 냉각장치 및 냉각시스템에 관한 것이다. 전기자동차 및 에너지저장장치, AI(인공지능) 서비스에 필수적인 데이터센터 서버용 배터리 셀, 배터리 모듈, 배터리 팩을 비롯한 연료전지, 태양광, 풍력발전, IT기기, 노트북, 컴퓨터, 가로등, 비상전원, 발전시스템 등 전 분야에 있어 전기로 인해 발생・발열되는 열을 신속히 방열 및 냉각시켜, 배터리로 인한 화재를 예방하는 냉각 및 화재 예방 장치 및 시스템이다.

더욱 상세하게는 과학의 원리를 이용한 기화 및 액화에 의한 상변화(phase change)로 냉각장치의 상부판과 하부판 사이의 내부 공간을 진공화시킨 후 작동유체를 충전함으로써 방열 효율(냉각 효율)을 향상시킬 수 있는 배터리 셀, 모듈, 팩을 비롯한 에너지저장장치용 배터리 랙의 냉각 장치 및 냉각시스템에 관한 것이다.

(2) 발명의 배경이 되는 기술

현재 에너지 소비가 적고 환경오염을 줄일 수 있는 보다 친환경적인 전기차에 대한 관심이 집중되고 있다.

일반적으로 전기차는 전기공급을 위한 복수의 배터리 셀들이 적재된 배터리 팩(battery

pack)을 포함한다. 이러한 배터리 팩은 차량 운행 중에 내부 배터리 셀을 충전 및 방전하는 과정에서 열이 발생하고, 이와 같은 열을 효과적으로 외부로 방출하지 못하면 배터리의 온도가 급격하게 상승하여, 심한 경우 배터리 화재나 폭발로 이어져, 전기차 운전자나 탑승자에게 위험을 초래할 수 있다.

따라서 전기차용 배터리 팩의 내부에는 배터리 셀에서 발생하는 열을 냉각하기 위한 냉각핀을 갖추고 있는데, 기존에 알려진 대부분의 배터리 팩의 냉각핀은 알루미늄으로 제작되어 열전도도는 높지만, 가격이 상대적으로 비싸고 알루미늄의 무른 특성으로 제작과정에서 미세한 스크래치 결함이 발생할 가능성이 높았다.

더욱이 기존 전기차용 배터리 팩의 경우, 알루미늄 냉각핀이 배터리 셀의 냉각에 필요한 범위 이상으로 과도하게 배터리 셀을 덮는 구조로 되어 있어, 소재 비용이 증가하고, 배터리 팩의 중량도 증가하는 문제가 있기 때문에, 이에 대처할 수 있는 기술이 절실히 요구되고 있다.

리튬이온 이차전지는 4대 핵심소재(양극재, 음극재, 분리막, 전해질)로 구성되며, 가장 많이 쓰이는 리튬이온전지는 원가 비중이 가장 큰 양극재를 중심으로 LCO, LFP, NCM 등의 기술개발이 진행되었다. 기본 단위의 배터리 셀 10~20개를 하나로 묶어 배터리 모듈을 구성하고, 이러한 배터리 모듈 8~40개를 연결하여 배터리 팩을 구성하기도 한다. 이차전지는 휴대용 기기뿐만 아니라 전기차량(EV, Electric Vehicle), 에너지저장장치(ESS, Energy Storage System)에 널리 응용되고 있다.

에너지저장장치는 신재생 에너지 발전과 연계하여 설치하는데, 풍력 발전이나 태양광 발전이 이루어지는 해안가나 산지에 설치되는 경우가 많다. 따라서 큰 일교차로 인한 결로와 다량의 먼지 등에 노출되기 쉬운 열악한 환경에서 운영되어 리튬이온전지의 불량이나 과충전으로 인한 발열 또는 시스템 내부로 수분 및 분진이 유입되었을 때, 배터리 보호 장치의 절연 성능 저하가 발생하여 배터리에서 화재가 발생할 수 있다. 또한 배터리 팩 또는 배터리 모듈, 배터리 셀에서의 과열과 주변의 적정 범위를 벗어난 온도 상승과 내외부에 물리적 충격 등의 스트레스가 누적되어져 배터리의 화재 발생 가능성을 높일 수 있다. 이에 따라 에너지저장장치의 안전성을 확보하기 위한 대응 방안이 요구되고 있다.

따라서 해결하고자 하는 과제는 상기 문제들의 근본 원인을 사전에 방지해, 보다 안전하고 효과적으로 해결하기 위해 대부분 리튬이온 이차전지를 사용하고 있는 전기차와 에너지저장장치(ESS)의 예기치 못하는 과열에 의한 화재와 2차적인 화재의 확산으로 인한 폭발을 방지하기 위한 배터리 모듈, 배터리 팩과 이로 구성되는 에너지저장장치의 과열을 비동력원으로써 자체적으로 냉각시키는 냉각 및 방화 장치의 역할을 동시에 하도록 하는 이차전지 배터리 셀, 배터리 모듈, 배터리 팩 및 배터리 랙의 구성기술에 관한 것이다.

즉, 해결하고자 하는 과제의 구성기술은 배터리 셀, 모듈, 팩을 비롯한 에너지저장장치용 배터리 랙(rack)에 이르기까지의 핵심기술을 구성하는 배터리의 과열로 인한 화재 예방을 위한 비동력 진공식 냉각 및 방화장치로서의 역할을 동시에 하는 에너지저장장치용 냉각 및 방화장치이다.

02 차별성

획기적이고, 차별화된, 고효율 배터리 모듈 냉각장치 및 냉각시스템의 개발 및 상용화

(1) 개념설계안

화재와 폭발 위험성이 있는 리튬이온 배터리(LIB)를 사용하는 ESS용 배터리 모듈에 있어 삼원계 NCM 배터리와 리튬인산철(LFP) 배터리의 과열로 인한 화재 및 폭발을 사전 예방하고 또한 확산을 방지하고자 하여 다음과 같은 특징을 갖는 새롭고 차별화된 고효율의 냉각장치(방열장치)를 개발하고 상용화하고자 한다.

① 획기적인 방열(냉각) 효과
② 과학원리를 복합적으로 응용한 새로운 개념의 차별화된 진공식(형) 냉각장치
③ 원하는 형태(형상)와 구조로 제작이 가능한 다목적 · 맞춤형 냉각장치
④ 구조가 간단하고 경제성이 뛰어나 상업화 가능성도 우수하다.
⑤ 얇은 박판(판재) 구조로의 제작이 가능하므로, 본 개념설계안에서는 진공형 V-PLCS(Vacuum-Plate Liquid Cooling System) 냉각장치로 우선 명칭을 붙이고자 한다.

(2) 온도를 낮추는 다양한 방법(문제해결 방안)

지금까지 알려진 과학기술을 활용하여 온도를 낮추는 방법, 즉 효과적인 방열 · 냉각을 위한 방법들은 다음과 같이 많다. 그러면 어떻게 이러한 과학기술의 원리를 구현하여 산업분야에 맞는 제품이나 시스템 등에 응용 · 적용하고 활용하여 최적의 결과를 만들어 내는 활동이 4차 산업혁명 시대에 있어 바로 기술사업화를 위한 고도화된 연구 및 기술개발의 핵심이다.

여기서는 RE100을 목표로 신재생발전으로 생산된 에너지를 저장하고 필요에 따라 사용하는 에너지저장장치(ESS)에 있어 특히 안전성을 유지하면서 지속가능하게 활용하고자 한다. 본 개념설계안은 아래의 ①, ②, ⑥, ⑦을 융복합한 기술을 응용 및 적용한 것이다.

① 기화열을 이용하는 방법

② 압력을 낮추어 온도를 낮추는 방법

③ 펠티어 소자(Peltier element, device)를 이용한 방법(서로 다른 금속의 양단에 전기를 통하였을 때 양단 면에 온도차가 일어나는 현상을 이용한 방법)

④ 제베크 효과(Seebeck effect, 두 종류의 금속을 고리 모양으로 연결하고, 한쪽 접점을 고온, 다른 쪽을 저온으로 했을 때 회로에 전류가 흐르는 현상)를 이용한 방법

⑤ 표면을 거칠게 하여 열전달이 잘되도록 하여 온도를 낮추는 방법

⑥ 표면적을 크게 하여 열발산을 빠르게 하는 방법(heat sink)

⑦ 히트 파이프(heat pipe)의 사용

⑧ 방열 시트의 사용 → 쿨링 패드, 그래핀 소재 등

(3) 본 고안 기술 V-PLCS(Vacuum-Plate Liquid Cooling System) 냉각장치의 구성과 냉각 원리

그림 4.23과 같이 배터리 모듈 좌우측면에 밀착 · 조립하고자 하는, 냉각효과(방열효과)가 우수하고 차별화된 새로운 개념의 V-PLCS 냉각장치의 원리와 개념도이다.

1) 본 개념설계안의 V-PLCS 진공식 냉각장치 원리

그림 4.23과 같이 밀폐되어 진공 상태인 판재(plate, 두께 t를 갖는 각형) 내부의 한쪽

끝에 열을 가하게 되면(heat in, 여기서는 배터리 모듈로부터의 발열) 휘발성 액체(냉매)는 증발하여 기체로 상변화(기화)된다. 왼쪽 부위에서 기체로 변한 휘발성 액체는 열에너지를 가지면서 압력차에 의해 열이 가해진 반대편으로 이동한다. 본 고안기술(개념설계안)에서 제시하는 차별화된 V-PLCS 냉각장치의 다른 끝(오른쪽)으로 이동한 기체는 그 과정에서 금속망 구조(metal wick structure)에 열을 빼앗겨 다시 열을 방출(방열)하여(heat out) 온도가 낮아지면 다시 액체로 상변화(액화)하여 판재 내부의 빈 속을 지나 본래의 상태인 액체로 돌아오는 기화열을 이용한 진공형 냉각장치(vacuum type liquid cooling system)의 원리인 것이다.

진공형 V-PLCS 냉각장치의 내부는 진공 상태이다. 진공 상태가 되면 우리가 생활하는 기압(760mmHg)에서의 환경보다도 기화되는 온도가 낮아진다. 그러므로 기화 온도인 100℃보다 아래 온도에서 열을 빨리 흡수하여 발산하므로 그만큼 방열효과, 즉 냉각효과가 커지는 것이다.

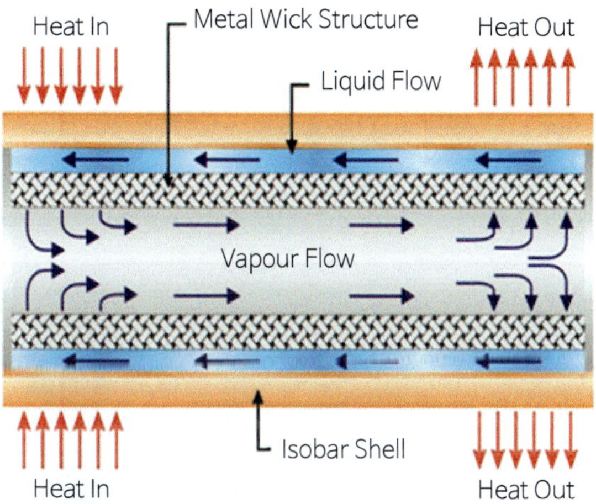

그림 4.23 **진공형 냉각장치(Vacuum type V-PLCS)의 냉각원리 개념도**

2) 차별화된 V-PLCS 냉각원리의 요약

① 진공형 V-PLCS 냉각시스템의 한쪽 끝에 열을 가한다(가열).

② V-PLCS 내부는 진공 상태를 만든 후, 냉매를 주입하여 채운다. 진공 상태에서는 상온보다 냉매가 빨리 끓어서(기화) 빨리 열을 빼앗는다.

③ 내부의 휘발성 액체(냉매)가 기체로 변하여(증발), 압력차에 따라 금속 재질의 윅(wick)을 통해 열이 가해진 반대편으로 이동한다.

④ V-PLCS의 다른 끝으로 이동한 기체가 열을 외부로 방출한다(방열).

⑤ 기체가 다시 액체로 변해 본래의 위치로 돌아가며 순환한다(냉각).

위와 같은 냉각 사이클(cycle)을 냉매가 주입된 진공 상태의 진공식 V-PLCS에서 계속되어 무동력으로 아주 효율적인 냉각을 시키는 차별화된 냉각시스템을 갖는 새로운 개념의 고효율 냉각장치이다.

3) 차별화된 V-PLCS 냉각장치의 효과

그림 4.24와 같이 V-PLCS 냉각장치의 성능은 구리(Cu)보다 약 40배, 알루미늄(Al)보다는 약 80배 높은 열전도율의 효과를 나타냈다. 성능 비교를 위한 실험(테스트)은 직경이 1/4인치(inch), 길이가 6인치(inch)인 알루미늄, 구리, V-PLCS 냉각장치를 온도 20℃인 상태에서 열이 전달되는 능력을 각각 확인해 본 결과이다(예측 실험 데이터).

〈열전도율 성능비교〉

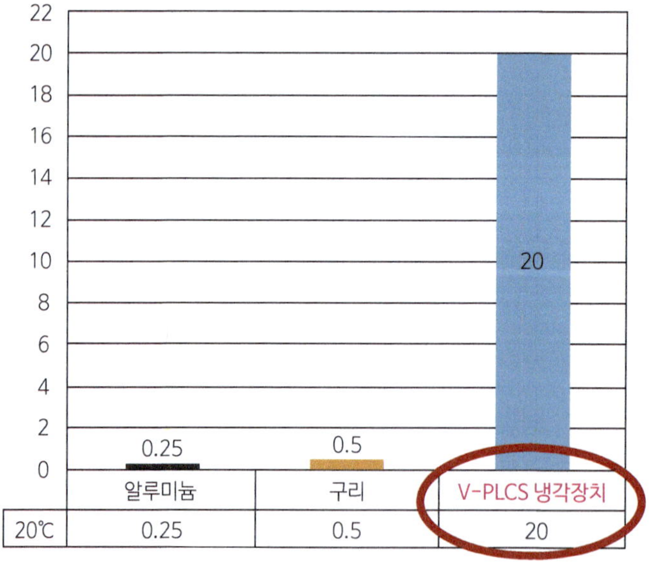

그림 4.24 V-PLCS 냉각장치와 알루미늄, 구리의 열전도율 효과 비교

V-PLCS 냉각장치의 열전도율 효과를 기존에 열발산과 방출을 위해 히트 싱크(heat sink)의 재질로 가장 많이 사용하고 있는 알루미늄(Al)과 구리(Cu)와 비교한 그래프이다.

V-PLCS 냉각장치는 다른 금속과 비교하여 아주 뛰어난 방열효과(냉각효과)를 나타내고 있다. 열전도율이 높으면 같은 시간에서의 방열효과도 커진다. 당연히 빨리 열을 흡수하고 빨리 발산하여 식히는 냉각효과가 더 크다는 것이다.

따라서 V-PLCS 냉각장치는 리튬이차전지를 사용하는 신재생에너지용 ESS장치와 전기자동차를 비롯한 모빌리티용 배터리 셀, 배터리 모듈, 배터리 팩을 비롯한 심지어는 스마트폰과 같은 공간이 밀폐되고(방수 및 방진을 위해 최고등급 IP68이 적용됨), 제한된 공간에서의 냉각장치로 아주 중요한 핵심요소기술(CTE, Critical Technology Element)이 되는 것이다.

4) 차별화된 V-PLCS 냉각장치의 구조와 재질

본 개념설계안의 V-PLCS 냉각장치는 주로 구리(Cu)로 만들어진다. 열전도율(thermal conductivity, 열전도도)이 높으면 열전도가 잘 되는 재질이고, 열전도율이 높은 재질은 열을 방출(발산)시키는 효과가 크기 때문에 일반적으로 기존 히트 파이프, 히트 싱크(heat sink) 등의 목적으로 주로 사용되며, 이와 반대의 경우는 단열재로 사용한다. 표 4.11에서 보듯이 금속 중에서 은(Ag)의 열전도율이 가장 좋지만, 가격이 비싸다. 따라서 상대적으로 가격이 저렴하며, 가공성도 우수하고, 열전도도가 높은 구리가 많이 사용된다. 또한 가격이 저렴한 제품에서는 알루미늄이 구리보다는 열전도율이 낮지만, 가공성이 좋고 가격이 저렴하여 많이 사용되고 있다.

V-PLCS 냉각장치의 구조는 내부가 비어 있는 판재(plate)로 되어 있다. 내부에는 많은 작은 구멍이 뚫려 있어 안쪽으로 주로 냉각물질로 사용되는 유동체(액체)가 지나다닐 수 있을 만한 공간을 보유하고 있으며, 그 공간에는 휘발성 액체가 가득 들어 있다. 외부에서 열을 받으면 V-PLCS 냉각장치의 내부에 액체가 열을 빼앗아 기화됨으로써 외부의 열을 낮춰 식히는 냉각장치(cooling system, 쿨링시스템) 역할을 하는 것이다.

냉각수로 사용되는 액체로는 물(일반적으로 냉각수 또는 증류수가 사용)을 비롯한 메탄올과 에탄올, 아세톤 또는 수은 등이 사용된다.

V-PLCS 냉각장치 소재로 주로 사용되는 금속 재질을 표 4.11에 나타냈다. 여러 온도에서 재질에 따른 열전도율을 나타낸다.

표 4.11 **각종 재질의 열전도율**

Material	Thermal conductivity(W/m℃)		
	at 25℃	at 125℃	at 225℃
Iron	80	68	60
Low carbon steel	54	51	47
Stainless steel	16	17.5	19
Tungsten	180	160	150
Platinum	70	71	72
Aluminum	250	255	250
Gold	310	312	310
Silver	420	418	415
Copper	401	400	398

위의 표 4.11에서 보면 체적이 클수록, 즉 표면적이 클수록 열전도율(열전도 효율)이 좋아서 방열효과도 그만큼 커진다.

표 4.12는 V-PLCS 냉각장치 개발을 위한 판재 두께(t)와 사이즈(size, 크기)에 따른 열전도율(열전도도)을 비교·분석한 자료이다.

표 4.12 **판재 두께와 사이즈에 따른 열전도율(열전도도)의 비교·분석**

두께(mm)	사이즈(mm) (length×width)	Heat Capacity(W)
0.35	100×60	3~5
0.4	120×60	3~5
0.5~0.7	160×60	5~7
0.7~1.0	180×90	7~10

5) 차별화된 V-PLCS 냉각장치의 원리의 보충 설명과 판재의 개념설계안

본 고안의 새로운 개념의 V-PLCS 냉각장치의 차별화된 원리와 특징를 좀 더 구체적으로 설명하면 다음과 같다. 개념설계안을 그림 4.25와 같은 개념으로 제시하며, ESS용 배터리 모듈에 적합한 고효율 냉각성능으로 차후 최적설계를 하고자 한다.

그림 4.25와 같은 판재의 단면을 갖는 차별화된 냉각원리를 도식적으로 설명하는, 즉 속이 비어 있고 진공 상태에 냉매인 유동체(액체)가 가득 찬 각형 판재로 된 V-PLCS 냉각장치의 개념안(단면도)이다.

열원(Heat Source)이 되는 배터리 모듈 내부에서 발생한 열은 배터리 모듈 외부 케이스(case)에 밀착 · 접촉되어 있는 V-PLCS가 열을 흡수하고 냉각장치 속의 냉매인 액체가 증발하여 수증기(Vapor)로 변한다(기화 원리). 이 때 내부는 진공 상태이므로 상온보다 빨리 기화가 발생되어 그 때 기화열로 열을 빼앗아 수증기로 분산되고 이때 효율적인 방열(냉각)이 일어난다. 그리고 압력차에 의해 수증기는 내부에 있는 금속 윅(Wick, 철망 구조)을 통과하면서 열을 빼앗겨 응축(Condenser)되어 액화가 일어나는 상변화(phase change)의 순환에 의해 지속적으로 냉각을 하는 아주 효과가 우수한 냉각원리를 갖는 진공형 냉각장치이다.

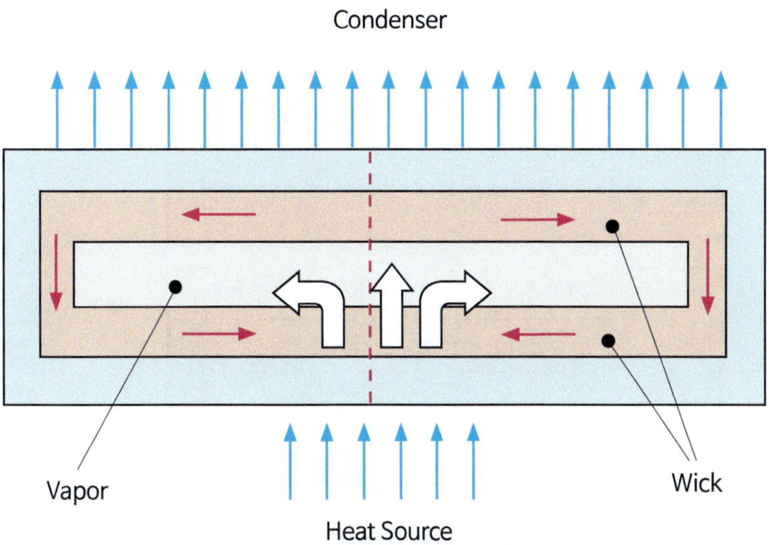

그림 4.25 본 고안의 진공식 냉각장치 V-PLCS의 원리와 구성개념도(개념설계안)

6) 냉매의 선택 및 실험

표 4.13은 사용 온도, 즉 작동 온도에 따른 본 고안의 V-PLCS 냉각장치에 사용 가능한(적용하는) 액체와 기체를 포함하는 냉매용 유체(유동체)를 비교 · 분석한 자료이다.

표 4.13 작동 온도에 따른 사용 가능한 유체

작동 온도(℃)	주요 작동유체
-270~-70(극저온)	헬륨, 아르곤, 크립톤, 질소, 메탄
-70~200(저온)	물, 프레온계 냉매, 암모니아, 아세톤, 메탄올, 에탄올 등
200~500(중온)	나프탈렌, 유황, 수은

작동 온도(℃)	주요 작동유체
500~1,000(고온)	세슘, 칼륨, 나트륨
1,000 이상(초고온)	리튬, 납, 은

(4) 본 고안기술 V-PLCS(Vacuum-Plate Liquid Cooling System)의 설계 – 개념설계안(Concept Design) 및 개념도면의 설계

1) 차별화된 V-PLCS(Vacuum-Plate Cooling System) 냉각장치의 개념설계안 – 새로운 개념의 차별화된 무동력 및 진공식 냉각장치

① 2가지 구조(A 및 B type)의 V-PLCS로 냉각(1안)

다음 그림 4.26과 같이 2가지 구조(type)의 V-PLCS를 열원(Heat Source)이 되는 배터리 모듈의 윗면(A type)과 좌우측면(B type으로 2개)을 조립하여 배터리 모듈에서 발산되는 열을 아주 효과적으로 냉각한다.

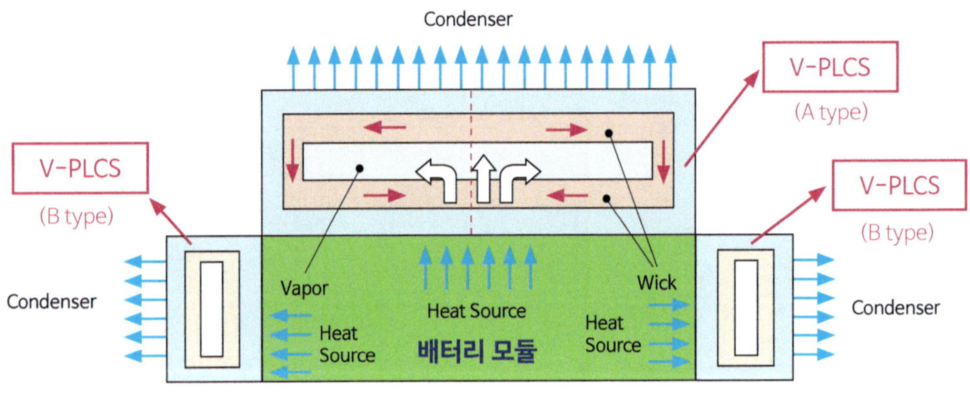

그림 4.26 2가지 구조의 V-PLCS 냉각장치의 개념설계안(1)

② 단일 구조의 V-PLCS로 냉각(2안)

다음 그림 4.27과 같이 ㄷ자형의 일체형 구조 V-PLCS를 열원(Heat Source)이 되는 배터리 모듈의 윗면과 좌우측면을 감싸서 조립하는 개념안으로 배터리 모듈에서 발산되는 열을 아주 효과적으로 냉각한다.

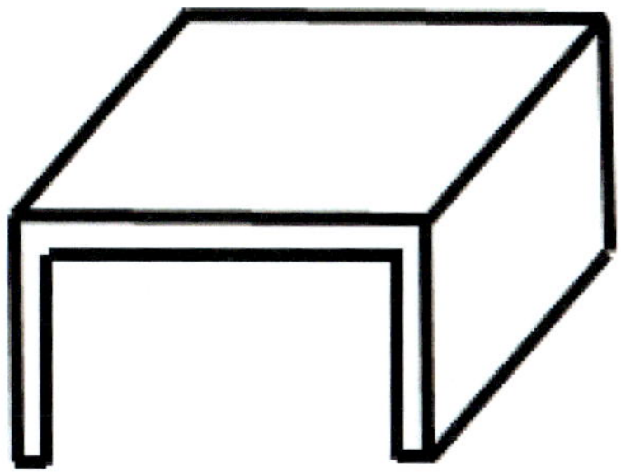

(a) ㄷ자형의 일체형 구조 V-PLCS 냉각장치

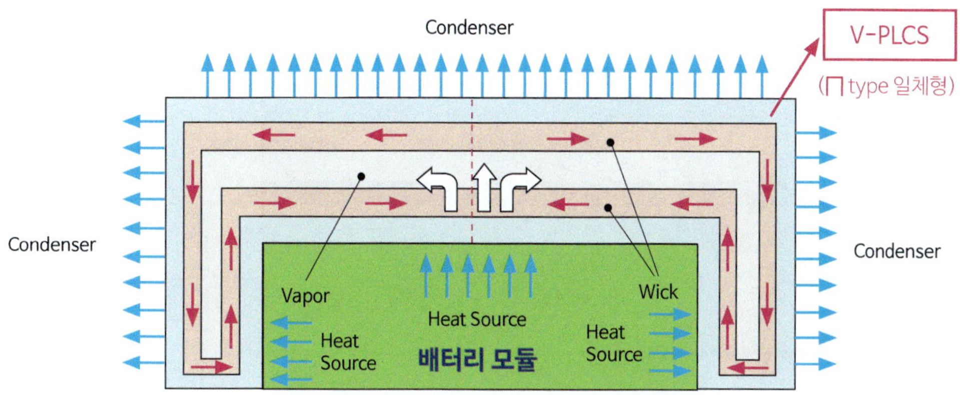

(b) 배터리 모듈에 조립된 V-PLCS 냉각장치의 조립구성도(단면도)

그림 4.27 **일체형 V-PLCS 냉각장치의 개념설계안(2)**

2) 차별화된 V-PLCS(Vacuum-Plate Cooling System) 냉각장치의 개념도면

그림 4.28은 본 고안의 차별화된 냉각장치의 개념도면이다. 앞에서 상세히 설명한 차별화된 냉각원리와 구조, 소재, 공정, 물성 등을 종합하여 구성한 박판을 갖는 진공형 V-PLCS 냉각장치의 개념설계 단면도면을 나타낸 것이다.

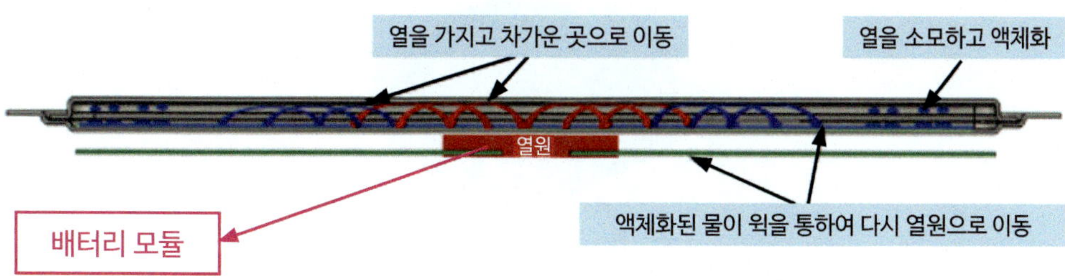

그림 4.28 **새로운 차별화된 V-PLCS 냉각장치의 조립단면구조**

3) 배터리 모듈의 냉각효과를 위한 V-PLCS 냉각장치의 조립구성도

그림 4.29와 같이 ESS 랙(rack)에 탑재되는 여러 개의 배터리 모듈 좌·우측면에 조립하고자 하는 냉각효과(방열효과)가 우수하고 차별화된 신개념의 냉각장치의 원리와 구성도를 개념설계안 조립단면도로 나타낸 것이다.

이는 V-PLCS(Vacuum-Plate Cooling System) 냉각장치를 배터리 모듈의 좌·우측면 조립하여 배터리 모듈로부터 발생되는 열을 직접 흡수하여 방열, 냉각시키는 자체 무동력 냉각을 하는 시스템의 조립구조이다.

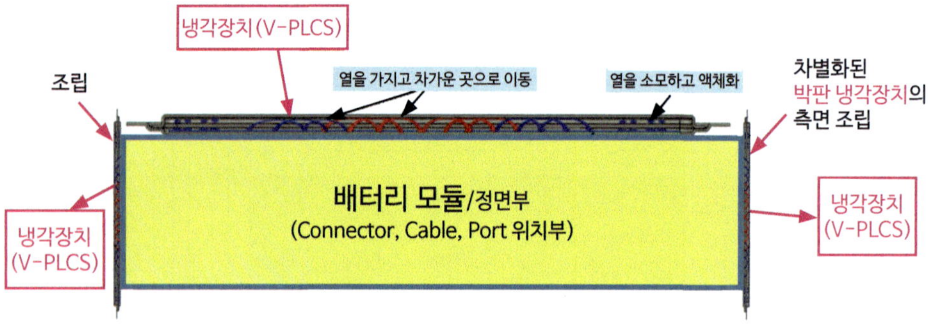

그림 4.28 V-PLCS 냉각장치를 배터리 모듈에 조립한 조립단면도(개념설계안)

4) 배터리 모듈에 조립된 차별화된 V-PLCS 냉각장치의 모습

다음 그림 4.29와 같이 배터리 모듈에 조립된 냉각장치의 모습을 개념설계안으로 표현했다.

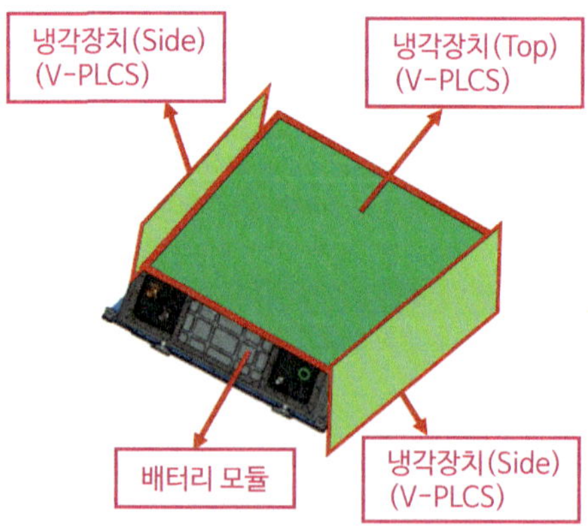

그림 4.29 차별화된 V-PLCS 냉각장치를 배터리 모듈에 조립한 3차원 입체조립도

다음 그림 4.30에 ESS 저장장치의 랙에 탑재되어 있는 다수 개의 배터리 모듈의 좌우 측면에 본 고안의 차별화 V-PLCS 냉각장치의 모습을 표현했다.

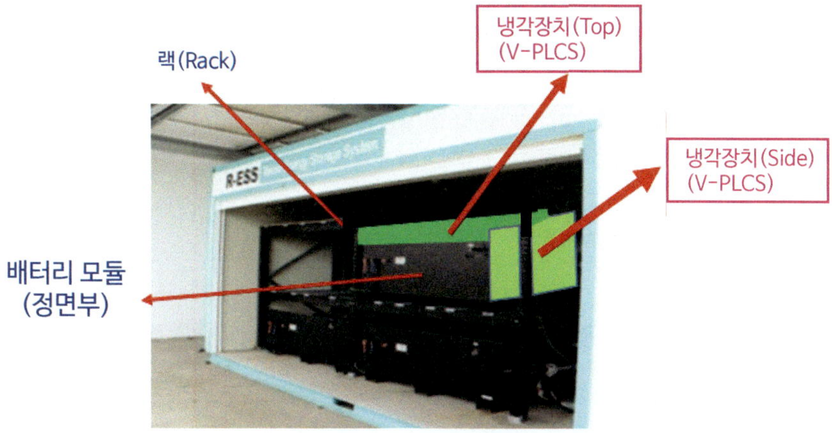

ESS(Energy Storage System)

그림 4.30 V-PLCS 냉각장치가 붙은 배터리 모듈이 설치된 랙의 모습

5) 종래 냉각기술과 차별화된 본 고안 V-PLCS 냉각기술과의 냉각성능 비교분석(기술의 차별성)

표 4.14와 같이 종래 냉각기술과 본 고안으로 개념설계가 된 차별화된 V-PLCS 냉각기술과의 냉각성능 비교분석을 통하여 본 개념설계된 기술의 차별성을 강조해 보여준다.

표 4.14 본 고안 V-PLCS 냉각기술의 차별성

냉각기술 / 특성	히트 싱크	Metal PCB	방열 시트 · 방열 그리스	본 고안의 V-PLCS 냉각시스템
			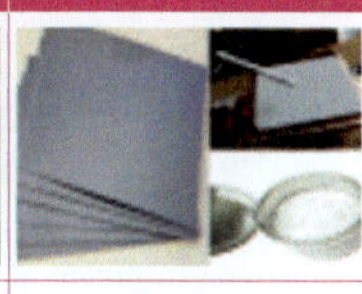	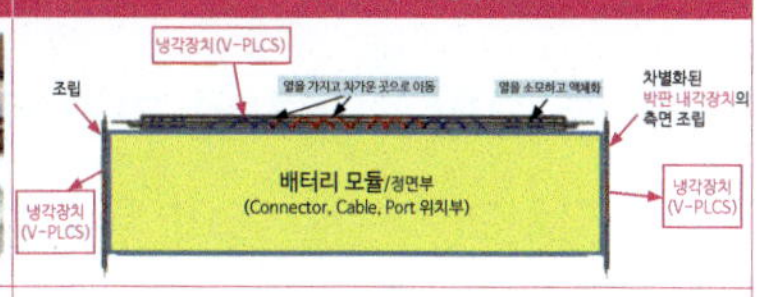
열 전도율 (W/m · K)	알루미늄 237(W/m · K)	2~4 (W/m · K)	Graphene 5,000(W/m · K)	16,000 (W/m · K)
			CNT 3,500(W/m · K)	
	구리 400(W/m · K)		Carbon Fiber 800(W/m · K)	
			Graphite 200(W/m · K)	

냉각 기술 / 특성	히트 싱크	Metal PCB	방열 시트 · 방열 그리스	본 고안의 V-PLCS 냉각시스템
		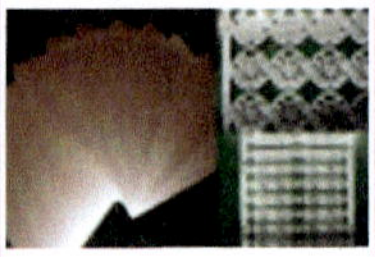	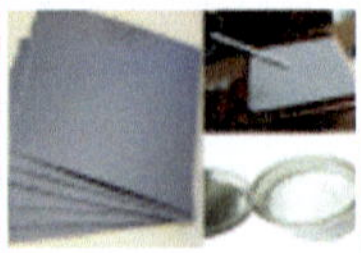	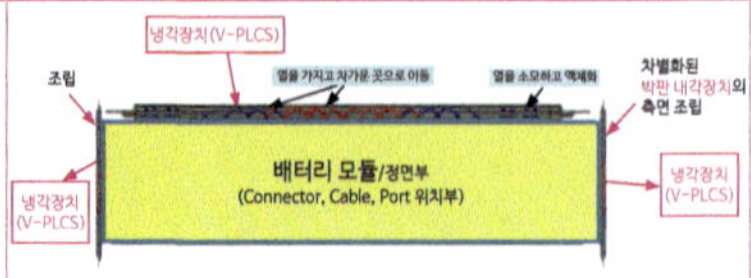
밀착성	별도 고정 방법 필요	별도 고정 방법 필요	밀착성 우수 (1:1 접착 방식)	별도 고정 방법 필요
내열성	우수	보통	보통	우수
난연성	우수	보통	우수	우수
가요성	낮음	보통	보통	우수

6) 본 고안기술 차별성을 갖는 V-PLCS 냉각장치의 특징(장점) 및 경제성

① 과학원리를 이용한 차별화된 냉각기술로 냉각성능과 냉각효과가 아주 우수하다(사전 예측 실험 데이터 제시).

② 원하는 형상으로 제작이 가능하다(프레스 제작 공법).

③ 박판(thin plate) 형상 및 구조로 된 냉각장치의 구성이 가능해, 모든 배터리 열원에 최적으로 설계(최적설계)가 가능하며, 또한 표면적을 크게 할 수 있으므로 냉각효과를 극대화 할 수가 있다.

④ 일반적인 각형 구조의 배터리 모듈(열원)에 부착시키는 방식으로 냉각장치의 조립구조가 아주 간단하다.

⑤ 프레스(press) 공법이므로 제작이 간단해 생산성이 우수하다.

⑥ 경제성이 좋아 가격경쟁력이 우수하다. 즉 가성비가 좋다.

⑦ 다용도의 냉각장치로의 활용이 가능하다.

(5) 본 고안 차별화된 기술, 진공식 V-PLCS(Vacuum-Plate Cooling System) 냉각장치의 냉각효율의 우수성 사전 예측 및 평가 · 검증 시뮬레이션(열유동해석 및 시제품 테스트)

1) 열유동해석을 위한 방정식

뉴턴의 냉각법칙(Newton's cooling law)과 확산 열전달의 법칙에 의하면, 물체가 냉각되는 비율(dQ/dt)은 물체의 열전달계수와 그 주위의 온도차에 비례한다는 법칙이다. $dQ/dt(=q'')$를 열유속(heat flux)이라고 하며, 공식은 다음과 같다.

[W/m²K]

$$q'' = h(T_S - T_\infty)$$

[W/m²] [K]

Heat Transfer Coefficient

$$\frac{dQ}{dt} = h \cdot A(T_{env} - T(t))$$

표 4.15는 대류열전달계수(Convective heat transfer coefficient)의 비교이다.

공기에 의한 자연대류, 냉각 팬(fan) 등을 사용하는 강제대류와 본 고안 V-PLCS에 적용한 과학원리를 활용한 기화, 액화 시의 상변화에 기인한 대류연전달계수 값을 서로 비교한 값으로 차이가 엄청 큼을 알 수 있다. 그 만큼 본 고안 V-PLCS 냉각장치가 열유속이 커서 냉각(방열)효과가 크다는 것을 보여준다.

표 4.15 대류열전달계수의 비교

Process	h (W/m² · K)
Free convection Gases Liquids	 2~25 50~1,000
Forced convection Gases Liquids	 25~250 100~20,000
Convection with phase change Boiling or condensation	 2,500~100,000

그리고 유체흐름 즉, 유동성은 다음과 같이 나비에-스토크스 방정식(Navier-Stokes equation)에 따른다. 방정식은 다음과 같다.

$$\rho \frac{D\vec{V}}{Dt} = -\nabla p + \rho\vec{g} + \mu\nabla^2\vec{V}$$

Total derivative

=

$$\rho\left[\frac{\partial V}{\partial t} + (V \cdot \nabla)V\right]$$

Change of velocity with time

Convective term

Pressure gradient

Fluid flows in the direction of largest change in pressure

Body force term

External forces, that act on the fluid (gravitational force or electromagnetic).

Diffusion term

For a Newtonian fluid, viscosity operates as a diffusion of momentum

이 방정식을 정확히 해석하면 다음과 같은 변수에 의해 지배되는 것이다.

체적력(중력)이 있을 때, 온도차 발생 → 밀도차 발생 → 압력차 생김 → 유동 발생

$$\rho\left(\frac{\partial u}{\partial t}+u\cdot\nabla u\right)=-\nabla p+\nabla\cdot\left(u(\nabla u+(\nabla u)^{T})-\frac{2}{3}\mu(\nabla\cdot u)I\right)+\rho g$$

관성힘 압력힘 점성힘 외부힘

2) 테스트 샘플에 의한 본 고안 V-PLCS 냉각기술의 예상 효과의 측정(Li-ion Battery)

① 사전 예측 샘플 시제품 제작 및 실험장치의 구성

다음 그림 4.31과 같이 새로운 개념의 차별화된 V-PLCS 냉각장치기술의 개념설계안으로 샘플(시제품)을 만들고, 실험장치를 구성한 후에 사전 냉각성능(효율) 테스트를 진행하여 연속성 시험에서 3,000시간 고온 테스트 후 기존 방열기술보다 냉각성능 효율향상 및 신뢰성에서 차별성과 우수성을 확인했다. 이는 스케일 다운(scale-down)으로 본 고안기술의 차별화된 V-PLCS 냉각장치의 냉각성능을 사전에 평가 및 검증하기 위한 테스용이다.

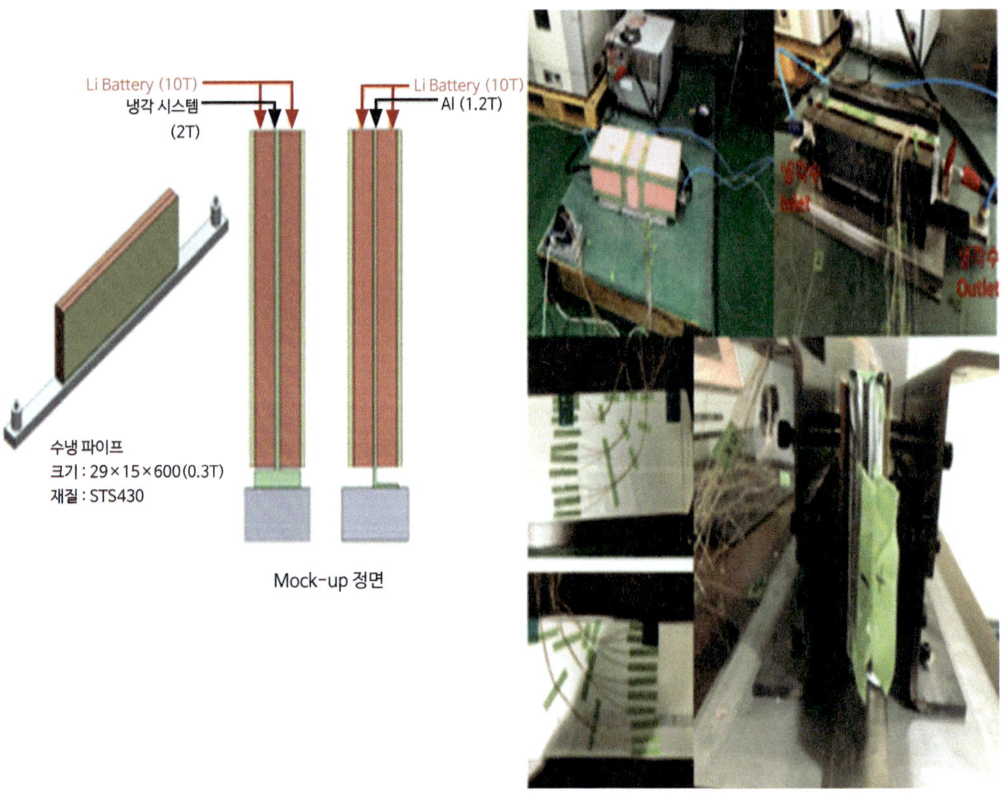

그림 4.31 사전 예측 테스트용 시제품(샘플) 및 실험장치의 구성

② 예측 데이터 측정(차별화 내용)

㉠ 냉각성능의 측정 및 향상

그림 4.32와 같이 차별화된 진공식 V-PLCS 냉각장치와 기존 냉각장치와의 냉각성능과의 측정 데이터를 서로 비교한 결과를 보여준다.

본 개념설계에서 제시하는 새로운 개념의 차별화된 냉각장치의 경우 40.8℃~46.1℃ 온도편차가 발생하였으며, 기존 냉각기술은 44.1℃~51.8℃의 온도편차가 발생되었다.

스케일 다운(scale-down)으로 진행한 실증 테스트 결과 배터리의 충전 시 발생하는 온도를 기존보다 최소 4℃에서 최대 11℃이상 낮춰주는 우수한 냉각효과를 얻었다.

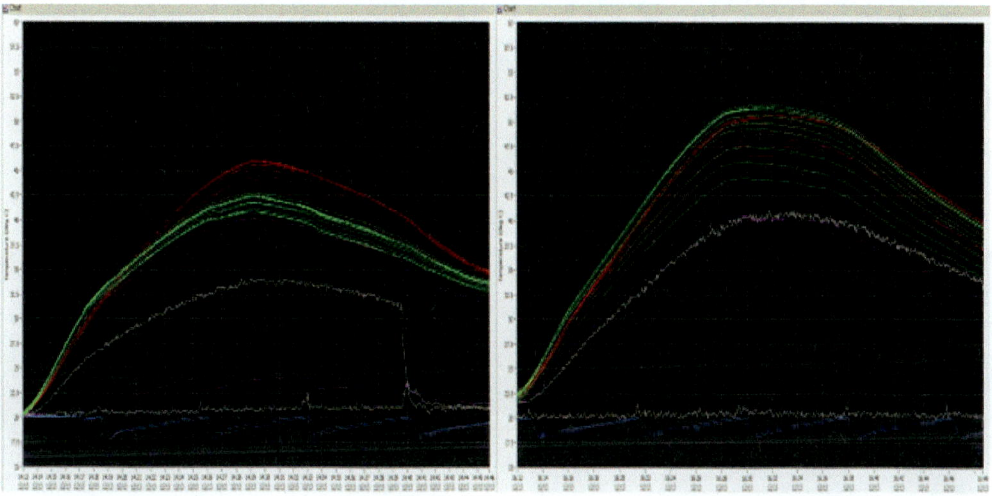

(a) 새로운 진공식 V-PLCS 냉각장치 (b) 기존 냉각장치

그림 4.32 차별화된 V-PLCS 냉각장치와 기존 냉각장치의 냉각성능(효율)의 비교 측정 데이터

㉡ 신뢰성 시험

또한 V-PLCS 냉각장치 시제품의 시험 결과 고온 신뢰성 테스트에서도 온도 변화가 극히 작으며(거의 일정하며), 일정 온도를 유지해준다.

그림 4.33은 새로운 V-PLCS 냉각장치가 적용된 시제품의 1,000시간 신뢰성 시험 자료이다.

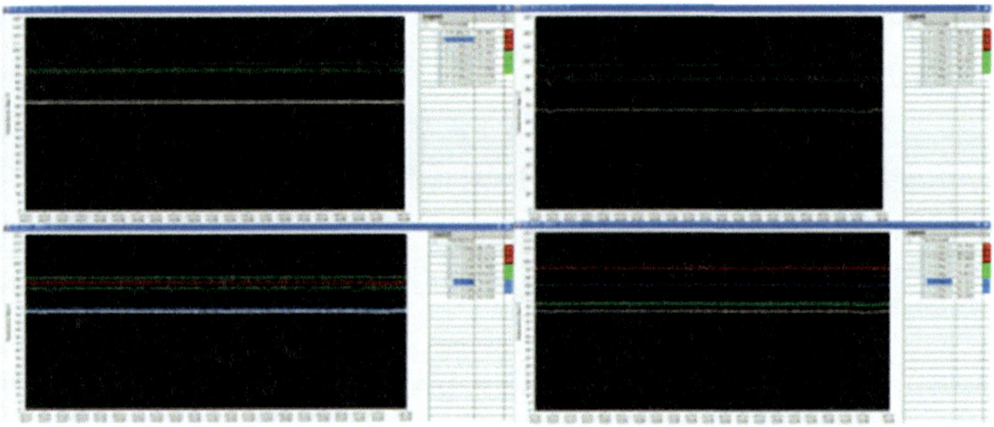

그림 4.33 본 고안기술 V-PLCS 냉각장치의 1,000시간 신뢰성 시험 화면(테스트 샘플)

③ V-PLCS 샘플의 실증시험(차별화 내용)

그림 4.34는 100℃ 끓는 물에 동력이 없는 본 고안기술의 스케일 다운된 진공형 V-PLCS 냉각장치를 넣어 300초 동안 온도가 변화되는 영상을 편집한 내용이다. 100℃에서 56℃까지 온도가 내려가는데 약 300초 걸리는 측정 데이터를 보여준다.

그림4.34 본 고안기술의 진공형 V-PLCS 냉각장치의 냉각효과 성능측정 모습

(6) 열유동해석(CFD)을 통한 기존 냉각기술과의 비교분석

1) 열유동해석(CFD)

① 열유동해석의 프로세스

열유동해석(CFD)에 있어 다음과 같은 과정으로 진행한다.

형상 정의 → 물성 정의 → 조건 설정 → 요소망 생성 → 솔버 설정 → 결과 생성

그림 4.35는 배터리 모듈에 있어 CFD 열유동해석 과정(프로세스)을 나타낸다.

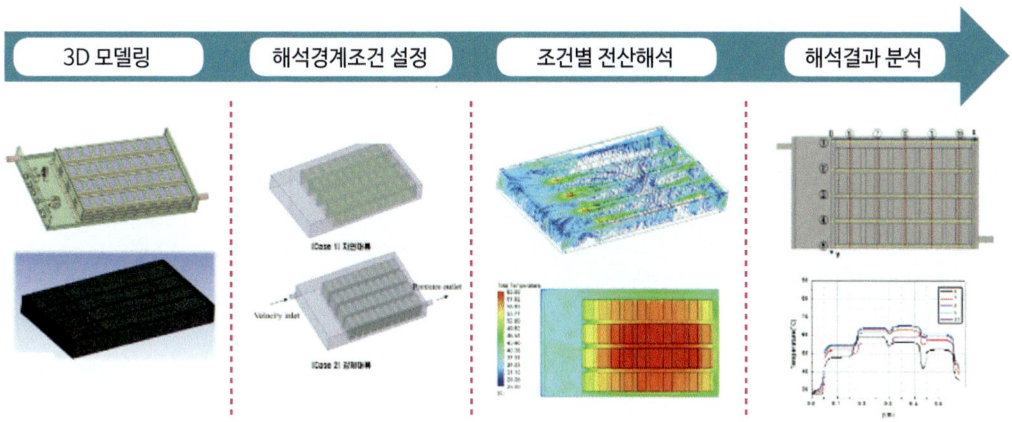

예측 데이터 추출 및 검증

그림 4.35 배터리 모듈 열유동해석 프로세스

2) 열유동해석의 구속조건(변수) 설정

① 구조해석 변수

- 형상 정의(구조)
- 외력(부하) : 동적 및 정적
- 프와송 비
- 소수성 및 친수성(접촉각)
- 재질 및 재료 물성

② 열유동해석 변수

- 점도(mu)
- 열전도도(k)
- 밀도(rho)
- 비열(Cp)
- 공기의 흐름
- 표면 방사도
- 기타 물성

③ 열전도도(Thermal conductivity)

표 4.16은 소재(재질)의 열전도도 물성을 비교한 것이다.

표 4.16 **소재(재질)의 열전도도 물성 비교**

Material	W(m · K)	Material	W(m · K)
Diamond	2,300	Glass	0.78
Copper	401	Water	0.613
Gold	317	Human Skin	0.37
Aluminum	237	Wood	0.17
Iron	80.2	Air(g)	0.026

④ 밀도(Density)

여기서는 냉매로써 주요 역할을 하는 2개 물질의 밀도를 분석한 자료이다. 2개의 물질은 수냉식 냉각기인 칠러(chiller) 등의 냉각수와 화재 발생 시 소화에 주로 사용하는 물과 한편으론 자연대류의 핵심인 공기이다. 냉각해석과 열유동해석의 기본이 되는 두 가지로, 대표적인 액체인 물(표 4.17)과 기체인 공기의 밀도(표 4.18)를 온도, 압력에 따른 값을 정리한 것이다.

㉠ 물의 밀도

물의 밀도는 온도가 높을수록, 밀도는 낮아진다.

표 4.17 물의 밀도

Temp(℃)	Density(g/mL)	Temp(℃)	Density(g/mL)
0(solid)	0.9150	40	0.9922
0(liquid)	0.9999	60	0.9832
4	1.0000	80	0.9718
20	0.9982	100(gas)	0.0006

㉡ 공기의 밀도

공기의 밀도는 온도가 높을수록, 압력이 작을수록 밀도는 낮아진다.

표 4.18 온도와 압력에 따른 공기의 밀도(kg/m³)

압력 mmHg / 온도 ℃	690	700	710	720	730	740	750	760	770
0℃	1.174	1.191	1.203	1.225	1.242	1.259	1.276	1.293	1.310
5℃	1.153	1.169	1.186	1.203	1.220	1.236	1.253	1.270	1.286
10℃	1.132	1.149	1.165	1.182	1.198	1.214	1.231	1.248	1.264
15℃	1.113	1.129	1.145	1.161	1.177	1.193	1.209	1.226	1.242
20℃	1.094	1.109	1.125	1.141	1.157	1.173	1.189	1.205	1.220
25℃	1.075	1.091	1.106	1.122	1.138	1.153	1.169	1.184	1.200
30℃	1.057	1.073	1.088	1.103	1.119	1.134	1.149	1.165	1.180

(참고) 상온 20℃에서 1기압(760mmHg)이면 밀도는 1.205이다.

3) CFD 열유동해석의 사례와 특성의 비교

① 전구형 방열판(히트 싱크, Heat sink)

동력이 필요 없고 단지 붙이기만 하면 되는 방열판이다. 공기와 맞닿는 표면적을 넓히면 열이 발산하는 면적도 넓어지므로, 공기와 접촉하는 면을 크게 해주어 자연대류의 효과를 일으키는 전통적으로 가장 널리 사용하는 방식이다.

그림 4.36에서 보여주듯이 전구형 방열판은 원주 둘레로 열이 발산되지만 특히 대류현상에 의해 대부분의 열을 위 방향으로 방출하는 효과로, 열유속(heat flux)은 주로 위 부분에 생기는 영역한계가 있어 그다지 효율적이지 못하다. 그러나 배터리(평판형 방열판) 및 전기자동차 등에 있어서는 공간의 제약과 가격이 저렴하여 이 방식을 주로 혼용하고 있다. 동력이 필요 없고, 단지 붙이기만 하면 되는 아주 간단한 방식이다.

해석의 예 : CFD에 의한 열유동해석

전도 열전달 해석(방열효과 예측 및 검증)으로 매우 빠른 해석 컴퓨터는 전도 열전달만 계산해, 대류열전달량을 직접 결정한다. 따라서

㉠ 공기의 움직임을 해석하지 않는다.
㉡ 전도 열전달 해석은 대류계수 가정으로 인한 오차가 있다.
㉢ 자연대류는 5~10W/m^{2}의 대류계수를 사용한다.

그림 4.36 히트 싱크(Heat sink, 방열판)의 열유동해석 계산결과

② 배터리 팩의 평판형 방열판(Heat plate)

대류 열전달 해석으로 공기를 직접 모델링하여 열전달을 분석한다.

㉠ 상대적으로 높은 난이도이다.
㉡ 전도, 대류 모두 컴퓨터가 계산한다.
㉢ 유동 양상을 컴퓨터가 계산하므로, 대류계수 입력이 불필요하다.
㉣ 그러나 강제대류는 대류계수 가정에 의한 오차가 크게 발생할 수 있다.

그림 4.37과 표면적에 굴곡이 있는 평판 방열판을 갖춘 자동차 배터리 팩용 냉각장치

로 배터리 모듈에 부착된 구성도이다.

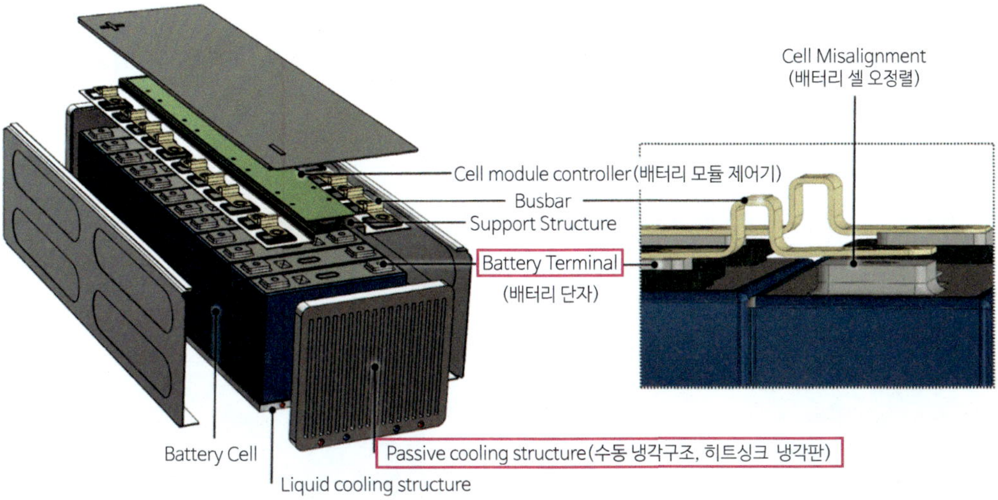

그림 4.37 **평판 방열판을 갖춘 자동차 배터리 팩용 냉각장치의 구조**

다음 그림 4.38은 배터리 모듈의 CFD 열유동해석 예시이다.

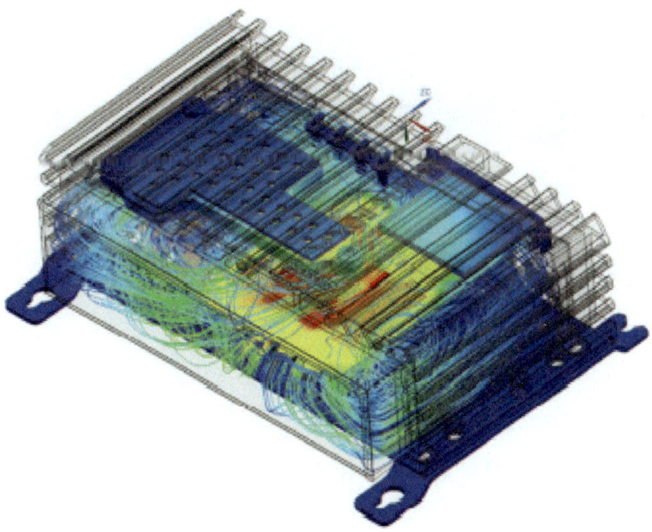

그림 4.38 **배터리 모듈 열유동해석 〈열유속(Heat flux)해석〉**

③ Tesla 전기자동차의 핀(Fin) 방열판

그림 4.39에서 보여주는 다양한 냉각핀(cooling fin) 구조의 방열판은 공기와 접촉하는 면을 최대한 크게 해서 자연대류의 효과를 크게 일으키도록 하는, 위에서 설명한 전통적인 히트 싱크, 방열 플레이트 방식을 개선한 것으로 수 많은 핀(Fin)을 설치해 표면적을 극대화시켜 방열효과를 향상시킨 기술이다. 그러나 구조가 복잡하고, 가공이 어려워 가격 상승 요인이 있다. 특히 Fin 사이의 간격이 촘촘해질 경우는 표면적은 커져 열전달 효율은 증가하나, 한편 그림 4.40과 같이 해석결과 상승 기류가 하부의 열발산을 막아 방열효과가 저하되는 현상이 생긴다.

그림 4.39 **다양한 모양(형상)과 구조의 냉각핀(Cooling fin) 방열장치**

㉠ 냉각핀(Cooling fin)의 열해석

그림 4.40은 미국 테슬라 전기차의 배터리 팩에서 사용하고 있는 냉각핀 타입의 냉각장치에 대한 열해석의 예시이다.

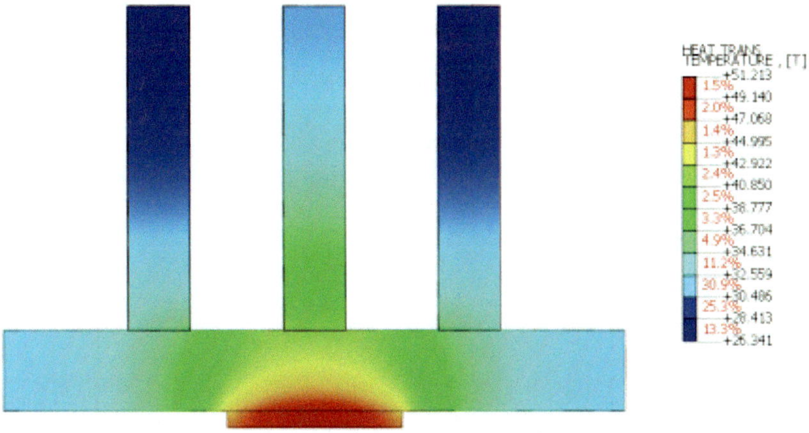

그림 4.40 **냉각핀(Fin)의 열해석 내용(결과)**

㉡ 해석결과

그림 4.41에서 보여주는 바와 같은 해석결과가 예측된다.

- 이론 : Fin 사이 간격이 촘촘해질 경우 면적이 증가하여 열전달 효율은 증가한다.
- 실제 : 그러나 실제 상황에서는 Fin 사이 간격이 촘촘해질 경우에는 Fin 사이 벽면 효과에 의해 공기 흐름이 감소되어 과열 현상이 발생한다. Fin 사이의 최적 간격 및 높이의 도출과 상세설계가 필요하다. 따라서 이에 따른 2차적인 열해석도 요구된다.

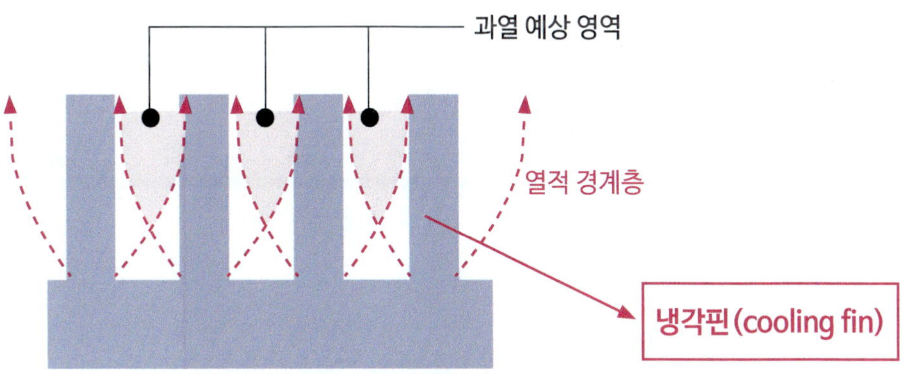

그림 4.41 **냉각핀 쿨링장치의 단면구조**

(상승 기류가 하부의 열발산을 막아 방열효과를 떨어뜨리는 해석결과)

④ 냉각기 칠러(Chiller)의 사용

건물을 비롯한 구조물과 빌딩 제어시스템에서 사용하는 일반적인 칠러 방식이다.

㉠ 냉각효과는 우수하나 전통적인 기술로 순환식 냉각시스템 규모가 커 배터리 모듈에는 설치가 불가하다. 즉, 사용이 어렵다.

㉡ 구조가 복잡하다.

㉢ 가격이 비싸다.

㉣ 특히 전기자동차에 있어 만약 이 방식을 탑재 시에는, 특히 압력이 상승할 때 냉매의 흔들림에 의해 냉매가 기체와 혼합되어져 냉동기 효율 COP(Coefficient of Performance)가 낮아져 배터리 소모가 커지는 문제점이 발생한다.

그림 4.42는 전형적인 수냉식(liquid cooling) 냉각방식을 보여준다.

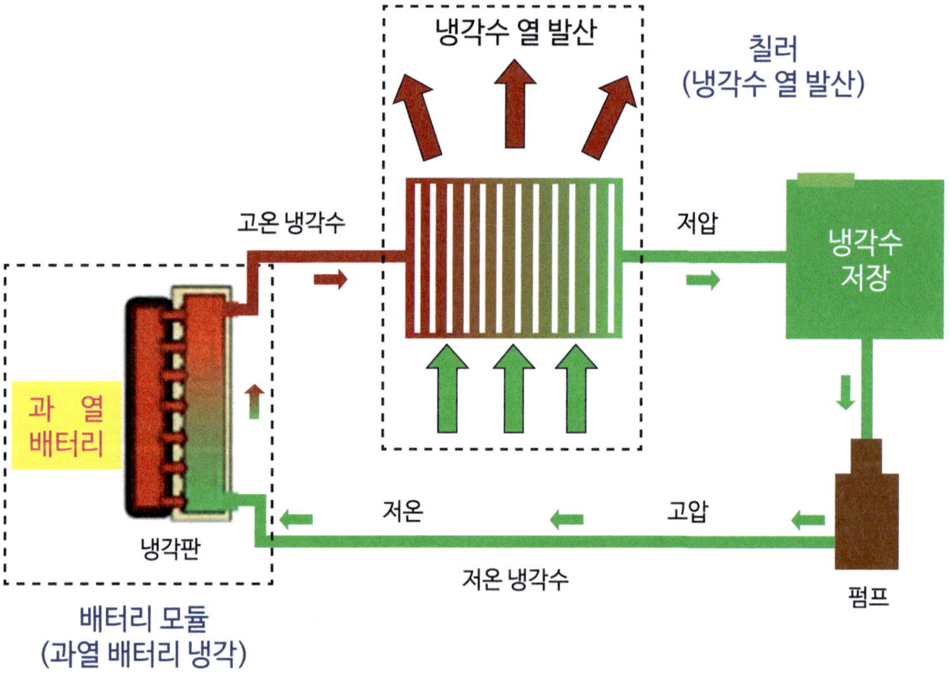

그림 4.42 전형적인 수냉식(liquid cooling) 칠러 냉각방식

⑤ 전기자동차에서의 냉각방식

한편 전기자동차(EV)의 열관리시스템에 있어서 배터리의 냉각방식은 라디에이터 팬에 의한 공랭식과 워터펌프를 이용한 수냉식이 혼합되어 적용되고 있다. 자세히 설명하면 다음과 같다.

㉠ 배터리 냉각방식

전기자동차에 사용되는 전자장비의 구성은 대용량 구동모터, 고전압 이차전지, 인버터 및 컨버터 등이 있으며, 이런 전자장비 및 기타 구성기기를 제어하기 위하여 ECU(Electronic Control Unit, 전자제어장치)가 장착되어 있다.

전기자동차에서 기존 내연기관 엔진의 대체 동력원으로 사용되고 있는 전기모터는 일반적으로 효율이 높은 3상 모터이다. 따라서 모터 구동을 위한 DC/AC 변환을 위하여 인버터(inverter)가 필요하며, 구동모터뿐만 아니라 전기자동차에 사용되는 기타 보조기기를 구동하기 위하여 각 기기의 요구 전압을 충족하기 위한 DC/DC 컨버터(converter)도 필요하다.

이들 전자장비는 전기자동차의 연비 향상을 위하여 고성능화되고 있지만 전자장비의 요구 전력량 증가가 수반되므로 구동에 따른 전자장비의 발열량도 증가하고 있다. 따라서 전자장비의 최고 성능 확보를 위하여 각 제품별 안전 온도가 존재하며, 전기자동차에는 전자장비를 안전 온도 이내에서 구동하기 위하여 각 전장, 즉 전자장비를 관통하는 냉각유로, 라디에이터, EWP(Electric Water Pump, 브러시리스 모터에 의해 구동되는 전기차용 전자식 · 전동식 워터펌프)로 구성된 냉각시스템이 장착되어 있다.

일반적으로 히트 싱크(heat sink, 방열판)와 같은 자연대류 냉각장치 및 팬(fan)에 의한 강제대류 냉각장치 등 전자장치의 개별 냉각장치도 개발되어 있지만, 최대 냉각용량 부족 및 소비전력의 증가로 큰 냉각효과를 기대하기는 어렵다. 따라서 전자장비의 최대성능 유지 및 냉각시스템 소비전력 감소를 통한 전기자동차 연비 향상, 즉 성능 향상을 위해서는 라디에이터 팬 및 EWP에 의해 구동되는 냉각시스템의 제어기술 최적화가 중요하다.

전기자동차의 냉각시스템 구성도로서 작동유체인 냉각수(물 50% : 글리콜 50%)가 라디에이터 출구에서부터 냉각수 저장탱크(reservoir), EWP, 인버터, 구동모터, OBC(On-Board Charger, 차량 내부에 설치된 배터리 충전기) 및 라디에이터 입구로 순환하며, 라디에이터 전방에는 에어컨을 구동하기 위한 컨덴서(condenser)가 위치하고, 후방에는 방열 촉진을 위한 팬이 장착되어 있다.

전기자동차 냉각시스템에 사용되는 기존 전기자동차 냉각제어로직으로 인버터 소자 온도, 인버터에 장착된 히트 싱크 온도 및 모터 소자 온도 등 3가지 제어기준이 있으며, 각 기준 온도는 차량 내부에 설치된 다단 제어로직(MAP)에 의해 냉각시스템 구동지령(명령)이 구성되어 있다.

즉, 주행 시 각 온도 데이터는 설정된 제어 온도에 도달 시 입력된 제어로직에 의해 EWP(Electric Water Pump) 속도와 라디에이터 팬 동작 레벨이 선택되며, 이들 3가지 제어지령 중 최대값으로 EWP 및 라디에이터 팬이 제어된다. 그러나 이러한 제어 방식은 전자장비의 필요 냉각용량에 상관없이 1가지 제어기준만 충족 시 냉각시스템이 구동되며, 구동 기준 온도 또한 상당히 낮기 때문에 필요 이상의 전력을 소비하게 되어 효율적인 소비전력 관리가 힘들다.

또한 제어변수가 전자장비의 소자 온도 또는 히트 싱크 온도 및 차속(내부)으로 한정되어 있으므로, 외기 온도, 주행 환경 및 에어컨 작동 등 다양한 작동 환경에서 전자장비의 이상 온도 변화에 대비할 수 없다.

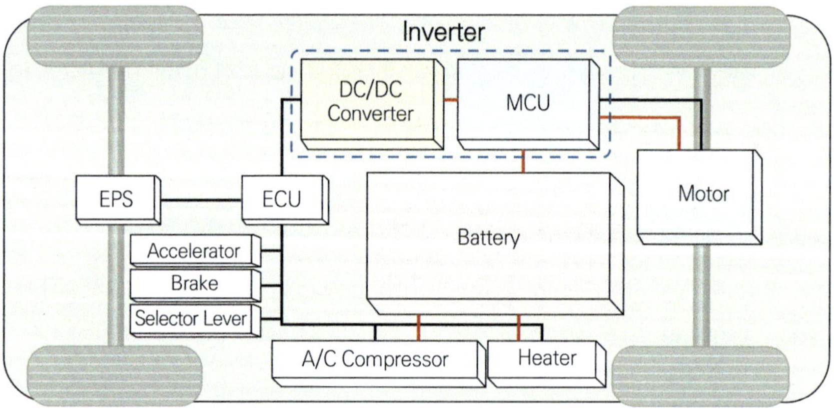

Schematic diagram of electronic vehicles

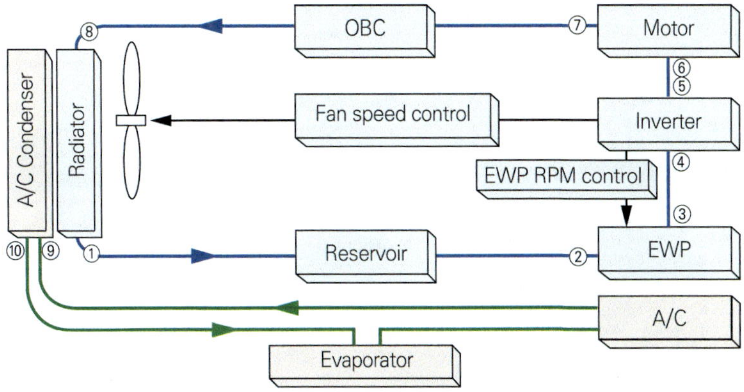

Schematic diagram of cooling system for electronic vehicles

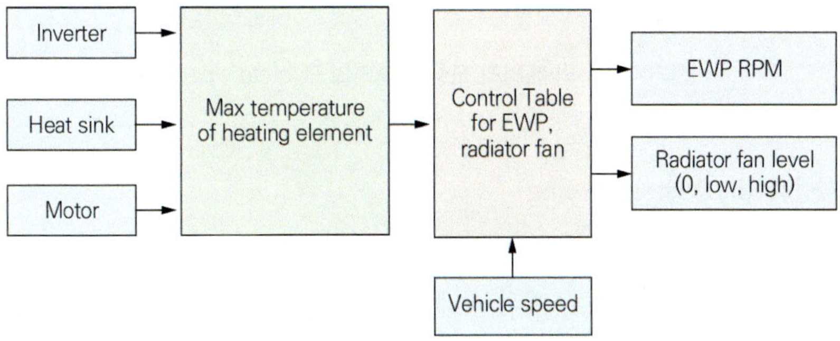

Existing control logic of cooling system for electronic vehicles

그림 4.43 전기자동차 주요 구성부품과 구성도 그리고 냉각시스템과 냉각제어로직(Cooling control logic)의 예시

그림 4.43은 전기자동차의 주요 구성부품과 구성도이다. 그리고 전기자동차에 사용되고 있는 냉각시스템과 냉각제어로직(cooling control logic)의 예를 보여준다.

ⓛ 전기자동차의 배터리 팩과 냉각

그림 4.44는 전기자동차의 배터리 팩(battery pack)을 구성하는 구성 요소이다. (a)는 배터리 셀(cell)과 보호회로(BMS, Battery Management System) 등이 결합된 모듈이고, (b)는 외장 케이스(case)로 조립된 배터리 팩(battery pack)이다.

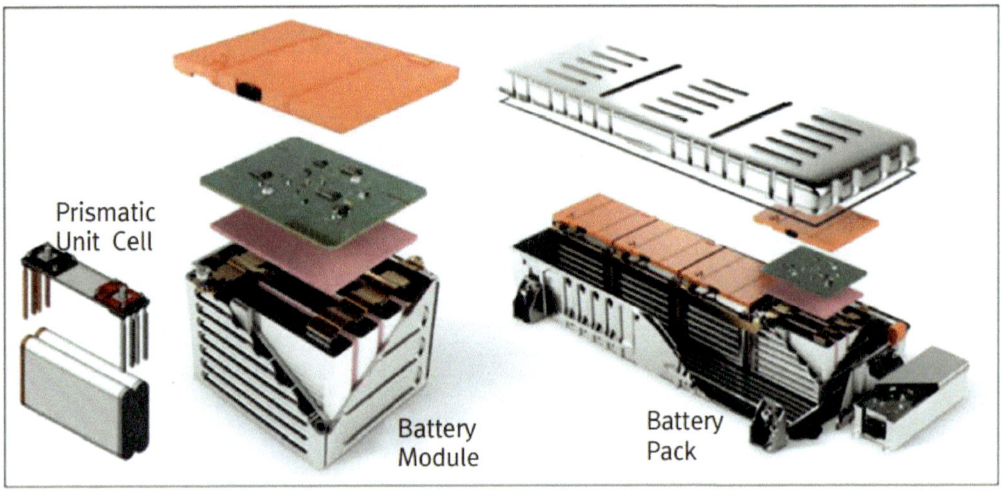

(a) 배터리 모듈 (b) 배터리 팩

그림 4.44 **전기자동차의 배터리 모듈과 배터리 팩(battery pack)의 구성요소**

⑥ 침수 냉각(Immersion cooling)

다음 그림 4.45는 가장 냉각효과가 좋은 침수 냉각의 예시를 보여준다.

또한 침수(액침) 냉각은 ESS 설비의 화재 시 발열과 열폭주로 인한 폭발을 진화시키는 가장 우수한 방법 중의 하나이다.

그림 4.45 배터리 모듈과 팩의 침수(액침) 냉각의 예시

"전기차 급속충전 때 발열 해결" … 현대모비스, 65개 신기술 공개

의왕연구소 'R&D 테크데이' 가보니 … 車램프 '좌회전' 글씨 띄워 사고 줄여
2, 3년 내 상용화 가능 기술들 선보여
올해 R&D 1조 7,000억 투자 예정
벤츠-폭스바겐 등 벤치마킹 잇따라

현대모비스 '2024 연구개발(R&D) 테크데이' 행사가 열린 2일 경기 의왕시 현대모비스 전동화 연구동. 지난해 12월 개설 이후 이날 처음 언론에 공개된 연구동 한편에 폭이 좁고 길쭉한 알루미늄 패널 하나가 보였다. 전기차를 급속 충전할 때 배터리 열을 관리하는 '배터리 셀 냉각용 진공형 히트파이프'다. 열전도율이 높은 이 장치를 배터리 셀 사이사이에 배치하면 급속 충전 시 영상 60도까지 치솟는 배터리 내부 온도를 낮출 수 있다.

운전자가 조명으로 외부와 소통할 수 있는 '커뮤니케이션 헤드램프'도 눈에 띄었다. 조명으로 바닥에 '좌회전 예정'이란 글자를 띄우는 방식이다. 보행자를 만났을 때 앞뒤 차량에 '사람이 길을 건너는 문양'을 만들어 위험을 알릴 수도 있다. 두 기술 모두 현대모비스가 세계 최초로 자체 개발한 신기술이다.

현대모비스는 이날 연구개발이 진행 중인 모빌리티 신기술 65개를 공개했다. 모두 2, 3년 안에 상용화될 기술들이다. 현대모비스는 전동화 부품 기술 역량을 결집해 이런 연구개발 성과를 냈다고 설명했다. 기존 경기 용인과 의왕, 충남 서산 등으로 흩어져 있던 전동화 인력을 한데 모았다. 현재 이곳에선 650명이 근무한다.

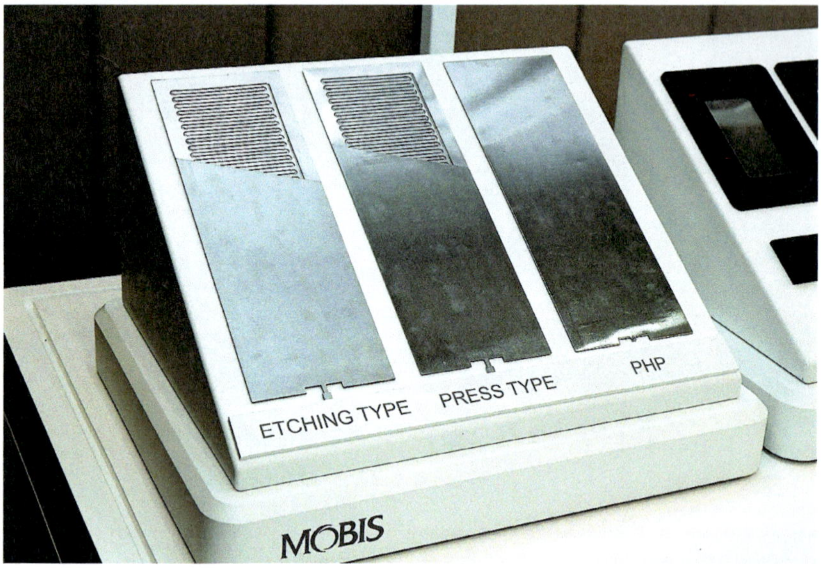

전기차를 급속 충전할 때 배터리 열을 관리하는 '배터리 셀 냉각용 진공형 히트파이프'가 2일 경기 의왕시 현대모비스 전동화 연구동에 전시돼 있다. 현대모비스 제공

전동화 부품 시장은 완성차 부품 업계의 미래 먹거리로 꼽힌다. 실제 현대모비스는 전방산업(최종 소비자와 가까운 업종)인 전기차 시장의 '캐즘'(일시적 수요 둔화)에도 불구하고 지난해 매출(59조 원)의 약 20%인 12조 원을 전동화 사업에서 거뒀다. KB증권은 현대모비스의 전동화 부품 매출이 2030년에는 69조 원으로 늘고, 전체 매출에서 차지하는 비중도 50%로 증가할 것이라고 전망하기도 했다.

현대모비스는 구동 시스템, 배터리 시스템, 전기차 전력 변환 시스템 등을 전동화 핵심 부품으로 지정하고 R&D 역량을 집중하겠다는 전략도 발표했다. 현대모비스는 올해에만 R&D에 1조 7,000억 원을 투자할 예정이다. 연간 기준 역대 최대 R&D 비용이다. 구동 시스템은 모터와 감속기 인버터를 통합(3 in 1 구동 시스템)해 소형화, 효율화를 꾀할 방침이다.

배터리 시스템은 '배터리 셀-모듈-팩'으로 이어지는 기존 제조 단계에서 모듈 단계를 뛰어넘는 '셀투팩(Cell to Pack)'으로 기술 고도화에 나서기로 했다. 에너지 밀도를 높이면서 동시에 안정성까지 확보한다는 목표다.

또 차세대 통합충전제어장치(ICCU)를 개발해 전기차와 충전 인프라, 인터넷과 연결된 '스마트홈 가전' 간의 연결성과 사용성을 높인다는 구상이다.

현대모비스는 해외 완성차 업체들을 의왕 전동화 연구동에 초청해 영업 활동도 병행할 계획이다. 이영국 현대모비스 엔지니어링실장(상무)은 "일본 업체들과 독일 메르세데스벤츠, 폭스바겐의 관계자가 의왕 전동화 연구동에 다녀갔다"며 "독일 업체들은 배터리 관련 부품에, 일본 업체 관계자들은 ICCU에 관심을 보여서 고객 맞춤 영업 활동을 하고 있다"고 말했다.

(출처 : 동아일보, "전기차 급속충전 때 발열 해결" … 현대모비스, 65개 신기술 공개", B4면, 2024. 10. 4.)

(7) 배터리 랙(Rack)의 화재 확산 방지장치의 구성 – 개념설계안

1) 배터리 랙(Rack)에 화재 확산 방지용 차단벽(격벽) 설치

배터리 셀 또는 이로 인한 모듈의 과열 등으로부터 기인한 화재가 발생 시 다수 개의 배터리 모듈이 배치된 랙(rack) 또는 캐비닛(cabinet)으로부터 또 다른 랙 또는 캐비닛에 화재로 인한 불이 옮겨지는 것을 방지하기 위해, 특히 연쇄 폭발로부터 생명의 안전과 시설물의 보호를 위해 랙 투 랙(rack to rack), 캐비닛 투 캐비닛(cabinet to cabinet)의 간격은 1.5m 이격되어 설치하도록 되어 있다.

따라서 한 랙 또는 캐비닛으로부터 연쇄 화재 및 이로 인한 폭발을 차단하기 위한 가장 기본적이며 필수적인 구조를 그림 4.46의 (b)와 같이 개념설계안으로 제시하였다.

이는 실내에서는 화재 시 대류에 의해 윗방향으로 열확산 영역이 가장 크지만, 스파크, 불꽃 및 열기 등으로 인해 횡방향으로의 열확산을 막아 또 다른 랙(캐비닛)에 발화되는 것을 방지하기 위한 효과적이며 실효적인 방법은 횡방향 측면으로 화재 확산방어벽(차단벽, 차폐벽)을 설치해 측면으로의 열확산(CFD 열해석 시 열의 분포 및 열유속의 시뮬레이션을 통해 예측 및 평가가 가능하다)을 막는 것이다.

특히 리튬이온 배터리는 과충전 시에는 매우 불안정해져서 내부 전극에서 쇼트가 나거나 또한 외부에서 충격을 주면 폭발할 수가 있다.

따라서 배터리의 화재 또는 폭발 시 열확산 방지용 차단판(차폐판, 차단벽으로 격벽)을 랙 또는 캐비닛보다 큰 사이즈(크기)로 좌우측면에 조립·설치하는 것이다. 재질(소재)은 배터리가 전해액의 누수로 인해 스웰링(swelling) 현상이 일어나는 최저온도 140℃(리튬이온 배터리는 230℃ 이상에서는 점화원 없이도 자연발화가 가능하다)부터 열폭주 시의 최대온도 800℃ 가량을 견디기 위해서는 방염용 난연성 슈퍼엔지니어링 플라스틱(고분자폴리머) 또는 이보다 더 내구성이 강한 금속 소재(예를 들면 스테인리스 스틸 등)를 사용한다.

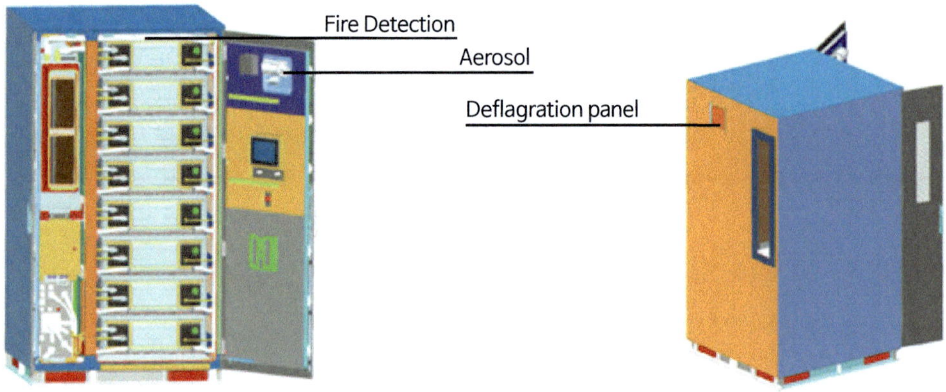

(a) 일반 ESS용 배터리 모듈 랙 또는 캐비닛

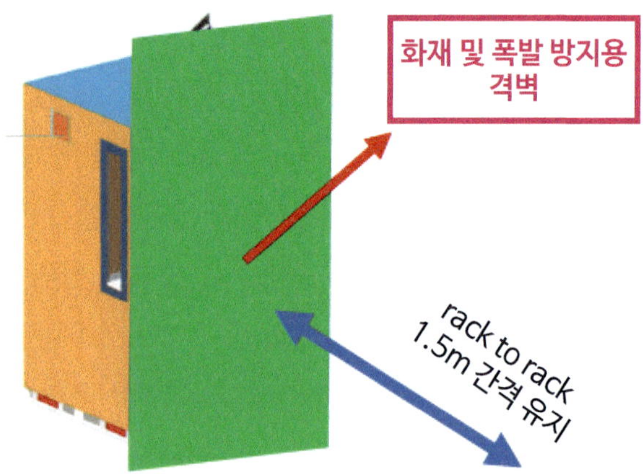

(b) 화재 시 열확산(열유속)을 방지하기 위한 차단판(차폐판, 격벽)이 조립 · 설치된
ESS용 배터리 모듈 랙 또는 캐비닛의 3차원 측면도(우측면도) - 본 고안기술의 개념설계안

그림 4.46 ESS용 랙의 화재 확산 방지를 위한 개념설계안

2) 배터리 랙(Rack)에 화재 시 화재 진압용 V-PLCS 설치

그림 4.47과 같이 배터리 랙을 보관하는 캐비닛(cabinet) 또는 컨테이너(container)를 본 개념기술을 적용한 냉각시스템인 새로운 개념의 V-PLCS으로 만들어 배터리 랙을 보관한다. 세계 최초의 개념으로 이의 주요 목적은 다음과 같다.

① 본 고안기술의 냉각시스템으로 냉각효과의 극대화(냉각효율의 시너지 효과)

② 최적의 항온 · 항습 유지

③ 화재 시, 위 천장에 비전도성 냉각수 분사시스템을 구축하여 초기에 소화(화재 진화)가 가능하며, 또한 불의 확산을 방지하도록 완벽을 기하기 위해 전자파 테스트 실드룸(EMI shield room)과 같이 내부를 밀폐시켜 공기가 통하지 않아 화재로 인한 빠른 소화와 진화가 가능하다.

④ 혹시나 모를 배터리의 열폭주에 의한 폭발의 위험성을 최소화시키고, 자체 내에서 더 이상 회부로 확산을 막을 수 있는 세계 최초의 화재 및 폭발 방지 개념인 것이다. 재질은 포발을 견딜 수 있는 스테인리스 스틸(SUS304) 또는 알류미늄 합금(AL6061)으로 제작한다.

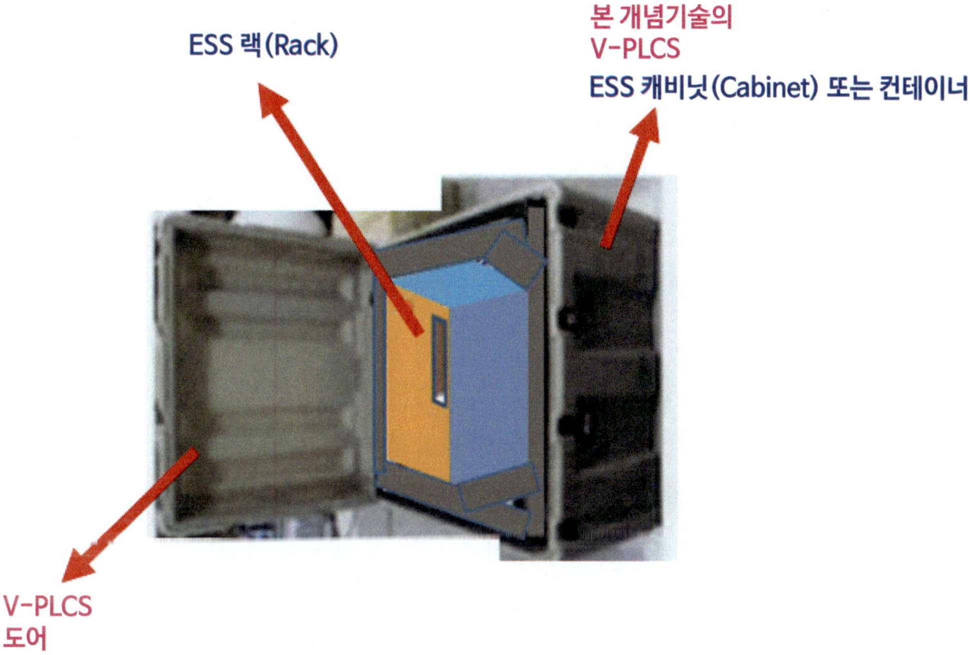

그림 4.47 세계 최초의 ESS 화재 및 폭발 방지용 무동력 및 진공식 V-PLCS로 된 캐비닛 · 컨테이너 개념설계안

그림 4.48은 앞에서 설명한 세계 최초의 ESS 화재 및 폭발 방지용 V-PLCS으로 된 캐비닛 · 컨테이너 개념설계안에 대한 내부에서의 간단한 CFD 유동해석을 한 것이다. 유속(flux)이 아주 빠르게, 크게 나타나 냉각효과도 아주 좋을 듯하다.

그림 4.48 V-PLCS로 된 캐비닛 · 컨테이너 내부의 CFD 유동해석-유속(flux)

(8) 연구과제를 위한 예측(사전) CAE 해석 – ESS 배터리의 열유동해석에 대한 최적 냉매의 선택을 위한 비교측정

연구과제를 위한 예측(사전) CAE 해석으로 CFD(Computational Fluid Dynamics, 컴퓨터 유체역학)에 의한 스마트폰의 열해석(열유동해석)을 사전에 진행하였다. CFD는 전산유체역학, 전산유동해석이라고도 부른다. CFD는 유체의 움직임 및 유체가 물체와 상호작용하는 현상을 컴퓨터를 통해 수치적으로 계산하고 예측하는 방법을 뜻한다. CFD는 유체역학 이론을 바탕으로 개발된 해석 프로그램을 이용하여 일정 조건하에서 유체(일반적으로 흐름을 갖는 즉 유동할 수 있는 물질인 열, 공기, 물, 기름 등 기체와 액체를 통틀어 의미한다)가 어떻게 움직이는지, 유체의 움직임으로 제품과 시스템에는 어떠한 현상과 영향이 나타날 수 있는지 예측하는 것이다. 여기서는 ESS 배터리의 열유동해석에 대한 최적의 냉매를 비교측정하기 위해 사전에 열흐름을 열유동으로 해석하여 스마트폰으로 사용하는 냉매의 영향을 예측하였다. 냉각장치의 구조는 본 ESS 냉각장치의 개념안을 스케일 다운(scale down)시켜 상세 모델링 후 해석을 하였다.

모바일 프로세서(AP, Application Processor)의 최고온도가 60~70℃, 배터리의 발열온도가 70℃ 정도 되었을 때를 가정하여 전체적인 열유동에 따른 열분포를 해석하였다. 여기서는 알루미늄 재질을 사용했으며 65℃ 수준에서는 열로 인한 열변형이 발생하지는 않았다. 표 4.19는 각종 재질의 열전도율 비교이다.

표 4.19 각종 재질의 열전도율 비교

	PC	FR-4	AL	Glass
열전도율	0.21W/(m · K)	0.294W/(m · K)	26W/(m · K)	1.4W/(m · K)
비열용량	1,250J/(kg · K)	1,150J/(kg · K)	790J/(kg · K)	750J/(kg · K)

냉각장치로 사용되고 있는 냉각성능이 우수한 박판 타입(thin plate type)의 V-PLCS 냉각장치를 스마트폰 내부의 발열원에 적합하게 새로 설계하여 냉각효과를 개선하는 사전 예측 및 검증하기 위한 열유동해석을 진행한 것이다.

CFD 유동해석의 진행과 결과는 다음과 같다.

1) 열유동해석 ① : 냉매(냉각수, 물)

배터리 팩 하단(밑)에 부착하여 고정한 후 V-PLCS 냉각장치에 냉매로 물(냉각수)을 적용했을 때의 열유동해석을 한 결과는 다음 그림 4.49와 같다.

- 물의 기화열 : 0.0261W/m*K
- 최대 온도 : 70.072℃ → 61.616℃로 약 12.07% 감소

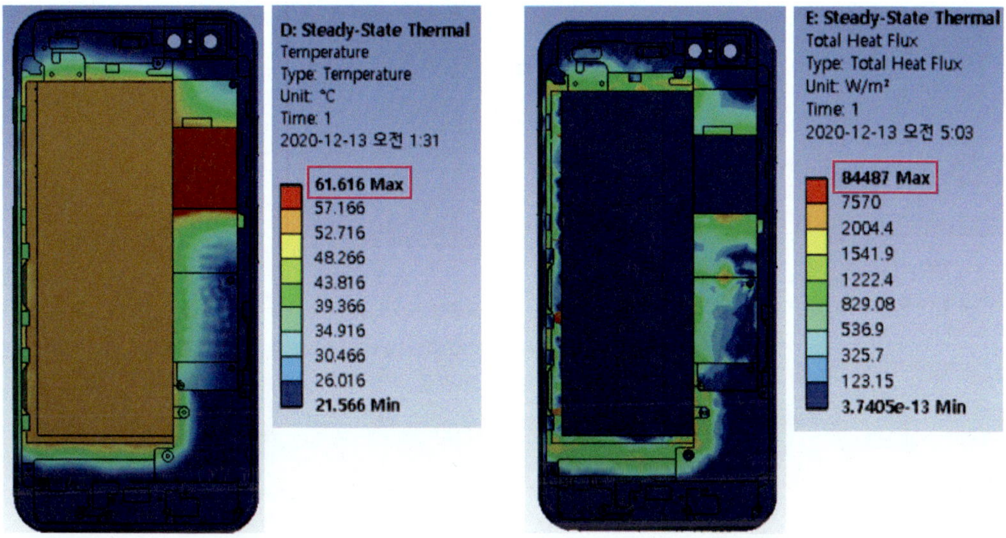

(a) Temperature(온도)　　(b) Total Heat Flux(총 열유속)

그림 4.49 냉매로 물을 적용했을 때의 해석 결과

2) 열유동해석 ② : 냉매(에탄올)

배터리 팩 하단(밑)에 부착하여 고정한 후 냉매로 에탄올(ethanol 또는 에틸알코올, ethyl alcohol)을 적용했을 때의 열유동해석을 한 결과는 다음 그림 4.50과 같다.

- 에탄올의 기화열 : 0.0163W/m*K
- 최대 온도 : 70.072℃ → 67.318℃로 약 3.9% 감소

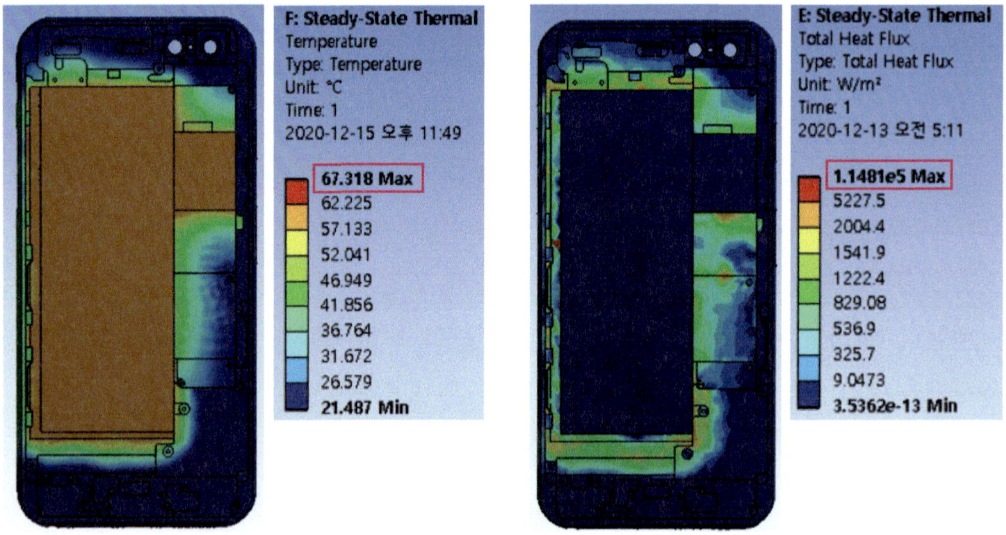

(a) Temperature(온도) (b) Total Heat Flux(총 열유속)

그림 4.50 냉매로 에탄올을 적용했을 때의 해석 결과

3) 열유동해석 ③ : 냉매(암모니아)

- 암모니아의 기화열 : 0.0247W/m*K
- 최대 온도 : 70.072℃ → 61.616℃로 약 4.4% 감소

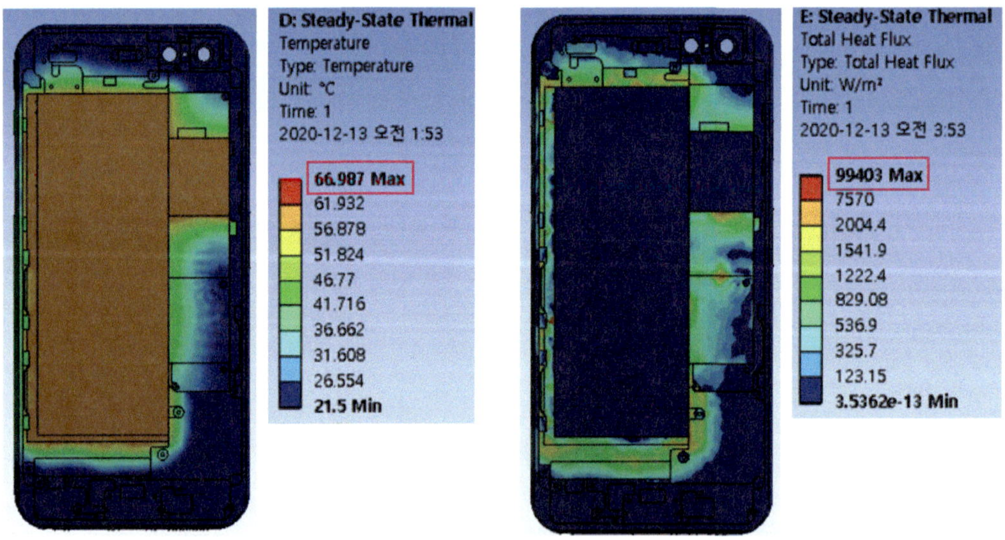

(a) Temperature(온도) (b) Total Heat Flux(총 열유속)

그림 4.51 냉매로 암모니아를 적용했을 때의 해석 결과

냉매로 암모니아를 적용했을 때의 열유동해석을 한 결과는 그림 4.51과 같다.

4) 결론

다음 표 4.20은 사전 예측결과이다. 따라서 여기서는 ESS 배터리의 열유동해석에 대한 냉매 별 효과를 비교측정하기 위해, 우선 스마트폰에 미치는 냉각효과를 예측하기 위해 V-PLCS 냉각장치를 스케일 다운시켜 스마트폰에 적합한 사이즈(크기)로 줄이고, 또한 동일한 구속조건(변수)에서 단지 냉매만 변경하여 열흐름을 열유동으로 해석하여 냉각효율(성능)에 미치는 영향을 예측한 결과 다음 표 4.20과 같이 나타났다. 따라서 사전 CFD 열유동해석의 예측결과를 기초로 본 고안의 기술인 V-PLCS 냉각장치의 냉매로 냉각효과가 우수하고 경제성이 좋은 냉각수(물)을 사용하려고 한다.

표 4.20 **CFD 유동해석에 따른 냉각장치의 냉매의 종류에 따른 온도감소의 비교**

냉매의 종류	물	66.616(12.07% 감소)
	에탄올	67.318(3.9% 감소)
	암모니아	61.616(4.4% 감소)

(단위 : ℃이고, 초기값은 70.072℃이다.)

CHAPTER

05

전기차 화재 · 폭발의 원인 분석과 거동 메커니즘

5.1 리튬이온 배터리 - 모듈(Module) & 팩(Pack)

전기자동차(전기차)와 같이 많은 배터리가 사용되는 이모빌리티(e-mobility)에서는 배터리의 관리가 아주 중요하다. 예를 들어 미국 테슬라(Tesla)의 모델 S의 경우를 보면, 그림 5.1과 같이 제원(諸元)을 살펴보면 일본의 파나소닉(Panasonic)사의 18650 배터리 셀이 대략 7천 개 정도가 들어가는데, 이 엄청난 양의 원형 배터리를 단순히 직렬 · 병렬로 연결한 채로 자동차를 운행한다면 어떻게 될까? 만약 한, 두개가 고장이 나면 그 열(列)의 배터리 사용이 모두 불가능해진다. 또 18650 셀(cell) 하나에 약 3.1Ah 정도로, 스마트폰 배터리와 맞먹는 용량이다. Ah(암페어시)는 1암페어의 전류가 1시간 동안 흘렀을 때 배터리가 저장할 수 있는 에너지의 양을 나타낸다. 고용량 배터리는 Ah값이 높아 전기차를 비롯한 기기에 더 오랜 시간 동안 전력을 공급할 수 있다.

그렇다면 이러한 배터리 7천 개가 빈 공간 없이 꽉 붙어있다면, 그 발열은 얼마나 클까?

그림 5.1 파나소닉사의 18650 배터리 셀이 대략 7천 개 사용되는 테슬라(Tesla)의 모델 S 전기차

예시가 좀 과하다고 생각할 수 있지만, 배터리의 사용은 배터리의 제조만큼이나 중요하다는 사실이다. 그럼 배터리 셀은 어떻게 구성되어 사용하면 좋을까.

그림 5.2에서 보여주는 바와 같이 셀의 효율적 · 안정적 사용과 관리를 위해 최종 제품으로 팩(pack)의 단위로 사용한다. 또한 셀에 냉각장치, 배터리관리시스템 등의 부가적

장치가 설치되어 있다.

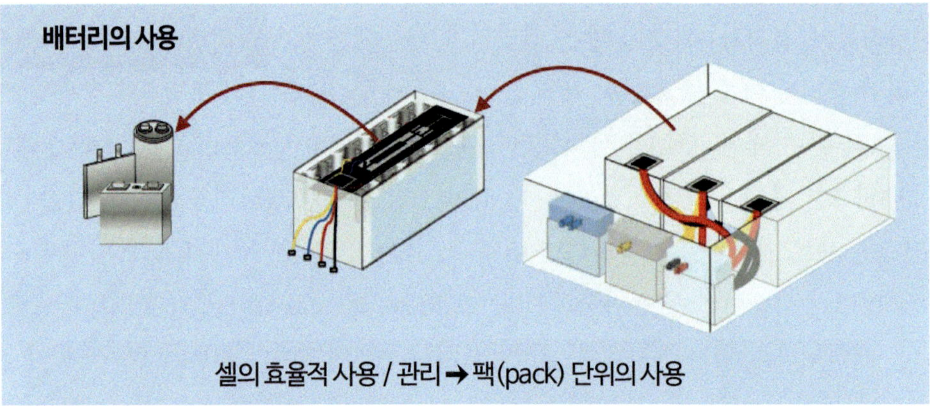

그림 5.2 셀의 효율적 · 안정적 사용과 관리를 위한 팩(pack) 단위로의 활용

그림 5.3과 같이 전기차 배터리는 셀-모듈-팩 순으로 조립된다. 여러 개의 셀(cell)들을 직 · 병렬로 묶어 모듈(module)을 구성하고, 이 모듈을 다시 여러 개 묶으면 팩(pack)이 된다. 모듈은 셀을 열과 진동 등의 외부 충격으로부터 보호할 수 있도록 하나의 프레임에 넣어 조립한 형태이며 전압, 온도 등을 센싱(sensing, 감지)할 수 있다. 프레임(frame)은 하우징(housing) 또는 케이스(case)라 불리며, 내충격성과 내열성, 내구성을 갖는 금속이나 엔지니어링 플라스틱 소재로 용도에 맞는 형태로 제작된다. 이러한 모듈들을 모아 온도, 전압 등 셀들의 상태를 확인하고 관리하는 각종 제어 및 보호 시스템들

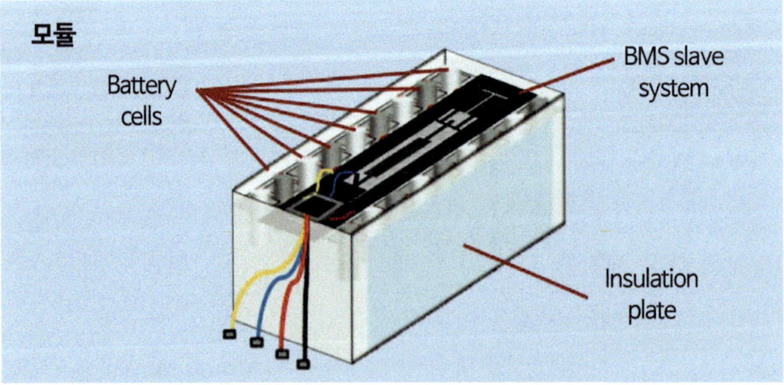

그림 5.3 전기차 배터리 모듈의 구성

(BMS, 냉각장치 등)을 추가해 같이 묶은 것이 팩이다. 당연히 배터리에 안전장치와 시스템이 추가된 팩 형태의 배터리를 전기차에 장착해야 고용량과 안전성을 모두 겸비할 수 있게 된다.

01 배터리 모듈(Battery module)

배터리 모듈(module)은 개별 셀을 외부 충격과 열, 진동 등으로부터 보호하기 위해 일정한 개수로 묶어 프레임에 넣은 것이다.

모듈은 일반적으로 수많은 셀, 온도센서, BMS 슬레이브 회로보드(slave circuit board), 전압 측정기, 절연 플레이트 등으로 구성되어 있다. 앞에서 설명했듯이 모듈은 전압과 온도를 센싱할 수 있는데, 온도센서와 전압 측정기가 있기 때문이다. 그리고 BMS 슬레이브 회로보드는 팩의 보조장치 BMS의 종속 회로판으로, 각 모듈 안의 BMS 종속 회로판이 팩의 BMS에 연결되어 있다. 모듈 케이스는 셀들의 충방전 시 부푸는 현상을 막기 위해 단단히 고정되어 있다. 하지만 유연한(flexible) 점이 특징인 파우치형 배터리의 모듈은 스프링으로 유연하게 조정이 가능하다.

그림 5.4는 배터리 모듈들과 모듈의 각 BMS 슬레이브(slave)가 연결되어 하나의 팩 BMS 마스터(master)로 통합된(integrated) 구조를 보여준다.

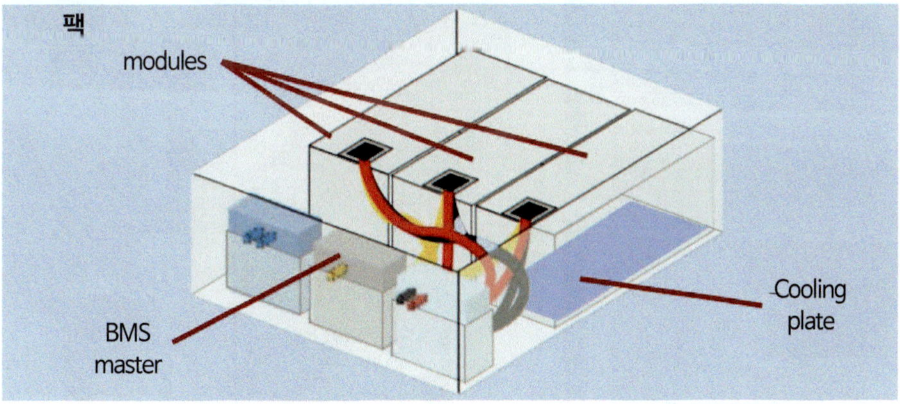

그림 5.4 모듈들과 모듈의 각 BMS 슬레이브(slave)가 연결된 BMS 마스터(master)로 통합된 배터리 팩 구조

(1) BMS 마스터-슬레이브 보드(Master-Slave circuit board)

BMS의 주요 역할은 배터리 팩 내부의 셀이 작동 범위를 벗어나 작동하지 않도록 보호하고, 사용자의 요구에 따라 밸런싱, 충전 및 방전 프로세스를 제어하면서 셀(온도 및 전압)을 정확하게 모니터링하여 수명을 최적화하는 것이다. 따라서 요구 사항이 미리 정의되어 있다.

5kW 미만의 피크 전력(peak power)이 필요한 전기자전거나 전동킥보드, 전기스쿠터와 같은 대부분의 퍼스널 모빌리티의 경우에는 충분히 좋은 BMS가 시중에 나와 있다. 애플리케이션에 5kW 이상의 전력이 필요한 경우는 매개변수 조정(고정 전압, 고정 밸런싱 임계값, 온도 모니터링 없음 및 고정 없음)을 허용하지 않기 때문에 이러한 저렴한 BMS는 팩을 보호하는 데 불충분하다. 이는 전류 제한이 필요하기 때문이다. 비상 시 배터리 팩에서 부하를 분리하기 위해 솔리드 스테이트 스위치(Solid-State Relay, 비접촉 스위치)를 사용하고 있다. 솔리드 스테이트 스위치의 주요 문제점은 릴레이나 접촉기처럼 '열림' 오류가 발생하는 대신 '닫힘' 오류가 발생하는 특성과 관련이 있다.

하나의 예를 들고자 한다.

사진 5.1은 BMS 마스터-슬레이브 보드(master slave board)의 예시이다.

사진 5.1 BMS 마스터-슬레이브 보드

앞의 BMS 마스터-슬레이브 보드는 배터리 팩의 장기 성능이 중요한 고전력 애플리케이션을 지향한다. BMS 마스터-슬레이브 보드는 메인 보드(main board)에 직접 볼트로 연결된 EVC500 메인 접촉기와 통합되어 있으며 최대 500A 연속 성능을 발휘하는 견고한 PCB 납땜 전류 센서가 장착되어 있다. 동일한 보드에 모든 구성요소를 통합하면 필요한 케이블링(cabling) 양이 줄어들고 설치 프로세스가 단순화된다. BMS 마스터-슬레이브 보드에는 애플리케이션에 따라 사용자가 정밀하게 조정할 수 있는 다양한 매개변수 세트가 있다. 예를 들어, 사용자는 소프트 방전 및 재충전 전압을 제한하여 셀의 내구성을 향상시킬 수 있다. 최소/최대 작동 온도, 밸런싱 임계값, 전류 제한 및 기타 옵션과 같은 기타 매개변수는 앱을 통해 사용자가 정의할 수 있다.

BMS 마스터-슬레이브 보드의 장점으로는 높은 채널 활용도, 시스템 구성의 유연성, 다양한 용량 및 사양의 모듈 및 배터리 팩에 적용할 수 있다는 점이다.

슬레이브 보드는 LTC6811-12S, LTC6812-15S 및 LTC6813-18S의 세 가지 버전으로 제공된다. 세 개의 슬레이브 보드는 모두 동일한 내장 기능을 공유하며 유사한 핀 레이아웃과 동일한 물리적 크기를 갖는다. 모든 버전은 마스터 보드 펌웨어(firmware, 하드웨어가 의도한 대로 작동하도록 하드웨어에 직접 내장된 소프트웨어의 일종이다. 전기차, 전자기기 등의 기본적인 제어 및 구동을 담당하는 특수 용도의 소프트웨어라고 보면 된다. 펌웨어는 프로그램의 형태를 갖추고 있으므로 기능적으로는 소프트웨어에 가깝지만 하드웨어 내부에 위치하며, 사용자가 쉽게 그 내용을 바꿀 수 없다)에서 지원되며 직렬로 연결된 셀 번호가 고르지 않을 수 있다. 사용할 버전의 선택은 팩의 물리적 레이아웃 또는 내부 모듈 배열에 따라 달라진다.

MKBMS는 LTC68xx 및 STM32 MCU의 모듈형 BMS를 기반으로 하며 isoSPI 인터페이스를 통해 하나 이상의 슬레이브 보드 및 다양한 크기의 통합 보드에 연결된다. 모듈형 BMS는 150V 이내의 배터리 전압을 사용하여 다양한 애플리케이션에 맞게 구성할 수 있다.

적합한 슬레이브 보드를 선택하는 방법으로, 가장 쉬운 방법은 info@maxkgo.com으로 필요 사항을 보내주면 가장 적합한 것을 대응할 수가 있다.

슬레이브 보드 선택의 근거는 직렬 셀 개수가 고르지 않은 경우 데이지 체인 루프의 마지막 슬레이브 보드만 다른 슬레이브보다 연결 셀이 1개 적어야 한다.

예 39S = 10S + 10S + 10S + 9S

몇 가지 일반적인 배열을 살펴보면 더욱 슬레이브 보드의 배열을 잘 이해하게 될 것이다.

02 BMS(Battery Management System, 배터리관리시스템)

(1) BMS와 PCS의 기능

1) BMS(Battery Management System)

배터리를 오래 사용하기 위해서 그리고 배터리를 충전이나 방전에 의한 폭발을 방지하기 위해서 배터리의 온도, 충전용량, 충전 횟수 등의 여러 상태를 관리하는 시스템이다.

주요 역할은 다음과 같다.

① 배터리 셀 관리　　② 충전 상태 예측

③ 출력 제한　　④ 상태 진단

⑤ 냉각 제어

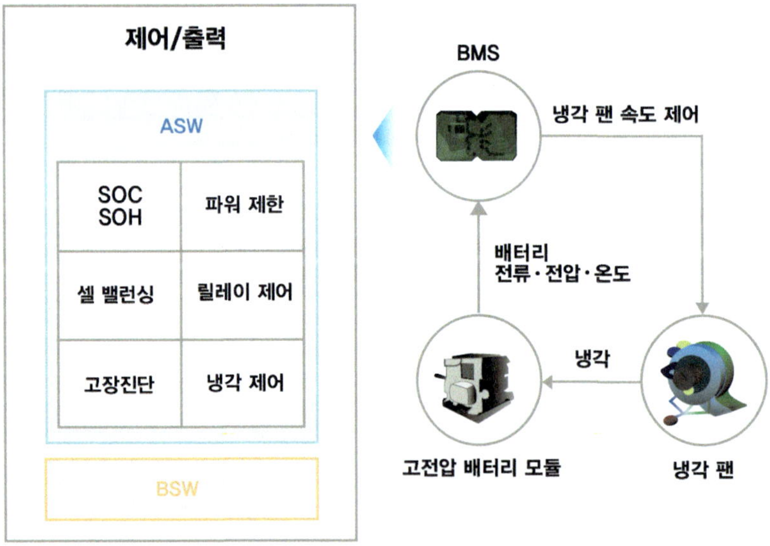

그림 5.5 BMS의 기능 – 제어 항목과 내용

그림 5.5는 BMS의 기능에 관련된 제어 항목과 내용을 보여준다.

2) PCS(Power Conversion System, 전력변환시스템)

전력을 배터리에 저장 또는 방출하기 위해 전기의 특성을 변환해 주는 시스템이다. 저장해둔 전력을 원하는 때에 공급받기 위해서 PCS를 통해 최종 사용자가 원하는 에너지 형태로 다시 변환시키는 장치이다.

주요 역할은 다음과 같다.

① 감시 · 제어　　② 계통 보호

③ 독립 운전　　④ 변환

그림 5.6은 ESS(Energy Storage System, 에너지저장장치)에 있어, PCS의 기능을 보여준다.

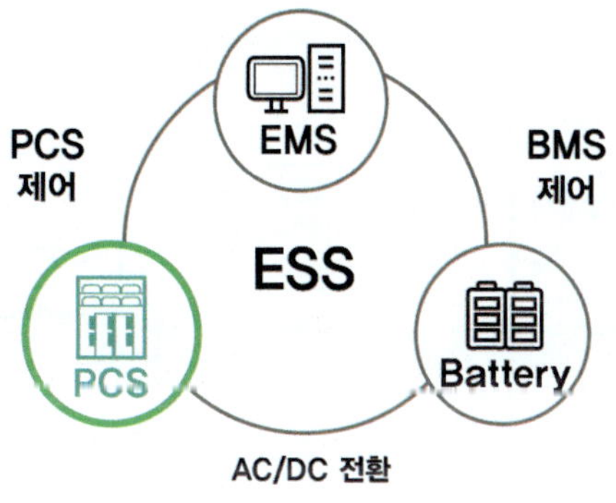

그림 5.6 ESS에서의 PCS 기능

(2) BMS 구성 및 기능들

BMS는 기본적으로 임베디드 시스템(embedded system, 임베디드 시스템은 목적을 기반으로 만들어진 전자기기라는 말로 특정한 응용 분야에서 처리 기능 또한 가지고 있다)이다. BMS의 존재 이유 또는 주목적을 다음과 같이 정리할 수 있다.

① 호스트 애플리케이션(host application)에 장착되어 불안전한(unsafe) 상황과 조건

에 대해 감지하고 사용자를 보호하는 것이다.

호스트 애플리케이션은 네트워크를 통해 데이터 또는 서비스를 제공하는 다른 컴퓨터에 연결된 컴퓨터로 구축된 응용 프로그램이다. 예를 들면, 서버 호스트는 각각 하나 이상의 소켓이 있는 여러 동시 애플리케이션 프로세스를 지원할 수 있다. 웹 서버는 각 연결 클라이언트에 대해 다양한 애플리케이션을 제공하고 서비스한다.

② 배터리 셀을 남용(abuse) 또는 단락(failure) 같은 상황들에 대해서 셀을 보호하는 것이다.

③ 배터리의 수명을 길게 유지시키는 것이다.

④ 기능적인 설계 요구조건들을 만족시키기 위한 배터리 셀 상태를 유지하는 것이다.

⑤ 호스트 애플리케이션(host application)의 제어 컴퓨터(control computer)에 팩의 최적 사용 방법(way)을 즉각 제시해주는 역할을 한다.

그림 5.7은 BMS의 역할과 제어를 체계화한 도식도이다.

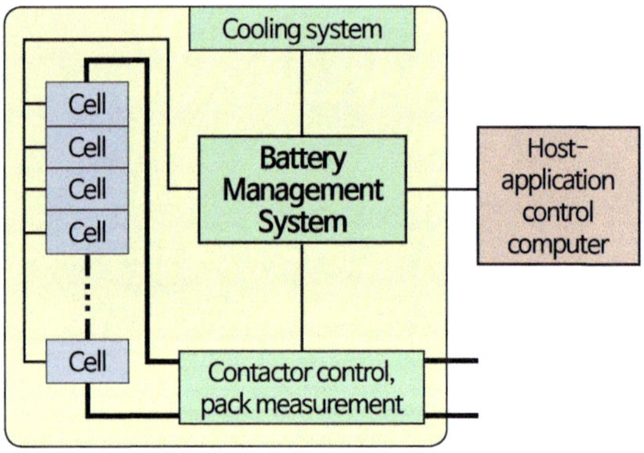

그림 5.7 **BMS의 역할을 체계화한 도식도**

BMS는 배터리 팩의 모든 구성요소들과 호스트 애플리케이션(host application)의 제어 컴퓨터와도 연결이 되어 있기 때문에 중간의 위치에서 명령을 받거나 또는 명령을 내리거나 하는 역할을 수행하게 된다.

BMS의 대표적인 기능들은 다음과 같다.

1) 감지 및 고전압 제어(Sensing & high voltage control)

전압, 전류, 온도를 측정하고 접촉기(contactor)와 사전 충전(pre-charge)을 조절하며 지락(ground-fault, 地落 : 접지결함이란 뜻으로 전로와 대지와의 사이에 절연이 저하되어 전류가 흐르는 현상이다)을 감지하고 열관리(thermal management)를 수행한다.

2) 보호(Protection against)

과충전, 과방전, 과전류의 상황들과 단락(short circuit) 및 극도의 온도 상황에 대해 시스템을 보호하는 역할을 한다.

3) 인터페이스(Interface, 상호 작용)

범위를 추정하고 통신이나 데이터를 기록하고 보고하는 역할을 수행한다.

4) 성능 관리(Performance management)

SOC(State of Charge, 충전상태)의 추정, 파워(power) 제한 수치를 계산하고, 셀(cell)의 상태에 대해 균형 및 평형유지(balancing & equalizing)를 수행한다.

5) 진단(Diagnostics)

남용 감지(abuse detection), SOH(State of Health, 건강상태)의 판단(estimation, 평가), SOL(State of Life, 수명상태)의 판단(평가)으로 배터리의 진단 및 예측을 수행한다.

배터리는 사용할수록 내부저항이 증가해 용량이 열화되는 제품인데, SOH는 배터리의 이상적인 상태와 현재 배터리의 상태를 비교하여 나타낸 성능지수를 말한다.

03 배터리 팩(Battery pack)

팩은 일반적으로, 앞에서 제조한 모듈들과 BMS, 냉각장치와 같은 보조장치들로 구성되어 있다. 그림 5.8은 배터리 팩의 구성, 구조와 주요 역할(기능)을 나타낸다.

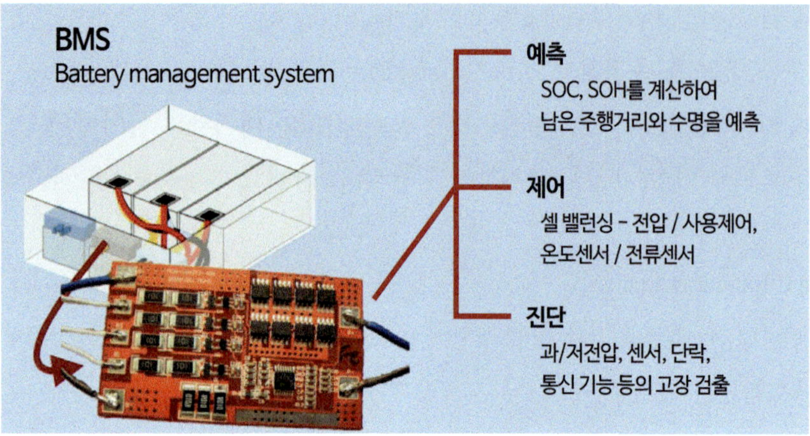

그림 5.8 **배터리 팩의 구성 및 BMS의 주요 역할**

BMS는 팩에서 가장 핵심적인 부품 중 하나이다. 수십 개에서 수천 개의 배터리 셀을 하나처럼 움직이게 하고 전압, 전류, 온도 등의 이상(error)이나, 이상 상태(abnormal state)를 감지할 경우 충전과 방전을 중단시키는 등의 안전장치가 포함된 장치이다. 또한, 차량과 배터리 소프트웨어 간의 원활한 통신을 형성하여 배터리 교체 시기와 문제를 사전에 예측하기도 한다. 배터리 수명과 전기차의 전비(내연기관 자동차는 연비라고 한다)까지 직접적으로 영향을 끼치는 BMS가 하는 구체적인 역할은 다음과 같다.

① 배터리 셀 전압, 전류 및 온도의 모니터링
- 각 셀의 밸런싱을 위해 일정한 전압을 조절하고 과부하가 걸리지 않도록 관리
- 전류 측정을 통해 배터리의 충・방전 제어
- 여러 개의 온도센서가 온도 관리

② 주행 가능거리 예측을 위한 배터리 용량(SOC, State of Charge)의 계산
- 전압, 전류, 온도 등을 센싱하여 SOC 예측 및 지정된 배터리의 가용 영역에 한계치를 둠.

③ 배터리 시스템 진단
- 과전압・저전압, 셀 및 센서 고장, 냉각팬 고장, 단락 등 다양한 고장의 진단

④ 냉각장치 제어

- 냉각팬을 두어 특정 온도 이상으로 올라가게 되면 단계별로 냉각장치를 구동시킴.

배터리 모듈 및 팩 공정은 전류의 흐름을 형성하고 내구성을 위한 용접기술과 안전을 위해 단락을 방지하는 절연적인 부분이 대부분을 차지하고 있다. 이미 셀에서 전지로서의 역할을 형성했기 때문에, 이 셀들의 성능과 용량이 안전하고 효율적으로 유지되도록 하는 BMS와 냉각장치와 같은 보조장치의 역할이 중요하다. 따라서 공정 프로세스(process)도 중요하지만, 배터리의 구성요소 중 부수적인 역할을 하고 있는 보조장치도 배터리의 성능과 품질 그리고 내구성을 유지하는데 있어 또한 중요하다는 것을 알 수가 있다.

배터리 셀에 대한 원리와 방향성도 계속 기술개발 및 진화가 되고 있다. 이와 병행하여 모듈과 팩 기술도 용량 증가와 안전성을 지향하고 있어 점점 주목받고 있는 상황이다.

배터리 팩은 전기차에 직접적으로 연결 · 실장되는 최종의 형태이기 때문에 전기차의 성능과 디자인에 큰 영향을 미친다. 배터리 셀의 에너지 밀도는 높이고, 셀이 아닌 팩의 구성요소(안전 및 보호장치 등)를 최소한으로 줄여 슬림(slim)하면서도 최대한 많은 셀들을 담아내는 것이 앞으로 전기차 업계에서 갖추고자 하는 필요 스펙(spec.)이 될 것이다.

5.2 배터리 팩(Battery pack) 공정

01 팩(Pack) 공정이란?

배터리 팩(pack) 공정은 제조된 배터리 셀들을 최종 납품 전, 모듈화하여 팩에 넣는 과정이다. 활성화 공정을 통해 전기적 특성을 지니게 된 배터리들은 셀 단위로 납품하거나, 그림 5.9에서 보여주는 바와 같이 여러 종류의 전기차 모델에 맞게 애플리케이션 모듈화를 시켜야 한다.

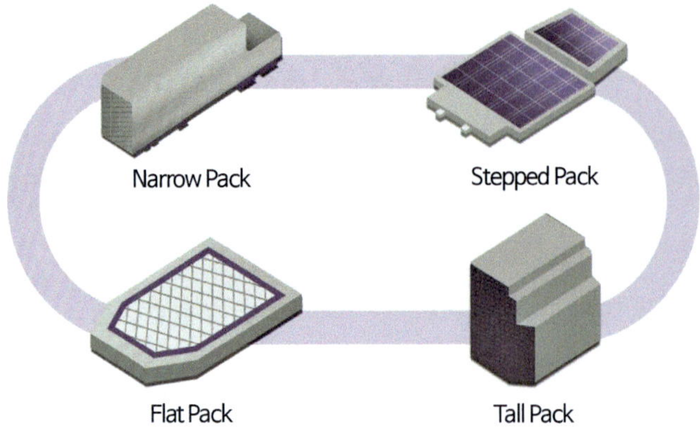

그림 5.9 다양한 전기차 모델에 맞는 애플리케이션 모듈화된 배터리 팩

(1) 셀 투 셀(Cell To Cell)

그림 5.10에서와 같이 모듈의 제조는 접착과 연결을 통해 이뤄진다. 먼저 배터리 셀 표면의 이물질을 제거한 후 셀 여러 개를 셀 투 셀(cell to cell)의 형태로 만들어 접착제를 도포한 모듈 케이스에 고정시킨다. 이후 셀들을 와이어링 하네스(wiring harness)나 버스바(bus bar)를 이용해 연결시키고 모듈 상부 커버를 조립해 모듈을 완성한다.

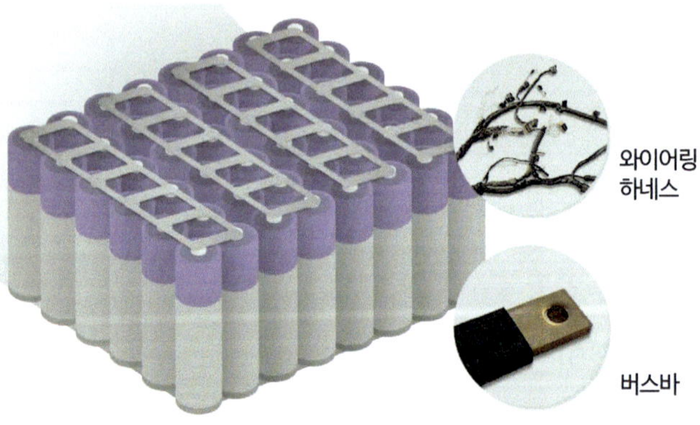

그림 5.10 셀 투 셀(cell to cell)

(2) 모듈 투 모듈(Module to Module)

마지막으로 배터리 팩에 완성된 모듈들을 넣고 모듈 투 모듈(module to module)로 연결해 주면 팩이 완성된다. 배터리 셀과 애플리케이션 모델에 따라 탑재되는 셀의 수, 모

듈의 수도 다르다. 가령 총 96개의 배터리 셀이 들어가는 팩에 6개의 셀이 하나의 모듈이라면, 총 16개의 모듈이 하나의 팩으로 만들어지는 것이다.

사진 5.2 **모듈 투 모듈에 있어 상호 연결된 와이어링(wiring, 배선) 모습**

사진 5.2는 모듈 투 모듈에 있어 상호 연결(interconnection, 상호 접속)된 와이어링(wiring, 배선) 모습으로 대용량·고출력용 배선들이 복잡하게 연결되어 있다.

(3) 여러 셀을 통합 관리하는 BMS

하나의 팩에는 수많은 셀이 들어가 있기 때문에 셀 간의 밸런스와 관리가 매우 중요하다. 이때 BMS(Battery Management System, 배터리관리시스템)를 통해 배터리의 상태를 모니터링하고 성능을 관리할 수 있다. 사진 5.3은 배터리 팩 내부에 BMS 모듈이 탑재된 모습을 부분으로 절단해 보여준다.

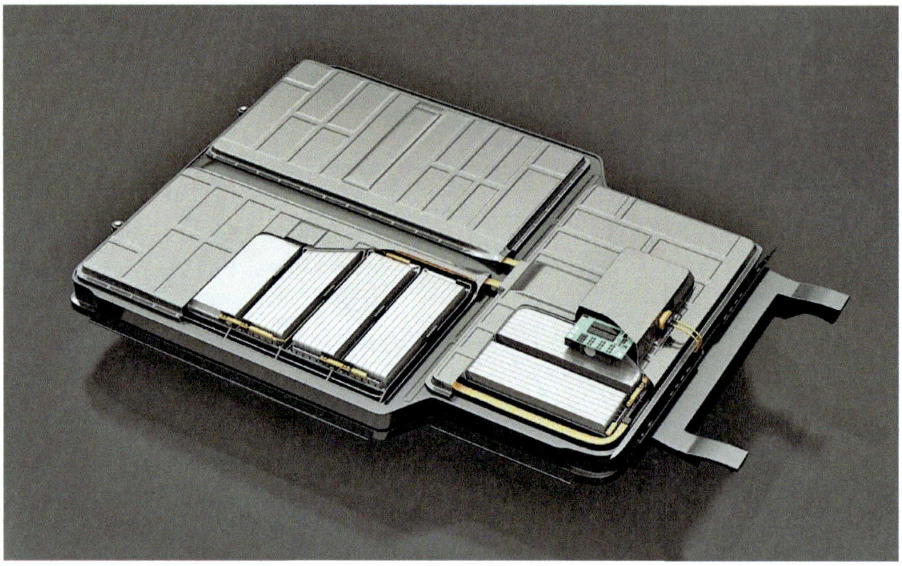

사진 5.3 배터리 팩에 BMS 모듈이 탑재된 모습(부분 절단)

02 이차전지 배터리 팩(Battery Pack)이란?

배터리 팩(battery pack)은 동일한 배터리 또는 단품 1개 배터리 셀의 원하는 개수의 세트(set, 조합)이다. 이는 전기차 등이 요구하는 목표 성능을 구현하기 위해 필요로 하는 바람직한 전압, 용량 또는 전력밀도를 실현하기 위해 직렬, 병렬 또는 양쪽의 조합으로 구성된다.

배터리 팩의 구성요소는 개개의 전지 또는 셀과 그들 사이에 전기 전도성을 제공하는 상호 접속부를 포함한다.

충전식 배터리 팩에는 충전기가 충전 종료를 검출하기 위해서 사용하는 온도센서가 포함되어 있는 것이 있다. 상호 연결은 각 셀을 연결하는 부분인 배터리에도 있지만 대부분의 경우 배터리는 직렬로 배치되어 있다. 배터리 팩에 병렬로 셀 그룹이 포함되어 있는 경우 회로의 전기적 균형을 고려한 배선 구성이 다르다.

배터리 레귤레이터(battery regulator, 조절기)는 충전 중에 개개의 셀의 전압을 최대치 이하로 억제하고, 전압이 낮은 배터리를 완전하게 충전해 배터리 팩 전체의 밸런스(balance, 균형)를 유지하기 위해서 사용되는 일이 있다.

또 배터리 밸런스를 통해 액티브 밸런스(active balance, 셀 밸런스란 직렬로 연결된 배터리의 각 셀 전압을 동일하게 맞추는 것이다. 병렬로 연결된 셀은 자동으로 각 셀 전압이 맞춰진다)를 실행할 수도 있다.

배터리 밸런싱 시스템(battery balancing system)은 에너지를 강한 셀에서 약한 셀로 실시간 셔틀(shuttle, 두 지점을 빠르게 왔다 갔다 움직여 오가도록 함)해 균형을 맞출 수 있다. 밸런스(balance, 균형이란 의미로 셀 간 전압 편차를 줄여 일정한 셀 전압을 유지)가 잡힌 배터리 팩은 수명이 오래 가고, 보다 좋은 성능을 발휘한다.

인라인 패키지(inline package)—단일(single) 인라인 패키지는 집적 회로의 칩을 고정하는 데 사용하는 패키지이고, 이중(dual) 직렬 패키지(이중 인라인 패키지)는 집적회로 패키지의 일종으로, 사각형 모양 하우징의 양 끝을 따라 일반적으로 2.54mm의 간격을 두고 양옆에 두 줄로 단자들이 붙어있는 것이 특징이다—의 경우 셀은 선택되고 납땜을 사이에 두고 적층된다. 셀이 눌러지고 전류 펄스에 의해 열이 발생하며, 셀 내부의 모든 접속부는 폭발 위험이 있으므로 주로 레이저(laser)에 의해 정밀 용접된다.

(1) 배터리 밸런싱 시스템(Battery Balancing System)

배터리 밸런싱 및 배터리 재분배는 여러 셀(일반적으로 직렬 연결되어 있다)이 있는 배터리 팩의 가용 용량을 개선하고 각 셀의 수명을 연장하는 기술을 말한다. 배터리 밸런서(balancer, 균형을 유지하는 평형기) 또는 배터리 조절기(regulator)는 배터리의 균형을 맞추는 배터리의 전기장치이다.

밸런서는 일반적으로 랩톱 컴퓨터(laptop computer, 노트북 컴퓨터(notebook computer)처럼 휴대할 수 있도록 만든 작은 크기의 개인용 컴퓨터)와 전기자동차의 리튬이온 배터리 팩에 사용된다.

셀 밸런싱(cell balancing)이란 배터리의 기본이 되는 단위를 셀(cell)이라고 한다. 그런데 같은 셀이라도 제조공정이나 외부적인 요인에 의해 서로 전압 차가 발생하기도 한다.

예를 들면, 직렬로 연결된 셀 2개를 충전할 때 첫 번째 셀은 4.2V 전압을 달성했지만, 두 번째 셀은 전압이 4.0V에 그치는 경우가 생기는데, 이때 이렇게 직렬로 연결된 배터리 셀 간의 전압 차이를 조정하여 맞추는 것을 '셀 밸런싱(cell balancing)'이라고 한다.

셀 간의 불균형은 배터리 용량과 수명에 영향을 미치고, 과충전과 과방전에 의한 화재 위험을 일으킬 수 있기 때문에 셀 밸런싱은 반드시 필요한 것이다.

셀 밸런싱은 크게 두 가지로 나눌 수 있다. 셀 전압을 낮추기 위해 저항으로 셀의 충전

에너지를 소비시키는 수동형(passive) 셀 밸런싱이 있고, 높은 전압을 가진 셀의 충전에너지를 낮은 전압의 셀로 이동시키는 능동형(active) 셀 밸런싱이 있다.

(2) BMS(Battery Management System, 배터리관리시스템)

배터리의 안전에 관한 BMS는 배터리 성능과 수명을 최적의 상태로 관리하기 위해 꼭 필요한 시스템으로 배터리의 상태를 모니터링해 최적의 조건하에 배터리를 유지, 사용할 수 있도록 제어하는 시스템을 말한다.

1) BMS란?

BMS는 Battery Management System의 약자로, 말 그대로 배터리를 관리하는 시스템이다.

전기자동차(EV)나 에너지저장장치(ESS) 등에 탑재된 배터리의 전류, 전압, 온도 등을 센서를 통해 측정하고 미리 파악하여 배터리가 최적의 성능을 발휘할 수 있도록 제어한다.

2) BMS의 역할

배터리를 구성하는 가장 작은 기본 단위는 셀(cell)이다. 이런 단품(1개)의 셀들을 일정한 개수로 모아둔 중간 조립체(sub-assembly)인 모듈(module) 그리고 배터리의 최종 조립(total assembly)된 형태라 할 수 있는 배터리 팩(pack)으로 구성되어 있다.

이러한 배터리에서 BMS가 하는 역할은 '합창단의 지휘자'에 비유할 수가 있다. 합창단의 지휘자가 다양한 목소리를 내는 합창단원의 템포와 높낮이를 맞춰 조화로운 하나의 곡을 완성해 가듯, BMS 역시 지휘자와 같이 각 셀의 전류, 전압, 온도 등을 조화롭게 맞춰주는 역할을 하는 것이다. 따라서 BMS는 배터리가 갖고 있는 최적 성능을 발휘하며, 유지시켜 주는 동시에 화재 위험 등으로부터의 안전을 지켜주는 아주 중요한 역할을 한다.

단, BMS는 배터리 타입(type, 형태)과 제품에 따라 위치가 다를 수 있다.

배터리 모듈(module)은 개별 셀을 외부 충격과 열, 진동 등으로부터 보호하기 위해 일정한 개수로 묶어 프레임에 넣은 것이다.

그림 5.11은 배터리 팩에 있어서 BMS의 구성도를 보여주고 있다.

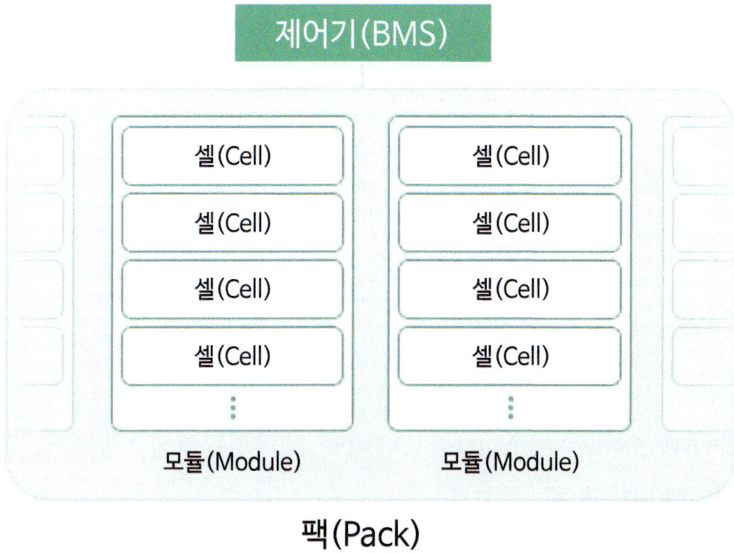

그림 5.11 **배터리 팩의 BMS 구조(구성도)**

3) BMS의 주요 기능과 역할

BMS는 궁극적으로 배터리 수명관리, 배터리 성능관리, 배터리 안전성관리를 위한 역할을 하고 있다. 배터리가 점점 발달하는 만큼 BMS도 더욱 정교화가 이루어지며 계속 진화하고 있다.

BMS는 크게 3가지 기능을 수행하며, 이를 통해 배터리를 최적의 상태로 유지하고 수명은 더 늘릴 수 있는 것이다.

① 모니터링

배터리 시스템 내 센서를 통해 측정한 전압, 전류, 온도 등을 모니터링한다. 이를 통해 SoC(State of Charge, 충전 상태 : 전자기기의 배터리가 몇 퍼센트가 남아있는지, 배터리의 잔존용량을 나타낸 지표이다), SoH(State of Health, 성능상태 · 노화상태 · 수명 : 배터리에도 당연히 정해진 수명이 있다. 배터리의 잔존 수명이자 현재 성능 상태를 알려주는 지표로, 배터리의 이상적인 상태와 현재 배터리의 상태를 비교하여 나타낸 성능지수를 말한다. 단위는 퍼센트(%)로 나타낸다. SoH가 100%라는 것은 현재 배터리의 상태가 초기 배터리의 규격 및 사양을 정확히 만족하고 있다는 것이다. 즉, 일반적으로 배터리의 제조 당시 SoH는 100%이지만, 사용기간이나 횟수가 증가할수록 SoH는 감소하게 된다)를 예측한다.

② 셀 관리
배터리 셀 간의 편차를 줄이는 셀 관리(밸런싱)를 수행한다.

③ 제어
배터리가 과충전, 과방전, 과전류가 발생하지 않게 제어한다.

그림 5.12는 BMS(Battery Management System, 배터리관리시스템)의 궁극적인 역할(3대 기능)을 정리해 나타낸다.

그림 5.12 **BMS의 궁극적인 역할(3대 기능)**

배터리 팩은 일반적으로 배터리 셀, 모듈의 최종 포장 및 조립을 말하며, 배터리의 조합(set)을 나타낸다. 리튬이온 배터리는 단일 리튬이온 배터리의 직렬 및 병렬을 통해 특정 전압 및 용량으로 구성되고 보호 플레이트가 추가되기 때문에 충·방전 조립공정이 가능하다. 예를 들면, 직렬로 연결된 2개의 배터리, 특정 모양을 형성하기 위한 요구 사항에 따라 배터리 팩이 제조된다.

배터리 팩 조립공정은 리튬이온 배터리 팩 생산의 중요한 단계이며, 전기자동차 시장이 지속적으로 확대됨에 따라 그 중요성이 점점 커지고 있다. 현재 전기자동차용 전원 배터리는 기본적으로 배터리 모듈, 배터리관리시스템(BMS), 열관리 시스템, 전기 및 기계 시스템과 같은 시스템으로 구성된다.

리튬이온 배터리 팩 구조설계에는 다음 9가지 요소가 고려되어야 한다. 배터리 팩의 기본 사항과 리튬이온 배터리 팩 구조설계에 영향을 미치는 여러 요소로 반드시 설계시 고려해야 할 사항이다.

① 리튬이온 배터리 팩 구조설계는 여러 기술분야의 여러 수준을 포함한다. 예를 들어, 기계적 구조설계, 강도(strength), 지진, 열 및 난방, 방수 · 방진 등을 고려해야 한다. 그리고 전기배선 및 전기설계를 고려하고, 안전 규정, EMC(Electromagnetic Compatibility, 전자파 적합성) 안전 규정 등을 고려해야만 한다. 또한 리튬 배터리 관리시스템 설계를 고려하여 오버슈트(overshoot, 전기 등에서 어떤 신호의 값이 목표값보다 더 크게 나오는 현상), 과방전, 과열, 감지 정확도, 배터리 균형 등을 고려하여 배터리가 안전하고 신뢰할 수 있는지 확인하는 것은 합리적인 최적설계이며, 시장에서 제품의 신뢰성과 안전성을 확보하는 것이다.

② 리튬이온 배터리 팩 구조설계의 중요 요소로 배터리 팩의 방수이다. 여기서는 방수 등급으로 IP68을 기본으로 하고 있다. 또한 배터리 팩 내부와 외부 공기 압력의 균형을 유지해야 한다.

충전 및 방전 중에 배터리 팩의 온도가 변화하여 배터리 팩 내부의 공기압력이 변화함으로써 압력이 급격히 상승하면 배터리 팩이 폭발해 열폭주의 위험성이 있으므로 배터리의 화재로 인한 폭발방지 구조가 반드시 필요하다.

③ 리튬이온 배터리 팩 구조설계의 중요 요소로 배터리 팩의 냉각시스템(cooling system) 또는 냉각장치(cooling device)이다. 과충전 및 과방전 등으로 인한 과열은 지속적인 발열로 인해 배터리 화재의 원인이 되고 있다. 과열에 있어 반드시 필수적인 사전 예방은 적절하고 최상의 성능을 갖는 냉각시스템(cooling system)의 최적설계인 것이다.

④ 리튬이온 배터리 팩 조합에서 배터리 팩 보호 수준 제어, 냉각 및 가열의 안전과 신뢰성 외에도 배터리의 연결 방법에 세심한 주의를 기울이고, BMS 측정 문제의 정확성을 고려해야 한다.

이 문제는 테스트에 대한 압력 강하의 영향을 무시하고 배터리 팩의 균형을 맞출 수 있는 능력이다.

⑤ 배터리 팩은 충격 저항이 매우 중요하다. 배터리 팩은 기계적, 전기적으로 복잡하게 되어 있으므로 외부 충격, 충돌, 낙하 시험 등 세부 사항에 충분히 견딜 수 있는 내충격 구조설계가 필요하다.

⑥ 구조설계 통합의 필요성이다. 개별 모듈을 직렬로 연결하여 배터리 팩을 형성하고 직렬 인터페이스(interface, 연결 · 접근)의 빠르고 안전한 형태를 충족시키기 위해 서로의 직렬성을 고려해야 한다. 더불어 정확한 전기배선 및 연결(wiring) 및 전기 용량에 적합한 배선 케이블(cable)과 커넥터(connector)의 사용이다.

⑦ 내부 절연 설계를 잘해야 한다. 배터리의 양극 및 음극 절연 문제를 고려한다지만 전기차 배터리의 불확실성이 너무 복잡하므로 배터리 설계 프로세스에서 충격, 진동, 습기 및 기타 복잡한 사용 환경(심지어는 만약을 대비한 극한 환경도 포함된다)을 충족시키기 위해 별도로 절연 조건을 설정한 배터리는 안전하고 효과적이다.

⑧ 배터리 팩의 케이스 고정 방법이다. 케이스의 재질은 내충격성과 내열성, 강도(strength)를 유지하기 위해 슈퍼 엔지니어링 플라스틱을 비롯한 알루미늄 금속판재(Al sheet, Al plate)를 사용하고 있다. 특히 알루미늄 금속판재의 상하 조립 시에는 볼트와 너트의 고정, 리벳팅(riveting) 고정 방법보다는 완벽한 기밀과 방수 등을 확보 · 유지하도록 세밀하고 정교한 레이저 용접(laser welding)으로 고정하는 것이 최적의 고정 · 조립공정이다. 이때 배터리 폭발 가능성이 있으므로 정교한 스테이지(stage) 또는 지그(jig) 등을 사용해 레이저 용접하는 공정기술의 스킬(skill, 숙련 · 능숙)과 노하우(know how), 표준 매뉴얼 등이 반드시 선행되어야만 한다.

⑨ 최종으로 당연하면서도 필수적인 사항은 전기차의 주행 성능과 사양(스펙)에 맞는, 즉 요구에 적합한 최적의 배터리 BMS의 설계(S/W 설계)이다. 배터리 안전에 관련된 프로그램상 어떤 오류(error)가 있어서는 절대 안된다.

배터리 팩의 장점과 단점을 정리하면 다음과 같다.

① 배터리 팩의 장점

배터리 팩의 이점은 디바이스(device)와의 교환이나 떼어 분리하기가 용이하다는 점이다. 즉, 사용상 편이성이 좋다. 그러면 여러 팩이 확장 런타임(runtime, '실행시간'이란 의미로 실행되고 있는 동안의 동작을 말한다)을 구현하고 디바이스를 개방하여 계속 사용할 수 있게 되며, 분리된 팩은 개별적으로 충전된다.

또 하나의 장점은 설계와 구현의 유연성이다. 더 저렴한 생산성이 높은 셀 또는 배터리를 사용하여 거의 모든 애플리케이션에 대해 1개의 팩으로 정리할 수 있다. 제품 수명이 다 되면 배터리를 분리하여 개별적으로 재활용할 수 있어 유해 폐기물의 총량을 줄일 수 있다.

② 배터리 팩의 단점

대부분의 경우 최종 사용자가 수리나 개조가 간단한 것은, 밀폐되어 유지보수가 불가능한 배터리나 셀보다 간단하다. 이를 이점으로 생각할 수도 있겠지만 배터리 팩은 화학물질, 전기 및 화재의 위험이 있으므로 안전상 주의를 기울이는 것도 중요하다.

그림 5.13 **전기자동차용 배터리 팩 종류와 이미지**

그림 5.13은 배터리 셀 형태에 따른 전기자동차에 사용하는 배터리 팩 종류와 이미지이다.

03 배터리 팩(Battery Pack)의 구조

그림 5.14는 배터리 팩의 구조를 셀, 모듈, 팩으로 구분하여 체계적으로 보여주고 있다.

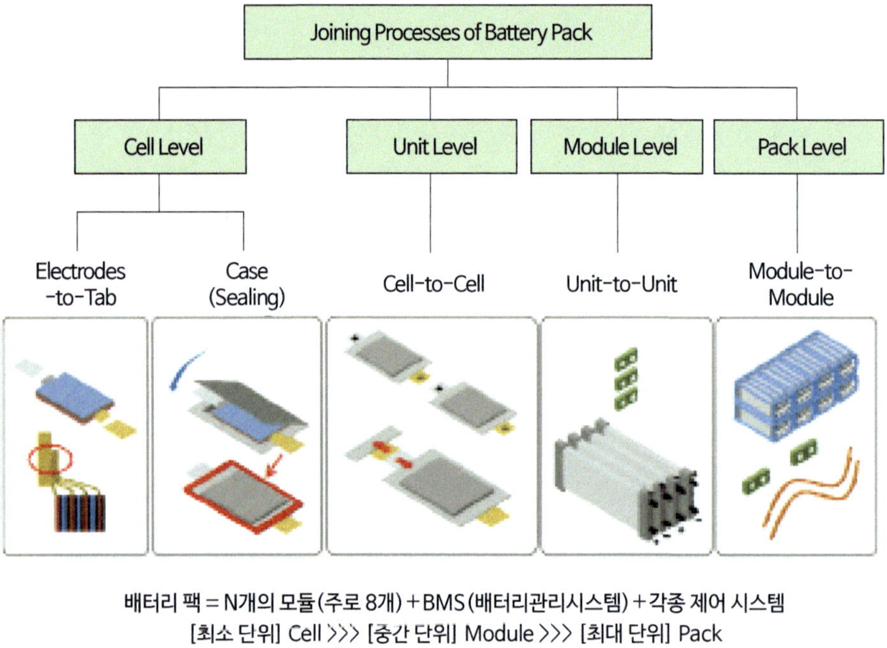

그림 5.14 배터리 팩의 구조

배터리 팩의 구성요소는 다음과 같다.

① 셀(Cell)
② 배터리관리시스템(Battery Management System, BMS)
③ 외부 케이스(Casing)
④ 연결 및 보호 회로(Interconnects and Protection Circuitry)
⑤ 충전 컨트롤러(Charge Controller)

⑥ 방전 컨트롤러(Discharge Controller)

⑦ 접속 단자(Terminals)

이 외에 열관리 시스템, 센서 등의 부품으로 구성된다. 그림 5.15는 배터리 팩을 구성하는 구성요소를 나타낸 것이다.

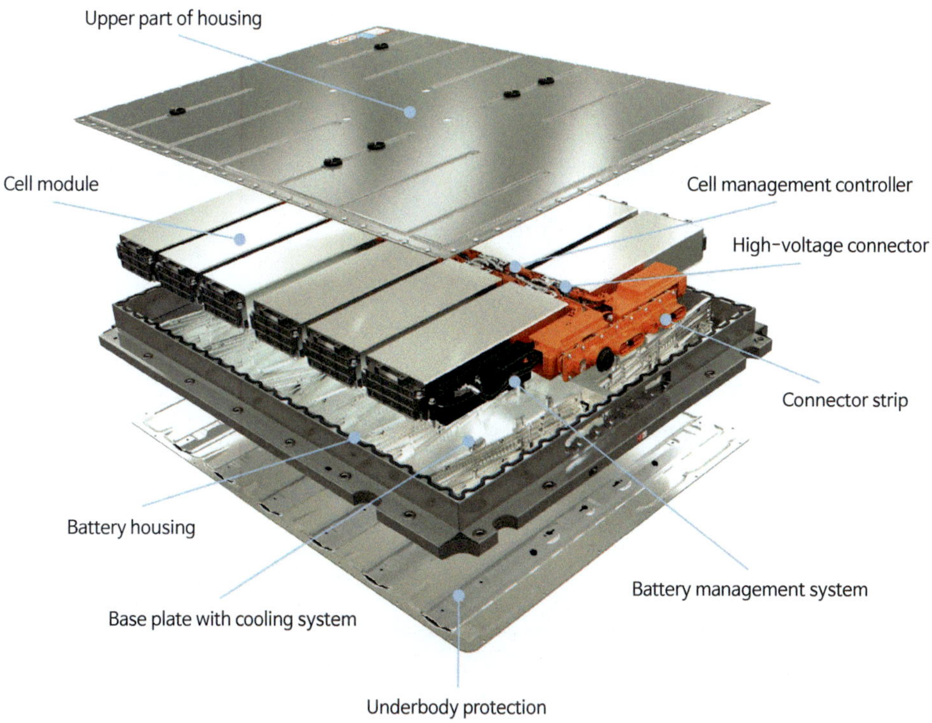

그림 5.15 **배터리 팩을 구성하는 구성요소**

04 리튬이온 배터리 문제점(열폭주 화재)

리튬이온 배터리는 장점이 많지만 한편으론 폭발 위험이라는 치명적인 단점이 있다.

(1) 장점

리튬이온 배터리는 크기와 두께를 작고 가늘게 만들 수 있으며, 고밀도로 에너지를 저장할 수 있고, 고전압까지 가능하다는 장점이 있다. 에너지 밀도가 높아 방위산업(방산)이나 자동화 시스템, 항공산업 분야에서도 점점 사용 빈도가 증가하는 추세이다.

(2) 단점

다른 전지에 비해 안정성이 떨어지는 편이라 과방전 시 용량 감소가 매우 크고, 과충전 시에는 매우 불안정해져서 내부 전극에서 쇼트가 나거나 배터리에 충격을 주면 폭발할 수 있다. 즉, 리튬이온 배터리는 폭발 위험이라는 치명적인 단점이 있다.

리튬이온 이차전지(배터리)의 기능분석도에 의한 세밀한 분석 결과 다음과 같은 문제점이 나타나며, 이에 대한 문제 해결책을 제시한다.

심각한 문제점을 살펴 보면 다음과 같다.

① 과충전 시에는 매우 불안정해져서 내부 전극에서 쇼트(short, 합선)가 나거나 배터리에 충격을 주면 폭발할 수 있다.

② 리튬이온전지의 독특한 화재 특성은 열폭주(thermal runaway), 재발화(reignition) 그리고 이로 인한 급격한 화재 확산으로 요약할 수 있다.

열폭주(Cell thermal runaway) 현상

온도 상승이 역학적 과정에 의해 에너지 방출을 증가시켜 온도 상승을 더욱 가속화시키는 양성 피드백 현상이다.

▶ 리튬이온 배터리는 230℃ 이상에서는 점화원 없이도 자연발화가 가능하다.

그림 5.16은 리튬이온 배터리의 열폭주가 일어나는 순서(단계)로 리튬이온 배터리의 열폭주 원인과 발생 단계를 설명하고 있다.

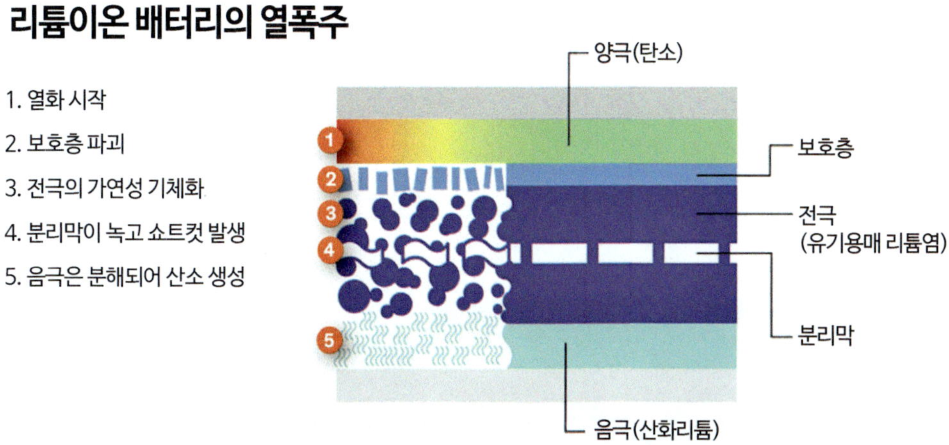

그림 5.16 **리튬이온 배터리의 열폭주 현상이 일어나는 순서(단계)**

사진 5.4는 열폭주 시 열의 흐름을 시뮬레이션(simulation, 모의실험)한 것이다. 리튬이온 배터리의 열폭주 시 순간적인 열 흐름 현상을 자세히 보여준다.

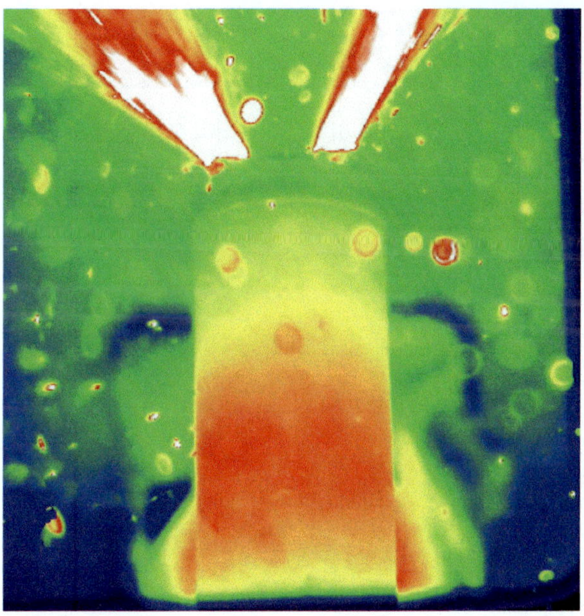

사진 5.4 **열폭주 시 열 흐름 시뮬레이션(simulation, 모의실험)**

사진 5.5는 현재 널리 사용되고 있는 리튬이온 이차전지 배터리 팩의 내부 모습이다. 일렬로 끼워져 있는 많은 배터리 모듈들이 서로 직렬 및 병렬로 전기적으로 연결(배선 처리)되어 복잡하게 조립된 것을 확인할 수 있다.

이 때 사용되는 케이블(cable, 도선)은 대용량 · 고출력의 배터리 연결(wiring, 배선)용으로 수 많은 버스바(bus bar)와 단자(terminal)들로 접촉되어져 있다.

사진 5.5 **리튬이온 이차전지 배터리 팩의 내부 모습**

05 배터리 터미널(Battery terminal)

배터리 터미널(battery terminal, 배터리 단자)은 배터리 팩 내의 연결과 전기신호 전달을 위해 사용되는 부품이다. 플라스틱 터미널 부품은 배터리 셀과 커넥터 사이의 전기 연결을 보호한다.

이러한 부품은 PA(Polyamide, 폴리아미드)로 제작된다. 또한 PA는 전기 절연성과 내화학성이 우수하여 전기 연결의 안전성을 보장한다.

그림 5.17은 배터리 팩의 구성도로 주요 구성품을 보여주는 분해도이며, 배터리 터미널(battery terminal, 배터리 단자)이 조립되어 있다.

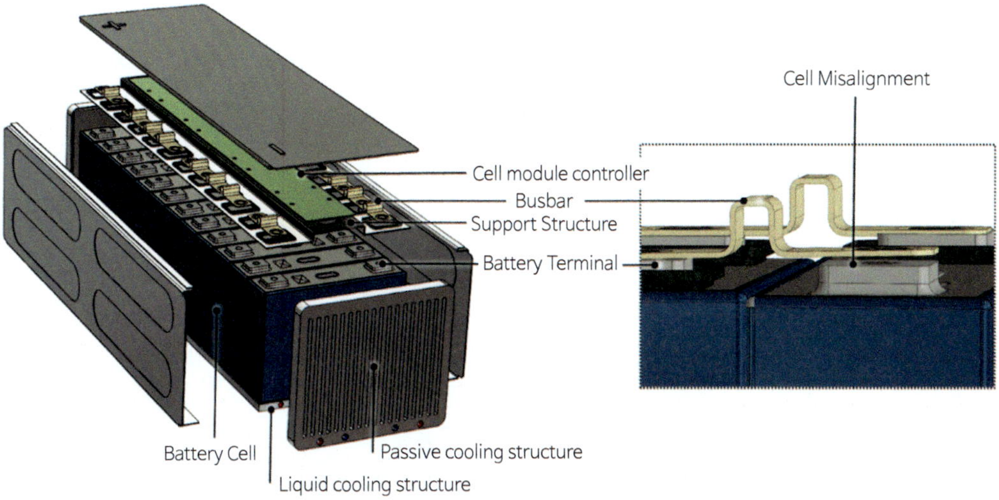

그림 5.17 **배터리 팩의 조립 구성도**

06 배터리 팩 공정(Process)

전극 · 조립 · 활성화 공정까지 마친 배터리는 애플리케이션 모델(사용 용도를 의미한다. 예를 들면 전기차, 에너지저장장치 등 목적에 맞는 제품)에 맞게 모듈화시켜야 하는데, 배터리 제조의 마지막 단계는 배터리 팩 공정이다.

배터리 팩 공정은 다음과 같은 순서로 진행한다.

(1) 배터리 셀 연결

먼저, 활성화 공정이 끝난 배터리 셀 표면의 이물질을 제거한 후 여러 개의 셀을 셀 투 셀(cell to cell)의 형태로 연결한다.

(2) 모듈화

연결한 셀들은 접착제를 도포한 모듈 케이스에 고정시킨다. 이어 고정된 여러 개의 셀을 와이어링 하네스(wiring harness) 혹은 버스 바(bus bar)로 묶은 후 모듈 상부 커버를 씌워 조립하면 모듈이 완성된다.

(3) 팩 조립

마지막으로 배터리 팩에 모듈 여러 개를 넣고 모듈 투 모듈(module to module)로 연결하면 하나의 팩을 완성하게 된다. 이렇게 완성된 배터리 팩이 다양한 애플리케이션에 탑재되는 것이다. 이때, 배터리 셀과 애플리케이션 모델에 따라 배터리 팩에 들어가는 셀과 모듈의 수량은 각각 달라진다.

(4) BMS 적용

배터리 팩 조립이 끝나고 나면, BMS(Battery Management System, 배터리관리시스템)를 통해 배터리의 충전 상태와 수명을 예측해 볼 수 있다. BMS 내부의 CMU(Cell Monitoring Unit, 셀 모니터링 장치이다. 셀의 상태를 측정해 밸런싱 작업을 수행하며 배터리를 안전하게 사용할 수 있도록 도와주고 CMU로 측정한 데이터들을 BMS로 전송한다)가 셀의 상태를 측정해 밸런싱 작업을 수행하며 배터리를 안전하게 사용할 수 있도록 도와준다. 이러한 기능을 바탕으로 배터리의 성능은 최적의 상태로 유지하며, 수명을 더 늘릴 수 있게 되는 것이다.

특히 무선 BMS는 기존의 BSA(Battery System Assembly, 배터리 시스템 조립체) 내부에서 수 백~수 천가지의 직·병렬 구조로 연결된 셀들을 제어하는 제어기로써 배터리에서 두뇌 역할을 한다. BSA는 배터리 팩 내부에 슬레이브(slave)와 마스터(master) BMS를 두어 통신을 하는 경우가 있고, 하나의 BMS로 모든 셀들을 제어하는 경우도 있다.

BSA는 배터리 셀의 효율적인 냉각을 위한 최적화된 구조와 배터리 셀 각각의 전류·전압·온도를 센싱할 수 있는 유닛을 포함하는 배터리 시스템으로, 배터리 팩의 구조적 안정성 확보를 위한 중요한 부품이다. BSA는 저장된 고전압 전기에너지를 전기모터와 각종 전장부품에 공급하고, 회생제동 시 발생된 전기에너지를 저장하는 자동차 전동화의 핵심부품으로 전기자동차는 에너지원과 배터리의 용량 등에 따라 하이브리드(HEV), 플러그인-하이브리드(PHEV), 전기차(BEV/EV), 수소연료전지차(FCEV) 등으로 구분되며, 업체마다 각 전기차에 알맞은 BSA 시작 및 양산라인을 구축하고 있다.

마스터-슬레이브(master-slave)는 하나 이상의 장치 또는 프로세스(마스터)가 하나 이상의 다른 장치 또는 프로세스(슬레이브)를 제어하는 통신 프로토콜의 모델이다.

마스터-슬레이브에서 마스터, 슬레이브의 사전적 의미는 마스터(master)는 주인, 지배자, 슬레이브(slave)는 노예, 종속 장치를 의미한다. 원래 의미는 소프트웨어나 하드웨어에서 한 장치(마스터)가 다른 장치(슬레이브)를 제어할 수 있을 때 사용하는 용어이다.

배터리를 제어하기 위해서는 배터리 데이터들이 필요하고, 데이터 측정을 위해서는 수 많은 센서들이 필요하다. 또한 각각의 배터리 전압을 측정해야 하고, 온도도 측정해야 하기에 셀 개수가 많아질수록 센서의 수도 많아진다. 이런 센서들을 하나의 모듈로 묶어서 CMU(Cell Monitoring Unit, 셀 모니터링 장치)라고 부른다.

그림 5.18과 같이 CMU로 측정한 데이터들을 BMS로 전송하기 위해서는 보통 배선(wiring)작업을 한다.

그림 5.18 **isoSPI를 사용한 배터리 모니터링 인터커넥션(interconnection, 상호 접속)**

(주) isoSPI는 표준 SPI(Serial Peripheral Interface)를 단순 2와이어로 변형한 것이다. isoSPI는 CANbus에 대해 추가적인 프로토콜 적용을 요구했던 표준 SPI 디바이스를 원격으로 제어할 수 있는 강건하고 간단한 방법을 제공한다.

CAN 통신을 이용하는 경우에는 CAN_HIGH, CAN_LOW 이렇게 두 줄이 있는데 배터리 셀이 300개라 쳐도, 이 와이어(wire, 전기 도선)만 600개가 되고 이는 비용적인 부분에서도 손해일 뿐만 아니라, 전기적으로 쇼트(short, 단락)가 발생할 가능성이 높고, 유지 · 보수 · 정비에 있어서도 큰 문제가 생기기에 BSA를 설계할 때 이런 와이어링(wiring, 배선)을 어떻게 깔끔하게 할 것인가가 아주 중요하다.

CAN(Controller Area Network) 통신

CAN(Controller Area Network)은 차량 내에서 호스트 컴퓨터 없이 마이크로 컨트롤러나 장치들이 서로 통신하기 위해 설계된 표준 통신규격이다. 차량 내 ECU(Electronic Control Unit, 전자제어장치)들은 CAN 프로토콜(protocol, 통신 프로토콜 또는 통신 규약은 컴퓨터나 원거리 통신 장비 사이에서 메시지를 주고 받는 양식과 규칙의 체계이다. 통신 프로토콜은 신호 체계, 오류처리, 암호, 인증, 주소 등을 포함하며, 컴퓨터 또는 전자기기 간의 원활한 통신을 위해 지키기로 약속한 규약이다)을 사용하여 통신한다.
CAN 통신은 1986년 독일 자동차 부품회사인 보쉬(Bosch)에서 차량용 네트워크 통신 방식으로 개발되었으며, 여러 개 ECU를 병렬로 연결하여 데이터를 주고받는 통신방법으로 CAN 버스를 통해서 통신선 상에 데이터를 띄어놓고 필요한 데이터에 접근한다.
CAN 통신은 대부분 차량 내에서 장치들이 서로 통신하기 위해서 설계된 자동차를 위한 표준 통신규격으로, 자동차 내부의 각각의 전자제어장치들(ECUs)이 서로 정보를 주고받는 통신방식이다. 이는 우리 몸의 신경계와 비슷하다. 우리 몸의 각 부위가 신호를 주고받아 움직이는 것처럼, 자동차 내의 각 부분들도 CAN 통신을 통해 정보를 주고받으며 작동하는 것이다.

그림 5.19는 무선(wireless) BMS의 개념도이며, 무선 BMS의 장점은 다음과 같다.

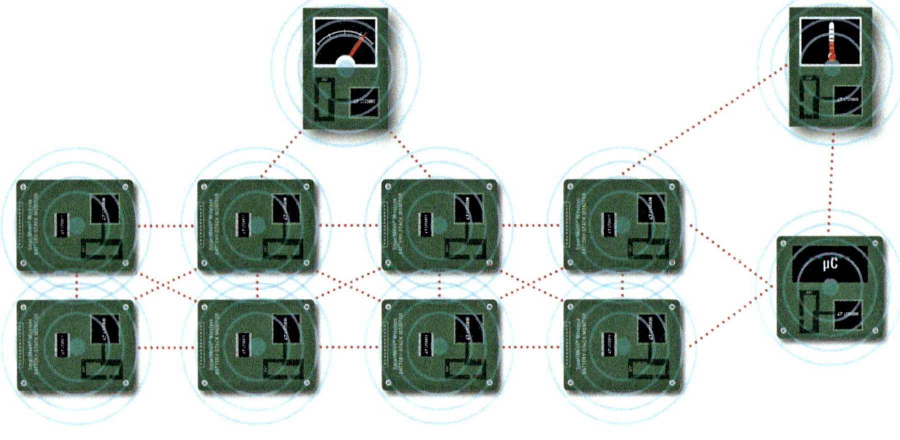

그림 5.19 스마트메쉬 WSN을 사용한 배터리 모니터링 및 추가 센서 인터커넥션

(주) 스마트메쉬(SmartMesh) WSN은 산업용 무선센서 네트워크(WSN : Wireless Sensor Network)로 초저전력의 안전한 무선 통신을 통해 탁월한 데이터 신뢰성(99.999% 이상)을 제공한다.

① 와이어링 하네스(wiring harness)에 따른 재료비 절감 및 조립공정의 단순화로 공정비용이 감소한다.

② 배터리 팩의 내부 공간을 활용할 수 있어 에너지 밀도를 향상시킬 수 있다.

③ 충돌 또는 이로 인한 진동 시에 커넥터 접점에서 발생할 수 있는 통신에러(error, 오류) 및 품질에 영향을 주는 문제들의 제거가 가능하다. 그러나 통신 신뢰성 문제는 별개로 존재한다.

단점으로는 다음과 같은 사항이 있다.

① 통신모듈 구성문제로, CMU(Cell Monitoring Unit)와 BMU(Battery Management Unit)가 같은 모듈 혹은 시스템 안에 존재하지 않는다면 무선통신 시 차폐현상이 구성되지 않아 노이즈가 심해지고, 통신 신뢰성이 떨어지게 된다. 간단히 얘기하면 CMU와 BMU 사이에 격벽과 같은 물체가 있을 경우는 전달성이 떨어지기 때문에 빈 공간을 유지해주는 것이 좋다는 것이다.
이는 공간 확보(창출)를 통한 에너지 밀도 향상이라는 장점을 반감시키는 요인으로 작용한다.

② 무선통신 IC의 가격이다. 현재 Navista나 LG이노텍 등이 제공하는 무선통신 IC 가격이 많이 낮아지긴 했지만, 와이어(wire)보다는 낮을 수가 없을 뿐더러 무선통신 방법이 너무나 많다는 것이다. 예를 들면, BLE(Bluetooth Low Energy), Zigbee, Wifi, Lifi같은 수 많은 무선통신 비트(bit)전송 기법들이 존재하는데, 이 각각들도 장단점을 갖고 있기에 어떤 환경에서 어떤 통신 프로토콜을 쓰느냐가 고민거리다.

CMU(Cell Monitoring Unit)

- 자체 진단 결과 측정
- cell 전압 센싱 측정 및 cell 전류 밸런싱 동작 확인
- 온도 모사 저항 및 BMU 명령에 대한 응답 확인

BMU(Battery Management Unit)

- calibration(전압 보정 수행)
- ADC, Relay 동작 확인 및 과충전 센싱
- 과충전 방지 회로 측정

위에서 언급한 ADC란 Analog-to-Digital Converter의 약자이다. 즉 연속적인 아날로그(analog) 신호를 0과 1로 이산(離散, discrete)적으로 구성된 디지털(digital) 신호로 변환하는 칩(IC)이다.

하지만 이런 단점들을 향후 더 향상된 기술력으로 보완한다면 유선통신의 단점이 모두 해결되기에 특히 공간 확보라는 일관된 목표가 필요한 배터리 분야에서는 반드시 필요한 기술임에는 틀림없다. 반면 BMS는 전기자동차의 심장에 해당하는 역할을 하기에 단 몇 초간의 통신에러도 운전자의 생명과 직결될 수 있으므로, 배터리 제조업체와 BSA 제조사들의 품질과 신뢰성 문제에 전혀 하자가 있어서는 안되는 것이다.

CHAPTER

06

분리막의 안전성 그리고 화재 및 폭발의 대응

6.1 리튬이온 이차전지의 문제점

배터리는 전기화학 반응에 의해 전기에너지의 형태로 저장된 전하를 방출할 수 있는 화학에너지 저장장치이다. 화학에너지를 전기에너지로 변환하는 여러 형태의 배터리가 오늘날 다양한 분야에서 사용되고 있다. 배터리의 음극, 양극, 전해질 등이 서로 다르고 또한 디자인과 전력, 크기에 따라서도 달라진다. 기본적으로 배터리는 두 가지 유형이 존재하는데, 일차전지는 재충전이 불가능하고 1회용인 반면, 축전지와 같은 이차전지는 화학에너지의 가역적 변환이 가능해 재충전이 가능하다.

리튬 배터리는 전극에 리튬이 순수하게 사용되거나 또는 활성물질로 결합된 형태로 배터리 시스템의 일반적 용어이다. 리튬은 원소의 주기율표에서 가장 가벼운 금속(원자질량 M=6.941g/mol : 밀도 0.53g/cm^3)이다. 리튬은 모든 금속 중 가장 높은 전기화학 퍼텐셜(potential)을 가지고 있다. 높은 전기적 용량과 다른 음극 물질들과 결합하여 높은 셀 전압을 가지는 특성 때문에 리튬은 화학에너지 저장장치에서 이상적인 전극재료로 사용되고 있다.

한국 기업이 세계 시장을 주도하고 있는 이차전지는 전기차를 비롯한 미래 모빌리티(차세대 모빌리티), 전자장치, IT 디바이스, 에너지저장장치(ESS) 등에 있어 혁신적인 산업발전을 주도하고 있다. 그러나 이차전지도 흠이 없는 완벽한 제품은 아니기에 여러 문제점들이 나온다. 그러나 이런 문제점들도 기술의 발전으로 충분히 개선 · 보완 및 해결되리라 생각한다. 저자는 이차전지의 문제점들을 여러 방향에서 분석하고 의견을 피력하며 한편으론 나름대로의 해결안을 제시하려고 한다. 우선 이차전지의 개념과 더불어 문제점을 살펴보도록 하자.

01 리튬 이차전지

리튬금속의 뛰어난 전기화학적 특성 때문에 40년 전부터 리튬금속을 재충전이 가능한 셀 타입으로 변환하려는 연구가 시도되었다. 초기 이차 리튬 배터리의 가장 큰 문제점은 부분적으로 발생되는 누전과 이로 인한 위험성으로부터 배터리 내부의 화학반응을 통제하는 것이 불가능했다는 점이다. 또한 이차전지로서 지속적인 충전과 방전 가능

여부도 개발자에게는 주요한 과제였다. 리튬은 방전 과정에서 소모되어, 리튬금속으로 만든 전극은 용해되기 때문에 재충전 과정을 위한 전극의 기하학적 재구성은 더 이상 불가능했다. 이러한 측면에서 리튬금속 전극은 기술적 결함으로 인해 이차전지로 적합하지 않았다. 최근 이러한 리튬금속 전극이 가지는 결함을 보완하여 개발된 것이 리튬이온 배터리이다. 리튬금속을 사용하는 대신 리튬 층간 화합물이 사용되었으며, 리튬이온이 층 구조인 양극과 음극 사이를 유기 전해액을 통해 이동함으로써 리튬금속의 안전성을 개선시켰다. 이차 리튬전지에 사용되는 전해질은 전도성 염이 용해된 PVDF(Polyvinylidene fluoride, 폴리비닐리덴 플루오라이드, 이소불화비닐 : 불소 중합체 계열의 특수 플라스틱 소재로 일반적으로 가장 높은 순도, 강도 및 용제, 산, 염기 및 열에 대한 저항성과 화재 발생 시 낮은 연기 발생을 요구하는 응용 분야에 사용된다), PVDF-HFP(Polyvinylidene fluoride-co-hexafluoropropylene, 비닐리덴 플루오라이드와 헥사플루오로프로필렌 : 리튬 폴리머전지용 PVDF(HFP)계 블렌드(blend) 고분자 전해질)뿐만 아니라 탄산 에틸렌(Ethylene carbonate, 에틸렌카보네이트), 탄산 디에틸렌(Diethyl carbonate, 디에틸카보네이트)과 같은 유기용매가 사용된다.

02 리튬 배터리의 응용

리튬 배터리는 니켈 · 카드뮴, 알카라인 · 망간 등의 기존 배터리 시스템과 다른 새로운 기술이다. 리튬 배터리는 상용화된지 얼마 안 지났지만, 기존 배터리를 대신하여 배터리 기기 분야에서 높은 성장률을 보이고 있다. 리튬 배터리의 장점은 기존의 니켈 · 수소 합금 축전지 등의 화학적 에너지 저장장치와 비교하여 다른 전기화학적 특성을 갖는다는 점이다. 리튬 배터리는 일반적으로 3.6V의 높은 셀 전압을 가지며, 하나의 셀로 배터리를 디자인할 수 있게 되었다. 현대의 휴대전화 스마트폰은 대부분 리튬 배터리를 사용하고 있으며, 오직 하나의 셀로 구성되어 있다.

표 6.1은 이차전지의 종류와 특징, 용도의 비교를 나타낸다.

표 6.1 **이차전지의 종류와 특징, 용도**

구 분	리튬이온	니켈 수소	니켈 카드뮴	리튬 폴리머
용량	크다	크다	적다	크다

구 분	리튬이온	니켈 수소	니켈 카드뮴	리튬 폴리머
자연방전	거의 없다	보통	많다	거의 없다
메모리 효과	없다	보통(약간 있다)	많다	거의 없다
특징	-폭발사고 위험 존재 -저온 방전 가능성 적음 -전압이 높음 -이차전지 시장의 대부분을 차지함 -가벼운 무게 -역충전의 위험에 노출	-저렴한 가격 -전압이 니켈카드뮴 전지와 동일해 호환성이 있음 -급속 충, 방전이 가능하고 저온특성이 우수함 -밀폐화가 가능하여 과충전 및 과방전에 강함 -공해물질이 거의 없음	-급속 충, 방전에 유리 -전류를 충분히 소모시킨 후에 완전 재충전해야 함 -전기, 기계적으로 튼튼하여 수명이 길고, 안정함 -튜브식의 경우 수명이 가장 길고 완방전용에 적합함 -포켓식은 두꺼운 형과 얇은 형이 있는데 완방전용과 급방전용의 양쪽에 사용됨	-액체 전해질 대신 고분자 전해질을 사용해 이온 전도도와 안정성이 높음 -유연성이 높고 종이처럼 얇고 가벼워서 형상을 다양하게 설계할 수 있음 -전해질이 반고체 상태인 젤이기 때문에 폭발의 위험이 없음 -과충전, 과열, 찌그러짐은 파열, 화재 등 치명적 고장 초래
용도	디지털 카메라, 휴대전화, 노트북	AA건전지, 하이브리드 자동차의 배터리, RC카	전동면도기, 코드 없는 진공청소기, 가정용 무선전화기, 전동드릴, RC 카 등	드론의 전원, 핸드폰, 노트북 등의 배터리, RC카

리튬이온 이차전지는 기존의 축전지와 달리 반복적인 충·방전에 의한 배터리 용량 손실이 없으며, 충·방전 용량 비율이 최고 95%까지 달하는 등 높은 효율을 갖는다. 또한 −40℃~70℃까지 넓은 온도 범위에서 사용될 수 있으며, 특히 저온에서의 높은 활동성과 10년 이상의 긴 수명은 다양한 응용분야에서 폭넓게 사용될 수 있게 되었다. 리튬이온 배터리의 응용 분야는 전력의 관점에서 크게 다음의 3가지 범주로 나뉜다.

(1) 소형 모바일 전자기기들

최초의 리튬이온 배터리는 주로 소형 모바일 전자기기에 사용하기 위해 개발·생산되었다. 리튬이온 배터리의 급성장은 휴대폰과 디지털 카메라, 노트북 부분에서의 세계적 확산에 중요한 역할을 했다. 리튬이온 배터리를 사용하여 전자기기의 무게가 감소되었으며, 장시간의 기기 사용이 가능해졌다.

(2) 중간 전력 범위에서의 배터리

리튬이온 배터리는 전기자전거, 전동스쿠터, 전동킥보드를 비롯한 퍼스널 모빌리티(PM, Personal mobility, 개인용 이동수단), 드론, 잔디깎기 기계, 지게차 등의 사용으로 이전보다 더 다양한 영역에서 사용되어지고 있다.

(3) 전기자동차를 위한 고(高) 에너지 배터리

하이브리드 자동차, 전기자동차 등에서의 리튬이온 배터리 사용은 폭발적인 발전이 이루어졌다. 2009년 독일 연방정부에 의해 채택된 전기 이동기기에 대한 국가발전계획은 전기자동차의 시장 점유율을 높이는 것을 목표로 하고 있다.

기존 납축전지가 30Wh/kg의 에너지 밀도를 갖는 반면, 리튬이온 배터리는 120Wh/kg의 높은 에너지 밀도를 가지며, 몇 백 밀리와트(mW)부터 몇 백 와트(W)에까지 이르는 에너지저장 능력을 갖고 있다. 높은 동력을 위한 몇 백 볼트(V)의 높은 전력을 얻기 위해, 각 셀은 직렬과 병렬로 연결되어 사용된다.

6.2 리튬 배터리의 위험성과 원인

사용자가 올바르게 리튬 배터리를 사용한다면 리튬 배터리는 비교적 안전한 장치라고 할 수 있다. 정교한 공정 · 제조기술과 배터리에 내장된 보호 메커니즘은 사용자들이 안전하게 배터리를 사용할 수 있도록 도와준다. 배터리는 많은 양의 에너지를 저장하고, 방전 과정을 통해서 화학적으로 저장된 에너지를 전기적 에너지로 변환한다는 것을 유념해야 한다. 만약에 이차전지에 기술적인 결함 또는 사용자의 잘못된 사용 습관으로 인해 전하의 방출이 가속화된다면, 화학적 에너지는 전기적 에너지가 아닌 열에너지로 방출된다. 방출된 열에너지는 화재로 이어지고, 재산 및 인명 등의 피해로 이어질 수 있다.

높은 에너지 밀도와 기술적 결함 가능성을 가진 이차전지를 보호하기 위한 전기회로가 사용된다. 이러한 전기회로에는 가연성, 독성, 반응성 물질이 포함되어 있어 잠재적 위험성을 가지고 있다. 그러므로 리튬 배터리가 설계된 조건 이외의 장소에서 보관되거나 작동된다면, 리튬 배터리는 위험할 수 있다.

이러한 위험성은 사용자의 잘못된 사용과 취급 부주의로 인해 발생된다. 충격, 낙하, 눌림 등으로 인한 기계적인 손상, 과방전, 과충전, 단락으로 인한 전기적인 결함, 내부과열, 외부로부터 이차적 열 방출로 인한 전해질 누설, 화재의 발생과 최악의 경우 그로 인한 폭발반응이 일어날 수 있다.

예를 들어, 리튬 배터리의 과충전은 양극 분해와 높은 발열 반응을 초래한다. 이것은 리튬 셀 내부에서 자체 반응을 일으켜 고온의 가스가 생성되고, 배터리 셀 내부 구성 물질이 외부로 누출된다. 이와 같은 잘못된 사용방법 이외에도, 리튬 셀의 구조적 결함은 또 다른 화재 위험을 야기한다.

예를 들어, 전극 내 금속 분자 또는 불순물과 같이 전극 생산(제조)과정에서 발생된 결함은 배터리를 장기간 사용한 후에 내부적인 전기적 단락을 야기할 수 있다.

이는 사용 중(in use)에 발생하는 결함으로 진행성 결함이라고 한다.

초기 배터리 검사(진단)에서도 나타나지 않는(정상 상태임에도 불구하고) 아주 미세하고 조그만 결함(원인)이 시간이 지남에 따라 누적되어져 나중 사용 중에 발생하는 진행성 결함은 예측하기가 어렵다.

배터리에 대한 위험요소를 분류하기 위해서는, "위험등급"이 정의되어져 있다.

EUCAR(European Council for Automotive R&D, 유럽 자동차 R&D 위원회)에서 규정한 배터리 셀의 위험등급 분류는 표 6.2와 같다.

EUCAR 위험기준은 배터리 취급과 관련한 위험성의 수준을 평가하는 데 사용되며, 배터리에 제시된 위험을 분류하고 그 결과를 기술하고 있다.

표 6.2를 살펴보면, 위험 0~4등급 제품은 UN 38.3 테스트를 통과된 것으로 간주되며, 위험 5~7등급 제품은 배터리의 위험성이 있어 항공기 또는 선박으로 운반해서는 안된다.

표 6.2 EUCAR(European Council for Automotive R&D)에서 제정한 위험등급

위험등급	잠재적 위험	UN 38.3 테스트
0	위험요소 없음	합 격
1	안전장치가 장착됨	
2	결함, 손상	
3	누출 또는 전체 손실이 50% 미만인 경우	
4	방전 또는 전체 손실이 50% 초과된 경우	
5	연기, 화염의 형성	불합격
6	터짐	
7	폭발	

(주) 위험등급은 배터리 셀 또는 배터리 외관에만 초점이 되었을 뿐, 전기적인 안전성은 포함되지 않았다.

(1) 전압

화재위험은 전기장치 및 전자부품에서 발생되는 화재위험뿐만 아니라, 배터리 단자 사이의 고전압은 사람들에게 매우 위험하다. 응용프로그램에 따라서 배터리 시스템은 수백 볼트의 공칭전압을 갖기도 하며, 접촉이 일어나는 경우에 전기적 충격의 원인이 되기도 한다. 특히, 전기자동차와 관련된 사고가 났을 때 어디서 전원이 꺼졌는지 또는 어떤 케이블에서 문제가 발생되었는지에 대한 원인을 쉽게 찾을 수 없다.

고(高)전압 에너지저장장치는 작은 발전소로 간주되는 데, 하나의 스위치가 꺼졌다고 하더라도 전체를 총괄하는 메인 스위치는 쉽게 꺼지지 않는다. 그래서 고전압은 유지 보수하는 직원과 긴급서비스 요원이 주의해야 할 위험요소이다.

(2) 전류

전기자동차에 사용된 배터리 시스템은 단기간 동안에 수백 암페어의 전류를 공급한다. 전류로부터의 위험은 전기선로 차단에 의한 아크(arc, 불꽃 방전(放電)), 과부하 및 단락에 의해 발생된다. 이러한 종류의 모든 전기결함은 순간적으로 온도 증가 및 화재위험을 초래하는 원인이 된다. 과열로 인한 높은 전력은 알려진 대로 통제할 수 없는 열폭주(thermal runaway) 현상을 초래한다. 또 하나의 중요한 측면은 접촉저항의 지속적인 증가는 과열의 결과를 초래한다는 것이다. 이것은 순차적인 온도 상승을 초래하며,

그림 6.1 열폭주가 생기는 발열의 순환 고리

다른 부품의 접촉 저항을 증가시킨다. 이러한 연속적인 도미노 현상으로 높아진 온도는 분리막, 전극 등의 배터리 구성요소를 녹이며 화재로 이어질 수 있다.

열폭주(熱暴走, thermal runaway)는 그림 6.1과 같이 열의 발생(발열)으로 인한 온도 변화가 그 온도 변화를 더욱 가속시키는 방향으로 환경을 변화시키는 상태를 말한다. 일반적으로 열폭주의 결과물은 매우 파괴적이다. 즉, 열폭주는 일종의 통제 불가능한 양성 피드백이다. 따라서 열폭주를 방지하기 위해서는 열의 순환 고리에 있어 발열 초기 열방출을 위한 방열 또는 냉각시스템 등이 반드시 필요하다.

1) 열폭주(Thermal runaway) 현상

리튬(Li)은 배터리 화재 원인 중 하나다. 리튬은 에너지혁명을 가능케 한 금속원소로, 배터리 안전성에 영향을 주는 소재이기도 하다. 리튬은 이온화 경향이 큰 금속이다. 이온화 경향은 금속이 전자(−)를 내주고 양이온(+)이 되려고 하는 정도를 말한다. 이온화 경향이 큰 금속일수록 공기 중 산소와 결합해 쉽게 산화한다.

순수 리튬은 물, 공기와도 반응할 정도로 폭발 위험이 높아 배터리로 쓰기엔 위험하다. 반면 산화 금속 상태의 리튬은 상당히 안정적이다. 이런 점을 활용해 이차전지 내에서 금속 리튬 대신 다른 금속에 섞은 리튬산화물을 활용한다. 배터리는 음극, 양극, 전해액, 분리막으로 구성된다. 리튬이온이 음극으로 가는 과정이 충전이고, 양극으로 돌아오는 과정이 방전이다. 분리막은 양극과 음극이 접촉해 단락(합선, short)으로 화재가 발생할 수 있는 걸 막는다. 분리막에는 리튬이온만 오갈 수 있는 미세한 구멍이 뚫려 있다. 리튬 배터리는 보통 열폭주라는 현상을 통해 폭발한다. 음극에서는 약 70~90℃에서 발열반응이 발생하기 시작하고, 양극에서는 130~150℃에서 발생한다. 이때 적절하게 냉각되지 않으면 온도가 지속적으로 상승하면서 열에너지 발생 속도도 증가해 폭주하게 된다. 열폭주가 발생하면 분리막이 녹아 내부 단락이 발생할 수 있는데 이렇게 되면 화재가 발생한다.

열폭주는 설계 오류, 제조 결함, 운영상 부주의, 오남용 등 다양한 원인으로 배터리 셀에 스트레스가 가해지면 시작하게 된다. 또 음극과 양극을 손상시키는 과전압이나 음극 표면에 리튬금속이 나뭇가지 모양으로 들러붙는 덴드라이트(dendrite, 리튬 결정체가 뾰족한 돌기 모양을 닮았다 하여, 수상돌기를 뜻한다)가 생기는 과방전 등으로도 발생할 수 있다. 다양한 원인으로 단락이 발생하고, 내부 온도관리가 안 돼 일정 온도 이상 올라가면, 분리막이 손상되고 불이 붙게 된다. 이때 리튬은 물과의 반응성도 높아 물을 뿌리면 불이 더 격렬해지기도 한다.

분리막은 양극과 음극의 접촉을 차단하는 역할을 한다. 배터리의 내부 결함이나 외부 충격에 의해 분리막이 손상되면 양극과 음극은 직접 접촉하게 된다. 이 경우 배터리가 단락되어 충전된 에너지를 순식간에 방출하여 많은 열이 발생하고, 열에 의해 전해액이 열분화되어 오프가스(off-gas, 오프가스는 일반적으로 공정(工程)이나 사용중에 배출되는 기체이다)가 발생한다. 한편 전해액으로 가장 많이 사용되는 DMC(Dimethyl Carbonate, 디메틸 카보네이트, 탄산디메틸 : 용해성이 우수하여 벤젠, 자일렌, 톨루엔 등의 유해한 유기용매를 대체 할 수 있는 친환경 화학물질로 화학 산업에서 중요물질로 각광받고 있다), DEC(Diethyl Carbonate, 디에틸 카보네이트, 탄산디에틸 : 탄산과 에탄올의 에스테르이다. 실온에서 디에틸 카보네이트는 인화점이 낮은 무색 액체로 리튬 배터리의 전해질 성분으로 사용된다)는 인화점이 각각 18℃, 25℃로 인화성 위험물이다. 일단 오프가스(off-gas)가 방출되면 인화성 가스이므로 배터리 온도는 급격하게 상승한다. 온도의 상승은 더 많은 오프가스를 방출시켜 열폭주를 일으키고, 배터리의 내부 압력이 증가하여 셀이 폭발하게 된다. 셀 하나의 폭발은 인접한 배터리를 가열한다. 배터리의 온도가 일정 수준 이상으로 높아지면 분리막이 녹아내리거나 전해액이 열분해되어 마찬가지로 열폭주가 발생한다. 화재가 급격히 확산되므로 대형 배터리 팩에서 일단 화재가 발생하고 나면 아주 초기가 아닌 이상 사실상 진화할 방법이 없게 된다. 화재가 진화되더라도 파손된 배터리에 남아있는 내부 에너지에 의해 언제든지 재발화가 가능한 상태가 된다.

그러나 배터리 열폭주 현상이 생기면 화재 직전까지 전압, 온도변화는 없다.

① 리튬이온 배터리(LIB)

가열폭주 온도(188℃→527℃, 발열 · 발화), 과충전 열폭주 온도(110℃→317℃, 발열 · 발화), 송곳 관통(발열 · 발화)

② 리튬인산철(LFP) 배터리

가열폭주 온도(186℃→267℃, 발열), 과충전 열폭주 온도(109℃→179℃, 발열), 송곳 관통(발열 · 발화 없음)

그림 6.2는 리튬이온 배터리에서 열폭주가 진행하는 순서를 나타낸다.

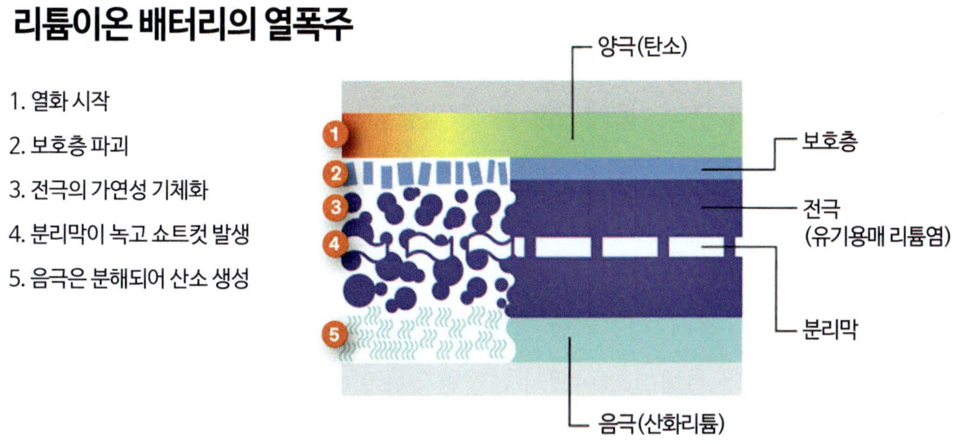

그림 6.2 **리튬이온 배터리에서 열폭주가 진행되는 순서**

2) 배터리 화재 대처 방안

배터리 자체를 안전하게 설계하는 것도 중요하지만 수많은 배터리 셀의 온도, 충전 상태, 전압 등을 감시・관리하는 역할을 하는 BMS(Battery Management System, 배터리 관리시스템) 등이 중요하다. 이 밖에도 내부 압력이 가해졌을 때 가스가 발생해 분리막을 손상시킬 수 있기 때문에 이상 상황이 되면 가스를 분출하는 가스배출 장치(vent)가 있다.

배터리 위 작은 구멍이 평상 시에는 닫혀 있다가 이상 상황이 되면 열린다. 배터리에 문제가 생기면 배터리 내부와 외부의 회로를 격리시키는 과충전 방지장치(OSD, Over-charge Safety Device, 배터리 이상 상황 발생 시 배터리 외부와 내부 간 연결돼 있던 에너지 흐름을 단절하여 화재 위험을 방지하는 장치이다), 특정 전류가 흐르면 회로를 끊는 단락 차단 장치(fuse)도 있다. 이 밖에 LS일렉트릭은 최적의 설정 온도(실온 25℃)를 기준으로 모니터링을 하고, 이상 징후를 보이는 40℃ 직전부터 '알람', '위험' 경고를 하는 시스템을 개발했다. 비상 시 운영시스템을 강제로 정지하거나 냉방・공조 시스템을 가동해 화재와 배터리 손상을 예방한다.

삼성SDI는 배터리 셀에서 화재가 발생할 경우 다른 셀로 번지는 걸 막기 위한 신개념 열 확산 차단재를 부착한다. LG화학은 분리막 표면을 세라믹 소재로 얇게 코팅해 안전성과 성능을 대폭 향상한 안전성 강화 분리막(SRS, Safety Reinforced Separator®) 특허 기술을 보유하고 있다. 독일계 특수화학사 랑세스(Lanxess)와 같은 화학 회사는 배터리 팩에 화재가 나면 외부로 옮겨 붙는 걸 막기 위한 난연재를 개발하기도 한다.

(3) 화재 시 배터리 구성부품에 포함된 유해물질

리튬 배터리의 기본적인 위험은 리튬금속의 사용으로부터 파생되는 위험 가능성에 있다. 리튬은 반응성이 높으며, 격렬한 자기촉매반응을 가지는 특성이 있다. 리튬은 181℃의 비교적 낮은 녹는점을 가지고 있으며, 녹은 리튬은 배터리의 통제 불능 상태를 초래할 수 있다. 예를 들어, 기술적인 결함으로 인해 온도가 리튬금속의 녹는점 이상까지 상승된다면, 리튬과 전해질 사이에서 폭발반응이 일어날 수 있다.

리튬과 관련된 또 다른 위험은 물과 접촉에 의해 발생한다. 이 경우에 물분자(H_2O)는 알칼리 금속의 강한 반응성으로 인해 각 원소로 분해가 되며, 수소가스가 형성된다. 수소-공기 혼합물의 폭발범위는 4~75vol.%로 발화 위험성이 높으며, 점화 에너지가 매우 낮은 정전기나 전기 스파크도 수소폭발의 점화원이 될 수가 있다.

물과의 접촉으로 인한 또 다른 위험은 전극 전위 및 배터리 단자 사이의 직류전류 때문에 발생된다. 전극 내부가 물에 접촉될 가능성이 거의 없다 하더라도, 배터리 단자 사이의 전압으로 인해 물이 생성될 수 있다. 이로 인해 수소가스가 발생되고 수소폭발로 이어지는 위험이 존재한다.

리튬 셀은 가스가 새지 않도록 봉인되고 있으며, 포함된 물질이 누출되지 않도록 만들어진다. 그러나 셀 표면의 기계적 손상 또는 화재로 인해 먼지, 가스, 액체 등의 독성 및 인화성 물질이 누출될 수 있다. 이차전지에는 코발트, 니켈, 망간 등의 산화물이 사용되며, 화재 시 발생된 연기 속에는 산화물로부터 생성된 유해물질 및 독성물질이 포함되어 있다. 코발트 화합물의 경우 25mg의 적은 양이 피부에 노출되더라도 종양, 심장, 신장이 손상될 수 있다. 니켈 화합물은 폐암, 상부 호흡기 기관 장애와 관련이 있다.

일반적으로 전해질은 가연성 유기용제의 혼합물로 구성되어 있으며, 누출 시 공기와 결합하여 폭발 혼합물을 형성할 수 있다. 전해질에 포함된 불소(F) 또는 인(P)은 화재 시 독성가스로 방출된다. 이러한 독성 가스는 사람에게 피부 및 호흡기 질환을 일으킬 수 있다.

(4) 화재하중

화재하중이란 화재에 의한 가열 온도를 가리킨다. 화재하중은 내부의 가연물 양으로 정해지며, 이는 배터리에 포함된 모든 가연성 물질의 완전연소에 따른 전체 발열량이다. 단위 면적당 가연성 물질의 발열량은 화재하중 밀도(Fire Load Energy Density)로 따로 정의된다. 그러나 일반적으로 화재하중이라 하면 화재하중 밀도를 의미한다.

리튬 배터리에 사용되는 원료 및 구성요소들은 높은 화재하중을 가지고 있으며, 화재 시 많은 열에너지를 방출한다. 또한 양극은 높은 온도에서 지속적으로 분해되면서, 열을 발생한다. 이 과정에서 산소가 방출되며, 산소는 다른 반응을 가속화시키는데 기여한다.

(5) 기계적 손상

만약 배터리가 기계적 손상을 입었다면, 배터리는 내부 단락현상이 발생되고 화재로 이어질 위험성을 갖고 있다. 생산과정에서의 실수 및 낙하, 충돌 등과 같은 물리적 충격, 지나친 압력으로 인해 배터리 외관이 손상될 수 있다.

(6) 보조 열응력

화재 시 발생되는 열복사로 인해 리튬 배터리 구성 부품들이 녹을 수 있으며, 이는 단락 현상으로 이어지고 화재를 초래할 수 있다.

(7) 과충전

만약 리튬 배터리가 과충전 상태이면, 리튬금속은 음극으로 이동하게 된다. 음극물질은 산화작용으로 안정성을 잃게 된다. 산화과정에서 온도가 급속도로 증가되어 화재로 이어지거나, 폭발적인 방전반응이 일어날 수 있다.

충전은 양극 결정에서 리튬이온이 탈리되어 음극 결정에 삽입되는 과정이다. 양극재로는 리튬금속산화물이 사용된다. 리튬금속산화물의 결정구조가 유지되기 위해서는 당연히 리튬이 필요하고, 양극에서 필요 이상으로 리튬이 탈리되면 양극의 결정구조가 파괴되어 배터리 용량이 손실될 수 있다.

또한 과도하게 탈리된 리튬이 음극에 더이상 삽입되지 못하여 전해질에서 리튬 농도가 높아지면 덴드라이트라고 하는 뾰족한 나뭇가지 구조의 석출물이 생성된다. 덴드라이트는 분리막에 천공을 만들어 열폭주를 일으킬 수 있다.

그림 6.3은 리튬이온 배터리의 충방전 원리와 과정을 보여준다.

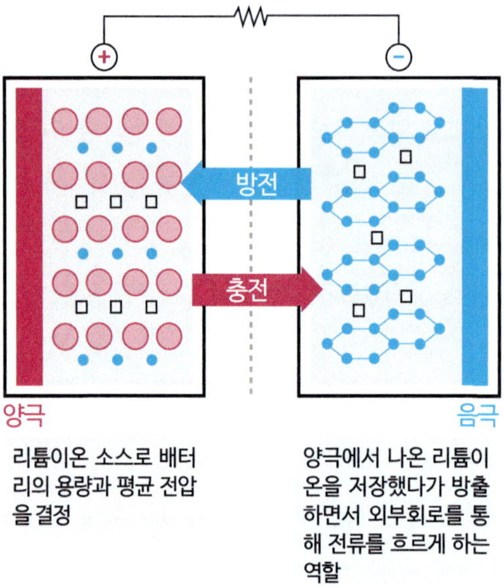

그림 6.3 리튬이온 배터리의 충방전 원리

(8) 과방전

과방전 시에도 마찬가지로 덴드라이트가 형성될 수 있다. 배터리의 음극은 충전되면서 부피가 증가하는데, 이 과정에서 과방전 시 생긴 덴드라이트가 분리막을 관통할 수 있다.

(9) 과열

배터리에 과부하가 걸리거나 외부의 열에 의해 배터리가 과열되면 분리막이 용융되어 배터리가 단락될 수 있다.

(10) BSA 시스템 불량

BSA(Battery System Assembly, 배터리시스템) 시스템 불량으로 인한 결로나 누수현상이 발생하여 배터리 셀을 냉각시켜야 하는 냉각수가 제대로 돌지 않는다든가, 냉각수에 의해 셀들이 쇼트(short, 합선 · 단락)되는 경우가 발생한다.

BSA는 배터리가 전기차에서 안전하고 효율적으로 작동할 수 있도록 배터리 팩에 전장품과 BMS(배터리관리시스템) 등을 합친 완제품을 의미한다. 고용량, 고효율 BSA 시스템은 배터리를 사용하는 전동화 차량의 품질과 성능을 좌우하는 핵심부품이다.

(11) 설치작업자 부주의

배터리 공정 과정에서도 간혹 발생하는데, 배터리 자체가 물리적 충격에 의해 내부 분리막이 손상되어, 운행 중에 나가 충 · 방전 사이클을 반복하는 경우, 내부 쇼트로 열이 발생하게 되는 경우(case)가 생긴다.

(12) BMS 결함 혹은 보호장치 누락

배터리 팩 단위 EV(Electric Vehicle, 전기차) 혹은 ESS(Energy Storage System, 에너지 저장장치)에서 발생할 수 있을법한 문제인데 배터리를 제어하는 BMS가 제대로 동작하지 못해 과충전 · 과방전을 막지 못하여, 제어 실패로 셀이 가열되어 화재가 생기는 경우이다. 보통, 이런 경우는 자기보정 모드(fail safe mode)를 통해 조기 진단(diagnosis)을 하고, 고전압 배터리의 메인 플러그를 끊어버린다. 보호장치 누락은 비슷한 맥락인데, 시동을 걸고 메인 릴레이가 붙고(on) 바로 전류를 흘려주게 되면, 서지 전류(surge current, 회로에 순간적으로 가해지는 큰 전류를 뜻한다)라고 해서 순간적으로 큰 전류가 흘렀다가(마치 화학의 활성화 에너지처럼) 점차 전류가 안정화된다. 이 때의 서지 전류(surge current)를 막아주기 위한 적절한 저항이나 보호회로가 없다면 배터리 셀이 순간적으로 과전류 유입이 되어 내부 쇼트가 나버리는 경우도 있다.

자기보정 모드(fail safe mode)

여기서 페일(fail)의 의미는 기계가 잘 작동하지 않는 것 즉, 고장에 한정해서 사용한다. 그리고 페일 세이프(fail safe)란 기계가 고장났을 경우, 그대로 폭주해서 사고 및 재해로 연결되는 일이 없이 안전을 확보하는 장치를 의미한다. 즉, 고장이 발생했을 때 사고나 재해를 예방하도록 안전 확보를 하는 장치 또는 기구이다. 따라서 자기보정 모드(fail safe mode)는 차량 주행 중 차량 일부에 결함 또는 고장이 발생했을 때 다른 안전장치가 작동하여 결정적인 사고나 파괴를 예방하는 방식(mode, 모드)인 것이다.

6.3 이차전지용 배터리 팩 분리막의 특성

(1) 리튬이온전지 분리막(Separator)의 요구조건

리튬이온전지 분리막(separator)은 전기화학반응에는 참여하지 않으나 양극과 음극의 직접적 접촉을 물리적으로 차단하면서 리튬이온의 이동 통로를 제공하는 고분자 필름 소재이다. 다음과 같은 요구조건과 특성을 갖는다.

① 분리막은 주로 폴리에틸렌(PE, Polyethylene), 폴리프로필렌(PP, Polypropylene) 등 폴리올레핀계 필름 소재를 사용하고 있다.
② 제조방식에 따라 건식 분리막과 습식 분리막으로 구분한다.
③ 절연성이 좋아야 한다.
④ 이온 전도 시 저항을 최소화하기 위해 전해액과의 친화력이 높아야 한다.
⑤ 이온의 흐름을 원활히 하기 위해서 다공성도 높고 얇아야 한다.
⑥ 배터리 에너지 밀도에 영향이 가능한 없도록 얇아야 한다.
⑦ 안정성을 보장받기 위해서 일정 수준의 기계적 강도도 유지해야 한다.
⑧ 전해액에 대한 화학적 안정성과 전기화학적인 안정성이 확보되어야 한다.
⑨ 일정한 온도 이상이 될 때, 단락(short · short circuit, 합선)이 되어 이온의 이동을 차단할 수 있어야 한다(화학 조리개 기능).
⑩ 열적 안정성이 높아야 한다.

(2) 리튬이온전지 분리막(Separator)의 구성요소, 기능과 특성

분리막은 기본 특성들(두께, 기공도, 기공크기 등)을 갖고 있으면서 젖음성(wettability, 습윤성)과 내열성 등이 중요하다.

분리막 소재로 가장 많이 사용되는 폴리에틸렌(Polyethylene)은 소수성(hydrophobic, 疏水性, 물 분자와 쉽게 결합되지 못하는 성질, 즉 물을 빨아들이지 않는 성질)인 반면, 액체 전해질(carbonate계 유기용매)은 친수성(hydrophilic, 親水性, 물 분자와 쉽게 결합하기 때문에 물과 섞이면 고루 퍼지는 특성을 가지게 되고, 이때 물은 용매로 작용한다)이라 젖음(wetting, 습하게 되어 젖어서 축축함)을 위해 분리막 표면에 저온 플라즈마 처리나 코팅 등으로 친수성화가 필요하다.

그림 6.4는 리튬이온전지의 분리막을 이루는 구성요소, 이의 특성과 분리막의 단면 형태(단면도)를 보여주고 있다.

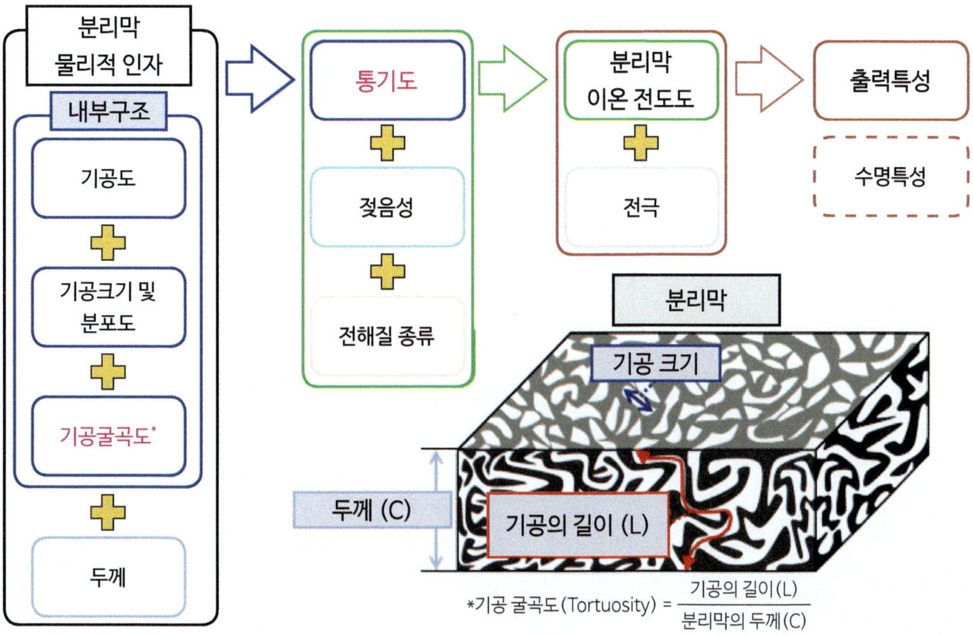

그림 6.4 **리튬이온전지의 분리막을 이루는 구성요소와 특성, 분리막의 단면 형태**

리튬이온전지의 안전성에 대해 설명하면 다음과 같다.

1) 안전성

분리막의 안전성이 얼마나 중요한지 실례를 들어서 설명하고자 한다.

2016년 삼성 스마트폰 갤럭시 노트7의 전지 폭발 사고의 원인은 분리막의 손상에 의한 것으로 밝혀졌다. 항상 가까이 휴대하고 있는 기기이기에 안전이 매우 중요하다.

갤럭시 노트7의 전지 폭발사고 원인의 유형을 크게 4가지로 분류하면 다음과 같다.

① 유형 1 : 오른쪽 위 모서리 부분이 눌려 분리막이 손상되거나

② 유형 2 : 음극과 양극 표면에 생기는 비정상적인 돌기(덴드라이트, dendrite, 리튬

이온 배터리를 사용할 때 생기는 나뭇가지 모양의 결정이다. 다른 말로는 '수상돌기' 또는 '수지상 결정'이라고 한다)가 분리막을 손상시키면서 양극과 음극이 만나게 되어 폭발

③ 유형 3 : 전지의 용량 증대, 디자인 개선 등의 필요에 따라 전지의 슬림화로 일부 모서리가 눌려 양극과 음극의 단락(short, 합선)

④ 유형 4 : 분리막에 붙여진 절연테이프 불량으로 돌기가 분리막을 찢으면서 단락

앞에서 설명한 삼성 스마트폰 갤럭시 노트7이 폭발한 원인은 리튬이온전지 내부의 분리막 손상이 주요 원인이었다. 리튬이온전지 폭발사고 원인의 유형 중 유형 1과 유형 2의 발생 현상과 원인을 좀 더 자세히 분석하여 설명하면 그림 6.5와 같다.

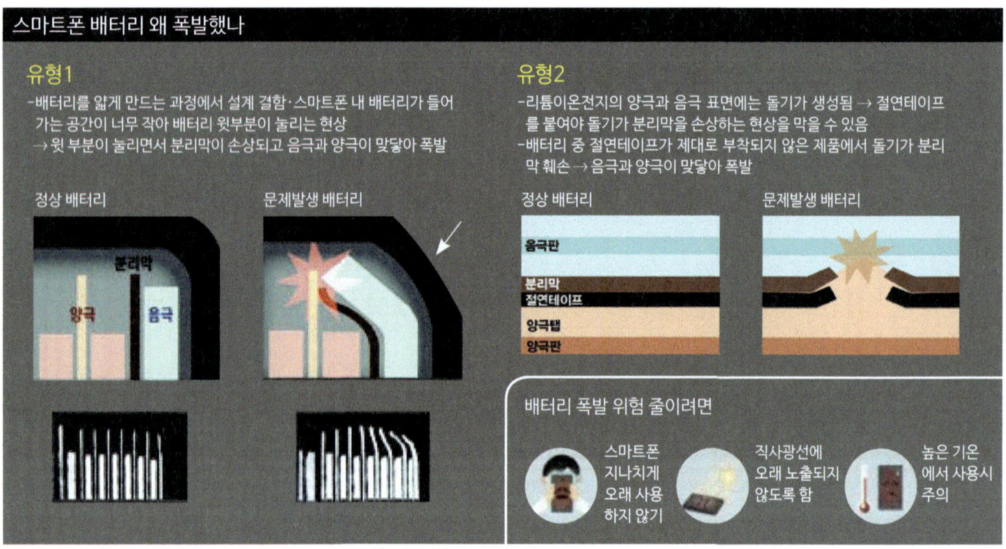

그림 6.5 **스마트폰 배터리는 왜 폭발했나? – 원인 분석(출처 : 산업통상자원부)**

2) 분리막의 파손

외부로부터의 충격에 의해 각 전극의 절연이나 분리막이 손상되는 경우, 음극과 양극이 만나 발화하거나 발화에 이르지 않더라도 충전 시 내부 단락(short, 쇼트)이 발생하여 발화하는 경우가 있다.

열폭주

130℃ 부근에서는 고분자 분리막이 녹아 양극과 음극 사이의 단락을 일으키며, 금속산화물인 양극의 분해 과정에서 산소를 방출하게 되며, 방출된 산소는 전해액과 반응하여 화재가 발생할 만한 조건을 갖추게 된다. 그림 6.6은 정상 배터리와 분리막이 손상, 파손되어 문제가 발생한 배터리의 단면구조(구조 단면도)를 보여주고 있다. 리튬이온 배터리 분리막의 손상(파손), 단락, 발화, 열폭주가 진행되는 것으로 분리막 파손을 보여주는 개념도이다.

그림 6.6 정상 배터리와 분리막 문제발생의 배터리의 단면구조 비교

(3) 분리막의 특성을 나타내는 기계적 지표

분리막의 특성을 나타내는 주요 기계적 요소(항목)는 표 6.3과 같다.

표 6.3 분리막의 특성을 나타내는 주요 기계적 요소

요소 항목	단 위	내 용
두께	㎛	10～25
기공크기	nm	10～500
기공도	%	30～60
통기도	sec/100mL	〈650
뚫림강도	gf	〉350
인장강도(machine direction)	MPa	～100

6.4 분리막의 기능과 물성 그리고 특징

(1) 분리막의 기능(역할)

분리막은 음극과 양극을 안정적으로 분리하고, 리튬이온을 잘 통과시켜야 하며, 이물질 이동을 차단하고, 온도 증가 시 기공을 막아 이온 이동을 차단해야 한다. 이에 필요한 특성은 다음과 같다.

① 전기화학적 안정성(저항성) : 배터리 전해액에 장시간 담겨져도 변형이 되지 않아야 한다.
② 유연성 : 금속 전극과 닿았을 때 변형이 되지 않아야 한다.
③ 강도 : 조립 과정과 롤링(rolling, 좌우로 흔들림 · 떨림) 과정에서의 압력에 견딜 수 있어야 한다.
④ 통기성과 투공성 : 리튬이온을 원활하게 통과시킬 수 있어야 한다.
⑤ 연신율 : 극박(極薄, ultra-thin)으로 만들 수 있어야 한다.
⑥ 젖음성 : 전해액이 분리막 표면에 충분히 젖을 수 있어야 이온 전도도가 향상된다.
⑦ 내열성 : 특정 온도(130~150℃) 이상의 열환경에서는 용융되어 기공이 폐쇄되어야 한다.

(2) 분리막의 크기 및 특성

그림 6.7과 같이 박막 분리막의 두께는 10~25마이크로미터(μm), 기공 크기는 10~

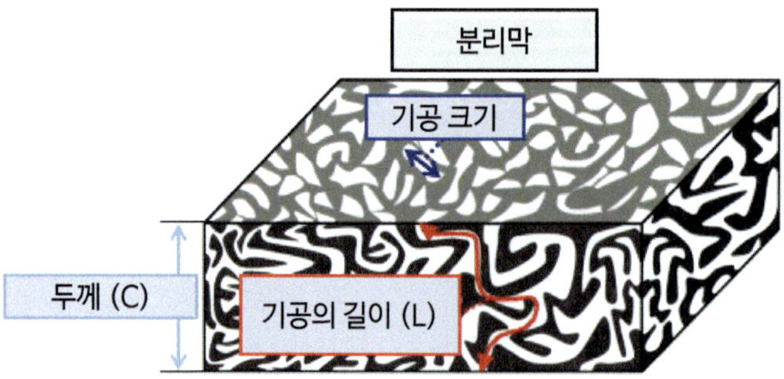

그림 6.7 분리막의 단면 구조

500 나노미터(nm) 정도로 매우 작아서 리튬이온(Li^+)이 빠르고 안전하게 이동할 수 있다. 분리막의 안전성을 높이기 위해 강화 코팅을 한다.

그림 6.8은 분리막에 있어 기공의 단면도이다.

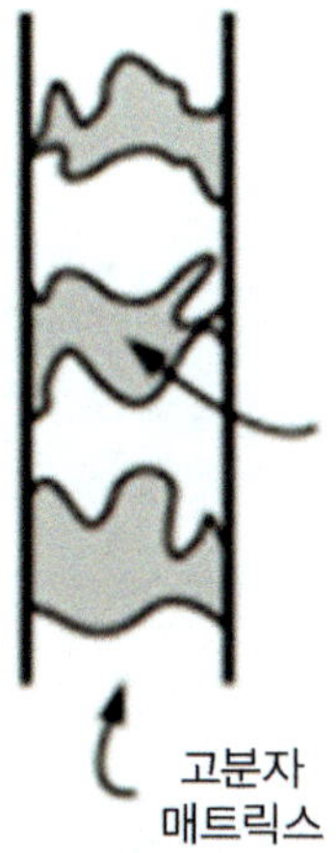

그림 6.8 **기공(pore)의 단면도**

6.5 전해액의 과열

(1) 스웰링(Swelling)

배터리 스웰링(swelling)이란 리튬이온 배터리 내부 전해액이 기화하면서 가스가 발생해 부풀어 오르는 현상을 말한다.

배터리에 스웰링이 발생하면 급격한 성능 저하나 배터리가 정상적으로 작동하지 않고 배터리가 터질 위험이 있으며 화재 위험도 있다.

원인으로 주변기기로부터의 전해액 과열(가용 온도 −20~60℃)과 과충전, 과방전의 반복으로 인한 전해액의 기화 때문이다.

사진 6.1은 전해액의 기화로 발생한 스웰링(swelling) 현상이고, 그림 6.9는 스웰링이 발생하는 과정을 보여주는 개념도이다.

사진 6.1 스웰링(swelling) 현상

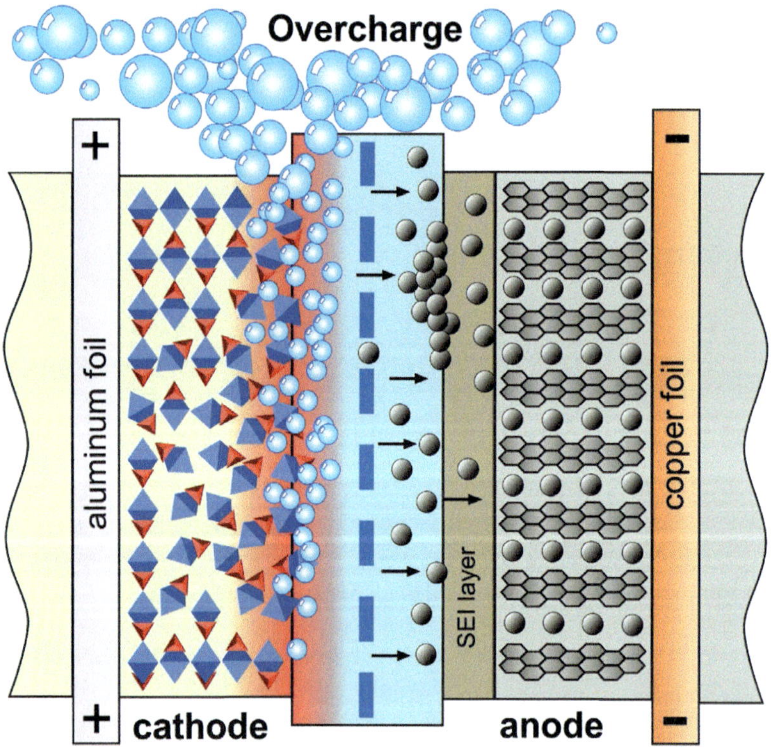

그림 6.9 스웰링이 발생하는 과정

'자동차 및 자동차부품의 성능과 기준' 시행세칙의 구동축전지 안정성시험 방법(8)에 따라 95% 이상 충전한 뒤 염수수조에 1hr 동안 완전 침수시키는 시험을 하도록 되어 있어, 일반적인 조건에서는 LIB(Li-ion battery) 팩 내부로 물이나 기타 소화약제 등을 침투시키기 어려운 구조를 가지고 있다.

그러나 미분무, 강화액, 포소화약제 등의 수계 소화제를 사용한 경우, 열폭주된 배터리의 온도가 감소했고 재발화도 일어나지 않았다.

즉, 사진 6.2에서 보여주는 바와 같이 LIB 화재진압에 효과적인 소화제는 LIB 팩 내부로 진입하기 굉장히 어려운 구조이다.

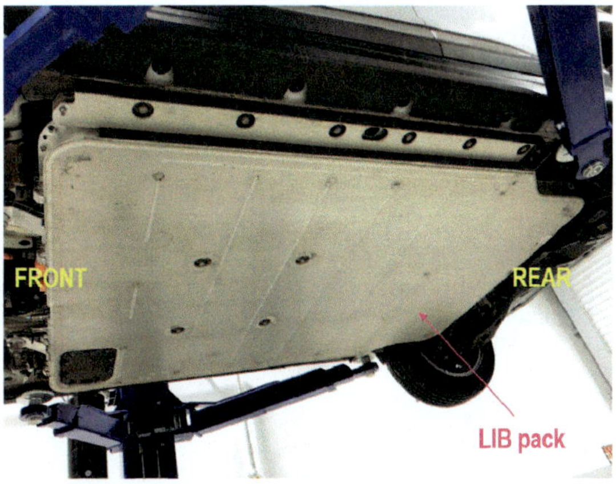

(a) Before unbolting the LIB pack(볼트를 풀기 전의 배터리 팩)

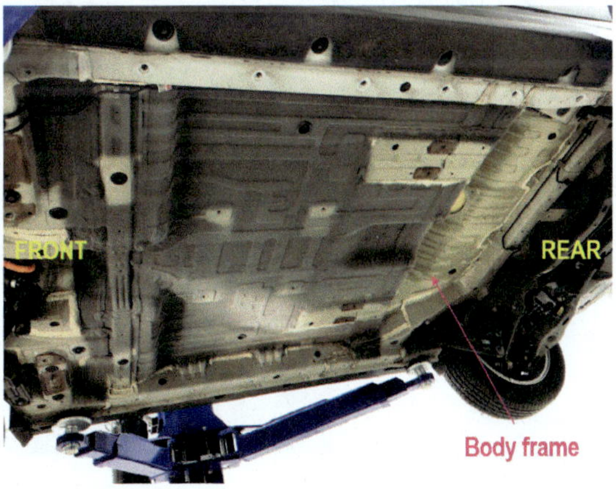

(b) After unbolting the LIB pack(볼트를 푼 후의 배터리 팩)

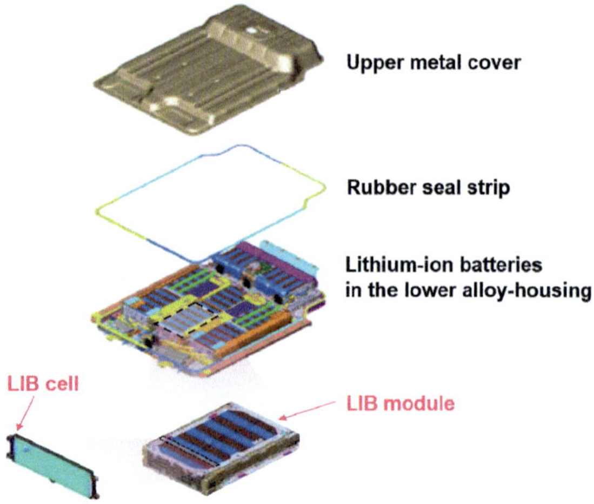

(c) The structure of a LIB pack(배터리 팩 구조)

사진 6.2 리튬이온 배터리 정상 상태와 스웰링(swelling) 현상

6.6 파우치형 리튬이온 배터리 케이스의 부식으로 인한 화재 발생

파우치형 리튬이온 배터리는 알루미늄(Al) 파우치 필름을 포장재로 사용하고 있다. Al 파우치는 그림 6.10과 같이 나일론(Nylon), 알루미늄 포일(Al foil) 및 CPP(Casting Polypropylene, 캐스팅 폴리프로필렌)의 3중 복합필름으로 구성된다.

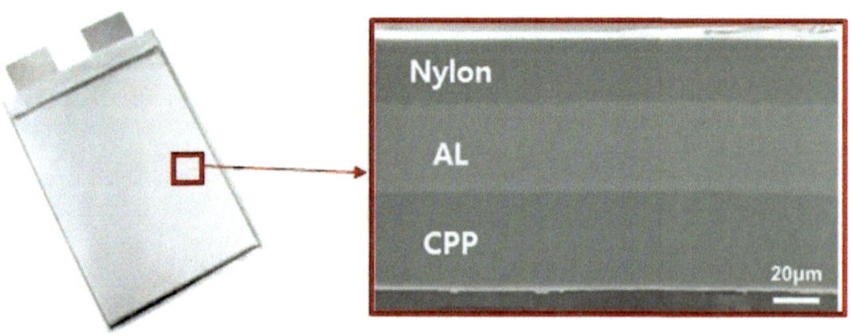

그림 6.10 Al 파우치의 구조

CPP필름은 무연신 폴리프로필렌(Casting Polypropylene, CPP) 필름으로 PP(Polypropylene, 폴리프로필렌)를 연신하지 않은 즉, 무연신(無延伸) 필름으로 유연하고 부드러우며, 광택성, 투명성과 방습성이 우수하고 필름의 가공온도도 낮다. 식품포장 등 유연포장의 소재로서 폭넓게 이용되고 있다.

외층의 경우 나일론 외에 PET(Polyethylene terephthalate, 폴리에틸렌 테레프탈레이트), PEN(Polyethylene naphthalate, 폴리에틸렌 나프탈레이트) 등을 사용하는 경우도 있다. 일반적으로 외부와 접촉하게 되는 나일론(Nylon)층은 외부의 스크래치 등의 물리적인 손상으로부터 보호하고 전기적인 절연층의 역할을 한다.

중간에 있는 Al 포일층은 가스와 수분 등을 차단하는 역할을 한다. 내부층인 CPP는 전해액으로부터 Al 포일층을 보호하고 배터리를 밀봉하는 역할을 수행한다.

Al 파우치는 얇고 유연한 폴리머와 알루미늄 포일로 구성되어 있어 포장재로 Al을 쓰는 각형 배터리나 Ni이 코팅된 철을 쓰는 원통형 배터리의 포장재에 비해 가볍고 유연하다. 이러한 특성으로 인해 파우치형 배터리(LiB)는 다양한 사이즈의 배터리 설계가 가능하고 가벼운 무게로 인해 높은 에너지 대 중량비를 달성할 수 있다.

그러나 파우치 필름의 장점은 때로 물리적, 화학적인 손상에 취약하다는 단점으로 작용하기도 한다. 특히 외부 가스와 수분을 차단하는 Al 포일층이 손상하게 되면 수분 침투로 인해 장기 수명 및 신뢰성 측면에서 치명적인 문제를 일으키게 된다.

물리적으로 파손된 경우에는 제조현장에서 육안검사를 통해 폐기할 수 있지만, 화학적인 손상은 바로 발견되지 않고 시간이 일정한 반응시간을 거친 후 발견되기 때문에 제조공정 중에 화학적인 손상에 의한 불량을 걸러내는 것이 중요하다.

Al 포일층(Al foil layer)이 부식하는 요인으로는 외부층인 나일론(Nylon)층의 손상에 의해 발생하는 경우와 내부층인 CPP층이 손상되어 발생하는 다음과 같은 두 가지 경우가 있다.

(1) 외층 나일론(Nylon) 손상에 의한 Al 포일층의 부식

Al 파우치 표면의 화학적 손상은 전해액 주입 또는 디개싱(degassing, 가스제거) 과정에서 종종 발생할 수 있다. 이 과정에서 전해액의 작은 방울이 Al 파우치의 최외각층인 나일론(Nylon)층 표면에 흩어질 수 있으며, 이는 단기간에는 전기화학적 성능 저하를 일으키지 않기 때문에 전해액이 묻어 있더라도 정상 제품으로 보는 경우가 있다.

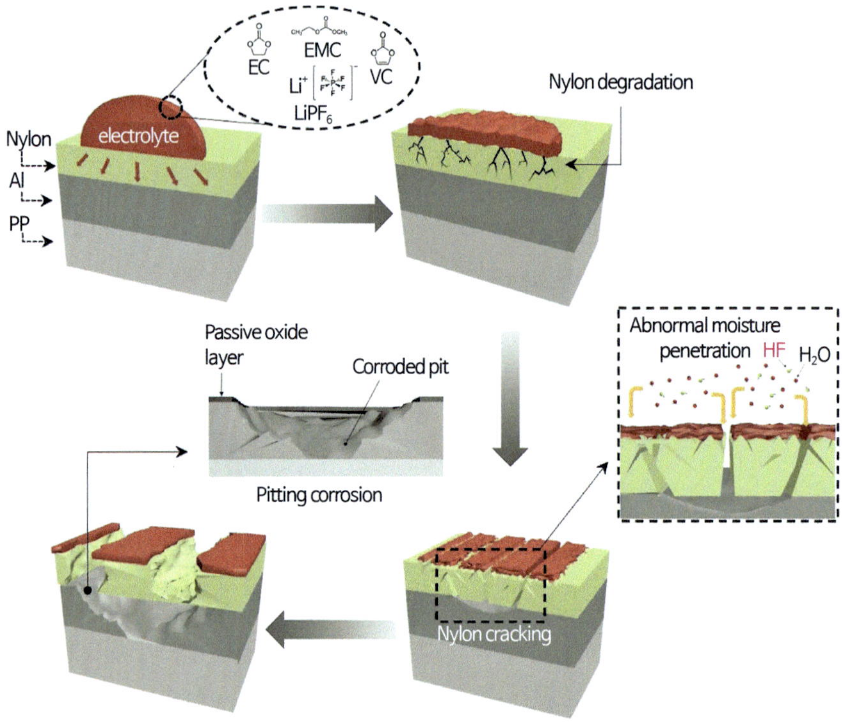

그림 6.11 **고온 · 고습 환경 하에서 전해액이 파우치를 부식시키는 메커니즘**

앞서 언급한 대로 리튬염($LiPF_6$)을 포함한 전해액의 작은 방울은 전해액 주입 또는 디개싱(degassing) 과정에서 Al 파우치의 표면에 흩어지거나 얼룩질 수 있다. 이때 나일론층이 고온과 습한 환경에 노출되면(실제로 행한 실험에서의 온도는 60℃, 상대습도 95% 조건에서 진행되었다) 전해액 속에 있는 금속염인 $LiPF_6$에 의해 나일론 필름의 수소결합이 절단되어 결정성이 저하되고 전해질 오염 영역 주변에 HF(Hydrogen fluoride, 플루오린화 수소)와 인산을 생성한다.

HF는 불화수소(弗化水素), 에칭가스(etching gas) 등으로 불리는 플루오린과 수소의 화합물로 화학식은 HF이다.

그림 6.11과 같은 고온 60℃, 고습 95% 조건의 환경 하에서 전해액이 파우치를 부식시키는 메커니즘을 살펴보면, 나일론 필름의 화학적 손상은 표면과 내부에 미세 기공을 형성하여 대기 수분이 침투하는 통로를 형성하게 된다.

시간이 지남에 따라 이러한 미세 기공은 심각한 균열로 발전하여 결국 나일론 필름을 완전히 파괴할 수 있다.

다음 사진 6.3은 FE-SEM을 이용하여 전해액이 묻은 Al 파우치가 시간에 따라 어떻게 변화하는지를 보여준다. FE-SEM은 전계방출(방사) 주사전자현미경(Field Emission Scanning Electron Microscope)으로, 일반 주사전자현미경과 달리 열전자총 대신 FE(Field Emission, 전계) 전자총에서 가속된 전자빔을 주사하여 강한 전기장(electric field)에 의해 방출된 전자를 시료 표면에 주사하여, 시료와 충돌 후 방출되는 이차전자 및 후방산란전자의 증폭, 측정을 통해 3차원 이미지를 결상한다. 고해상, 고배율 이미지를 얻을 수 있으며, 샘플과 목적에 따라 가속 전압을 조절할 수 있고 비교적 낮은 가속전압에서 샘플에 대한 손상을 최소화하며 측정이 가능하다.

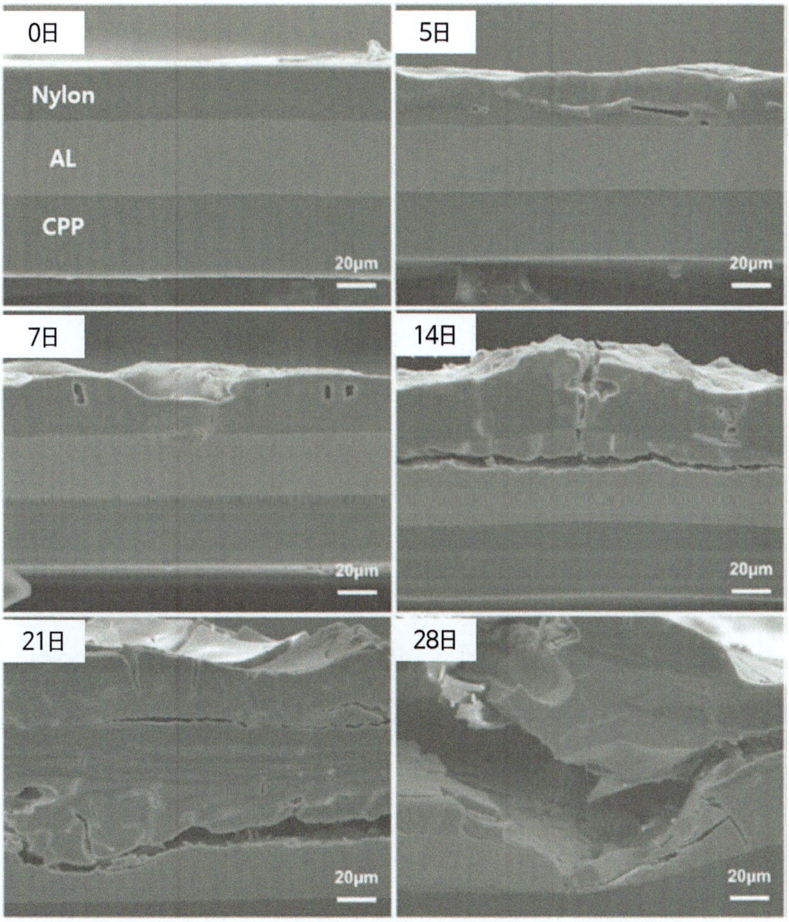

사진 6.3 시간에 따른 파우치 부식 과정(FE-SEM으로 측정)

FE-SEM 기기의 활용은 다음과 같다.

① μm~nm 단위의 표면구조 측정
② 다양한 시료(금속, 폴리머, 세라믹 등)에 대한 고배율 · 고해상도 측정
③ EDS(Energy-dispersive X-ray spectroscopy, 에너지 분산 X선 분석 또는 에너지 분산 X선 미세 분석이라고도 하는 에너지 분산 X선 분광법은 시료의 원소 분석 또는 화학적 특성 분석에 사용되는 분석 기술이다)를 이용한 시료의 정성 · 정량분석

위의 측정 사진 6.3에서 5일이 지난 시점의 단면을 보면 금속염이 나일론의 결정도를 감소시켜 나일론 필름 내부에 기공을 생성시키는 것을 발견할 수 있다.

7일 후 얻은 단면 이미지를 보면 이러한 기공이 나일론 필름의 국부적으로 손상된 부분을 통해 알루미늄 필름에 도달한 것을 볼 수 있다. 14일 후에는 나일론 필름 내부의 균열이 심해져 알루미늄 필름을 노출시키고 국부적으로 노출된 알루미늄 필름은 더 이상 나일론에 의해 대기로부터 보호되지 않기 때문에 심하게 손상되기 시작한다.

21일 후에는 알루미늄 박막이 국부적인 부식으로 초기 조건에 비해 두께가 1/4로 감소하였다. 28일 후에는 나일론 필름이 완전히 벗겨지고 노출된 알루미늄 박막이 심한 부식에 의해 완전히 천공되어 있음을 분명히 알 수 있다.

알루미늄은 강한 산성 또는 염기성 환경에서 부식되기 쉽다. 강한 산성물질인 HF (Hydrogen fluoride, 플루오린화 수소)는 Al 파우치의 나일론 필름이 전해질로 오염되었을 때 전해질의 금속염인 리튬염($LiPF_6$)이 대기 수분과 함께 가수분해 반응을 일으킬 때 형성될 수 있다. 생성된 HF는 나일론 필름이 파손된 후 알루미늄 박막에 쉽게 도달할 수 있다.

다음 사진 6.4는 고온 · 고습 환경에서 14일 방치한 후 EDS 매핑(mapping, 하나의 값을 다른 값으로 대응시키는 것을 말한다. 한자로는 사상(寫像)이라고 한다)을 한 것이다. 나일론 필름에서 인(P)과 불소(F)를 확인할 수 있는데 이는 대기 중의 수분과 만난 리튬염($LiPF_6$)이 가수분해 반응에 의해 HF가 생성되고, 나일론 필름에 생긴 기공으로 HF (플루오린화 수소)와 인산이 침투되었기 때문이라고 볼 수 있다. 이렇게 침투된 HF와 인산은 알루미늄 필름의 산화알루미늄층을 용해시키고 알루미늄 부식을 진행시켜 결국엔 파우치 배터리 내부로 수분과 공기를 침투시켜 배터리의 성능을 열화시키는 것이다.

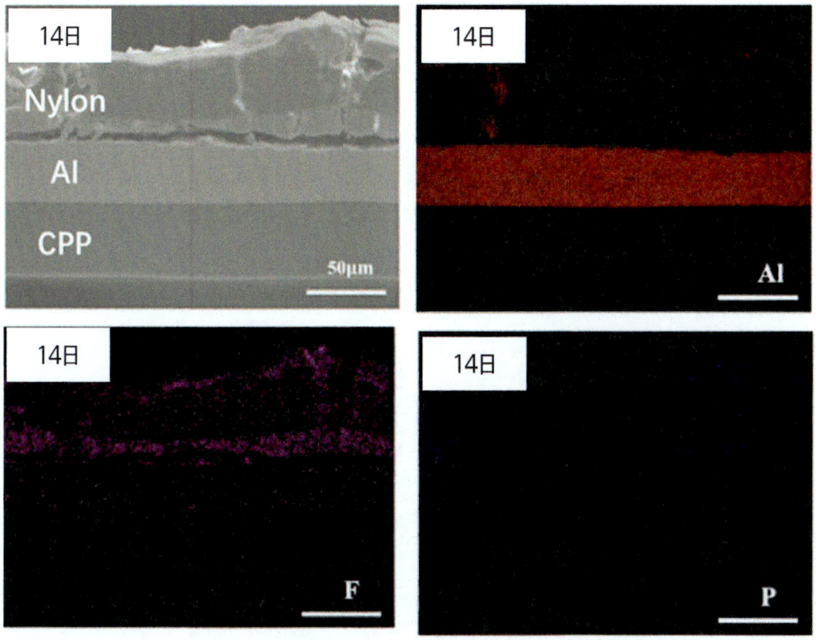

사진 6.4 **파우치를 14일 방치한 후 EDS 매핑한 결과**

(2) 음극과 Al층의 단락과 내층(CPP) 손상에 의한 Al층의 부식

이번에는 Al 파우치 내층인 CPP층의 손상에 의한 Al층의 부식을 설명하려고 한다. 아래 그림 6.12는 일반적인 파우치 배터리의 개략적인 그림(개략도)이다.

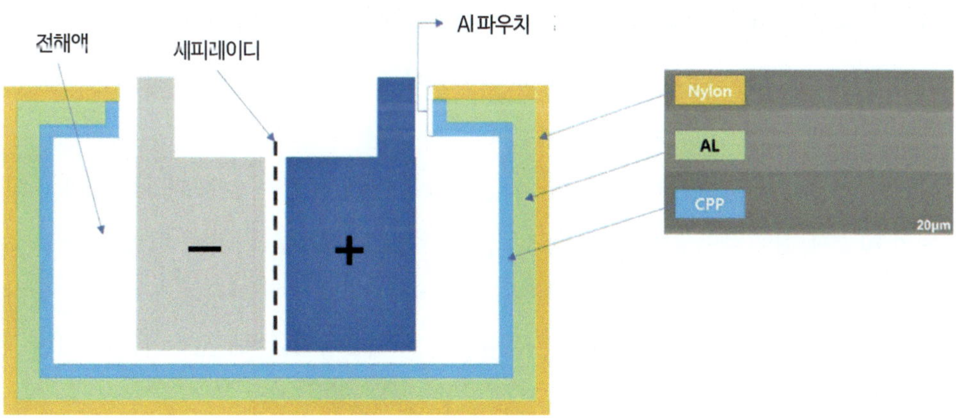

그림 6.12 **파우치 배터리의 개략도**

1) Al층 부식 메커니즘

내층인 CPP층의 손상으로 Al층이 부식되려면 아래 두 가지 조건이 충족되어야 한다.

① 파우치의 Al층이 배터리의 음극과 단락이 되어야 한다.

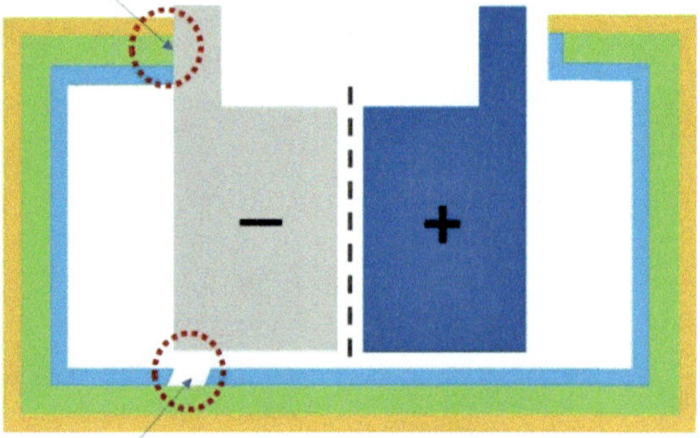

그림 6.13 Al 부식이 일어나게 되는 조건

② 내층인 CPP층이 손상되어 전해액과 Al층이 접촉해야 한다.

이 두 가지 조건 중 어느 한쪽만 충족되지 않아도 Al층의 부식은 일어나지 않는다.

그림 6.13은 위의 두 가지 조건이 발생한 경우의 모습을 나타낸 것이다.

위와 같이 Al층이 음극과 단락이 되고 CPP층이 손상되어 전해액과 접촉하게 되면 아래 그림 6.14와 같이 전류 경로가 생성된다.

Al(−1.66V vs. SHE)은 음극(−2.90V vs. SHE)에 비해 전위가 높기 때문에 CPP층이 손상되어 Al층과 전해액이 만나게 되면 Al과 전해액 계면에서 환원 반응이 일어나 Li-Al합금을 만들게 된다. 이때 생긴 Li-Al합금은 매우 약하기 때문에 파우치가 쉽게 손상이 된다. Al층은 외부로부터의 가스와 수분을 차단하는 역할을 하는데 Al층이 부식되면 배터리 내부로 수분이 유입되어 배터리의 성능을 현저히 저하시킨다.

SHE(Standard Hydrogen Electrode, 표준수소전극)는 산화, 환원 전위의 열역학적 규모의 기초를 결정하는 산화, 환원 전극이다.

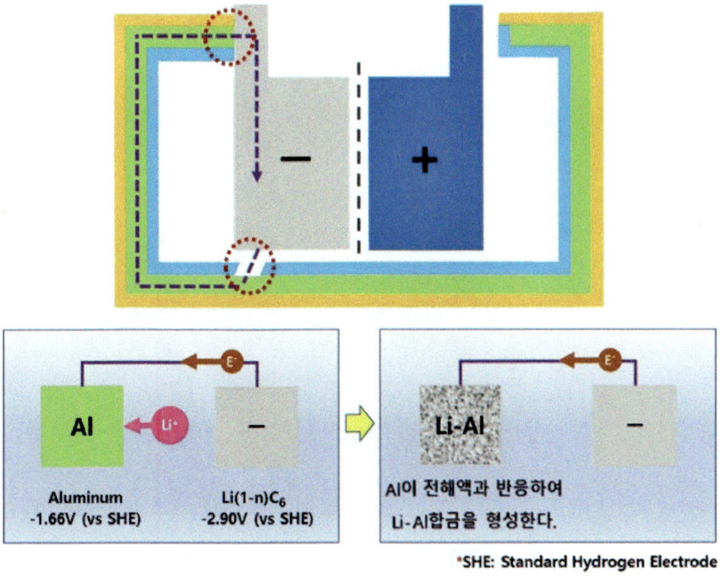

그림 6.14 Al층 부식 메커니즘

다음 사진 6.5는 위와 같은 메커니즘에 의해 실제 Al층이 부식된 모습이다.

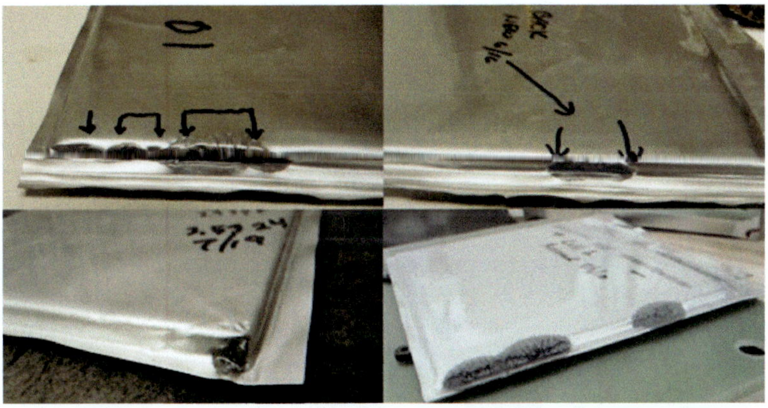

사진 6.5 Al층 부식 현상(모습)

아래 사진 6.6은 Al 파우치가 부식된 부위의 단면을 촬영한 것이다.

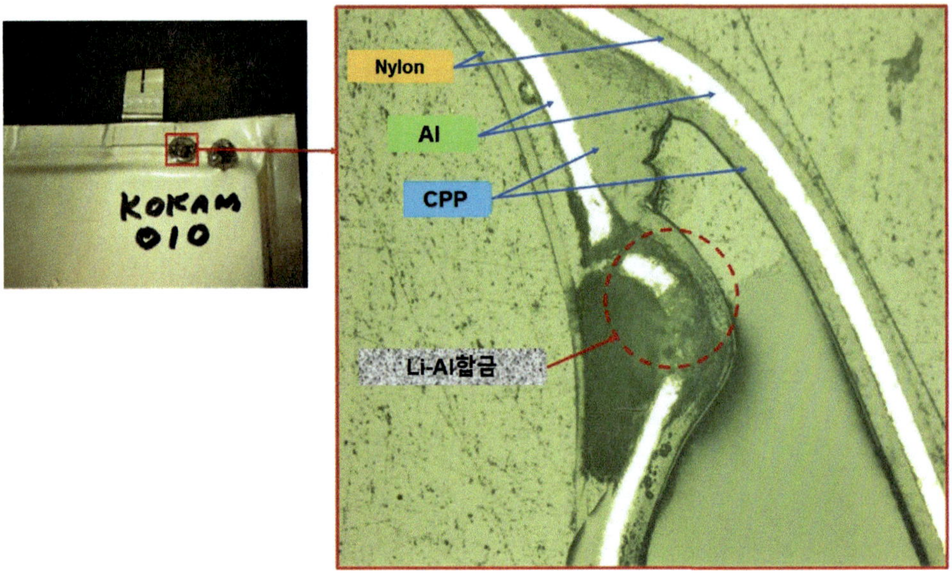

사진 6.6 Al층이 부식된 Li-Al합금 부분의 단면

2) 양극과 Al층이 단락되면 어떻게 될까?

그렇다면 반대의 경우로 양극이 Al층과 단락이 되면 어떻게 될까?

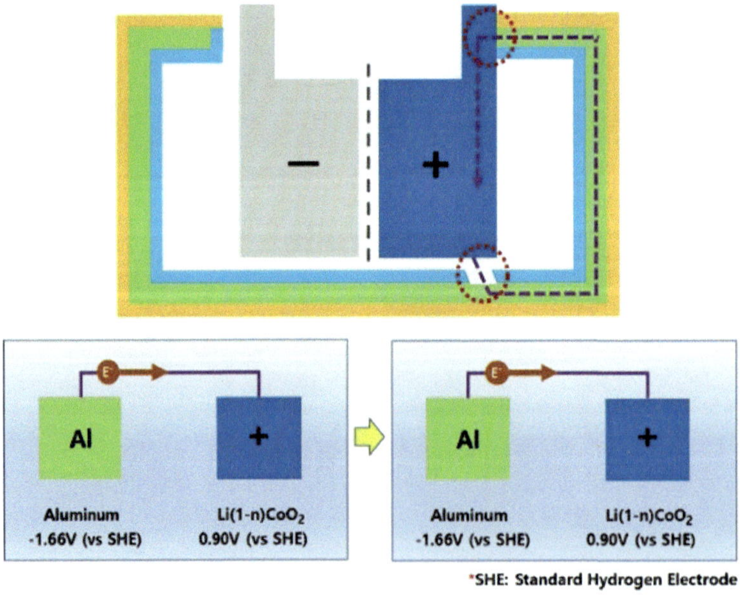

그림 6.15 Al층과 양극이 단락되는 경우(Al층 부식이 발생하지 않음)

그림 6.15는 양극이 Al층과 단락이 되고, CPP내층에 손상이 생겨 전해액과 Al층이 접촉한 것을 나타낸 것이다. 이 경우에는 양극보다(0.90V vs. SHE) Al층(−1.66V vs. SHE)의 전위가 낮아지므로 Al과 전해액 계면에서 산화반응이 일어나므로 Li-Al합금은 발생하지 않고 그대로 Al층이 유지가 된다. Al층에 아무런 영향이 없기 때문에 이 경우에는 배터리의 성능에 아무런 영향을 미치지 못하므로 정상이라고 할 수 있다.

③ Al 파우치 절연불량 검출방법과 불량 유형

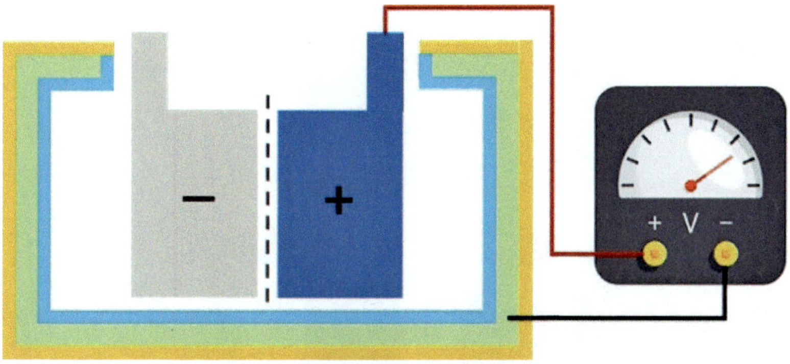

그림 6.16 Al 파우치 절연불량 측정방법

이러한 Al과 음극의 단락은 그림 6.16과 같이 배터리를 조립 후 양극과 Al 파우치의 전압을 측정하면 손쉽게 검출해낼 수 있다.

표 6.4에 파우치 배터리에서 발생할 수 있는 Al 파우치의 절연불량과 양불(良不) 여부 판정에 대해 정리하였다.

표 6.4에서 ①과 같은 경우는 Al 파우치가 절연이 잘 되어 있고 내층도 손상되지 않은 정상적인 상태이다.

②의 경우는 양극과 파우치 Al층이 단락이 되어 있다. 위에서 설명한 바와 같이 이런 경우에는 Al층의 부식이 일어나지 않는다.

③의 경우 음극과 파우치 Al층이 단락되어 있다. 그런데 앞서 설명한 Al 부식의 두 가지 조건 중 한 가지 조건인 내층 CPP가 손상되어 있지는 않다.

표 6.4 Al 파우치 배터리의 절연불량 현상 및 판정

현 상			양불판정	외장 전위
①	절연 불량 없음	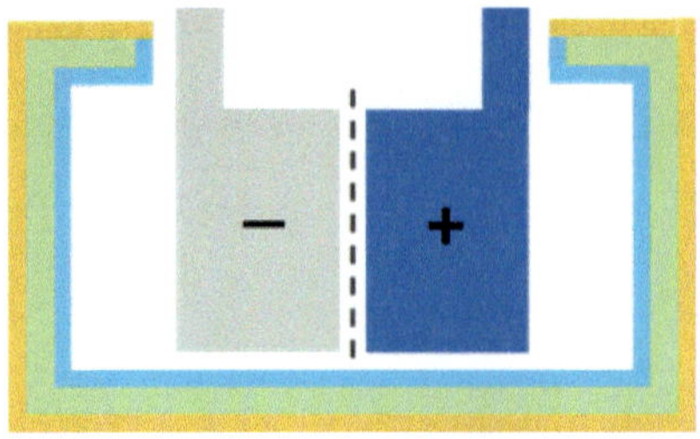	양품	~0V
②	양극-Al층 단락	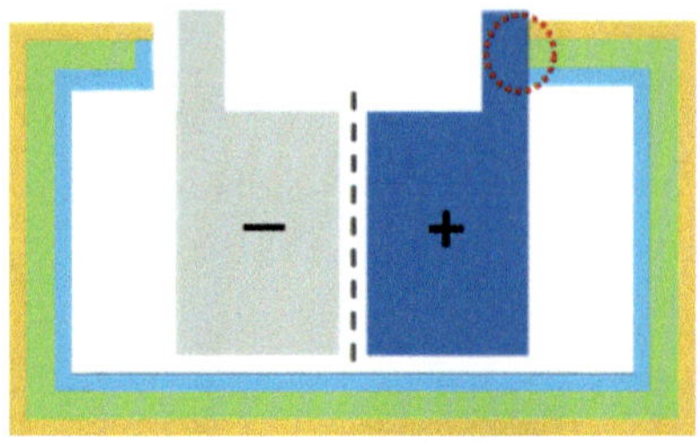	양품	~0V
③	음극-Al층 단락	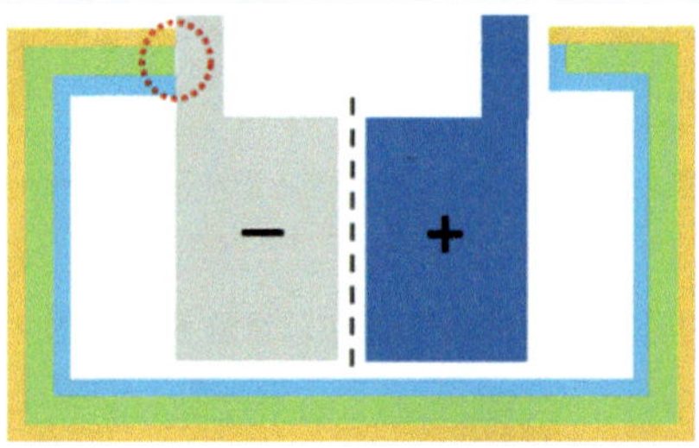	불량	~3.8V 양극(0.90V) Al층(−2.90V)
④	내층(CPP) 손상	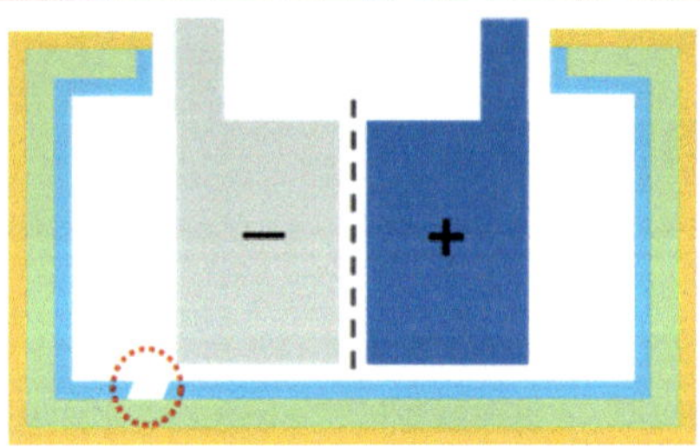	양품	~2.7V 양극(0.90V) Al층(−1.66V)

다음 그림 6.17과 같이 초기에는 음극과 Al층과의 단락만 있고 내부 CPP층의 부식이 없을 수 있다. 이런 경우에는 Al층의 부식이 일어나지 않지만 내층의 손상여부를 일반적인 방법으로 확인하기 어렵기도 하고 추후 차량에 장착되어 장기간 사용하는 동안 다양한 환경에 노출되게 되면 내층이 얇아지거나 손상될 가능성이 있다. 따라서 내층 손상여부를 확인할 필요 없이 전압을 측정하여 음극과 Al층의 단락이 확인되면 불량으로 판정해야 한다.

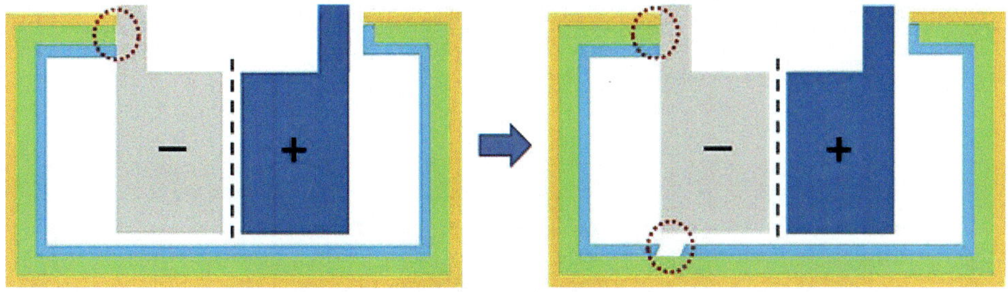

그림 6.17 초기 내층 CPP층의 손상 발생 가능성

④ 양극과 음극 모두 Al층과의 단락이 없다면 내층이 손상되어 전해액과 접촉한다 하더라도 Al층이 부식되지 않으므로 양품으로 판정한다.

이와 같은 Al층의 부식은 파우치 배터리뿐 아니라 Al 캔을 사용하는 각형과 원통형 배터리의 경우에도 해당된다. Al 파우치와 마찬가지로 외장재로 사용하는 Al 캔이 음극과 단락되는 경우에는 앞서 언급한 것과 동일한 메커니즘에 의해 전기화학적인 부식이 일어나 Al층이 Li-Al합금을 만들어내고 전해액이 누액되거나 수분이 배터리 내로 유입되어 배터리 품질에 문제를 일으킨다.

(3) 7개의 층(Layer)으로 구성된 파우치 케이스(Pouch case)

전해액을 담을 파우치 케이스를 준비할 때 전극 사이즈보다 넉넉하게 공기 포켓(air pocket, 공기층)의 사이즈를 생각하여 만들어 준다.

전해액을 주입할 때 발생하는 가스 때문인데, 원통형과 다르게 파우치의 경우 제작된 알루미늄 파우치를 밀봉한 상태에서 전해액을 주입하기 때문에 따로 공기 포켓(에어 포켓) 공간을 만들어 디개싱(degassing, 가스를 배출시키는 과정으로 즉, 가스 빼기 · 가스 제거를 뜻한다)공정을 추가로 거쳐야 파우치 배터리의 조립공정이 완료되기 때문이다.

전해액을 주입할 때는 제조하고자 하는 배터리 용량 1Ah당 5g을 주입하며, 이후 진공 포장과 충분히 함침될 때까지 기다린 후 디게싱(degassing)작업이 진공 조건에서 진행되며, [융착(staking, 스테이킹) → 탭 용접(tab welding) → 전극 포장 → 전해액 주입 → 진공 포장 → 디게싱(degassing)] 순서의 작업을 통해 그림 6.18과 같이 파우치 배터리가 완성되게 된다.

그림 6.18은 완성된 파우치 배터리의 구성분해도(구성도)이다. 주요 구성요소를 분해하여 단면으로 자세하게 보여준다.

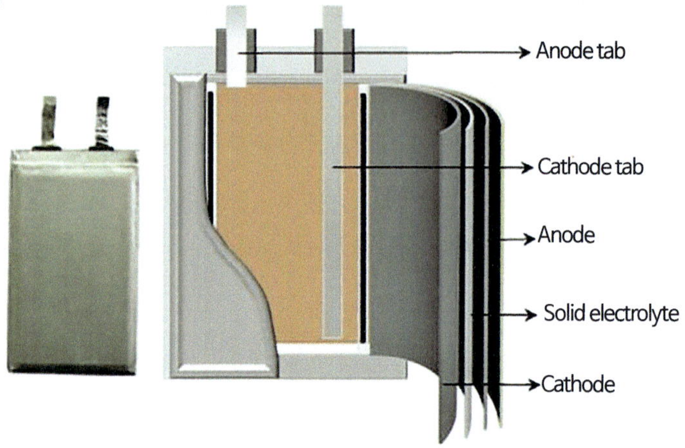

그림 6.18 **파우치 배터리의 구성분해도(구성도)**

그림 6.19는 파우치형 리튬이온 이차전지(배터리)의 일반 구조로, 윗 부분은 부분단면도로 도시해 구성요소를 보여준다.

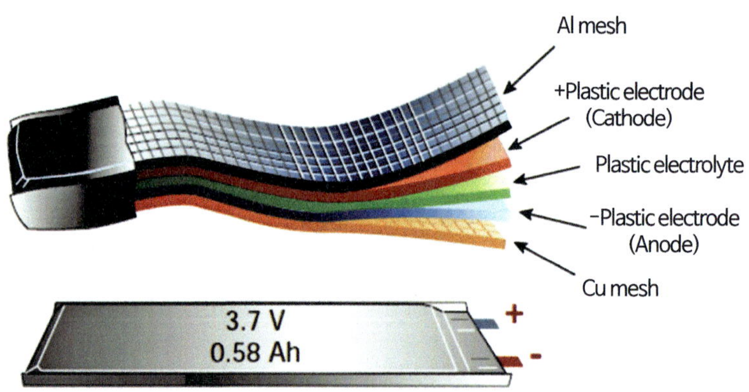

그림 6.19 **파우치형 리튬이온 이차전지(LiB)의 일반 구조**

사진 6.7은 파우치형 배터리를 분해하여 구성요소를 나열한 것이다.

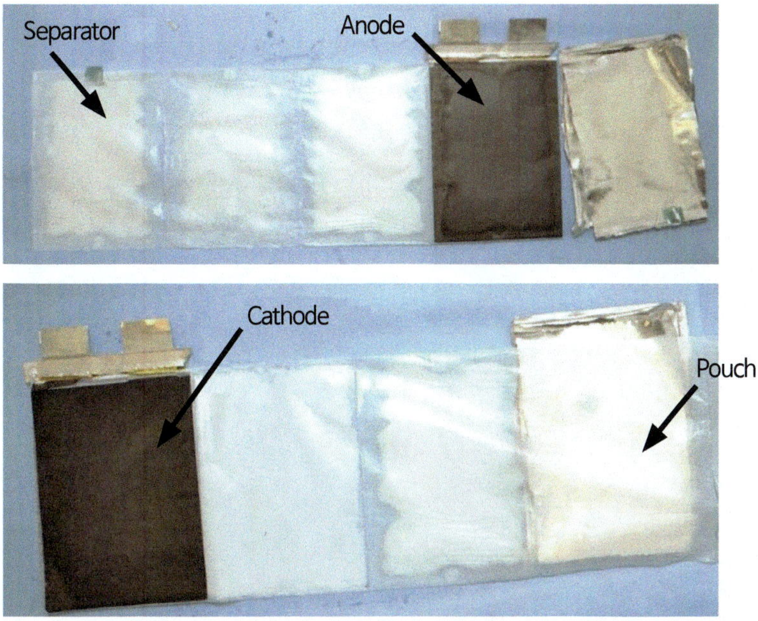

사진 6.7 **파우치형 리튬이온 이차전지(LiB)의 분해**

6.7 대응 및 보호 대책 그리고 화재 예방

모래 또는 분말 소화약제가 일반적인 금속화재용 소화약제로 사용된다. 그러나 이러한 약제들은 산소를 차단하여 소화시킬 뿐, 냉각효과가 없기 때문에 배터리 내부에서 방출된 열에너지를 효과적으로 진압할 수 없다. 또한 모래가 제거될 경우 산소가 다시 연소를 도와 격렬한 폭발 반응이 발생할 수도 있다. 그러므로 높은 열에너지를 방출하는 화재에서 모래와 분말 소화약제는 초기의 작은 화재에만 진압할 수 있다. 대체 소화약제인 물은 화재 초기 단계에서 사용될 수 있다.

물의 효과적인 열 차단 능력은 열에너지를 방출하는 배터리 화재 소화약제로 어느 정도 적응성을 갖고 있으나, 소화약제인 물은 리튬금속과 반응하여 수소가스를 발생시키며, 이는 수소폭발 반응을 일으킬 수 있다. 그러므로 효과적인 손실방지를 위해 입증된 다른 보호대책 등을 리튬 배터리 화재에 적용해야 한다.

사진 6.8은 현재 주로 사용하고 있는 전기차의 배터리 부위까지를 수조의 물에 담금으

로써 배터리로 인한 전기차 화재를 진화하는 수조침수(액침) 냉각방법(냉각소화)을 보여준다.

사진 6.8 **전기차의 수조침수(액침) 냉각방법(냉각소화)**

다음 기사를 인용해 보면,

"배터리 온도 낮추는 초기 대응에서 갈려 … 소화수조 등 활용",
체계적 매뉴얼은 아직 없어 … "데이터 누적 부족"

최근 잇따라 발생한 전기차 화재를 진화하는 데 걸린 시간이 4배가량 차이가 나 그 이유에 관심이 쏠린다.

소방 당국은 전기차 배터리의 온도를 이른 시간 안에 낮추는 '냉각소화'가 중요하다고 설명했다.

24일 대구 · 경북소방안전본부 등에 따르면 이날 오전 1시 8분께 경북 경주시 율동 한 펜션 앞에 주차된 코나 전기차에서 불이 나 30여분 만에 꺼졌다.

통상 일반 자동차 화재 진압 시간이 30분 정도임을 고려하면 이른 시간에 진화한 것으로 볼 수 있다.

경북소방본부는 배터리 온도를 낮추는 '냉각소화'가 초기에 잘 이루어졌다고 보고 있다.

소방본부 관계자는 "영상으로만 봤을 때 출동한 소방대원들이 소화 용수를 뿌려 냉각소화를 초기에 잘 한 것으로 보인다"고 설명했다.

전기차 화재는 배터리 열폭주로 발생한다.

전기차 배터리는 셀 수백 개가 모여 한 팩을 이루는데 한 셀에서 열폭주가 시작되면 다른 셀로 불이 옮겨 붙으며 연쇄적으로 열폭주가 일어난다.

그 만큼 냉각소화가 중요한 이유다.

2023년 4월 23일 대구시 달서구 아파트 지상 주차장에서 난 쉐보레 전기차 화재의 경우 진화에 2시간여가 걸린 이유도 소방대원들이 초기 냉각소화에 어려움을 겪었기 때문이다.

달서소방서 관계자는 "질식 소화포(전기차 전체를 덮어서 소화하는 방법)를 사용하고 전기차 밑으로 소화 용수를 뿌렸지만 (냉각소화가) 잘 안됐다"고 말했다.

소방대원들은 수조를 설치해 배터리 높이까지 물을 채워 화재를 진압하는 '소화수조'를 통해 결국 불을 끌 수 있었다.

이처럼 전기차 화재는 상황에 따라 완전히 불을 끄기까지 시간이 제각각이지만 그에 맞는 체계적인 매뉴얼이 아직 없는 실정이다.

한 소방 관계자는 "아직 전기차 화재 데이터가 체계적인 매뉴얼을 만들 만큼 충분히 쌓이지 않았다"고 말했다.

(출처 : 연합뉴스, "전기차 화재, 진화시간 제각각 이유는 … 초기 냉각소화 중요", 2023. 04. 24)

(1) 구조적 대책

화재위험을 수반하는 물질로부터 생산시설과 저장장소를 보호하기 위해서 공간과 구조 분리는 효과적인 손실방지 대책으로 입증되었다. 이러한 점에서, 기본적으로 리튬 배터리를 다루고 저장하는 것은 내화구조에 의해 구획된 장소 또는 적절한 안전거리가 확보되는 곳에서 이루어져야 한다. 90분의 내화성능을 가진 방화벽으로 구획 및 20m의 안전거리 확보가 국제 표준으로 규정되어 있다.

리튬 배터리의 생산 및 저장 공간의 분리를 통한 화재 보호대책 이외에, 불연성 물질로 만든 카세트나 컨테이너를 이용한 제품의 배치, 혹은 개별 배터리의 캡슐화를 통하여 잠재적 위험을 줄일 수 있다.

만약 기술적으로 개별구역의 구조적 분리가 가능하지 않다면, 화재구역을 포함한 방화구획 및 안전거리 확보와 병행하여 기술적 보호조치를 보강하여 운영하여야 한다.

(2) 조직적 대책

취급 부주의, 작동 오류, 기술적 결함 등에 의한 화재위험 때문에, 조직적 손실방지 대책은 특히 중요한 측면이다. 기본적으로 위험물질을 다루는 직원들의 교육과 구체적인 운영지침이 마련되어야 한다. 터미널 캡(terminal cap)의 사용과 적절한 저장 공간의 선택은 히터와 태양열로부터 복사열을 차단시켜 배터리 터미널 단락 방지 등의 사고를 예방할 수 있다.

(3) 기술적 대책

제조, 생산, 저장 등의 리튬 배터리 셀을 취급하는 모든 장소에는 화재감시 시스템에 의해 감시되어야 한다. 화재감시 시스템은 기기제어반에서 알람이 울릴 수 있도록 알람장치를 설치하고, 종합방재센터에 의해 감시되어야 한다.

(4) 전기 · 전자 보호대책

다양한 종류의 전기적 위험으로 인해, 리튬 배터리는 전기 보호 수단으로 보호회로가 필요하다. 예를 들어 사용자의 취급 부주의 또는 기술적 결함으로 인해 이차전지의 과충전이 발생된다면, 이차전지는 보호회로에 의해 자동적으로 차단될 것이다. 또한 배터리 각 부품들이 녹는 것을 방지하기 위해 셀 온도는 모니터링 되어야 한다. 보호회로는 충전과정에서 셀의 최고 전압을 제한하고, 방전에 의한 초과 전압 강하를 막아야 한다. 리튬 배터리는 전자, 전기적 문제와 관련이 있으며, 보호회로는 결함 없이 작동되어야 한다.

(5) 맺음말

최신 리튬 배터리의 화재 예방대책은 대개 피상적인 경험에 근거한다. 따라서 리튬을 포함한 에너지저장장치 위험성을 평가하고, 효과적인 손실방지를 위한 화재 예방대책을 추천하는 것은 매우 어렵다. 따라서 효과적인 화재 예방대책을 수립하기 위해서는 현장 상황과 동일하게 재현된 화재 시험이 필요하며, 이러한 화재 테스트로부터 얻어진 결과와 경험은 지침서 등으로 발간 배포되고, 위험 전문가들이 쉽게 접근하여 화재 예방 등에 적극적으로 활용할 수 있는 여건조성이 필요하다.

6.8 리튬 배터리의 화재 원인

분리막이 손상되면 양극과 음극의 국부적 단락(short, 합선)이 발생하면서 방전량에 따라 리튬이온 배터리(LIB, Li-ion battery)의 내부 온도를 상승시킨다. 이로 인해 자기 발열(self-heating)이 지속되면서, 과열로 인한 열폭주에 진입하여 가스 분출과 폭발이 발생하고 화재로 이어진다.

따라서 LIB가 열폭주에 도달하면 물 분사 또는 냉각 등의 방법으로 열폭주를 쉽게 중단시킬 수 없다.

그림 6.20은 가장 일반적인 열폭주 과정(most common process of thermal runaway)을 나타낸 것이다. 크게 3가지로 기계적 남용(abuse), 전기적 남용, 열적 남용으로 인해 발생하는 것이다. 각 원인들을 상세히 나타내고 있다. 주요 원인으로는 분리막의 뚫림, 찢어짐, 붕괴로 나타나는 분리막 파손이 대표적이다.

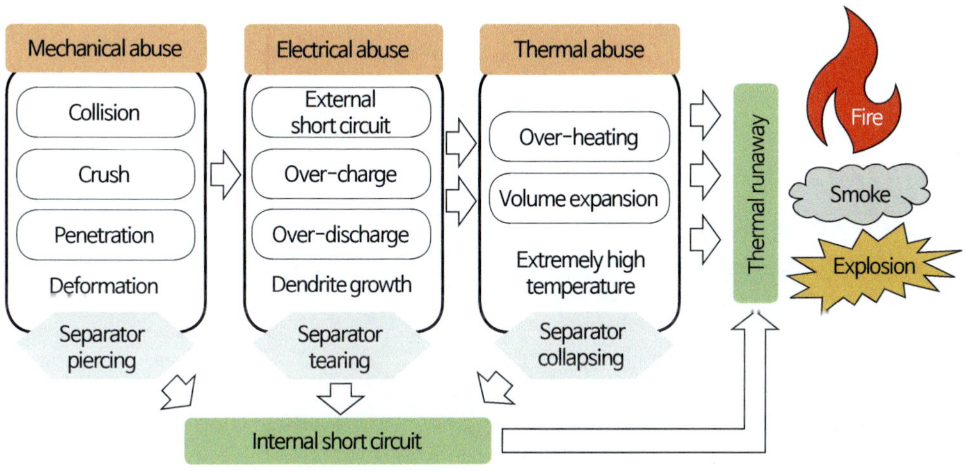

(a) Separator piercing(꿰뚫음) (b) Separator tearing(찢어짐) (c) Separator collapsing(붕괴)

그림 6.20 열폭주를 일으키는 기계적 · 전기적 · 열적 남용의 요인

리튬이온 셀은 작은 부피에 많은 양의 에너지를 담을 수 있도록 설계되었으며, 큰 고장이 발생하면 이 에너지가 빠르게 방출된다. 단독으로 보면 극적인 사건이지만, 고에너지 밀도의 전기차 배터리가 빽빽하게 들어찬 환경에서 발생하면 한 셀의 고장으로 인해

주변 셀의 고장이 연속으로 일어나 화재가 발생하고 배터리시스템 전체가 파괴되는 경우도 많다. 이 현상을 열전파(heat propagation, 열전이)라고 한다.

리튬이온전지는 내부 구성요소의 분해와 수소 및 기타 탄화수소와 같은 가스를 방출한 후 점화되어 발열 반응을 일으키는 화학물질로 인해 열폭주 경향이 있다. 배터리 하우징(housing)과 배선도 점화되어 더 많은 열이 발생하여 열전파로 인해 더 많은 셀이 고장날 수 있는 것이다.

그림 6.21에서 보여주는 바와 같이 온도가 증가함에 따라 리튬이온전지의 다양한 요소가 어떻게 작동하여 열폭주가 발생하는 지를 나타낸다.

그림 6.22는 LIB 리튬 · 코발트산화물(LCO, Lithium Cobalt Oxide, $LiCoO_2$) 흑연전지의 열폭주 과정의 개략도이다.

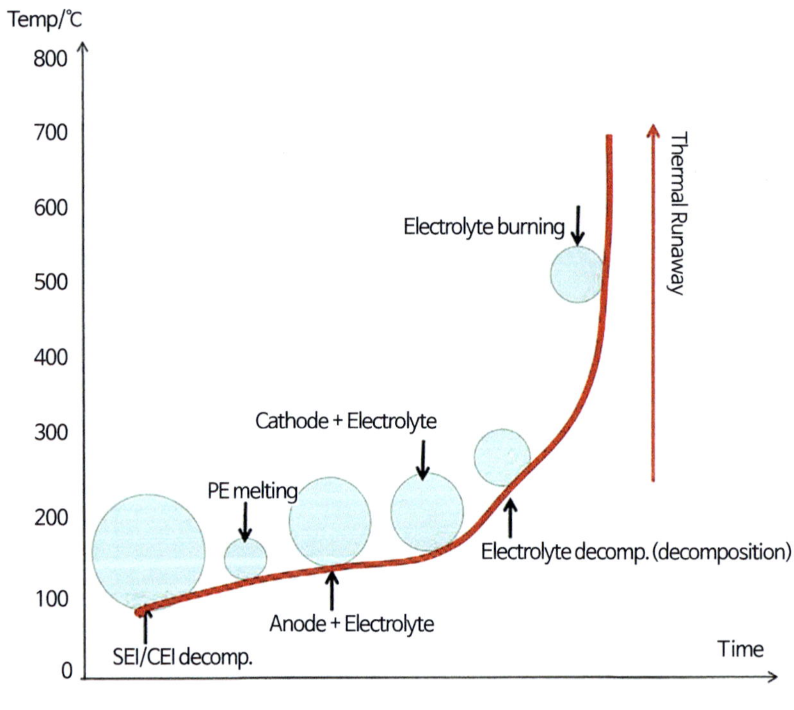

그림 6.21 온도 상승에 따른 열폭주 발생 메커니즘

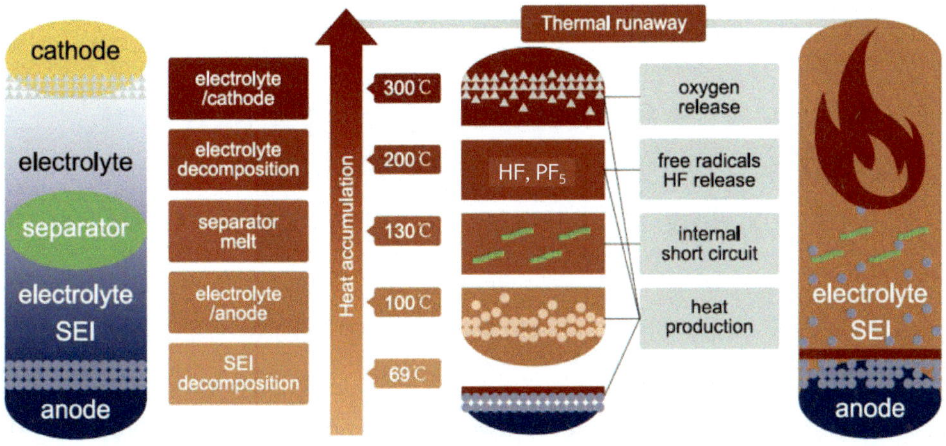

그림 6.22 LCO 흑연전지의 열폭주 개략도

01 이차전지 리튬 배터리 화재 예방

(1) Z스태킹(Stacking, 적층)

배터리의 화재를 줄이는 방법으로 사진 6.9와 같은 분리막의 Z스태킹(stacking, 적층)이 주목받고 있다. 그러나 분리막의 접힘 · 정렬 문제 해결이 관건으로 이는 결국 수율 · 생산성에 있어 문제가 된다.

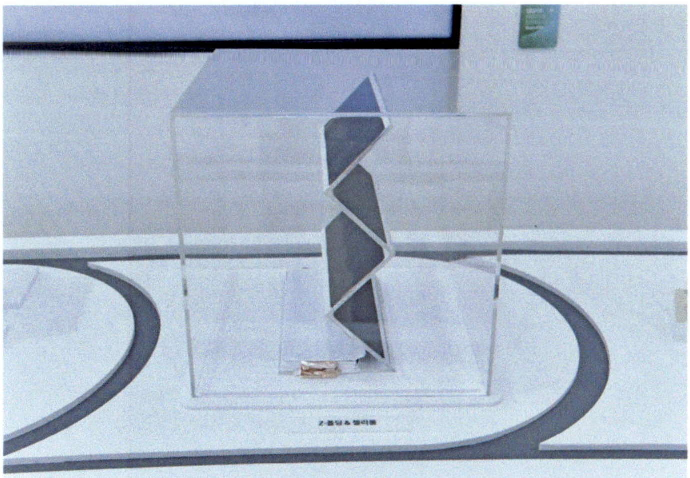

사진 6.9 분리막의 Z스태킹(stacking, 적층)

양 · 음극 사이로 분리막을 지그재그로 적층하는 방법은 분리막 파손(손상)으로 인한 화재 위험성을 차단할 방법 중 하나이다.

와인딩(winding) 공법을 채택한 원통형 배터리가 공급력에서 앞선 가운데, 전극을 쌓아 올리는 적층(stacking) 공법이 적용된 파우치형 및 각형 배터리의 생산성이 향후 업계 구도를 좌우할 중대 변수로 평가받고 있는 가운데 안전성이 높은 Z스태킹 공법이 부상하고 있다.

현재 전기차용으로 활용하는 배터리 타입은 원통형, 파우치형, 각형 3종류다.

① 원통형 : 전극이 동그랗게 말려 원통 캔 안에 들어가는 전통적인 형태이다. 생산 속도가 빠르고 화재 위험성이 낮다는 평가를 받는다.
② 파우치형 : 납작하게 적층된 전극을 알루미늄 필름에 포장해 에너지 밀도를 극대화한 타입이다.
③ 각형 : 알루미늄 캔 안에 말거나 적층한 전극을 포장한 형태이다.

각 폼팩터(form factor)는 전극을 만들고 충 · 방전을 위한 활성화(화성)를 거치는 제조공정은 같으나, 조립공정에 따라 타입(type, 형 · 형태)이 달라진다.

Z스태킹

화재 위험성을 방지하기 위한 공법으로, 분리막을 자르지 않고 그 사이에 양극 · 음극을 번갈아 적층하는 방식이다. Z스태킹 공법의 특징은 다음과 같다.

① 화재에 대한 안전성
Z형태 분리막 안에 양극과 음극을 넣기 때문에 발화성 물질인 전해액이 주입되더라도 양극 · 음극이 직접 만나지 않아 화재를 방지할 수 있다.

② 수율 제고 및 생산성이 낮아 개선의 요구
화재에는 안전성이 있으나 기존 스태킹 대비로도 낮은 초당 생산량이 걸림돌이다. 타 공법 대비 낮은 수율을 갖는다. 분리막을 자르지 않고 고속으로 양극 · 음극을 번갈아 적층 하는데, 이 과정에서 분리막이 접히거나 정렬(align)이 엇나가는 등 불량이 발생하기 쉽다.
현재 업계의 Z스태킹 공법 수율 추정치는 약 80%다. 따라서 수율과 생산성 향상이라는 과제가 존재한다.

(2) 리튬 배터리의 화재 예방

① LIB의 폭발이나 화재를 예방하기 위하여 열폭주에 진입하기 전에 LIB의 분리막 손상을 초기에 검출하고 전기적으로 분리시켜 충·방전을 정지하는 것이 중요하다.

② 분리막의 양극과 음극의 접촉을 물리적으로 완벽하게 차단한다. 만약 분리막이 손상되어 쇼트(short, 단락) 현상이 일어나면 엄청난 반응성으로 인해 화재나 폭발이 생겨 안전성에 큰 영향을 준다.

③ 리튬이온 이동을 위해 분리막 자체가 이온 전도성이 있거나, 다공성 구조를 통해 이동할 수 있는 통로를 제공해야 한다(다공성 기공 사이에 스펀지처럼 전해질이 쏙 들어가고 전해질을 통해서 이온 이동이 일어난다).

(3) 안전장치 장착

분리막을 보호하기 위한 안전장치로 다음과 같은 장치들이 있다.

① 가스배출장치(Vent)

② 과충전 방지장치(OSD, Overcharge Safety Device)

배터리 이상 상황 발생 시 배터리 외부와 내부 간 연결돼 있던 에너지 흐름을 단절하는 장치다. 내부에 압력이 차면 OSD가 올라와 내부와 외부의 회로를 격리시킨다. 마치 건물에 설치된 방화벽과 같은 역할을 하는 것이다.

③ 단락 차단장치(Fuse)

④ 열확산 차단재 부착(삼성SDI에서 적용하고 있다)

⑤ 안전성 강화 분리막(SRS, Safety Reinforced Separator® : 안전성 강화 분리막)의 공정기술 적용(차별화된 특허기술)

그리고 전기적 단락으로 인한 화재 및 열폭주를 방지하기 위해서는 분리막은 절연체가 되어야 한다.

02 이차전지의 개선설계안(전기차 화재를 선제적으로 막기 위한 리튬이온 배터리 등 화재 대응 기술)

전기 저항에 따른 발열을 최저한으로 줄여 열을 잡고 전기효율을 증대시키는 것이다. 이에 따른 효율적인 방열장치 또는 냉각장치, 냉각시스템이 반드시 필요하다.

또한 화재를 조기 진압할 수 있는 혹은 화재가 발생하지 않게 하거나, 아니면 화재를 초기에 진화 또는 최소화 할 수 있는 기술개발 및 보완이 필요하다.

열폭주로 인한 화재 또는 폭발 시 독성물질 배출 관련 환경문제 대응도 필요하다.

(1) 이차전지의 개선설계안(저항 문제)

최근 이슈가 되었던 상온에서의 초전도체는 현재까지 아직 검증되지 않은 상태이기는 하다. 하지만, 아직 많은 사람들이 초전도체에 기대를 걸고 있는 것 또한 사실이다.

사진 6.10 **초전도 현상으로 자기 부상**

비록 상온에서는 저항이 0이 아닐지라도, 최소한의 저항만을 갖게 된다면, 저항이 거의 0에 가깝기 때문에, 많은 (고)전압과 전류를 필요로 하지 않게 될 뿐더러 열을 획기적으로 줄이게 된다. 그로 인하여 화재 위험성 또한 줄일 수 있다. 신소재를 개발하는 것이 향후 이차전지 설계의 가장 큰 핵심이라고 생각된다.

사진 6.10은 자기 부상하는 초전도체 현상의 예를 보여준다.

(2) 이차전지의 개선설계안(화재 예방 1)

전기차의 배터리 화재의 경우 2가지를 생각하고 있는데, 첫 번째로는 대부분의 사람들이 그림 6.23과 같은 AI(Artificial Intelligence, 인공지능) 알고리즘을 통한 자율주행만을 생각하고 있지만, 저자는 자율주행 또한 중요하지만 AI를 통하여, 자동차 내의 BMS 관련 배터리의 화재를 일으키는 기계적 · 전기적 · 열적 남용 등을 수시로 수집 · 점검하여, 문제가 되는 부분을 정확하고 빠르게 진단해주는 것이 매우 중요하다고 생각한다. 우선 배터리 내부의 온도를 수시로 확인할 수 있게 해주는 감지시스템 방법을 시작으로, 이후에는 점진적으로 AI가 차 내의 모든 문제를 확인하고, 사용자에게 알려줄 수 있다면

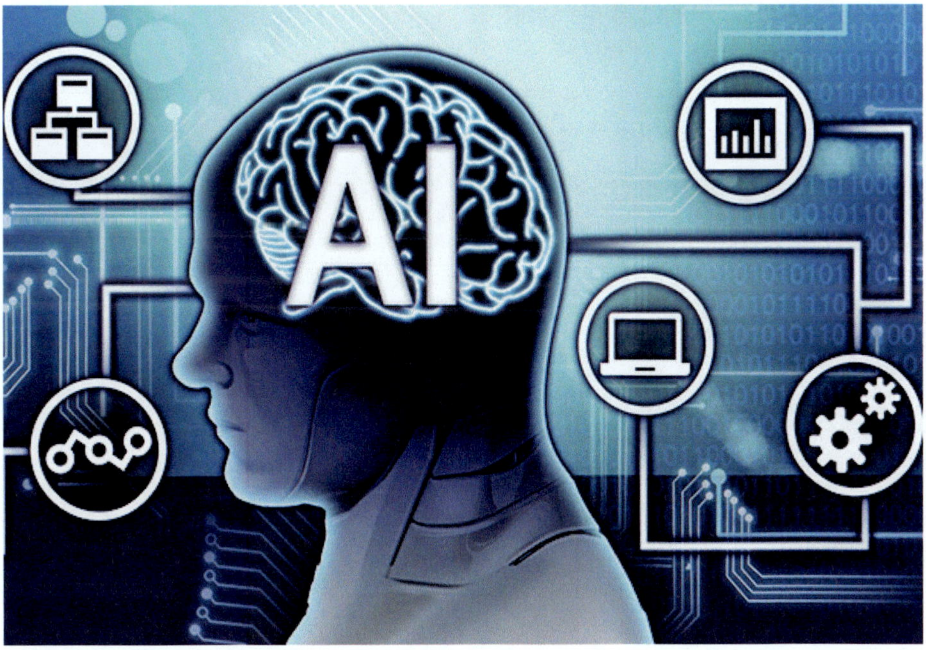

그림 6.23 배터리에 적용하는 배터리 안전감지 AI 알고리즘

화재 예방 및 생명 안전에 있어 획기적일 것 같다.

(3) 이차전지의 개선설계안(화재 진압 2)

두 번째로는 아무리 과학적으로 전기차 시스템에서 화재가 안나게 한다 할지라도 전기차 주행 중 돌발적 여러 변수(차체의 충격, 충돌, 시스템 오류 등) 등으로 인해 화재가 났을 때의 상황에 대비가 되어야 한다. 이차전지는 한번 불이 붙기 시작하면 계속해서 발열을 하기 때문에 소화가 쉽지 않다. 현재는 냉각수조를 이용해 소화를 하고 있지만, 신속한 대응이 어려운게 사실이다. 따라서 산불 진화를 위해 진화용 헬기 수조탱크에 물을 신속하게 싣도록 지상에 물저장수조를 곳곳에 비치하는 것과 같이 전기차 화재 진화(소화)용 냉각수조(고정식 또는 이동식)를 충전스테이션이 설치된 충전소, 공용 도로와 함께 많은 공공장소 및 아파트 단지 등 공용 장소에 적합한 냉각수조를 배치하는 것이 가장 바람직한 방법이 아닐까 생각한다.

사진 6.11은 전기차 화재진압을 위한 이동식 냉각수조(침수조)의 예이다. 이동식 침수조(이동식 소화수조)는 불이 난 전기차 주변에 틀(방수가 된 테두리)을 울타리처럼 둘러쳐 수조를 만든 다음 그 안에 물을 채워 배터리를 냉각시켜 전기차 배터리 열폭주(thermal runaway)가 일어나지 않도록 하는 장비다.

(a) 튜브 타입

(b) 플라스틱 타입

사진 6.11 이동식 냉각수조(침수조)

(4) 전기차 화재 개선설계안(화재 진압 3) – 이동성 무인 모빌리티 활용

이동성이 좋은 탱크 형태의 차량형 무인 소형 소방로봇을 활용하면 초기에 전기차 화재를 진압하는 데 효과가 있을 것이다. 소형 로봇은 공간의 제약없이 어느 곳이든지 진입할 수가 있고, 또한 무선 원격으로 제어함으로써 소방 인명 피해도 없기에 아주 유용하게 쓰일 것이다. 이는 전기차 화재를 신속히 진압하는 이동 효율이 높은 소방 장비의 보급 필요성이 긴급하게 요구되고 있기 때문이다.

이와 같은 로봇은 이미 재난 · 재해 현장은 물론 지하구 청소 로봇, 유리창 청소하는 로봇을 비롯한 군용 로봇 등 유사 기술이 시중에 많이 나와 있어, 전기차 화재 진압 특성에 맞도록 개발 적용은 쉬울 것이다.

차량형 무인 소형 소방로봇의 개념(concept, 기본 플랫폼이라 할 수 있다)은 이미 현대로템에서 개발 중인 '다목적 무인차량(PBV, Purpose Built Vehicle, 즉 목적 맞춤형 차량이다. 기존의 자동차가 기성복이라면 PBV는 각자에게 꼭 맞춘 옷이라 할 수 있다)'을 기반으로 한 것이다. 무인 소방로봇은 소방청 요청 사항인 65mm 방수포를 장착하고, 열에 잘 견디도록 열내구성(내열성)을 강화한다. 밤낮은 물론 컴컴한 지하 주차장에서 발생한 전기차 및 ESS 화재에 대응하도록 어둠 속에서도 움직일 수 있도록 적외선, 열화상(투시) 카메라를 갖추고, 높은 온도 속에서 장비를 보호하도록 분무장치 등을 더해 화재 진압 역량을 갖춘다. 다목적 무인차량은 2021년 처음 육군에 납품돼 현재 시범 운용과 전투 실험 등에 투입되고 있다. 무인 소방로봇이 개발되면 무선 원격 조종을 통한 화재 진압이 가능해진다. 지하 주차장이 많은 한국에서 농연(濃煙, 짙은 연기)·열기로 인해 소방관의 진입이 어려운 지하 화재에 효과적으로 대응할 수 있을 것으로 기대된다.

화재 현장에서 주변 환경에 구애없이 효율적으로 움직일 수 있는 주행 기능을 위해 구동은 바퀴 방식, 캐터필러(caterpillar, 무한궤도) 방식, 휴머노이드 방식 등으로 다양하게 개발이 가능하다. 그러나 여기서는 가장 경제적이고 신속한 이동을 위해서 자동차에 쓰이는 바퀴 형식이 가장 무난하다. 또한 계단을 오른다든지, 경사도가 높은 굴곡진 험난한 지형에는 캐터필러 구동 방식의 무인 소형 소방 로봇이 적합하므로, 두 가지 타입을 별도로 개발하거나 아니면 용도에 따라 구동 방식(바퀴형 또는 캐터필러형)을 착탈식으로 바꿔 사용할 수 있게 만능형 구조로 개발하면 된다. 또한 다양한 전기차 화재 진압을 통한 데이터가 축적되면 보다 개량·최적화된 여러 형태와 구조를 갖춘 무인 소형 소방로봇이 향후에도 계속해 나올 것이다.

관련 사항을 다음 신문 기사를 인용해 설명하며, 여기에 저자의 의견도 반영했다.

현대차·소방청, 전기차 화재 대응 무인 '소방 로봇' 공동 개발하기로

현대차그룹은 소방청과 협력해 전기차 화재 안전 대책 시스템을 구축하기로 하고, 화재 진압용 무인 소방 로봇을 공동 개발한다고 26일 밝혔다. 지난 8월 인천 청라 전기차 화재 사고처럼 소방관이 진입하기 어려운 지하 주차장에서 화재가 발생할 경우, 소방 로봇을 먼저 투입해 초기 진화에 효과를 볼 것으로 기대된다. 소방청은 내년 상반기 중 소방 로봇 시제품 1대를 시험 운용한 뒤 내년 말까지 중앙119구조본부 4개 권역별 특수구조대에 이를 1대씩 배치하겠다는 계획이다.

현대차그룹은 또 전기차 화재 진압 장비 '관통형 방사장치'(EV-Drill Lance) 250대를 소방청에 기증하기로 했다. 관통형 방사장치는 전기차 하부 알루미늄 강판(Al 합금으로 정확히는 강도와 내구성이 우수한 6000, 7000 시리즈 등급을 사용한다)을 천공해 배터리 팩에 직접 소화수를 분사할 수 있는 장비로 신속한 화재 진압이 가능하다. 차량 아래 쪽에서 가동하면 강력한 수압으로 차체 하부를 뚫고 발화 지점인 배터리 팩에 직접 물을 분사하는 원리를 이용한 전기차 화재 시 소화(소방용, 화재 진압용) 맞춤형 장비다.

현대자동차그룹은 26일 소방청과 전기차 화재 안전 대책을 위한 협력체계를 구축하기로 했다고 밝혔다. 이번 협업으로 지하 화재 진압용 무인 소방 로봇을 소방청과 공동 개발하고, 관통형 방사장치 진압장비 250대를 소방청에 기증한다(현대차그룹).

(출처 : 조선일보, "현대차 · 소방청, 전기차 화재 대응 무인 '소방 로봇' 공동 개발하기로", B4면, 2024. 9. 27.)

1) 전기차 배터리의 열폭주 단계(그림 6.24 참조)

① 1단계 : 특정 배터리의 열화

- 전기차 및 ESS 화재 사례를 분석한 결과, 최초 화재는 배터리 팩 내부의 특정 배터리에서 발생
- 특정 배터리 열화 원인은 제조 상 결함, 과충전, 외부 전극 간 단락, 외부 충격에 의한 배터리 손상 등

② 2단계 : 오프가스(off-gas) 배출

- 열화에 의해 배터리 내부 SEI(Solid Electrolyte Interphase, 충 · 방전 시 음극 표면에 생기는 얇은 피막을 뜻한다)가 분해되면서 온도가 증가하고, 리튬이 전해액의 유기용매와 반응하여 가연성 탄화수소가스(오프가스)가 배출
- 오프가스에 의해 배터리 내부 압력 상승 및 스웰링(swelling) 현상의 발생

③ 3단계 : 열폭주 발생

- 1, 2단계에서 발생한 열과 가연성 가스에 의해 연소 · 폭발 발생
- 열폭주 과정에서 리튬산화물이 분해하면서 지속적으로 산소 공급

④ 4단계 : 열폭주 전이

- 특정 배터리 열폭주로 발생된 열로 인해 주변 배터리의 온도 상승
- 주변 배터리로 전이되어 연쇄 열폭주 발생

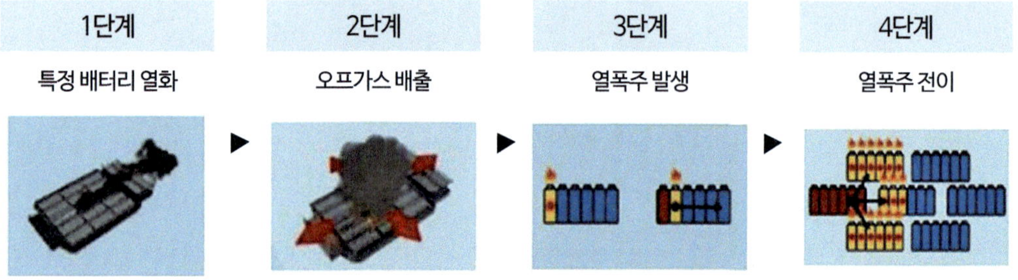

그림 6.24 **전기차 배터리 열폭주 단계**

2) 열폭주의 원인

치명적인 배터리 고장의 파괴적인 특성으로 인해 원인을 추적하는 것이 상대적으로 어렵다. 결과적으로 배터리 및 셀 제조업체는 제품 고장모드의 원인과 동작을 완전히 이해하기 위해 상세한 테스트 프로그램을 수행하고 있다. 일반적으로 열 폭주 과정을 촉발할 수 있는 네 가지 주요 메커니즘이 있는데 다음과 같다.

① 과충전 : 완속 충전 및 고속 충전 중에 발생
② 단락 : 냉각수 누출, 기계적 고장
③ 과도한 셀 온도 : 냉각시스템 고장, 예상치 못한 상황
④ 물리적 손상 : 도로 교통사고 등

그림 6.25는 최근 연구에서 전기차(EV) 배터리 고장의 가장 일반적인 원인을 분석 · 확인한 결과의 비율(분포)을 나타낸 것이다.

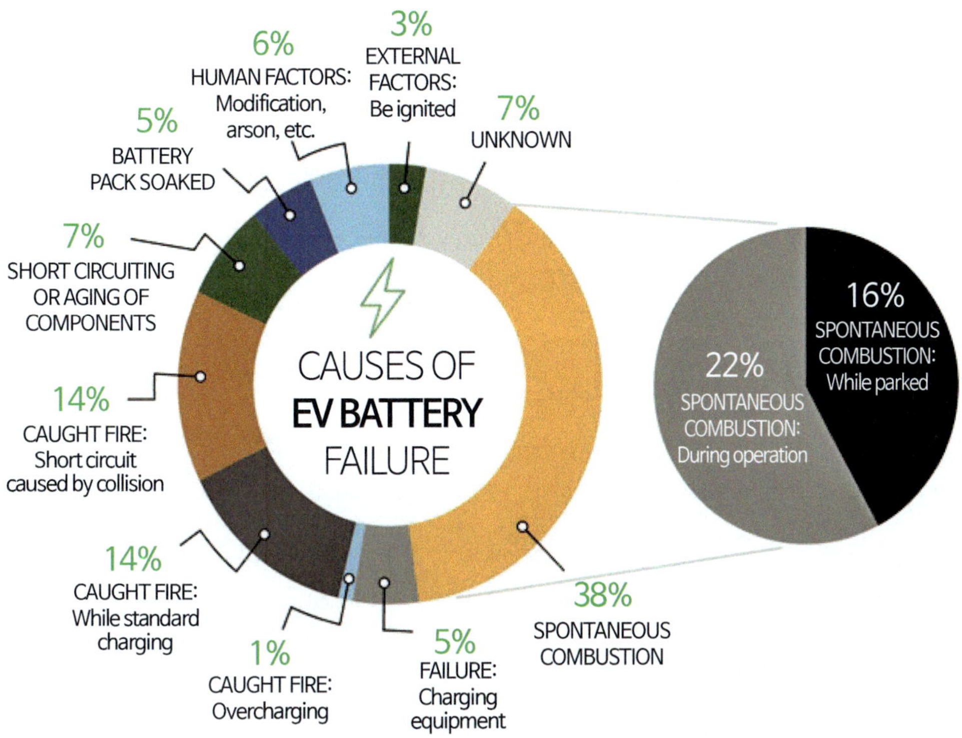

그림 6.25 **최근 연구의 EV 배터리 고장의 가장 일반적인 원인들**

(5) 이차전지의 개선설계안(독성 및 환경 1)

이차전지를 개발하기 위해서는 니켈, 망간, 코발트, 알루미늄 등 여러 가지 화학적 소재들이 들어가고 그 중에는 하이니켈(high Ni)이라 불리는 소재가 단연 가장 많이 들어간다. 수명을 다한 폐배터리의 재사용 또는 재활용에 있어 현재 많은 나라에서 이 분야에 골몰하고 있다. 이는 이차전지 배터리를 오래 사용하면 방전되는 현상으로 인해, 수명이 끝나면 충전을 해도 조금만 충전되는 이유이다. 그렇다고 환경에서 쉽게 산화되거나 부식되지도 않는다.

재활용을 통한 가격이 비싼 희토류를 추출해 자급적 수요를 늘리고 한편으론 환경친화적으로 사용하지 못하는 배터리 부수물(구성요소)을 폐기하는 것이 중요한 이슈이다.

현재로서는 이차전지 리사이클링(recycling, 재활용) 공장에서는 이를 재활용하고 있는데, 그것 또한 중요하지만, 애초에 폐배터리가 되는 것을 가능한 연장시키거나 어떻게든 막는게 가장 중요하다고 생각된다.

(6) 이차전지의 개선설계안(독성 및 환경 2)

이차전지가 방전되는 이유는 전기의 저장 및 방출되는 과정이 반복되면서 흑연의 구조가 바뀌기 때문이다. 흑연 구조의 변형으로 인해 그 만큼 저장할 수 있는 리튬이온의 양이 줄어들기 때문이다. 이를 보완하기 위하여 변형이 적은 실리콘(Si)을 사용하는 다양한 소재가 연구 중이며, 추후 이를 이용한다면 폐배터리 및 재활용 문제도 개선 · 보완되며 향후 또 다른 혁신적 소재로의 기술개발이 이뤄진다면 해결될 것으로 보인다.

1) 화재 예방을 위한 배터리 냉각시스템의 중요성

일반적으로 배터리관리시스템(BMS)은 배터리가 완전히 충전되면 전류를 차단하지만 해당 시스템에 문제가 발생하면 셀에 에너지가 너무 많아질 때까지 충전을 계속한다. 이러한 시스템은 일반적으로 안정적이지만 때로는 오류가 발생되고, 실패할 수 있다. 열폭주에 대한 더 나은 이해를 얻으려면 열폭주 현상(event, 이벤트)을 유발하는 다양한 조건에서 배터리를 분석해야 한다. 일반적인 기술은 못 관통 테스트를 사용하는 것이지만, 서비스 중에 이런 일이 발생하는 것은 매우 드물다. 과열로 인해 열폭주가 발생할 가능성이 더 높다고 판단하여 배터리 설계, 개발 및 테스트에 중점을 두고 있는 것이다.

그러면 열폭주 테스트를 어떻게 수행할까?

열폭주 완화로 열폭주 위험을 줄이는 것은 열폭주 발생을 애초에 방지하는 것부터 시작하고, 다른 셀로 확산되지 않도록 억제하는 데 집중하여 팩의 전반적인 손상을 최소화하는 것이다. 따라서 최우선 과제는 먼저 열폭주를 방지한 다음 두 번째로 열폭주를 방지하는 배터리를 설계하는 것이다.

냉각시스템(cooling system)은 주행 및 충전 시, 특히 고속 충전 시 전기차(EV)의 배터리 온도를 제어하는 중요한 방법이다. 이러한 시스템에는 팩에 유전체 냉각수를 채우거나 액체가 들어 있는 금속 방열판(냉각판, heat sink · heat plate)을 셀 위와 아래에 배치하는 작업이 포함될 수 있다. 셀을 최적의 온도 범위 내로 유지함으로써 효율성을 유지할 수 있다. 이는 즉각적인 셀 고장으로 이어질 수 있는 핫스팟(hot spot)의 위험을 최소화할 뿐만 아니라 셀 노화를 줄여 배터리 수명 후반에 작동 온도를 높일 수 있다.

핫스팟(hot spot)은 배터리 내부에서 가장 뜨거운 지점의 온도를 말한다.

예를 들면 그래픽카드에서 간단한 비교를 통해 그래픽카드 온도(즉, GPU 온도)가 어떻게 되는 지를 살펴보면 다음 그림 6.26과 같이 코어(cores) 부위의 좌우 2개소가 빨

갛게 표시되어 칩세트 내부에서 가장 뜨거운 지점의 온도임을 확인할 수가 있다. GPU (Graphic processing unit, 그래픽처리장치)는 컴퓨터에서 그래픽 연산을 빠르게 처리하여 결과값을 모니터에 출력하는 연산장치이다.

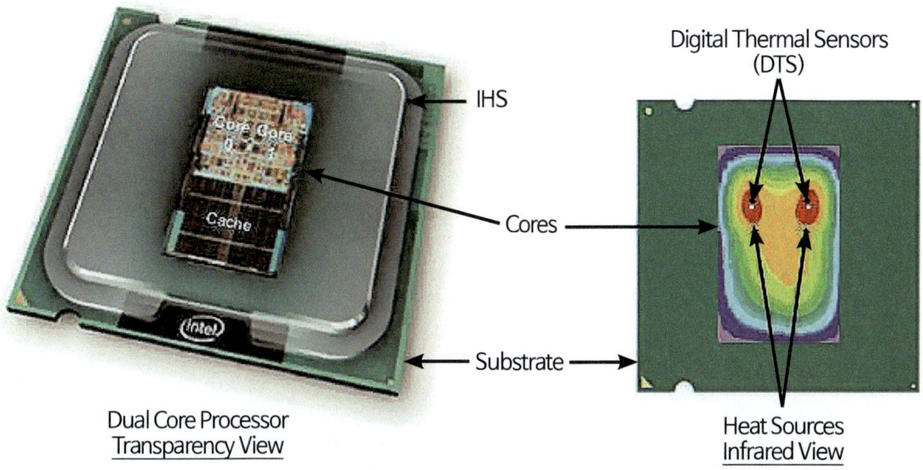

그림 6.26 그래픽카드(GPU, Graphic processing unit : 그래픽처리장치)의 핫스팟 예시

그림 6.27과 같이 CFD(Computational Fluid Dynamics, 전산유동해석) 및 열 시뮬레이션은 배터리 팩 냉각시스템의 성능을 최적화하는 데 도움이 되는 유용한 도구이다.

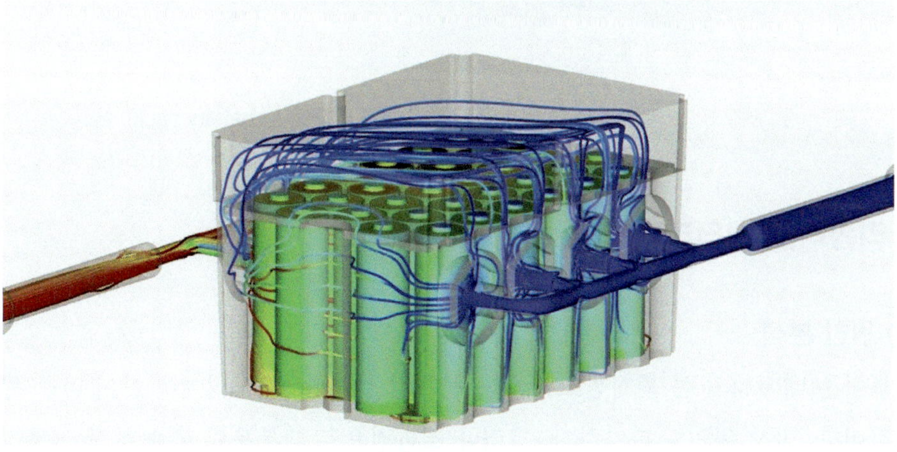

그림 6.27 CFD 및 열 시뮬레이션에 의한 열 유동해석의 예시

예방이 불가능할 경우 열폭주로 인한 에너지 방출을 억제하는 것은 재료 선택에 달려 있다. 에너지 방출은 거의 폭발 수준에 가깝지만 압력은 형성될 수 없으므로 폭연이 발생하고 화염과 함께 용융 금속입자가 배터리 내부의 재료로 직접 분출된다. 이상적으로는 2,000℃(3,632℉)를 견디는 목표를 세웠지만 이를 무한정 견딜 수 있는 물질은 없다. 그래서 적어도 일정 기간에 걸쳐 대처할 수 있는 다양한 재료를 사용하고 있으며, 현재 열경화성 복합재료가 가장 적합한 소재이기도 하다. 열경화성 복합재료는 고온에 대한 저항력을 제공하고 매우 가볍기 때문에 배터리 설계 전반에 걸쳐 이러한 재료(소재)를 활용하고 있다.

사진 6.12는 전기차에 있어 가장 주요 구성요소로 원가가 가장 비싼 배터리 팩이다.

사진 6.12 전기차의 가장 주요 구성요소인 배터리 팩(battery pack)

03 리튬이온 배터리의 화재 문제 및 해결

(1) 원인 분석

리튬이온 배터리의 큰 문제점으로 화재 문제가 꼽힌다. 배터리에서 불이 나는 원인은 제각각이다. 발생 원인도 다양하다. 그러나 결과적으로 대부분의 화재 현상은 분리막이 손상되어져, 음극재와 양극재가 서로 닿아 연쇄 화학반응을 일으키면서 불이 붙는 과정을 거친다.

이는 회로 또는 BMS(Battery Management System, 배터리관리시스템) 설계상 문제 혹은 냉각장치 등의 문제로 화재가 발생하기도 하지만, 리튬이온 배터리가 갖는 구조적 자체로 인해 불이 붙기도 한다. 배터리를 계속 사용 시에 리튬에서 날카롭고 뾰족한 가지 형상이 생성되고 계속 크기가 커져가면서 결국 분리막을 손상시키기 때문이다. 이러한 현상을 덴드라이트(dendrite) 현상이라고 한다. 덴드라이트 성장은 리튬이온 배터리에서 충·방전을 반복할 때 발생하여 리튬이온이 음극 표면에 축적되는 원인이 된다. 시간이 지남에 따라, 이 이온들은 전해질로 확장되어 양극과 접촉할 수 있는 금속 퇴적물을 형성할 수 있다. 덴드라이트 현상은 전지 음극에 리튬이 나뭇가지처럼 자라는 것으로 리튬이온전지의 성능이 떨어지고 폭발하는 원인으로 지목되고 있는 것이다. 원인은 리튬금속은 통상적으로 리튬 포일(Li foil)을 사용하는데, 그 과정에서 산화층이 생기는 원인으로 기인한다.

그림 6.28은 앞에서 설명한 리튬이온에 날카롭고 뾰족한 가지 형상인 덴드라이트(dendrite)가 성장하는 현상과 분리막을 손상시키는 원인을 보여준다.

리튬이온 덴드라이트가 분리막을 꿰뚫어 심각한 안전 문제를 야기시키며, 리튬과 전해질을 소비하여 용량이 감소한다.

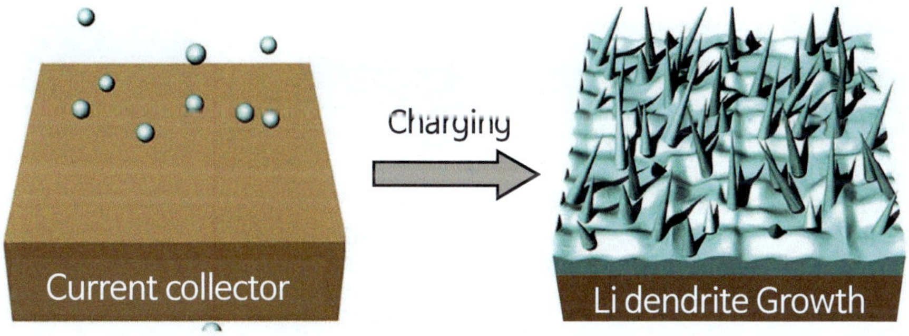

그림 6.28 **덴드라이트(dendrite)가 성장하는 현상과 문제**

일반적으로 전류 집전체(current collector, 전류 집전장치)는 양극과 음극에서 전자를 외부로 전달하기 위해 사용되며 전극의 전체 골격을 유지하는 기능도 한다. 기본적으로 전기 화학전지는 셀(cell)에 전기에너지를 저장한다. 집전체는 10μm대 두께의 박막재(포일, foil) 형태로, 전지 양·음극재 전기 화학반응에서의 생성 또는 필요한 전자(electron)가 원활하게 흐르는 통로 역할을 하는 소재이다. 주로 음극용 집전체는 구리(Cu) 포일을, 양극용 집전체는 알루미늄(Al) 포일을 사용하며, 포일의 두께는 10μm대로 머리카락보다 얇다.

(2) 삼성의 해결안(대안)

삼성전자 종합기술원에서는 1회 충전에 800km를 주행하며, 1,000회 이상 배터리 재충전이 가능한 전고체 배터리에 대한 연구결과를 발표했다(Nature Energy, 2020, 5, P299-308).

주요 내용은 전고체 전해질을 사용한 리튬금속전지의 이슈인 리튬음극의 덴트라이트 문제를 해결하기 위해 5μm 두께의 은-탄소 나노입자 복합층(Ag-C nanocomposite layer)을 적용한 '석출형 리튬음극기술'을 세계 최초로 적용한 것이다.

그림 6.29는 삼성이 발표한 전고체 배터리에 대한 연구결과인 '석출형 리튬음극기술'의 개략도(개요도)이다. 주요 특징 중 하나는 전고체 배터리는 고체 전해질이 분리막 기능을 동시에 수행하는 것이다.

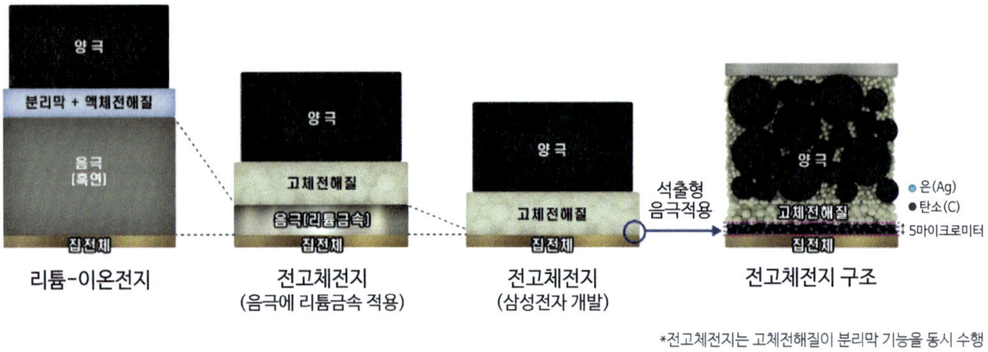

그림 6.29 전고체 배터리에 적용된 '석출형 리튬음극기술'의 개략도

(3) 에너지 밀도(Energy Density)

해결해야 할 문제는 에너지 밀도(energy density)다. 현재의 리튬이온 배터리는 다른 방식의 배터리 대비 에너지 밀도가 높다. 전기차에 사용되는 리튬이온 배터리의 에너지

밀도는 kg당 250Wh 수준이다. 중국 전기차에 보편적으로 사용되는 리튬인산철(LFP) 배터리의 에너지 밀도가 평균 150Wh/kg이라는 점을 생각했을 때 66% 이상 밀도가 높은 것에 해당한다.

자동차 배터리로 이용되기 위해서는 이보다 더 높은 수준의 에너지 밀도를 필요로 한다는 것이다. 현재 1회 충전 주행거리가 긴 중대형 전기차종은 약 500~600km를 이동할 수 있다. 하지만 급속충전으로는 최대 80%밖에 충전을 할 수 없다는 점, 겨울철에는 주행거리가 30~40%는 감소한다는 점을 생각하면 체감 주행거리는 크게 줄어든다. 900~1,000km의 주행거리는 갖춰야 겨울철에 80%만 충전해도 마음 놓고 이동할 수 있는 여유가 생긴다는 것이다.

안정적으로 대량 생산해야 한다는 조건이 붙었을 때 300Wh/kg를 넘지 못하고 있는 것이 현실이다. 테슬라가 개발해 전 세계를 깜짝 놀라게 만들었던 4680 배터리의 에너지 밀도도 296Wh/kg 수준이다.

주행거리를 늘리기 위해서는 배터리의 에너지 밀도를 더 크게 높여야 한다. 400Wh/kg에 이르는 리튬이온 배터리가 연구되고 있다. 하지만 배터리가 폭발하지 않으면서 모든 문제를 해결할 수 있는 방법이 있다. 바로 전고체 배터리를 쓰는 것이다.

전고체 배터리는 액체 전해질 대신 고체 전해질을 사용하는 배터리다. 전해질이 없고, 배터리 안정기 등을 추가하지 않아도 되기 때문에 무게와 부피를 줄일 수 있다. 이를 바탕으로 전지 고용량화, 소형화, 형태 다변화 등이 가능하다.

또, 고체 전해질이 훼손되더라도 형태를 유지할 수 있고, 외부 충격에 의한 누액 등 배터리가 손상되더라도 안전성을 확보할 수 있다.

여기에 에너지 밀도를 크게 높일 수 있다. 약 450~500Wh/kg 수준까지 높일 수 있어 전기차 주행거리를 비약적으로 향상시키는 것까지 가능하다.

이미 셀 단위 전고체 배터리 기술은 완성 단계에 이르렀다. 하지만 안전성을 유지하면서 대량생산까지 할 수 있는 전기자동차 전용 전고체 배터리를 만드는 것은 또 다른 차원의 문제다. 영국의 세계적 가전회사 다이슨(Dyson)이 4년여의 시간 동안 한화 3조 원이 넘는 금액을 투자하면서 전고체 배터리 전기차를 내놓으려 했지만 결국 사업을 포기한 바 있다. 현재는 일본 도요타(Toyota) 자동차가 전고체 배터리 자동차를 내놓을 유력한 업체로 꼽히고 있지만 구체적인 공개 일정이 나오지는 않았다. 국내에서는 삼성 SDI가 전고체 배터리 선두주자로 꼽히고 있다.

사진 6.13은 삼성 SDI의 서로 크기가 다른 즉, 에너지 밀도가 다른 파우치형 배터리 셀의 모습이다.

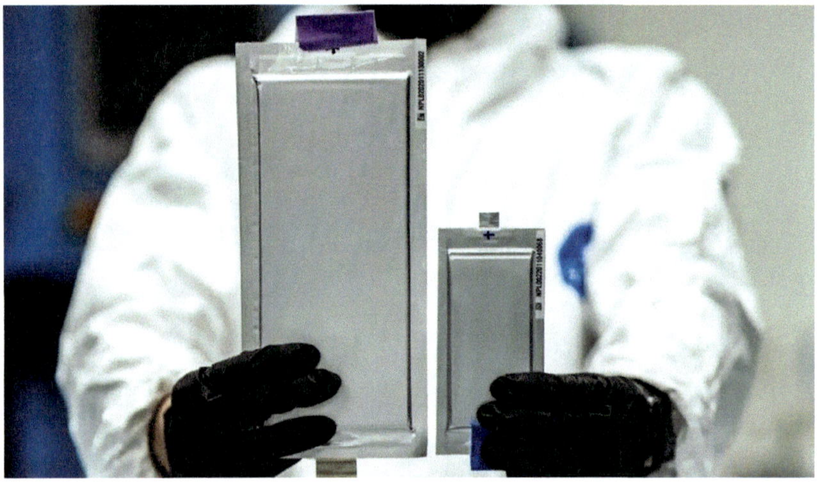

사진 6.13 서로 크기가 다른 파우치형 배터리 셀

사진 6.14는 전기차의 에너지 밀도를 좌우하는 배터리 팩을 장착한 전기차 하부 차체의 플랫폼을 보여준다.

사진 6.14 전기차의 배터리 팩 플랫폼

6.9 요점 정리(분리막 파손 원인)

01 개요

(1) 이차전지 폼 팩터(Form factor, 형태)

이차전지 폼 팩터에 따른 분리막 형태 및 가공방법, 조립방법, 제조공정은 서로 다르다.

① 원통형(cylindrical type)
② 각형(prismatic type, 직사각형)
③ 파우치(pouch, 작은 주머니/작은 가방)

(2) 분리막 가공방법 및 제작

① winding(권선형)
② lamination(다층구조)
③ stacking(적층형)
④ lamination(다층구조) & stacking(적층형)
⑤ Z-폴딩으로 적층(lamination & stacking, zigzag(지그재그) 방법)

위에서 분리막을 원하는 이차전지(배터리) 폼 팩터(형태)에 맞도록 가공 및 제작 후

(3) 양극판(활물질, 도전재, 바인더 결합)+분리막+음극판 활물질, 도전재, 바인더 결합된 일종의 모듈(sub-a'ssy, 서브 어셈블리)로 만든다.

(4) 압출로 만들어진 이차전지 케이스 금속 캔(can) 또는 파우치 케이스에 위 모듈을 삽입한다.

(5) 금속 캔(Al 재질) 또는 파우치 케이스에 전해액을 주입한다.

전해액 주입을 원활하게 하기 위해 파우치 케이스 옆에는 공기 포켓(air pocket, 공기층으로 가스를 채우기 위함이다)이 설치되어 있다.

02 분리막 파손 원인

저자가 그동안 연구하고 분석한 바로는 다음과 같은 복합적인 문제들이 결합되어져 분리막 파손의 원인이 되고 있다.

분리막 파손은 여러 변인에 의해 실금 등 아주 미세크랙(micro crack)의 발생과 성장으로 인해 부분적인 국소 파괴가 일어나 분리막의 기공 파손이 발생한다. 이 때 전해액이 통과하고 전해액의 화학적 반응으로 초기 스웰링(swelling) 등이 계속 진전되어져 과열이 가속되고 140℃ 이상으로 온도가 급속히 올라가면 화재가 발생하기 시작하는 것이다.

그림 6.30은 앞에서 설명한 내용에 대해 저자가 배터리의 화재 발생 원인을 다각도로 분석한 내용을 칠판에 정리한 강의 자료의 예시이다.

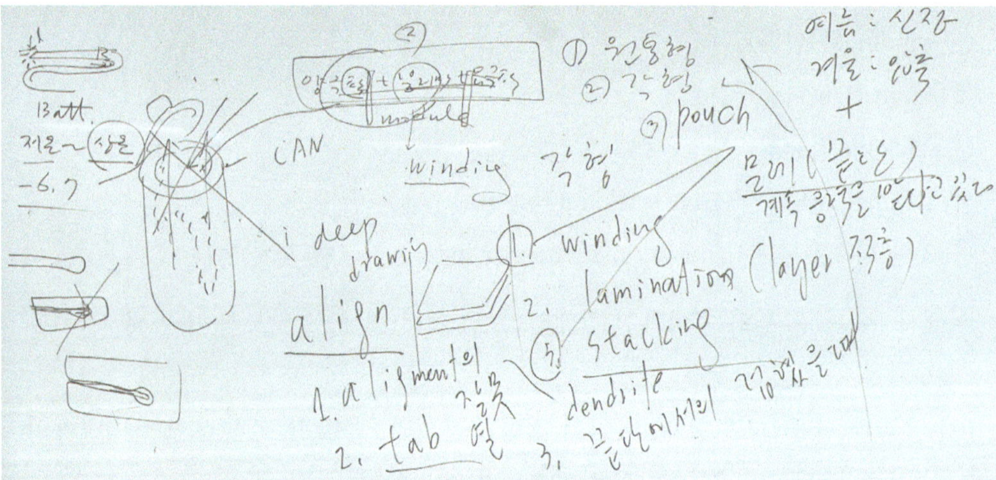

그림 6.30 **저자가 배터리의 화재 발생 원인을 분석한 강의 자료의 예시**

(1) 강도(Strength, 強度)와 강성(Rigidity, 剛性)

분리막 파손 방지를 위한 세라믹 코팅법도 결국은 분리막의 내구성을 향상시키기 위해 분리막 표면에 강도와 강성을 동시에 주기 위해 코팅을 하는 것이다.

여기서 강도(strength)는 절단 또는 파괴를 일으키는 외력에 얼마만큼 잘 견디느냐로 예를 들면 인장강도는 응력-변형률 곡선에 따른다. 강성(rigidity)은 얼마만큼 변형에 잘 견디느냐로 변형에 저항하는 능력을 의미한다. 다시 정리하면 다음과 같다.

1) 강도(Strength, failure load)

재료(소재)가 파괴되기까지의 저항으로, 강도는 일반적으로 단위면적 당 힘으로 나타내며 SI 단위로 N/m^2이다.

다시 말해 강도는 외력이 가해졌을 때 파괴되는 힘을 말한다. 즉, 단위면적 당 힘으로 표기하는데 응력(stress)이라고 한다.

강도의 종류에는 인장강도(tensile strength), 압축강도(compressive strength), 굽힘강도(bending strength), 비틀림강도(torsional strength) 등이 있다.

2) 강성(Rigidity, stiffness)

재료(소재)가 변형에 저항하는 정도이며, 단위길이 당 힘으로 나타내며 SI 단위로는 N/m이다.

즉 같은 재료라도 모양, 길이, 부피 등에 따라서 강성이 달라지게 된다.

어떤 재료가 외력을 받았을 때 강성이 약하면 크게 변형되며, 강성이 크면 작게 변형이 발생한다. 예를 들자면 고무줄을 잡아당기면 작은 힘으로도 많은 변형을 발생시킬 수 있으나 스틸 바(steel bar)를 잡아당기면 웬만한 힘으로는 변형이 거의 일어나지 않음을 알 수 있다.

따라서 어느 정도까지 힘을 주었을 때 소성변형이 발생하고 결국은 끊어지거나 부서지느냐는 강도(strength)의 설계이고, 어느 정도 힘을 가했을 때 얼마만큼 휘어지느냐는 강성(rigidity, stiffness)에 관한 설계 영역이다.

강도는 '얼마나 힘을 버티냐'의 정도이고, 강성은 '얼마나 잘 늘어나냐'의 정도로 강도와 강성은 서로 반비례 개념이다.

(2) 분리막의 세라믹 코팅

이차전지 배터리는 계속 전기를 주고 받아야 하는 특성 상 발생하는 운동에너지로 인해 쉽게 열이 날 수 있는데, 분리막이 특히 열에 취약하다는 점이다. PE(Polyethylene, 폴리에틸렌) 분리막은 약 130℃ 근처에서 녹기 시작해 기공(pore)이 폐쇄되는 셧다운

(shut down) 특성이 있다. 또 150℃ 이상에서는 완전히 용융해 내부 단락을 막지 못하고 붕괴하는 상태에 이른다.

이로 인해서 나오게 된 방식이 코팅방식이다. 코팅(coating)은 세라믹(ceramic)으로 하는 것, 폴리머(polymer)로 하는 것, 컴바인(combine)으로 하는 3가지 종류가 있다. 사례를 들면, LG화학은 분리막 표면에 세라믹 입자와 고분자 바인더를 코팅하는 딥(dip, 담그는) 코팅방식을 적용하는 분리막을 리튬이온 이차전지 배터리에 적용했다. LG화학의 SRS(Safety Reinforced Separator®, 안전성 강화 분리막) 기술의 경우 나노 세라믹 코팅을 적용해 배터리의 내구성과 내열성을 강화하고 이온이 잘 통하는 다공성 폴리올레핀(PO, Polyolefin) 소재로 배터리 내부의 전기적 단락을 감소시켜 준다. 이 기술은 특히 안전 문제가 중요한 전기차용 배터리에서의 경쟁력에 큰 영향을 주고 있다.

PE(폴리에틸렌) 소재는 130℃가 넘어가면 용융되기 시작하여 150℃가 넘어가면 내부 단락을 일으킬 정도로 완전 용융된다. 전기차용 이차전지 분리막은 이러한 문제로 인해서 PP(Polypropylene, 폴리프로필렌)를 사용한 건식분리막이 사용되었으나, 최근에는 PP의 경우에도 안전성이 부각되면서 분리막 표면에 세라믹 입자와 고분자 바인더를 코팅한 제품이 개발된 것이다.

LG화학이 개발한 세라믹 코팅 SRS(Safety Reinforced Separator) 기술이 표준화되었으나, 최근 LG에너지솔루션(LGES)의 배터리 화재 등으로 다른 기업들도 더 나은 기술개발을 현재 진행 중에 있다.

(3) 요점 정리

① 분리막 가공 방법에서 양끝단을 Z폴딩 방법(zigzag) 등으로 접을 시 양끝단에 벤딩을 위한 내경이 없이(분리막 두께가 10~25㎛, 초박막) 접혀져(와인딩, Z 라미네이션 & 스태킹 등) 오래 사용 시 응력집중 및 지속적으로 응력이 작용한다. 보통 정적응력이지만, 특히 외부 충격 시는 배터리에 가해지는 동적응력(변동하중)도 작용된다 → 이때는 정적+동적응력의 가중으로 파손되기 쉽고, 집중응력으로 인해 실금, 크랙의 발생 → 크랙의 성장 및 파손으로 진행된다.

② 배터리를 사용하는 전기차 주행성능(능력) 평가는 1회 충전주행거리의 비교측정이다. 일반적으로 저온 −6.7℃에서 상온 25℃까지의 비교측정이다. 특히 추운 날씨인 저온에서는 전해액이 굳어져 리튬이온의 이동이 둔해지며, 성능이 감소한다.

이를 해결하기 위해 차량 내부에서 발생하는 열을 활용하는 열관리시스템이 사용되지만, 일단 전해액이 굳어지면 분리막이 압축되고, 상온에서는 팽창되어지는(신장 및 압축 변형 · 변위) 즉, 지속적인 떨림(진동)현상으로 분리막에 가해지는 아주 미세한 반복적 동적인 힘이 원인이 되어 파손이 일어날 수도 있다.

참고로 전기차 배터리의 열폭로시험은 극한에서 −20℃ ~40℃이지만, 더 심한 극한환경에서는 −40℃(시베리아 등 극저 지방에서는 영하 −50℃가 된다)~60℃(중동 등 더운 지역에 모터 및 배터리 등에서 발생하는 열까지 더해져)까지도 시행된다.

③ 충 · 방전 시 분리막 및 기공에 리튬이온의 이동에 의한 초미세한 전기장력의 작용으로 위의 ①, ②에 부하가 계속 작용한다.

④ 분리막의 적층 시 정렬 · 배열(어레이, array)이 정확히 안돼 강도 및 내구성이 떨어진다. 이는 정렬(alignment)이 정확하지 못하기 때문이다.

LG에너지솔루션의 제품은 정확한 정렬(alignment)을 갖고 있지만, 중국산은 정확한 정렬이 안되어 있다.

⑤ 파우치를 비롯한 전극(+), (−)용 전극판(tab, 탭)을 용접 시 용접열에 의한 손상 가능성이 있다.

⑥ 충 · 방전 시 Li 이온의 덴드라이트(dendrite, 뾰족한 수상돌기가 분리막에 쌓여 바늘처럼 된 돌기가 분리막을 찢거나 파손시킴) 현상에 의한 분리막의 찢어짐이나 파손 가능성이 존재한다.

(4) 기타 원인

1) 배터리의 과열

분리막 파손(분리막 면적 대비 분리막의 기공비율은 70%(기공비율이란 분리막 전체 면적 대비 모든 기공을 합친 면적비율이다. 즉 분리막 전체의 70%가 기공이다)와 나머지 부분이 30%를 차지한다 → 전해액이 섞힘으로 화학반응에 의한 열발생 → 압력이 커지고 부피가 커져 순간적 팽창 → 스웰링(swelling) 현상 발생 → 누액(전해액 누설) → 화재 발생 → 열폭주 → 폭발로 이어진다.

참고로 다공성 소재인 분리막 두께가 10~25 μm, 기공 크기는 0.01 μm~0.5 μm(10~500nm) 정도로 매우 작아서 리튬이온(Li^+)이 빠르고 안전하게 이동할 수 있다.

2) 전기배선(cable)의 불량

① 고전압용(60V 이상의) 케이블 사용 안함.

② 절연이 완전하지 않음(불완전) : UL승인 절연케이블(insulation cable) 사용 안함(고가이므로 가격을 줄이기 위해 승인 안된 불량제품의 사용).

③ 고전압 전극용 버스바(busbar) 등을 사용하지 않고 일반 커넥터나 용접으로 사용하며, 이때 용접불량 등이 발생할 가능성이 있다.

3) 배터리의 직렬 및 병렬 연결

배터리 성능과 용량을 맞추고(올리고), 배터리 팩 사이즈를 줄이기 위해 예를 들면, 16S20P 등으로 배터리 셀을 어레이(array, matrix에서 row(x 방향)와 column(y 방향)으로, S는 Serial로 직렬, P는 Parallel로 병렬을 의미한다)하고 있다. → BMS가 직렬에서는 과전압 · 과충전을 감지하나, 병렬에서는 불가하다.

4) 전원이 꺼진 후 BMS 감지 문제

주행 중이나 충전 중에는 BMS가 직렬에서는 과충전 · 과방전을 감지하나, 전원을 끈 상태의 주차 중이거나 시동이 꺼져 있는 상태에서는 전원도 오프(off)되어져 BMS가 과충전 · 과방전을 감지하지 못한다. 따라서 이때 분리막 파손 등으로 인한 발열이 지속되어지는 것을 사전에 감지 못하므로 나중에 화재나 폭발로 이어진다. 이 때 열변형에 의한 크리프(creep) 현상도 발생한다.

① 별도의 주차 등 전원이 꺼졌을 때 배터리안전관리를 위한 BMS용 여분(spare, 스페어) 배터리 장착의 필요(main 이차전지+BMS 등의 감지용 2차 spare 배터리).

② 또한 주차 · 정차 중에 배터리로 인한 혹시 화재 발생 예상 시 냉각시스템을 스스로 동작시키도록 한다.

③ 배터리 스웰링 현상(배터리 케이스의 열변형 즉, 평탄도 변화) 감지용 센서 동작.

5) 배터리 내부의 냉각시스템의 문제

① 현재 전기차는 냉각시스템이 제대로 작동하지 않거나 냉각효율이 떨어진다.

② 이는 배터리의 전력 소모를 가능한 줄이기 위한 전기차의 조치이다.

따라서 혹시나 모를 기준치를 상회하는 고온 상승, 이상 발열, 스웰링 현상 등에서는 2차 스페어 배터리로 반드시 내부의 냉각시스템이 자동으로 작동되어야 한다.

화재와 폭발로 이어질 수 있는 원인들에 사전 대응조치가 선행돼야 한다.

6) 값싼 비인증 불량 배선 사용

합선(short, 단락) 방지를 위한 배선 최적화(wiring optimization)는 배터리 용량 · 에너지 밀도에 맞는 반드시 인증(KC, UL 등)을 받은 최적화된 배선 길이와 배선 폭을 사용해야 하나, 비용을 줄이기 위해 값싼 비인증 불량품(대부분 중국산) 사용 및 이로 인한 불량 발생에 기인한다.

① 최적화된 고전압 · 고출력 배선 작업(wiring)은 60V 이상의 고전압에 의한 전기 흐름에 있어 저항 등에 의한 열발생 등의 최소한의 대책이다.

② 배선 최적화는 가장 기본적인 사항으로 반드시 KC인증을 받은 또한 정격에 맞는 제품을 사용해 어떠한 환경조건 하(온도, 습도, 염수분무 등)에서도 전기 스파크, 단락(합선) 등이 절대로 발생해서는 안된다. 이는 화재의 직접 원인이 되기 때문이다.

6.10 전기차 화재 및 폭발의 사전 예방 - 배터리 정기 검사(점검) 및 성능 분석

01 문제점과 사전 예방의 필요

전기차 4만 5,000대 배터리 점검 못해, 전체 11.6% … 화재 · 폭발에 취약

국내에서 운행하는 전기차 중 4만 5,000여 대가 배터리 상태를 점검할 수 없어 화재나 폭발 등 안전 문제에 취약한 것으로 나타났다. 최근 3년 새 발생한 전기차 화재 사고가 100건에 육박하는 가운데, 국내에 등록한 전기차 10대 중 1대가 안전 점검의 기초가 되는 배터리 진단에서 빠진 것이다.

2023년 10월 8일 한국교통안전공단이 국회 국토교통위 소속 더불어민주당 조오섭 의 원에게 제출한 국감 자료에 따르면, 올해 1월 기준 국내에 등록된 전기차 가운데 11.6%인 4만 5,212대가 공단에 배터리관리시스템(BMS)을 제출하지 않은 것으로 집계됐다.

BMS는 전기차 배터리의 전류와 전압, 온도 등을 모니터링해 최적 성능을 발휘할 수 있도록 제어하는 시스템이다. 배터리가 안전한 상태를 유지하는지 점검하려면 BMS 센서를 통해 수집한 자료를 확보하는 것이 필수다. 현재 현대차 · 기아, 한국지엠 등 국내 완성차 업체 대부분은 이 자료를 공개해 교통안전공단이 개발한 전자장치진단기(KADIS)를 통해 공단 소속 검사소나 민간 검사소 등에서 배터리를 점검할 수 있다. 하지만 수입차 제작사들은 차량 중요 정보가 유출될 우려가 있다며 BMS 제공을 꺼리고 있다. BMS 자료를 제공하지 않는 전기차의 77.6%(3만 5,098대)가 수입차 브랜드로 조사됐다. 국내에서 많이 팔리는 메르세데스-벤츠(7,418대), BMW(7,081대), 폴크스바겐(6,228대) 등 3개 브랜드가 전체의 절반 이상을 차지했다. 이어 폴스타, 포르셰, 푸조, 볼보 등 순이다.

하지만 현재 이들 수입차 제작사에 BMS 자료 공개를 강제할 법적 근거는 없다. 현행 자동차관리법 시행규칙상 자동차 제작사가 교통안전공단에 제출해야 할 자료 범위에 BMS가 빠져 있기 때문이다. 내연기관 차량은 승용차 · 승합차 · 화물차 등 차종에 따라 6개월~2년마다 검사를 받아야 하지만, 배터리 검사 주기와 관련한 규정이 없는 것도 문제다. 조 의원은 "국민의 안전, 국내 완성차 업체와의 형평성을 감안할 때 수입 전기차 제작사도 보다 적극적으로 BMS 자료를 제공해야 한다"며 "정부가 관련 규정을 시급히 정비해야 한다"고 지적했다.

(출처 : 조선일보, "전기차 4만 5,000대 배터리 점검 못해", A12면, 2023. 10. 9.)

02 리튬이온 이차전지(배터리)의 성능 분석 및 평가

(1) 필요 지식 및 실무 능력

리튬이온 이차전지(배터리)의 안전성을 확보하기 위한 배터리 성능 분석 및 평가를 위해서는 이차전지에 대한 전반적인 이해(화학, 소재, 전기, 기계공학 등 다방면의 지식), 하드웨어(H/W, hardware) 지식기반으로 회로(BMS, PCS, PCM 등), 제어기(controller, 제어장치), 인버팅 기술 등 그리고 S/W 지식기반으로는 BMS 프로토콜, 펌웨어 등을 비롯한 실무기반 지식으로는 양극재, 음극재, 분리막, 전해질(액체 및 고체)

등의 화학 원리, 소재 및 물성, 측정, 반응공정, 시스템, 기계구조 등의 전반적 기술의 이해는 물론 화재 및 폭발 방지를 위한 냉각장치 및 방재 그리고 분석 · 평가 · 활용 등에 걸친 전방위적인 지식, 이론, 스킬(skill), 노하우(know-how) 등이 필요한 융복합된 신분야 산업에 대한 직무 관련 지식과 실무기술이 필요하다.

이를 정리하면 다음과 같다.

1) 전공지식 분야

① 화학(전기화학 포함)

② 소재(고체물리 포함)

③ 전기 및 전자

④ 기계시스템 및 제어

⑤ 안전(열, 화재, 폭발 등에 있어 예방 및 대처)

⑥ 소프트웨어(software)

⑦ 펌웨어(firmware)

2) 전기차 핵심기술

구동부, 배터리, 전장, 제어부(ECU) 및 시스템, 차체(구조기술 및 메커니즘), 핵심요소기술(CTE)

(2) 폐배터리 재활용 및 재사용

충 · 방전이 가능한 이차전지 폐배터리의 재활용(recycling) 및 재사용(reuse)은 이미 친환경 및 희토류 금속 확보 차원에서 국가 전략적인 사업이다. 중견기업 에코프로 및 대기업에서 이미 비즈니스를 진행하고 있다. 따라서 이를 확대하고 세분화하여 일상에 유통시켜 관련 산업 생태계를 활성화시키고 선순환시키는 산업은 별개로 기존 사업을 개선하고 보완한 신산업으로 시장성과 경제성과 성장성도 아주 좋다.

신재생에너지, ESS와 전기자동차를 비롯한 모빌리티, IT기기 및 디바이스, 데이터 센터 등 장치, 기기, 설비, 신재생에너지복합단지 관련 인프라 사업에 이르기까지 수요가 계속 증가하고 있다.

전기자동차는 물론 드론, UAM(Urban Air Mobility, 도심항공이동수단), PM(Personal

Mobility, 근거리용 개인이동수단)으로 대표되는 모빌리티 분야, 스마트폰 및 노트북과 같은 IT기기 그리고 데이터 센터, 태양광 및 풍력발전에 있어 필수적인 ESS(Energy Management System, 에너지저장시스템) 등 광범위한 산업분야에 있어, 화재 및 폭발에 취약한 충·방전이 가능한 이차전지 리튬이온 배터리를 대량으로 사용하는 이동수단과 설비, 시설이 늘면서 이차전지에 있어 폐배터리를 활용하는 재활용과 재사용에 대한 당위성, 필요성과 수요가 급속히 확대되고 있다.

4차 산업혁명 시대에 있어 미래 주력산업인 전기차의 핵심요소라 할 수 있는 배터리에 대한 이해를 높이고, 또 실습과 실무를 통해 배터리 제조, 진단, 평가까지 가능한 직무수행이 바로 리튬이온 이차전지(배터리)의 성능 분석 및 평가라고 본다.

이를 위한 교육과정과 기술습득은 이차전지의 기초 및 응용, 전기 기초, 배터리 진단, 평가, 배터리 성능저하 요인, 배터리 재사용(reuse) 및 재활용(recycling) 이론과정, 배터리 활물질 극판(양극재, 음극재) 제작실습, 배터리 단전지 제작 실습, 배터리 모듈 제작과 제작된 모듈 충·방전 시험 및 밸런싱(balancing), 배선(직렬 및 병렬), 모듈레이션(modulation) 등을 비롯한 실무과정과 진단실습 등으로 이루어져야 한다.

또한 전기차 배터리 재활용은 새롭게 각광받고 있는 산업 분야이다. 전세계적으로 시장성도 매우 크다. 따라서 기존 화석연료을 대체하기 위한 이차전지, 전기차와 관계된 연계시장(linked market)은 엄청나게 확대될 것이다.

지금도 진행되고 있는 탄소중립, RE100, 그린에너지, 에너지효율, 기후변화 관련 수단, 기기, 장치, 시스템, 설비, 인프라 등에 있어 핵심요소 중 하나인 이차전지(배터리) 재사용 및 재활용 수요가 높아지고 있기에 그 당위성과 필요성, 시장성은 갈수록 아주 크며, 향후 글로벌 시장 진출의 절호의 기회라고도 판단된다.

참고로 이와 관련하여 2022년 현재 글로벌 이차전지(배터리) 시험인증산업 관련 시장은 대략 국내는 13조 8,000억 원, 세계적으로는 대략 243조 원 규모로 추정된다.

그리고 국가 경쟁력과 기업경쟁력을 위해서는 세계적으로 선도적 역할을 할 주요 업무로 평가된다.

미래 산업과 연계된 필수적이며 핵심적인 분야로 발전과 성장 가능성은 매우 크기에, 지속적인 관심과 실무교육을 위해서는 기술제공, 실험·계측장비 및 설비 제공 등이 반드시 필요하다.

또한 이에 필요한 기준, 법규, 시행령, 교육기관 및 자격증 부여 등은 기존 위험물 처리 및 산업안전기준 자격증과 비슷하기에 큰 무리는 없다고 본다.

현재와 미래에도 계속 아주 유망한 산업으로 각광을 받을 것이다. 왜냐하면 탄소감축으로 기후변화에 대응하기 위해 G20을 비롯한 세계 각국은 계속 신재생에너지원의 확대를 강력히 추진하고 있다.

이차전지의 재사용과 재활용뿐만 아니라, 특히 리튬이온 이차전지(배터리)의 안전성을 확보하기 위한 배터리 성능 분석 및 평가를 위해서는 배터리 성능 및 잔존수명을 정확히 분석하고 성능을 정확히 평가해 전기차의 배터리 성능 저하는 물론 배터리로 기인하는 화재 및 폭발을 미리 예방하는 사전 조치는 존엄한 인간의 생명을 보호하는 가장 최선의 예방 및 사전조치(방책)라고 저자는 강조한다. 이를 위해, 이에 대한 이차전지 배터리 (성능)분석 · 평가는 철저한 이론교육과 실습 및 실무(업무)를 바탕으로 하는 국가자격시험 시행과 공인자격증이 필요하다고 본다.

현재 전기차 업체는 이차전지 리튬이온 배터리 수명은 10만km, 10년 또는 13만km, 8년으로 배터리를 무상으로 보증(warranty)하고 있다.

사진 6.15 미국 어센드엘리먼츠의 폐배터리 재활용 분류작업 모습(출처 : 한국경제)

사진 6.15는 미국 조지아주 코빙턴에 있는 배터리 재활용 스타트업 어센드엘리먼츠의 폐배터리 재활용 공장에서 직원들이 배터리 분류작업을 하고 있다. 또한 폐배터리에서 리튬, 니켈, 코발트 등의 광물을 뽑아내기 위한 신기술 개발도 한창 중이다.

매사추세츠공대(MIT)의 연구실 스타트업인 머티리얼스르네상스는 폐배터리에서 금속을 추출할 때 사용하는 화학물질의 양을 대폭 줄이는 기술에 집중해 미래 기술로 화학물질 제로 채굴법에 도전 · 개발 중이다.

전기차, 휴대전화, 노트북 등에 탑재되는 리튬이온 배터리는 전 세계에서 가장 많이 사용되는 배터리 형태다. 리튬 · 니켈 · 흑연이 필수적으로 사용되고 생산 업체마다 코발트 · 망간 · 알루미늄 등을 추가해 특색 있는 배터리를 계속 개발해 왔기에 폐배터리 재활용의 비중도 그 만큼 커지고 있다.

6.11 전기차 화재

불나면 배터리서 가스 · 산소 나와 … 물에 넣어 화재 진압하죠

전기차 배터리
가볍고 출력 좋은 '리튬이온 배터리'
양극 · 음극 분리막 손상 시 화재 발생
온도 낮추는 '냉각 소화법이 유일해'
초기 진압 후 수조에 빠뜨려 불꺼요

최근 전기차에서 화재가 발생했다는 뉴스가 종종 등장해요. 지난 8월에는 인천 청라의 한 아파트 지하 주차장에서 전기차 화재가 일어나 인근 차량 100여 대를 태우는 대형 사고가 나기도 했었죠. 이후 전기차의 안전성에 대해 우려하는 사람이 많이 생겼어요.

현재 우리가 타는 자동차 대부분은 엔진의 힘을 이용해 움직이는 '내연기관 자동차'예요. 운행할 때 환경에 좋지 않은 매연 가스를 내뿜기 때문에 세계 많은 나라가 가스를 배출하지 않는 전기차 보급을 늘리려고 노력하고 있어요. 그런데 전기차는 과연 안전한 걸까요? 오늘은 전기차가 어떤 구조로 이뤄져 있는지, 전기차에서 발생한 불은 왜 끄기 어려운지 알아볼게요.

대부분 리튬이온 배터리 사용

전기차는 내연기관 자동차와 구조가 달라요. 전기차의 모터, 감속기, 배터리는 각각 내연기관의 엔진, 변속기, 연료 탱크 역할을 담당해요.

그중에서도 가장 중요한 부품이자 제조 비용 대부분을 차지하는 것이 배터리랍니다. 배터리는 전기에너지를 담아두는 저장소 역할을 해요. 전기차 모터가 배터리에서 나오는 전기 에너지를 회전 에너지로 바꿔 자동차 바퀴를 움직이죠.

전기차 배터리는 차량 바닥에 길게 깔려 있어요. 납 · 니켈 등 여러 종류가 있는데, 오늘날 판매되는 대부분의 전기차는 '리튬이온 배터리'를 사용한답니다. 리튬이온 배터리가 다른 배터리보다 성능이 뛰어나기 때문이에요. 이 배터리는 충전 시간이 다른 배터리에 비해 짧은데 사용할 수 있는 시간은 더 길어요. 심지어 무게는 가벼운데 출력되는 에너지는 높아요. 이뿐만 아니라, 다른 소재 배터리들은 주기적으로 배터리를 0%로 완전 방전시켜야 오래 사용할 수 있는데, 리튬이온 배터리는 그럴 필요가 없답니다.

이런 다양한 장점 덕분에 리튬이온 배터리는 스마트폰이나 노트북 같은 소형 전자 기기부터 가전제품, 전기차까지 광범위하게 사용되고 있어요. 2010년대부터 전기차가 본격적으로 등장하기 시작하면서 리튬이온 배터리의 효율을 높이기 위한 기술도 빠르게 발전하고 있습니다.

다른 배터리보다 불 끄기 어려워요

하지만 리튬이온 배터리에도 단점은 있어요. 다른 배터리보다 화재 위험성이 높다는 거예요. 전기차에서 발생하는 화재를 진압하기 어려운 이유 또한 이 리튬이온 배터리가 가진 성질 때문이랍니다.

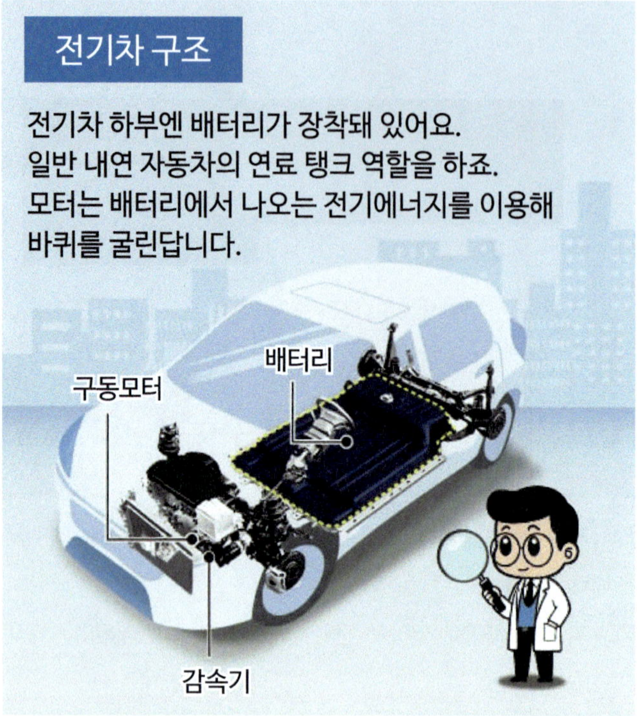

리튬이온 배터리는 크게 양극 · 음극 · 전해액(전해질) · 분리막으로 구성돼 있어요. 전해액 속에 있는 리튬이온이 분리막의 미세 구멍을 통해 양극과 음극 사이를 이동하며 전기를 저장하고 또 발생시키죠. 여기서 양극과 음극을 나누는 분리막은 매우 중요합니다. 외부 충격이나 제조 결함 등으로 분리막이 손상되면 양극과 음극이 직접 연결되게 되는데요. 그렇게 되면 최대 전류가 흘러 과열이 일어나고, 순식간에 온도가 치솟는 '열 폭주' 현상이 발생해 화재가 날 수 있거든요.

리튬이온 배터리에 붙은 불을 특히 끄기 어려운 이유는 뭘까요? 물질이 연소(燃燒)하려면 크게 연료(나무, 가스 등), 일정량의 산소, 발화점 이상 온도 등 세 요소가 필요해요. 반대로 세 개 중 하나만 없어도 불은 꺼지죠. 그런데 불붙은 리튬이온 배터리에서는 지속적으로 가연성 가스(연료)가 발생해요. 리튬이온 배터리의 전해액은 휘발성이 강한 유기화합물로 만들어지는데(전해액이 휘발성이 강하고 가연성이 있는 솔벤트와 같은 유기화합물로 구성되어져 있다), 배터리에 불이 나면 전해액이 열분해되면서 인화성 가스(HF와 같은 유해 가스로, off-gas라 한다)가 분출되는 거죠. 또 주변 온도가 높아지면 리튬이온 배터리에 사용되는 리튬산화물(양극재는 산소와 결합한 리튬산화물(oxidation)로 되어 있다)에서 산소도 나오고요. 배터리는 단단한 금속으로 둘러싸여 있기 때문에 직접 물을 부어 불을 끄기도 어렵답니다.

그래서 리튬이온 배터리 화재는 배터리의 온도를 낮춰 진화하는 '냉각 소화'가 유일한 방법이에요. 이런

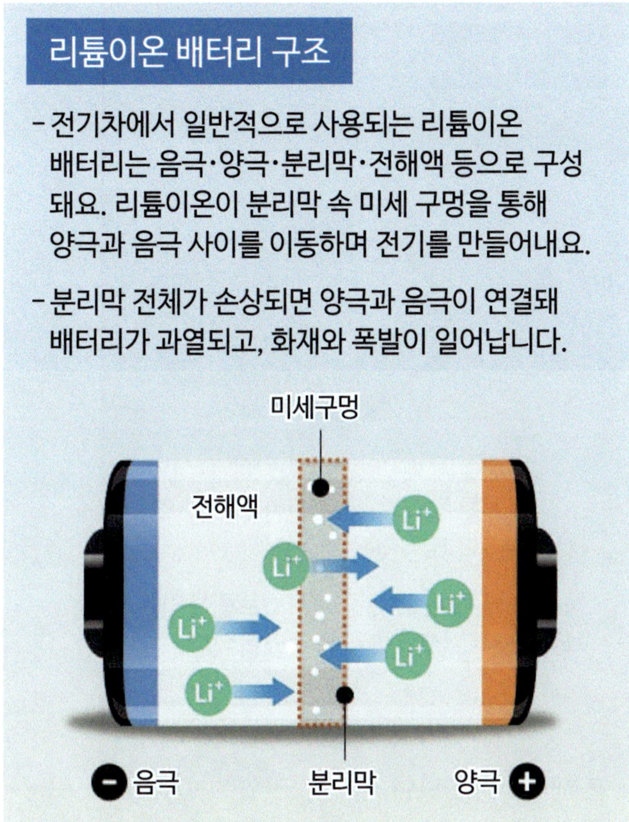

이유로 내연기관 자동차 화재보다 진압에 오랜 시간이 걸리는 거예요.

치를 수조에 빠뜨려요

전기차 화재 현장에 소방관이 출동했을 때 어떻게 불을 끄는지 단계별로 설명해줄게요. 소방관들은 먼저 주변으로 불과 가스가 퍼지는 걸 막기 위해 불난 전기차에 '질식 소화 덮개'를 덮어요. 동시에 차량 하부엔 물이 위쪽으로 분사되는 상방향 스프링클러 장치를 넣어 초기 진압을 한답니다. 전기차 배터리는 초콜릿처럼 여러 셀(cell)로 나뉘어 있는데 초기에 불을 끄지 않으면 다른 셀로 옮아 붙어 화재가 커질 수 있기 때문이에요.

초기 진압을 한 다음에는 욕조처럼 생긴 '소화 수조'를 차 주변에 설치하고 여기에 전기차를 빠뜨려요. 전기차 배터리를 냉각시키는 동시에 완전히 방전시키는 거랍니다. 전기차 화재는 대부분 2~3시간이면 진압이 완료되지만, 배터리에서 다시 불이 날 걸 대비해 기다리는 시간을 포함해서 6~7시간까지 걸리는 경우가 있어요.

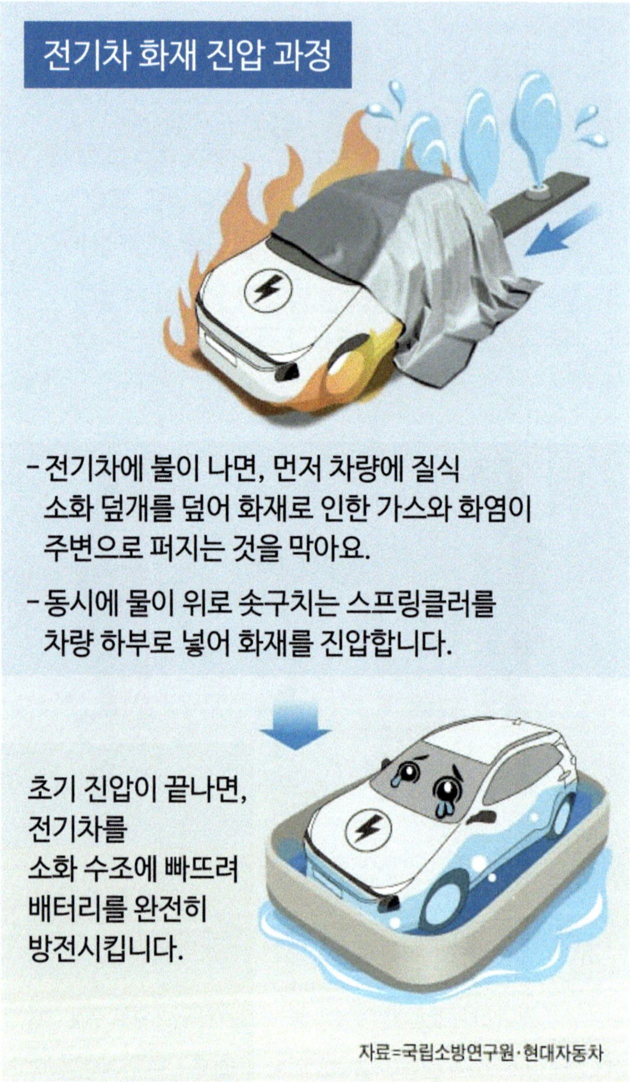

전기차는 교통사고 등 외부 충격을 받아 화재가 발생하기도 하지만, 정차 중에 불이 나는 경우도 있어요. 충전하고 3~4일 뒤에 불이 나는 경우도 있죠. 배터리 분리막에 작은 손상이 생기면 당장은 괜찮아 보일지라도 점차 열이 오르며 뒤늦게 불이 날 수도 있답니다(이를 진행성 결함으로 인한 화재 발생이라 한다). 따라서 전기차를 운전하다가 차량이 충격을 받았다면 겉으로 차가 멀쩡해 보여도 점검을 받아보는 것이 중요해요.

전기차 사고를 예방하기 위해선 평소 배터리 충전 상태를 적정한 상태로 유지하는 습관을 들이는 것이 필요합니다. 배터리의 설계 용량을 넘어서 계속 충전하는 '과충전'과 제때 충전하지 않아 배터리 용량이 바닥나는 '과방전' 모두 배터리 분리막을 손상시켜 화재를 일으킬 수 있습니다.

하지만 너무 불안해하진 않으셔도 돼요. 전기차 역시 내연기관 자동차와 마찬가지로 신속하게 신고한다면 대부분 화재를 초기에 진압할 수 있답니다.

(출처 : 조선일보 "불나면 배터리서 가스 · 산소 나와 … 물에 넣어 화재 진압하죠", A30면, 2024. 11. 5.)

(1) 리튬이온 배터리의 화재 및 폭발 원인 분석 : 내부 단락(Internal short circuit)의 사례

리튬이온 배터리의 화재 및 폭발 원인 분석을 해보면 그림 6.31과 같이 크게 기계적, 전기적, 열적 요인(abuse, 남용 · 오용이라 한다)을 비롯한 환경적 요인 등 아주 복잡한 변수들이 복합적으로 작용해 발생한다.

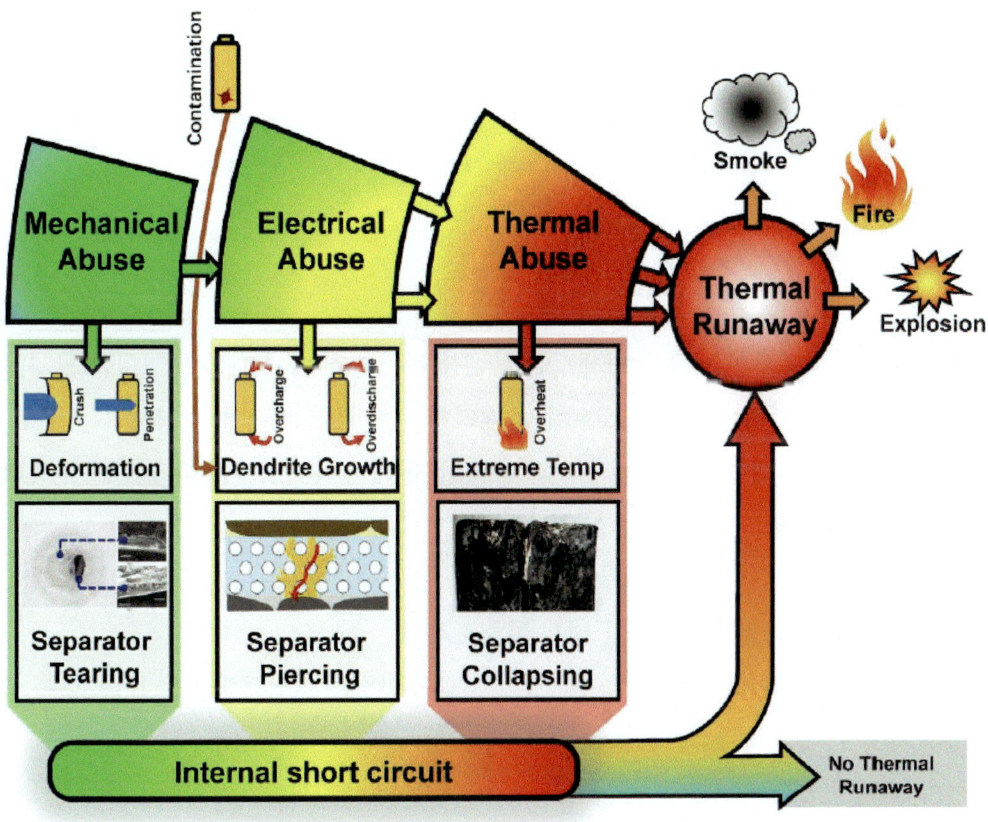

그림 6.31 리튬이온 배터리의 화재 및 폭발 원인 분석

배터리 셀이 정상적인 환경에서 화재가 발생하는 원인은 내부 단락이 가장 큰 원인이다. 내부 단락은 셀 내부에 쌓여있는 양극과 음극이 직접적으로 접촉해 강한 화학 반응이 일어나 화재가 발생하는 상황을 말한다.

내부 단락이 발생하는 원인을 분석하면 표 6.5에서와 같이 얼라인먼트(alignment, 정렬 · 배열) 불량, 분리막 부재, 금속 이물 유입, 내부 변형, 분리막 손상 등 크게 다섯 가지이다.

표 6.5 **배터리 셀의 내부 단락이 발생하는 주요 5가지 원인 분석**

얼라인먼트 불량	제조 과정에서 양극과 음극이 제대로 정렬되지 않는 경우 배터리 내부에는 양극, 분리막, 음극이 반복적으로 쌓여 있고 이들을 쌓는 과정이 정교하지 않으면 양극이나 음극의 모서리 부분이 튀어나오거나 말려 화재의 원인이 된다.
분리막 부재	제조 과정에서 양극과 음극 사이에 위치하는 분리막이 양극과 음극을 제대로 막아서지 못하고 비어 있으면 양극과 음극이 접촉해 화재의 원인이 된다.
금속 이물 유입	용접 과정에서 금속 이물질이 셀 내부로 튀어 들어가는 경우 화재가 발생한다. 이온이 이물질인 금속에 달라붙어 뾰족하게 자라나면서 분리막 파괴 후 화재의 원인이 된다.
내부 변형	양극, 분리막, 음극을 길게 뽑아 겹쳐놓고 돌돌 말아서(젤리롤 방식) 배터리를 제조하는 일부 원통형 방식에서 주로 발생한다. 소재를 두껍게 말면 모서리 부분에 곡률이 생기는데 곡률이 있는 부분과 평평한 부분의 팽창 형태가 달라서 뒤틀림이 발생하며, 이 부분에 화학 반응이 집중적으로 일어나 뾰족한 결정이 쌓여 화재의 원인이 된다.
분리막 손상	원통형 배터리를 충방전 시 배터리 내부가 팽창하는데 원통형은 소재들이 촘촘하게 말려 있어 팽창할 때 분리막이 압력을 받게 된다. 이것이 반복시 분리막의 미세한 기공이 서서히 변형돼 화재의 원인이 된다.

참고로 전기자동차의 화재를 발생시키는 예상 문제점과 이에 대한 해결수단 및 기술을 구체적이고 정확하게 파악하기 위해서 배터리 셀의 내부 단락을 발생시키는 주요 5가지 원인(요소)에 대한 전기자동차의 화재 관련 전 세계 특허조사를 다음과 같이 하여, 샘플 사례로 제시하고자 한다.

(2) 전기자동차의 화재 관련 전 세계 특허조사

그림 6.32에서 그림 6.34까지 보여주는 바와 같이 불량요인 별로 특허조사를 했다.

1) 얼라인먼트(Alignment)

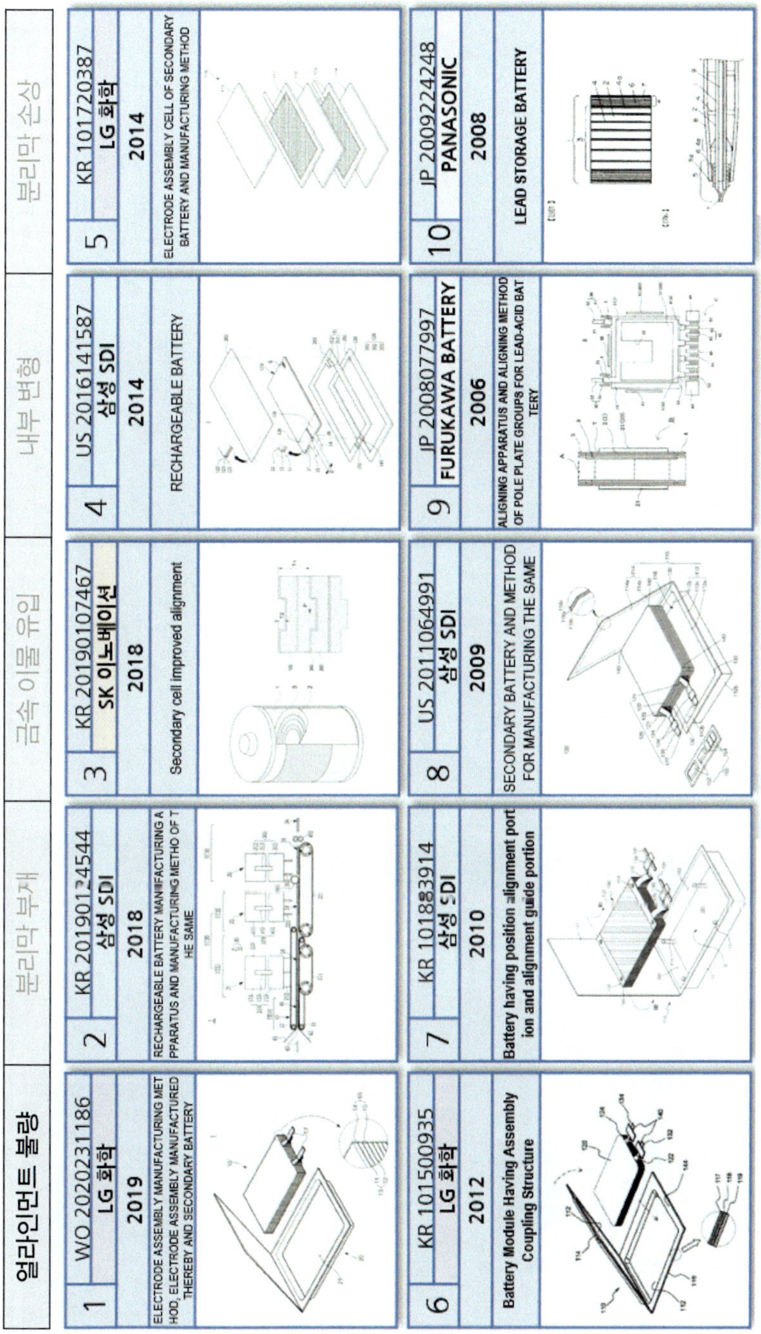

그림 6.32 얼라인먼트(정렬 · 배열) 특허조사

2) 분리막 부재

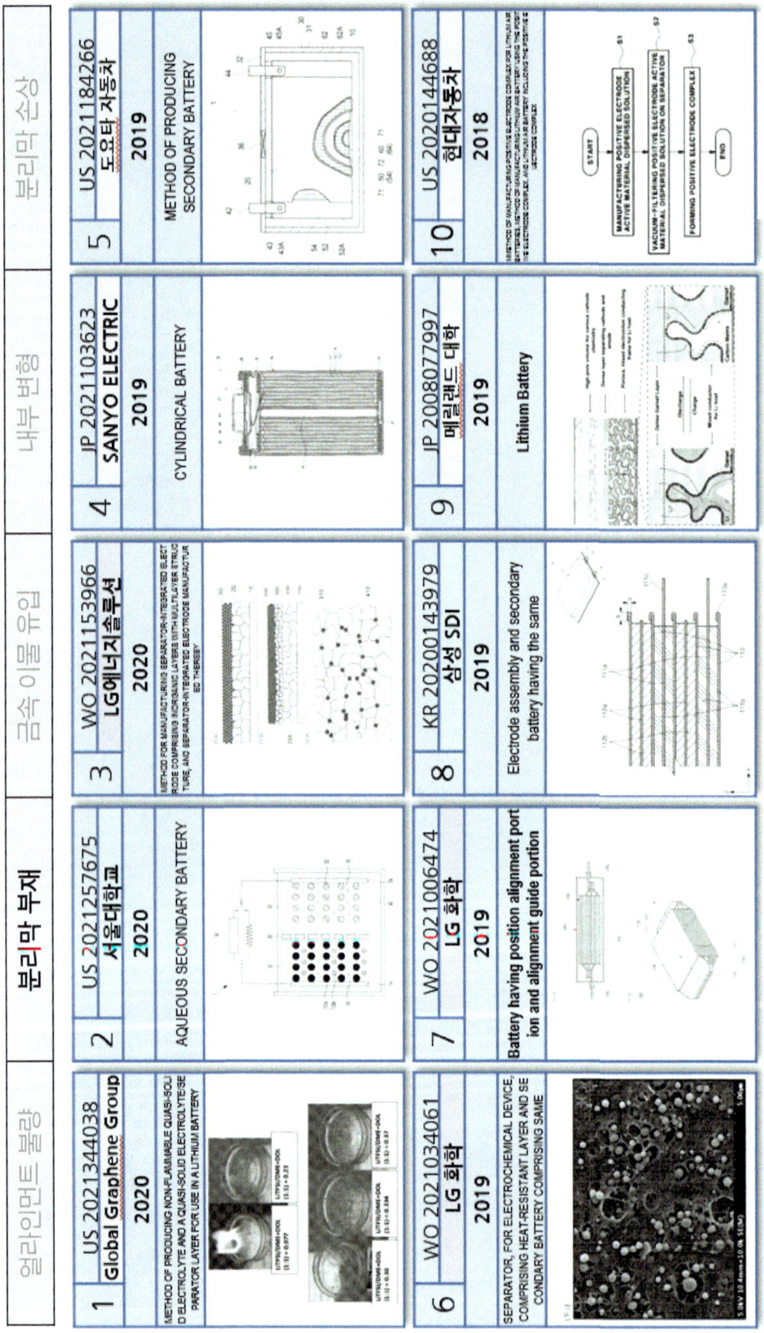

그림 6.33 분리막 부재 특허조사

3) 금속 이물 유입, 내부 변형, 분리막 손상

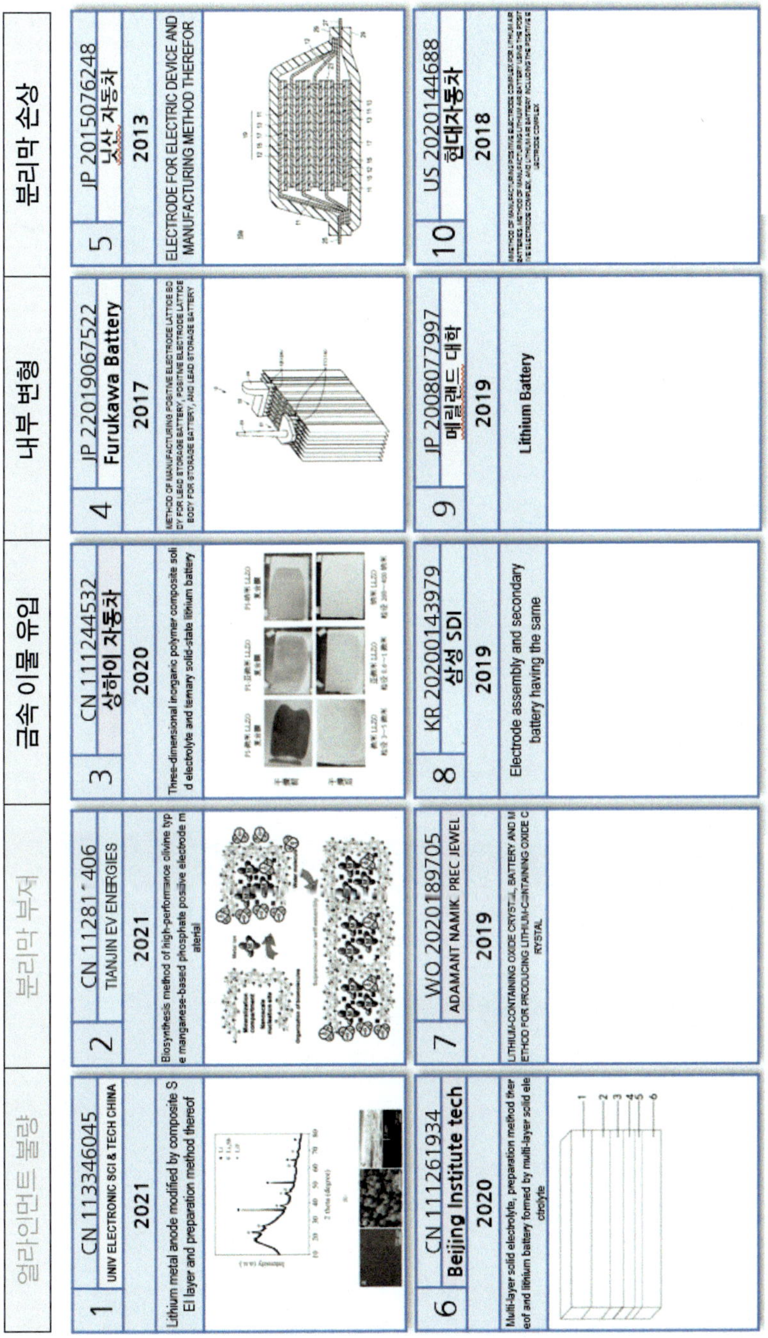

그림 6.34 금속 이물 유입, 내부 변형, 분리막 손상 등의 특허조사

(3) 전기자동차의 해결과제 및 해결수단(방안)

전기자동차의 화재를 발생시키는 예상 문제점을 전기자동차의 화재 관련 전 세계 특허조사를 통한 O/S(해결과제 대비 해결 수단, Object/Solution)로 세분화 하여 매트릭스(matrix)로 분석한 내용을 표 6.6과 같이 상세히 제시한다.

표 6.6 전기자동차의 화재 관련 해결과제와 솔루션(solution, 해결방안 · 해결수단)의 제시

해결과제(Object)	해결수단(Solution)												중요도
	합치/검출 공정	분리막을 Bag으로 제작	분리막 체결력 강화	Align Guide	접합(열융착 등)	셀 외주 인서트 사출성형 일체결합	천공된 전극, 분리막 조립출 사용	불연성 전해질 적용	수계 전해질 적용	분리막 합체 전극	내열 코팅층의 균일한 분산	저항용접시 무도장부품 활용	
전극과 분리막 위치보정, Alignment	WO 2020023186 (LG)	KR 20190124544 (삼성)	KR 20190107467 (SK)										3
변형시에도 전극/분리막 Alignment 유지				US 2016141587 (삼성)									1
전극사행 감소/방지	WO 2020023186 (LG)												1
전극조립체 가장자리 전해액 함침력 증대					KR 10170387 (LG)								1
부품수 축소, 제조 공정성 향상						KR 101500935 (LG)							1
적층작업성 향상, 전지 안정성 향상							KR 101883914 (삼성)						1
불연성 배터리 적용 (화재 Zero)								US 2021344038 (GGG)	US 2021257675 (서울대학교)				2
열수축 취약한 폴리올레핀 분리막 대체/보완										WO 2021153966 (LG)			1
집전체 단자 접합시 용접부의 온도 저감											WO 2021034061 (LG)	US 2021184266 (도요타)	2
	2	1	1	1	1	1	1	1	1	1	1	1	

CHAPTER

07

이차전지의
분리막(Separator)

7.1 리튬이온전지 분리막(Separator)

01 분리막

양극과 음극 사이를 분리해주는 역할과 양극과 음극의 물리적인 접촉을 차단하는 역할을 한다. 미세한 구멍이 있어 리튬이온이 이동할 수 있다. 분리막은 안전을 위해 높은 전기 절연성과 열안전성이 요구된다. 현재 분리막에는 폴리에텔렌(PE)과 폴리프로필렌(PP)이 많이 사용된다.

워라밸(Work and Life Balance의 줄임말로, 일과 삶의 균형을 뜻한다)을 위해 집에서의 휴식과 회사에서의 일은 확실히 분리해야 하듯, 분리막은 양극과 음극의 물리적 접촉을 차단하는 역할을 한다. 분리막에는 미세한 구멍(기공, pore)이 있어 리튬이온이 이동할 수 있도록 되어 있는데, 양극과 음극 간의 접촉은 막고 이온은 이동이 가능해야 하는 것이다.

분리막은 안전을 위해 높은 전기절연성과 열안정성이 요구되며, 일정 이상의 온도에서는 자동으로 이온의 이동을 막는 기능도 갖춰야 한다. 현재 분리막에는 폴리에틸렌(PE)과 폴리프로필렌(PP)이 널리 쓰이고 있는데, 배터리 소형화를 위해 분리막을 얇게 만들기 위한 연구 또한 이뤄지고 있다.

양극과 음극이 배터리의 기본 성능을 결정한다면 전해액과 분리막은 배터리의 안전성을 결정짓는 구성요소라고 할 수 있다.

분리막은 양극과 음극이 서로 섞이지 않도록 물리적으로 막아주는 역할을 담당하고 있으며, 전자가 전해액을 통해 직접 흐르지 않도록 하고, 내부의 미세한 구멍을 통해 원하는 이온만 이동할 수 있게 만든다. 즉, 물리적인 조건과 전기화학적인 조건을 모두 충족시킬 수 있어야 한다. 현재 상용화된 분리막으로는 폴리에틸렌(PE), 폴리프로필렌(PP)과 같은 합성수지(폴리머, polymer)가 있다.

앞으로도 세계적으로 배터리 성능 발전을 위해 신소재의 고도화를 위해 기존 소재의 성능 향상과 핵심기술에 대한 지속적인 연구개발 노력이 계속되고 있다. 리튬이온 배터리의 고용량·고효율 혁신으로 우리 삶의 풍요를 가져올 미래 배터리 산업을 이끌어 나가는 신기술 및 신개발도 지속될 것이다.

02 분리막의 역할

분리막의 소재로는 폴리올레핀(PO), 폴리프로필렌(PP) 등과 같이 절연 특성이 뛰어난 고분자 소재가 사용되고 있다. 분리막의 주요 특징은 다음과 같다.

① 배터리 내부에서 양극과 음극이 접촉하지 않도록 분리하고 있다.

② 보이지 않는 매우 미세한 기공(pore, 공기 구멍)을 가지고 있어, 그 구멍을 통해 리튬이온이 양극과 음극 사이를 이동할 수 있도록 하는 역할을 하고 있다.

③ 배터리 내부 온도가 일정 수준 이상 올라가게 되면, 분리막 표면에 위치한 기공들이 막혀 리튬이온의 이동을 차단해 내부적으로 쇼트(short, 합선) 발생을 방지한다.

④ 분리막은 높은 기계적 강도를 지니고 있어 강한 힘을 받을 때 배터리 내부에서 발생하는 부산물이나 이물질들을 막아 안전성을 확보하는 역할을 한다.

⑤ 폴리에틸렌(PE), 폴리프로필렌(PP) 수지 등에 세라믹 등을 코팅하여 만들어진 다공성 막으로 리튬(Li)이온은 통과할 수 있고 전자는 이동할 수 없게 한다.

그림 7.1은 분리막의 역할(기능)을 나타낸 도식도이다.

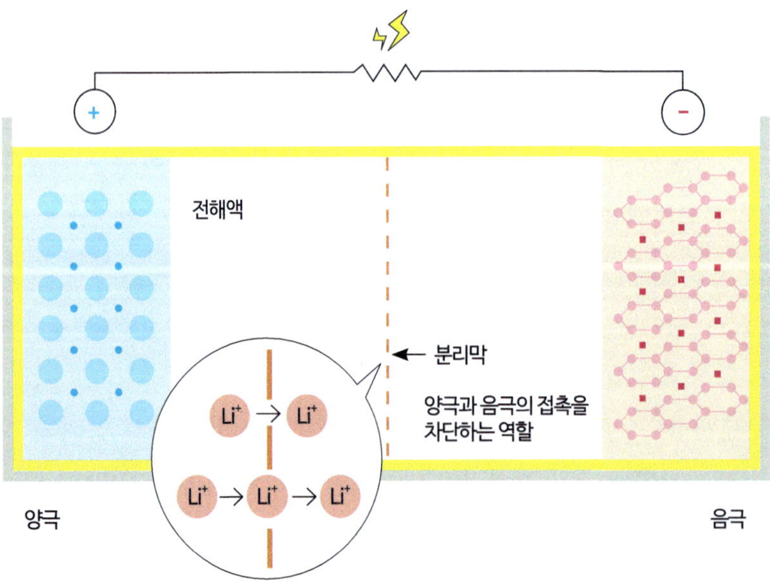

그림 7.1 분리막의 역할(기능)

03 분리막 구조 및 특성

그림 7.2와 표 7.1은 분리막의 구성과 특성을 나타낸 것이다.

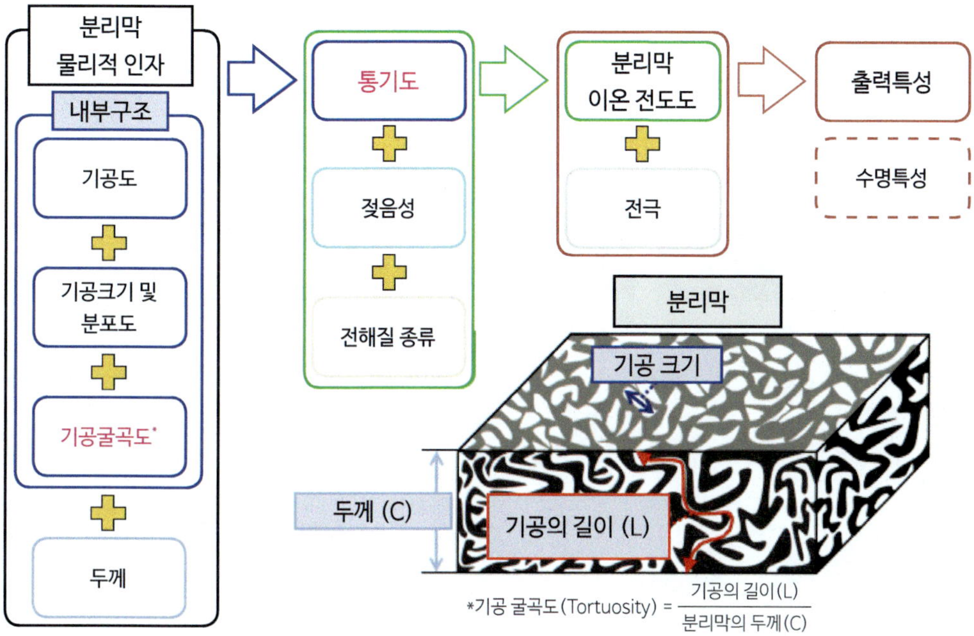

그림 7.2 분리막 구성(분리막의 물리적 인자 및 전기화학적 특성의 상관관계)

표 7.1 분리막 특성

구 분	단 위	내 용	구 분	건 식	습 식
두께	μm	10～25	필름 단면 구조	2～3층	단층
기공크기	nm	10～500	주요 원재료	PP, PE, 기타 재료	PE, 용제, 기타 첨가제
기공도	%	30～60	기공형성 방식	연신을 통한 물 리적 힘	용매를 이용한 화학적 추출
통기도	sec/100ml	<650	내열 특성	강함	약함
뚫림강도	gf	>350	기계적 강도	약함	강함
인장강도 (machine direction)	MPa	～100	기공크기	불균일	균일
			박막화	어려움	쉬움
			가격	저가	고가

04 리튬이온 배터리(LIB) 분리막의 특허기술 예시

다음 그림 7.3에서 예시하는 특허는 미국, 한국 등에 특허 등록된 발명의 명칭 "엠보싱된 미소공성 막 배터리 분리기 재료 그리고 그의 제작 방법 및 용도(EMBOSSED MICROPOROUS MEMBRANEBATTERY SEPARATORMATERIALS ANDMETHODS OFMANUFACTURE ANDUSE THEREOF)"의 인용이다.

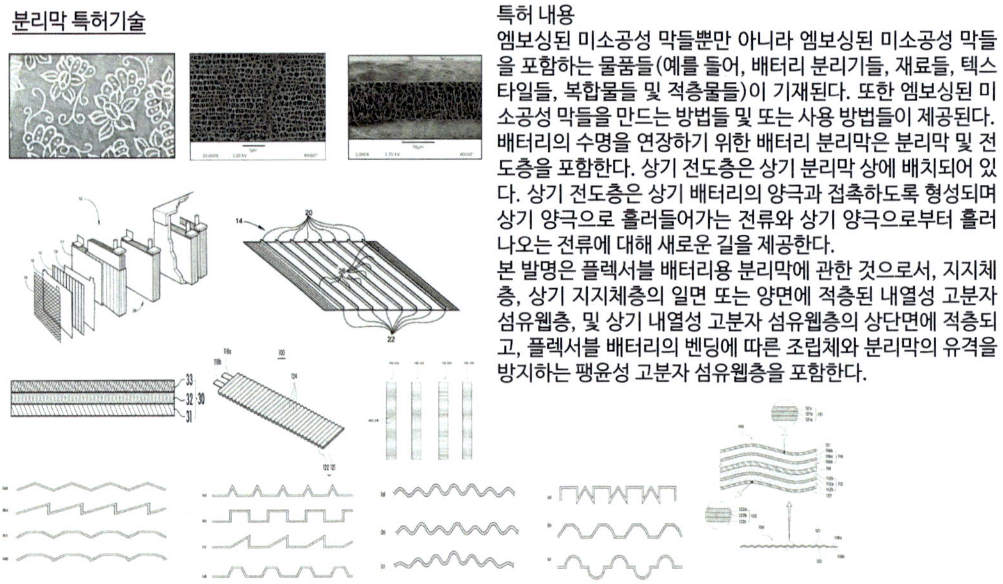

그림 7.3 분리막 관련특허의 예시

특허 내용을 살펴 보면,

엠보싱된 미소공성 막들뿐만 아니라 엠보싱된 미소공성 막들을 포함하는 물품들(예를 들어, 배터리 분리기들, 재료들, 텍스타일들, 복합물들 및 적층물들)이 기재된다. 또한 엠보싱된 미소공성 막들을 만드는 방법들 및 또는 사용 방법들이 제공된다.

배터리의 수명을 연장하기 위한 배터리 분리막은 분리막 및 전도층을 포함한다. 상기 전도층은 상기 분리막 상에 배치되어 있다. 상기 전도층은 상기 배터리의 양극과 접촉하도록 형성되며 상기 양극으로 흘러들어가는 전류와 상기 양극으로부터 흘러나오는 전류에 대해 새로운 길을 제공한다.

본 발명은 플렉서블 배터리용 분리막에 관한 것으로서, 지지체층, 상기 지지체층의 일면 또는 양면에 적층된 내열성 고분자 섬유웹층 및 상기 내열성 고분자 섬유웹층의 상단면에 적층되고, 플렉서블 배터리의 벤딩에 따른 조립체와 분리막의 유격을 방지하는 팽윤성 고분자 섬유웹층을 포함한다.

05 현재 상용화된 분리막

분리막이란 앞에서 설명한 것처럼 양극과 음극을 분리해주고, 그 사이에서 이온이 원활하게 움직이게 해주는 막을 말한다. 이 분리막에는 여러 가지 요구 조건들이 있다.

현재 상용화된 분리막 재료는 폴리올레핀(Polyolefin) 계열로 장단점은 다음과 같다.

① 장점

- 가격
- 적절한 기계적 특성

② 단점

- 녹는점(135~165℃)
- 전해액에 대한 낮은 친화성
- 고전압 산화 가능성

(1) LAGP 복합분리막 코팅

LAGP($Li_{1.5}Al_{0.5}Ge_{1.5}(PO_4)_3$)는 리튬이온과 세라믹의 합성체로 이온 전도도가 높은 물질이다. 리튬이온 배터리에서 전극으로 이용되던 물질이다. 이 LAGP 입자의 분사를 통해 폴리프로필렌(PP)에 얇게 코팅해 기존 분리막의 단점인 열적·화학적 안정성, 젖음성, 기계적 강도 강화를 제시한다.

AL-PP 분리막(수산화알루미늄을 코팅한 폴리프로필렌 분리막)과 비교했을 때 LAGP-PP 분리막은 이온 확산 채널을 통해 확산하는 AL-PP 분리막과는 다르게 LAGP 입자를 통한 확산으로 인해 더 높은 이온전도성을 보여준다(출처 : Asymmetrically coated LAGP/PP/PVDF-HFP composite separator film and its effect on the improvement of NCM battery performance (rsc.org)).

(2) 상용 PP 분리막과 LAGP-PP 분리막의 특성 비교

상용 PP 분리막과 LAGP-PP 분리막의 특성을 비교하면 표 7.2와 같다.

표 7.2 상용 PP 분리막과 LAGP-PP 분리막의 특성 비교

	상용 PP 분리막	LAGP-PP분리막
열적 안정성	low	high
젖음성	low	high
산화 저항성	low	high
이온 전도도	high	low

(3) 복합체 분리막

1) LG화학 세라믹 코팅복합 분리막

LG화학에서 분리막에 세라믹 코팅을 입혀 내열성을 강화시킨 안전성 강화 분리막(SRS)을 개발했다.

강화막은 다공성 고분자막 표면에 세라믹 입자층을 형성해 생성한다. 고온에서도 분리막의 기계적 수축을 방지해 내구성과 내열성 및 기계적 특성 강화가 가능해 안정성이 증가된다.

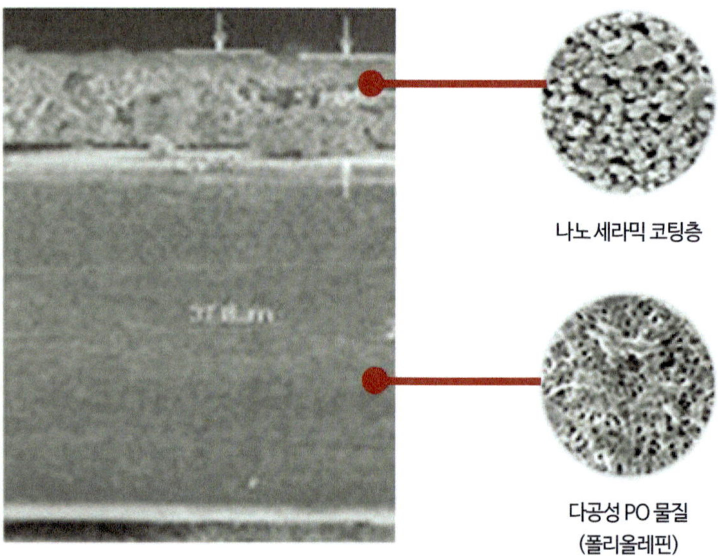

사진 7.1 LG화학의 안전성 강화 분리막(SRS) 제품의 전자현미경 단면 모습

사진 7.1은 LG화학에서 기존 폴리올레핀계 폴리올레핀(PO), 폴리프로필렌(PP) 분리막에 세라믹 코팅을 입혀 내열성을 강화시킨 안전성 강화 분리막(SRS)의 전자현미경으로 촬영한 단면 모습이다.

2) SK이노베이션 세라믹 코팅 복합 분리막

SK이노베이션은 분리막에 자체 개발한 혼합 무기물 층을 보강시킨 세라믹 코팅 분리막(CCS)을 개발했다.

① 분리막은 다공성, 내열성, 내공성, 절연성, 얇은 두께, 우수한 강도 등의 특징이 요구된다.
② 분리막 면적의 약 70%까지 기공도를 확보하게 되면 이온의 이동이 많아져 에너지 밀도는 올라가게 되지만 기계적인 물성이 약해진다. 이를 극복하기 위해 전해액과 친화성을 갖는 세라믹 코팅 처리를 했다.
③ 또한 기존 분리막 기초 소재인 폴리에틸렌(PE) 대비 고내열, 고강도 특성을 가지는 슈퍼엔지니어링(super engineering) 플라스틱도 개발 중이다.

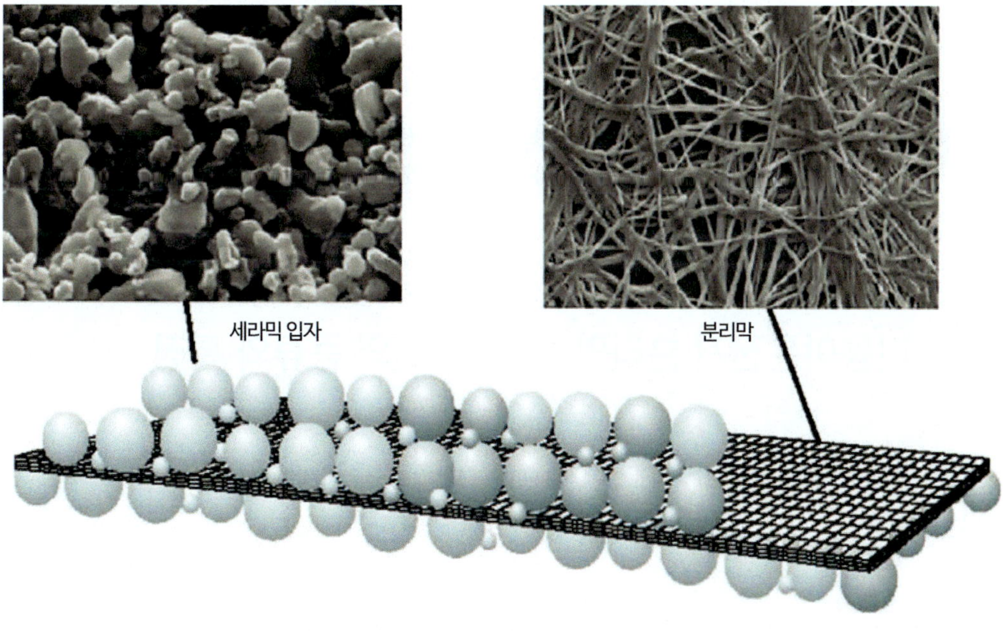

사진 7.2 SK이노베이션의 세라믹 코팅 분리막(CCS) 표면 모습

이의 특징은 세라믹 코팅 없이 두께와 무게는 감소하고 에너지 밀도는 상승한다는 것이다. 사진 7.2는 SK온에서 개발한 세라믹 코팅 분리막(CCS)의 전자현미경으로 촬영한 표면 모습이고, 그림 7.4는 1세대 폴리에틸렌에 적용한 세라믹 코팅 분리막(PE film)부터 4세대 슈퍼엔지니어링(super engineering) 플라스틱 활용 초박막 필름(film)까지의 기술개발 단계를 보여준다.

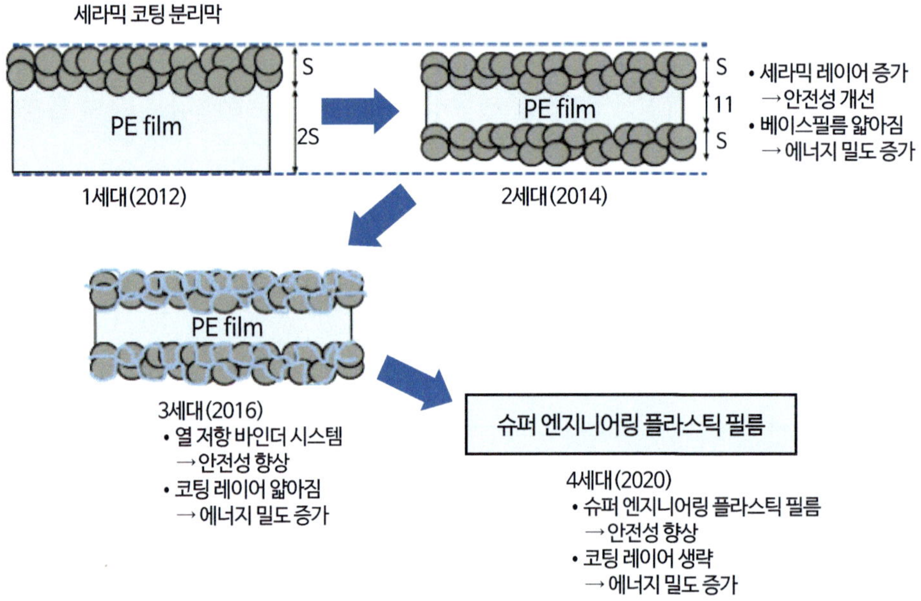

그림 7.4 1세대 세라믹 코팅 분리막(PE film)부터 4세대 슈퍼엔지니어링(super engineering) 플라스틱 활용 필름(film)까지의 기술개발 단계

7.2 리튬이온전지 분리막(Separator)의 종류와 특징

분리막의 종류는 습식 분리막(wet separator)과 건식 분리막(dry separator)으로 크게 양분하고 있다.

01 습식 분리막(Wet separator)

(1) 습식 분리막의 특징

습식 분리막(wet separator)의 특징은 다음과 같다.

① 고분자소재와 가소제를 고온에서 균일하게 혼합 · 냉각하여 상분리(phase separation), 유기용매를 이용하여 가소제를 제거하면 기공(pore)이 형성되면서 연신하여 필름화되며, 필요에 따라 가소제 외에 무기분말 등을 사용하여 기공의 직경을 확장한다.

② 습식 분리막은 제조공정이 복잡하고 필요로 하는 소재가 상대적으로 많다. 단가는 건식 분리막에 비해 높지만, 박막화가 가능해 높은 에너지 밀도 확보가 용이하다.

③ 일반적으로 전기차 이차전지에 많이 사용한다. 습식 분리막은 첨가제를 추가해 화학적 방법으로 기공(pore)을 제조한다.

④ 기공(pore) 크기를 균일하게 만들 수 있어 리튬이온이 더욱 용이하게 이동할 수 있을 뿐 아니라(리튬이온의 이동성을 '이온 전도도'라 하며, 리튬이온의 신속한 이동은 이차전지의 출력과 충전을 좌우한다) 기계적 강도가 더욱 강하다. 다만 제조공정이 복잡해 가격대가 건식 분리막에 비해 더 높다.

⑤ 습식공정은 고가의 제조방법이지만 일반적으로 더 강력하고 얇은 분리막을 생산한다. 폴리에틸렌(Polyethylene, PE)은 일반적으로 사용되는 폴리머(polymer)로 다른 첨가제 왁스와 혼합되어 균질한 용액을 만들어 얇은 겔형 시트(gel type sheet)로 압출한 후 어닐링(annealing, 풀림, 내부 응력의 제거를 위하여 적당한 온도로 가열한 후 천천히 냉각시키는(서냉) 방법으로 연한 상태의 조직으로 회복시키는 열처리)한다. 시트는 두 방향으로 신장되고 휘발성 용매에 노출되어 다공정 시트를 떠나는 첨가제 왁스를 제거한다. 이 방법을 사용하여 40~50%의 다공성을 달성할 수 있다.

⑥ 이 방식은 초기 투자비용이 많고 유해물질이 발생한다는 단점이 있지만, 제작이 간편하고 기공(pore)이 균일하다는 장점이 있어 전기차뿐만 아니라 휴대폰이나 노트북 등 소형 모바일용 배터리에도 쓰인다.

(2) 습식 분리막의 장단점

습식 분리막의 장단점을 다시 정리하여 설명하면 다음과 같다.

① 고밀도 폴리에틸렌(Polyethylene, PE)이 유전율이 높아 주로 사용된다.
② 세계 분리막 시장에서 70% 이상 비중을 차지한다.
③ 습식 분리막은 열유도 상분리(Temperature Induced Phase Separation)에 의해 구멍(기공, pore)이 형성되어서 구멍(기공)의 크기가 균일하다.
④ 구멍(기공)이 불규칙적으로 분포하여서 기계적 강도가 높다.
⑤ 구멍(기공)이 불규칙하게 분포하여 분리특성은 좋으나, 이온 통과경로가 복잡하다(낮은 기공도, 저출력 등).
⑥ 용제에 의해서 폴리머의 결정구조가 불균질하여서 열적 안정성이 떨어진다.
⑦ 습식 분리막은 정량출력 및 장시간 배터리 성능을 유지해야 하는 전기장치 및 전자기기의 배터리에 유리하다.
⑧ 초기 투자비용이 많고 유해물질이 발생한다.
⑨ 제작이 간편하다.
⑩ 건식에 비해 품질이 좋다.

02 건식 분리막(Dry separator)

여기서는 습식 분리막과 같이 많이 사용되고 있는 건식 분리막에 대해 설명한다.

(1) 건식 분리막의 특징

건식 분리막(dry separator)의 특징은 다음과 같다.

① 압출 필름을 저온에서 연신하여 결정계면에 미세균열을 발생시키는 방법으로 습식 분리막에 비해 제조원가 측면에서는 우위이나 강도가 떨어진다.
건식 제조방법의 경우 폴리프로필렌(PP, Polypropylene)과 폴리에틸렌(PE, Polyethylene)을 23층 필름으로 접합하는 다층 구조로 왁스를 사용하지 않고 물리적으로 연신하여 늘리는 공정과 열처리 공정만으로 기공을 만든다. 습식과 비교하면

초기 투자비용이 덜 들고 유해물질이 나오지 않아 친환경적이지만, 균일한 기공(pore, 기공(氣孔)은 분리막에 있어 리튬이온의 이동성 즉 '이온 전도도'의 효율을 결정하는 핵심요소이기에 아주 중요하다)을 내는 기술장벽이 높아 제대로 성능을 낼 만큼 만드는 것이 쉽지 않다. 이 건식 분리막은 전기자동차용 배터리 등 중대형 전자장치용 배터리에 주로 쓰인다.

② 건식 공정은 보다 저렴하고 간단한 제조방법이다. 폴리프로필렌(PP) 또는 폴리에틸렌(PE) 중합체는 얇은 시트로 압출된다. 이 전구체 필름은 결정구조를 개선하기 위해 어닐링(annealing, 풀림) 열처리를 한다. 이어서 필름은 차가울 때 단일방향으로 연신되고, 뜨거울 때 다시 연신된다. 콜드 스트레칭(냉간연신(cold-stretching), 소성변형에 의한 더 얇은 두께로 늘리면서 반면 강도를 증가시키는 공법)은 기공 구조를 생성하고, 핫 스트레칭(열간연신(hot-stretching), 스트레칭 연신의 일종)은 기공 크기를 증가시킨다.

③ 이 방법을 사용하여 35~45%의 다공성(多孔性 , porous, 다공성은 고체의 내부 또는 표면에 여러 개의 작은 공극이 있는 상태를 말한다. 공극은 외부로 통하는 아주 작은 구멍 모양을 의미한다)을 달성할 수 있다. 이 공정으로 3층의 PP/PE/PP 분리막(separation membrane, separator)도 생성할 수 있다.

(2) 건식 분리막 장단점

건식 분리막의 장단점을 다시 정리하여 설명하면 다음과 같다.

① 초기 투자비용이 적고, 유해물질이 나오지 않아 친환경적이다.

② 건식 분리막은 기계적인 인장으로 구멍을 형성하여서 구멍이 일관성 있게 형성되어져 기공분포가 직선적이다. 따라서, 분리막을 통과하는 이온의 흐름이 빠르다. 이는 리튬이온의 이동성(이온 전도도)이 좋아져, 신속한 이동으로 인해 이차전지의 출력과 충전도 신속하게 된다.

③ 폴리머가 결정구조를 유지하고 있기 때문에 열적 안정성이 우수하다.

④ 구멍(기공)의 형성이 기계적인 힘에 의해 이루어지며, 이를 제어하기가 어렵다.

⑤ 건식 분리막은 고속출력 및 내열성능이 필요한 전기자동차용 배터리에 유리하다.

다음 표 7.3은 습식 분리막과 건식 분리막의 특징을 서로 비교하여 나타낸 것이다.

표 7.3 습식 분리막과 건식 분리막의 특징 비교

구분	습식 분리막	건식 분리막
SEM 이미지	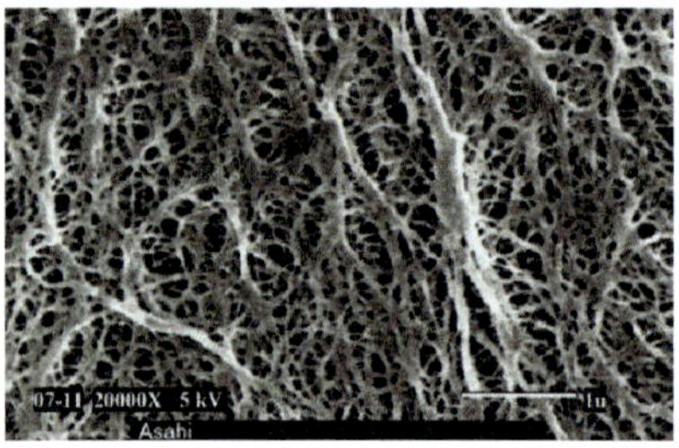	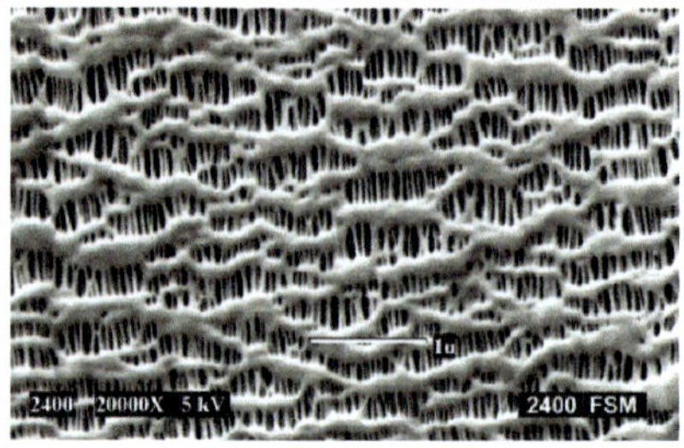
Resin	PP, PE	PE
제조공정	MD(Machine Direction) 및 TD(Transverse Direction) : 양축 방향으로 연신(Stretching)	MD(Machine Direction) : 단일 방향으로 연신(Stretching)
필름 특성	Isotropic	Anisotropic
두께	7~25μm	12~40μm
기공 크기	Elliptical or Spherical, 0.24~0.34μm	Slit-like or voids, 0.1~0.13μm
기공도	40~50%	35~45%
적용분야	모바일, 승용EV	ESS, 대형 EV(버스 등)

분리막이란 서로 다른 두 물질 사이에 존재하는 선택적 장애물로서 어떤 물질을 선택적으로 통과시키거나 배제시키는 역할을 하는 소재를 말한다. 이러한 정의에 의하면 분리막의 구조나 재료, 분리막을 통과하는 물질의 상태나 이동 원리 등의 제한은 없다.

그러나 전지자동차용 배터리에 쓰이는 분리막은 배터리의 안전(화재나 폭발 등)을 위해서는 다음과 같은 역할을 갖추어야만 한다.

① 분리막에는 아주 미세한 구멍(pore, 기공)이 있어 리튬이온만 이동할 수 있도록 되어 있고, 전해질의 통과는 막는다.

② 양극과 음극의 물리적 접촉을 차단하는 역할을 한다.

③ 안전을 위해 높은 전기절연성과 열 안정성이 요구된다. 또한 일정 이상의 온도에서는 자동으로 리튬이온의 이동을 막는 기능도 갖춰야 한다.

④ 현재 사용되는 소재로는 폴리에틸렌(PE), 폴리프로필렌(PP), 폴리올레핀(PO) 등과

같이 절연 특성이 뛰어난 고분자(polymer, 플라스틱) 소재를 사용하고 있다.

분리막 역할의 요점을 정리하면,

리튬이온(ion, 정전기를 띤 원자)이 원활하게 분리막 사이를 통과할 수 있도록 분리막 표면에 구멍(기공, pore)이 많아야 하며, 크기는 균일해야 한다.

배터리의 온도가 일정 수준을 넘어섰을 때, 자체적으로 기공을 막아(shut-down) 리튬이온의 이동을 차단해 안전성을 확보할 수 있어야 한다.

두께가 얇을수록 더 많은 양의 활물질(활성화 물질)을 넣을 수 있어 배터리의 에너지 밀도를 향상시킬 수 있으며, 동시에 분리막의 기계적 강도가 우수해야 쉽게 손상되지 않고 안전성 확보가 가능하다.

다음 사진 7.3은 전자현미경(SEM, Scanning Electron Microscope, 주사전자현미경)으로 확대하여 본 습식 분리막의 조직 구조이다.

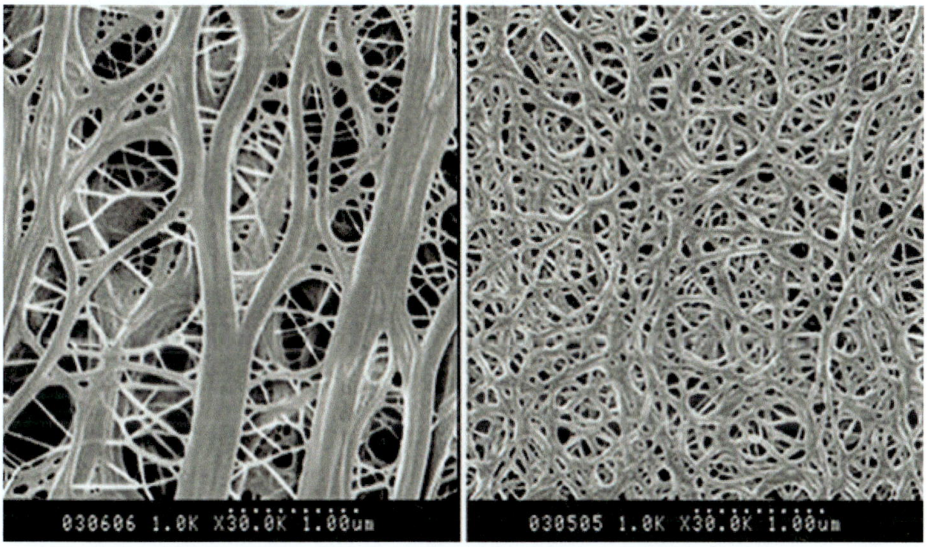

사진 7.3 전자현미경(SEM)으로 살펴 본 습식 분리막의 조직 구조

03 분리막의 재료

분리막의 소재는 폴리에틸렌(PE), 폴리프로필렌(PP), 폴리올레핀(PO) 등 절연 특성이

뛰어난 고분자 소재가 사용되고 있으며, 이 소재들을 연신(延伸, 길이를 늘리고 두께를 얇게함, 신장)하여 미세한 기공을 만드는데, 방식에 따라 건식과 습식 방법(즉, 제조공정)으로 나뉜다.

표 7.4는 제조공정에 따른 리튬이온 이차전지의 분리막 종류 및 특징을 설명하고 있다.

여기서 자세히 살펴보면, 건식 분리막은 일축 즉, 한 방향으로만 연신되고, 습식 분리막은 이축 즉, 두 방향(x, y 방향)으로 연신되는 것이 차이점이다.

표 7.4 리튬이온 이차전지의 분리막 종류 및 특징

구분	건식막	습식막
구조	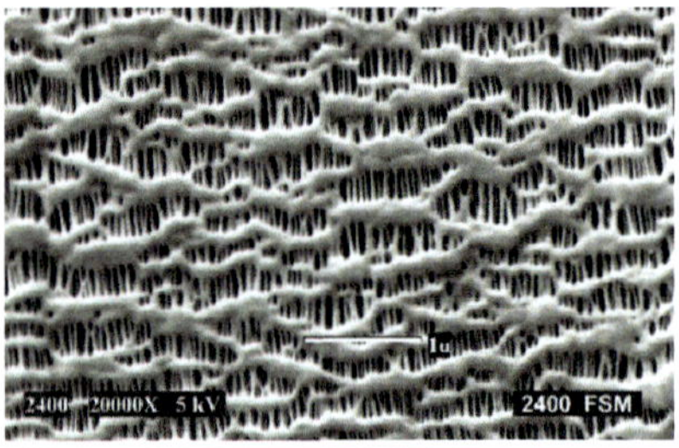	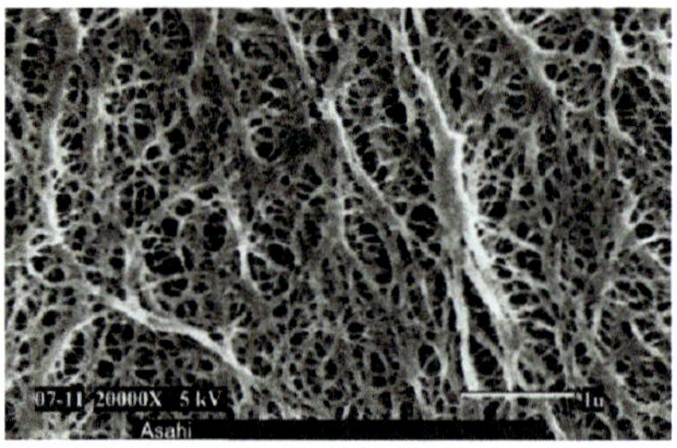
수지	폴리프로필렌, 폴리에틸렌	폴리에틸렌
두께	10～25μm	10～25μm
연신	일축(Uni-axial)	이축(Bi-axial)
제조사	씨에스텍 Polypore, Ube Industries	SK이노베이션 Asahi Kasei, Toray Tonen, Senior, Sumitomo Chemical

04 건식 및 습식 제조

건식 제조는 단순히 기계적인 힘으로 필름 원단을 당겨 기공(pore)을 만드는 방식이며, 습식 제조는 필름에 여러 첨가제를 추가해 화학적인 방식으로 기공을 만드는 방식이다.

건식은 제조공정이 간단하나 기공 사이즈가 불균일하고, 습식에 비해 기계적 강도가 약하다.

습식은 제조공정이 복잡해 고가지만 균일하게 기공의 사이즈를 만들 수 있다는 장점이 있다. 또한 건식에 비해 기계적 강도가 크다는 장점이 있다.

과거에는 분리막으로 필름 소재 하나만을 사용했지만, 최근에는 분리막의 성능을 강화하기 위해 다양한 소재와 방식으로 코팅(coating으로 표면강화제 역할을 함)하여 사용하고 있다.

사진 7.4는 건식 및 습식 제조공정에 따라 제작된 습식 분리막과 건식 분리막을 확대하여 비교한 전자현미경(SEM) 사진이다.

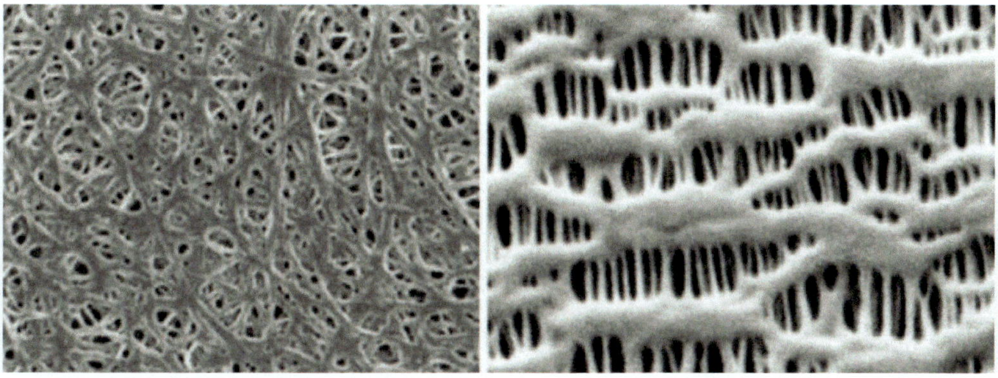

(a) 습식 분리막 (b) 건식 분리막

사진 7.4 **습식 분리막과 건식 분리막의 구조 비교(SEM)**

(1) 습식

폴리에틸렌(PE), 폴리프로필렌(PP) 필름에 첨가제를 추가하여 화학적으로 기공을 만든다. 장점으로는 화학적 상(phase) 분리에 의해 구멍이 형성되어, 기공의 크기가 균일하며, 또한 박막화에 유리하다.

(2) 건식

폴리에틸렌(PE), 폴리프로필렌(PP) 필름을 기계적인 힘으로 원단을 당겨서 기공을 만든다. 장점으로는 폴리머가 결정구조를 유지하고 있어 열적 안정성이 우수하다. 하지만 기공의 크기가 균일하지 않고 박막화가 어렵다.

7.3 고분자 재료(Polymer, 폴리머 · 플라스틱)의 특성

표 7.5에서는 다양한 고분자 재료(소재)의 상온에서 인장시험한 결과값을 보여주고 있다. 비중(specific gravity), 탄성계수(elastic modulus, 정확히 말하자면 종탄성계수), 인장강도(tensile strength), 항복강도(yield strength), 연신율(elongation)을 보여주고 있다. 비중은 1.0 전후에서 대부분이 존재하는 것을 알 수 있다. 또한 연신율도 고분자 재료에 따라서 변화가 심하다는 것도 알 수 있다. 예를 들어 저밀도 PE(LDPE, Low Density Polyethylene)는 100~650%인데 반해, PMMA(Polymethyl methacrylate)는 2.0~5.5% 정도로 많은 차이가 난다. PMMA는 PE에 비해서 취성파괴에 훨씬 취약하다는 것을 알 수 있다.

표 7.5 일반 고분자 재료의 상온에서의 기계적 특성

수지명	비 중	종탄성계수 (GPa)	인장강도 (MPa)	항복강도 (MPa)	연신율 (%)
Polyethylene(PE) (low density, LDPE)	0.917~0.932	0.17~0.28 (25~41)	8.3~31.4 (1.2~4.55)	9.0~14.5 (1.3~2.1)	100~650
Polyethylene(PE) (high density, HDPE)	0.952~0.965	1.06~1.09 (155~158)	22.1~31.0 (3.2~4.5)	26.2~33.1 (3.8~4.8)	10~120
Polyvinyl chloride (PVC)	1.30~1.58	2.4~4.1 (350~600)	40.7~51.7 (5.9~7.5)	40.7~44.8 (5.9~6.5)	40~80
Polytetrafluoro-ethylene* (PTFE)	2.14~2.20	0.40~0.55 (58~80)	20.7~34.5 (3.0~5.0)	-	200~400
Polypropylene (PP)	0.90~0.91	1.14~1.55 (165~225)	31~41.4 (4.5~6.0)	31.0~37.2 (4.5~5.4)	100~600
Polystyrene (PS)	1.04~1.05	2.28~3.28 (330~475)	35.9~51.7 (5.2~7.5)	-	1.2~2.5
Polymethyl methacrylate (PMMA)	1.17~1.20	2.24~3.24 (325~470)	48.3~72.4 (7.0~10.5)	53.8~73.1 (7.8~10.6)	2.0~5.5
Phenol-formaldehyde*	1.24~1.32	2.76~4.83 (400~700)	34.5~62.1 (5.0~9.0)	-	1.5~2.0
Nylon 66 (PA)	1.13~1.15	1.58~3.80 (230~550)	75.9~94.5 (11.0~13.7)	44.8~82.8 (6.5~12)	15~300
Polycarbonate (PC)	1.20	2.38 (345)	62.8~72.4 (9.1~10.5)	62.1 (9.0)	110~150

*Polytetrafluoroethylene(폴리테트라플루오로에틸렌) : PTFE라는 약자나 테플론(Teflon)이라는 상품명으로 알려진 폴리테트라플루오로에틸렌은 거의 모든 화학약품에 대해 내화학성이 있으며, 매끄러운 표면으로 유명한 합성수지이다.

*Phenolformaldehyde(페놀포름알데히드) : 페놀과 포름알데히드를 축합하여 만든 합성수지이다. 페놀 포름알데히드 수지의 상표명이 베이클라이트(Bakelite)이다.

(1) 내열성 시험(Thermal endurance test)

내열성 시험방법에는 하중변형온도 시험과 바이켓(vicat) 연화온도 시험이 있다. 하중변형온도는 종래에는 열변형온도라고 부른 것이지만, 표현이 오해를 살 우려가 있어 ASTM(미국시험재료학회, American Society for Testing and Materials), ISO, JIS 모두 하중변형온도라고 개정되었다.

(2) 하중변형온도(Deflection Temperature Under Load) 시험

막대기 형상의 시험편 중앙에 하중을 가하면서 2℃/분의 속도(2℃/min)로 온도를 상승시키고 0.25mm(0.01inch) 변형이 생겼을 때의 온도를 하중변형온도라 한다. 하중은 플라스틱의 종류 및 시험편의 두께에 따라 4.6kgf/cm^2(66psi) 혹은 18.6kgf/cm^2(264psi)가 사용된다.

하중변형온도는 시험방법에서 알 수 있는 것과 같이 플라스틱의 강성에 따라 그 결과치가 변화한다. 비결정성 플라스틱에서는 하중변형온도는 유리(glass) 전이점(Tg) 이하에 가까운 온도를 표시하므로 어느 정도 실용적일 수 있으나, 결정성 플라스틱에서는 하중변형온도는 유리(glass) 전이점과 결정융점(Tm)의 사이 온도를 나타낸다. 따라서, 논리적으로 또한 실용적으로 의미없는 온도가 되고 측정오차도 크다.

유리 전이점(Glass Transition Point, 유리전이온도 Tg)에서 전이온도라 함은 물질의 성질이 비연속적으로 변화하는 온도를 의미한다. 전이온도에는 1차 전이온도(first order temperature)와 2차 전이온도(second order temperature) 또는 유리(glass) 전이점이 있다.

다음 표 7.6은 플라스틱(폴리머, 수지)의 유리전이온도 및 용융온도를 나타낸다.

표 7.6 플라스틱 재료의 유리전이온도 및 용융온도

수지명	유리전이온도 (Tg, glass transition temperature) [℃]	용융온도 (melting temperature) [℃]
LDPE (Low density Polyethylene)	-110	115

수지명	유리전이온도 (Tg, glass transition temperature) [℃]	용융온도 (melting temperature) [℃]
PTFE (Polytetrafluoroethylene, Teflon)	-97	327
HDPE (High density Polyethylene)	-90	137
PP (Polypropylene)	-18	175
PA (Nylon 6, Nylon 66)	57	265
PVC (Polyvinylchloride)	87	212
PS (Polystyrene)	100	240
PC (Polycarbonate)	150	265

(3) 성형수축률

고화(固化, 단단한 고체 상태로 변화)에 따른 수축에 의하여 금형 캐비티(cavity) 내에서 성형된 제품(사출 후의 성형품)은 거의 대부분 캐비티(cavity)의 치수보다는 작다. 따라서 금형의 캐비티를 가공할 때는 항상 제품 수축률을 고려해야 한다. 표 7.7은 열가소성 플라스틱(수지)에 있어 각종 수지별 성형수축률을 비교해 나타낸다.

표 7.7 **수지별 성형수축률**

성형재료				충전제 (강화제)	성형수축률 (%)
열가소성 수지	결정성	PE	저밀도		1.5~5.0
		PE	중밀도		1.5~5.0
		PE	고밀도		2.0~5.0
		PP			1.0~2.5
		PP		GF(유리섬유)	0.4~0.8
		PA(Nylon)	나일론(6)		0.6~1.4
		PA(Nylon)	나일론(6/10)		1.0
		PA(Nylon)	나일론	GF 20~40%	0.3~1.4
		POM			2.0~2.5
		POM		GF 20%	1.8~2.8

성형재료				충전제 (강화제)	성형수축률 (%)
열가소성 수지	비결정성	PS	일반용(GPPS)		0.3~0.6
		PS	내충격용(HIPS)		0.3~0.6
		PS		GF 20~30%	0.1~0.2
		AS			0.2~0.7
		AS		GF 20~30%	0.1~0.2
		ABS	내충격용		0.3~0.8
		ABS		GF 20~40%	0.1~0.2
		PMMA	아크릴		0.2~0.8
		PC			0.5~0.7
		PC		GF 10~40%	0.1~0.3
		PVC	염화비닐수지(경질)		0.1~0.5
		CA	셀룰로우스, 아세테이트		0.3~0.6

따라서, 플라스틱의 내용제성의 판정에 있어서는 단순히 그 플라스틱과 접촉하는 용제에 용해 혹은 팽창 유무만 아니고, 응력균열(stress cracking)이 발생하는가 하지 않는가도 유의해야 한다. 표 7.8은 주요 플라스틱의 내약품성 자료이다.

표 7.8 주요 플라스틱의 내약품성(耐藥品性)

	물	약산	강산	약 알칼리	강 알칼리	알코올	에스테르	케톤	에테르	4염화탄소	벤젠	가솔린	광유
PS	+	+	0~+	+	+	0~+	−	−	−	−	−	−	0
내충격성 PP	+	+	−~0	+	0	0	−	−	−	−	−	−	0
SAN	+	+	0	+	0	+	−	−	+	−	−~0	+	+
ABS	+	+	−~0	+	0	+	−	−	−	−	−~0	0~+	+
LDPE	+	+	0	+	+	0	0	0	0	−	−~0	0~+	+
HDPE	+	+	0	+	+	0~+	0	0	0	−~0	0	0~+	+
PP	+	+	0	+	+	+	0	0	0	−	0	0~+	+
PMMA	+	+	0	+	+	0	−	−	−	−	−	0	+
PA	+	−~0	−	+	+	+	+	+	+	0	+	+	+
POM	+	+	−	+	+	+	+	+	+	0	0~+	+	+
CAB	+	+	−	+	−	0	−	−	−	−	−	−~0	0
PVC	+	0	−~0	+	+	−	−	−	−	−	−	−	0~+
PC	+	+	0	−	−	0	−	−	−	−	−	−	+

(+ : 사용 가능, 0 : 조건에 따라 사용 가능, − : 사용 불가)

7.4 분리막의 재료 PE와 PP, PO의 특성

01 PE(폴리에틸렌, Polyethylene)

(1) PE(Polyethylene, 폴리에틸렌)

① PE(폴리에틸렌)는 습식 분리막을 제작하는데 사용되는 대표적인 재료이다.

② 2축(x-y축) 연신 공정에 의해 고분자 사슬이 일정한 방향으로 정렬되어 기계적 물성이 향상된다.

③ 분리막의 다공성 구조를 만들기 위해 연신과정이 필요하다.

④ 용매를 통한 오일 추출 공정을 통해 다공성 분리막이 형성된다.

⑤ PE(폴리에틸렌)는 소수성이며, 액체 전해질의 경우는 친수성이다.

⑥ 습식(습하게 하기 위해서는, 젖음, wetting)을 위해 분리막 표면에 저온 플라즈마 처리 또는 코팅이 필요하다.

그림 7.5는 에틸렌(ethylene) 단량체(monomer)가 중합되어 만들어지는 고분자재료(polymer, 폴리머) 폴리에틸렌(PE)의 분자 결합구조이다.

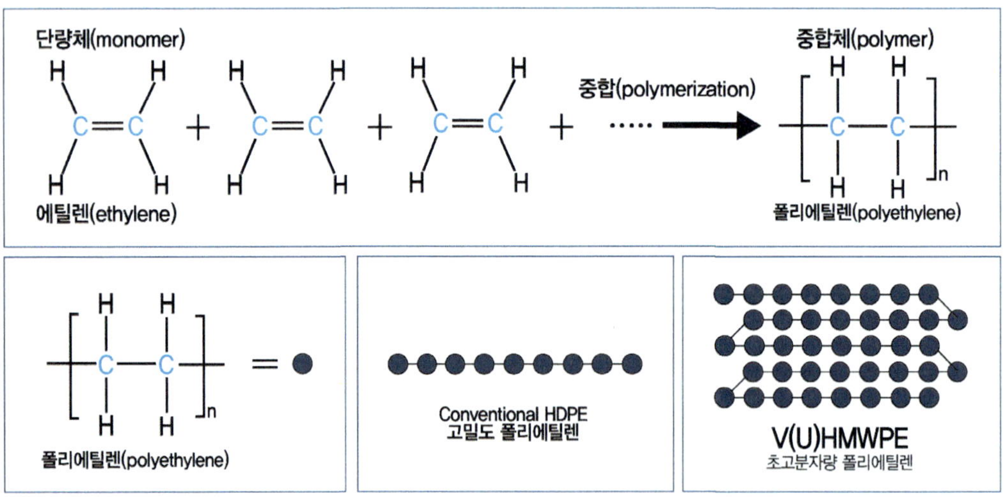

그림 7.5 폴리에틸렌(PE)의 결합구조

그림 7.6은 고분자재료(polymer, 폴리머) 폴리에틸렌(PE)을 활용한 대표적인 습식 분리막의 제조공정을 보여준다.

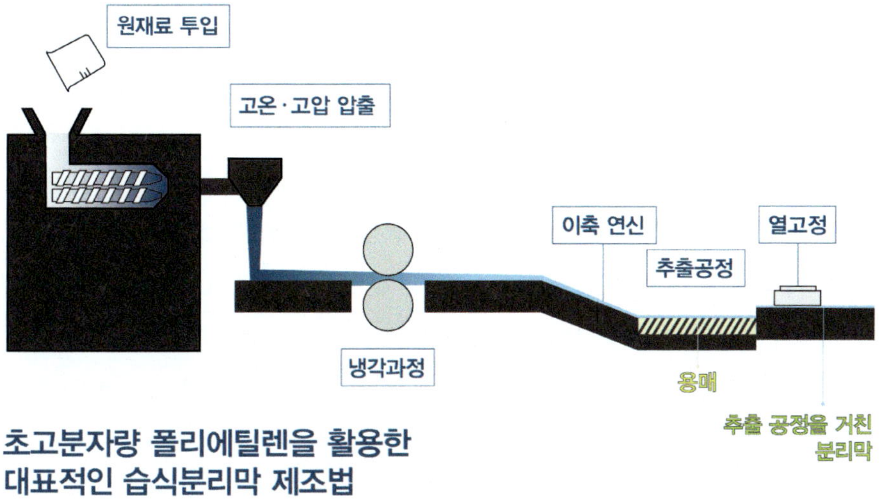

그림 7.6 폴리에틸렌(PE)을 활용한 습식 분리막의 제조공정

(2) 성질

PE(Polyethylene, 폴리에틸렌)는 에틸렌(ethylene) 중합에 의해 만들어진, 대표적인 결정성 열가소성 플라스틱(수지)이다. 그 특성에 따라 LDPE(Low Density Polyethylene, 저밀도 폴리에틸렌)과 HDPE(High Density Polyethylene, 고밀도 폴리에틸렌)으로 구분된다. 통상 LDPE는 고중압법에 의해, HDPE는 저중압법에 의해 제조된다. LDPE는 영국 CI사에서 고압 라디칼 중합에 의해 개발되어 2차 대전 중 미국에서 상용화되었으며, HDPE는 이태리 몬테카티니 에디슨사에 의해 치클러 촉매의 방법으로 공업화되었다. 또한 미국의 필립스사는 산화크롬계 촉매에 의한 중압법을 개발하였다.

PE는 그 결정화도에 의해 약간의 성질을 달리하나, 모두 반투명이며 강인하고 전기적 성질, 내약품성, 내한성이 우수하다. 반면, 상온에서는 완전히 용제에는 녹지 않아 접착제에 의한 접착 및 인쇄는 성형품에 표면처리를 하지 않는 한 견고하게 부착시킬 수 없다. PE의 사출성형 특성은 매우 양호하고 성형도 용이하다.

그러나 수축률이 크고, 흐름방향에 의해 성형수축률의 차이가 커서 정밀 치수는 얻기 힘들며, 제품 중앙에 다이렉트 게이트(direct gate) 또는 핀 포인트 게이트(pin point gate)로 성형하면 성형품에 비틀림이 생기고 더욱이 게이트(gate) 부근이 갈라질 수 있다. 또한 PE는 계면활성제라든가 약품류에 의한 응력균열(stress cracking, 파괴강도보다 작은 응력에 의해 성형품의 표면 혹은 내부에 생기는 균열)에 주의해야 한다.

PE는 제조공정에 의해 저밀도 PE(LDPE, 밀도 0.925 이하), 중밀도 PE(MDPE, 밀도 0.926~0.940) 및 고밀도 PE(HDPE, 밀도 0.941 이상)의 3종류로 나누어진다.

(3) 용도

저밀도 PE(LDPE)는 유연성이 있기 때문에 농업용 필름, 부엌용품, 물통, 완구, 화장품 포장재, 약품뚜껑, 비닐장갑, 용기의 뚜껑 등의 유연성을 필요로 하는 용도에 널리 사용되며, 고밀도 PE(HDPE)는 강인성이 있으므로 쇼핑백, 종량제 백, 하수관 파이프, 일용잡화, 식기, 약품통, 용기, 컨테이너 등 일용품에서 금속물의 피복제, 하수관 등 공업용품에 걸쳐 널리 사용된다. 특히 PE는 무해하므로 식품 관련 용기로도 적합하다. 사진 7.5는 사용 예이다.

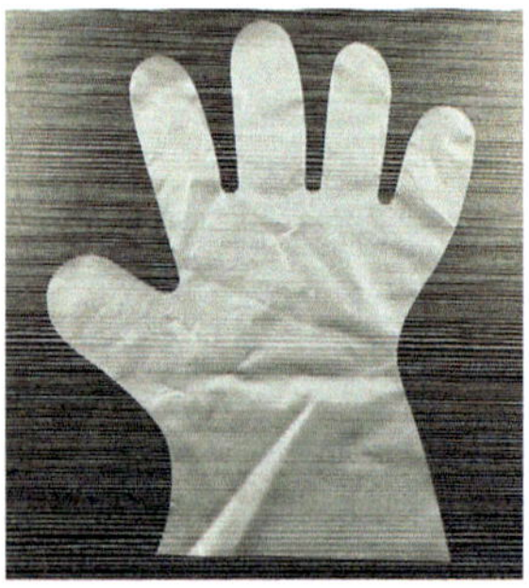

(a) LDPE 비닐장갑

(b) HDPE 파이프

사진 7.5 LDPE와 HDPE로 제작된 제품의 예시

02 PP(폴리프로필렌, Polypropylene)

(1) PP(Polypropylene, 폴리프로필렌)

① 낮은 밀도이다. 폴리프로필렌의 밀도는 0.895~0.92g/cm^{3}로, 밀도가 가장 낮은 범용 플라스틱이다.

② 저온에서 높은 충격강도를 갖는다.

③ 내마모성이 높다.

④ 높은 이온 전도도를 가지고 있다.

⑤ 배터리 내부온도 상승 시 다공성 기공(pore)들이 막혀 전류가 흐르지 못하게 한다.

⑥ 건식 분리막을 제작하는데 주로 사용되고 있다.

그림 7.7은 프로필렌(propylene) 단량체(monomer)가 중합돼 만들어지는 고분자재료(중합체 : polymer, 폴리머) 폴리프로필렌(PP)의 분자 결합구조이다.

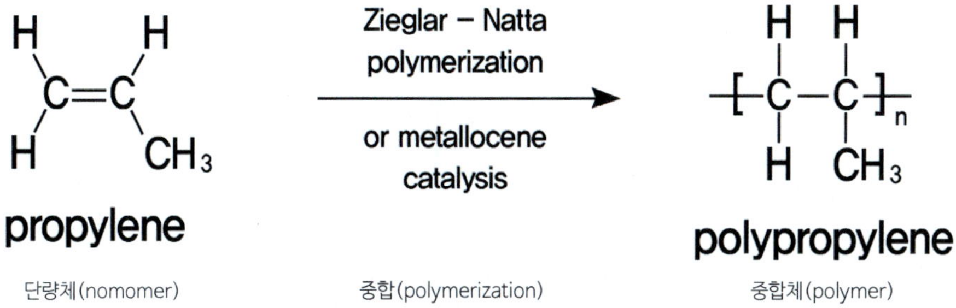

그림 7.7 폴리프로필렌(PP)의 결합구조

그림 7.8은 폴리프로필렌(PP)의 화학식과 결합구조를 보여준다.

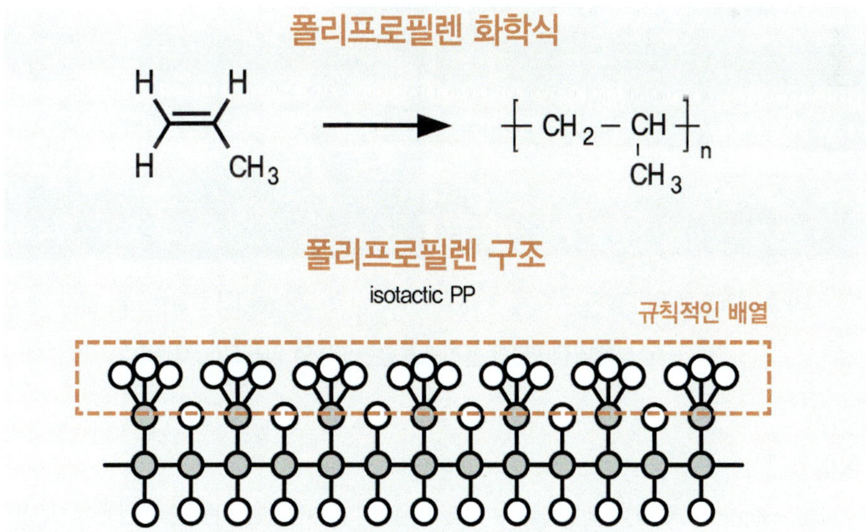

그림 7.8 폴리프로필렌(PP)의 화학식과 결합구조

결합구조의 특징은 단량체(monomer)들이 한 방향으로 연결되어 있는 규칙적인 배열 형태(isotactic)로 작은 부피에 많은 분자들이 적층될 수 있어 매우 높은 강도를 갖는다.

그림 7.9는 폴리에틸렌(PE)과 폴리프로필렌(PP)의 화학식을 비교한 구성이고, 사진 7.6 (a)는 폴리에틸렌(PE)의 원재료, (b)는 폴리프로필렌(PP)의 입자이다. 쌀알과 같은 모양으로, 색도 흰 유백색을 띠고 있다.

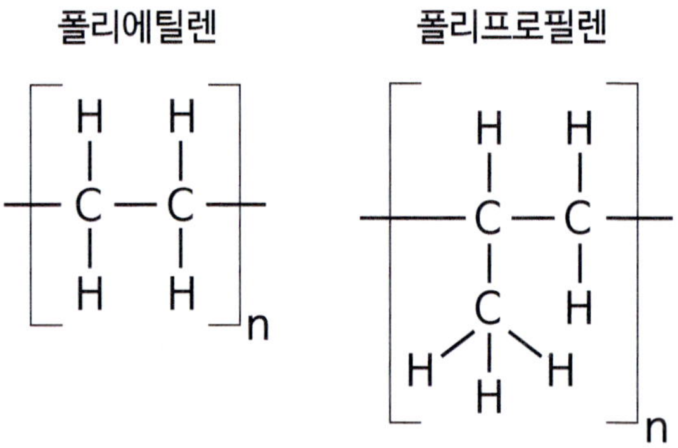

그림 7.9 폴리에틸렌(PE)과 폴리프로필렌(PP)의 화학식 비교

(a) 폴리에틸렌(PE) 입자 (b) 폴리프로필렌(PP) 입자

사진 7.6 폴리에틸렌(PE)과 폴리프로필렌(PP)의 원재료(입자) 비교

(2) 성질

PP(Polypropylene, 폴리프로필렌)는 반투명으로 강인하고 가벼우며 내열성(결정융점 160~168℃)이 있는 결정성 플라스틱이다. 그러나 PE와 같이 성형수축률이 크고 상온에

서는 용제에 녹지 않는다.

PP(Polypropylene, 폴리프로필렌)는 프로필렌 중합에 의해 만들어지는 열가소성 수지이다. 프로필렌 중합체는 비결정성인 것과 결정성인 것이 있는데, 이 중 성형용으로 사용되는 것은 결정성 폴리프로필렌이다. PP는 물리적 성질이 PE(Polyethylene, 폴리에틸렌)보다 뛰어나지만 대기 중에 노출된 상태에서 빛이나 열에 산화 및 열화하는 결점이 있으며, 안정제를 필요로 한다.

비중은 0.9로 플라스틱 소재 중 가장 가벼우며 강성, 내충격성, 전기적 특성이 뛰어나며 값이 저렴하여 이용 범위가 넓은 범용 플라스틱이다.

호모폴리머(homopolymer, 단독 중합체)는 저온에서 취약한 결점이 있으며, 코폴리머(copolymer)는 그 결점이 약간 개선된 것이지만 0℃ 이하의 저온에서는 역시 취약하다.

PP는 동(Cu)과 접촉하면 취약화되는 성질이 있어 황동 재질의 인서트(insert)를 사용할 경우에는 동해방지(銅害防止)가 된 품종을 사용해야 한다.

PP의 특이한 장점으로는 굴곡피로에 견디는 강한 성질을 가지고 있는 것이다. 이것은 다른 플라스틱에 비해 우수하여 성형품 일체형으로 힌지(hinge)를 만들 수가 있다. 일체형 힌지는 뚜껑, 몸체 및 힌지를 일체형으로 성형시켜 뚜껑을 여닫을 수 있게 한 케이스(case)류이다.

PP의 사출성형성은 매우 우수하나 성형수축률이 크며, 사출성형품이 휘거나 비틀리기 쉽고 치수가 정밀한 성형품은 얻기 힘들다. PP는 물리적 성질이 PE보다 뛰어나지만, 대기 중에 노출된 상태에서 빛이나 열에 산화 및 열화하는 결점이 있어 안정제를 필요로 한다.

(3) 용도

PP는 100℃에 견디며 강하고 미려해서 주방용품, 세면기, 쓰레기통, 의자, 가정용품인 정수기 하우징, 바가지 등 소형에서 대형의 일용품, 컨테이너, 오토바이 및 전동킥보드의 하우징 등 공업용품에 이르기까지 널리 사용된다.

용도는 소형 생활용품부터 자동차 범퍼, 부품, 패널(panel)과 연신용 필름, 로프, 그물 등 산업용품을 비롯한 이차전지의 분리막에 이르기까지 그 이용 범위가 다양하고 광범위하다. 사진 7.7은 사용 예이다.

(a) 의자

(b) 바가지(각종 가정용품)

사진 7.7 PP로 제작된 제품의 예시

03 PO(Polyolefin, 폴리올레핀)

(1) PO(Polyolefin, 폴리올레핀)

① 올레핀의 중합으로 생기는 고분자 화합물의 유형을 의미한다.

② 밀도에 따라 특성이 변하는 물질이다.

③ 밀도가 낮으면 탄성을 가지게 되며, 밀도가 높으면 가소성(可塑性, plasticity, 잠시 변형되거나 탄성을 일으키는 힘보다는 크고, 파손되거나 깨뜨리는 힘보다는 중간 정도의 힘을 가했을 때 그 형태가 영구히 변해버리는 성질)을 가진다.

④ 대표적으로 PE(Polyethylene, 폴리에틸렌)와 PP(Polypropylene, 폴리프로필렌)가 있다.

(2) 성질

폴리올레핀(Polyolefin)은 알켄족 탄화수소(olefin, 올레핀) 중합체(polymer)의 일반 명칭이다. 내열성이 우수하고 가벼우며, 결정성 고분자이면서 투명하고, 내약품성, 안전성도 우수하므로 가전용 전자부품, 글로브 박스(glove box), 에어 클리너(air cleaner) 등 자동차 부품, 프로펠러 팬(propeller fan) 등 산업용품과 기타 레저용품의 성형에 사용된다. 크게 다음과 같은 2종류가 있다.

① Thermoplastic polyolefins : Polyethylene(PE), Polypropylene(PP), Polymethylpentene(PMP), Polybutene-1(PB-1)

② Polyolefin elastomers(POE) : Polyisobutylene(PIB), Ethylene propylene rubber (EPR), Ethylene propylene diene monomer(M-class) rubber(EPDM rubber)

7.5 분리막의 열수축 현상

리튬이온전지의 분리막 재료는 폴리올레핀(Polyolefin, PO) 계열의 고분자 PE(Polyethylene, 폴리에틸렌)와 PP(Polypropylene, 폴리프로필렌)를 주로 사용하고 있다. 분리막(Separator)은 음극과 양극을 안정적으로 분리하고, 리튬이온을 잘 통과시켜야 하며, 이물질의 이동을 차단하고, 온도 증가 시 기공을 막아 리튬이온의 이동을 차단해야 한다. 그래서 이에 필요한 특성은 다음과 같다.

① 전기화학적 안정성(저항성) : 배터리 전해액에 장시간 담겨져도 변형이 되지 않아야 한다.

② 유연성 : 금속 전극과 닿았을 때 변형이 되지 않아야 한다. 또한 수많은 충방전 시 Li이온의 이동에 따른 전기장력에도 어느 정도 탄성을 가져 변형이 발생돼서는 안된다.

③ 강도 : 조립 과정과 가공 시의 롤링(rolling) 과정 등에서의 압력에 충분히 견딜 수 있어야 한다. 파손이나 손상이 생겨서는 안된다.

④ 통기성과 투공성 : 리튬이온을 원활하게 통과시킬 수 있어야 한다.

⑤ 연신율 : 극박으로 만들 수 있어야 한다.

⑥ 젖음성 : 전해액이 분리막 표면에 충분히 젖을 수 있어야 이온 전도도가 향상된다.

⑦ 내열성 : 특정 온도(130~150℃) 이상의 열환경에서 용융하여 그 이상의 온도에서는 기공(pore)이 폐쇄되어야 한다(shut-down).

분리막은 아주 얇은 박막으로 두께는 일반적으로 10~25㎛(0.01~0.025mm) 정도로 아주 얇으며, 기공 크기는 0.01~0.5μm 정도로 아주 작아서 리튬이온(Li^+)만이 빠르고 안전하게 이동할 수 있지만, 액체인 전해액은 분자 크기가 커서 빠져 나가지 못하도록 분리막의 기공을 만드는 것이다. 또한 분리막의 물성과 안전성을 높이기 위해 강화막 코팅 등을 한다.

그림 7.10은 리튬이온 배터리의 화재 및 폭발 원인 분석으로 열 남용(Thermal abuse)의 사례를 나타낸다.

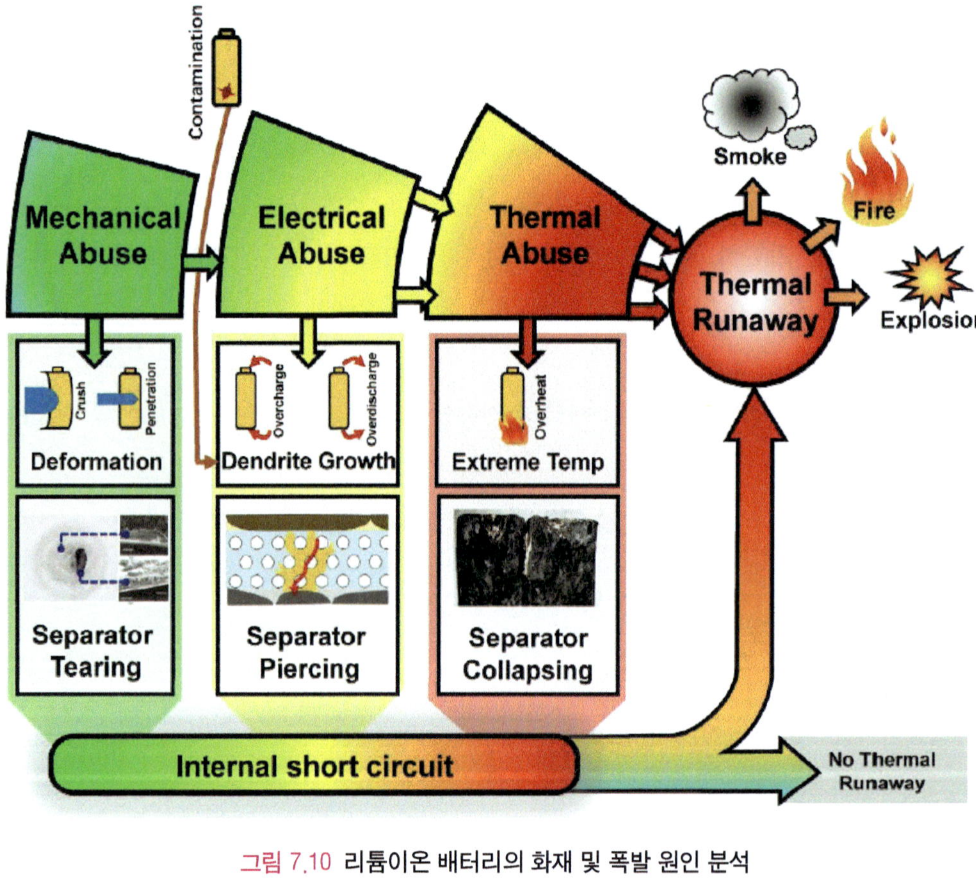

그림 7.10 **리튬이온 배터리의 화재 및 폭발 원인 분석**

리튬이온전지 내부 단락(short, 합선) 시 분리막 변형에 의한 열거동 예측 연구 데이터를 보면, 셀 제조 결함이나 전기차 운행 시의 여러 복합적 요인으로 인해 초기 불안정한 상태의 분리막 또는 미세하거나 경미한 분리막의 손상이나 파손이 지속적 동적인 충격, 진동, 압력, 온도, 환경, 과충전 · 과방전, 거친 운전 습관 등으로 인해 진행성으로 커져 내부 단락 발생 시에는 의외로 매우 높은 온도에서는 수축이 발생하여 오히려 분리막의 파손을 가속화시켜 화재의 원인이 되는 것이다.

주로 사용되는 분리막은 PE와 PP 재질의 분리막으로, 130℃ 이상에서 셧다운(shut-down) 또는 단락을 일으켜 배터리의 고장을 유발한다.

가격도 저렴하고 가공성도 우수한 범용 플라스틱 PE, PP는 매우 높은 온도에서는 수축이 발생하며, 이를 분리막의 열수축이라고 한다.

분리막은 공정 과정에서 연신하게 되는데 높은 온도로 상승 시 늘어났던 분리막이 원래의 크기로 줄어들며 열수축이 발생한다. 분리막의 열수축은 분리막을 찢어질 정도로 크게 파손시켜, 양극과 음극이 서로 접촉되어져 내부 단락(short)을 발생시키는 위험한 요소이며 단락을 계속하여 확장시킨다.

전지의 안전성 예측 연구에 분리막의 열수축을 고려하여 사전에 위험성을 판단할 필요가 있다.

사진 7.8은 온도의 상승에 따라 발생하는 분리막의 열수축 현상을 보여준다.

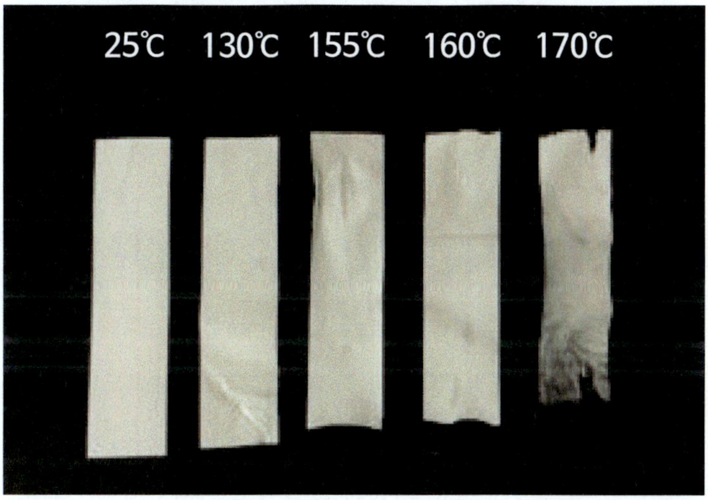

사진 7.8 **온도의 상승에 따른 분리막의 열수축 현상**

사진 7.9는 단락 크기에 따른 단락 지역의 온도 분포도를 표현한 것이다. 내부 단락의 크기가 커질수록 높은 온도 상승과 빠른 열확산을 확인할 수 있으며, (c)와 같이 반지름 0.45mm의 내부 단락에서는 열 폭주가 발생할 수 있는 위험 온도 도달 지역이 나타나고

있다. (a)는 반지름 0.35mm의 내부 단락 (b)는 0.4mm의 내부 단락이다.

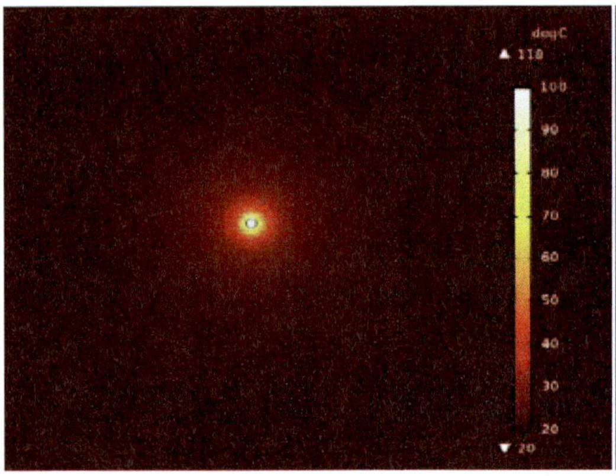

(a) short radius : 0.35mm

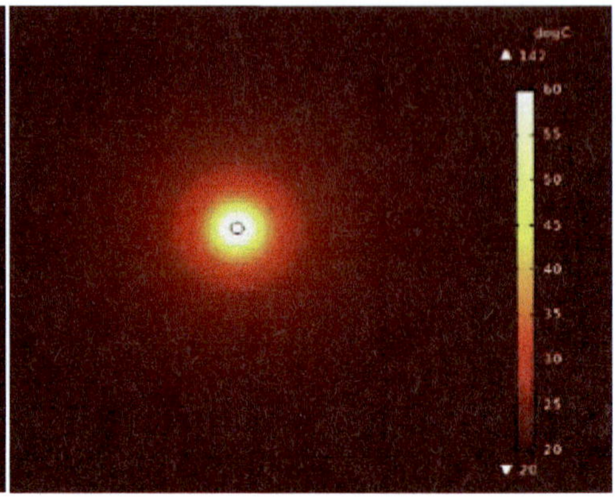

(b) short radius : 0.4mm

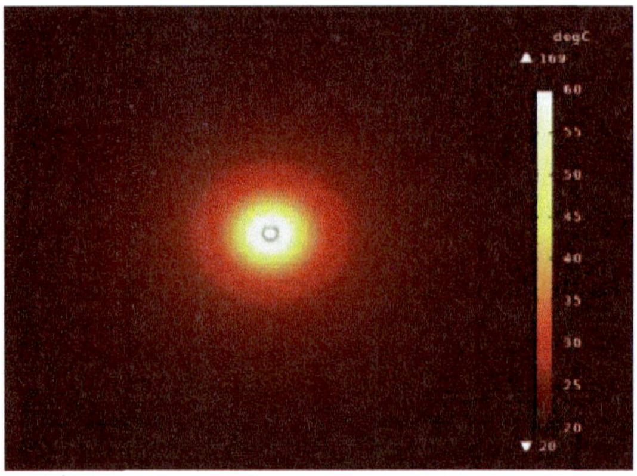

(c) short radius : 0.45mm

사진 7.9 **단락 크기에 따른 단락 지역의 온도 분포도**

그림 7.11은 내부 단락 크기에 따른 최종온도 결과를 나타낸다. 단락의 크기가 커질수록 온도가 상승하며 분리막 열수축의 영향 또한 증가한다.

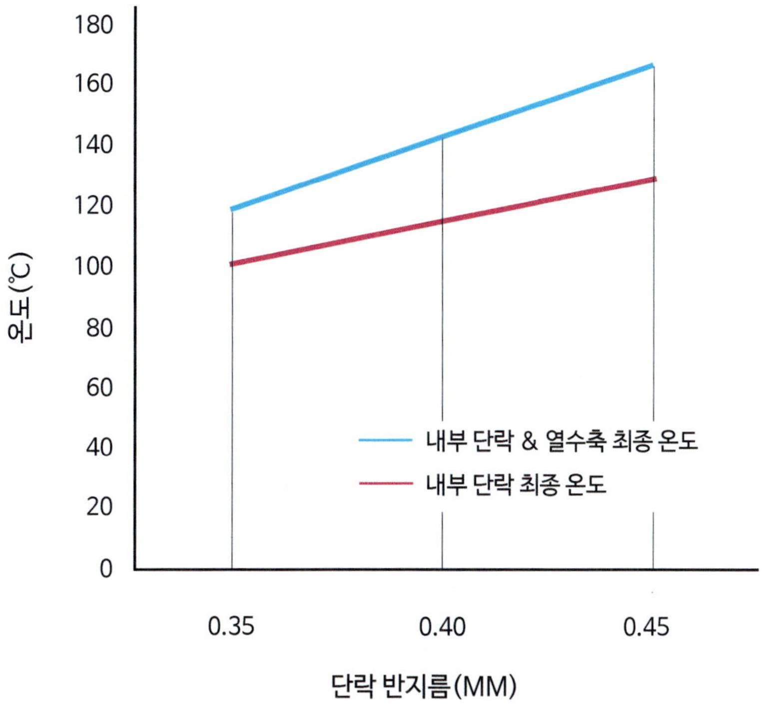

그림 7.11 **내부 단락 크기에 따른 최종 온도**

(출처 : 리튬이온전지 내부 단락 시 분리막 변형에 의한 열거동 예측 연구, 2021, 서울대학교 장영익)

CHAPTER

08

전기자동차
각 구성요소의
기능분석 및 특징

8.1 BMS(배터리관리시스템)

(1) BMS(Battery Management System, 배터리관리시스템)

BMS는 배터리의 충전, 방전 상태 모니터링 및 보호를 관리하는 시스템으로, 그 주요 기능(역할)은 다음과 같다.

1) 상태 모니터링(State monitoring)

배터리의 전압, 전류, 온도, 용량 등의 상태를 모니터링하여 실시간으로 파악한다.

2) 충전관리(Charge management)

충전 프로세스를 제어하여 최적의 충전전압과 전류를 제공하며, 충전 컨트롤 알고리즘을 사용하여 배터리의 효율성을 극대화하고 과충전을 방지한다.

3) 방전관리(Discharge management)

배터리의 방전 과정을 모니터링하고 제어하며, 안정적인 전압 공급을 유지하고 과방전을 방지하여 배터리 수명을 관리, 보호하며 유지한다.

4) 보호기능(Protection features)

과전류, 과전압, 과열, 단락 등과 같은 비정상적인 상황을 감지하고 적절한 조치를 취하여 배터리를 보호한다.

(2) BMS에 사용되는 플라스틱 재질

BMS는 전자회로와 소자로 구성되며 절연을 위한 플라스틱 기판이 사용될 수 있으나, BMS에 플라스틱 사용은 제한적이다.

1) 외부 케이스(Outer casing)

배터리 셀을 보호하고 구성요소를 안전하게 감싸는 역할을 하며, 주로 플라스틱 재질로 제작된다.

2) 외부 케이스에 사용되는 플라스틱 재질

① 폴리프로필렌(Polypropylene, PP)

가볍고 강도가 높으며 충격에 대한 저항성(내충격성)이 좋다. 또한 전기적 절연성과 화학적 안정성이 우수하다.

② 폴리카보네이트(Polycarbonate, PC)

내열성이 좋고 강도가 높으며 투명하다. 또한 내피로성, 내크리프성 및 내화학적 안정성이 우수하고 내압, 내충격성이 우수하다.

③ 이 외에도 내열성 · 내충격성 ABS, PVC 등의 재질을 사용하고 있다.

(3) 연결 및 보호회로의 특징

연결회로와 보호회로에는 여러 종류가 있으며, 그 특징은 다음과 같다.

① 연결회로(Interconnect circuit) : 연결회로는 배터리 셀들을 연결하여 전기적으로 직렬 또는 병렬로 구성한다. 이를 통해 셀들의 전압을 합산하거나 전류를 분배할 수 있다. 연결 회로는 금속 선, 연결 판, 리드(lead, 부품의 단선 일종) 등으로 구성된다.

② 보호회로(Protection circuit) : 배터리의 안전한 운영을 위해 다양한 기능을 제공한다. 과전류, 과전압, 과열, 단락 등 비정상적인 상황을 감지하고 셀을 보호하기 위해 적절한 조치를 하며 보호 IC, 보호 모듈 등으로 구성된다.

③ 충 · 방전 제어회로(Charge and Discharge control circuit) : 배터리의 충전과 방전을 제어한다.

④ 전류 센싱회로(Current sensing circuit) : 배터리의 방전 및 충전 전류를 측정하고 모니터링한다. 전류 센서, 전류 측정 IC 등으로 구성된다.

1) 연결 및 보호회로에 사용되는 플라스틱 재질

특정 플라스틱 재질이 필수적으로 요구되지는 않는다. 대부분의 경우에 있어, 회로 보호 및 절연을 위해 특수 절연재로는 액체 상태의 실리콘 젤(silicone gel)이나 에폭시

(epoxy) 등을 사용하고 있다.

또한, 회로의 연결 부분에는 절연성과 열 안정성을 제공하는 플라스틱 소재인 PBT (Polybutylene terephthalate, 폴리부틸렌 테레프탈레이트) 등의 재질을 사용하며, PBT는 절연성이 뛰어나고 열에 강한 특성을 지니고 있다.

(4) 충전 컨트롤러(Charge controller)의 특징

배터리의 충전 과정을 제어하고 모니터링하는 역할로, 그 주요 기능(역할)은 다음과 같다.

① 충전 제어기능(Charge control function) : 배터리의 충전상태를 모니터링하고 적절한 충전전압과 전류를 제공하여 배터리를 안전하게 충전하게 한다.

② 충전상태 모니터링(Charge status monitoring) : 배터리의 충전상태를 실시간으로 모니터링하고 표시한다.

③ 보호기능(Protection function) : 과충전, 과방전, 단락 등으로부터 보호하는 기능을 제공하며, 이를 위한 회로가 충전 컨트롤러(controller, 제어기)에 내장되어 있다.

1) 충전 컨트롤러에 사용되는 플라스틱 재질

회로 보호와 절연을 위해 플라스틱 소재를 사용하고 있다. 주요 소재는 다음과 같다.

① 폴리카보네이트(Polycarbonate, PC)

투명하고 열에 내성이 있으며 전기적 절연성과 내화학적 안정성을 가진다. 충전 컨트롤러의 외부 케이스나 커버로 사용된다.

② 폴리프로필렌(Polypropylene, PP)

가볍고 내충격성, 내화학적 안정성이 높으며, 충전 컨트롤러의 케이스나 절연 부품으로 사용된다.

③ 아크릴로니트릴 부타디엔 스티렌(ABS)

내열성과 강도가 높으며 전기적 전연성과 내화학적 안정성을 가지며, 커넥터(connector)에 사용된다.

④ 폴리비닐 클로라이드(PVC)

절연성과 내화학적 안정성이 뛰어나며 가격이 저렴하다. 충전 컨트롤러의 절연 부품이나 배선(cable) 등에 사용된다.

2) 현재의 문제점과 해결책 - 셀(Cell) 과열로 인한 열폭주 현상

외부 충격이나 충돌, 과부하 등으로 인한 분리막의 파손, 손상이나 찢어짐 등으로 인해 주행 중 또는 시동이 켜져 있는 상태에서 발생하는 전해액의 섞임 현상에 의해 화학반응으로 배터리가 과열되는 것은 BMS(Battery Management System, 배터리관리시스템)이 감지할 수 있지만, 시동이 꺼져있는 주차 중에는 과열이 되는 현상을 BMS가 감지하지 못하므로, 사전에 예방과 신속한 조치를 할 수 없다는 문제가 있다.

따라서 주행, 충전, 주차를 비롯한 상시로 배터리 과열을 센싱(sensing, 감지) 해주는 BMS 성능을 유지하기 위해서는 별도 무선시스템과 통신망 설치가 필요하다. 또한 근거리 및 원거리를 커버하는 무선통신(RF, Radio Frequency)을 위한 전력소모가 계속 발생하므로, 배터리 용량을 키우거나 보조 배터리의 실장 등으로 전체 배터리의 무게가 무거워질 뿐 아니라 차체 중량도 커지고, 가격도 상승하기 때문에 나름대로 전기차 제조사는 이에 대해 충분히 검토할 필요가 있을 것이다. 인간의 존엄한 생명을 보호하기 위해서는 반드시 필요한 사항이라고 저자는 주장한다.

왜냐하면, 현재 배터리 팩을 구성하고 있는 핵심요소 배터리 셀들이 직렬과 병렬로 서로 조합돼 연결되어져 있기 때문이다. 이 때 병렬로 연결된 셀들에서는 한 셀이 혹시 이상이 있더라도 모두 전압이 같은 것으로 측정되기 때문에 과충전 · 과방전 시의 과열로 인한 이상 현상을 전혀 센싱(sensing, 감지) 할 수 없기 때문이다.

배터리 셀의 과열로 인한 열폭주 때문에 발생되는 화재는 배터리 셀 자체가 화학적 반응이라 이웃 셀로 연속 폭발을 일으켜 물이나 여타 방법으로는 초기 진화하기가 너무 어렵기에, 원천적이며 근본적인 문제점을 사전에 예방하며 차단하는 것이 안전을 위한 최선의 솔루션(solution, 해결책)이다.

배터리 소재에 있어 협의(狹義)의 내용으로 선택과 집중을 하면, 나름대로 분리막의 파손은 어느 정도 예상이 된다. 문제의 원인은 배터리의 충 · 방전 시 리튬이온의 이동에 따라 발생되는 전기장력에 의해 수없이 반복되어 분리막에 가해지는 반복피로하중(부하, load) – 그것도 양방향에서 – 에 대비한 즉, 충격이나 충돌 등 여러 변수로 발생되는 부하(그것도 특히 과부하)에 잘 견디며 · 대응하는 단단하면서도(강도도 좋고) 유연한 탄성(강성도 좋고)을 가지며 내피로성도 우수한 그리고 전기차 안전에 신뢰성 있는 최적의 분리막 개발을 위한 지속적인 시도와 노력으로의 혁신적인 기술개발이 필요하다.

한편으론 문제를 야기하는 근본 원천 즉, 근본 원인(root cause)을 해결하는 것이 사전 예방을 위한 최적의 조치(action, 실행)이다.

8.2 배터리 용어 정리

다음 표 8.1에 이차전지 배터리 용어들을 정리했다.

표 8.1 배터리 용어 정리

용어	설명
리튬이온전지(LIB)	이차전지의 대표적 전지, 가볍고 고용량 가능
반고체전지 (Semi-Solid Battery)	기존 액체형태의 전해액 대신 반죽상태의 반고체 전해질을 사용해 에너지 밀도와 출력 및 안전성을 향상시킨 차세대 전지
전고체전지 (All-Solid-State Battery)	기존 전해액을 고체로 대체한 차세대 전지로 대용량 가능하고 안전성이 높다.
양극(Cathode)	양극활물질로 배터리의 용량과 전압을 결정, 전위가 높은 극
음극(Anode)	음극활물질로 양극으로부터 나온 리튬이온을 가역적으로 흡수/방출하면서 전류를 흐르게 하여 전기를 발생시키는 물질, 전위가 낮은 극
전해액(Electrolyte)	전지 내부의 양극과 음극 극판 사이에서 리튬이온이 이동할 수 있도록 매개체 역할을 하는 물질
분리막(Separator)	전지 내부의 양극과 음극활물질이 서로 섞이지 않도록 분리해주는 막
바인더(Binder)	활물질과 도전재 등이 용매에 잘 분산되게 하고 활물질을 집전체에 결착시키는 용액
도전재	전극에서 활물질 입자간 또는 금속 집전체와의 전자 전도도 향상을 목적으로 소량 첨가하는 미세분말 탄소
집전체	외부도선에서 제공되는 전자를 전극 활물질로 공급하기 위해 중간 매집 역할을 하거나 반대로 전극 반응의 결과 생성된 전자를 모아서 외부도선으로 흘려주는 전달자 역할을 하는 극판 형상 구현 재료
극판	양극/음극 활물질에 도전재, 바인더를 혼합한 기본 양극/음극판

젤리롤(Jelly Roll)	배터리의 기본단위인 셀(Cell)을 만들기 위하여 양극/음극판과 분리막을 접합하여 롤 형태로 감아 놓은 전극 조립체
셀(Cell)	전기에너지를 충전, 방전해 사용할 수 있는 리튬이온 배터리의 기본단위
탭(Tab)	젤리롤에서 각각의 그리드로부터 흘러 나오는 전류를 모아서 하나의 출력으로 내보내기 위한 단자
캔(Can)	원통형/각형 배터리의 금속 케이스
파우치(Pouch)	리튬폴리머전지의 봉지재
믹싱(Mixing)	활물질과 Binder를 용액에 녹여 코팅 Slurry를 만드는 공정으로 양극과 음극의 Slurry를 제조
코팅(Coating)	양극은 알루미늄 호일을 음극은 동박을 코팅하여 양극과 음극 Slurry를 음 · 양극판에 코팅하는 공정
롤프레스(Roll Press)	금속호일과 전극 필름의 접착력을 증대시키고 전극 필름의 밀도 증대를 위해 전극을 Pressing하는 공정
슬리팅(Slitting)	전극의 셀의 규격에 맞게 재단하여 감는 공정
진공건조(Vacuum Dry)	완성된 극판을 진공챔버에 넣어 극판에 포함된 수분을 제거하고 잔류 응력을 완화시키는 공정
권취(Winding)	젤리롤(Jelly Roll)을 만들기 위하여 전극에 탭(Tab)을 부착하고 분리막을 삽입시켜 감은 후 테이프로 고정하는 공정
적층(Stacking)	Separator Film에 전극을 일정한 간격으로 부착하고 지그재그로 접어 형태를 만든 후 Taping하는 공정
젤리롤 테이핑(J/R Taping)	셀(Cell)의 품질불량 방지/젤리롤 삽입개선을 위한 테이핑 공정
노칭(Notching)	롤 형태의 전극판을 실제 사용될 셀(Cell) 형태로 재단하는 공정
성형(Forming)	파우치를 젤리롤 형상에 맞게 프레스 성형하는 것
젤리롤 삽입	권취가 완료된 젤리롤을 셀(Cell) 용기에 삽입하는 공정
X-ray 검사	젤리롤의 삽입상태 및 품질검사, 불량선별 공정
비딩(Beading)	젤리롤이 캔 속에서 움직이지 않도록 캔 상부를 압연하는 공정
크림핑(Crimping)	원통형 전지의 캔 위에 뚜껑에 해당하는 캡(Cap)을 올려 놓고 밀봉시키는 공정
튜빙(Tubing)	캔의 외부에 외장재를 입히는 공정
리크체크(Leak Check)	각형 전지의 전해액 주입 전 헬륨가스를 이용하여 캔의 누액여부를 검사하는 공정
탭 용접(Tab Welding)	외부와 전자흐름의 통로가 되는 양극과 음극의 단자의 Tab을 부착시키는 공정
볼 용접(Ball Welding)	각형 전지의 캔에 전해액을 주입 후 전해액 주입구에 볼(Ball)을 압입하고 용접하는 공정
전해액 주액(E/L Filling)	설계된 최적량의 전해액을 주입하여 단시간에 젤리롤 형태의 전극에 함습시키는 공정
실링(Sealing)	파우치의 양면을 열압착하여 파우치 내부의 폴리머 성분이 녹아서 내부의 전해액이 흘러 나오지 않게 밀봉하는 것
패키징(PKG)	파우치형 배터리 조립 자동화 Full 라인이며 JR Insert, JR Press, 테이핑, 용접기, 바인더도포기, 언와인더, 포밍, 실링, 셀커팅, 주액기, 셀 배출 등 총 11종 설비로 구성됨

에이징(Aging)	전지를 정해진 충방전 상태 및 정해진 온도, 습도로 정해진 시간 동안 보관 방치하는 공정
충방전(Formation)	조립공정을 마친 셀(Cell)에 일정한 전류를 흘려주어 충전과 방전을 반복하여 배터리로 활성화 하는 공정
디게싱(Degassing)	충전 후 셀(Cell) 내부에 발생된 가스를 제거하는 공정
폴딩(Folding)	파우치형 배터리의 제조공정 중 디게싱 후 파우치의 날개를 접어 셀의 형태를 완성하는 공정
IR / OCV	완성된 셀(Cell)의 출하 전 마지막 내부저항 및 전압을 측정하여 셀의 양/불을 검사
모듈(Module)	배터리 셀(Cell)을 외부충격과 열, 진동으로부터 보호하기 위해 일정한 개수(일반적으로 열 개 남짓)로 묶어 프레임에 넣은 배터리 조립체(Assembly)
팩(Pack)	전기차에 장착되는 배터리 시스템의 최종 형태, 배터리 모듈 6~10개에 BMS (Battery Management System), 냉각 시스템 등 각종 제어 및 보호 시스템을 장착해 완성됨
ATC(Auto Transfer Conveyer)	셀(Cell)을 각 공정으로 이송하는 자동 물류 설비의 총칭
Pallet	단위 설비 내에서 또는 단위 설비와 단위 설비 간 중간 가공 중인 전지를 이동하기 위한 부품
Tray	가공 중인 셀(Cell)의 이동 시에 사용되는 적재함 또는 받침
PPM	Pieces per minute 분당생산속도(전지 생산공정 속도를 나타내는 단위)
xEV	전기모터 파워트레인을 가진 차들의 통칭
ESS(Energy Storage System)	에너지저장장치

CHAPTER

09

배터리 내구성 시험
(Durability test)

9.1 리튬 배터리 내구성

01 내구성이란?

내구성(耐久性, durability)의 공학적 의미는 설계수명을 넘어 정상 동작하는 문제와 마주칠 때 과도한 유지보수나 수리의 필요 없이 물리적인 제품, 부품, 재료가 그 기능을 유지하도록 하는 능력이다. 사용 상 내구성의 측정기준은 여러 가지가 있는데, 여기에는 수명 연한, 사용 시간, 수많은 운영 사이클 등이 포함된다.

내구성은 원래 재료과학 분야의 용어로, 부품의 사용수명을 계산한 값으로, 산출한 사용수명 내 관련 환경 조건에서 재료와 부품이 손상 없이 정적, 준정적, 동적(반복 또는 충격) 하중을 견뎌낼 수 있는 능력을 의미한다. 그래서 내구성은 설계수명 동안 정상적인 작동 문제에 직면했을 때 손상이나 예기치 않은 유지·관리없이 유용한 수명 동안 주변 환경에서 사용할 수 있는 재료의 능력인 것이다.

내구성은 새로운 제품이나 부품을 개발하는 프로세스의 가장 첫 단계부터 매우 중요한 역할을 한다. 그래서 생산에 돌입하기 전에, 모든 제품·부품에 대한 엄격한 내구성 테스트를 실시하고 있다.

또한 시간이 지남에 따라 성능이 약해지는 것을 내구성 열화라고 한다. 내구성 열화가 일정 수준을 넘어서면 제품·부품은 안전성을 상실하여 갑자기 원래의 기능이 저하되거나 상실된다.

외부 영향 인자와 내부 저항조건 등으로 인해 동일한 제품·부품에 있어서도 기대되는 내구성은 제각각이 된다.

배터리도 오래 쓸 수 있는 것을 구매하는 이유는 사용 시간까지 고려했을 때, 그것이 더 경제적이기 때문이다. 내구성이 좋으면 오래 안전하게 사용할 수 있으므로 결국에는 경제성이 좋은 것이 되며, 오랜시간의 사용으로 환경부담도 낮춰 준다.

지금 설계·개발·제조된, 배터리의 수명이 어떻게 될까는 내구성 예측 및 평가를 통해서 수명을 미리 알 수 있다.

이차전지 배터리를 오랫동안 안심하게, 성능을 유지하면서 사용할 수 있는지를 알고 싶다면, 반드시 내구성 예측 및 평가가 필요한 이유이다.

(1) 부품 및 재료의 내구성

내구성 측정 방법은 계산 방법 혹은 시험 결과가 될 수 있다. 그러므로 내구성은 (기계적 및 환경적) 하중, 재료, 생산, 구조로 구성되는 여러 부문이 결합된 공학기술이다.

동적 응력은 거의 모든 경우에 부품 파괴의 원인이 된다. 정적 인장시험에서 관찰되는 파괴 하중에 훨씬 못 미치는 하중으로도 파손이 발생할 때가 있다. 내구성에 속하는 피로수명은 반복 응력이 가해졌을 때 재료의 변형 및 파괴 거동을 가리킨다.

부품이 작동 하중 조건에서 파괴 시점까지 견딜 수 있는 반복 횟수를 S-N 곡선을 이용하여 통계적 정확도로 예측할 수 있다.

다음 그림 9.1은 부품 및 소재 분야에 있어 구조적 내구성을 측정하고 평가하는 항목들이다.

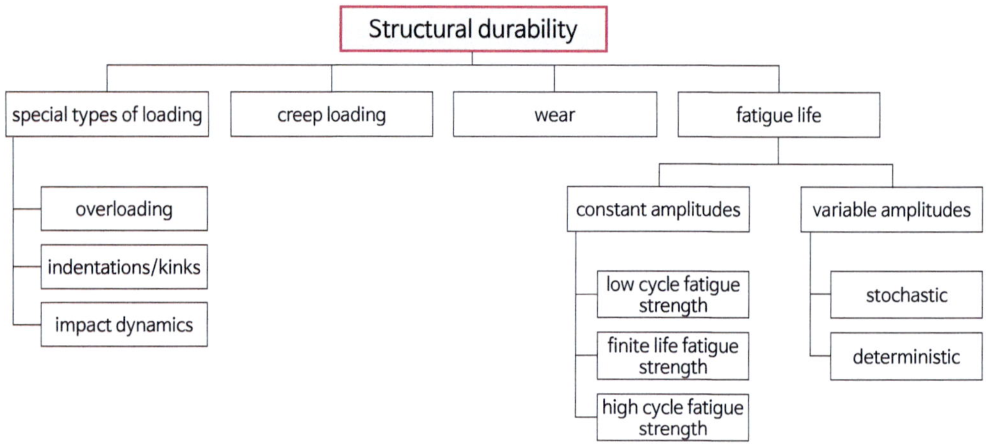

그림 9.1 **부품 및 소재 분야에 있어 구조적 내구성을 측정 · 평가하는 항목**

1) 부품의 내구성

흔히 피로 저항이 있는 부품이 아니라 내구성이 높은 부품을 설계하는 경우가 많다.

부품의 내구성을 확인하기 위해서는 정적 크리프(creep)하중에서부터 충격하중과 일정한 증폭 또는 다양한 증폭의 반복하중까지 모든 유형의 하중을 고려한다. 또한 온도, 침전, 압력, 부식이나 노화로 인한 재료의 변화 같은 환경 조건도 고려해야 한다. 그 다음은 가능한 한 가장 간단한 시험을 통해 물성값을 확인하여 이를 토대로 신뢰할 수 있는 부품을 개발할 수 있게 하는 것이다.

여기서 문제는 손상 과정이 매우 복잡해 사실상 하나의 파라미터(parameter, 변수)로는 설명할 수 없다는 점이다. 항상 손상은 소성변형이 반복적으로 일어나는 내부 결함이나 노치(notch, V자 모양의 새김눈, 벤자리)에서부터 퍼져나가는 작은 크랙들의 형성에서 시작한다. 이 과정을 설명하는 데 LCF(Low cycle fatigue, 저주기 피로) 시험을 사용한다. 이어서 크랙 성장과 파괴가 나타나며, 이와 관련해서는 파괴역학적 방법을 사용한다. 저주기 피로(LCF) 시험은 실패 지점까지 반복하중을 시뮬레이션하는 피로시험이다. 피로시험이란 규정된 방법에 따라 시편에 일정한 피로하중을 가하여 재료가 파단될 때까지의 사이클을 측정하는 것이다. 피로수명은 피로시험에서 사용하는 용어로, 반복하중을 받는 재료의 변형 및 파괴 거동을 의미한다.

일정한 증폭을 이용한 피로수명 시험을 S-N 테스트라고 하며, 해당되는 반복 횟수를 이용하여 허용응력의 진폭(amplitude, 폭)을 측정한다.

고주기 피로시험(S-N 테스트)에서는 크랙 시작과 크랙 성장을 구분하지는 않는다. S-N 곡선을 사용하면 손상 누적 방법을 통해 다양한 하중 증폭에서 사용수명을 예측하는 것이 비교적 쉽다.

그러나 최신 재료 물성 규정 방법으로 유효성 검증을 위한 부품 물성시험이 효과적으로 진행할 수 있다.

오늘날 내구성 시험은 거의 모든 산업기술 분야에서 이루어지고 있다. 내구성은 경량구조에서 몇 가지 강점을 발휘한다. 부품에 재료가 더 적게 필요하므로 피로 저항보다는 내구성이 있도록 설계하는 것이 질량도 더 적게 나간다.

특히 자동차 산업의 경우, 자동차가 가벼울수록 연료가 적게 들지만 구조물이 가벼울수록 하중 능력은 커진다. 또한 내구성 있는 설계는 부분적으로 기능적 요구사항을 충족하기도 한다. 즉, 피로 저항을 갖도록 설계된 항공기는 너무 무거워 날지 못할 수 있다.

2) 부품 개발

기계, 시스템을 비롯한 자동차의 거의 모든 부품은 시간이 지날수록 그 사용 과정에서 변화가 생기는 기계적 하중에 노출된다. 따라서 개발 과정에서 해야 할 일은 전체 사용수명 기간 동안 제 기능을 다하는 제품을 만드는 것이다. 이는 짧은 개발시간과 경량 구조에 대한 요구, 비용 대비 효과적인 생산과 배치되는 일이 많다. 산출한 사용수명 추정값을 피로시험에 적용하면, 부품 신뢰와 경제적인 설계 방식에 도움이 된다. 피로 파괴

역학도 크랙 성장에 대한 설명을 더욱 뒷받침해준다. 비파괴 시험에서 나온 물성 수치를 제품 개발에 적용할 수 있다.

내구성 있는 부품의 목표는 다음과 같다.

① 필요한 사용 수명 달성

② 구조물이나 전체 시스템을 구성하는 부품의 신뢰성

정격 사용수명에 도달하기 전 파괴나 가동 중지가 생기지 않는다는 보장(파괴 확률)

③ 실험을 통한 내구성 측정

부품의 사용수명은 하중 레벨뿐 아니라 하중 시퀀스(sequence)에 따라서도 달라진다. 내구성 있는 부품 설계 시, 작동 시와 유사한 하중-시간 시퀀스(증폭이 다양한 하중 시퀀스)에서는 사용수명에 관한 한 단조로운 하중을 가한 시험에서보다 신뢰성이 더 높은 정보를 확인할 수 있다.

④ 모의실험

내구성을 시험하기 위해서는 기록된 하중-시간 신호를 시험대에서 가능한 한 정확하게 재현하는 모의실험(재현성 실험)을 수행한다. 시험대와 부품의 거동을 살펴보면 제어장치를 최적으로 설정했음에도 실제 신호가 원하는 설정값 신호와 일치하지 않는다는 사실을 알 수 있다. 모의실험 거동을 개선하려면(설정값 또는 목표 신호와 실제 신호의 일치), 실제 신호가 원래 설정값 신호와 일치할 때까지 반복 처리로 설정값 신호를 변경한다.

⑤ 표준화 하중 시퀀스를 이용한 시험

표준화 하중 시퀀스는 일반 설계 분야에서 다수의 대표적인 작동 하중 측정치로부터 도출하며, 전 세계적으로 동적 응력을 받는 부품의 평가 기준으로 사용하고 있다.

⑥ 내구성 측정 관련 장비

재료 및 부품에 따라 시험 기술은 달라야 한다. 내구성 측정에는 정적 시험기와 동적 시험기 모두가 사용되며 그에 따른 시험 소프트웨어도 함께 적용되고 있다.

(2) 내구성 평가

내구성 평가는 원인요소들과 저항요소들의 대립으로, 즉 열화 진행속도에 대한 평가이다. 외부 영향인자의 강도와 내부 저항조건에 따라 동일한 재료로 제조된 제품, 부품들도 기대되는 내구성은 제각각이 된다.

배터리는 사용 중 과열, 단락, 과충전 등의 원인으로 인해 화재나 폭발 등이 발생될 수 있다.

이러한 배터리의 발생 가능한 현상들에 대해 시험을 통해 배터리가 안전한지를 확인해야만 하며, 이는 안전성과 직결되어지기에 아주 중요한 사항이다.

그렇기에 배터리 내구성 평가는 IECEE(국제전기기기인증제도, IEC(International Electrotechnical Commission, 국제전기기술위원회)의 회원국에서 시험한 결과를 상호 인정하는 국제인증제도이며 IEC는 전기, 전자, 통신, 원자력 등의 분야에서 각국의 규격 · 표준의 조정을 한다), 한국인정기구 및 국가기술표준원으로부터 시험소 인가를 받아 CB, KOLAS, KC성적서를 발급하며, 그 외 세계 각국의 규격에 의한 시험 및 시험성적서를 제공하는 공인시험 및 인증이 필수적이다.

KC인증은 안전인증으로 해외 수입 또는 국내에서 제조한 전기제품이 국내에서 유통 및 판매되어 소비자가 사용 시 화재, 감전 등 안전사고 방지를 위하여 안전인증기관으로부터 인증받은 제품만이 유통 및 판매하도록 정부가 지정한 강제 인증제도이다.

1) 대상 품목

① 일차전지 : 한 번 사용하고 버리는 전지로, 리튬 · 산화크롬전지, 리튬 · 이산화망간전지, 수은전지, 망간전지, 알카라인전지 등이 있다.

② 이차전지 : 재충전하여 사용할 수 있는 전지로, 리튬이온(Li-ion)전지, 리튬폴리머(Li-polymer)전지, 납축전지(Lead-acid), 니켈 · 카드뮴(Ni-Cd)전지, 니켈 · 수소(Ni-MH)전지 등이 있다.

2) 시험항목

① 성능 시험 : 셀 밸런싱, 전압 · 전류 · SOC 정밀도, 에너지 및 용량, 에너지효율, SOC 손실, 사이클 수명, 방전성능(고온 · 저온) 시험(test) 등

② 기능 시험 : 외부단락 제어, 과열제어, 과충전 전압제어, 과충전 전류제어 시험 등

③ 안전성 시험 : 절연저항, 외부단락, 충돌, 압착, 침수, 고온변형, 과충전, 강제방전, 손톱침투(nail penetration) 시험 등

④ 신뢰성 시험 : 열충격 사이클, 결로, 고온보관, 저온보관, 사이클 내구성 시험 등

⑤ 화재 노출 시험(fire exposure tests) : 발사체(projectile), 내외부 화재(internal & external fire) 시험 등

⑥ 이차전지의 항공 운송을 위한 UN38.3 시험

⑦ 각 국가별 배터리 셀 및 배터리 팩(battery cell & battery pack)에 관한 인증 시험

(3) 배터리의 내구성

전기차의 배터리는 대략적으로 2,000회 충전 후 사용 가능할 때의 주행거리는 대략 40만km 정도이며, 한국에너지공단에서는 전기차 배터리 수명을 약 10년이라고 추정하고 있는데, 평균 10년~15년 정도 사용할 수 있다고 본다.

미국 자동차 배터리 · 주행범위 분석회사 리커런트(Recurrent) 보고서는 우선 전기차 배터리 수명에 관한 한 배터리 교체는 매우 드물다고 결론을 내린다. 리커런트 커뮤니티가 배터리 과학자로 구성된 팀을 통해 커뮤니티 회원들의 전기자동차와 배터리에 대해 분석한 결과다. 연구결과 미국 GM의 전기차 쉐보레 볼트(Chevrolet Bolt)와 같은 대규모 리콜을 제외하면 조사대상의 약 1.5%만이 배터리를 교체한 것으로 나타났다. 또한 전기차 배터리가 대개 운전 초반에 약간의 하락이 있었고 이어 장기간에 걸친 배터리 용량은 수평을 유지한다.

그런데 전기차 배터리는 각사별로 서로 다른 수명을 갖는 것으로 나타났다. 자동차 제조업체들은 20년 정도는 될 것이라고 말한다.

도대체 전기차 배터리의 정확한 수명은 얼마나 될까.

한 가지 간단하고 정확한 대답은 우리는 이에 대해 확실히 알지 못한다는 것이다.

전기자동차가 특정지어 말할 수 있을 만큼 오랜 기간의 충분한 신뢰성 데이터를 갖지 못하기 때문이다. 따라서 최선의 방법은 도로에 있는 차들의 명백한 성능 저하를 관찰하는 것이다. 그러나 대부분의 전기차는 2022년에 거의 30%가 팔리면서 6년 미만의 기간 동안 도로를 주행했기 때문에 그 관찰조차도 어려울 수 있다.

전기차 배터리는 얼마나 오래 가나? 전기차 운전자가 주의를 기울여왔다면 전기차 배터리는 시한폭탄처럼 보일 수도 있지만 실제로는 상당히 튼튼하고 예상보다 오래 지속된다.

다만 지금까지 전기차 배터리는 8년, 10만 마일(약 16만km)의 보증 기간이 끝나기만 해도 교체된 배터리가 거의 없기 때문에 예상보다 수명이 훨씬 긴 것으로 보인다.

업체별 배터리 보증 수명은 미국의 전기자동차 회사의 신형 리비안(Rivian)의 경우 17만 5,000마일(약 28만km), 또는 10년이다. 현대전기차 배터리는 자동차 자체의 수명보다 오래 지속될 것으로 예상될 정도다.

미연방 정부는 모든 전기차 배터리에 대해 최소 8년 또는 10만 마일(약 16만km)에 대한 보증을 요구한다. 제조업체들은 보증기간 내에 그렇게 비싼 부품을 교체하는 비용을 지불하고 싶지 않기 때문에, 그 최소한의 기준을 충족시키기 위해 배터리 성능 및 수명 유지에 열심히 최선을 다하는 것이다.

(4) 배터리 보증 내용, 기간 및 거리는?

사진 9.1은 현대차그룹의 대표적 전기차 아이오닉5의 실물을 보여준다.

사진 9.1 **현대 아이오닉5**

현대차는 2012년부터 2019년까지 배터리(양도 불가) 조건의 무상보증으로 미국 최고의 품질보증을 자랑했다. 이어 2020년 이후 나온 차량 배터리에 대해 10년 또는 10만 마일 동안 70%의 용량 유지를 보장한다.

주요 전기차 배터리의 예상 수명을 이해할 수 있는 또 다른 방법은 전기차 제조업체가 배터리를 얼마나 오래 보증하는지 보는 것이다.

전기차 보증은 배터리에 관한 부분을 제외하면 다른 자동차 보증과 매우 유사하다. 특히 매우 중요한 배터리 보증서를 주의 깊게 읽어야 한다. 보증 기간이 만료된 중고차의 경우 제조업체 또는 제3자를 통해 교체하게 된다.

미국의 표준 보증기간은 통상 8년, 또는 10만 마일(약 16만km)이지만 제조업체는 그 기간 동안 원래 배터리 용량의 몇 퍼센트가 보장되는지 결정할 수 있다.

이러한 보증은 배터리가 일정 기간 동안 일정한 양의 에너지를 유지해야 한다는 기대치를 설정하게 한다.

각 전기차 제조업체별로 배터리 보증기간과 거리는 다음과 같다.

테슬라 배터리 보증은 모델 3의 스탠더드 레인지, 롱레인지, 모델 S/X가 모두 약간씩 다르다. 모델 3 스탠더드 레인지 배터리는 10만 마일(약 16만km) 운행, 또는 8년간 운행하더라도 용량의 70%를 유지하도록 보장받는다. 모델 3의 다른 트림 레벨과 테슬라의 모델 Y는 12만 마일(약 19만 마일), 또는 8년 운행했을 때 배터리 용량의 70%를 유지하도록 보장받는다. 모델 S와 X의 경우엔 15만 마일(약 24만km)에 8년이다.

GM의 쉐보레 볼트와 말리부의 '전기 추진 부품'에 대해 표준 8년, 10만 마일 보증거리를 제공한다. 이 회사는 보증 기간 동안 10~40%의 성능 저하가 발생할 수 있다고 밝힌다.

BMW는 8년 또는 10만 마일 동안 원래 용량의 70%를 보장하며, 새 소유자에게 양도할 수 있다.

폭스바겐(VW)도 8년 또는 10만 마일을 주행해도 원래 용량의 70%를 보장한다.

(5) 배터리 교체 트렌드와 실제 전기차 5종 성능평가

리커런트(Recurrent) 연구팀은 거의 10년 동안 움직이고 있는 닛산 리프와 구형 테슬라 모델 S에 대한 연구에서 많은 정보를 얻어 이를 바탕으로 한 분석 내용을 공개했다. 그 결과 전기자동차 별로 많은 서로 다른 수명이 있는 것처럼 배터리에도 많은 수명이 있는 것처럼 보인다는 것이다.

연식별로 동일한 용량의 전기차 배터리 교체 경향을 살펴봤을 때엔 두 가지 특징, 즉 ▲구형 자동차는 일반적으로 신형 자동차보다 배터리 교체가 더 많다. ▲2017년에는 리콜이 많아서 배터리 교체가 정점을 찍었다는 것으로 드러났다. 두 차례의 대규모 배터리 리콜은 쉐보레 볼트 EV 및 EUV, 현대 코나 일렉트릭에서 드러난 유사한 배터리 팩 결함과 관련된 것이었다. 두 회사는 대대적인 배터리 교체 프로그램을 진행했다. 리커런트는 자신들의 커뮤니티 조사결과 이 두 번의 리콜을 제외한 대규모 배터리 교체는 거의 없었다고 확인했다.

이 사이트가 집계한 연도별(리콜되지 않은) 주요 전기차 배터리 교체 횟수 증가 수치는 ▲2013 테슬라 모델 S(8.5%) ▲2014 테슬라 모델 S(7.3%) ▲2015 테슬라 모델 S(3.5%) ▲2011년 닛산 리프(8.3%) ▲2012 닛산 리프(3.5%)로 나타났다.

이제 주요 자동차 업체 전기차 모델별 배터리에 대해 살펴보겠지만 한 가지 유의할 점이 있다. 닛산 리프와 테슬라의 모델S의 전기차 배터리 모델은 전기차 제품군에서 가장 오래된 것이기 때문에 당연히 배터리 교체 비율도 가장 높게 나타날 수 밖에 없다는 점이다. 조사 대상 차량들이 도로에 있는 차량의 평균 수명보다 더 새 것으로 왜곡될 수 있다는 점에도 유의해야 한다.

다음은 리커런트가 내놓은 주요 전기차에 대한 평가다.

1) 닛산 리프(Nissan Leaf)의 경우

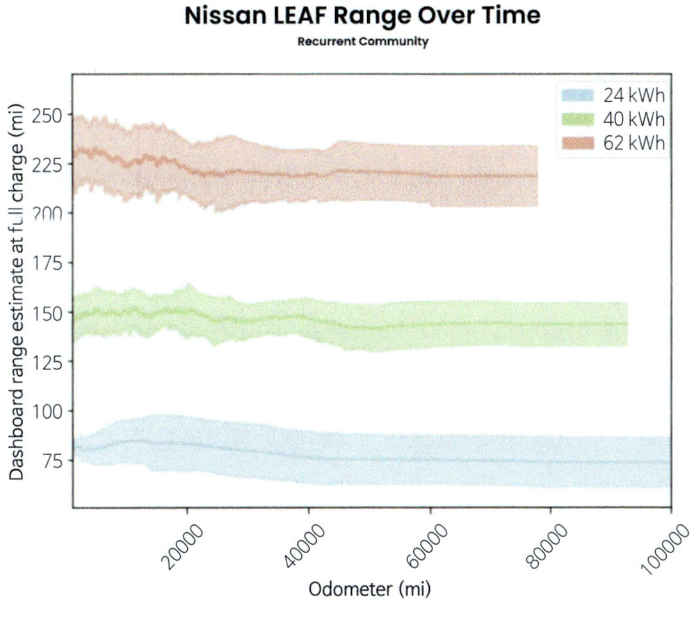

그림 9.2 닛산 리프의 주행거리계 대비 상시 충전 시 대시보드 범위 추정거리(마일)

그림 9.2는 일본 전기차 닛산 리프의 주행거리계(odometer, 단위 마일) 대비(vs.) 상시 충전 시 대시보드 범위 추정(dashboard range estimate at full time charge, 단위 마일) 거리를 나타낸 것이다.

이는 내연기관차의 연료 효율을 나타내는 연비(燃比)를 전기로 대신한 전기차의 전비(電比) 개념이다. 연비는 리터(L) 당 주행거리(km)로 표시하지만, 전비는 kWh(킬로와트시) 당 주행거리(km)로 표시한다. 위의 그림 9.2에서는 주행거리를 마일(mi, mile)로 나타냈다.

1kWh(킬로와트시)는 전력량의 단위로 1kW 출력으로 1시간 동안 충전한 에너지의 양으로, 전기차에서는 배터리 용량(electrical energy, 배터리 전력량)을 표시하는 단위로 배터리의 총 전압과 전류를 곱한 값이다. 1마일은 SI 단위로 환산하면 약 1,609.344m로 1.6km이다.

닛산 리프는 지금까지 가장 오랫 동안 양산된 전기차이며, 가장 많은 배터리 교체를 경험한 차종이다. 그러나 초기 연식 리프의 대체품 중 상당수는 원래 배터리 화학물질이 고온 환경에서 빠르게 충전이 중단된다는 문제가 발견되자, 이후 더욱 성능과 품질이 개선된 배터리로 교체했다. 실제로 닛산의 경우 12년 동안 개선된 배터리를 탑재한 전기차를 판매해 왔다.

2) 테슬라 모델S의 경우

그림 9.3은 미국 전기차 테슬라 모델S의 주행거리계(odometer) 대비(vs.) 상시 충전 시 대시보드 범위 추정거리(마일, mile)를 나타낸 것이다.

배터리 용량 100kWh 테슬라 모델S의 열화 곡선은 이상적으로 알려진 배터리 열화 곡선의 시작과 완벽하게 일치한다. 하지만 더 작은 배터리 팩이 들어가는 모델S의 경우에는 그렇지 않다.

테슬라 모델S는 초기 대중 시장에 등장한 두 번째 전기차로 꼽힌다. 따라서 이 차량의 배터리 교체 수치가 이후 나온 테슬라 모델보다 높다는 것은 일리가 있다.

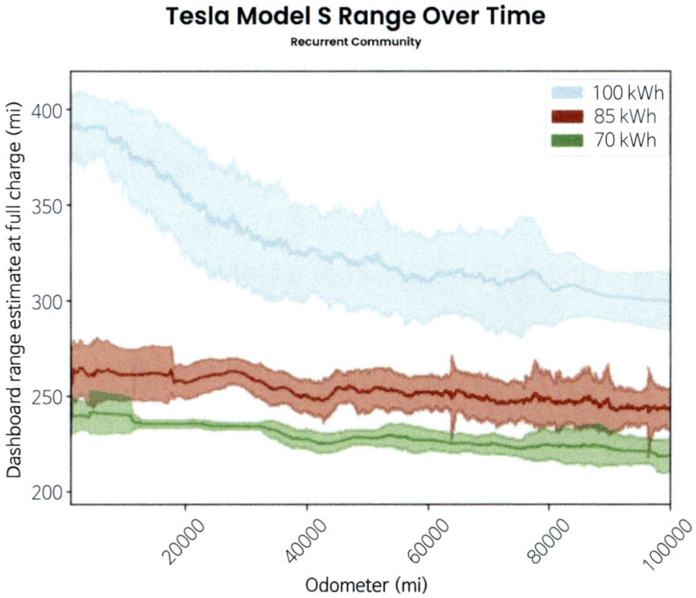

그림 9.3 테슬라 모델S의 주행거리계 대비(vs.) 상시 충전 시 대시보드 범위 추정거리(마일, mile)

3) 테슬라 모델3의 경우

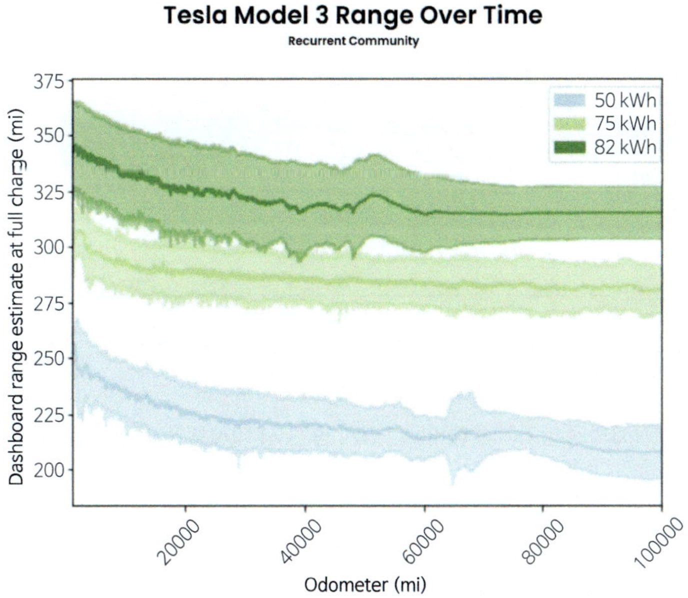

그림 9.4 테슬라 모델3의 주행거리계 대비(vs.) 상시 충전 시 대시보드 범위 추정거리(마일, mile)

그림 9.4는 미국 전기차 테슬라 모델3의 주행거리계(odometer) 대비(vs.) 상시 충전 시 대시보드 범위 추정거리(마일, mile)를 나타낸 것이다.

지난 2018년부터 도로를 주행한 테슬라 모델3는 배터리 트렌드 곡선이 떨어지기 전 첫 2만 마일(약 3.2km)에 걸쳐 예상 범위에서 고전적인 배터리 성능 하락을 보여준다. 62kWh 모델에서 6만, 8만, 9만 마일에서의 주행거리 증가 같은 데이터 흔들림이 보인다. 이는 실제 주행거리 증가가 아닌 컴퓨터 시뮬레이션 상의 변화 및 테슬라 소프트웨어의 변화를 반영한다.

4) BMW i3의 경우

그림 9.5는 독일 전기차 BMW i3의 주행거리계(odometer) 대비(vs.) 상시 충전 시 대시보드 범위 추정거리(마일, mile)를 나타낸 것이다.

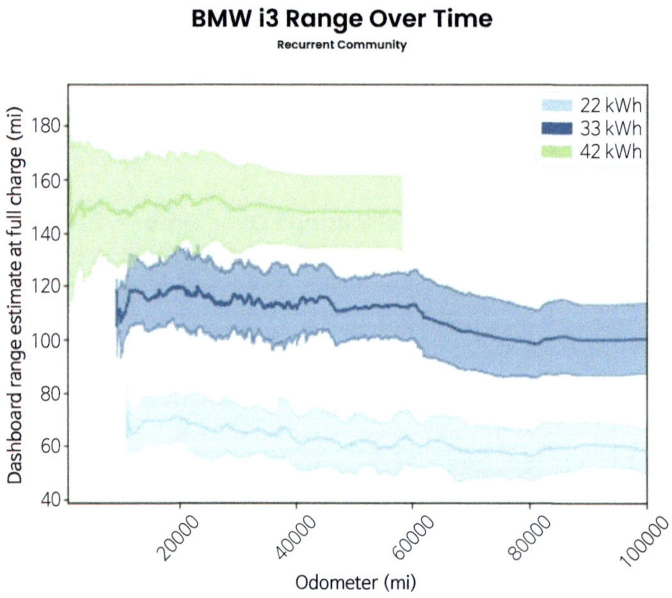

그림 9.5 **BMW i3의 주행거리계 대비(vs.) 상시 충전 시 대시보드 범위 추정거리(마일, mile)**

더 작은 배터리 팩, 그리고 현대적 기준으로 볼 때 낮은 주행거리임에도 오래된 BMW i3 배터리 팩 성능은 꽤 잘 유지된 것으로 나타났다.

오래된 BMW i3 배터리 팩 성능은 더 작은 배터리 팩, 그리고 현대적 기준으로 볼 때 낮은 주행거리임에도 꽤 잘 유지됐다. 가장 작은 22kWh 팩이 2014년 미국에서 출시됐고 이후 33kWh 팩이 2017년에 도입됐다. 두 배터리 모두 원래 용량의 약 80%가 남아 있는 상태에서 평균 10만 마일을 달성했다. 2019년에 출시된 좀더 새로운 42kWh 팩은 매일 운행하는 운전자들로부터 더 많이 구매되었을 가능성이 높기 때문에 더 짧은 주행거리를 보인다. 그러나 유사한 배터리 화학을 가정할 때 열화는 더 작은 팩에서의 열화와 유사할 것이다.

5) GM 쉐보레 볼트의 경우

그림 9.6은 미국 전기차 GM 쉐보레 볼트의 주행거리계(odometer) 대비(vs.) 상시 충전 시 대시보드 범위 추정거리(마일, mile)를 나타낸 것이다.

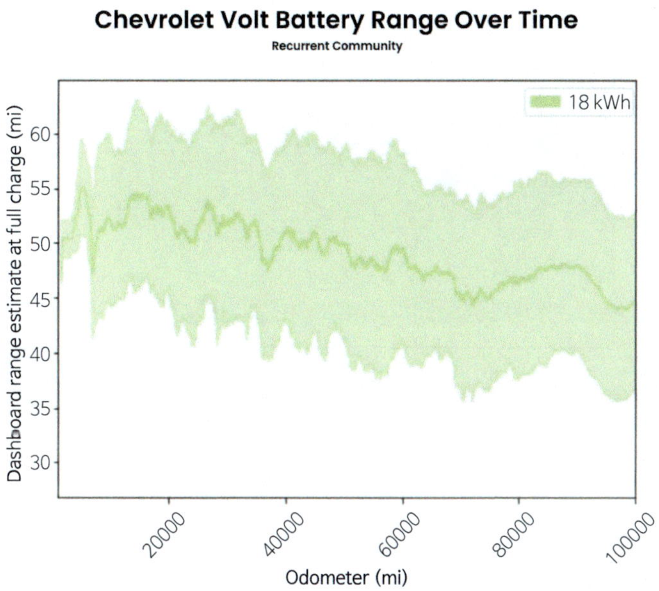

그림 9.6 GM 쉐보레 볼트의 주행거리계 대비(vs.) 상시 충전 시 대시보드 범위 추정거리(마일, mile)

GM의 쉐보레 볼트는 플러그인 하이브리드 전기차(Plug-in Hybrid Electric Vehicle, PHEV)로서 완전 전기 배터리보다 좀더 부드럽게 사용하며, 사용 가능한 배터리 용량 비율이 낮기 때문에 배터리가 덜 열화되는 경향을 보였다.

6) 현대 아이오닉5의 경우

그림 9.7은 주목할 만한 전기차로 인정받고 있는 전기차 현대 아이오닉5의 주행거리계(odometer) 대비(vs.) 상시 충전 시 대시보드 범위 추정거리(마일, mile)를 나타낸 것이다.

계속 주시해야 할 괜찮은 관심 모델로 현대 아이오닉5가 꼽히고 있다. 리커런트는 전기차 업계에서 더 새로운 모델인 현대 아이오닉(Ioniq)5와 포드(Ford) 머스탱 마하-E를 많은 관심을 받고 있는 모델로 주목했다.

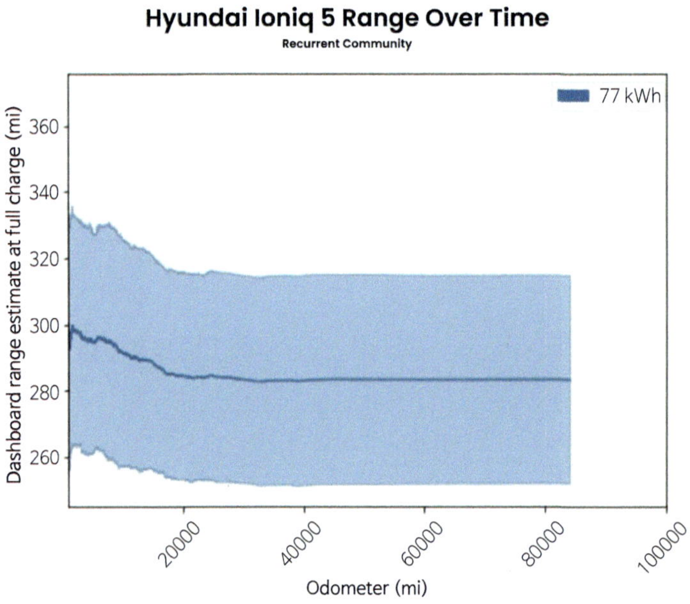

그림 9.7 **현대 아이오닉5의 배터리 열화 그래프**

(6) 배터리를 교체한다면?

전기차는 구입 후 배터리를 교체할 수 있나? 당연히 교체할 수 있다.

배터리 구성 또는 관리시스템에 문제가 있는 경우 보증 기간 내에 교체할 수 있다. 보증 대상이 아닌 경우는 교체 비용이 든다.

배터리 교체 작업은 자동차 제조업체와 협력업체를 통해 수행된다. 일부 배터리 설계 및 전문가들은 배터리 팩 전체가 아닌 결함이 있는 셀만 교체할 수 있는 팩을 만들기도 한다.

하지만 대부분의 건강한 배터리는 15년 이상의 수명이 지난 후에만 교체한다. 배터리 교체에는 특수 장비와 숙련된 훈련을 받은 전문기술자가 작업을 수행한다.

배터리 교체 비용은 얼마나 될까. 배터리 교체 비용에 대해 가격이 비싸며, 최대 2만 달러(약 2,656만 원)에 이르는 가격 견적도 확인되고 있다. 차량과 배터리를 교체해야 하는 이유에 따라 교체 비용이 이보다 많거나 적을 수 있다.

02 배터리 수명을 저하시키는 5대 요인

중국의 한 부두에 있는 버려진 컨테이너에서 발견된 전기차 3대가 화제가 됐다. 이 차량들은 테슬라의 첫 모델인 2010년형 로드스터 신차로서 14년 전에 컨테이너 안에 버려진 것이었다가 현 주인에 의해 발견돼 입찰에 부쳐지게 됐다고 한다. 미 경제뉴스 사이트 비즈니스 인사이더(Business Insider) 보도에 따르면 테슬라 수리 전문 업체인 그루버 모터 컴퍼니(Gruber Motor Company) 판매를 중개한 이 차량 가격이 무려 9억 원이 넘어 화제가 됐지만 사람들의 또 다른 관심사는 과연 이 차의 배터리가 작동될지 여부였을 것이다. 결론적으로 말하자면 교체해야 작동할 가능성이 크다. 최근 주변에 전기차가 심심찮게 보이고 있다. 사람들이 중고 테슬라나 다른 전기자동차 브랜드를 구매하고 있기 때문에 배터리 수명은 큰 관심사다. 배터리는 전기차 가치의 50~70%를 차지하는 리튬이온 블랙박스다. 배터리가 방전되면 자동차도 작동하지 않는(죽는)게 현실이다. 과연 전기차 주행거리와 사용 수명은 어느 정도 되는지, 전기차 배터리는 어떻게 소진되는지, 어떻게 하면 수명저하를 최대한 늦출 수 있는지, 대표적 자동차들은 배터리 수명에 대한 어떤 평가를 받고 있는지 궁금해진다.

최근 미국 전기차 커뮤니티인 리커런트가 이같은 의문을 해결해 줄 자료를 공개했다. 이 커뮤니티는 1만 5,000명의 회원들이 보유한 전기차를 대상으로 리콜 상태, 소유자 자체 보고서 및 종종 교체 이벤트를 나타내는 차량 범위의 비정상적인 점프를 관찰해 시간 경과에 따른 배터리 교체를 추적했다. 이를 바탕으로 닛산 리프, 벤츠 모델S, 테슬라 모델 3, BMW i3, GM 쉐보레 볼트 전기차의 배터리에 대해서도 평가하고 있다. 특히 거의 10년 동안 운행 중인 닛산 리프와 테슬라 모델S의 구형 모델에 대한 정보는 주목할 만하다. 이 사이트 보고서 내용은 일부 제조사 및 모델 연도의 제한된 데이터여서 도로 위를 달리는 모든 전기차를 대표하는 것은 아니지만 전기차 수명을 관찰해 볼 수 있는 소중한 데이터임에는 틀림이 없다. 이 보고서를 바탕으로 전기차와 전기 배터리에 대해 알아본다.

(1) 배터리 성능저하에 대해 궁금한 것들

그림 9.8은 전기차에서 핵심역할을 하는 배터리 플랫폼을 보여준다.

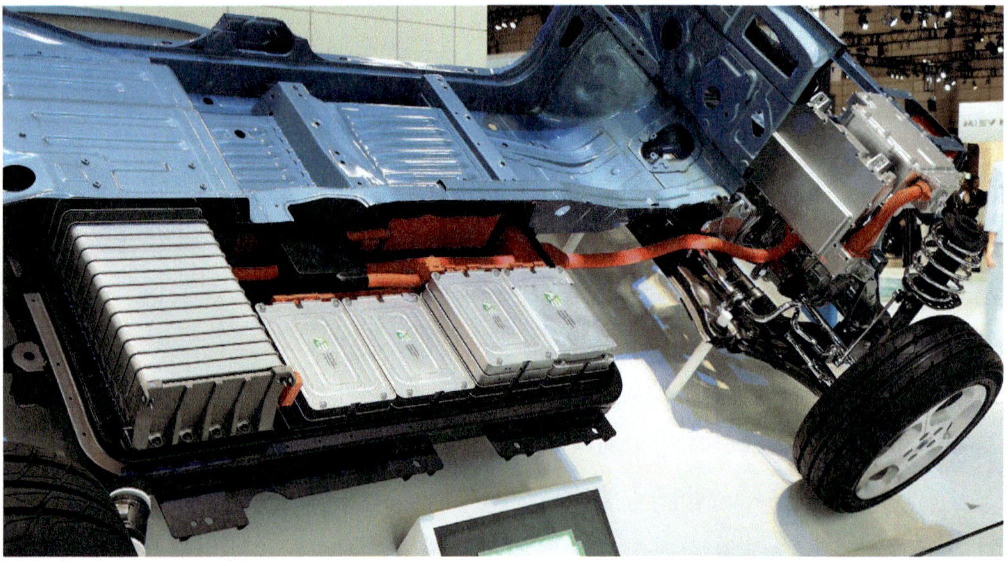

그림 9.8 전기차에서 핵심 역할을 하는 배터리 플랫폼

전기차 배터리는 다양한 요인에 의해 성능 저하를 보인다.

배터리 성능 저하는 배터리 수명 주기의 일반적인 부분이기 때문에 항상 발생하는 게 정상이다.

대부분의 전기자동차는 다른 가정용 기기에서 볼 수 있는 것과 같은 종류의 배터리인 고전압 리튬이온 배터리에 의존한다. 리튬이온 배터리는 만들어지는 순간부터 시간경과에 따른 자연스런 노화현상(열화현상)으로 성능저하를 일으키는, 즉 캘린더 에이징을 시작한다.

캘린더 에이징(calendar aging)은 배터리 보관 중 용량(capacity)을 잃는다는 관점이다. 저장공간(storage)의 다양한 조건들에 의해 배터리 노화 진행 정도가 달라질 수 있다. 이 조건들 중 주된 요인은 바로 온도이다.

배터리 열화는 크게 두 가지로 나뉜다. 사이클 에이징(cycle aging, 사이클 노화)과 캘린더 에이징(연차 노화)으로, 배터리를 사용하는(충 · 방전 사이클을 돌리는) 과정에서 발생하는 열화와 방치내구라고 불리기도 하는데 장기간 사용하지 않고 오래 두었을 때 나타나는 열화현상이다.

기존의 캘린더 에이징 연구는 보통 5개 내외의 SOC(State of Charge, 충전상태 : 배터리의 잔존 용량을 나타내기 위해 현재 사용할 수 있는 배터리 용량을 전체 용량으로 나누어 백분율(%)로 표현한 것이다) 정도에서 3개 정도의 온도별로 진행하는 아주 작은 스케일(scale, 규모)의 연구였다.

하지만, 해당 논문에서 16개의 SOC 포인트와 5개의 온도영역, 가장 많이 사용되고 있는 배터리 3개(NCM, NCA, LFP)에 대해 모두 실험을 하고 분석한 표 9.1은 다음과 같다.

표 9.1 **NCM, NCA, LFP 전지(cell, 배터리)의 캘린더 에이징 비교 분석**

	NCA cells	NCM cells	LFP cells
Manufacturer Model	Panasonic NCR 18650PD	Sanyo UR18650E	A123 APR18650M1A
Nominal Capacity(C_N)	2.8Ah	2.05Ah	1.1Ah
Maximum Voltage(V_{max})	4.2V	4.2V	3.6V
Minimum Voltage(V_{min})	2.5V	2.75V	2.0V
Anode Material	Graphite	Graphite	Graphite
Cathode Material	$LiNiCoAlO_2$	$LiNiCoMnO_2$	$LiFePO_4$
Coated Area(A_c) (double-sided coating)	2×667mm×57.5mm = 767 cm^2	2×690mm×57.0mm = 787 cm^2	2×710mm×55.5mm = 788 cm^2
Areal Capacity(C_N/A_c)	3.65mAh cm^{-2}	2.6mAh cm^{-2}	1.4mAh cm^{-2}

위의 표 9.1에서 나타난 데이터를 기준으로 한 캘린더 에이징을 간략하게 정리하면 다음과 같다.

① 캘린더 에이징은 고(高, high) SOC라고 무조건 증가하지 않는다.
→ 높은 SOC에서 음극(Anode) 전위가 낮아져서 캘린더 에이징이 많이 발생하는건 맞지만, 이것이 선형적 증가라고 보기엔 어렵다. 예를 들면, 중간 영역대 SOC에서는 SOC가 높다고 해서 캘린더 에이징이 더 발생하진 않는다.

② 캘린더 에이징에 가장 결정적인(critical) 영향을 미치는 것은 음극 전위(Anode

potential)이다.

→ 음극 전위가 낮아지면, 전해질 분해에 의해 SEI(Solid Electrolyte Interphase, 고체 전해질 간기)가 발생할 수 있으며, 이것은 용량 감소(Capacity fading)를 유발시킨다.

③ 음극 전위가 가장 낮거나 높은 SOC에서 캘린더 에이징이 특히 심하다.

④ 음극 전위 문제 외에도, 전해질의 산화나 전이금속(Cathode material)의 분해 및 리튬이온 중성화(부반응)와 같은 메커니즘도 용량 감소에 영향을 미친다(단, 양극(Cathode) 케미컬(chemical, 화학적) 물성마다 영향의 정도가 다르다).

⑤ 패시베이션층(Passivation layer, 즉 SEI)의 증가와 전이금속의 분해는 고온 · 높은 SOC에서 많이 발생한다.

→ 양극(Positive electrode)의 니켈(Ni, Nickel), 코발트(Co, Cobalt) 용해로 인한 CEI(Cathode Electrolyte Interphase, 양극 전해질 간기 : 주로 음극 표면에 형성되는 층을 SEI layer라고 부르고, 양극 표면에 형성되는 층은 CEI라고 부른다. 즉, 양극에서 발생하는 SEI 개념으로, 충방전 과정 중에 양극-전해질 계면에서 형성되는 얇은 고체전해질 피막이다)가 발생해서 리튬이온의 손실이 일어난다.

⑥ 흑연 단계(Graphite stage)와 에이징(Aging, 노화 · 열화)은 직접적인 관련이 있다.

캘린더 에이징은 주행거리에 영향을 미친다. 배터리 과학기술에서 피할 수 없는 부분이다. 이는 휴대폰과 노트북을 사용하면서도 알 수 있는 부분이다. 전기차 운전자가 운전하지 않더라도(리튬이온 배터리를 사용하지 않더라도) 시간이 지남에 따라 배터리 전력과 효율이 서서히 저하된다.

좀더 자세히 살펴본다면 자연적으로 배터리 성능저하를 가속화하는 주요 원인이 있다. 그것은 물리적, 화학적 반응이 더 빨리 일어나게 하는 것이다.

배터리 노화의 주요 5대 원인은 다음과 같다.

① 열

② 극저온에서의 사용

③ 극단적인 충전상태

④ 급속충전

⑤ 사용과 기계적 스트레스

따라서 이를 제어하면 급속한 배터리 노화(성능 저하)를 늦출 수 있다. 배터리에 대한 화학 반응의 물리적 스트레스를 줄이거나 화학 반응 속도를 높이지 않도록 이를 피하는 게 대응책이다.

대부분의 최신 전기차에서 배터리관리시스템이 이 가운데 많은 부분을 완화하는 데 도움을 주고 있지만 그 같은 요인을 모두 이해하는 것이 좋다.

전기차 배터리가 생활속에서 사용하고 있는 다른 리튬이온 배터리보다 훨씬 복잡하고 정교하며 보증된 수명 그 이상을 보장하도록 설계됐다는 점이다.

배터리 성능 저하를 가져오는 5가지 요인을 자세히 살펴보고 이를 피할 수 있으면 피해야 하는데 최소한 네 가지는 가능하다.

1) 열

전기차 배터리는 열에 약하다. 그림 9.9는 유럽의 극단적인 최대 온도(extreme maximum temperature, 단위 ℃)의 분포이다. 2022년 7월 10일부터 16일까지의 유럽 남부의 일부는 최소 25℃ 이상, 대부분의 나라는 30℃가 넘는 폭염이 지속되고 있다. 전기차가 운행하기에 적당하지 못한 환경의 예시를 유럽연합(EU)의 국가들의 온도 분포를 조사로 보여주는 것이다.

초기 일본 닛산 리프(Nissan Leaf) 전기차의 배터리는 리튬 배터리의 수명에 대해 중요한 것을 일깨워 주었다. 이 배터리들은 열을 좋아하지 않는다는 것이다. 리프 배터리는 활성 냉각수가 없었기 때문에 더운 기후에서 전기차는 예상보다 더 빨리 성능 저하를 보였고 많은 배터리를 교체해야 했다. 따라서 경쟁 자동차 회사들이 닛산의 초기 실수로부터 배우고 배터리 팩에 열관리시스템을 설치했지만 여전히 배터리는 가능한 한 시원하게 유지해야 더 오래 지속되는 즉, 내구성능이 유지된다는 사실로 배터리 냉각기술 개발에 집중하고 있다.

모든 전기차의 열관리시스템이 동일하게 작동하는 것은 아니다. 운행 환경이 서로 다르기 때문에, 이 문제를 해결하기 위해서는 차를 그늘에 주차하고, 충전하기 전에 차를 식히고, 더운 기후에서는 더 적극적으로 차를 식혀줘야 한다는 것을 의미한다.

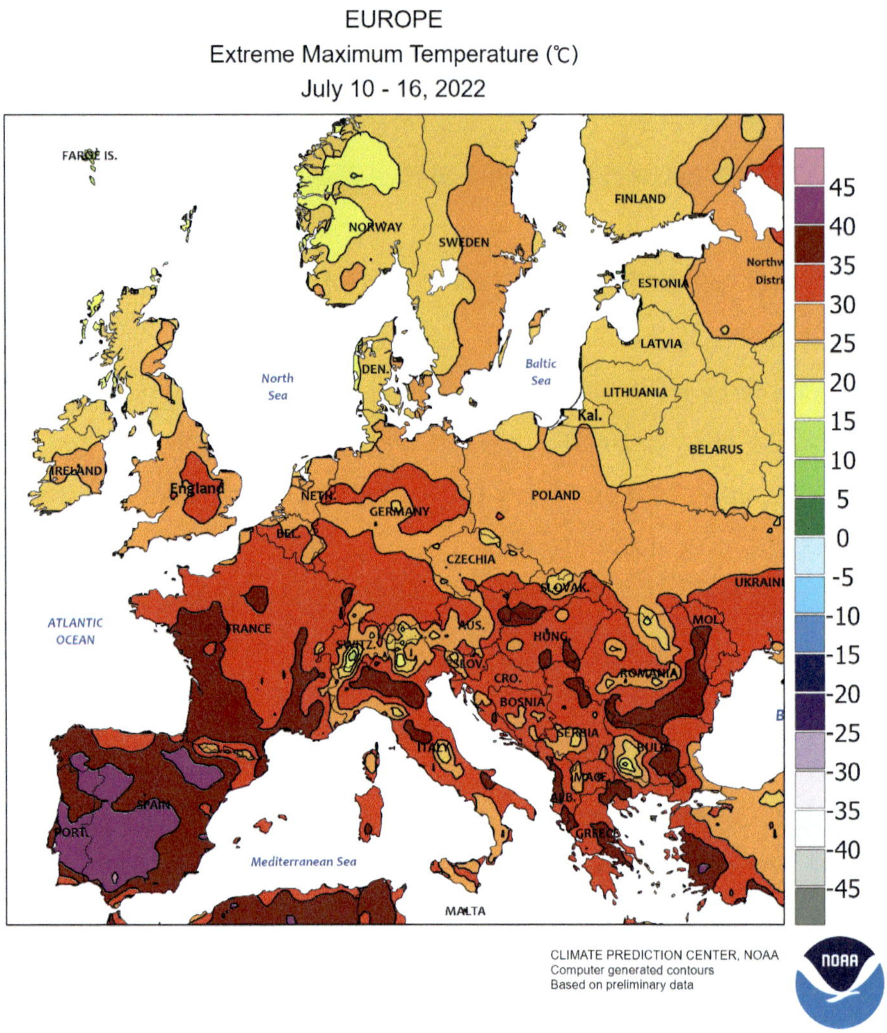

그림 9.9 2022년 7월 10일부터 16일까지의 유럽의 기온 분포(사진 : 위키피디아)

열은 에너지의 한 형태이기에, 전기차 시스템에 더 많은 에너지를 가하면 화학적, 물리적인 반응이 더 빨리 일어난다.

배터리의 경우 열은 2차 반응을 더 빨리 발생하게 만든다. 예를 들어, 열은 양극에 있는 금속들이 전해질로 용해돼 더 빨리 쓸모없게 만든다. 또한 열은 양극의 원자 배열을 변화시켜 잠재적으로 용량 손실이나 높은 저항, 또는 둘 다 초래할 수 있다.

열로 인해 구성요소를 함께 고정하는 바인더(binder) 같은 배터리의 다른 구성요소가 마모될 수도 있다. 바인더는 누출되지 말아야 할 곳으로 스며들어 리튬을 차단하거나 양극과 음극을 손상시킬 수 있다. 전기차 배터리는 고온으로부터 보호하기 위해 복잡한 컴퓨터 시스템과 열 제어기능을 갖추고 있지만, 열은 배터리 수명과 관련해 항상 문제가 된다.

습기가 많은 고온의 여름철에는 특히 태양열에 차량이 노출돼 뜨거워지지 않게 하는 게 좋다는 얘기다.

2) 극저온

전기차 배터리는 열에도 약하지만 극저온에도 약하다. 배터리의 성능은 뜨거운 대기온도는 물론 극저온에서도 감소한다. 우리는 가솔린 엔진 차량에서도 추운 겨울에 배터리 방전이 자주 일어나는 것을 경험한다. 사진 9.2는 추운 겨울철 극저온의 혹한기에서 전기차를 충전하는 예시이다.

사진 9.2 **추운 겨울철에 전기차의 충전**

온도는 에너지를 측정하는 척도이므로 바깥 기온이 차다면 전체적으로 에너지가 적어 사용 가능한 전력이 줄어든다.

또한 낮은 온도에서는 음극, 양극 및 전해질 내부의 리튬 반응 및 이동이 더 느려진다.

리튬이 음극으로 비집고 들어가는 것이 더 어렵고 양극과 반응하는 리튬을 지탱해 줄 에너지가 더 적어진다.

마지막으로 음극과 양극은 리튬을 수용하기가 더 어려워지기 때문에 리튬이 도금될 가능성이 높아지게 되며, 이는 배터리 성능 저하로 이어진다.

물론 대부분의 최신 전기차에는 배터리 열 관리시스템이 장착돼 있어 배터리 팩을 예열해 이러한 저온에 의한 배터리 열화를 최소화할 수 있다.

그러나 예열용 전원 연결이 어려운 전기차라면 배터리를 데우는 데(예열하는 데) 사용되는 에너지가 배터리 자체에서 발생한다. 이는 배터리 사용에 따른 배터리 노화가 더 많이 발생하게 만든다. 어느 쪽이든 기온이 낮아지면 노화가 가속화될 것이다.

따라서 겨울철에는 추운 곳에 차를 두지 않도록 해야 한다.

3) 극한의 충전 상태(Extreme State of Charge)

그림 9.10에서 보여주는 바와 같이 배터리 방전깊이를 너무 높지도 너무 낮지도 않은 안정적 충전대역 수준으로 유지하는 것은 배터리 수명저하 방지에 도움이 된다.

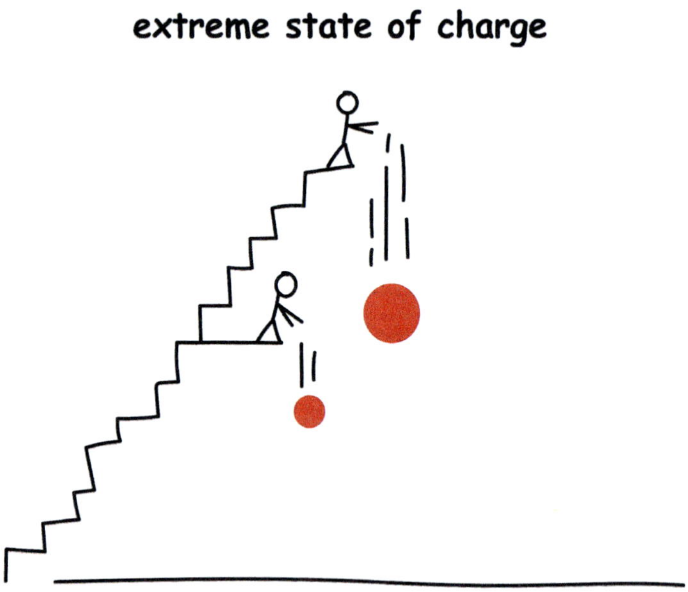

그림 9.10 배터리의 적당한 방전깊이 설정

방전깊이에 유의해 배터리의 충전상태를 안정적 대역으로 유지하는 것은 배터리 수명 저하를 방지하는 데 있어 도움이 된다.

방전깊이는 충전과 충전 사이에 얼마나 배터리를 사용했는지를 말한다. 예를 들어 100kWh 배터리를 사용하는 경우 방전깊이가 80kWh이면 배터리 용량의 80%를 사용할 수 있다는 의미다.

실험실 연구에 따르면 배터리 셀은 방전깊이가 낮으면 훨씬 오래 지속되며, 배터리가 화학적으로 가장 안정적인 50% 대의 충전상태를 유지하는 것이 일반적 상식이다. 즉, 충전하기 전에 배터리의 50%를 사용하는 대신 배터리의 20%를 사용하고 충전한 다음 30%를 사용하는 것이다.

이런 원리는 뭘까. 배터리는 화학적 위치에너지를 전기로 바꾸기 때문에 작동한다. 그것은 공을 떨어뜨려 땅에 떨어지기 전의 위치에너지와 매우 비슷하다.

공은 높이 올라갈수록 가장 많은 중력 위치에너지를 가진다. 마찬가지로 배터리는 모든 리튬이 충전되고 음극에 있을 때 가장 큰 전위에너지를 가진다. 이 상태에서 리튬은 매우 높은 반응성을 갖는다.

그러나 이는 반대로 배터리가 완전히 충전되었을 때 본질적으로 덜 안정적이라는 것을 의미하기도 한다. 높은 화학 전위에너지는 화학적 부반응(副反應)에 대한 리튬의 손실을 촉진할 수 있다.

가장 우려되는 부반응은 리튬도금 반응이다. 이는 리튬이 탄소층 사이를 이동하는 것이 아니라 음극 위에 퇴적될 때 발생한다. 배터리가 충전 및 방전될 때마다 이 순수한 리튬층이 팽창할 수 있다. 그것은 양극이나 음극으로 들어가는 다른 리튬이온의 능력을 차단한다. 따라서 이는 리튬을 소비해 배터리의 용량을 감소시킬 뿐만 아니라 리튬의 이동을 어렵게 해 저항을 증가시킨다. 이것이 파워(power) 감소의 원인이 된다.

가장 극단적인 상황에서 이 리튬도금은 반대편 전극(electrode)에 도달해 단락을 유발해 덴드라이트(dendrite)라고 불리는 나뭇가지 모양의 가시들을 형성할 수 있을 정도로 충분히 축적돼 배터리를 손상시킨다.

하지만 그것만이 높은 잔존 용량 상태에서 성장하는 유일한 것은 아니다.

SEI층은 화학적 전위에너지가 가장 높을 때 더 커진다. 이 층이 성장함에 따라 더 많은 리튬이 소비돼 리튬을 에너지로 사용할 수 없게 된다.

어떤 활성 리튬이 남아 있든 간에 더 두꺼워진 SEI층을 통과하기가 더 어려워질 것이다. 마찬가지로 배터리가 완전히 방전되면 배터리가 불안정해지고 저항이 높아질 수 있다. 이 저항증가는 주차장 빈 공간이 들어차면서 주차장으로 들어가는 대기줄이 늘어나고, 운전자들이 더욱더 빈 주차공간을 찾는데 어려움을 겪게 되는 것과 비슷하다.

배터리의 저항은 충전상태(잔존용량)에 따라 달라진다.

특히 배터리를 바로 사용하지 않을 경우에는 매우 높거나 매우 낮은 충전상태를 피하는 것이 과도한 성능저하를 막는데 가장 좋다. 충전량이 높거나 낮은 리튬이온 배터리를 보관하면 제품이 손상될 수 있다.

4) 지속적 급속충전(Fast charging)

그림 9.11과 같이 전기차를 충전 스테이션(charging station, 충전소) 또는 완속 · 급속 충전기에서 충전하는 데 있어, 전기차 배터리 성능 저하를 막는 데는 급속충전보다 완속 충전이 좋다.

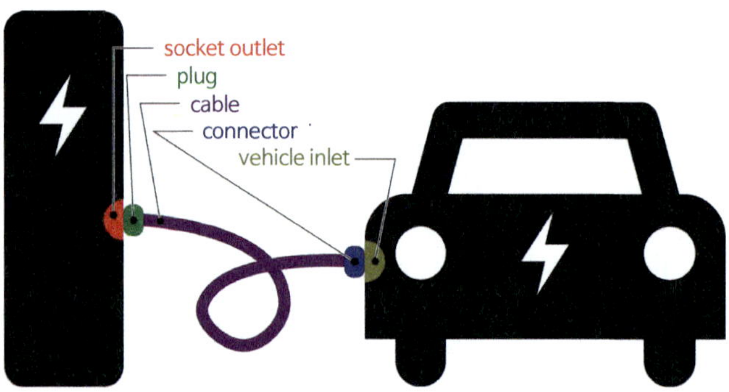

그림 9.11 **전기차의 충전**

배터리를 충전하는 것은 리튬이온과 전자를 배터리 셀 안에서 움직이는 물리적 과정이다. 충전 속도가 빠를수록 물리적 과정이 더 강하게 일어나고, 전지 소재에 물리적 스트레스나 미세 손상이 더 많이 발생한다. 직류전압 급속충전과 같이 매우 높은 전압의 충전에서는 열도 많이 발생하기 때문에 배터리 수명에 이상적이지 않다.

DC(직류) 급속충전은 비유하자면 베이컨을 두 장 깐 치즈버거를 먹는 것과 같다. 도로 여행 시에는 괜찮지만 매일 급속충전하는 것은 피하는 게 가장 좋다. 대부분의 배터리는 일반 레벨 2 또는 220V 충전용으로 제작된다.

급속충전은 배터리에 매우 높은 전압을 인가함으로써 이뤄진다. 전압이 높을수록 음극에서 양극으로 오가는 전자와 리튬이온에 더 많은 힘이 가해진다. 리튬이온이 양극에 들어갈 수 있는 속도보다 더 빠른 속도로 양극에 도착하면 리튬도금이 발생할 수 있다. 리튬이 양극에 들어가기가 훨씬 더 어려운 저온에서 특히 그렇다.

최근 전기차는 때때로 고전압 충전을 하도록 설계됐지만 매일 낮은 전압충전을 사용하는 것이 가장 바람직하다.

5) 사용 및 기계적 응력(Usage and mechanical stress)

앞서의 요인들이 배터리의 조기 성능 저하에 훨씬 더 많이 영향을 주지만, 실제로 배터리를 사용하는 것도 성능 저하의 요인으로 작용하는 것이 사실이다.

리튬이온을 배터리의 한 쪽에서 다른 쪽으로 이동시키는 것은 물리적으로 부담스러운 과정이며, 2차 반응이 일어날 수 있는 기회다.

연구에 따르면 배터리가 더 심하게 방전될수록 열화가 더 빨리 발생한다.

리튬이 양극과 음극을 오가는 것은 팽창과 수축으로 인한 기계적 응력을 유발할 수 있다. SEI층의 균열은 추가 리튬 손실을 초래할 수 있다. 양극과 음극의 균열은 배터리 역학의 단절, 재료 손실, 또는 저항 증가로 이어질 수 있다. 배터리를 더 적극적으로 오래 사용할수록 이러한 스트레스는 더 많이 쌓인다.

전기차 배터리는 일상적인 사용과 긴 드라이브를 포함해 일반적으로 사용할 수 있도록 설계됐다. 현대적인 전기차용으로 제작된 배터리 팩은 500회 충전 및 방전을 견딜 수 있도록 제작됐고, 15만 마일(약 14만km)을 달릴 수 있게 해 준다.

비교하자면 휴대폰 배터리는 사람들이 새 것을 사는 것을 고려할 수 있을 정도인 2년 안에 충분히 열화되는 것이 일반적이다. 휴대폰 배터리는 종종 하루에 한 번 완전히 충전되고 방전된다. 이는 2년 동안 약 730 사이클에 해당한다. 전기차 배터리는 평균적으로 1,000 사이클 이상 지속되도록 제작된다.

그렇다면 자동차 배터리가 휴대폰 배터리처럼 성능이 저하될까.

자동차 배터리는 휴대폰이나 노트북에 있는 것과 같은 종류의 배터리지만 오래 가도록 설계, 제작 및 유지 · 관리된다. 일반적으로 연간 1~2%의 범위에서 저하가 발생하며, 차량이 장기 사용 상태에 들어가는 첫 5만 마일(약 8만km)이 되면 더 빠른 속도로 성능 저하가 일어난다.

이 중 일부는 전기차 배터리 수명 최적화 설계를 어떻게 하느냐에 귀결된다. 또 일부는 자동차가 열, 고전압 및 극단적인 충전상태로부터 보호해야 하는 배터리관리시스템에 따라 달라진다.

(2) 전기차 배터리 수명, 최대 몇 년까지 사용할 수 있나? 교체 비용은?

전기차에는 전기차 배터리가 사용되는데, 스마트폰이나 가전제품처럼 사용을 어느 정도 하느냐에 따라 전기차 역시 배터리 효율이 떨어지게 되며, 일정 기간 안에 배터리 효율이 문제가 될 시에는, 무상으로 교체해 주게 되어 있다. 그래서 전기차가 배터리 수명, 최대 몇 년까지 사용이 가능한지의 대략적인 사용 기간과 관리방법에 대해 알아보도록 한다.

1) 전기차 배터리 수명

전기차는 고전압 배터리에서 전기에너지를 전기모터로 공급해 구동시키는 방식으로 대부분 리튬이온 배터리를 사용하고 있다. 리튬이온 배터리는 무게 대비 에너지 밀도가 크고 자기방전에 따른 전력 손실도 적어 관리가 쉬운 것이 장점이다. 하지만 온도 영향을 많이 받기 때문에 겨울철에 전기차 주행 가능 거리가 변동된다. 게다가 고온일 때는 전자의 움직임이 활발해지기 때문에 배터리 수명이 단축될 수 있다는 취약점이 있다.

그렇다면 전기차의 배터리 수명은 보통 어느 정도일까?

전기차 배터리 수명은 평균적으로 완충 시, 1,000회~2,000회 정도라고 한다. 이는 전기차 충전을 어느 정도 했느냐에 따라 수명이 달라지며, 대략적으로 2,000회 충전 후 사용 가능할 때의 주행거리는 대략 40만km 정도이며, 한국에너지공단에서는 전기차 배터리 수명을 약 10년이라고 추정하고 있는데 평균 10년~15년 정도 사용할 수 있다고 보고 있다.

전기차 배터리 수명은 어느 제조사인지에 따라, 어떻게 관리했느냐에 따라 주행 가능한 거리 또한 달라지는데 관리만 잘해준다면 이상적으로는 최대 21년까지도 사용할 수 있다고 한다.

사진 9.3은 전기차의 충전 모습을 보여준다.

사진 9.3 **전기차의 충전 모습**

2) 전기차 배터리 수명, 관리 방법은?

앞에서 설명했듯이 전기차 배터리 수명은 특정 제조사의 동일한 제품이라도 어떻게 관리했느냐에 따라 주행 가능한 거리와 배터리의 수명이 달라진다. 관리만 잘해준다면 오랫동안 사용할 수 있다. 그러면 전기차 배터리 수명을 최대한 연장하기 위해 잘 유지 및 관리하는 방법은 다음과 같다.

① 급가속, 급정거, 급출발의 자제

내연기관 차량의 연비 효율에도 좋지 않은 급가속, 급정거, 급출발은 배터리 수명에 좋지 않은 영향을 준다. 그러나 항상 급가속, 급정거, 급출발로 인한 충격을 줄 수 있는 환경을 최대한 자제해 주는 것이 전기차 배터리 수명을 연장시키는 데 더 좋은 방법이 된다.

② 배터리 방전되기 전 충전, 100% 완충도 자제

배터리가 완전히 방전된 상태에서 충전이 되는 것이 잦을수록 배터리 효율이 떨어지게 된다. 또한 100% 완충을 하는 것 역시 좋은 관리 방법은 아니다. 이미 극한의 충전상태에서 충전 및 방전하는 배터리관리시스템이 설치되어 있기 때문에 완충 시, 최대 주행 가능 거리는 늘어날 수 있지만 배터리 수명에 있어서는 좋은 관리 방법이 아니다. 통상적으로는 전기차 배터리 수명을 40%~50% 선에서 관리해 주는 것이 좋으며, 아직까지는 전기차 충전소 인프라가 많지 않기 때문에 20%~80% 상태에서 유지해 주는 것이 좋다.

그러나, 한 달에 한 번은 완속 충전기로 완충해 주는 것이 좋은데, 이는 대부분의 전기차 배터리인 리튬이온 배터리는 수많은 개수의 셀로 이루어져 있으며, 충전이나 사용하는 과정에서 다수의 셀 간의 불균형이 발생할 수밖에 없는데 불균형 상태가 지속된다면 특정 셀의 상태가 나빠지면서 전체적으로 배터리 수명 단축에 영향을 끼칠 수 있다는 것이다. 그래서 한 달에 1회 정도는 완충하는 것이 좋다.

③ 급속충전보다 완속충전기 이용

배터리가 곧 방전될 것 같을 때는, 급속충전기를 이용하는 것은 매우 편리할 수 있으나 배터리 효율에는 좋지 않다. 이는 짧은 시간에 배터리에 너무 많은 전류 공급으로 전기차 배터리에 높은 압력을 받게 된다. 그래서 되도록 완속충전을 하는 것이 좋다.

④ 에어컨, 히터 사용의 자제

추운 날씨 특히 겨울철에는 자동차를 타자마자 히터부터 켜는 경우가 많다. 또한 여름철과 같이 무더운 날씨에서는 에어컨을 자주 켠다. 이렇게 전기차는 내부의 쾌적함을 위해 에어컨이나 히터 등의 전기를 사용하는 방식이기 때문에 배터리 소모가 빠를 수밖에 없다. 그렇기 때문에 히터나 에어컨을 과하게 작동시킬 경우 배터리 소모량이 늘어나고 수명이 줄어들게 되는 것이다. 따라서 추운 겨울에는 히터를 켜는 것보다 열선 시트를 작동하는 것이 배터리 소모를 줄이는데 더 효과적인 방법의 예이다.

3) 배터리 교체 비용은?

전기차 가격을 책정할 때, 전기차 배터리의 가격이 차량가의 35~40%를 차지하는 주요부품이다. 심지어는 차량가의 50% 수준에 까지 이른다. 그렇기 때문에 성능이 저하되거나 고장이 날 경우, 가장 큰 부담이 될 수밖에 없는 부품 중 하나다. 보통 자동차 제작사들은 전기차 판매 시 대략 8년 16만km, 10년 20만km의 배터리 보증기간을 제공하고 있다. 그렇다고 하더라도 걱정되는 부분이 바로 보증기간 만료 시, 배터리 교체 비용은 어느 정도 들어가는지에 대한 궁금증이 있을 것이다. 물론 자동차 제작사마다 상이하겠지만 대략 1~2천만 원 사이이며, 가격대가 높은 수입차의 경우 3천만 원 이상의 가격을 부담해야 하는 것으로 알려졌다.

(3) 전기차는 왜 배터리 수명을 공개하지 않나?

전기차 딜레마(EV dilemma)에 빠졌다. 내연기관에서 전기로 바꾸면 모든 문제가 해결될 것만 같았던 장밋빛 미래도 잠시, 예상치 못한 문제가 계속 터져나오며 관망세에 접어들었다. 특히, 많은 소비자들이 전기차 구매를 멈추자 전체적인 판매량이 줄어들면서 성장 동력을 잃어가는 모습이다. 대신 그 틈새 시장을 하이브리드 전기차가 대신하고 있다. 이는 내연기관차에서 순수 전기차로 넘어가는 당연한 과도기적 현상일 뿐이다. 사진 9.4는 전기차 배터리 플랫폼을 보여준다.

사진 9.4 **전기차 배터리 플랫폼**

1) 생각지 못한 단점, 전기차 딜레마

전기차 딜레마는 크게 5가지가 언급된다.

① 진짜 친환경인가?

먼저 '진짜 친환경인가'에 대한 의문이다. 전기차 자체는 매연을 만들지 않지만 생산 과정에서 부수적인 공해를 일으킨다. 배터리와 모터에 사용되는 리튬(Li), 코발트(Co), 그리고 최근 대두되고 있는 디스프로슘(Dysprosium) 등이 모두 희토류이기 때문이다. 이들은 자연에서 얻지 못하고 가공을 해야 하는데 공기 뿐 아니라 주변 산림과 하천까지 오염시키고 있다.

디스프로슘은 화학원소로 기호는 Dy, 원자번호는 66이다. 희토류 원소 중 자성이 강한 원소이다. 또한 구하기 힘든 희토류이며, 녹는점이 2,408℃이다.

디스프로슘 산화물은 흰색이고 매우 강한 자기성을 띠고 강한 내열성으로 인해 네오디뮴(Neodymium, Nd)과 함께 모터나 전기자동차에 사용되는 영구자석을 만드는 데에 사용되고 있다. 희토류 중에서도 귀한 소재인 디스프로슘은 네오디뮴 자석을 만들 때 필수 요소이다. 이는 내열성을 강화해 고온에서도 자력을 유지하기 때문이다.

② 최대 성능

성능도 문제다. 많은 제조사가 신개발 전기차를 내놓으면서 '슈퍼카 버금가는 가속 성능'을 어필하고 있다. 하지만 이는 배터리 성능을 깎아내는 주요 요인이 된다. 강력한 성능은 곧 배터리에 부하를 주고, 열화를 촉진시키기 때문이다.

그림 9.12는 전기차 차체 플랫폼을 보여준다.

그림 9.12 **전기차 차체 플랫폼**

③ 충전

충전도 해결해야 한다. 최근 출시되는 전기차는 최소 150kW에서 많게는 350kW 이상 초고속 충전이 가능하다. 하지만 고속충전 이용 비중이 높으면 배터리 수명 단축을 앞당긴다. 많은 제조사들은 앞에서는 '초고속 충전'을 내세우면서 뒤로는 '완속 충전'을 권장하는 이유다.

④ 주행거리

주행거리도 중요한 이슈다. 1회 충전으로 400km대 주행거리를 확보한 전기차들이 많아지고 있다. 하지만 이는 배터리가 100% 충전된 경우다. 완전 충전은 배터리에 나쁜 영향을 미치기 때문에 제조사에서는 80% 충전을 강조한다. 400km 전기차를 구매해도 실제로는 20% 깎인 320km짜리 전기차를 타는 셈이다.

⑤ 비용

가격과 유지비, 보조금 등 비용도 문제다. 전기차 가격의 40% 이상은 배터리가 차지하기 때문에 가격이 높다. 충전 비용도 갈수록 비싸지고 있다. 전기차 충전 요금은 3년 만에 2배 비싸졌다. 때문에 아직도 국가 보조금 의존도가 매우 높다. 중국 전기차 전문 매체 CnEV포스트(CnEVPost)에 따르면 올해 1월부터 보조금을 폐지한 중국의 전기차 판매량은 보조금을 지급했던 작년 12월 대비 48.3%나 감소해 사실상 반토막이 났다.

2) 문제는 배터리, 하지만 수명 정보는 '깜깜깜'

다양한 딜레마를 나열하다 보면 그 중심에는 배터리가 있다. 생산부터 운영 · 관리까지 전기차는 배터리로 시작해 배터리로 끝난다고 말해도 과언이 아닐 정도다. 문제는 제조사들이 배터리에 대해 방관하고 있다는 점이다. 성능과 편의장비 등 특장점만 강조할 뿐, 배터리 관리에 대한 설명이나 정보 전달에는 소극적이다.

하나의 사례를 보면, 그림 9.13과 같이 미국 애플(Apple)은 아이폰의 배터리 성능을 소비자가 알 수 있게 공개한다. 사용 중인 배터리의 성능 최대치를 알려주어, 사용 잔존 수명도 대략 예측할 수 있다. 마찬가지로 전기차의 배터리도 예상 수명에 관한 배터리의 성능 상태 및 충전 정보를 알려주는 서비스가 필요하다.

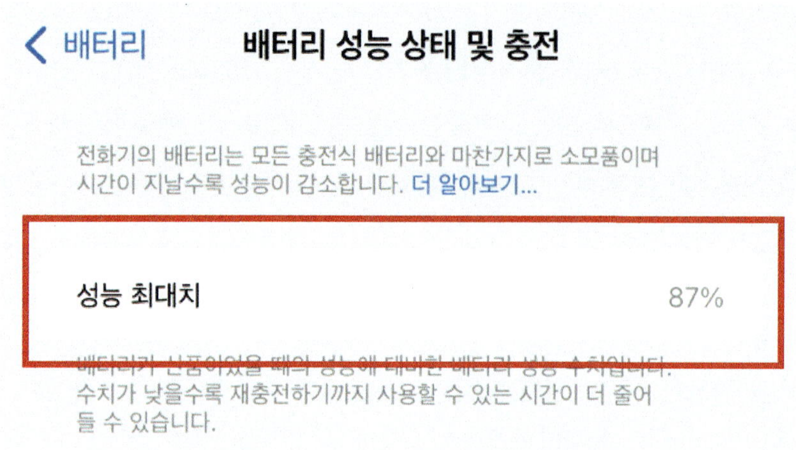

그림 9.13 애플 아이폰의 배터리 성능 상태 및 충전을 소비자에게 공개

그리고 일단, 보증기간은 넉넉하게 준다. 많은 전기차 제조사가 적어도 8년/16만km에서 10년/20만km 배터리 보증(선도래 기준)을 해주고 있다. 엔진 변속기와 비교하면 2배 이상이다. 이 기간 동안에는 배터리 성능이 70% 이상 유지된다고 강조한다.

그러나 이 70%라는 수치는 너무 친(親)기업적이라는 지적이다. 1회 충전으로 400km를 달리는 전기차의 배터리가 70%로 줄어들면, 주행거리는 280km로 낮아진다. 특히, 배터리 성능을 조금이라도 유지하기 위해 70%로 줄어들 상태에서 80%만 충전한다면 주행거리는 224km까지로 더욱 떨어진다. 추운 겨울에는 200km를 달리기 힘들 가능성이 높다. 주행거리 걱정 없이 구매한 장거리 전기차가 도심형 전기차로 전락해 버리는 것이다.

때문에 많은 소비자들은 제조사가 보다 적극적으로 배터리 모니터링 서비스를 실시해야 한다고 목소리를 높힌다. 내 차의 배터리 수명 정보를 실시간으로 확인할 수 있으면 극단적인 가감속을 지양하고, 완속 충전 비율을 늘리는 등 긍정적인 방향으로 차량 관리가 가능해지기 때문이다.

3) 제조사가 배터리 수명 정보 공개를 꺼리는 이유

하지만 제조사는 몇 가지 이유로 구체적인 배터리 수명 정보 공개를 꺼리고 있다.

기본적으로는 데이터 접근 권한을 제한하기 위함이다. 전기차는 모두 똑같아 보이지만 제조사마다 배터리의 유지 · 관리 및 운영과 관련된 소프트웨어(Battery Management System, BMS)가 모두 다르다. 같은 배터리와 모터를 사용해도 BMS 차이에 따라 주행거리와 전비(電比), 심지어 동력성능 차이까지 다르게 만들 수 있다.

사진 9.5는 배터리의 성능 측정에 대한 예시를 보여준다.

사진 9.5 **배터리의 성능 측정에 대한 예시**

배터리 수명 정보는 차량의 사용 패턴과 온도 관리, 충전, 배터리의 화학적 성질 등 모든 정보를 BMS가 취합해 만들어야 한다. 소비자에게는 단순히 '배터리 수명 00%'라는 몇 글자를 보여주는 것 같지만, 제조사에게는 사실상 BMS 정보를 공개하라는 것이 되어버린다. 이는 제조사의 노하우를 만 천하에 드러내라는 것과 마찬가지로, 마음만 먹으면 그동안 쌓아온 광범위한 노하우를 모두 빼낼 수도 있다는 것이다.

4) 소프트웨어에 극히 민감한 테슬라와 자동차 업체들

대표적인 건 테슬라다. 테슬라는 현재까지 타사 대비 앞선 소프트웨어 기술력을 확보한 것으로 유명하다. 현대차그룹이 ICT 부문에 세자릿 수 채용을 시작한 것도, 폭스바겐 그룹이 소프트웨어를 위해 2026년까지 300억 유로(약 40조 원)를 투자하는 것은 단순히 테슬라를 따라하기 위함이 아니다. 소프트웨어가 곧 미래 전기차의 경쟁력이기 때문이다.

때문에 테슬라는 외부에서 소프트웨어에 접근하는 것을 극도로 꺼려한다. 미국과 한국 모두에 진단정보 제출 요청을 거부해왔으며, 심지어 사진 9.6에서 보여주는 바와 같은 OBD(On-Board Diagnostics, 온보드 진단기 : OBD는 차의 상태를 진단하고 결과를 알려주는 장치이다) 단자도 없앴다. 소프트웨어 기술 해킹 우려 때문이다.

사진 9.6 **OBD(온보드 진단기) 단자 모습**

그림 9.14는 OBD 단자의 배선 관련 회로도이다.

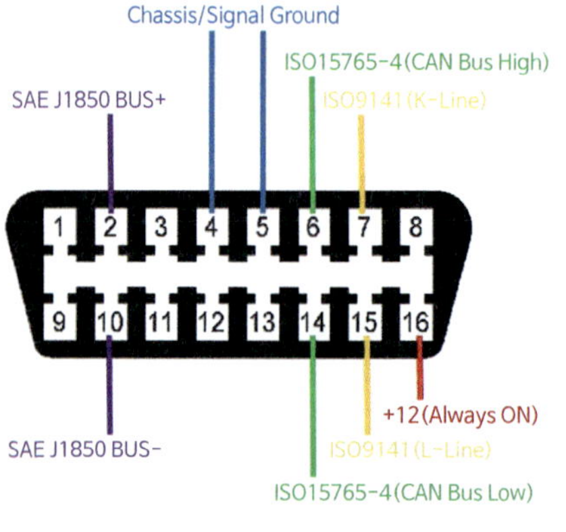

그림 9.14 **OBD 단자의 배선 회로도**

테슬라 뿐 아니라 모든 자동차 제조사도 전기차의 내부적인 정보에 접근할 수 없도록 막고 있다. 테슬라와 달리 OBD 단자는 있지만 제공하는 정보는 제한적으로 막아놨다. LG에너지솔루션과 같은 배터리 기업은 제조사와 협업하기 때문에 더 많은 정보에 접근할 수 있지만 각종 보안 등을 이유로 소비자 제공용 정보와 기업용 정보를 구분하고 있다.

사진 9.7은 배터리의 성능 테스트에 대한 예시를 보여준다.

사진 9.7 **배터리의 성능 테스트 예시**

또 다른 이유도 있다. 모든 제조사가 배터리 수명정보를 공개하면 그 즉시 비교가 될 것이고, 결국 어떤 업체는 타격을 받을 수 있다는 것이다. 또, 고의적으로 배터리를 열화시켜 부정적인 소문을 퍼트리면, 해당 제조사의 이미지는 한순간에 무너질 수도 있다. 전기차 전환의 시기에 매우 큰 위험 요소로 꼽힌다.

한편으론 전기차 판매가 줄어들 우려도 언급됐다. 배터리 수명 정보를 공개하면 소비자들이 이상적으로 차량 관리를 할 가능성이 높고, 그만큼 신차 교체 주기가 길어질 것이라는 주장이다. 제조사에서 판매량 하락 및 매출 감소로 이어질게 뻔한 서비스를 실시할 이유가 없다는 것이다.

아직 제조사에서는 명확한 대답을 내놓지 않고 있지만, 머지않은 미래에는 강제로 공개해야 할 수도 있다. 이미 유럽을 중심으로 전기차 배터리 진단 서비스를 출시하는 업체가 속속 등장하고 있기 때문이다. 이들은 중고차 업체를 대상으로 배터리 수명 정보 인증 활동을 하며 사세를 확장하고 있다.

5) 미국과 유럽의 배터리 수명 정보 법제화 움직임, 한국은?

소비자 요구에도 불구하고 제조사가 움직이지 않자 정부가 나서기 시작했다. 지난 2021년, 캘리포니아 대기자원위원회(CARB)는 2026년부터 판매할 전기차를 대상으로 '소비자가 읽을 수 있는 상태 측정 지표(Customer readable state of health metric)'를 공개하는 법안을 발의했다. 동시에 15년 혹은 15만 마일(약 24만km) 동안 배터리 수명 80%를 유지하도록 보증 범위와 기준도 강화했다.

캘리포니아의 제안은 정식 법안으로 공포되지 않았지만, 미국 정부를 움직이는 데 성공했다. 올해 미국 환경보호청(EPA, Environmental Protection Agency)은 전기차 제조사를 대상으로 배터리 보증 및 모니터 시스템 장착 요구를 고려한다고 밝혔다.

배터리는 5년 혹은 6만 2,000마일(약 10만km) 동안 80%, 8년 또는 10만 마일(약 16만 km)은 70% 이상의 성능을 유지해야 한다. 여기에 제조사는 배터리 모니터를 장착해야 한다. 현재 사용할 수 있는 배터리 수명이 신차 대비 어느 정도인지 백분율로 표기하도록 구체적으로 명시됐다. EPA는 2027년부터 2032년까지 단계적으로 신규 법안을 시행시킬 계획이다.

유럽도 2023년부터 본격적인 전기차 배터리 수명 정보 공개 법안을 추진 중이다. 제로 에미션 사무국(OZEV)은 영국 정부와 유엔 유럽 경제위원회(UNECE)가 공동으로 전기차 배터리 성능 표준 및 모니터 기능에 대한 기술 규정을 개발해 왔다고 밝혔다. 특히 '소비자가 접근할 수 있어야 한다'는 점을 명확히 했으며, 일정 수준 정확도 요건까지 충족해야 한다고 밝혔다. 영국과 유럽연합 모두 해당 법안을 적용할 예정이며, 이르면 2025년 7월 유로 7과 함께 배터리 모니터가 도입될 예정이다.

사진 9.8과 같이 영국 정부는 전기차(EV, Electric Vehicle) 배터리 모니터링을 위한 성능표준 설정 계획을 모색하고 있다(The UK government explores plans to set performance standards for monitoring EV batteries).

사진 9.8 **영국 정부의 전기차 배터리 모니터링을 위한 성능표준 설정 계획**

반면, 우리나라의 대처는 느리다. 국토교통부의 전기차 관련 법안 발표는 2020년 11월 전기차 배터리 검사기준 및 정비 교육 강화 관련 내용을 담은 '자동차관리법 시행규칙 개정안 예고'가 마지막이다. 전기차 배터리를 교체하는 배터리 스왑(battery swap)에서도 중국은 2006년부터 관련 사업을 추진해 왔지만, 국내는 2022년이 되어서야 규제 개정안을 발표한 정도다.

배터리 스왑은 말 그대로 방전된 전기차 배터리를 떼어내고, 완전히 충전된 새 배터리를 장착하는 방식이다. 배터리 스왑은 사용한 배터리를 탈거하고 완충된 배터리를 갈아 끼우는 기술이기에, 이 기술을 활용하면 전기차 충전소에서 오랜 시간 배터리를 충전하는 기존의 방식과 달리 100% 충전된 배터리를 15분 이내에 교체해 빠르게 차량을 다시 사용할 수 있다. 또, 일반 전기차 대비 주행거리가 많고 운영 기간이 길어 하나의 배터리로 운행이 어려운 영업용 전기차의 문제를 해결하고, 효율적으로 운행 가능하다는 장점이 있다.

(4) 전기차 배터리의 수명은 얼마나 될까?

2년 정도 사용한 스마트폰은 겉보기엔 멀쩡하지만 배터리가 눈에 띄게 빨리 줄어드는 탓에 불편했던 경험 한 번쯤은 해보았을 것이다. 실제로 2015년 실시한 '배터리에 대한 소비자 인식조사' 결과, 응답자의 50.9%가 배터리 수명 문제로 불편함을 겪었던 것으로 나타났다. 그렇다면 배터리로 움직이는 전기차는 어떨까? 스마트폰처럼 2~3년 정도 쓰다가 바꾸게 되는 일이 발생할까? 전기차 배터리의 수명에 대해 알아보도록 하자. 사진 9.9는 전기차 배터리의 수명에 영향을 끼치는 충전 방식이다.

사진 9.9 **전기차 배터리의 충전**

1) 전기차 배터리의 수명은?

현재 시중에서 판매되고 있는 전기차는 대부분 리튬이온 배터리를 사용한다. 이 배터리는 크기에 비해 용량이 커서 스마트폰이나 노트북 등 휴대용 전자기기에 많이 쓰이고 있다. 하지만 500회 정도 충전하면 배터리 성능이 급격하게 떨어진다. 스마트폰과 노트북의 배터리 교체 비용이 10만~20만 원 정도라면 전기차의 경우 수 백만 원에서 수 천만 원에 달하기에 전기차 구입을 망설이는 이유도 이처럼 배터리 비용에 대한 부담감 때문이다.

리튬이온 배터리의 수명에 가장 큰 영향을 주는 것은 방전심도(Depth of Discharge, DOD)이다. 방전심도는 배터리가 얼마나 방전되었는지를 뜻하는데, DOD 100%이면 완전히 방전된 것이고, DOD 20%면 20%만 방전되고 80%가 남은 것을 의미한다. 100% 방전된 횟수가 많을수록 배터리 성능도 떨어진다.

0% 방전 후 100% 충전한다고 가정했을 때 약 500회 충·방전이 가능하다고 한다.

1회 충전 시 약 300km를 달린다고 하면 전기차 배터리 1개로 총 150,000km(300km ×500회)를 달릴 수 있는 것이다. 하지만 실제로 사람들이 완전 방전 후 충전하는 경우는 매우 드물다. 따라서 DOD가 낮아질수록 충·방전 횟수 또한 늘어날 수 있다. 테슬라 전기차 소유자의 경우 평균 DOD가 50%라고 하는데, 이 경우 충·방전 가능 횟수가 1,500~2,000번 가까이 늘어난다고 하니까, 그렇다면 배터리 1개로 약 45만km 이상을 주행할 수 있다는 것이다.

그림 9.15는 전기차의 배터리 상태를 표시하는 대시보드의 계기판이다.

그림 9.15 **전기차의 배터리 상태를 표시하는 대시보드의 계기판**

업계 평가에 따르면 10만km 이상 주행해도 초기 배터리 성능의 85% 이상을 유지한다고 한다. 2013년 미국의 플러그인카즈(Plugincars)의 조사에 따르면 테슬라 모델S는 약 16만km를 달린 뒤에도 새 차 배터리 성능의 86% 이상을 유지한 것으로 나타났다. 일반적으로 전기차 배터리는 초기 성능의 80% 정도 낮아졌을 때 교체하는데, 일반 자동차의 평균 주행거리가 15만~20만km이라는 점을 감안하면 전기차 배터리 수명이 결코 짧지 않다는 것을 알 수 있다. 그림 9.16은 전기차를 상징하는 충전 플러그 모양의 그림문자이다. 그림문자는 상징성을 나타내는 픽토그램(pictogram)으로, 인포그래픽의 한 갈래이다. 그림을 뜻하는 픽처(picture)와 문자 또는 도해를 의미하는 그램(gram)의 합성어이다.

그림 9.16 **전기차를 상징하는 충전 플러그 모양(픽토그램)**

2) 전기차 배터리 수명을 늘리는 방법

환경부에 따르면 전기차 배터리 수명은 충·방전 여건, 주행습관 등 다양한 요소에 의해 결정된다고 한다. 10만km를 주행했다고 해서 당장 교체가 필요하진 않다는 것이다. 차량 제조사별로 배터리 보증기간을 10만~20만km로 정하고 있으나 실제 사용 환경에서는 보증기간보다 오래 사용할 수 있다고 설명하고 있다.

그렇다면 전기차 배터리 수명을 오래 유지하는 방법은 무엇이 있을까?

① 배터리를 자주 충전

우선 배터리를 자주 충전하는 것이다. 그래야 충·방전 사이클을 늘릴 수 있기 때문이다. 배터리가 완전히 방전될 때까지 자동차를 운행하는 습관은 배터리의 수명을 단축시킬 수 있다. 방전 상태로 자동차를 오랜 시간 방치하지 않는 것도 중요하다. 배터리의 방전 시간이 길어질수록 성능에도 악영향을 끼치기 때문이다. 사진 9.10은 테슬라 전기차의 충전 모습이다.

사진 9.10 **테슬라 전기차의 충전 모습**

② 배터리를 과하게 충전하지 않음

두 번째는 배터리를 과하게 충전하지 않는 것이다. 테슬라를 비롯해 최근 출시되고 있는 전기차들은 최대치의 80~90%만 충전이 가능하도록 설정되어 있다. 이처럼 충전 제한 기능을 두는 까닭은 100% 충전할 때보다 오래 쓸 수 있기 때문이다.

③ 날씨 및 온도

세 번째는 날씨도 배터리 효율에 영향을 미칠 수 있다. 물론 전기차에 장착된 배터리는 다양한 기후 조건에서 성능을 점검해 테스트를 통과한 모델만 사용하는 것으로 알려져 있다. 하지만 많은 전기차 운전자들이 겨울철에 배터리 효율이 낮아지는 현상을 경험한 것으로 나타났는데, 따라서 전기차를 장기간 이용하지 않을 때는 적정 온도가 유지되는 장소에 주차하는 것이 좋다.

3) 전기차 주행거리 500km 시대, 배터리 수명과 안전은?

사진 9.11에서 보여주는 바와 같이 전기차 주행거리 500km 시대, 배터리 수명과 안전에 대해 알아보도록 하자.

사진 9.11 **전기차 플랫폼**

현대차의 아이오닉6를 시작으로 이번 가을부터 한 번 충전으로 서울에서 부산까지 갈 수 있는 주행거리 500km 이상의 전기차들이 연이어 출시를 앞두고 있다. 전기차의 최대 약점이었던 주행거리가 향상되면서, 전기차 배터리의 수명과 안전에 대한 소비자들의 관심도 높아지고 있다.

그렇다면 전기차 배터리를 더 오래, 더 안전하게 사용하려면 어떻게 해야 할까?

우선 전기차에 사용하는 배터리 셀 · 모듈 · 팩에 대해 정의하면 그림 9.17과 같다.

셀 Cell	전기에너지를 충전/방전해 사용할 수 있는 배터리의 기본 단위로 양극/음극/분리막/전해액을 알루미늄 케이스에 넣어 만듦
모듈 Module	배터리 셀을 외부충격과 열, 진동 등으로부터 보호하기 위해 일정한 개수로 묶어 프레임에 넣은 배터리 조립체
팩 Pack	전기차에 장착되는 배터리의 최종 형태로 배터리 모듈에 BMS(Battery Management System), 냉각시스템 등 각종 제어 및 보호시스템을 장착해 완성됨

그림 9.17 **배터리 셀 · 모듈 · 팩에 대한 정의**

전기차에는 배터리가 하나의 팩 형태로 탑재되어 있다. 배터리 팩은 모듈 여러 개를 묶은 것이며, 모듈은 여러 개의 배터리 셀을 묶은 것이다. 수백 개의 배터리 셀이 모여 전기차 배터리를 구성하는 셈이다. 그림 9.18은 전기차의 배터리 팩 구조로 모듈 여러 개를 묶은 것이다.

그림 9.18 **전기차의 배터리 팩 구조**

배터리 셀은 전기에너지를 충전해 사용할 수 있는 배터리의 기본 단위로 양극, 음극, 분리막, 전해액으로 구성된다. 전기차에 들어가는 배터리 셀은 차량 내 제한된 공간에서 단위 부피 당 최대한 많은 용량의 에너지를 저장할 수 있어야 하고, 수명도 길어야 하며,

주행 중에 전달되는 충격, 고온과 저온 환경을 견디는 신뢰성과 안정성도 갖추어야만 한다. 그림 9.19는 현대차그룹의 전기차 전용 플랫폼 E-GMP이다.

E-GMP(Electric Global Modular Platform)는 현대자동차그룹의 차세대 전기차 개발을 선도하는 전기차 전용 플랫폼이다. E-GMP는 배터리, 모터 및 전력 전기시스템을 포함한 차량의 섀시로 구성되어 있으며, 확장 가능한 휠베이스(wheelbase, 축간거리 또는 축거라고도 하며, 앞바퀴 중심과 뒷바퀴 중심 간의 거리이다)를 통해 다양한 유형의 차량을 구성할 수 있도록 모듈화 및 표준화된 통합 플랫폼이다.

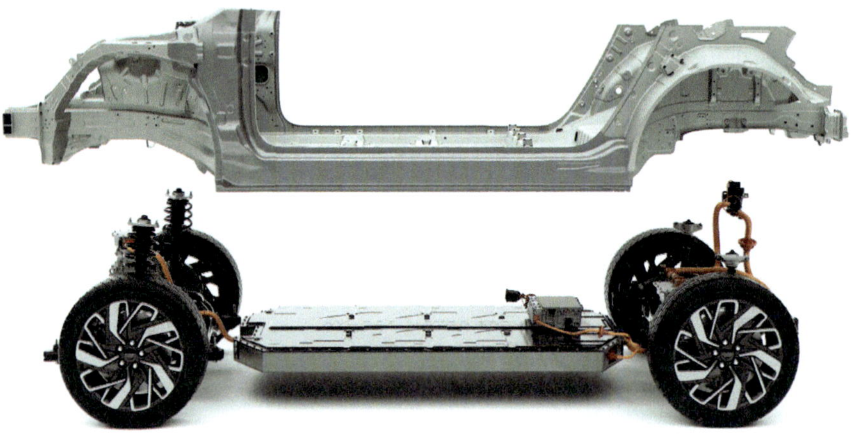

그림 9.19 **현대차그룹의 전기차 전용 플랫폼 E-GMP**

이러한 배터리 셀을 외부 충격과 열, 진동 등으로부터 보호하기 위해 적게는 12개에서 많게는 48개의 셀을 모아 단단한 프레임에 넣은 것이 배터리 모듈이다. 이 모듈 여러 개를 모아 배터리의 온도와 전압 등을 관리하는 배터리관리시스템(BMS, Battery Management System)과 냉각장치 등 각종 제어 및 보호시스템을 장착한 것이 배터리 팩이다.

배터리를 사용하다보면 배터리 셀 별로 전압차가 생긴다. 에너지를 많이 사용한 배터리 셀은 충·방전 속도나 용량 등의 성능이 떨어지는데, 이 셀 간의 불균형이 배터리 성능 저하로 이어지기도 한다. 다른 셀에 전압이 많이 남아 있어도 전압이 가장 약한 셀이 방전되면 배터리 팩 전체가 방전되는 구조로, 셀 간의 균형이 제대로 맞지 않으면 전기차 주행거리가 줄어들 수밖에 없다.

4) 전기차 배터리를 오래 사용하려면

사진 9.12는 전기차 전용 충전 스테이션(charging station)의 모습이다.

사진 9.12 **전기차 전용 충전 스테이션(charging station)**

그렇다면 전기차 배터리를 잘 사용하려면 어떻게 해야 할까? 먼저 급가속이나 급출발, 급정거 등의 운전 습관은 자제하는 것이 좋다. 또한 배터리가 완전히 방전이 된 후 충전하는 것보다 20~30% 정도 남았을 때 충전하는 것이 바람직하다.

전기차 제조사들은 전기차 배터리의 수명을 늘리기 위한 방법으로 셀 밸런싱 작업을 할 것을 조언하고 있다.

셀 밸런싱(cell balancing)이란, 리튬이온 배터리가 사용되면서 필요해진 기술로, 직렬 연결된 배터리가 충전 또는 방전이 진행될 때 전압의 차이를 최소화 하기 위한 기술이다. 모든 셀의 충전량을 동일하게 만드는 방식으로, 셀 밸런싱은 직렬로 연결된 배터리의 각 셀 전압을 동일하게 맞추는 것이며 병렬로 연결된 셀은 자동으로 각 셀 전압이 맞춰진다. 이런 셀 밸런싱을 하기 위해서는 한 달에 한 번 이상 완속 충전기로 배터리를 완충하는 것을 의미한다.

그림 9.20과 같이 아이오닉5의 설명서에는 "배터리의 최적 상태를 유지하기 위해 완속 충전을 권장"하며, "배터리 충전량이 20% 이하일 때 100%까지 월 1회 이상 충전하

면 배터리 성능을 최적의 상태로 유지할 수 있다"라고 나와 있다. 다른 전기차들도 이와 비슷하게 주기적으로 완속 충전기를 이용해 완충할 것을 권하고 있는 것이다.

그림 9.20 **주기적으로 완속 충전기를 이용한 완충으로 셀 밸런싱의 유지**

셀 간의 전압차가 균일하게 유지되지 않으면 특정 셀 하나에 과부하가 걸리기 쉬워 화재의 위험성이 있다. 배터리를 천천히 완충해야 전류를 골고루 분산시켜 에너지 밀도를 단단하게 유지할 수 있기 때문에 배터리 성능과 안전성을 모두 높일 수 있다.

또한 다른 전자제품과 마찬가지로 전기차 배터리도 방전이 많이 될수록 수명이 짧아진다. 따라서 배터리가 완전히 방전되지 않도록 주의를 기울여야 하는데, 차량에 시동을 걸지 않은 채로 장기간 주차하지 않고 부득이하게 3개월 이상 세워둬야 할 경우 완충해 두는 것이 좋다.

5) 전기차 배터리를 효율적으로 사용하려면

사진 9.13은 원통형 리튬이온 이차전지 셀을 보여준다.

사진 9.13 원통형 리튬이온 이차전지 셀

전기차에 널리 사용되는 리튬이온 배터리는 긴 주행거리 등 여러 장점을 가지고 있지만 충격과 열에 약하다는 단점이 있다. 배터리의 주요 성분인 양극재와 음극재를 분리하는 분리막이 손상되면 두 극이 서로 만나면서 과도한 전류가 흐르고 열이 발생해 화재로 이어질 가능성이 있기 때문이다.

이런 현상을 방지하기 위해서는 배터리 온도를 급격히 높일 수 있는 과충전을 피해야 한다. 셀 밸런싱을 위해 주기적으로 완충하는 경우를 제외하고, 평소 완충 비율을 85% 내외로 낮추고 충전하는 것을 습관화하는 것이 좋다.

또한 운전 시 과속방지턱에서 서행하는 등 차량에 가해지는 충격을 최소화하고 차량이 고온에 장시간 방치되지 않도록 주의해야 한다.

6) 미래 전기차를 위한 전고체 배터리(All solid-state battery)

사진 9.14는 미래 전기차를 위한 전고체 배터리를 보여준다.

배터리 효율성을 높이기 위한 많은 노력도 이뤄지고 있는데, 화재 위험성이 낮고 수명이 긴 전고체 배터리는 리튬이온 배터리의 좋은 대안이 될 수 있다.

사진 9.14 미래 전기차를 위한 전고체 배터리

완성차와 배터리 업계가 전고체 배터리 개발과 차량 밑에 깔리는 배터리 팩을 충격에서 최대한 보호하기 위한 설계 경쟁을 벌이고 있지만 업계에서는 전고체 배터리가 양산되는 시점을 2030년 전후로 예상하고 있다. 이 때문에 기술혁신에 앞서 배터리 안전평가 강화, 관리시스템 등의 개선이 먼저 필요한 실정이다.

사진 9.15는 한국교통안전공단 보도자료로 배터리관리시스템(BMS) 진단결과지와 한국교통안전공단 전자장치진단기(KADIS)의 개요를 설명한 자료이다.

KADIS는 전기차용 검사용 진단기로 첨단자동차 진단, 검사 결과를 관리하는 정보관리시스템이다.

이 같은 현실을 반영해 한국교통안전공단은 2023년 8월부터 자동차 정기 검사에서 전자장치진단기(KADIS)를 활용해 '전기차 배터리 성능 및 안전 진단 서비스'를 제공하기 시작했다.

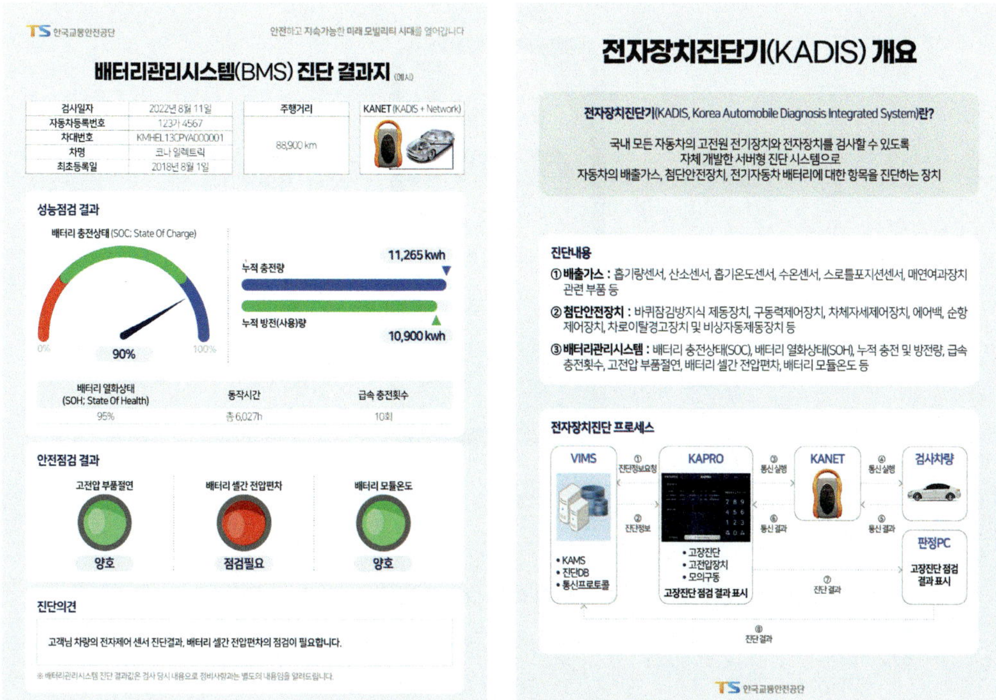

사진 9.15 한국교통안전공단 보도자료

배터리 성능과 관련해선 총 동작시간과 누적 충·방전량, 배터리 충전상태(SOC, State of Charge), 배터리 열화상태(SOH, State of Health, 노화상태 : SOH는 리튬이온 배터리의 수명의 정보를 가지고 있는 지표이다), 급속충전 횟수를 그리고 안전과 관련해선 고전압 부품 절연, 배터리 셀 간 전압, 배터리 모듈 온도 등을 검사받을 수 있다. 공단은 우선 전국 59개 공단 자동차 검사소에서 정기 검사를 받는 고객을 대상으로 진단 서비스를 제공하고, 검사소도 확대할 계획이다.

그림 9.21은 SOC와 SOH의 개념을 보여주는 그래프이다.

예를 들면 SOC의 경우에 있어, SOC가 50%까지 충전되었다면 SOC가 100% 될 때까지 더 충전될 수가 있고 그 이상에서는 열화가 발생한다. 그러나 SOH 경우는, 100% SOC 수준인 66% SOH 이상부터 배터리의 열화가 발생한다.

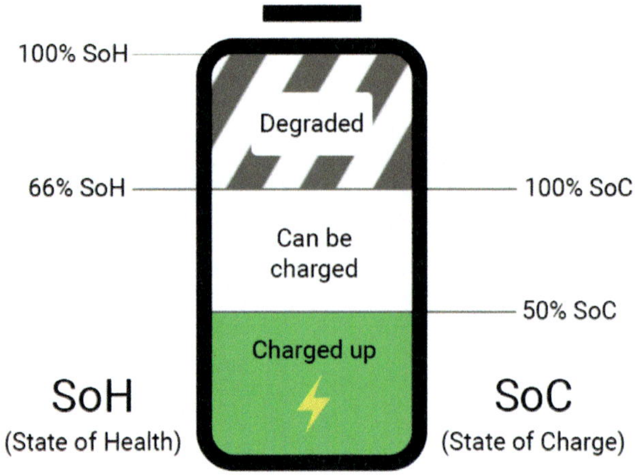

그림 9.21 SOC와 SOH의 개념

사진 9.16은 현대자동차의 대표적 전기차 아이오닉6 모습이다.

사진 9.16 현대자동차의 전기차 아이오닉6

국내 전기차 누적 등록 대수는 2016년 1만 대에서 2022년 1분기 기준 25만 대로 빠르게 늘고 있다. 그만큼 전기차 배터리의 성능과 안전은 더욱 중요해지고 있는데, 올바른 전기차 배터리 관리법을 미리 숙지하여 더 오래, 더 안전하게 운전해야만 하겠다.

(5) UN(유엔, 국제연합) 자동차 인증제도

1) UN 자동차 인증제도 국제표준화 추진

환경부의 국립환경과학원 교통환경연구소는 UN에서 지금 시행하고 있는 세계 자동차 인증제도 국제표준화에 동참해 국가에 이익이 되는 인증제도를 만드는데 주요 역할을 하고 있다.

UN 산하의 자동차법규 표준화 기구 WP29(World Forum for Harmonization of Vehicle Regulation)가 있으며, 세계적으로는 미국 그 다음에 유럽, 일본이 주도하는 크게 3가지의 인증제도가 있다. 그 3개의 인증이 서로 다른 결과를 내게 되고 인증방법이 다르다 보니 각 나라마다 수출 · 수입할 때마다 불필요한 인증시험을 계속하게 된다.

그래서 이런 인증제도를 표준화하는 것이 매우 세계적으로도 중요하고 또 협의가 계속되어 왔는데, 사실 합의를 이뤄내기가 상당히 어려운 부분들이 있다. 그래서 각 분야에서 지금 진행 중인 여러 가지 인증에 대해서 조금 더 우리나라의 여건과 의견을 인증제도 표준화에 반영해서 산업에 더 도움 될 수 있는 계기가 되도록 노력하고 있다.

현재까지 인증제도를 표준화 하는 것을 통해서 이륜차 · 대형차 · 승용차 · OBD(On Board Diagnostics : 배출가스 자기진단장치)라든지 이런 부분들에 대한 GTR(Global Technical Regulation, 글로벌 기술 규정)이 만들어져 있다. 이 GTR이 기술분야 및 부품별로 계속 만들어지면 각 나라는 '98협정'이라고 해서, GTR이 만들어지는 것에 따라서 의무적으로 법규를 이행해야 한다.

그래서 현재까지 만들어진 것이 5건이 있고, 앞으로 소형차에 대한 인증제도 표준화, 또 연료에 대한 인증제도 표준화 등이 진행 중에 있다. 그래서 국제표준이라고 하는 것에 우리나라의 의견을 적극적으로 반영하기 시작한 시점에서부터 자동차 법규 표준화 계획에 대한 소개가 되었다.

여기에는 배출가스 · 에너지, 소음, 충돌안전 등이 있다. 특히 배출가스 및 에너지라고 하는 GRPE(Group of Energy and Pollution, 프랑스어로 GRPE라고 쓰며, 본래는 Working Party on Pollution and Energy(오염 및 에너지 실무반)이다) 실무반 하에서 여러 가지 세계의 인증표준화 안에 대해서 검토를 하고 있다. 최근에 검토 중인 것은 그린카(green car)에 대한 기술표준화이다. 그린카는 전기자동차, 수소연료전지자동차, 하이브리드 자동차 등으로 탄소를 배출(CO_2 배출)하지 않는 청정에너지를 이용한 자동차를 의미한다.

참고로, 미국은 디젤이 거의 없으므로 휘발유 자동차에 대해서는 미국 기준을 따르고, 디젤 자동차에 대해서는 유럽 기준을 따르고 있다. 주로 유럽지역은 디젤차에 굉장히 우선권이 있어서 디젤을 기반으로 한 규제, 시험방법이나 엄격한 규제기준을 갖추고 있기 때문이다. 또한 현재 내연기관차에 있어 연비가 아주 중요한데 그 연비는 CO_2 배출량 규제와 직결되어 있기 때문이다.

9.2 리튬 UN GTR(Global Technical Regulation)

01 UN GTR

UN(유엔 · 국제연합, United Nations) GTR(Global Technical Regulation)은 UN기준 자동차 인증제도이다.

전 세계적으로 전기자동차 관련 기술의 발전으로 전기자동차 양산차종 및 판매량이 지속적으로 증가되고 있음에 따라 전기자동차 운행상태 및 충돌사고 후 고전압 전기장치에 의한 전기적인 쇼크와 충전형 에너지저장장치(REESS : Rechargeable Energy Storage System)의 잠재적인 위험요소에 대한 탑승자 보호 안전성 확보 필요성이 대두되고 있다.

이에 UN 경제사회이사회(유럽지역경제위원회) 산하 '자동차 기준 국제조화 회의' 기구인 UN/ECE/WP29(World Forum for Harmonization of Vehicle Regulations)에서는 GRSP(충돌안전 전문가그룹)에 전기자동차 실무그룹(Electric Vehicle Safety Informal Group)을 구성하고 과학적, 기술적 근거를 바탕으로 '전기자동차 세계기술규정(GTR : Global Technical Regulation)'을 개발하고 있다.

2012년 3월부터 논의를 시작하여 2015년말까지 제정을 목표로 각국의 전문가 70~80여 명이 적극적으로 참여하였다.

특히 2014년 11월에 우리나라에서 제6차 전기자동차 전문가기술회의가 개최되어 더 많은 관심을 갖게 되었다. UN/ECE/WP29에서 자동차 UN Regulation(구 ECE Regulation) 및 UN GTR을 개정하면서 각국(협정 가입국)은 이를 자국의 안전기준으로 채택하게 된 것이다.

(1) 전기자동차의 구성 및 특징

전기자동차는 전기모터 및 감속기, 인버터, 충전기, 배터리, 배터리관리시스템 등으로 구성되어 있으며 엔진이 없고 외부로부터 배터리에 전기를 충전하여 그 전기를 사용하여 운행하는 자동차이다. 전기자동차의 모터는 전기에너지를 기계에너지로 변환하여 드라이브 라인에 동력을 공급한다.

전기자동차에서 배터리는 핵심 요소기술 중에 하나이며 니켈·수소전지, 리튬이온전지, 리튬이온 폴리머전지 등 성능과 안전성 측면에서 기술적인 진보를 거듭해오고 있다.

전기자동차는 일반적으로 작동전압 300V 이상의 고전압 배터리로부터 전원을 공급받아 구동하는 방식으로, 사용자가 이러한 전압에 직접 접촉되면 감전 등 전기적인 상해를 입게 된다.

또한 차체와 고전원 전기장치 간에 서로 절연이 되어 있지 않거나 충돌 사고가 일어나서 차체에 고전압이 인가될 경우 인체에 큰 전류가 흐르게 되어 위험한 결과를 야기할 수도 있다.

(2) 전기자동차 세계기술규정 개발절차 및 구성

1) 전기자동차 GTR 개발절차

전기자동차 GTR 개발절차는 전기자동차의 잠재적인 위험요소를 확인하고 각 위험요소에 대한 안전성 요구조건의 목적, 범위, 기준, 평가절차 및 타당성 근거 확보 등을 위한 조사, 분석 및 평가를 거쳐 규정을 개발한다. 현존 평가방법과 연구에 기반한 시험절차를 개발하고 기술적으로 지원이 불가능한 설계 제한적인 요구조건과 규정은 지양한다. 기타 고려사항으로 자동차 충전구와 차체, 외부전원 간 통신(지능형 충전) 표준을 마련하고, 제작자 또는 응급 구조대를 위한 가이드라인 또는 요령을 마련한다.

2) 전기자동차 GTR(안) 구성

2012년 3월부터 2014년 5월까지 논의를 거쳐 전기자동차 세계기술규정 초안이 도출된 상태이다. 도출된 초안을 토대로 타당성 확보를 위한 조사, 분석 및 평가를 수행하면서 GTR을 개발하고 있다.

전기자동차 GTR(안)은 Part A(서문)와 Part B(법규)로 구성되어 있다. Part A는 전기자동차 GTR을 개발하게 된 배경, 각국의 관련 법규 현황 검토, 각 분야별 기술적인 배경 및 GTR 시행에 따른 비용, 편익분석 등의 내용이 수록되었다. Part B는 법규 본문으로

① 개요 및 적용범위
② 전기자동차의 전기적 충격 안전성(운행 중 및 충돌 시)
③ 충전형 에너지저장장치(REESS) 안전성(운행 중 및 충돌 시)
④ 셀 · 모듈 · 시스템 안전성
⑤ 시험방법

등으로 구성되어 있다.

(3) 전기자동차 세계기술규정(안)

1) 개요 및 적용범위

전기자동차의 고전압 시스템으로부터 발생되는 위해성으로부터 인체를 보호하는 것이며, 저속 자동차를 제외한 4.5t 이하 모든 차종이 포함되며, 화물자동차 및 버스 등의 대형차가 포함되었다.

2) 전기자동차의 전기적 충격 안전성(운행 중)

① 방수

REESS 및 모든 고전압 부품에 적용되며, 내수성 기준과 시험방법 등에 대한 논의를 지속하고 있다. 방수 규정에 대하여 절연저항 모니터링 기능이 있는 경우 방수 규정이 적용되지 않으며, 모니터링 기능이 없는 고전압 부품의 경우 방수 규정을 적용해야 한다는 의견이 있다.

② REESS의 저에너지 상태 표시

사용 중 상태에서 저에너지 상태 표시 규정으로, REESS의 저에너지 상태를 운전자에게 알림으로써 도로에서 발생할 수 있는 사고(자동차 정지)를 방지해야 하나 규정 제정의 당위성이 필요하다.

③ 충전형 에너지저장장치(REESS)의 경고장치

REESS의 전반적인 고장에 대한 경고장치가 필요하다. 과충전, 과방전, 과온도 상태의 위험성을 광학적 신호 또는 계기판에 문자정보를 통해 운전자에게 알려야 하는 규정이 제안되었다.

또한 일반 자동차가 연료량이 낮을 경우 경고등을 통해 알리는 것과 같이 전기자동차의 경우에도 저에너지 상태로 충전이 필요함을 알리는 경고방안이 검토되었다.

3) 전기자동차의 전기적 충격 안전성(충돌 시)

① 충돌 후 전기감전 방지(저에너지 조건)

충돌 후 저에너지(전기에너지 0.2J 미만) 옵션만으로도 안전하나, 충돌 후 0.2J 미만의 전기에너지 옵션만으로는 충분히 안전하지 못하다는 의견도 제시되었다.

② 충돌 후 전기감전에 대한 보호(물리적 보호 조건)

ISO-20653(Road Vehicle-Degree of Protection : IP Code) 등에서 물리적 보호를 충돌 후 전기안전규정으로 채택하고 있으나, 절연저항이 없는 물리적 보호는 안전하지 않으므로 추가연구 데이터가 필요한 상황이다(그림 9.22 참조).

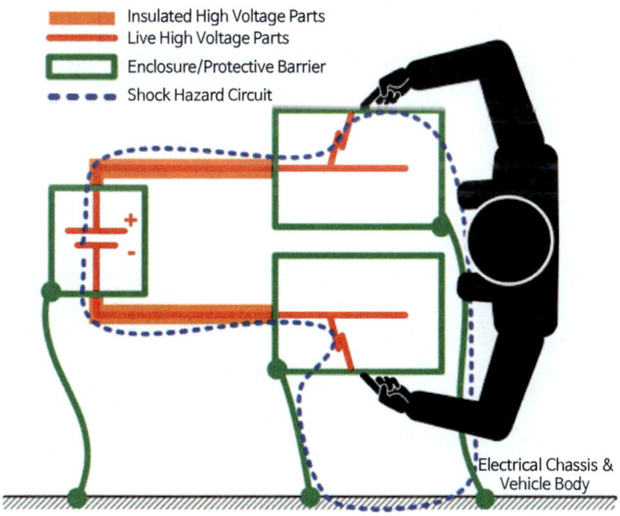

그림 9.22 전기자동차의 물리적 보호조건

③ 충돌 후 절연저항

현행 UN R100(전기자동차)은 DC와 AC 버스(bus) 간 전기적 절연이 DC는 100Ω/V 이상, AC는 500Ω/V 이상을 요구하고 있으며, DC와 AC 버스(bus) 간 전기적 연결은 DC, AC 모두 500Ω/V 이상을 요구하고 있다. 한편, 미국의 FMVSS(Federal Motor Vehicle Safety Standard, 연방 자동차 안전표준) 305(전기자동차, 전해액 누출 및 전기적 충격방지)는 모든 경우 500Ω/V 이상 단, 절연저항 모니터링 기능이 있는 DC 단자에는 100Ω/V 이상 허용하고 있다. 두 가지 규정을 비교 논의한 결과 현행 UN R100과 같이 규정하는 것으로 잠정 합의된 상태이다.

④ 충돌 후 전해액 누출

자동차 충돌 후 30분 동안의 전해액 누출량은 REESS내 전체 전해액의 7% 이하, 수용성은 7% 이내 전해액 누출을 허용하고, 비수용성은 누출이 없어야 하나, 비수용성 전해질에 대한 논의 및 용어 정의를 명확하게 하고, 전해액 정량(5ℓ) 및 비율(7%) 중 어떤 것이 타당한지에 대하여 논의되었다.

4) 충전가능형 에너지저장장치 안전성(운행 중)

REESS에 대하여 진동, 열충격 및 열사이클, 기계적 충돌 및 충격, 기계적 적합성, 외부단락보호 등 논의, 시험 시 온도조건, 진동시험 시 진동 프로파일(profile, 윤곽・형태) 등의 이슈들에 대하여, 형식승인 및 자기인증에 공히 적용될 수 있도록 구체적으로 논의되었다.

① 진동시험

복합진동 시험의 세부내용 및 시험절차를 마련 중이다. 현재 논의 중인 GTR 초안 상의 진동시험 기준인 전해질 누출, 발화, 폭발에 연기발생을 추가하자는 제안이 있었으나 연기발생은 REESS의 과열, 발화, 폭발방지를 위한 보호 기능으로 기준항목으로 부적절하다는 등 진동시험에 대한 다양한 논의가 진행되었다.

② 열충격 및 사이클 시험

이 요건은 사용수명을 위한 규정이 아니며, 열충격시험은 자동차 사용환경 하에서 전체 시스템으로써의 기본적인 안전 설계를 확인하기 위한 시험으로 이론적으로는 1회의 시험만으로 충분하다는 입장이다.

열충격 시험 시 고온조건은 실차 실내온도가 70℃ 이상 올라가므로 60±2℃보다 높은 온도가 필요하다는 주장과 열충격 횟수가 5회만으로 충분한지, 또한 열충격 및 사이클 시험 후 전해액 누출 여부 확인 시 REESS를 분해하지 않고 육안으로만 확인하는 것으로 하고 있으나 REESS 내부 전해액 누출을 허용할 것인지 등에 대한 논의가 진행되었다.

③ 연소시험(한국 제안)

우리나라는 REESS 연소시험 구성품 기반 시험에 국내의 연소시험 방법을 현재 논의 중인 GTR 초안 상의 시험방법을 선택하여 적용할 수 있도록 제안하였다. 현재 두 가지 연소시험 간의 연소온도 등 시험조건의 동등성 및 타당성과 국내 연소시험조건 형성을 위한 시험장치 구성에 대하여 연구 중이며, 연소시험의 화염 노출시간 등 기본적인 사안에 대하여 추가로 논의되었다.

④ 보호장치 없는 REESS 시험

REESS의 외부단락, 열충격 사이클, 과충전 보호, 과방전 보호, 과열 보호 등 안전시험 시 관련 보호장치 없이 시험을 실시하는 것은 부적절하므로 논의 초기에는 모든 사안을 검토하고 부적절한 사항은 향후 수정하기로 했다.

⑤ 과열보호 시험

보호장치 없이 과열보호 시험 시, 제작사가 제시한 최대 작동온도까지 온도를 증가시키는데 만일 제작사가 정한 온도가 낮다면 이를 따르는 것에 대한 정당성 여부, 과열 보호를 위한 최소한의 온도조건이 필요하다. 반면 REESS 유형에 따라 작동온도의 범위가 서로 달라 온도조건의 일반화가 곤란하므로 시험 REESS의 온도가 REESS로부터 발생한 열이 온도제어 범위를 초과하면 어떤 온도값도 시험에 적용 가능하다는 상반된 입장이 있어 추가논의가 필요하다.

⑥ REESS 시험 시 충전조건

REESS의 시험 시 충전조건을 정상사용의 50% 이상으로 규정하나 배터리는 충전상태가 높을 때 더 위험하므로 실제 사용범위 중 최고 충전상태로 시험해야 하나(과충전/회생제동에 의한 과충전 등) 시험 마진을 고려하여 95%(또는 100%)로 하는 방안과 전기자동차의 구조 및 차종별로 충전상태 사용범위가 상이하므로 50%로 하자는 주장이 있어 추가 논의가 필요하다.

5) REESS의 에너지 방출

충돌사고 자동차 또는 A/S 시 감전사고 위험을 감소시키기 위한 에너지 방출에 대한 논의항목으로 손상된 자동차의 REESS로부터 전기에너지의 방출을 가능하게 하는 구조 요건 및 A/S 시 에너지 방출절차에 대한 요건이 논의되었다.

6) 셀, 모듈, 시스템 안전성

시스템 레벨 시험에서 안전이 검증된다면 셀 또는 모듈 단위 시험은 불필요할 수 있으나 내부단락이나 열폭주 등은 BMS에 의해 모니터링 되지 않을 수 있으므로 셀・모듈・시스템 단위의 REESS 안전성 평가 방안에 대하여 지속적인 연구와 논의가 있었다.

(4) 결론

전기자동차의 잠재적인 위험요소에 의한 탑승자 보호 안전성을 확보하고, 전기자동차의 상용화를 촉진시키기 위해 UN/ECE/WP29에서 개발 중인 전기자동차 세계기술규정(안)에 대하여 살펴보았다. 전기자동차는 기존의 내연기관과 패러다임이 다른 새로운 동력원을 사용하는 신기술의 출현에 따라 각국 및 제작사는 주도권을 잃지 않으려고 노력하고 있다.

우리나라는 전기자동차나 배터리 등 보유 기술력 대비 법규 제정 논의 대응에 적극적으로 대응해 엄격하게 표준화된 시험인증을 진행하고 있다. 따라서 국내 전기자동차 관련 산업계의 국제법규대응 중요성과 필요성에 대한 인식전환 및 적극적인 참여가 필요하다고 본다.

1) 전비(電比, Electrical ratio)

전비(電比)는 내연기관차의 연료 효율을 나타내는 연비(燃比)를 전기로 대신한 개념이다. 연비는 리터(L)당 주행거리(km)로 표시하지만, 전비는 KWh(킬로와트시)당 주행거리(km)로 표시한다. 미국 에너지부는 연료의 순발열량과 힘 등을 따져 전비를 연비로 환산할 경우, 전기차가 내연기관차보다 3배가량 높은 연비를 나타낸다고 본다.

조선경제의 신문기사 내용을 인용해 다음과 같이 전기차의 전비에 대해 알아보기로 한다.

"국내 전기차 '전비왕'은 아이오닉6"

"도요타 프리우스보다 3배 높다, 국내 전기차 '전비왕'은
본지, 에너지공단 통해 조사해보니, 현대차 중형세단 아이오닉6 1위"
"테슬라 모델3 · 현대차 코나EV 뒤이어, 아이오닉6 연간 충전 요금 84만 원일 때 벤츠 EQE 113만 원 · BMW i7 137만 원"
"공기 저항 줄여야 전비도 늘어난다. 업계는 사이드 미러 크기 줄이고, 경량화, 배터리 냉각기술 등 개발 집중"

사진 9.17과 같이 국내에 출시된 전기차 중 전비(電比)가 가장 좋은 차는 현대차 중형 세단인 '아이오닉 6'로 나타났다. 반면 벤츠와 BMW, 볼보 등 주요 수입차 업체의 전기차는 상대적으로 낮은 전비를 나타냈다. 전비는 내연기관차에서 쓰는 '연비'를 전기로 대신한 개념이다. 내연기관 시대엔 독일, 일본 업체가 엔진 성능과 연비 경쟁을 이끌었지만, 전기차 시대엔 현대차가 가장 앞선 전비를 선보이는 셈이다.

사진 9.17 국내에 출시된 전기차

본지가 한국에너지공단을 통해 국내에 출시된 전기차의 전비를 살펴보니 아이오닉6는 kWh(킬로와트시)당 6.2km 주행이 가능한 것으로 나타났다. 이를 연비 개념으로 환산하면 60km/L 정도다. 도요타의 프리우스(20.9km/L)보다 3배가량 높은 수치다.

완성차 업체들은 전비가 미래차 경쟁력의 한 축이라고 보고 이를 늘리는 경쟁에 돌입했다. 전기차는 충전 불편이 여전히 해결되지 않고 있는 데다, 향후 대형 · 고급 차량이 늘어날수록 전비 격차가 커지며 구매에 미치는 영향이 증대될 수 있기 때문이다. 같은 용량의 배터리를 탑재했다 하더라도 전비에 따라 주행거리가 달라지는데, 이를 위해 차량의 무게를 줄이는 것뿐 아니라 배터리관리시스템, 열 관리, 공기 역학 분야 등에서 기술 경쟁이 벌어지는 것이다.

그림 9.23 **주요 전기차의 전비(電比) 비교**

◇ 격차 크지 않지만, 아이오닉6가 전비 1위

그림 9.23과 같이 전기차 전비는 국내 업체 차량이 앞선 경쟁력을 보였다. 다만 내연기관차의 연비보다는 아직 격차가 크지 않았다. 중형 세단인 아이오닉6에 이어 테슬라 모델3(6.1km/kWh), 현대차 코나EV(5.8km/kWh), 푸조 e208(5.7km/kWh), 기아 EV6(5.6km/kWh) 등이 상위권을 나타냈다.

연비의 대명사로 불리는 일본차 중엔 렉서스 RZ450e가 5.4km/kWh로 가장 높았고, 닛산 리프가 5.2km/kWh를 나타냈다. 전기차 전문 업체인 폴스타의 폴스타2, 테슬라의 모델Y RWD는 5km/kWh

를 나타냈다. 국내에서 판매량이 가장 많은 수입차 업체인 BMW와 벤츠, 볼보의 대표 전기차인 i5와 EQE, C40리차지는 4.6으로 다소 낮은 수치를 나타냈다. 준대형 차량인 기아 EV9(4.2)이나 벤츠 EQS, BMW i7(3.8)도 하위권을 기록했다.

아직 전기료가 킬로와트시당 300원 대라서 충전 비용 차이는 차량별로 연간 50만 원 정도 차이가 난다. 1년에 1만 5,000km를 주행한다고 가정했을 때 가장 효율이 좋은 아이오닉6의 연간 충전 비용은 84만 원(347.2원/kWh)을 기록했고, 벤츠 EQE 113만 원, BMW i7은 137만 원을 나타냈다. 그러나 향후 충전 전기료 인상이 불가피한 데다, 전기차에 대한 보조금이나 세제 지원 등도 축소되고 있어 전비가 높은 차를 선호하는 분위기는 갈수록 커질 것이라는 게 전문가들의 견해다.

◇ 사이드 미러 크기 줄이고, 앞면 그릴 열고 닫기도

완성차 업계에선 이미 전비를 늘리기 위한 기술 경쟁이 시작됐다. 전기차 충전 속도가 획기적으로 줄어드는 데 시간과 기술의 성숙이 더 필요한 것도 이 같은 경쟁을 부채질하고 있다는 평가다.

현대차는 최근 자동차 범퍼와 앞바퀴 사이에서 자동으로 위아래로 움직이는 가림막을 설치해 공기 저항을 줄이는 특허를 출원했다. 현대차는 조만간 이를 양산차에 적용할 예정이다.

부품을 작게 하거나 아예 없애 공기 저항을 줄이기도 한다. BMW의 경우 공기 저항을 줄이는 휠 디자인에 중점을 두고 이를 통해 공기저항계수(Cd)를 0.015줄였다고 밝혔다. 이 계수를 0.01 낮추면 배터리 용량을 1.1kWh 증대하는 효과가 있는 것으로 알려져 있다. 최근 업체별로 사이드 미러 크기가 점점 작아지고 있는데 이 역시 공기 저항을 줄이기 위한 것이다.

열 관리 부문도 전비를 개선하는 데 중요한 역할을 한다. 전장 부품의 폐열을 흡수해 배터리 온도와 효율을 유지하는 히트 펌프는 전비를 늘리는 대표 상품이다. 현대모비스의 경우 차량 앞부분의 그릴을 자동으로 열고 닫아 외부 공기를 유입시키고 배터리 냉각을 돕는 시스템을 고안했다. 현대모비스는 이를 통해 주행거리가 약 20km 늘어난다고 밝혔다.

(출처 : 조선경제, “국내 전기차 ‘전비왕’은 아이오닉6”, B2면, 2024. 3. 19.)

2) 전기차 배터리 사전인증제

"1100도 견디게" 현대차-기아 '전기차 배터리 사전인증제' 참여

과충전-충격 등 12개 항목 검사
출시전 사전인증 내달 시범도입
민간업체 아닌 교통당국이 주도

정부가 2024년 10월 시범 도입을 추진하는 전기차 '배터리 사전인증제'에 현대자동차그룹이 참여한다. 지금까지는 업체가 차량 출시 이후 자체적으로 진행하던 배터리 안전 검사가 앞으로는 교통 당국 주도로 차량 출시 이전에 이뤄지게 된다. 인천 청라 화재 이후 확산하는 전기차 공포증(포비아)을 진화하는 데 도움이 될 것이란 평가가 나온다.

9월 4일 한국교통안전공단 등 교통 당국과 자동차 업계에 따르면 정부는 배터리 사전인증제와 관련해 2일까지 업체들로부터 서면으로 의견 조회를 마쳤다. 지금까지 현대차그룹만 시범 도입에 참여할 의사를 밝힌 것으로 전해진다. 검사 대상에는 국토교통부가 지난해 8월 고시한 '자동차 및 자동차부품의 성능과 기준 시행세칙 일부 개정 고시안'에 들어 있는 12개 항목이 모두 들어갔다.

현대차그룹은 현재 현대차와 기아의 전기차용 배터리 팩을 제조하는 현대모비스가 배터리 안전 시험 시설을 갖춘 외부 업체에 의뢰하는 방식으로 배터리 안전 검증(자기인증적합조사)을 해 왔다. 시범 도입 기간에는 공단 산하 자동차안전연구원(KATRI)에서 시험이 이뤄질 것으로 보인다.

세부적인 12개 검사 항목은 △진동 △열충격 △연소 △단락(합선) △과충전 △과방전 △과열 방지 △과전류 △침수 △충격 △압착 △낙하 등이다. 연소 시험의 경우 섭씨 800~1,100도로 2분 동안 직접 가열한 뒤 3시간 동안 파열 등 배터리 이상 유무를 확인하는 방식으로 진행된다. 화재가 발생했을 때 승객의 대피 시간을 확보할 수 있을 만큼 화염 확산 등을 막을 수 있을지를 확인하기 위해서다.

일각에서 전기차 화재의 주요 원인으로 지목되며 논란이 일었던 '과충전 문제'를 검증하는 시험도 실시된다. 제작자가 정한 최대 전류로 충전하며 과충전 보호 기능 작동과 배터리 파열, 전해질 누출 등의 이상 여부를 확인하는 방식이다. 이 밖에 4.9m 높이에서 콘크리트 바닥으로 떨어뜨리는 낙하 시험, 영상 40도 이상에서도 온도 변화가 없는지를 확인하는 과열 방지 시험 등 각각의 검증을 통과해야 정상적인 제품으로 인정받는다.

정부는 최종 검토 과정을 거친 뒤 배터리 사전인증제를 포함한 '전기차 화재 종합대책'을 이달 중 발표할 것으로 알려졌다. 이 제도가 정식 시행될 내년 2월 이후에는 이 성능 시험을 통과한 배터리만 전기차에 장착할 수 있게 된다.

> 이호근 대덕대 미래자동차학과 교수는 "전기차 공포증 확산을 막기 위해 민관이 합심해 배터리 사전인증제를 조기 도입하는 만큼 분위기 반전을 기대해 볼 만할 것"이라고 했다.
>
> (출처 : 동아일보, "1100도 견디게, 현대차 - 기아 '전기차 배터리 사전인증제' 참여", A8면, 2024. 9. 05.)

02 UN GTR 22(Global Technical Regulation No.22)

(1) 기술적 근거 및 타당성 진술

1) 소개

온실가스(GHG) 및 기타 대기오염물질의 배출을 줄여야 하는 필요성이 높아짐에 따라 향후 전기자동차의 시장점유율은 더욱 높아질 것으로 예상된다. 이러한 차량의 핵심 구성 요소는 차량과 차량 내 시스템의 움직임에 전력을 공급하기 위해 에너지를 저장하고 전달하는 데 사용되는 견인 배터리이다. 주행거리 증가, 충전 시간 단축, 경제성 향상을 위한 배터리 성능 개선은 제조업체의 주요 관심사이며, 이 분야의 기술 개발은 소비자의 전기자동차 활용을 가속화할 것으로 예상된다.

새로운 전기자동차의 성능 향상이 예상됨에도 불구하고 시간이 지남에 따라 배터리의 지속적인 사용 성능은 현재 규제되지 않고 있다. 따라서 이 GTR의 주요 동기는 전기자동차의 환경 성능이 시간이 지남에 따라 배터리 시스템의 과도한 성능 저하에 의해 영향을 받을 수 있다는 인식에서 비롯된다.

전기 주행거리의 손실과 차량 에너지 효율의 손실은 모두 주요 관심사이다. 전기 주행거리의 손실은 유틸리티 손실로 이어질 수 있다. 즉, 전기자동차의 주행 횟수가 줄어들어 기존 차량에서 주행할 수 있는 이동 거리가 짧아진다. 유틸리티 손실은 또한 소비자 심리를 약화시키고 차량 배출 감소를 달성하기 위해 전기자동차 판매에 필요한 시장 성장을 억제할 수도 있다. 차량 효율의 손실은 차량 이동 거리당 필요한 전기량을 증가시켜 상류 배출에 영향을 미칠 수 있다. 두 가지 모두 소비자에 대한 차량의 유용성뿐만 아니라 차량의 환경 성능에도 영향을 미칠 수 있다. 환경 성능의 손실은 특히 중요하다. 특히 정부 규정 준수 프로그램은 전기자동차에 일정 수준의 예상되는 환경적 이점을 부여하는 경우가 많으며, 이는 과도한 배터리 성능 저하가 발생할 경우 차량 수명 동안 실현되지 않을 수 있다.

주행거리 및 에너지 소비의 변화 외에도 하이브리드 전기자동차에는 기존 파워트레인과 전기 파워트레인이 모두 장착되는 경우가 많으며, 이러한 차량의 경우 기존 파워트레인의 오염 물질 배출 기준은 시간이 지남에 따라 배터리 성능 저하로 인해 영향을 받을 수 있다.

따라서 이 GTR은 시간이 지남에 따라 배터리 상태를 모니터링할 수 있는 방법을 도입하고 배터리 내구성에 대한 최소 성능 요구 사항을 설정함으로써 이러한 문제를 해결하는 조화된 방법론을 제공하는 것을 목표로 한다.

2) 절차적 배경

EVE(전기 자동차 및 환경)에 관한 비공식 실무 그룹(IWG)은 ECE/TRANS/WP.29/AC.3/32의 WP.29/AC.3 승인에 따라 2012년 6월에 설립되었다. 이 문서는 전기자동차(EV)와 관련된 환경 및 안전 문제를 조사하기 위해 두 개의 별도 IWG를 설립했다. EVE에 관한 IWG는 오염 및 에너지 작업반(GRPE)에 보고하고 전기자동차 안전(EVS)에 관한 IWG는 보고한다. 수동적 안전 작업반(GRSP). 이 제안은 유럽연합 집행위원회, 미국, 중국, 일본의 지지를 받았다.

파트 A와 B로 구분된 IWG의 EVE에 대한 두 번째 임무는 2014년 11월 AC.3에 의해 승인되어 첫 번째 임무에서 나온 여러 권장 사항을 해결하고 UN GTR을 개발하기 위한 추가 연구를 수행한다. 괜찮다면, 두 번째 임무는 EVS에 관한 IWG와 별개였다.

EVE에 대한 IWG의 두 번째 임무(ECE/TRANS/WP.29/AC.3/40) 파트 A에는 연구 및 잠재적인 GTR 개발을 위해 승인된 주제 중 하나로 "배터리 성능 및 내구성"이 포함되었다. 특히 Part A에서는 "전기자동차 규제 참조 가이드에 설명된 향후 작업에 대한 권장 사항을 추가로 개발하기 위해 다음과 같은 활동을 승인했다. ① 권장 사항을 뒷받침하기 위한 추가 연구를 수행한다. ② (a) 자동차 규정 조화를 위한 세계 포럼(WP.29)의 글로벌 기술 규정(GTR) 개발에 적합한 권장사항을 식별한다. ③ 작업 계획 개발. EVE 임무의 파트 A에 따른 배터리 성능 및 내구성에 대한 EVE에 대한 IWG의 작업은 WP.29, 15의 170차 회의에서 비공식 문서 WP.29-170-31로 상태 보고서를 통해 WP.29에 보고되었다(2016년 11월 18일).

파트 A의 끝에서 EVE에 대한 IWG는 GRPE 및 WP.29가 배터리 성능 및 내구성 주제에 대한 활발한 연구를 계속하기 위해 EVE에 대한 IWG의 권한을 확장하는 옵션을 승인할 것을 권장했다. 당시 GTR. 이는 승인되었으며 명령의 파트 B 내에서 이 주제에 대한 작업이 계속되었다.

IWG on EVE는 2019년 5월 GRPE에 차량 내 배터리 내구성 및 성능 연구에 관한 상태 보고서 초안을 제출했다. 현황 보고서는 차량 내 배터리 내구성에 대한 UN GTR이 시작될 수 있을 만큼 충분한 정보가 있음을 나타낸다. IWG on EVE는 2019년 5월 제79차 GRPE에서 차량 내 배터리 내구성에 관한 UN GTR이 새로운 임무에 따라 개발될 것을 권고했다.

AC.3은 이후 EVE의 IWG가 2단계로 개발될 차량 내 배터리 내구성에 관한 새로운 UN GTR을 개발할 수 있도록 승인하는 문서 ECE/TRANS/WP.29/AC.3/57을 승인했다.

① 1단계 : 2021년 11월까지 차량 내 배터리 내구성에 관한 UN GTR의 첫 번째 버전을 AC.3으로 제공한다.
  ㉠ 전기자동차 배터리 성능기준의 정의 및 요구사항
  ㉡ 차량의 배터리 상태 정보 및 사용 데이터를 읽거나 표시하기 위한 요구 사항; 그리고
  ㉢ 일반적인 사용 기준 및 통계적 방법을 포함하는 임시 서비스 적합성 테스트
② 2단계 : 다음과 같이 차량 내 배터리 내구성에 관한 UN GTR의 두 번째 버전을 개발한다.
  ㉠ 차량에서 읽은 데이터를 기반으로 NUI(Normal Usage Index)를 정의하는 방법론 개발
  ㉡ 실제 차량에서 수집된 데이터와 추가 모델링 평가 및 NUI 사용을 통해 차량 내 배터리 내구성에 대한 개선된 성능 기준 요구 사항

3) 기술적 배경

① 전기자동차의 배터리 성능 저하

배터리 성능 저하가 환경 성능에 미치는 영향은 다양한 전기자동차 아키텍처(PEV, OVC-HEV 및 NOVC-HEV)마다 크게 다를 수 있다. 배터리 성능 저하의 주요 형태는 용량 저하와 전력 저하이다. 용량 저하는 에너지 용량의 손실로 인해 전기 주행거리가 손실되고(PEV 및 OVC-HEV의 경우) 하이브리드 작동 중 엔진 사용이 증가할 수 있다

(NOVC-HEV의 경우). 전력 저하란 배터리 전력의 손실을 의미하며, 이로 인해 OVC-HEV 및 NOVC-HEV의 엔진 사용이 증가하고 차량 전체의 성능이 저하될 수도 있다.

차량 내 배터리 내구성에 영향을 미치는 주요 차량 작동 매개변수는 최소 6가지가 있다. 각각의 중요성은 전기 자동차 아키텍처에 따라 다르다.

㉠ 차량 속도, 보조 하중, 견인, 탑재 하중 및 주변 조건을 포함하되 이에 국한되지 않는 차량 듀티 사이클 및 운전자 사용에 따라 결정되는 방전율

㉡ 유형(일반, 고속, 초고속) 및 충전 빈도에 따라 결정되는 충전율

㉢ 배터리의 시스템 작동에 사용되는 충전 상태(SOC) 창과 충전 이벤트 간에 일반적으로 사용되는 양(방전 깊이)

㉣ 작동 중 배터리 온도(작동 중에는 차량 구매부터 폐기까지 작동 중, 충전 및 비활성 기간 동안의 모든 온도 노출이 포함된다.)

㉤ 시간(캘린더 수명)

㉥ V2G(Vehicle to Grid)와 같이 달력 수명이나 이동 거리에 반영되지 않은 기타 용도.

발생하는 배터리 성능 저하의 정도와 성격은 복잡한 메커니즘의 결과이며 배터리 셀의 화학적 성질과 작동 조건에 크게 의존한다. 다양한 물리적, 전기화학적 프로세스가 배터리 셀의 내구성에 영향을 미치며, 이는 IWG가 의뢰한 EVE 관련 문헌 검토에 포괄적으로 문서화되어 있다. 일반적인 리튬이온 배터리의 경우 용량 저하를 초래하는 주요 메커니즘은 다음과 같이 요약되었다.

- 순환 가능한 리튬의 손실 또는 증착 또는 전극 간의 균형 손실
- 전극 면적의 손실
- 전극 재료 또는 전도성의 손실

이러한 노화 과정은 많은 메커니즘이 셀 임피던스의 상승과 연관되어 최대 셀 전력의 감소로 이어진다는 사실로 인해 종종 더욱 복잡해진다.

② 배터리 성능 저하 관리

제조업체는 고객 만족 및 보증 조건에 대한 일반적인 조항이 충족된다는 어느 정도의 확신을 갖고 제품을 시장에 출시할 수 있을 만큼 특정 배터리 구현의 내구성을 확립하는 것이 가능하다는 사실을 발견했지만, 모든 제조업체가 동일한 내구성을 확립하는 것은 아니다. 제조업체는 특정 제품 구성, 응용 프로그램, 고객 그룹 및 지리적 고려 사항에 맞게 조정된 다양한 테스트 방식을 사용한다.

주행거리에 대한 용량 저하의 영향을 줄이기 위해 제조업체는 더 많은 용량을 사용할 수 있도록 SOC(충전 상태) 창을 넓혀 주행거리를 유지할 수 있도록 PEV 또는 OVC-HEV 배터리의 크기를 약간 더 크게 선택할 수 있다. 용량이 떨어지니까, 수명 시작 범위에 맞게 설계하고 지정된 기간이나 이동 거리에 걸쳐 지정된 용량 유지 수준으로 배터리를 보증하여 성능 저하를 설명할 수 있다. 후자의 경우, 소비자는 차량 수명 동안 전기 주행 가능 거리의 잠재적인 감소가 예상된다는 점을 이해해야 한다.

시간이 지남에 따라 전기 주행거리 및 배터리 용량 유지가 손실될 것으로 예상됨에도 불구하고 규제 관행에서는 이를 일률적으로 설명하지 않는다. 예를 들어, PEV 및 OVC-HEV에 대한 US EPA 범위 라벨링 규칙은 수명 시작 시 범위를 측정하고 향후 용량 저하에 대한 조정을 생략하는 동시에 일부 추위를 고려하여 주행거리를 수명 시작 기준으로 효과적으로 처리한다. 온도와 고속 작동에 있어, 그러나 OVC-HEV의 경우 제조업체는 주행거리 저하를 간접적으로 설명해야 한다. 이는 수명 후반에 계산된 사용 중 배출량에 직접적인 영향을 미치기 때문이다. OVC-HEV 온실가스(GHG) 배출량은 전체 전기 주행거리의 함수인 유틸리티 계수를 설명하는 SAE J1711 절차를 사용하여 계산된다. 유효 수명 동안 주행거리가 저하되면 효용 계수 보정이 변경되어 계산된 GHG 배출량이 증가한다. 차량의 배출량이 유효 수명 동안 인증된 배출량 수준을 10% 이상 초과하면 차량이 규정을 준수하지 않는 것으로 간주되므로 OVC-HEV 설계에 용량 저하를 고려하지 않는 제조업체는 사용 중인 GHG 표준을 초과할 위험이 있다. 따라서 OVC-HEV의 경우 제조업체는 일반적으로 배터리 크기를 늘리고 수명 전체에 걸쳐 일관된 범위를 제공하는 에너지 관리 전략을 조합하여 사용한다.

제조업체에서는 배터리 성능 저하를 제한하기 위해 다양한 추가 조치를 취하고 있다. 여기에는 일반적으로 적절하게 최적화된 배터리관리시스템(BMS) 및 배터리 열 관리의 사용이 포함되지만 이에 국한되지는 않는다. BMS는 배터리 셀을 보호하고 셀 충전 균형을 유지하며 배터리 온도를 조절하기 위해 일부 작업을 제어함으로써 배터리에 대한 스트레스를 줄이고 배터리 수명을 연장할 수 있다. 예를 들어, BMS는 향상된 냉각 시스템을 제어하고, 충전 전류 변조를 통해 빠른 충전 이벤트를 제한하고, 사용 가능한 충전 상태 창을 제어하고, 셀 전압의 균형을 유지하거나, 배터리 상태를 보호하기 위해 필요에 따라 최대 사용 가능한 토크를 줄일 수 있다. BMS에 대한 입력에는 주변 조건 및 운전자 동작부터 개별 셀 측정항목까지 모든 것이 포함될 수 있다. 각 제조업체, 차량, 배터리 및 셀은 반복할 때마다 업데이트되고 개선되는 고유하고 고도로 최적화된 BMS를 가질 수 있다. BMS는 매우 복잡하고 일반적으로 독점적인 것으로 간주되므로 환경 및 안전 문제를 이유로 변조해서는 안 된다. 또 다른 중요한 요소는 배터리 열 관리 기능이다. 일부 배터리는 주변 공기에 의해서만 수동적으로 냉각되는 반면 다른 배터리는 강제 공기, 액체 냉각제 또는 냉매를 사용하여 능동적으로 냉각 및 가열되므로 배터리 작동 온도에 대한 BMS 제어가 향상되어 수명이 길어진다.

③ 배터리 열화 예측 및 추정

가속 노화는 많은 제조업체에서 배터리 내구성 테스트 방법의 구성 요소로 사용하는 친숙한 기술이다. 이 기법은 급속한 노후화 주기 체제가 예상 유효 수명으로 전환될 수 있다고 가정한다. 그러나 노화 가속화에서 사용 수명 예측으로의 변환이 현재 사용 중이거나 미래에 사용되는 모든 형태의 리튬이온 화학 물질에 동일하게 적용 가능한지는 확실하지 않다.

이러한 화학 물질에서 용량 및 전력 저하가 발생하는 주요 메커니즘 중 하나는 사이클링 중에 양극 및 음극 재료의 팽창 및 수축을 수반하는 미세한 조각화이다. 이 점에서 특정 화학물질은 크게 다르며, 이는 급속 사이클링과 장기 사이클링 사이의 관계도 크게 다를 수 있음을 시사한다. 따라서 한 화학물질의 유효 수명을 정확하게 예측하는 가속 테스트는 두 화학물질이 실제 사용에서 동일한 수명을 달성할 수 있더라도 다른 화학물질의 수명이 좋지 않을 것으로 예측할 수 있다.

더욱이 가속된 노화는 차량 내부 배터리의 실제 사용을 고려할 수 없으므로 실제 성능 저하를 부분적으로만 추정할 수 있다.

사용 중 성능 저하를 모니터링하기 위해 대부분의 제조업체는 BMS를 통해 현장, 온보드 용량 추정 형식을 사용한다. 이 추정은 사용된 센서 및 추정 알고리즘, 사용자의 충전/방전 동작, 셀 유형 및 셀 모델 매개변수를 포함한 여러 요인에 따라 정확성과 정밀도가 달라질 수 있다. 부정확성을 처리하고 차량 내 다른 시스템에서 활용할 수 있는 추정치를 출력하는 데 독점 알고리즘이 사용된다.

현재 온보드 모니터의 정확성에 대한 요구 사항은 없으며 생성된 추정치는 일반적으로 차량 사용자가 쉽게 접근할 수 없다. 따라서 EVE의 IWG는 이 분야의 성능 요구 사항을 설정하기로 결정했다.

4) 기술적 근거 및 정당성

차량 내 배터리 내구성에 관한 본 GTR의 첫 번째 단계 의무사항에는 다음 사항의 개발이 포함된다.

- 차량의 배터리 상태 정보 및 사용 데이터를 읽거나 표시하기 위한 요구 사항
- 전기자동차 배터리 내구성 성능 기준에 대한 요구 사항 그리고
- 일반적인 사용 기준 및 통계적 방법을 포함하는 임시 서비스 중 적합성 테스트

여기에서는 위에서 설명한 대로 GTR 1단계의 각 요소를 개발할 때 EVE에 대한 IWG의 주요 고려 사항을 설명한다.

① 인증 범위 및 인증 에너지 상태(SOCR 및 SOCE) 모니터

건강 상태(SOH)라는 용어는 배터리 수명의 특정 시점에서의 배터리 상태를 나타내는 데 일반적으로 적용되지만, 이 용어는 일반적으로 정의되지 않으며 다양한 방법론을 통해 결정된다. 따라서 GTR 내에서 사용할 두 가지 새로운 관련 지표, 즉 SOCE(인증 에너지 상태)와 SOCR(인증 범위 상태)을 정의하기로 결정하였다. 두 지표 모두 특정 시점에 남아 있는 인증된 배터리 에너지 또는 전기 범위의 백분율을 나타낸다. SOCE의 경우 UBE(사용 가능한 배터리 에너지)를 기준으로 측정 기준을 결정했다.

전기 범위와 UBE를 기반으로 한 지표는 모두 계약 당사자 내에서 이미 적용된 각 인증 테스트 방법론을 통해 결정될 수 있고 배터리 상태와 관련된 주요 성능 매개변수를 기반으로 하기 때문에 선택되었다. 이러한 지표는 소비자에게 제공되는 정보의 기초와 제조업체 및 당국의 배터리 내구성과 관련된 최소 성능 요구 사항(MPR)에 대한 평가 값

을 제공하기 위한 것이다. IWG는 GTR 개발 1단계에서 NOVC-HEV를 제외하기로 결정했다. NOVC-HEV의 배터리는 성능 저하가 발생할 수 있지만 NOVC-HEV에는 전기 주행거리가 없으며 배터리 UBE는 일반적으로 인증 시 결정되지 않는다. 더욱이, NOVC-HEV의 배터리 성능 저하로 인해 연비(엄밀히는 전비)가 저하될 가능성이 있으며, 이는 기존 서비스 적합성 관행에 의해 감지될 수 있다. IWG는 앞으로도 이 GTR을 NOVC-HEV로 확장할 필요성을 계속해서 고려할 것이다.

IWG 내 논의를 통해 SOCR 또는 SOCE 모니터가 추정값을 결정하는 프로세스나 알고리즘을 정의하는 것은 적절하지 않다는 결론이 나왔다. 시장에서 사용되는 배터리 셀 화학 및 배터리 관리 전략의 범위를 정확하게 설명할 수 있는 알고리즘을 정의하는 것은 매우 복잡하다. 대신 제조업체가 사용 중 검증 절차를 통해 정확성을 보장하면서 이러한 지표를 추정하는 자체 수단을 결정할 수 있도록 하기로 결정했다.

② 배터리 성능 요구 사항

본 GTR에 명시된 주요 배터리 내구성 요구 사항은 MPR 측면에서 정의된다. MPR은 주어진 시간 또는 이동 거리 이후 SOCE 또는 SOCR의 최소 허용 값으로 표시된다. 이는 전기 자동차에 대한 보증을 제공할 때 제조업체가 적용하는 유사한 형식을 따른다.

이 GTR에 대한 적절한 MPR 값을 결정할 때 EVE의 IWG는 공개적으로 이용 가능한 다양한 데이터와 IWG 내 이해관계자의 의견을 고려했다. 이는 아래 단락에 요약되어 있다.

US EPA는 전기자동차 배터리 제조업체가 제공하는 현재 보증을 이해하기 위해 보증 분석을 수행했다. 리뷰는 주로 미국 시장에 초점을 맞추었지만 가치는 유럽 시장의 일반적인 제품과도 일치했다. 검토 결과에 따르면 배터리 고장은 7~10년, 일반적으로 최대 160,000km까지 보장된다. 60~75% 유지(가장 일반적으로 70%) 사이로 지정된 특정 용량 유지 측면에서 오류를 정의하는 보증이다. 8년 또는 160,000km의 보증 제공이 가장 일반적인 것으로 나타났다. 제조업체는 보증 제공이 배터리의 기술적 성능에만 기반을 두지 않고 상업적 및 고객 만족 관점에서 추가 고려 사항을 포함한다는 점을 강조했다. 그럼에도 불구하고, 이 리뷰는 현재 시장에 나와 있는 제품에 대한 신뢰도에 대한 통찰력을 제공한다.

유럽연합 집행위원회의 공동 연구 센터(JRC)는 '교통 기술 및 이동성 평가'(TEMA) 플랫폼 내에서 전용 차량 내 배터리 내구성 평가 모듈을 개발했다. 이는 성능 기반 모델을 기반으로 하며, 이 클래스의 모델은 대규모 실제 주행 데이터와 함께 사용하는 데 가장 적합하다. TEMA는 기존 연료 차량의 내비게이션 시스템 데이터 데이터 세트에서 차량의 이동성 동작을 재현하고 새로운 차량 기술이 실제 이동성에 미칠 수 있는 영향을 정량화하는 동시에 교통 정책 평가를 지원하도록 설계된 모듈형 빅 데이터 플랫폼이다.

TEMA는 문헌의 리튬이온 배터리에 대한 최근 성능 기반 용량 및 전력 페이드 모델을 배터리 및 차량 아키텍처에 대한 정보와 함께 유럽의 다양한 지리적 영역에서 얻은 실제 차량 주행 데이터와 결합하여 다음에 대한 시나리오 기반 분석을 개발한다. 자동차 견인 배터리의 차량 내 성능 저하를 예측한다. 분석에는 다양한 충전 전략과 결합된 다양한 차량 아키텍처(OVC-HEV 및 다양한 주행 범위 세그먼트의 PEV)에서 세 가지 리튬이온 변형($LiFePO_4$, 스피넬 Mn이 포함된 NCM 및 NCM-LMO)의 캘린더 및 사이클 용량 감소가 포함된다. 다양한 이동 패턴 및 환경 온도와 관련된 다양한 운전 듀티 사이클의 효과

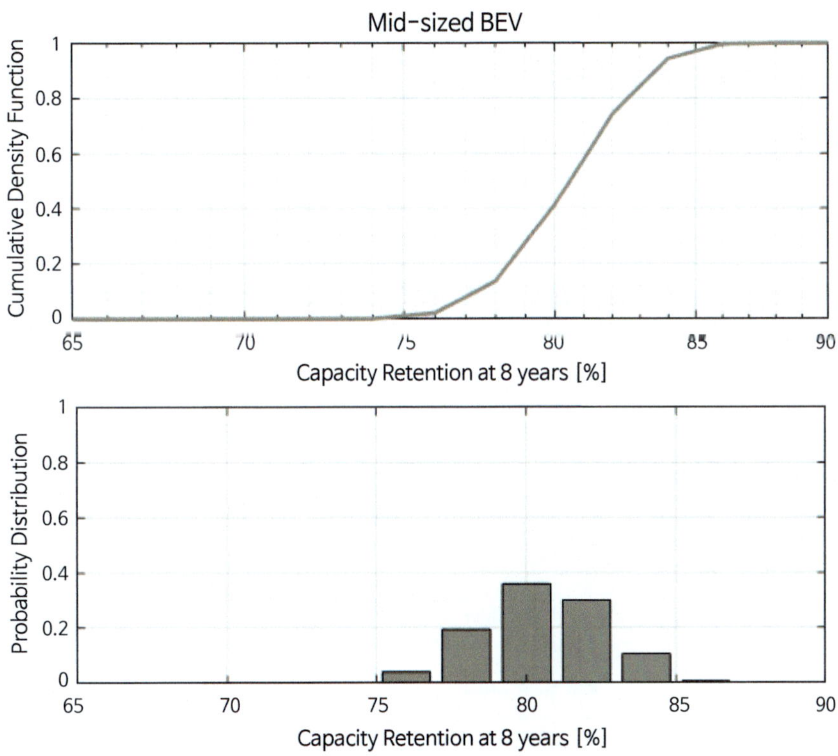

그림 9.24 **두 가지 다른 BEV 구성에 대한 JRC TEMA 모델링에서 생성된 용량 유지 곡선의 예**

를 탐색한다. 차량 배터리 전력 감소에 대한 예비 분석도 수행되었다.

TEMA 모델은 MPR에 대한 적절한 선택을 고려할 수 있도록 다양한 거리와 기간 후에 견인 배터리의 용량 유지를 추정하는 데 사용되었다. 그림 9.24의 TEMA 모델링 결과는 저속 또는 고속 충전으로 충전된 두 가지 중형 BEV 구성에 대해 8년 후 70% 이상의 용량 유지를 보여준다. 이 결과는 일반적으로 보증 조사에서 관찰된 일반적인 보증 관행과 일치한다. 또한 이전에 EVE에 대한 IWG의 이전 임무 내에서 작업하는 동안 캐나다 환경 및 기후 변화와 캐나다 교통부가 제공한 전기자동차 수명 성능 테스트 데이터와 TEMA 모델링 결과 간에 좋은 일치가 발견되었다.

Geotab은 차량에서 사용 중인 데이터를 수집하고, BEV 및 PHEV의 다양한 제조업체와 모델 연도에서 수집한 데이터에서 계산된 예상 배터리 성능 저하 내역 세트를 공개적으로 제공하는 미국 회사이다. 원시 데이터는 6,300대의 차량과 소비자 차량의 텔레매틱스를 통해 제공되며, 이는 21개 차량 모델을 포괄하고 64개의 제조사, 모델 및 연도 조합을 나타낸다. 그런 다음 데이터는 충전 및 방전 중 전류 및 전압 측정과 같이 수집된 데이터에 적용된 독점 알고리즘을 통해 SOH 추정치로 변환된다. 데이터(그림 9.25 참조)는 또한 극한의 차량 사용, 극한의 기후 및 충전 방법에 대한 통찰력을 제공한다. Geotab의 SOH 추정치를 조사하여 기존 차량의 일반적인 배터리 내구성을 이해하고 JRC TEMA 모델의 노후화 예측과 비교하여 좋은 상관관계를 얻었다.

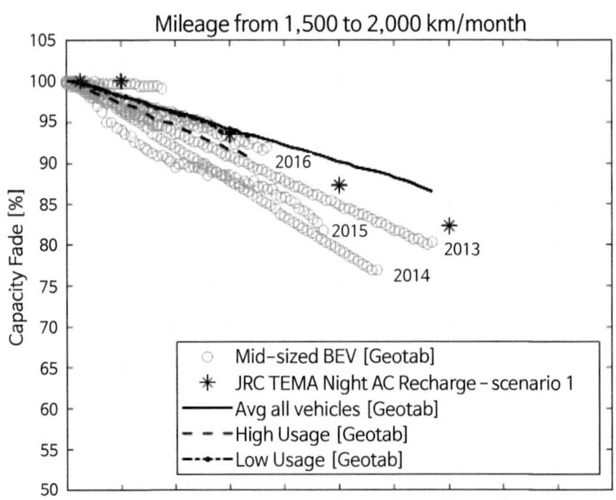

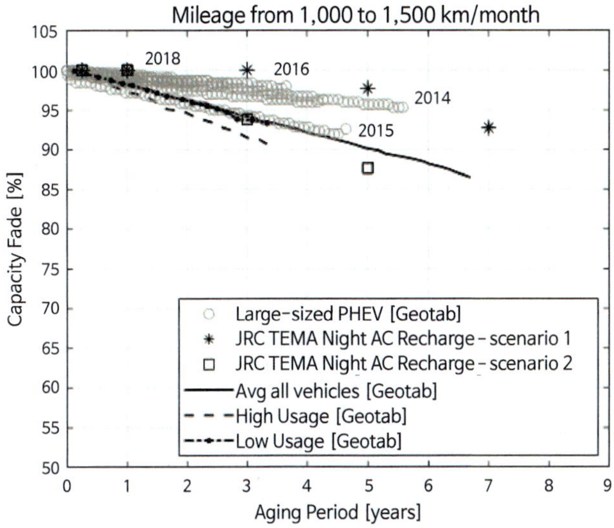

그림 9.25 Geotab의 사용 중인 데이터와 TEMA 모델의 추정 결과 간의 비교 예

공개적으로 사용 가능한 Geotab 데이터에 대한 추가 분석은 일본과 자동차 혁신 연합(Alliance for Automotive Innovation)에서 수행되었으며, 여기서 사용 가능한 SOH 데이터는 예상 SOH를 이해하기 위해 5년 및 8년의 시점으로 추정되었다. 일본의 분석에 따르면 표본 내 차량 모델의 90%가 5년 후에 약 80%, 8년 후에 70%의 SOH를 달성할 수 있는 것으로 나타났다. Alliance for Automotive Innovation은 유사한 분석을 수행했지만 Geotab 데이터가 적용되는 현재 차량의 85~90%가 5년 후에 80% SOH 목표를 충족할 수 있음을 나타내는 확률 추정도 포함했다.

EVE에 대한 IWG 내 이해관계자의 이용 가능한 증거와 견해를 고려한 후, 두 가지 서로 다른 시간 및 거리 조합을 기반으로 두 가지 MPR 값 세트가 도입되었다. 이 접근 방식을 사용하면 체약 당사자 전체에 걸쳐 필요한 다양한 거리 기반 요구 사항을 포괄할 수 있으며, 체약 당사자가 해당 시장에 적합한 경우 MPR 중 하나만 선택적으로 적용할 수 있는 옵션을 제공한다.

선택된 MPR 값은 IWG 내에 제시된 이용 가능한 증거를 기반으로 충분히 달성 가능한 것으로 간주되는 동시에 표준 이하 제품이 시장에 진입하는 것을 방지한다는 목표를 달성할 만큼 충분히 엄격하다고 간주된다. IWG 내 논의에 따라 OVC-HEV와 PEV에 대해 동일한 MPR이 설정되었다.

주어진 사용 기간이나 이동 거리 이후의 SOCR을 이해하고 추정하는 것이 현재 SOCE에 비해 더 큰 어려움을 안겨준다는 점을 제조업체가 강조했다. 배터리에서 발생하는 요인 외에도 측정, 가변성을 테스트하기 위한 테스트, 범위 유지 계산의 정밀도 등 SOCR의 불확실성을 높이는 요인이 많이 있다. IWG가 평가한 증거의 대부분은 주로 남은 용량이나 배터리 에너지를 기반으로 했기 때문에 1단계 내에서 모니터링만 하고 SOCR에는 MPR 요구 사항을 적용하지 않기로 결정했다. 현재 전기 범위 기반 MPR은 선택되지 않았다. SOCR 추정에 대한 위의 우려로 인해 제때에. 그러나 향후 SOCR에 MPR을 포함시키는 것은 여러 계약 당사자에게 중요한 영역으로 강조되었다. 따라서 향후 GTR 개정에 포함될 수 있도록 이러한 값에 대한 자리 표시자가 포함되었다.

카테고리 2의 전기 자동차는 많은 체약당사국의 차량 내에서 채택 초기 단계에 있으며, 이후 이러한 자동차에 대한 배터리 내구성과 관련된 사용 데이터가 부족하다. 이러한 이유로 현재 적합하고 달성 가능한 MPR을 결정하는 것은 어렵다. 카테고리 2 차량의 경우 제조업체들은 미래에 이러한 차량의 배터리가 추진력 외에 보조 목적으로도 사용될 수 있으며, 이는 현재 잘 이해되지 않는 배터리 내구성에 추가 영향을 미칠 수 있다고 제기했다. 따라서 카테고리 2 차량에 대한 MPR 값은 향후 본 GTR 개정에 포함되도록 유보되어 있다.

배터리 수명은 소비자 및 규제 기관의 주요 고려 사항이므로 제조업체는 이 GTR의 최소 요구 사항 이상으로 성능을 발휘하는 배터리를 인증하는 인센티브가 있다. 제조업체가 차량에 설치했을 수 있는 향상된 배터리 기술의 이점을 홍보하거나 정량화할 수 있도록 GTR에서는 더 높은 SOCE/SOCR 값을 기반으로 제조업체가 제안하는 DPR(선언된 성능 요구 사항)을 허용한다. 선언된 값의 정확성을 보장하기 위해 DPR은 사용 중 확인 목적으로 MPR을 대신하는 것으로 간주된다. DPR은 규제 보증 값을 나타내기 위한 것이 아니다. 제조업체 보증은 본 GTR의 범위를 벗어난다. 제조업체는 DPR에 추가 보증 혜택을 첨부하지 않고 MPR 이상의 배터리 보증을 원할 수 있다.

그림 9.26의 매트릭스에 묘사된 새로운 MPR 설정 개념은 각 체약당사자가 옵션으로 자체 MPR을 결정할 수 있도록 일본이 제안한 것이다. 매트릭스는 MPR의 비표준 범주로 정의되는 영역과 MPR이 결정될 수 있는 영역을 예시한다.

IWG는 이 제안을 고려한 후 첫 번째 단계에서는 이를 채택하지 않기로 결정했다.

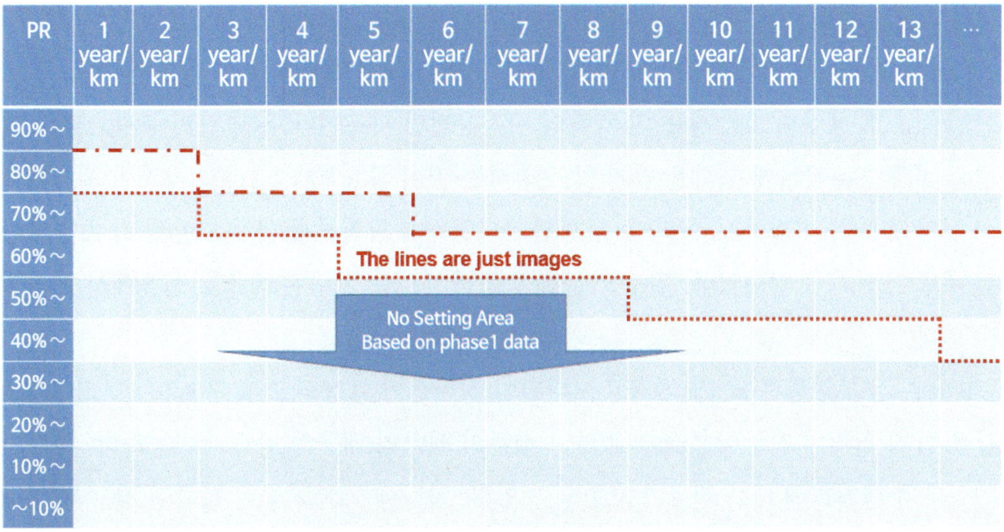

그림 9.26 MPR Matrix 샘플

③ 사용 중 확인

SOCE/SOCR 모니터의 정확성을 보장하고 MPR이 충족되는지 확인하려면 파트 A는 모니터의 정확성을 확인하고 파트 B는 배터리 내구성을 확인하는 두 부분으로 구성된 사용 중 검증 프로세스를 도입해야 했다. MPR에 반대한다.

파트 A 검증에는 적용 가능한 테스트 절차에 따라 UBE/전기 범위를 측정하고 인증의 각 값으로 나누어 측정된 SOCE/SOCR을 결정하는 작업이 포함된다. 그런 다음 측정된 값을 SOCE/SOCR 모니터의 온보드 값과 비교하여 정확도가 주어진 허용 범위 내에 있는지 확인할 수 있다. 이를 위해 SOCE/SOCR의 온보드 값 분해능은 100분의 1로 설정되었으며 필요한 정확도는 아래 설명된 통계 프로세스에 의해 정의되었다.

차량 샘플에 대한 합격 또는 불합격 결정은 테스트된 일련의 차량에서 측정된/온보드 표시 SOCE/SOCR 비율의 평균을 평가하는 통계 프로세스를 통해 이루어진다. 최소 3대의 차량을 테스트한 후 A = (1 + 허용 오차 값에서 후자 평균의 정량적 편차를 고려한 통계 공식을 기반으로 합격 또는 실패 결정 또는 추가 차량 테스트에 대한 결정이 내려진다) 및 기술적인 이유로 인해 단일 테스트에 대해 허용 오차 = 5%가 부여된 전체 테스트 시리즈에 대한 제안된 방법은 수량(예 SOCE/SOCR)이 '실제' 측정 수량과 지속적으로 다를 가능성이 있는 경우에 특히 적합하며 UN 규정 No.154의 생산 적합성(CoP) 평가에 사용되는 방법을 반영한다.

Part A 검증에는 테스트 부담을 제한하기 위해 상대적으로 적은 수의 샘플 차량이 포함될 것으로 예상되므로 샘플 내 차량의 비정상적인 사용이나 유지 관리 불량으로 인해 샘플 결과가 부당하게 영향을 받지 않도록 하는 것이 중요하다. 따라서 차량이 제조업체의 사양에 따라 적절하게 사용 및 유지 관리되었는지 확인하기 위해 고안된 정보가 포함된 차량 조사가 도입되었다. 필수 기준을 충족하지 않는 차량은 테스트 샘플에서 제외될 수 있다.

Part A 검증을 통해 SOCE/SOCR 모니터의 정확성이 보장되므로, 온보드 SOCE/SOCR 값을 함께 원격 수집하여 Part B 내 차량 샘플의 배터리 내구성 검증이 가능하다. 차량의 연식과 주행거리에 대한 정보가 포함되어 있다. 차량에 V2X 기능이 장착된 경우 V2X 방전 에너지와 인증된 에너지 소비량을 사용하여 등가 가상 거리가 계산된다. 이를 이동 거리와 합산하여 총 거리를 계산한다. 이 접근 방식을 사용하면 파트 B 내에서 차량을 추가로 테스트할 필요가 없으며 대규모 샘플 크기의 차량을 평가하는 간단한 경로가 가능하므로 이상치(예 비정상적으로 사용된 차량)가 샘플 결과에 미칠 수 있는 영향이 최소화된다.

차량 샘플에서 읽은 SOCE/SOCR 값은 분포 형태일 가능성이 높으며, 개별 차량의 값은 차량 사용 및 차량 또는 견인 배터리 성능의 고유한 변화에 따라 달라진다. 차량을 비정상적으로 사용한 경우(예 장기간 보관하거나 극한의 온도에서 정기적으로 사용) 배터리 성능이 더욱 심각하게 저하될 수도 있다. 비정상적으로 사용되었을 수 있는 차량의 영향을 줄이기 위해 MPR보다 높은 차량 샘플에서 읽은 모니터 값의 90% 이상에 따라 전체 통과 결정을 내리기로 결정했다. 따라서 이러한 접근 방식은 비정상적인 사용을 고려하면서 대다수의 차량 샘플이 MPR을 충족하도록 보장한다.

비정상적으로 사용된 차량의 영향을 더욱 최소화하기 위해 500대 미만의 차량으로 구성된 소규모 내구성 제품군에서 가져온 값의 최대 5%는 적절한 추론을 통해 Part B의 검증 샘플에서 제외될 수 있다.

이 두 부분으로 구성된 사용 중 검증 프로세스를 지원하기 위해 파트 A 내 제조업체의 테스트 증가 부담을 최소화하는 동시에 GTR 내에서 두 가지 제품군 개념이 개발되었다. 여기에는 파트 A에 사용되는 모니터 제품군과 파트 B에 대한 배터리 내구성 제품군의 개념이 포함된다. 이는 SOCR/검증과 관련하여 여러 배터리 내구성 제품군이 동일한 특성을 가질 수 있는 추가 테스트의 필요성을 줄일 수 있다. SOCE 모니터. 또한, 동일한 모니터 제품군의 차량에 대한 파트 A 사용 확인은 관련된 모든 계약 당사자의 동의를 받아 여러 지역 간에 결합될 수 있다. 이는 테스트 부담을 최소화할 뿐만 아니라 검증 견고성을 높이는 데에도 기여한다. 그러나 배터리 열화는 사용 패턴 및 주변 조건이 다르기 때문에 지역마다 다를 수 있으므로 파트 B에는 이 개념이 적용되지 않는다.

5) 기술적 타당성, 예상 비용 및 이점

일부 전기 자동차 내에서 SOH 모니터링을 사용하는 것은 이미 일반적인 관행이며, 모니터 정확도 개선은 제조업체가 적극적으로 개발 중인 영역이다. 그러나 이 GTR의 특정 요구 사항을 충족하고 소비자에게 정보를 제공할 수 있도록 모니터를 업데이트하는 데는 제조업체의 추가 개발 비용이 수반될 수 있다. 모니터링 목적으로만 SOCR을 포함하면 제조업체가 충분한 데이터를 수집하고 범위 저하에 대한 이해를 더욱 발전시켜 향후 범위 기반 MPR을 기술적으로 포함할 수 있게 된다.

SOCE/SOCR 정확성에 대한 파트 A 검증에는 제조업체 및 선택적으로 모니터 정확성을 추가로 검증하기로 선택한 당국의 추가 테스트가 포함된다. 테스트와 관련된 추가 비용은 해당 계약 당사자의 범위(또는 UBE) 결정에 이미 적용된 관련 테스트 절차를 활용하여 어느 정도 완화되었다. 이를 통해 제조업체는 해당 차량에 대해 계획된 기존 검증 프로그램에 검증을 통합할 수 있다.

파트 B 내 검증과 관련된 모든 비용은 이 규정을 적용하는 체약당사국의 당국이 부담할 가능성이 높으며 검증을 위해 데이터를 수집하기로 선택한 범위와 수단에 따라 달라진다. 해당 차량을 다시 규정 준수 상태로 되돌리기 위해 관련 당국과 합의한 조치 비용과 관련하여 배터리 내구성 제품군에 결함이 발생한 경우 비용은 제조업체가 부담할 수 있다.

이 GTR은 시장을 훼손할 수 있는 불량품의 예방을 통해 제조업체와 당국에 이익을 줄 가능성이 높다. 품질이 낮은 제품이 시장에 출시되면 배터리 수명을 보장하기 위한 기술 개발에 투자한 제조업체에 불이익을 줄 수 있으며, 전기자동차에서 발생할 수 있는 환경적 이점과 대중의 수용도 훼손될 수 있다.

배터리 수명의 수명은 전기 자동차의 잠재 소비자에게 주요 관심사이다. 중고 시장에 진입할 때 차량 배터리의 상태도 소비자가 고려해야 할 중요한 사항이며, 정확한 배터리 상태 모니터에 대한 접근이 없으면 쉽게 이해하기 어렵다. 따라서 이 GTR이 제공하는 정확한 배터리 상태 정보와 소비자를 위한 배터리 수명 보장은 전기자동차의 비용 유지와 전기자동차 구매에 대한 소비자의 신뢰에 긍정적인 영향을 미칠 가능성이 높다.

6) GTR의 향후 발전

본 GTR 개발 의무에는 다음을 포함하되 이에 국한되지 않는 2단계 내 GTR 개선의 향후 개발이 포함되었다.

① 차량에서 읽은 데이터를 기반으로 NUI(Normal Usage Index)를 정의하는 방법론 개발 그리고

② 실제 차량과 NUI 사용에서 수집된 추가 모델링 및 데이터 평가를 통해 차량 내 배터리 내구성에 대한 개선된 성능 기준 요구 사항

NUI의 개념은 배터리 성능 저하에 영향을 미치는 차량의 수명 사용 패턴에 대한 기록 또는 평가를 나타내는 차량에 저장된 데이터 필드이다. 예를 들어, 한 NUI는 차량 수명 동안 온도 노출의 특성을 파악할 수 있고, 다른 NUI는 충전 속도 또는 고속 충전 이벤트 횟수의 특성을 나타낼 수 있다. NUI의 정의는 EVE에 대한 IWG 논의에서 달성하기 위해 추가 데이터 수집 및 검증이 필요한 기술적으로 어려운 작업으로 강조되었다. 그러나 향후 비정상적으로 사용된 차량에서 기록된 SOCE/SOCR 값을 처리하는 보다 강력한 대안적 수단을 제공할 수 있다. 따라서 이 GTR 내에 NUI를 통합할 가능성을 모색해야 한다.

체약당사자가 이 GTR을 구현하면 SOCE 및 SOCR에 대한 추가 데이터를 수집하여 배터리 상태 저하에 대한 이해를 더 잘 알릴 수 있다. 이 정보를 통해 시장에서 사용 가능한 최신 배터리 기술을 기반으로 MPR 값을 포함한 GTR을 더욱 구체화할 수 있다. 이는 이미 진행 중인 전기 자동차용 배터리 기술 분야의 기술 발전을 고려할 때 중요할 것이다.

본 GTR 구현에 따른 SOCR 값 모니터링은 향후 본 GTR 개정에서 적절한 범위 기반 MPR을 고려할 때 건전한 기반을 제공할 것이다. 마찬가지로 카테고리 2 차량에 대한 SOCE 및 SOCR 모니터링을 통해 향후 이 차량 카테고리에 대한 MPR을 포함할 수 있다.

(2) GTR의 텍스트

1) 목적

이 글로벌 기술 규정은 순수 전기자동차(PEV) 및 차량 외부 충전 하이브리드 전기자동차(OVC-HEV)의 차량 내 배터리 내구성에 대한 최소 성능 요구 사항을 설정하고 검증하기 위한 전 세계적으로 조화된 방법을 제공한다.

2) 범위 및 적용

이 GTR은 기술적으로 허용되는 최대 적재 질량이 3,855kg을 초과하지 않는 카테고리 1-2 및 2의 차량과 PEV 또는 OVC-HEV 차량인 카테고리 1-1의 차량에 적용된다. 본 GTR에 정의된 대로 원래 설치된 배터리가 있어야 한다.

체약당사자의 선택에 따라 해당 카테고리의 범위는 3,500kg으로 제한될 수 있다.

제조업체는 일반적으로 정보 제공 목적으로 다른 범위 기반 지표(예 실제 운전 조건에서 사용 중인 범위 또는 다음 충전 이벤트 전에 사용할 수 있는 남은 범위)를 추정하거나 공개하지만, 이 조항의 범위 관련 조항은 GTR은 적용 가능한 인증 테스트 절차에 의해 측정되는 인증 범위에만 관심이 있다.

당국은 해당 관할권의 소규모 제조업체에 대한 본 GTR의 적용 가능성에 대해 결정을 내려야 한다.

3) 정의

본 글로벌 기술 규정에는 다음 정의가 적용된다.

- 본 GTR의 맥락에서 "배터리"는 전기자동차에 설치되어 주로 견인 목적으로 사용되는 REESS(충전식 전기 에너지저장시스템)를 의미한다.
- "원래 장착된 배터리"란 차량 제작 당시 차량에 장착되어 있던 배터리를 의미하며, 장착된 배터리 없이 차량이 제작된 경우에는 차량을 도로에서 처음 운행할 때 차량에 장착되어 있던 배터리를 의미한다.
- "사용 가능한 배터리 에너지(UBE)"는 인증에 사용되는 테스트 절차의 시작부터 인증에 사용되는 테스트 절차의 해당 차단 기준에 도달할 때까지 배터리에서 공급되는 에너지를 의미한다.

- “인증된 사용 가능한 배터리 에너지”(UBE 인증)는 차량 인증 중에 결정된 UBE를 나타낸다.
- “측정된 사용 가능한 배터리 에너지”(UBE 측정됨)는 인증에 사용된 테스트 절차에 따라 차량 수명의 현재 시점에서 결정된 UBE를 의미한다.
- “전기 주행거리”는 차량 수명의 현재 시점에 원래 설치된 배터리를 사용하여 테스트를 수행한 경우 차량 인증에 사용된 주행거리 테스트 절차에 따라 결정되는 주행거리를 의미한다.
- “인증 범위”(인증 범위)는 차량 인증 시 결정된 전기 주행 범위를 의미한다.
- “측정 범위”(측정 범위)는 인증에 사용되는 테스트 절차에 따라 차량 수명의 현재 시점에서 결정된 전기 범위를 의미힌다.
- “인증 에너지 상태”(SOCE)는 수명 중 특정 시점에서 측정되거나 탑재된 UBE 성능을 의미하며, 인증된 사용 가능한 배터리 에너지의 백분율로 표시된다.
- “인증 범위 상태”(SOCR)는 수명 중 특정 지점에서 측정되거나 탑재된 전기 범위를 의미하며, 인증 범위의 백분율로 표시된다.
- “최소 성능 요구 사항”(MPR)은 차량 수명의 특정 시점에서 SOCE 또는 SOCR 측면에서 본 GTR의 내구성 조항을 준수하는 최소 내구성 성능을 의미한다.
- “선언된 성능 요구 사항”(DPR)은 제조업체가 선언한 SOCE 또는 SOCR 값으로 해당 MPR의 값보다 크고 해당 제조업체가 본 GTR의 내구성 조항을 준수하는 최소 내구성 성능이 된다.
- “SOCR 모니터”는 차량 시스템에서 수집된 데이터에 대해 작동하는 알고리즘을 통해 인증 범위 상태의 추정치를 유지하는 차량에 설치된 장치를 의미한다.
- “SOCE 모니터”는 차량 시스템에서 수집된 데이터에 대해 작동하는 알고리즘을 통해 인증된 에너지 상태의 추정치를 유지하는 차량에 설치된 장치를 의미한다.
- “온보드 SOCR”(SOCR 읽기)은 SOCR 모니터에서 생성된 인증 범위의 상태 추정치를 의미한다.
- “온보드 SOCE”(SOCE 읽기)는 SOCE 모니터에서 생성된 인증된 에너지 상태의 추정치를 의미한다.
- “측정된 SOCR”(SOCR 측정됨)은 단락 6.3.2에 따라 측정된 범위를 인증된 범위로 나눈 값으로 결정된 인증된 범위의 상태를 의미한다.

- "측정된 SOCE"는 측정된 사용 가능한 배터리 에너지를 인증된 사용 가능한 배터리 에너지로 나누어 결정된 인증된 에너지의 상태를 의미한다.
- "V2X"는 견인 배터리를 활용하여 그리드 안정화를 위한 V2G(Vehicle-to-Grid), 견인 배터리를 주거용으로 활용하는 V2H(Vehicle-to-Home) 등 외부 전력 및 에너지 수요를 충당하기 위해 견인 배터리를 사용하는 것을 의미한다. 정전 시 로컬 최적화 또는 비상 전원용 저장 장치, 정전 시 또는 평상 시, 야외 활동 시 사용하기 위한 V2L(Vehicle-to-Load, 연결된 부하만 공급)이다.
- "V2X 동안의 총 방전 에너지"는 부록 2에 따라 제공되어야 하는 V2X 동안의 방전 에너지의 총량을 의미한다.
- "차량 외부 충전 하이브리드 전기자동차"(OVC-HEV)는 UN GTR No.15에 정의된 OVC-HEV 차량을 의미한다.
- "순수 전기자동차"(PEV)는 UN GTR No.15에 정의된 PEV 차량을 의미한다.
- "최대 충전 전력"은 고려되는 파트 B 제품군에 대해 사용 가능한 최고 충전 전력을 의미한다.

4) 약어

- DPR 선언 성능 요구 사항
- MPR 최소 성능 요구 사항
- OTA 공중파
- REESS 충전식 전기에너지 저장 시스템
- SOC 충전 상태
- SOCE 인증 에너지 현황
- SOCR 인증 범위 상태
- UBE 사용 가능한 배터리 에너지
- V2G 차량에서 그리드로
- V2H 차량-집
- V2L 적재할 차량

5) 요구사항

① 인증 범위 및 인증 에너지 상태(SOCR 및 SOCE) 모니터

제조업체는 차량 수명 기간 동안 작동하는 SOCR 및 SOCE 모니터를 설치해야 한다. SOCR 모니터는 인증된 범위 상태(온보드 SOCR)의 추정치를 유지해야 하며, SOCE 모니터는 인증된 에너지 상태(온보드 SOCE)의 추정치를 유지해야 한다.

제조업체는 자신이 생산하는 차량에 대해 온보드 SOCR 및 온보드 SOCE를 결정하는 알고리즘을 결정해야 한다. 제조업체는 모든 정상적인 차량 작동 중에 필요한 정확도를 유지하기에 충분한 빈도로 온보드 SOCR 및 SOCE를 업데이트해야 한다.

온보드 SOCR 및 SOCE는 100분의 1의 해상도를 가지며 0에서 100까지의 가장 가까운 정수로 보고된다.

제조업체는 온보드 SOCR 및 온보드 SOCE의 가장 최근 결정된 값을 Obd 포트 및 선택적으로 OTA(over-the-air)를 통해 사용할 수 있도록 해야 한다.

소비자 정보 제공을 위해 제조업체는 최소한 하나의 적절한 방법을 통해 가장 최근에 결정된 SOCE 모니터 값을 차량 소유자에게 쉽게 제공해야 한다. 고객 가치에 대한 해결책은 당국과 합의하여 결정된다. 예를 들어,

- 대시보드 표시기
- 인포테인먼트 시스템
- 원격 액세스(예 휴대폰 애플리케이션을 통해)

② 배터리 성능 요구 사항

MPR i) 측면에서 정의된다. 이는 차량 수명의 특정 지점에서 SOCE 및 SOCR에 대한 최소 허용 값을 나타낸다. OVC-HEV 및 PEV 카테고리에 속하는 차량은 다음 표 9.2와 9.3의 최소 성능 요구 사항을 모두 충족해야 한다. MPR은 차량 카테고리와 추진 유형에 따라 다를 수 있다.

지역적 고려 사항을 해결하기 위해 계약 당사자는 선택적으로 다음 각 표 9.2와 9.3의 두 가지 최소 성능 요구 사항(MPR i) 중 하나만 시행하도록 선택할 수 있다(예 5년 또는 100,000 km로 끝나는 항목 또는 종료되는 항목 중 하나, 8년 또는 160,000km).

표 9.2 **배터리 에너지 기반(SOCE) MPR**

본 GTR 범위 내 카테고리 1-1 및 1-2의 차량 연령/km	OVC-HEV	PEV
수명 시작부터 5년 또는 100,000km 중 먼저 도래하는 날짜까지	80%	80%
5년 또는 100,000km를 초과한 차량, 8년 또는 160,000km 중 먼저 도래하는 차량	70%	70%

본 GTR 범위 내 카테고리 2의 차량 연령/km	OVC-HEV	PEV
수명 시작부터 5년 또는 100,000km 중 먼저 도래하는 날짜까지	(예약된)	(예약된)
5년 또는 100,000km를 초과한 차량, 8년 또는 160,000km 중 먼저 도래하는 차량	(예약된)	(예약된)

표 9.3 **범위 기반(SOCR) MPR**

본 GTR 범위 내 카테고리 1-1 및 1-2의 차량 연령/km	OVC-HEV	PEV
수명 시작부터 5년 또는 100,000km 중 먼저 도래하는 날짜까지	(예약된)	(예약된)
5년 또는 100,000km를 초과한 차량, 8년 또는 160,000km 중 먼저 도래하는 차량	(예약된)	(예약된)

본 GTR 범위 내 카테고리 2의 차량 연령/km	OVC-HEV	PEV
수명 시작부터 5년 또는 100,000km 중 먼저 도래하는 날짜까지	(예약된)	(예약된)
5년 또는 100,000km를 초과한 차량, 8년 또는 160,000km 중 먼저 도래하는 차량	(예약된)	(예약된)

카테고리 2 차량의 SOCR 및 SOCE 모니터와 카테고리 1-1 및 1-2 차량의 SOCR 모니터를 설치해야 하며 해당 값은 본 GTR의 향후 개정판에서 표의 값 설정을 고려하여 모니터링되어야 한다.

제조업체는 해당 MPR보다 높은 SOCE 및/또는 SOCR 값을 갖는 선언된 성능 요구 사항(DPR i)을 선언하도록 선택할 수 있다. 그런 다음 DPR i는 해당 제조업체의 적합성을 판단하기 위해 MPR i를 대체해야 한다.

제조업체는 차량에 설치된 배터리가 ②항에 명시된 규칙을 준수하는지 확인해야 한다. MPR i(또는 해당되는 경우 DPR i)의 경우는

제조업체의 요청과 V2X로 설계된 차량의 경우 아래 방정식에 따라 계산된 등가 가상 거리가 각 차량별로 보고된다.

$$\text{Virtual distance(km)} = \frac{\text{total discharge energy during V2X [Wh]}}{\text{worst case certified energy consumption of PART B family [Wh/km]}}$$

"파트 B 제품군의 최악 사례 인증 에너지 소비량"은 부록 2에 따라 제공되어야 하는 파트 B 제품군의 최악 사례 인증 에너지 소비량을 의미한다.

제조업체의 선택에 따라 파트 B 계열의 최악의 경우 인증된 에너지 소비 값을 사용하는 대신 제조업체는 더 높은 에너지 소비 값을 사용하도록 허용될 수 있다.

최소 성능 요구 사항 준수 여부를 확인하는 데 사용되는 총 거리는 주행거리와 가상 거리의 합으로 구성된다. 가상 거리의 총 백분율을 기록하고 모니터링해야 한다.

6) 사용 중 확인

① 제품군의 정의

아래 파트 A 또는 파트 B에 따른 평가와 관련하여 동일한 특성을 갖는 차량은 적합성 검증을 위해 차량 제품군으로 그룹화된다. 파트 A에 따른 제품군은 SOCR/SOCE 모니터 검증과 관련하여 동일한 특성을 가져야 한다. 파트 B에 따른 제품군은 배터리 내구성 검증과 관련하여 동일한 특성을 가져야 한다.

적합성 검증과 관련하여 동일한 특성을 갖는 계열은 다음과 같이 정의된다.

㉠ 파트 A의 경우 : 모니터 검증

다음 요소와 관련하여 실질적으로 유사한 차량만 동일한 모니터 제품군에 속할 수 있다.

- 온보드 SOCR 및 온보드 SOCE를 추정하기 위한 알고리즘
- 센서 구성(SOCR 및 SOCE 추정치 결정에 사용되는 센서용)
- 모니터의 정확도에 무시할 수 없는 영향을 미치는 배터리 셀의 특성
- 차량 유형(PEV 또는 OVC-HEV)

제조업체의 요청에 따라 책임 당국의 승인과 적절한 기술적 정당성을 바탕으로 제조업체는 위의 제품군 기준에서 벗어날 수 있다.

㉡ 파트 B : 배터리 내구성 검증

다음 요소와 관련하여 실질적으로 유사한 차량만 동일한 배터리 내구성 제품군에 속할 수 있다.

- 순수 전력, 구성 유형(비동기/동기 등) 및 배터리 내구성에 무시할 수 없는 영향을 미치는 기타 특성을 포함한 전기 기계의 유형 및 수
- 배터리 유형(치수, 형식 및 화학적 특성을 포함한 셀 유형, 용량(암페어시), 공칭 전압, 공칭 전력)
- 배터리관리시스템(BMS)(배터리 내구성 모니터링 및 추정 관련)
- 배터리의 수동 및 능동 열 관리
- 전기 기계와 배터리 사이, 충전 플러그인과 배터리 사이의 전기 에너지 변환기 유형 및 배터리 내구성에 무시할 수 없는 영향을 미치는 기타 특성
- 배터리 내구성에 영향을 미치는 모든 구성 요소의 작동 전략
- 최대 충전 전력

제조업체의 요청에 따라 책임 당국의 승인과 적절한 기술적 정당성을 바탕으로 제조업체는 위의 제품군 기준에서 벗어날 수 있다.

② 정보수집

제조업체는 당국과 제조업체 간에 합의된 형식으로 다음 정보를 당국에 제공해야 한다. 관련 보증 청구에 대한 연간 보고서 차량의 전기 에너지 소비에 영향을 미칠 수 있는 배터리 및 기타 시스템 수리에 대한 연간 통계이다. 이러한 정보는 ②항에 정의된 기간 동안 각 배터리 내구성 제품군에 대해 1년에 한 번 제공되어야 한다.

③ 파트 A : SOCR/SOCE 모니터 검증

㉠ 검증 빈도

제조업체는 5년 또는 8년까지 당국과 합의한 빈도로 파트 A에 대한 사용 중 검증 절차를 완료해야 한다. 각 모니터 제품군의 마지막 차량이 판매된 후, 확인 결과를 당국에 보고한다. 당국은 위험 평가에 기초한 빈도와 규모로 파트 A에

대한 자체 검증을 진행하기로 결정하거나 제조업체에 추가 정보를 요청할 수 있다. 관련된 모든 계약 당사자의 동의에 따라 동일한 모니터 제품군의 차량에 대한 파트 A의 검증이 서로 다른 계약 당사자 간에 결합될 수 있다. 그러한 경우, 관련 체약당사자는 검증의 목적상 단일 당국으로 간주된다.

계약 당사자의 선택에 따라 모니터 제품군의 연간 판매량이 전년도 시장 차량 5,000대 미만인 경우 모니터 검증이 의무적이지 않다. 해당 제품군은 담당 당국의 요청에 따라 파트 A에 대한 테스트 대상으로 선정될 수 있다.

ⓛ 확인 절차

SOCR/SOCE 모니터를 검증하기 위해서는 검증 시 주행거리 및 사용 가능한 배터리 에너지에 대한 값을 측정해야 하며, 검증 테스트 절차 이전에 모니터에서 관련 값을 수집해야 한다. GTR의 향후 개선을 지원하기 위해 검증 테스트 절차 이후 지표 값을 다시 수집해야 한다. 검증 테스트 절차 후에 읽은 지표는 파트 A 검증에서 고려되지 않는다.

측정된 SOCR 및 측정된 SOCE 값은 측정된 범위 및 사용 가능한 배터리 에너지 값을 각각 백분율로 표시되는 범위 및 사용 가능한 배터리 에너지에 대한 인증된 값으로 나누어 결정해야 한다.

측정된 UBE가 인증된 UBE보다 높은 경우 측정된 SOCE는 100%로 설정되어야 한다. 측정된 범위가 인증된 범위보다 높은 경우 측정된 SOCR은 100%로 설정되어야 한다.

ⓒ 샘플 차량의 합격/불합격 결정을 위한 통계적 방법

SOCR 모니터와 SOCE 모니터에 대해 별도의 통계가 계산된다.

차량이 규정에 따라 적절하게 사용 및 유지 관리되었는지 확인하기 위해 고안된 정보가 포함된 차량 조사(부속서 1 참조) 후 테스트를 위해 동일한 모니터 제품군에서 적절한 수의 차량(최소 3대~16대)을 선택해야 한다. 제조사의 사양에 따른다. 모니터의 정확성을 결정하려면 다음 통계를 사용해야 한다.

SOCR/SOCE 모니터를 평가하려면 정규화된 값을 계산해야 한다.

$x_i = SOC_{read,\,i} - SOC_{measured,\,i}$

$SOC_{read,\,i}$ 차량에서 읽은 온보드 SOCR/SOCE 이다. 그리고

$SOC_{measured,\,i}$ 차량 i의 측정된 SOCR/SOCE이다.

총 N개 테스트 수와 테스트 차량의 정규화된 값 $x_1, x_2, \cdots x_N$에 대해 평균 $X_{테스트}$ 및 표준 편차 s가 결정되어야 한다.

$$X_{tests} = (x_1 + x_2 + x_3 + \cdots + x_N)/N, \qquad s = \sqrt{\frac{(x_1 - x_{tests})^2 + (x_2 - x_{tests})^2 + \cdots + (x_N - x_{tests})^2}{N-1}}$$

각 N개의 테스트 $3 \le N \le 16$에 대해 다음 세 가지 결정 중 하나에 도달할 수 있다. 여기서 요인 A는 5로 설정된다.

(a) 제품군 통과 $X_{tests} \le A - (t_{P1,N} + t_{P2,N}) \cdot s$

(b) 제품군 실패 $X_{tests} > A + (t_{F1,N} - t_{F2}) \cdot s$

(c) 다시 측정 $A - (t_{P1,N} + t_{P2,N}) \cdot s < X_{tests} \le A + (t_{F1,N} - t_{F2}) \cdot s$

여기서, 매개변수 $t_{P1,N}$, $t_{P2,N}$, $t_{F1,N}$ 및 t_{F2}는 표 9.4에서 가져온다.

표 9.4 표본 크기에 대한 합격/불합격 결정 기준

	통과하다		실패하다	
테스트(N)	$t_{P1,N}$	$t_{P2,N}$	$t_{F1,N}$	t_{F2}
3	1.686	0.438	1.686	0.438
4	1.125	0.425	1.177	0.438
5	0.850	0.401	0.953	0.438
6	0.673	0.370	0.823	0.438
7	0.544	0.335	0.734	0.438
8	0.443	0.299	0.670	0.438
9	0.361	0.263	0.620	0.438
10	0.292	0.226	0.580	0.438
11	0.232	0.190	0.546	0.438
12	0.178	0.153	0.518	0.438
13	0.129	0.116	0.494	0.438
14	0.083	0.078	0.473	0.438
15	0.040	0.038	0.455	0.438
16	0.000	0.000	0.438	0.438

㉣ SOCR 및 SOCE 모니터 에 대한 시정 조치

샘플에 대한 불합격 결정은 모니터가 시스템의 내구성을 정확하게 보고하지 못

함을 의미하며 제조업체는 책임 기관의 동의를 받아 적절한 조치를 취해야 한다. 이는 제조업체가 관련 센서를 포함하여 결함이 있는 모니터를 수리 또는 교체하거나 모니터 제품군의 영향을 받는 모든 차량에 소프트웨어 조치를 적용해야 한다는 요구 사항으로 이어질 수 있다.

파트 B를 진행하려면 통과 결정이나 비준수 수정이 필요하다.

④ 파트 B : 배터리 내구성 검증

㉠ 검증 빈도

데이터는 동일한 배터리 내구성 제품군 내에서 통계적으로 적절한 차량 샘플로부터 당국에 의해 매년 수집되어야 한다. 샘플의 차량 수에 대한 결정은 위험 평가 방법을 기반으로 담당 기관에서 내릴 수 있지만 원칙적으로 500대 이상이어야 한다.

샘플의 차량 수가 500대 미만인 경우 제조업체의 요청과 담당 기관의 동의에 따라 해당 차량의 최대 5%가 샘플에서 제외될 수 있다. 이 경우 제조업체는 각 차량의 제외 사유에 대한 적절한 정보를 당국에 제공해야 한다.

표본의 차량 수가 500대 이상인 경우 모든 차량이 표본에 포함된다. 판독된 데이터는 SOCR 및 SOCE 모니터(및 부록 2에 정의된 것과 같은 기타 관련 데이터)의 데이터여야 한다. 카테고리 2 차량의 SOCR 및 SOCE 모니터와 카테고리 1-1 및 1-2 차량의 SOCR 모니터를 모니터링해야 한다.

㉡ 배터리 내구성 제품군에 대한 합격/불합격 기준

차량 샘플에서 읽은 모니터 값의 90% 이상이 MPR i 또는 DPR i 보다 높으면 배터리 내구성 제품군이 통과된다.

차량 샘플에서 읽은 모니터 값의 90% 미만이 MPR i 또는 DPR i 보다 높으면 배터리 내구성 제품군이 실패한다.

㉢ 배터리 내구성 제품군에 대한 시정 조치

배터리 내구성 제품군에 결함이 있는 경우 문제의 영향을 받는 제품군 또는 제품군의 일부가 규정을 준수할 수 있도록 담당 기관의 동의를 받아 시정 조치를 취해야 한다.

⑤ 파트 A 및 파트 B의 프로세스 흐름도

아래 흐름도는 파트 A(그림 9.27)와 파트 B(그림 9.28) 검증 프로세스의 다양한 단계를 보여준다.

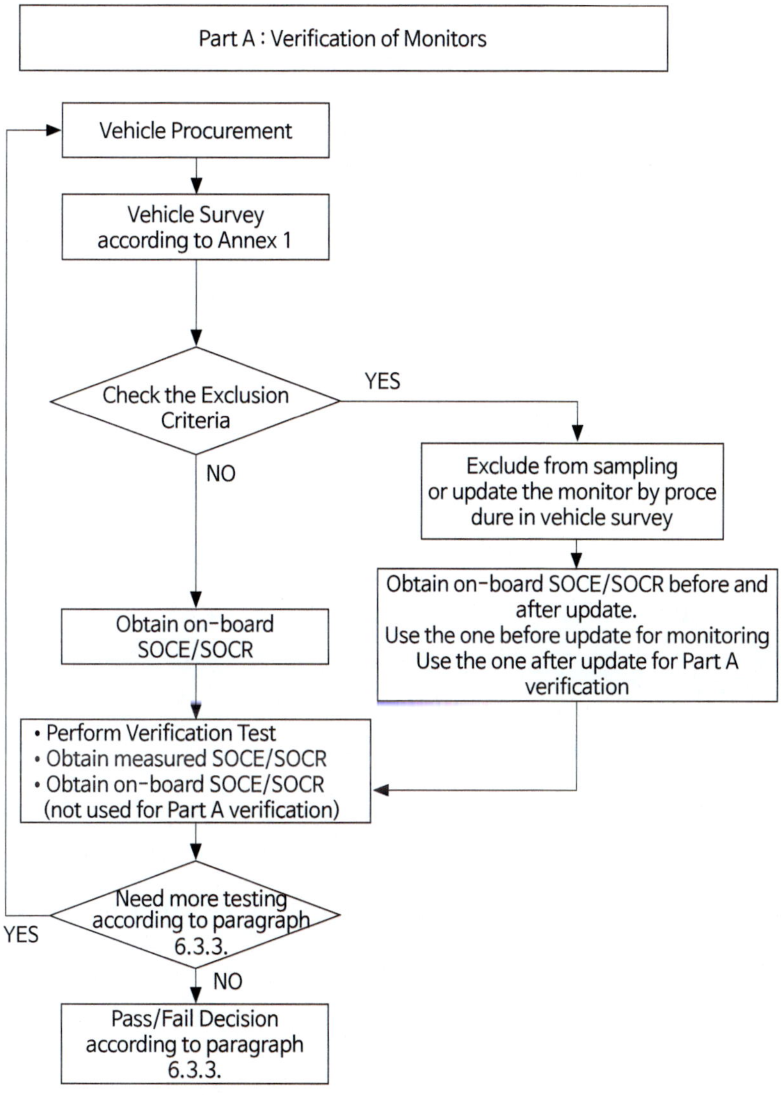

그림 9.27 **파트 A의 흐름도(모니터 확인)**

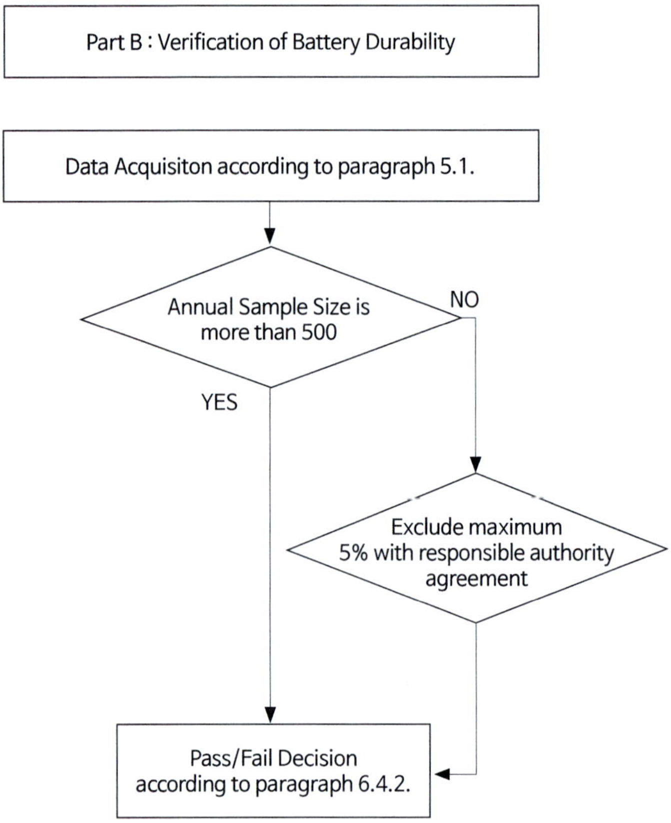

그림 9.28 파트 B의 흐름도(배터리 내구성 검증)

7) 반올림

유지될 마지막 자리의 바로 오른쪽에 있는 숫자가 5보다 작은 경우, 유지되는 마지막 숫자는 변경되지 않고 그대로 유지된다(예 결과가 1.2344kWh이지만 소수점 세 자리만 유지하려는 경우 최종 결과는 1.234kWh가 된다).

마지막으로 보관할 자리 바로 오른쪽의 숫자가 큰 경우, 5 이상이면 유지되는 마지막 숫자는 1씩 증가해야 한다(예 결과가 1.2346kWh이지만 소수점 세 자리만 유지하고 6이 5보다 크므로 최종 결과는 1.235kWh가 된다).

CHAPTER

10

구동축전지(배터리 팩) 안전 기준 및 안전성 시험 그리고 마무리

10.1 구동축전지(배터리 팩) 안전기준

전동화 전기차를 구동시키는 구동모터(motor)에 전원을 공급해주는 리튬이온 이차전지 배터리 팩(구동축전지로 포괄해서 명칭한다)의 안전성 평가는 물론 안전기준을 제정하고 있다. 표 10.1은 2009년 세계 처음으로 자동차안전연구원(KATRI)이 제정한 구동축전지 관련 안전기준 항목을 보여준다. 이는 전기차의 배터리 제품(배터리 팩 품목)에 있어 반드시 받아야 하는 안전기준 필수항목(사항)으로 강제기준이다. 이는 전기차의 배터리 안전성을 확인하기 위해 제정된 법규이다.

최근 전기차의 배터리는 기존에 용량, 최고 출력만이 아니라 제조사와 셀 형태(원통형 · 각형 · 파우치형 등), 원료까지 전기차를 구매할 때 배터리 정보를 충분히 알 수 있도록 의무 공개토록 했다. 그리고 전기차 정기검사 시 배터리 검사 항목도 셀 전압, 배터리 온도, 충전상태, 열화상태, 누적 충 · 방전 등까지 대폭 확대되고 있다.

BMS가 더욱 고도화되면 배터리 수명(SOH, State Of Health로 배터리의 건강상태)도 더욱 세밀하고 정확하게 평가 · 예측할 수 있다.

표 10.1 **구동축전지 관련 안전기준 항목(강제기준)**

개정 전	현 행		비 고
-	진동시험		신설
-	열충격시험		신설
연소안전시험	연소시험		휘발유 연소시험 추가
단락안전시험	단락시험		회로저항(50mΩ → 5mΩ)
과충전안전시험	과충전시험		시험방법 세분화
과방전안전시험	과방전시험		시험방법 세분화
열노출안전시험	과열방지시험		과열방지기능 확인
-	과전류시험		신설
액중투입안전시험	침수시험		GTR 반영 제안
-	기계적 시험	충격시험	신설
		압착시험	신설
낙하안전시험	낙하시험		기계적시험 또는 낙하시험 중 제작사 선택
7항목	12항목		

자료 : 자동차안전연구원

구동축전지 시행세칙 개정

- 적용시기
  - 신차 : 2021년 7월 1일부터 적용
  - 양산차 : 2023년 7월 1일부터 적용(2년 유예)
- 평가대상
  - (최초) 모든 자동차 구동배터리 → 60V 이상 자동차 구동배터리
  - (개정) 60V 이하 마일드 하이브리드용 배터리를 제외한 자동차 구동배터리로 직류 60V 이상의 고전원에 한정한다.

(1) 전기자동차용 구동축전지(배터리 팩)

표 10.2는 2021년에 전기자동차 구동축전지(단일 셀이 아니라 배터리 팩) 안전성 시험기준과 관련하여 12개 안전성 시험항목을 개정한 내용이다. 개정 전에는 7개 항목이었으나, 여기에 진동시험, 열충격시험, 과전류시험, 충격시험, 압착시험 등 5개 항목을 추가로 신설했다.

새롭게 신설 개정된 12개 배터리 안전성 시험항목을 자세히 살펴보면 열적 안전성(2개 항목), 전기적 안전성(5개 항목), 화학적 안전성(1개 항목), 물리적 안전성(4개 항목)으로 세분화되어 있다.

표 10.2 **전기자동차 구동축전지(배터리) 안전성 시험기준(12개 항목, 2021년 7월 1일 시행)**

시험항목	시험기준 및 적용기준
열충격시험	파열, 전해질 누출, 벤팅, 발화, 폭발이 없을 것, 시험 후 절연저항이 100Ω/V 이상일 것(열적 안전성)
연소시험	폭발이 없을 것, 완성차에서 구동축전지 케이스의 최저 높이가 지면으로부터 1.5m 이상일 경우 시험 제외(열적 안전성)
단락시험	파열, 전해질 누출, 벤팅, 발화, 폭발이 없을 것, 시험 후 절연저항이 100Ω/V 이상일 것(전기적 안전성)
과충전시험	파열, 전해질 누출, 벤팅, 발화, 폭발이 없을 것, 시험 후 절연저항이 100Ω/V 이상일 것(전기적 안전성)
과방전시험	파열, 전해질 누출, 벤팅, 발화, 폭발이 없을 것, 시험 후 절연저항이 100Ω/V 이상일 것(전기적 안전성)
과열방지시험	파열, 전해질 누출, 벤팅, 발화, 폭발이 없을 것, 시험 후 절연저항이 100Ω/V 이상일 것(전기적 안전성)
과전류시험	파열, 전해질 누출, 벤팅, 발화, 폭발이 없을 것, 시험 후 절연저항이 100Ω/V 이상일 것(전기적 안전성)

시험항목		시험기준 및 적용기준
침수시험		발화, 폭발이 없을 것, 구동축전지의 설치 위치가 승객실보다 높을 경우 시험대상에서 제외(화학적 안전성)
진동시험		파열, 전해질 누출, 벤팅, 발화, 폭발이 없을것, 시험 후 절연저항이 100Ω/V 이상일 것(물리적 안전성)
기계적 시험 주[1], 주[2]	충격 시험	전해질 누출, 발화, 폭발이 없을 것, 시험 후 절연저항이 100Ω/V 이상이며, 시험품의 이탈 및 변형이 없을 것(물리적 안전성)
	압착 시험	전해질 누출, 발화, 폭발이 없을 것, 시험 후 절연저항이 100Ω/V 이상일 것(4.5톤 초과 제외)(물리적 안전성)
낙하시험 주[1], 주[2]		전해질 누출, 발화, 폭발이 없을 것, 시험 후 절연저항이 100Ω/V 이상일 것(물리적 안전성)

주 1) 기계적 시험(충격시험과 압착시험) 또는 낙하시험 중 어느 하나의 기준을 적용한다(제작사 선택).
2) 안전기준 제91조 제4항 및 별표 11의 3에 따른 고전원전기장치의 충돌시험기준에 적합한 자동차의 구동축전지는 기계적시험 및 낙하시험을 생략할 수 있다.

표 10.2의 시험항목에 있어 침수시험의 등급은 IP58 이상이다.

기계적 시험은 제작사의 선택사항으로 제작사의 결정에 따라 생략할 수도 있다. 또한 전방위충돌시험 시는 기계적 시험에 있어 모든 항목시험을 제외해준다. 낙하시험의 높이는 4.9m이다.

(2) 전기이륜차용 구동축전지(배터리 팩)

표 10.3은 2022년에 전기이륜차 구동축전지(배터리 팩) 안전성 시험기준과 관련하여 10개 안전성 평가 시험항목을 새로이 신설한 내용이다.

새롭게 신설된 전기이륜차 안전기준 및 시행세칙은 구동을 위해 전기를 사용하는 모든 전기이륜 모빌리티(mobility, 이동수단 및 이동장치)인 전기바이크(bike, 오토바이), 전동킥보드, 전동스쿠터 등 두 바퀴를 갖고 배터리 전원으로 전기공급을 받아 전기모터(motor, 전동기로 전력을 이용하는 원동기다. 즉, 전기에너지를 회전운동에너지로 전환하는 기계다)로 구동되는 모든 모빌리티(mobility, 이동수단), 즉 전기이륜차에 모두 해당된다.

특히 표 10.3의 시험항목에서 보듯이 1번 진동시험부터 8번 낙하시험까지는 배터리 제품(여기서는 배터리 팩 단품(제품)을 의미한다)을 시험 종료한 후에도 반드시 정상적으로 작동해야만 한다.

표 10.3 **전기이륜차 구동축전지(배터리 팩) 안전성 시험기준(10개 항목, 2022년 12월 25일 시행)**

구분	시험항목	시험기준
1	진동시험	파열(고전원), 전해질 누출, 벤팅, 발화, 폭발이 없을 것, 시험 후 절연저항이 100Ω/V 이상일 것(고전원)
2	열충격시험	파열(고전원), 전해질 누출, 벤팅, 발화, 폭발이 없을 것, 시험 후 절연저항이 100Ω/V 이상일 것(고전원)
3	단락시험	파열(고전원), 전해질 누출, 벤팅, 발화, 폭발이 없을 것, 시험 후 절연저항이 100Ω/V 이상일 것(고전원)
4	과충전시험	파열(고전원), 전해질 누출, 벤팅, 발화, 폭발이 없을 것, 시험 후 절연저항이 100Ω/V 이상일 것(고전원)
5	과방전시험	파열(고전원), 전해질 누출, 벤팅, 발화, 폭발이 없을 것, 시험 후 절연저항이 100Ω/V 이상일 것(고전원)
6	과열방지시험	파열(고전원), 전해질 누출, 벤팅, 발화, 폭발이 없을 것, 시험 후 절연저항이 100Ω/V 이상일 것(고전원)
7	과전류시험	파열(고전원), 전해질 누출, 벤팅, 발화, 폭발이 없을 것, 시험 후 절연저항이 100Ω/V 이상일 것(고전원)
8	낙하시험	파손, 파열(고전원), 전해질 누출, 벤팅, 발화, 폭발이 없을 것, 시험 후 절연저항이 100Ω/V 이상일 것(고전원)
9	연소시험	폭발이 없을 것
10	침수시험	발화, 폭발이 없을 것

(주) 시험 종료 후 정상 작동할 것.

(3) 전기자동차(전기차)와 전기이륜차의 구동축전지(배터리 팩) 안전기준 비교

표 10.4는 전기자동차(전기차)와 전기이륜차의 핵심부품(요소) 구동축전지(배터리 팩) 안전기준 비교를 시험구분과 세부시험항목으로 나타낸 것이다.

배터리 시험 SOC(State of Charge의 약자로, 말 그대로 배터리의 '충전 상태'를 의미하는 배터리 용어이다. 쉽게 말해 배터리의 잔량 표시가 대표적이다. 배터리의 잔존 용량을 나타내기 위해 현재 사용할 수 있는 배터리의 용량을 전체 용량으로 나누어 백분율(%)로 표현하는 배터리의 '잔존 용량'을 나타낸 지표이다)는 배터리가 사용되는 환경(온도, 습도, 도로 상태, 예상치 못하는 외란 · 변수, 주행 속도 등 주행 및 운행에 관련된 모든 환경)에 따라 다르다. 단지 여기서는 정상 환경부터 극한 환경까지의 레인지(range, 범위)를 설정해 놓고 시험하는 시험실(실험실) 수준의 기본시험인 것이다. 전기자동차(전기차)의 배터리 안전기준에 있어 시험항목의 개정 후는 국내기준이 국제기준과 비교해 시험항목수도 더 많고 내용도 더욱 엄격함을 알 수 있다.

표 10.4 **전기자동차(전기차)와 전기이륜차의 구동축전지(배터리 팩) 안전기준 비교(국제기준 대비 강화됨)**

<table>
<tr><th rowspan="4">번호</th><th rowspan="4">구분</th><th rowspan="4">항목</th><th colspan="5">전기자동차</th><th colspan="2">전기이륜차</th></tr>
<tr><th colspan="2">국내기준(KMVSS)</th><th colspan="3">국제기준</th><th rowspan="3">국내기준
(KMVSS,
'22.12.25)</th><th rowspan="3">국제기준
R.136
('16.10.16)</th></tr>
<tr><th rowspan="2">개정 전</th><th rowspan="2">개정 후
('21.7.1)</th><th rowspan="2">UN
GTR20
('18.3.14)</th><th colspan="2">UN R.100</th></tr>
<tr><th>03시리즈
('21.6.9)</th><th>02시리즈
('13.7.15)</th></tr>
<tr><td colspan="3">시험 SOC</td><td>95%</td><td>95%</td><td colspan="2">95%</td><td>50%</td><td>95%</td><td>50%</td></tr>
<tr><td>1</td><td rowspan="3">열적
안전성</td><td>열충격
시험</td><td>-</td><td>○</td><td colspan="2">○</td><td>○</td><td>○</td><td>○</td></tr>
<tr><td>2</td><td>연소시험</td><td>○
(LPG)</td><td>○
(LPG,
휘발유)</td><td colspan="2">○
(LPG, 휘발유)</td><td>○
(휘발유)</td><td>○
(LPG,
휘발유)</td><td>○
(휘발유)</td></tr>
<tr><td>3</td><td>과열방지
시험</td><td>○</td><td>○</td><td colspan="2">○</td><td>○</td><td>○</td><td>○</td></tr>
<tr><td>4</td><td rowspan="4">전기적
안전성</td><td>단락시험</td><td>○</td><td>○</td><td colspan="2">○</td><td>○</td><td>○</td><td>○</td></tr>
<tr><td>5</td><td>과충전
시험</td><td>○</td><td>○</td><td colspan="2">○</td><td>○</td><td>○</td><td>○</td></tr>
<tr><td>6</td><td>과방전
시험</td><td>○</td><td>○</td><td colspan="2">○</td><td>○</td><td>○</td><td>○</td></tr>
<tr><td>7</td><td>과전류
시험</td><td>-</td><td>○</td><td colspan="2">○</td><td>-</td><td>○</td><td>-</td></tr>
<tr><td>8</td><td>화학적
안전성</td><td>침수시험</td><td>○</td><td>○</td><td colspan="2">-</td><td>-</td><td>○</td><td>-</td></tr>
<tr><td>9</td><td rowspan="4">물리적
안전성</td><td>진동시험</td><td>-</td><td>○</td><td colspan="2">○</td><td>○</td><td>○</td><td>○</td></tr>
<tr><td>10</td><td>충격시험</td><td>-</td><td>○</td><td colspan="2">○</td><td>○</td><td>-</td><td>○</td></tr>
<tr><td>11</td><td>압착시험</td><td>-</td><td>○</td><td colspan="2">○</td><td>○</td><td>-</td><td>-</td></tr>
<tr><td>12</td><td>낙하시험</td><td>○</td><td>○</td><td colspan="2">-</td><td>-</td><td>○</td><td>○</td></tr>
<tr><td colspan="3">시험항목수</td><td>7</td><td>12</td><td colspan="2">10</td><td>9</td><td>10</td><td>9</td></tr>
</table>

(4) 구동축전지(배터리 팩) 안전성 평가

구동축전지(배터리 팩) 안전기준과 관련된 배터리 안전성 평가 종류(항목)은 사진 10.1과 같다. 여기서는 앞에서 언급한 바와 같이 직류 60V 이상의 고전압(고전원) 전기차용 구동배터리를 대상으로 안전성 평가를 하고 있다.

1) 진동시험

일정한 주파수(진동폭과 주기)를 갖는 진동과 불규칙한 진폭과 주기를 갖는 가변적인 진동으로 진행한다. 예를 들면, 상하진동은 1분에 사이클을 12번 진동시켜 180분(3시간) 동안 진행한다.

2) 열충격시험

200℃ 이상의 고온에서 열충격으로 인한 전해액의 누수와 열폭주(thermal runaway), 열전이(thermal propagation) 상태를 시험한다.

3) 단락시험

배선 등의 불량과 리튬이온의 덴드라이트(dendrite는 리튬이온 배터리를 사용할 때 생기는 나뭇가지 모양의 결정이다. 다른 말로는 수지상 결정이라고도 한다) 현상 등으로 인한 단락(short, 합선) 상태를 시험한다. 단락시험은 배터리의 양극(+)과 음극(−)을 쇼트(short)시켜 시험을 진행한다.

4) 과충전 · 과방전 · 과전류시험

배터리 냉각장치의 릴레이(relay, 계전기라고도 하고 어떤 값 이상의 전기적 입력을 인식하여 다른 전기 회로의 개폐를 제어하는 기기이다. 전자석(권선에 제어 입력 전류를 흘려 자화시킨 것)에 의해 접점을 물리적으로 움직이게 하여 접점을 개폐하는 역할을 한다)를 on/off시켜 시험한다.

5) 과열방지시험

배터리의 과열을 방지하는 계통이나 기계적 · 물리적 장치 등에 의한 과열방지(overheating protection)를 시험한다.

6) 침수시험

IP58 등급으로 진행한다. IP의 뜻은 'Ingress Protection rating'의 약자이며 '외부 오염물 침투 보호 등급'이라는 뜻으로, 방수는 모든 방향에서 낮은 압력으로 분사 또는 침투되는 물로부터 완벽하게 보호되는 완전방수 수준으로 보면 된다. IP58 등급에서 앞의 숫자 5는 내용물에 손상을 주지 않는 수준(제한된 수준의 유입 허용)의 먼지 등으로부터의 방진보호 수준이고, 뒤의 숫자 8은 1m 이상 깊이의 물속에 1시간 침수시켜 시험을 하는 방수보호로 최상의 기준이다.

7) 충격시험

슬레드(SLED) 시험(실차 충돌시험을 시뮬레이션하는 모의 충돌 시험장비로 자동차 충돌 사고가 일어났을 때 안전 부품들이 제대로 작동하는가를 확인하는 시험)장치로 동하중 충격시험을 한다.

8) 압착시험

10kN(Newton, 뉴튼)의 힘(하중)을 배터리 팩 측면(측면은 배터리 팩에서 길이가 긴 방향의 측면을 말한다)으로 밀면서 압착시험을 한다. 참고로 KS규격 1kgf는 9.8N(SI 규격)이다. 이때 배터리 팩의 손상이 발생 시 내부에서 기체로 증발되어 나오는 전해액 증기에 함유된 발암물질을 후드(hood)로 석션(suction, 빨아들여 흡입)한다.

9) 낙하시험

전기차용 배터리 팩을 4.9m에서 자유낙하시켜 낙하충격에 기인한 발화, 폭발 등을 확인하는 시험이다. 또한 충전상태 등을 점검한다.

충격시험을 위한 낙하 높이(4.9m) 설정은 시험기준 전기차의 후방충돌 시에 받는 충격량(충격량은 물체가 받는 충격의 정도(크기)를 나타내는 값으로 작용힘과 시간의 곱이며, 단위는 N · sec이다)을 기준으로 규격화된 시험기준 배터리의 무게를 가지고 역산으로 높이를 설정한 것이다.

그러나 최근 전기차의 확산으로 배터리의 용량, 크기와 무게, 형태(각형 · 원통형 · 파우치형)에 따른 낙하시험 높이와 방법 등의 변화 또는 범위(range)의 설정(유연성이 있도록)이 필요하다고 본다. 즉, 새롭게 탄력적으로 설정할 필요성이 있다. 한편 전기이륜차용 배터리 팩은 1m에서 6면을 반복 낙하시켜 낙하시험을 시행한다.

10) 연소시험

배터리 팩 하단부를 휘발유, 최근에는 LPG 버너로 가열시킨 후 발화, 폭발 등의 여부를 1시간 동안 관측하고, 확인하는 시험이다.

사진 10.1과 같이 구동축전지(배터리 팩) 안전성 평가를 친환경자동차(EFV, Environmentally Friendly Vehicle)용 고전압 배터리의 물리 · 화학 · 전기 및 열적 충격조건에서 안전성을 시험, 평가, 검증하고 있다.

사진 10.1 구동축전지(배터리 팩) 안전성 평가 종류(시험항목)

친환경자동차용 고전압 배터리의 물리 · 화학 · 전기 및 열적 충격조건에서 안전성 검증이 반드시 필요하다. 예를 들어, 사진 10.2는 충남 보령에서 실제로 발생한 전기차 코나EV의 화재 장면이다. 운전 중이거나 충전 중에 배터리로 인한(리튬이온 배터리의 열폭주가 주된 원인이다) 화재가 발생하는 빈도가 높다.

사진 10.2 충남 보령에서 발생한 실제 전기차 코나EV의 화재 장면

11) 압착시험

사진 10.3은 압착시험에서 배터리 팩의 손상이 발생 시 내부에서 증발되어 나오는 (액체 전해액이 기화돼 나온) 기체 증기를 시험용 배터리 팩 위에 달린 커다란 깔때기(funnel) 모양의 후드(hood)에서 석션(suction, 빨아들여 흡입)하는 모습이다. 이때 전해액이 기화·증발되어 나오는 기체는 톨루엔, 벤젠, 포름알데히드와 같은 발암물질을 함유한 유독성 가스이다.

배터리 안전성 평가

친환경자동차용 고전압 배터리의 물리·화학·전기 및 열적 충격조건에서 안전성 검증

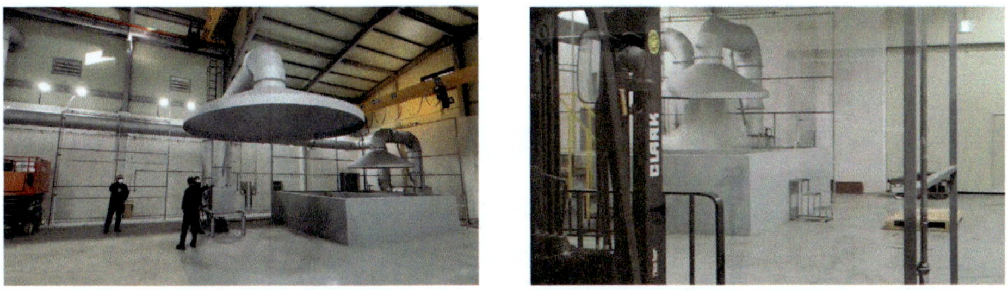

(a) 석션 후드(suction hood) (b) 기화된 전해액 증기를 후드로 석션(suction)

사진 10.3 압착시험 및 시험 후의 유해가스의 발생과 흡입 장면

10.2 구동축전지(배터리 팩) 안전기준 연구

자동차안전연구원(KATRI)은 전기차의 성능 안전을 위해 구동축전지 안전기준 연구에 심혈을 기울이고 있다.

(1) 구동축전지(배터리) 안전기준 연구 내용

1) 전기차 안전사고 원천 차단을 위한 BMS 감시기능 등 강화

배터리관리시스템(BMS) 기반 전기자동차 화재, 폭발, 누전 등의 사고예방 기술개발 및 전기차 화재, 폭발, 누전 등의 사고 발생 모니터링·안전성 평가 기술개발

2) BMS 안전기준 및 화재방지기술 연구개발

차량 화재 발생 시 계기반에 화재 경고등 점등+자동신고(화재차량 접근금지 경보)+화재확산 방지 기술개발+신속진화시스템 개발 등 미래 모빌리티 시대의 전기차 안전성 고도화를 위한 도전적 연구 수행

① 전기차 화재 · 폭발 방지를 위한 안전성 평가 기술개발 및 자동차안전도평가(KNCAP) 적용

② 열전이시험 제정 후 KNCAP 시험 차량 중 열전이 억제 우수차량 평가 및 선정

③ KNCAP(Korean New Car Assessment Program, 국내 자동차의 안전도를 평가하는 프로그램)

3) 제안 사항

① 현재는 완충 및 급속충전 시에 그리고 정차 또는 주차 시에는 BMS(Battery Management System, 배터리 관리시스템)가 꺼진다. 따라서 혹시 배터리 셀 이상으로 인한 열전이 및 열폭주가 문제가 되므로 지속적인 감지 및 원격 관측이 필요하다. 이를 위해서는 배터리 셀 내부 구조의 변화를 계속 감지(센싱, sensing)해야 할 필요성이 있다. 한편 무수한 충 · 방전을 위해 리튬이온의 이동 시 혹시나 모를 분리막을 파손시키는 주된 원인이 되는 덴드라이트(dendrite) 현상의 사전 예측도 필요하기에, 배터리 셀의 이상유무(예를 들면, 셀 밸런싱, 절연상태, 단락 · 합선, 과열, 스웰링 현상 등)를 상시 모니터링하고 예측하는 인공지능(AI) 시스템도 요구된다.

② 배터리 화재 시 소방차가 노즐(nozzle)에 관창시켜 불을 끄고 있으나, 내부의 액티브 쿨링시스템(active cooling system, 능동형 냉각장치)이 작동되도록 하는 안전기준이 필요하다. 왜냐하면 현재는 화재가 발생하게 되면 BMS가 꺼지므로(off) 냉각장치가 작동되지 않는 큰 문제점이 있다. 따라서 배터리 셀로 인한 화재 발생 시 무정전 전원장치(UPS, Uninterruptible Power Supply : 전원에서 발생하는 각종 장해(전압변동, 주파수변동, 전압파형의 왜곡, 노이즈, 순간정전 등)로부터 기기를 보호하고 양질의 전원으로 바꿔서 중요 부하에 정전없이 주어진 방전시간 동안 연속적으로 공급해 주는 정지형 CVCF(Constant Voltage Constant Frequency) 전원장치이다)와 같은 별도의 보조 배터리가 필요하다. 이는 화재로 인한 전원의 끊김이

없도록 별도 보조 배터리에 의한 전원공급으로 BMS와 냉각장치의 작동이 멈추는 것을 방지하는 기능이다.

(2) 구동축전지(배터리 팩) 첨단안전기능 정보공개

KNCAP(Korean New Car Assessment Program)은 국내 자동차의 안전도를 평가하는 프로그램이다. 국토교통부 소관으로 국내에서 출시되는 신차의 충돌 테스트 등을 통해 평가하는 시스템으로, 1999년부터 시행되었으며 세계 5번째로 독자적인 충돌 테스트 체계를 갖추고 있다.

주요 내용은 표 10.5와 같다.

① 상시이상감지 : 주차 중 배터리의 열폭주 발생 감지 및 알림기능

② 액티브 쿨링(active cooling, 능동형 냉각) : 주차 중 배터리 열폭주 시 배터리를 강제 냉각시켜 열전이 지연을 방지한다. 현재는 배터리가 빨리 소모돼 방전되는 것을 막기 위해 액티브 쿨링기능이 없다.

③ 정보저장 : 주차 중 배터리 열폭주 시 배터리 온도 등 관련 정보저장 및 전송

④ 열폭주 : 배터리 셀 내부에서 발생한 제어 불가능한 발열현상 감지

표 10.5 구동축전지의 첨단안전기능 정보공개 주요 내용

기능	아이오닉6	니로	XC40	폴스타2
상시이상감지	-운행 및 충전 중 배터리 실시간 감시 -주차 후 2시간 동안 배터리 실시간 감시 -주차 중 배터리 이상발열 감지 시 사용자에게 문자 알림		-운행 및 충전 중 배터리 실시간 감시 -배터리 고온 상태로 주차 시 배터리 감시 기능 최대 30분간 작동	
액티브 쿨링	-운행 및 충전 중 배터리 냉각장치 작동 -주차 중 배터리 이상발열 감지 시 사용자에게 문자 알림 -액티브 쿨링 기능 없음		-운행 및 충전 중 배터리 냉각장치 작동 -배터리 고온 상태로 주차 시 배터리 냉각 장치 최대 30분간 작동 -액티브 쿨링 기능 없음	
배터리정보저장	-운행 및 충전 중 배터리 이상 감지 시 배터리 정보저장 -주차 후 2시간 동안 배터리 이상 감지 시 배터리 정보저장 -주차 후 2시간 이후 제어기 동작 시 배터리 정보저장		-운행 및 충전 중 배터리 온도 및 상태 등을 일정 주기 저장 -주차 후 24시간 동안 주변 환경에 따라 4~23시간 간격으로 배터리 정보저장	

• 상시이상감지 : 주차 중 배터리 열폭주 발생 감지 및 알림기능

• 액티브 쿨링 : 주차 중 배터리 열폭주 시 배터리를 강제 냉각시켜 열전이 지연
• 정보저장 : 주차 중 배터리 열폭주 시 배터리 온도 등 관련정보 저장 및 전송
• 열폭주 : 배터리 셀 내부에서 발생한 제어 불가능한 발열현상

(3) 구동축전지 안전기준 연구

1) 안전기준 연구 : 열전이 시험 제정(UN/ECE/GRSP/EVS GTR 2)

① 시험 목적 : 배터리 셀 내부 단락으로 열폭주 및 열전이 평가

② 관련 용어

- 열폭주(thermal runaway) : 셀 내부 단락으로 인한 발열반응으로 온도가 상승하여 제어가 불가능한 상태로 도달하는 현상
- 열전이(thermal propagation) : 내부 단락으로 시작된 열폭주가 주변 셀로 전이되는 현상
- GTR 1단계(완료) : 시험방법 개발 전까지 문서(engineering document) 제출로 안전성 증명
- GTR 2단계(진행 중) : 시험 재현성과 반복성을 고려하여 셀의 열폭주를 모사할 수 있도록 시험 조건 및 기준 개발 논의가 27차 회의('23.7월) 중단 → UN R.100에서 논의 계속 예정

③ 국내 기준조화

- 화염 억제시간 강화 : 주차 중 열폭주를 가정하여 기존 억제시간 5분 → 평균 소방도착 소요시간으로 연장(10분)
- KNCAP 채택 : 배터리 열전이 억제성을 평가하여 KNCAP에 결과 반영
- 사진 10.4는 열전이시험(thermal propagation testing)을 정면에서 관측한 장면이다.
- 시험하고자 하는 타겟 배터리 셀에 히팅 필름(heating film)을 부착하고 시험을 하고 있다.
- 사진 10.5는 열전이시험(thermal propagation testing)을 정면과 측면에서 관측한 장면이다.
- 그림 10.1은 열전이시험 개요도이다.

사진 10.4 **열전이시험(1)**

사진 10.5 **열전이시험(2)**

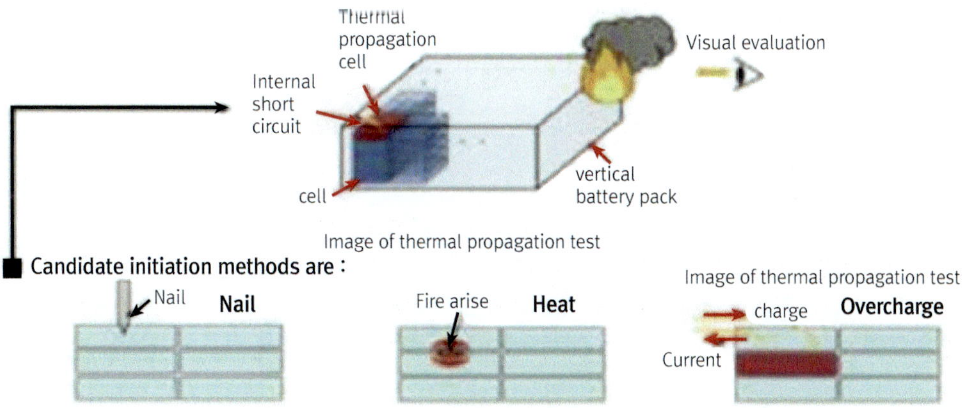

그림 10.1 **열전이시험 개요도**

2) 안전기준 연구 : 열전이 시험 제정(UN/ECE/GRSP/EVS GTR 2)

① 시험 목적 : 주차 중 배터리 화재 발생을 모사하는 열전이 시험법 개발

② 시험 방법

- 열폭주 타겟 셀 선정(열전이가 가장 쉽게 일어날 수 있는 위치)
  타켓 셀에 부착된 히팅필름을 가열하는 국부급속가열(localized rapid heating) 방법으로 열폭주 개시
- 열전이 상황에서 배터리 폭발 및 화재 발생여부 확인(열전이 감지 후 5분간 승객실 내 가스 유입 및 화염 등의 발생이 없어야 함)

3) 전기자동차 안전성평가 및 통합안전 관리기술개발 과제

① 전기차 배터리 안전성 확인 제도 개발

- 전기차의 중요 부품인 배터리의 안전 관리를 위해 사전인증제도 신설
- 정부가 인정한 시험기관 및 국가기관에서 발행한 성적서만 인정하여 저품질 배터리 사용 방지 목적

② 전기차 배터리 이력관리제 및 배터리 내구기준 신설

- 자동차 이력관리 항목에 전기차 배터리를 포함하여 배터리의 수리 · 교환 이력을 관리하여 배터리 안전관리 추진
- 현재 논의 중인 국제기준(UN GTR22)의 전기차 주행거리에 따른 성능기준을 신설하여 배터리 내구성능 관리
  - 5년 이하 혹은 10만 km 이하 주행 : 배터리 SOH 80% 이상
  - 8년 이하 혹은 16만 km 이하 주행 : 배터리 SOH 70% 이상

SoH(State of Health)

모든 제품에는 유효기간과 수명이 있듯, 배터리에도 당연히 정해진 수명이 있다. 배터리의 잔존 수명이자 현재 성능 상태를 알려주는 지표가 바로 SoH이다. SoH는 배터리의 최초 성능 대비 현재 배터리가 가진 성능 수준을 한눈에 보여주는 것으로, State of Health를 직역하면 '배터리 건강상태'를 의미한다.
배터리는 사용할수록 내부저항이 증가해 용량이 열화되는 제품인데, 배터리에도 당연히 정해진 수명이 있다. 일부 스마트폰이나 태블릿 PC, 노트북 등에서는 이 SoH를 쉽게 확인할 수 있다. 배터리의 수명은 사용자의 이용 습관 또는 외부 환경에 영향을 많이 받기 때문에 동일한 기간을 사용한 배터리라고 하더라도 SoH는 달라질 수 있다.

• 전기차 배터리 내구성능평가 장비 등이 광주 2단계 사업 일환으로 구축 추진 (95억)

인버터, 컨버터, DC-DC 컨버터, 구동 모터 등을 모두 포괄해서 워런티(warranty, 보증기간)를 해주고 있다.

4) **전기차 배터리 내구기준 신설**(표 10.6 참조)

① 국제기준(UN GTR22)의 전기차 주행거리에 따른 성능기준을 신설하여 배터리 내구성능 관리

• 5년 이하 혹은 10만 km 이하 주행 : 배터리 SOH 80% 이상

• 8년 이하 혹은 16만 km 이하 주행 : 배터리 SOH 70% 이상

표 10.6 **전기차 배터리의 규제별 내구성 기준**

기관	기간	거리	SOH	비고
US EPA('27)	5년	10만km	SOCE 80%	MPR
	8년	16만km	SOCE 70%	MPR
	8년	13만km	SOCE	워런티
US CARB ('26, 캘리포니아)	5년	10만km	SOCR 80%	MPR
	8년	16만km	SOCR 70%	MPR
	10년	24만km	SOCR	워런티
Euro7 M1('25.7월) N1('26.7월)	5년	10만km	SOCE 80%(75%)	M1(N1)
	8년	16만km	SOCE 70%(65%)	M1(N1)
UN GTR22	5년	10만km	SOCE 80%	MPR
	8년	16만km	SOCE 70%	MPR

• SOCE(State of Certified Energy : 잔여에너지율)

$$= \frac{\text{UBE measured(kWh)}}{\text{UBE certified(kWh)}} \times 100 = \frac{\text{측정배터리 용량(kWh)}}{\text{공인배터리 용량(kWh)}} \times 100$$

• SOCR(State of Certified Range : 잔여거리율)

$$= \frac{\text{Range measured(km)}}{\text{Range certified(km)}} \times 100 = \frac{\text{측정주행거리(km)}}{\text{공인주행거리(km)}} \times 100$$

• MPR(Minimum Performance Requirement : 최소 성능기준)

• UBE(Usable Battery Energy : 배터리 가용 에너지)

• M1 : 9인승 이하 승용차

• N1 : 총중량 3.5톤 이하 화물차

10.3 친환경자동차 및 부품 시험 · 인증 · 평가

(1) 목적

친환경자동차의 부품 시험 · 인증 · 평가의 목적은 그림 10.2와 같이 친환경자동차의 성능기준을 만족하는지를 평가해 최소한의 필수적인 자동차 주행 시의 요구품질(전반적인 성능, 규격, 제도 등)과 안전성을 보증하는 국제기준의 평가항목을 측정, 시험을 통해 보증하는데 목적이 있다.

(2) 시험 종류

시험 종류는 크게 다음과 같이 2종류로 시험을 진행한다.

① 구동축전지 안전성평가 등 자동차 및 자동차 부품의 성능과 기준 시행세칙

② 연구개발용역 등 인프라장비 활용 시험

그림 10.2 친환경자동차의 성능기준과 안전성 보증

사진 10.6은 배터리 안전성 평가항목으로 친환경자동차용 고전압 배터리의 물리 · 화학 · 전기 및 열적 충격조건에서 안전성 평가와 검증을 하고 있다.

사진 10.6 자동차안전연구원(KATRI)의 배터리 안전성 평가항목

사진 10.7과 같이 충돌시험은 저상 전기차(low-floor EV, 바닥이 낮고 출입구에 계단이 없는 즉, 다른 차량에 비해 상대적으로 실내 바닥 높이가 낮은)에서 저속충돌, 고속정면충돌을 시험하고 있다.

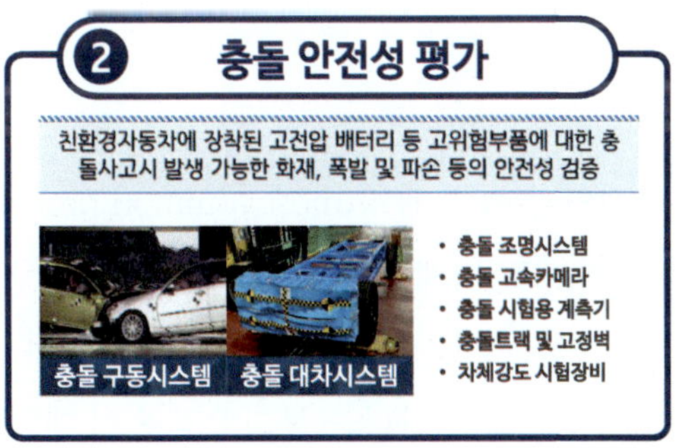

사진 10.7 충돌 안전성 평가시험

사진 10.8과 같이 충격시험은 저상 전기차에서 저속충돌, 고속 정면충돌을 시험하고 있다.

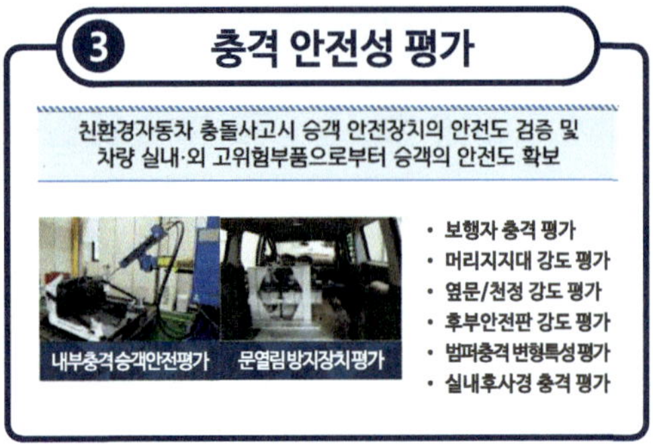

사진 10.8 충격 안전성 평가시험

10.4 리튬 배터리 화재 원인(마무리)

분리막이 손상되면 양극과 음극의 국부적 단락(short, 합선)이 발생하면서 방전량에 따라 리튬이온 배터리(LIB, Li-ion battery)의 내부 온도를 상승시킨다. 이로 인해 자기 발열(self-heating)이 지속되면서, 과열로 인한 열폭주에 진입하여 가스 분출과 폭발이 발생하고 화재로 이어진다.

따라서 LIB가 열폭주에 도달하면 물 분사 또는 냉각 등의 방법으로 열폭주를 쉽게 중단시킬 수 없다.

그림 10.3은 가장 일반적인 열폭주 과정(most common process of thermal runaway)을 나타낸 것이다. 크게 3가지로 기계적 남용(abuse), 전기적 남용, 열적 남용으로 인해 발생하는 것이다. 각 원인들을 상세히 나타내고 있다. 주요 원인으로는 분리막(separator)의 뚫림, 찢어짐, 붕괴로 나타나는 분리막 파손이 대표적이다.

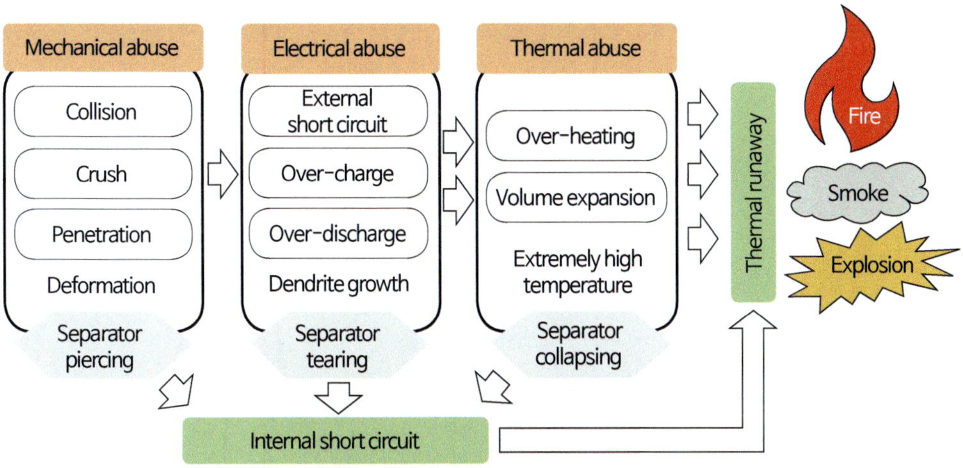

(a) Separator piercing(꿰뚫음) (b) Separator tearing(찢어짐) (c) Separator collapsing(붕괴)

그림 10.3 **열폭주를 일으키는 기계적 · 전기적 · 열적 남용의 요인**

리튬이온 셀은 작은 부피에 많은 양의 에너지를 담을 수 있도록 설계되었으며, 큰 고장이 발생하면 이 에너지가 빠르게 방출된다. 단독으로 보면 극적인 사건이지만, 고에너지 밀도의 전기차 배터리가 빽빽하게 들어찬 환경에서 발생하면 한 셀의 고장으로 인해 주변 셀의 고장이 연속으로 일어나 화재가 발생하고 배터리시스템 전체가 파괴되는 경우도 많다. 이 현상을 열전파(heat propagation, 열전이)라고 한다.

리튬이온전지는 내부 구성요소의 분해와 수소 및 기타 탄화수소와 같은 가스를 방출한 후 점화되어 발열 반응을 일으키는 화학물질로 인해 열폭주 경향이 있다. 배터리 하우징(housing)과 배선도 점화되어 더 많은 열이 발생하여 열전파로 인해 더 많은 셀이 고장날 수 있는 것이다.

그림 10.4에서 보여주는 바와 같이 온도가 증가함에 따라 리튬이온전지의 다양한 요소가 어떻게 작동하여 열폭주가 발생하는 지를 나타낸다.

그림 10.5는 LIB 리튬 · 코발트산화물(LCO, Lithium Cobalt Oxide, $LiCoO_2$) 흑연전지의 열폭주 과정의 개략도이다.

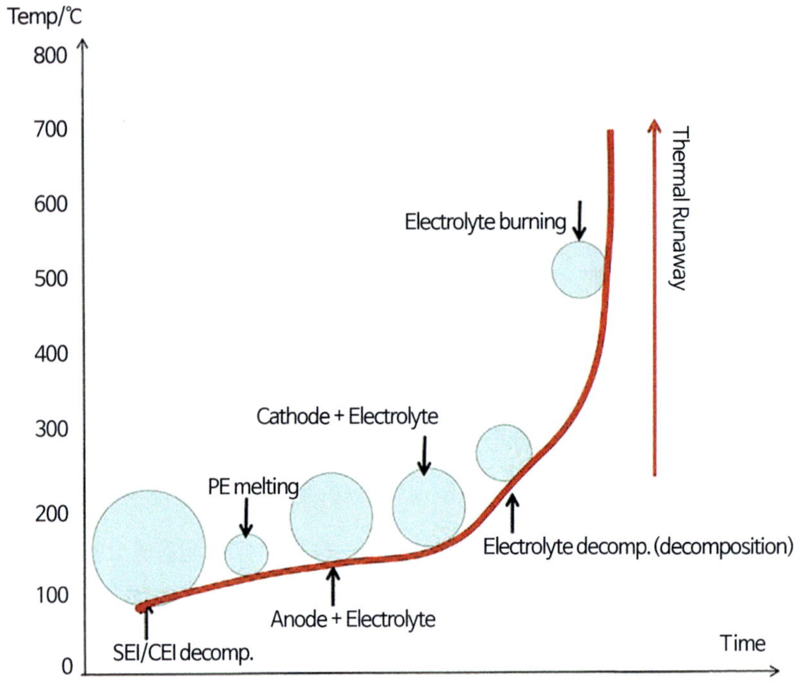

그림 10.4 온도 상승에 따른 열폭주 발생 메커니즘

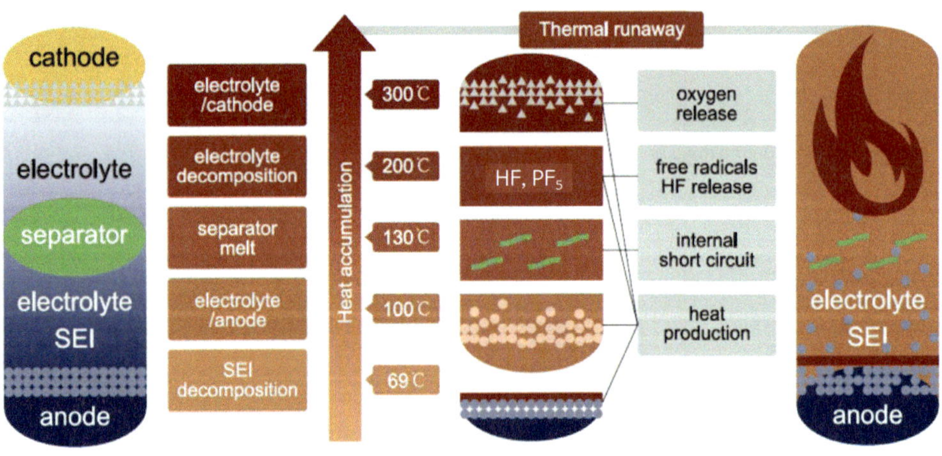

그림 10.5 LCO 흑연전지의 열폭주 개략도

배터리 분리막 손상땐 열폭주 … 폭발력 수류탄의 75%

전기차 화재, 과학적 원리와 예방법

최근 전기차 배터리 폭주로 인한 화재가 연이어 발생하면서 이에 대한 공포심이 커지고 있다. 일부 아파트 단지에선 전기차의 지하주차장 주차를 막거나 충전을 금지하는 등 전기차 화재에 대한 공포로 주민 간 갈등이 발생할 정도다. 전기차 화재의 과학적 원인과 예방법, 화재 시 대처법 등을 올바로 숙지하면 전기차에 대한 막연하고 지나친 공포심을 줄이는 데 도움이 된다.

전기차 화재를 이해하려면 우선 전기차에 들어가는 배터리의 구조와 특징을 이해해야 한다. 전기차에는 보통 '리튬이온 배터리'라는 고성능 배터리를 쓴다. 이는 우리가 자주 쓰는 스마트폰이나 태블릿PC, 노트북 등에 들어가는 배터리와 같은 종류다.

리튬이온 배터리의 구조는 크게 양극재, 음극재, 전해질(전해액), 분리막으로 구분할 수 있다. 전해질은 양극과 음극 사이에서 리튬이온을 이동하게 하는 매개체 역할을 한다. 분리막은 양극과 음극이 맞닿지 않도록 분리해 화학적 충돌을 막아 준다.

핵심은 분리막이다. 분리막이 손상돼 양극이 직접 연결되면 온도가 높아지고 전해액이 끓게 된다. 전해액이 끓으면서 가스를 방출하고 배터리를 팽창하게 해 결국 폭발에 이르게 된다.

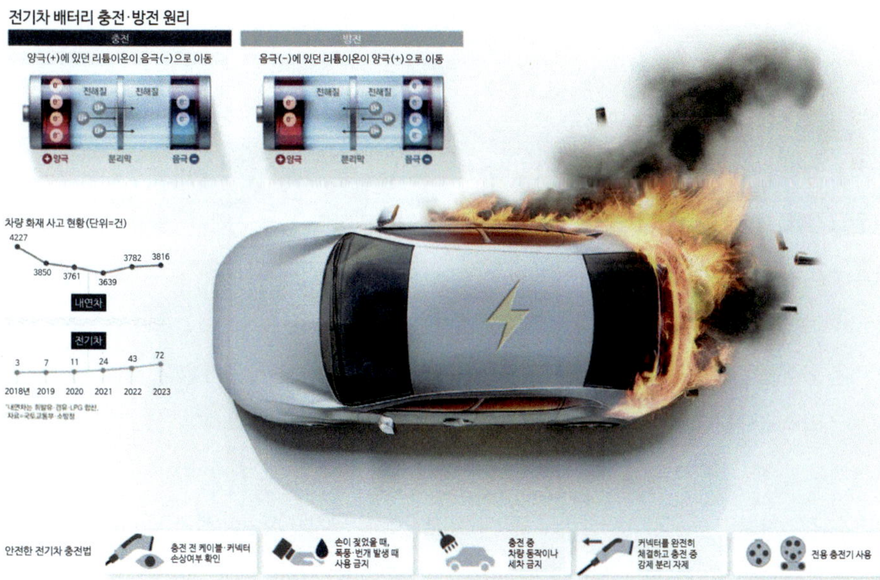

분리막이 손상되는 원인은 크게 △제조 결함 △과충전 · 방전 △외부 충격 등으로 구분된다. 먼저 제조 결함은 배터리 제조 과정에서 혼입된 금속 등 이물질이 사용 중 음극에 이른 뒤 돌기 형태로 자라면서 분리막을 손상시키는 것이다.

오기용 한양대 기계공학부 교수는 “분리막이 사라지면서 배터리 내부에서 작은 발열이 일어나고 내부 온도가 계속 오르게 된다”며 “일단 연쇄 반응이 시작되면 중단이 불가능하다는 것이 가장 큰 문제”라고 설명했다.

과충전은 배터리의 원래 설계 용량을 넘어서 계속 충전되는 상태를 의미한다. 과충전 시 상당 수준의 발열이 일어나면서 배터리 내부에 가연성 가스를 발생시키고 전해질의 변화와 분리막 손상을 일으킨다.

물론 전기차 배터리에는 과충전 방지 시스템(BMS) 장치가 포함돼 있지만 이 시스템이 제대로 작동하지 않으면 과충전이 발생할 수 있다. 일부 자동차 및 배터리 제조사들이 특정 모델 전기차에서 잇달아 화재가 발생한 뒤 임시방편으로 충전량 제한 등 조치를 취하는 것도 바로 과충전을 막기 위함이다.

과충전 못지않게 과방전(제때 충전하지 않아 배터리 용량이 완전히 바닥나는 것)도 위험하다. 과방전으로 인해 비정상적으로 전자가 공급되면 극판이 녹고 과충전과 마찬가지로 화학적 반응에 의한 발열이 일어난다.

외부 충격의 경우 즉각 발화에 이르지 않더라도 분리막에 발생한 손상이 한 발짝 늦은 화재로 이어질 수 있다. 따라서 전기차 운전자들이라면 추돌 사고 후 반드시 배터리 안전 점검을 받아야 한다.

전기차 화재가 대형 화재로 이어지는 것은 리튬이온 배터리의 ‘열폭주 현상’ 때문이다. 전기차 배터리는 겹겹이 쌓인 배터리 셀(Battery cell)이 배터리 모듈(Battery module)을 구성하고, 다시 이 모듈들이 쌓여 배터리 팩(Battery pack)이 되는 구조다.

이처럼 겹벽 형태인 배터리 구조는 하나의 셀이 폭발하면 다른 인접한 셀에 불이 옮겨붙으면서 연쇄 폭발을 일으킨다. 도칠훈 한국전기연구원 차세대전지연구센터 박사는 “열폭주 에너지를 비교했을 때 다이너마이트가 kg당 2,083Wh, 수류탄이 kg당 385Wh인데 리튬이온전지는 kg당 290Wh로 수류탄 폭발력의 75.3% 수준에 달한다”고 설명했다.

전기차 화재는 주변에도 큰 피해를 주기 때문에 대형 사고로 이어지는 경우가 많다. 리튬이온 배터리 특성상 높은 압력에 의해 가연성 가스 분출과 함께 화염이 수평으로 전파되는 특성이 있고, 가연성 가스로 인해 폭발까지 발생할 수 있다.

이처럼 전기차 화재는 원인이 다양하고 복잡해 이를 100% 막기란 사실상 불가능하다. 특히 안타까운 사실은 전기차 운전자가 화재를 예방하고 제어하는 게 쉽지 않다는 것이다.

따라서 열폭주 발생을 최소화할 일차적 책임은 완성차 · 배터리 제조사에 있다. 완성차 업체는 방열 소재 적용, 설계 고도화를 통해 차량 내 화재 확산을 최소화하고 탑승자가 대피할 시간을 충분히 벌어줘야 한다.

배터리 제조사의 역할도 중요하다. 현재 배터리는 주행거리 연장과 같은 성능 개선이 곧바로 화재 위험성 상승과 이어지는 한계가 있다. 주행거리를 높이려면 배터리 양극재 내 니켈 비중을 높이거나 외부 보호재, 모듈 등을 최소화해야 하는데 모두 화학적 불안정성이 높아지고 충격에 약해진다는 단점이 따라온다.

따라서 에너지 밀도와 화재 내성을 동시에 개선할 수 있는 기술 개발이 앞으로 배터리 제조 경쟁력을 좌우할 가능성이 높다. '전고체 배터리'가 꿈의 배터리로 주목받는 것도 전해액과 분리막을 고체 물질로 대체함으로써 화학적 발화 가능성이 크게 줄고 배터리 밀도는 높아지는 기술이기 때문이다.

전기차뿐만 아니라 리튬이온 배터리를 사용하는 다양한 제품이 많다. 특히 전동킥보드의 경우 화재 위험성이 크다. 나용운 국립소방연구원 연구사는 "전동킥보드는 원통형 배터리 60개가 직병렬로 연결돼 있어 열폭주 지속 시간이 상당히 길어지고 재발화되는 경우도 많다"며 "산업통상자원부나 국가기술표준원에서 전동킥보드 인증 체계를 강화할 필요가 있다"고 강조했다.

그렇다면 운전자 입장에서는 어떻게 해야 화재 발생 확률을 줄일 수 있을까. 먼저 가장 많이 제기되는 해법인 배터리 충전율 조절과 관련해선 대부분 전문가가 과충전 · 과방전을 막기 위해 적절한 충전율 범위를 제한해 전기차를 충전하는 것이 좋다고 보고 있다. 전기차를 안전하고 오래 사용하기 위해서는 배터리 충전량을 20~80%로 유지해주고, 밸런스 있게 충전하기 위해서 한 달에 한 번 완속 충전해주는 것이 좋다는 것이다.

정기적인 배터리 안전 점검도 화재를 방지할 가능성을 높여준다. 국내에서는 한국교통안전공단이 도입한 전자장치진단기(KADIS)를 사용하는 민간 검사소에서 배터리 점검이 가능하다. 특히 전기차 배터리는 구조상 외부에서 확인하기 어려운 만큼 정기 점검의 중요성이 높다. 이외에도 충전소 주변은 고압의 전류가 흘러 흡연 후 담뱃재는 큰 화재를 발생시키므로 금연이 필수다. 손에 물기가 있을 때는 충전소를 사용하지 말고 우천 시에는 실내 충전소를 이용해야 한다.

(출처 : 매일경제, "배터리 분리막 손상땐 열폭주 … 폭발력 수류탄의 75%", A27면, 2024. 9. 24.)

“전기차 화재 막는다” … SKIET, 고내열 분리막 개발 성공

대전 R&D센터 가보니
350도까지 안전 … 세계 최고
배터리 고객사들과 공급 협의
“분리막 균일하게 품질 유지”
中 선두업체와 경쟁도 자신

종이보다 얇은 흰색 원단이 기계에서 뽑혀 나와 길게 늘어진다. 도자기 성분인 세라믹을 미세하게 도포하면 이차전지 핵심 소재 중 하나인 분리막이 탄생한다. 경쟁사 대비 원단을 균일하게 뽑아내고 세라믹을 고르게 도포하는 게 SKIET의 독자적인 기술력이다. 지난 19일 찾은 대전 SK대덕연구단지 내 SKIET R&D센터에서는 내구성을 높이는 실험이 반복적으로 이뤄지고 있었다.

이차전지는 양극재와 음극재 사이에서 리튬이 활발히 이동하며 전기를 발생시킨다. 이때 양극과 음극이 만나면 화재가 일어나는데 이를 중간에서 막는 것이 분리막이다. 전극의 접촉을 막으면서도 아주 미세한 구멍을 통해 리튬은 통과시켜야 한다. 배터리의 에너지 밀도는 유지하면서 안정성은 높이는 등 균형을 유지하는 게 분리막 기술의 핵심이다. SKIET는 이를 위해 10여 건의 연구 프로젝트를 진행 중이다.

최근 개발에 성공한 ‘고내열 분리막’은 실험 끝에 얻어낸 결과물이다. 350도까지 내구성을 유지한다.

사진 10.11 SKIET 연구원들이 대전 SK대덕연구단지 내 SK R&D센터에서 이차전지 분리막 생산을 위한 테스트를 하고 있다(SKIET 제공).

전 세계에서 판매되는 분리막 제품 중 가장 내열성이 높다는 게 회사 측 설명이다. 국내외 두 곳의 배터리 고객사와 신규 공급을 협의 중이다.

SKIET는 온도가 어느 정도 올라가면 리튬이 지나다니는 구멍을 차단해 화재 확산을 막는 '셧다운 온도 저감 분리막', 기존 제품 대비 외부 충격에 따른 내구성을 20% 높인 '초고강도 분리막' 등의 개발도 마쳤다. 김진웅 SKIET R&D센터장은 "분리막의 퀄리티를 결정하는 핵심은 강도, 내열성, 기공 구조의 균일성"이라며 "세 부문 모두에서 확연히 개선된 연구 데이터를 얻어냈다"고 말했다.

SKIET의 경쟁 상대는 중국 분리막 제조사다. 김 센터장은 "연구개발 데이터를 축적한 시간의 차이가 크다"며 "제품 제조 과정만 보면 동일하다고 볼 수 있지만 수m에 달하는 분리막을 한번에 제조하면서 균일하게 품질을 유지하는 건 결코 쉬운 일이 아니다"고 강조했다. SKIET는 다음 단계 경쟁을 위해 차세대 제품 개발에도 열을 올리고 있다. 이차전지 내 가스 발생을 저감하는 분리막, 전해액 분해를 막아 에너지 밀도 저하를 방지하는 분리막 등은 이미 상업화 직전 단계까지 개발을 마쳤다. 차세대 배터리로 꼽히는 전고체용 배터리를 위한 전용 분리막도 개발하고 있다.

(출처 : 한국경제, "전기차 화재 막는다 … SKIET, 고내열 분리막 개발 성공", A12면, 2024. 9. 24.)

배터리는 초기 상태의 복잡한 공정제조 상의 결함(이를 배터리 셀 결함이라고 한다) 및 사용 중(in use) 여러 복합적이고 환경적인 영향과 이로 인한 스트레스가 누적되어져 진행성 결함 · 손상 등으로 전기차 화재 및 폭발 현상이 발생한다.

대표적 예를 들면, BMS가 셀 밸런싱(cell balancing)을 유지하기 위해서는 수동형으로는 저항으로 고전압의 열발산을 시키거나 능동형으로는 전압편차를 최소화하기위해 고전압에서 저전압으로 전류를 이동시킬 때 열이 발생한다. 이러한 발열이 계속되면 과열로 인한 과부하가 걸리는 것이고, 또한 배터리 팩에 계속 내외부의 충격과 진동이 지속되어지면 배터리의 초기 상태에서는 검사(진단) 시 아무런 이상(문제)이 없다하더라도 진행성으로 배터리의 문제(손상, 결함, 고장, 오류, 오작동을 총칭)가 발생하며 누적된 피로로 인해 진행성 거동으로 인한 진행성 손상이 발생, 진행, 성장해 결국에는 전기차 화재 · 폭발로 이어질 수 있다.

또한 배터리 제조공정상에서도 반도체와 같이 외부 미세 먼지나 이물질의 유입이 극히 제한된 클린룸(clean room, 청정실)에서의 공정(청정 공정)이 이뤄져야만 배터리 셀, 배선, 회로 등의 화학적 · 기계적 · 전기적 · 물리적 결합은 물론 환경적으로도 완벽하게 될 수가 있는 것이다.

즉, 배터리 화재는 배터리 셀 초기 결함과 사용 중(in use)의 진행성 결함(손상)이 복합적으로 이뤄져 발생하는 현상이다.

따라서 이차전지(배터리)를 연구개발(R&D, Research and Development), 설계, 제작, 테스트(test, 시험)하고 양산하는 제조공정의 전 주기는 물론 전기차의 점검 · 유지 · 보수 · 관리를 비롯한 운영시스템(체계)에서도 배터리 데이터와 전기차 데이터가 결합(통합)된 보다 정확한 배터리 건강상태와 수명예측을 위해 AI 및 ICT와 결합된 보다 혁신적 기술경쟁력을 확보해야 한다. 그것이 바로 배터리와 전기차의 안전성을 확보하는 것이다.

LG화학 배터리 열폭주 억제소재 개발

전기차 화재 초기 차단 / LG엔솔 · 포스텍도 참여

LG화학이 배터리 열폭주로 인한 화재를 조기에 진압할 신소재를 개발했다. 급격한 온도 상승을 막아 불씨 확대 가능성을 차단할 수 있는 소재다. LG화학은 LG에너지솔루션, 포스텍 연구팀과 공동연구를 통해 배터리 열폭주를 억제하는 소재 '안전성 강화 기능층'을 개발했다고 1일 밝혔다. 이민아 포스텍 배터리공학과 교수팀과 함께 배터리가 일정 온도를 넘어서면 전류 흐름을 억제하는 소재를 개발한 것이다. 이 연구성과는 LG에너지솔루션과 실시한 안전성 검증 결과를 더해 세계적 학술지 네이처 커뮤니케이션즈 9월호에 게재됐다.

안전성 강화 기능층은 온도에 따라 전기 저항이 변하는 복합 물질이다. 온도가 오르는 단계에서 전기 흐름을 차단하는 '퓨즈' 역할을 하며 발열을 억제한다. 전기차 배터리 화재 주요 원인인 열폭주를 조기에 막는 것이 핵심이다.

열폭주 억제 소재는 배터리 온도가 비정상 범위인 90도에서 130도까지 오르면 소재 결합 구조가 바뀌며 전류 흐름을 억제하는 구조다.

전류 흐름을 막는 것은 열폭주 방지에 중요한 역할을 한다. 열폭주는 전지 내부 양극과 음극이 직접 접촉하면서 단락과 함께 수초 만에 온도가 1,000도 이상 치솟는 현상이다.

LG화학은 모바일용 배터리 안전성 검증 테스트를 마친 뒤 내년까지 전기차용 배터리에도 안전성 테스트를 이어가겠다는 방침이다.

이종구 LG화학 CTO(최고기술책임자)는 "안전성 강화 기능층은 가까운 시일 내 제품에 적용 가능한 가시적 성과"라며 "안전성 강화 기술을 고도화하고 배터리 시장 경쟁력 강화에 기여할 것"이라고 말했다. LG화학은 모바일용 배터리의 안전성 테스트를 끝낸 뒤 내년까지 전기차용 배터리 테스트를 이어갈 계획이다.

이 CTO는 "기존에도 셀 내부에 온도 변화에 반응하는 소재를 넣는 방식은 있었지만, 반응 속도가 느리거나 에너지 밀도가 떨어지는 문제가 있었다"며 "LG화학은 소재 설계에 대한 기술력과 특허를 보유하고 있어 기존 문제를 해결하면서도 빠르게 양산 공정에 적용할 수 있는 수준의 소재 개발에 성공했다"고 설명했다. 또한 "이른 시일 내 제품에 적용할 예정"이라며 "배터리 시장 경쟁력 강화에 기여할 것"이라고 말했다.

(출처 : 매일경제, "LG화학 배터리 열폭주 억제소재 개발", A15면, 2024. 10. 2.)

LG화학이 개발한 배터리 화재를 초기에 막을 수 있는 열폭주 억제 소재는 온도에 따라 전기 저항이 변하는 복합 물질이다. 온도가 오르는 초기 단계에는 전기 흐름을 차단하는 퓨즈(fuse) 역할을 한다. 열폭주 억제 소재를 배터리 양극층과 집전체(current collector, 10μm대 두께의 박막재(포일, foil) 형태로, 여기서는 전자의 통로 역할을 하는 알루미늄 포일이다) 사이에 얇은 층 형태로 넣었다. 전지에 이상이 생겨 온도가 정상 범위를 벗어난 90~130℃ 오르면 결합 구조가 바뀌며 전류 흐름을 억제한다. 온도가 올라가면 전기 저항이 강해지고, 온도가 내려가면 다시 저항이 약해진다.

전기차 배터리 화재의 주요 원인인 열폭주는 주로 전지 내부의 양극과 음극이 직접 접촉하며 시작된다. 이런 점에서 발열 초기에 반응 경로를 차단하는 열폭주 억제 소재가 화재 방지에 효과가 큰 것은 사실이다.

대부분의 경우에 있어, 열폭주가 일어나는 거동 메커니즘을 살펴보면, 배터리의 충방전 과정에서는 음극(anode)에서 리튬(Li)이 석출되는 현상이 발생한다. 일반적으로 양극이 음극보다 용량이 높고, 리튬의 탈리 · 삽입속도도 빠르다. 그래서 음극에서 리튬이온의 저장 용량이 부족한 경우, 양극에서 나온 리튬이온이 음극에 모두 삽입되지 않으므로 음극쪽에서 리튬이 석출되는 덴드라이트(dendrite) 현상이 나타나게 된다. 이러한 덴드라이트는 음극에서 점점 성장하여 그림 10.12에서 보여주는 바와 같이 분리막을 뚫게 되고, 분리막이 뚫리면서 양극과 음극의 전해액이 섞여 쇼트(short, 단락)가 발생하게 된다.

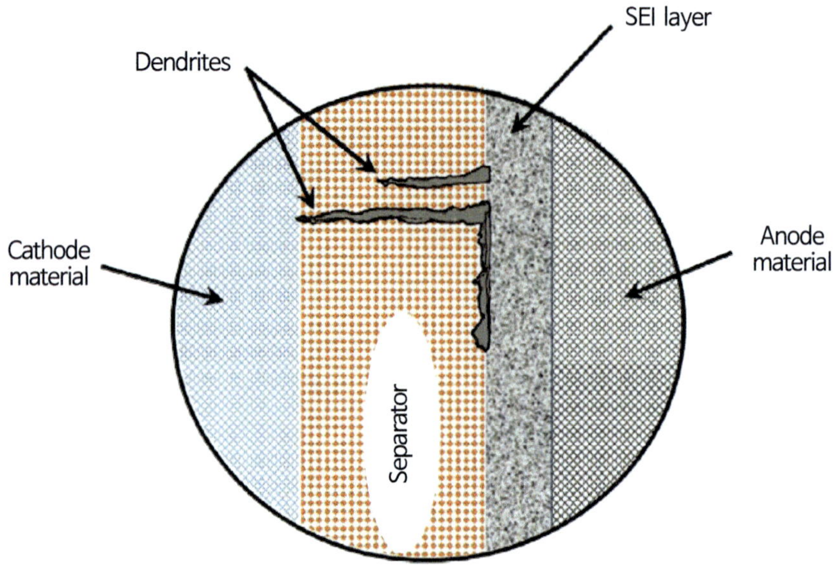

그림 10.12 **덴드라이트(dendrite) 현상에 의한 분리막의 손상 및 파손**

다른 한편으로 배터리 셀 자체의 결함(불량)을 일으키는(유발하는) 원인을 파악하기 위해서는 복잡하고 섬세한 여러 복합적인 공정들로 이루어진 그리고 제조라인 수준에서 철저한 시험 공정들로 구성된 배터리(전지)의 제조공정을 알아야만 한다.

배터리(전지)의 제조공정을 살펴보면, 전지의 제조공정은 양극 또는 음극활물질을 집전체에 코팅하여 전지 극판을 만드는 전극 제조공정(혹은 극판공정이라고도 한다), 제조된 극판을 전해질, 분리막 등 각종 셀 요소들과 조립하는 조립공정, 마지막으로 방전 상태로 제조된 리튬이온 배터리(LIB)를 충전하여 활성화하고 불량제품을 선별하는 화성공정 등으로 이루어져 있다.

배터리 제조 4대 공정은 크게 전극공정, 조립공정, 화성공정, 기타공정(팩 공정)으로 구분된다.

그림 10.13은 리튬이온 이차전지 중의 각형전지에서의 제조공정을 간략히 나타낸 것이다.

그림 10.13 **전지 제조공정 흐름도(각형전지 기준)**

여기서는 우선 그림 10.13에서의 화성공정을 자세히 살펴보기로 하자.

01 화성공정(Formation process, 활성화공정)

배터리의 화성공정은 조립된 배터리 셀에 전기적 특성을 갖도록 배터리를 활성화시키고, 결함 여부를 파악하는 마무리 공정이다. 조립공정 직후의 리튬이온 배터리는 전압이 측정되지 않는다. 충전해서 활성화해야만 배터리로서 기능을 할 수 있기 때문이다.

화성공정(활성화공정)은 포메이션(formation, 충방전), 에이징(aging, 안정화), 그레이딩(grading, 등급분류), 시렉팅(selecting, 불량선별) 등의 공정으로 나뉜다. 화성공정은 대부분 자동화되어 있는 것이 특징이다.

화성공정은 Formation → Aging → IR/OCV(내부저항/개방회로전압)의 순서로 이루어지며, 배터리의 충방전 및 에이징을 통해 배터리를 활성화하고 불량 셀을 선별하는 공정이 바로 4대 공정(전극공정 → 조립공정 → 활성화공정 → 팩 공정) 중 세 번째인 화성공정(활성화공정) 단계인 것이다.

앞에서 언급한 IR은 내부저항(IR, Internal Resistance)이고, OCV는 개방회로전압(OCV, Open Circuit Voltage)이다. OCV는 말 그대로 배터리에 아무 것도 연결하지 않은 상태에서 배터리에 걸리는 기전력을 말한다. 이처럼 전기회로가 열려있는 상태를 회로가 열려있다고 하여 개방회로, 개회로라고 하며 영문으로는 Open Circuit이라고 한다. 이때, 회로가 열려있기 때문에 전기가 통하지 않게되고 이 상태의 전지전압을 개방회로전압(Open Circuit Voltage, OCV)이라고 하는 것이다.

개방회로전압은 회로에서 분리되었을 때 전자장치의 두 단자 사이의 전위차로, 연결된 외부 부하가 없어 단자 사이에 외부 전류가 흐르지 않는다.

(1) 화성공정의 목적

화성공정은 활성화공정, 불량전지 제거공정, 용량 선별공정 등으로 구분된다.

우선, 활성화공정에서는 조립된 전지를 충전, 에이징(aging, 안정화), 방전 등의 공정을 통해 전지구조를 안정화시키고 사용 가능한 상태가 되도록 한다. 초기 충전 시 3.3V 부근에서 음극 표면에 SEI 피막이 형성되며, 이 과정을 통해 전해액-전극계면에서의 리튬이온의 이동을 용이하게 하고 전해액의 분해를 억제시킨다. 활성화 정도는 이후 전지의 성능, 수명, 안정성 등 제반 특성에 영향을 주게 된다. 불량 전지는 에이징 중의 개방회로전압(OCV) 측정과 방전용량 측정을 통해서 제거할 수 있다. 불량의 원인은 주로 전지 내부에서의 미세단락에 의한 것이 많으며, 이는 에이징 중의 개방회로전압 및 방전용량의 저하 현상을 통해 검출된다. 불량전지는 성능 저하뿐만 아니라 안전성 문제가 있을 가능성이 있기 때문에 적절한 절차에 의해서 폐기되어야 한다.

용량 선별공정은 리튬이온전지를 직렬·병렬로 연결하여 팩(pack)으로 사용할 경우에는 용량 선별이 중요하다. 전지팩(배터리 팩, battery pack) 내에서 각각의 전지가 동일한 특성(용량, 전압)을 가지고 있지 않을 경우에는 성능 및 수명이 급격하게 저하되며 안전성의 문제가 발생할 수 있다. 용량 선별 기준은 일반적으로 용량의 3% 정도 이내로 한다.

화성공정은 배터리 제조공정 중 29%를 차지하며 '충방전공정' 또는 '화성공정'이라고도 칭한다. 조립공정까지로 만들어진 배터리는 형태만 갖추고 전혀 기능을 하지 못하는 상태이다. 활성화공정을 통해 전기적 특성이 부여되고, 안정화 작업 후 결함 검사와 배터리 등급을 부여받는 단계이다. 간단하게 조립공정 직후 배터리에 충전을 시켜 전기적 특성이 부여되고, 양극재 및 음극재에 전해액이 충분히 함침되도록 기다리는 에이징 작업, 이 과정을 충분히 반복한 후 파우치 배터리에만 국한되지만 필요 시 내부 가스를 제거하는 디게싱 작업, 이후 전지의 성능을 갖추게 되는데 내부저항(IR, Internal Resistance) 및 개방회로전압(OCV, Open Circuit Voltage) 등을 검사하여 최종 등급을 부여해 셀이 탄생하게 되는 것이다.

SEI(Solid Electrolyte Interphase, 고체전해질 간기)와 역할

리튬이온 배터리의 성능을 좌우하는 SEI(Solid Electrolyte Interphase)는 '전해질 내에서 고체로 분열(생성)한다'라는 뜻으로, 고체전해질화되는 주기의 단계(간기 · 사이기)이다.
우선 SEI는 배터리가 만들어지고 화성공정 단계에서 충전을 거치게 되는데 처음으로 충전할 때 리튬이온이 캐소드(cathode, 배터리에서는 양극, (+)극이다)에서 애노드(anode, 배터리에서는 음극, (-)극이다)로 이동하면서 전해질과 리튬이온이 결합하여 음극재 표면에 얇게 고체 형태로 생기는 막을 가리킨다. 즉, 배터리 셀 내부에 분리막이 하나 더 생기는 것이라고 생각하면 되겠다.
SEI는 셀이 조립되고 난 후 전지가 첫 충전을 하는 과정에서 전극표면에 형성되는 부동태막을 일컫는다. 과거에는 음극만을 명칭했지만 현재는 전극의 양극 및 음극 둘 다 해당되며, 이 때 생기는 막의 형태에 따라서 전지 성능이 좌우되기 때문에 배터리 제조사들에 있어 SEI가 형성되는 화성공정은 대외비 기술로 알려져 있다.
리튬이온 배터리의 방전 시 캐소드(cathode)는 (+)극을 가지는 리튬 · 코발트 산화물 전극이며, 애노드(anode)는 (-)극을 가지는 흑연 전극이다.
SEI는 자체의 저항이 거의 무한대라 전자 전도도가 매우 낮다. 반대로 리튬이온에 대하여는 높은 이온 전도도를 띄고 있다.

(2) 화성공정의 종류 및 기능

1) 포메이션(Formation, 충방전)공정

충전과 방전(formation)공정은 화성공정 중 80%를 차지하며, 리튬이온이 처음으로 전해질을 통해 음극 그라파이트(graphite, 흑연)에 쌓이게 되는 단계이다. 이 단계에서 가장 중요한 SEI(Solid Electrolyte Interphase)가 음극층에 형성된다. 충전이 완료되면 방전을 진행하며, 방전 시에는 리튬이온이 반대로 이동하여 양극층에도 충분한 SEI가 생성되게 되는데, 이 때 셀 속에 존재하는 리튬이온의 약 5~10%가 사용되며 배터리의 안전성과 수명을 결정짓는 중요한 요소이기에 이를 안정적으로 조절하는 연구가 계속되고 있다.

포메이션(formation, 충방전)공정은 화성공정에 있어 최초의 충전공정이며, 방전상태의 셀을 활성화시키는 공정으로 화성공정 내 비중이 80% 이상이다. 이때 그림 10.14에서 보여주는 바와 같이 음극 표면에 이온 전도성이 얇은 고체막 즉, SEI(Solid Electrolyte

Interphase, 고체전해질 기간)층(layer)이 형성된다.

리튬 배터리를 충전하게 되면 캐소드(cathode, 양극)에서 애노드(anode, 음극)로 리튬이온이 이동하고, 외부회로로 전자가 이동하게 된다.

배터리 그 자체를 가장 처음 만든 상태 즉, 한 번도 충·방전을 시행하지 않은 초기 생산 그대로의 배터리 셀에 충전을 하게 되면, 리튬이온이 양극(캐소드)에서 음극(애노드)으로 이동하면서 전해질 내의 첨가제(additive)와 화학적 부반응을 하게 되어 음극(−) 계면 살짝 앞쪽에 얇은 고체막이 형성되는데 이것을 SEI라고 한다.

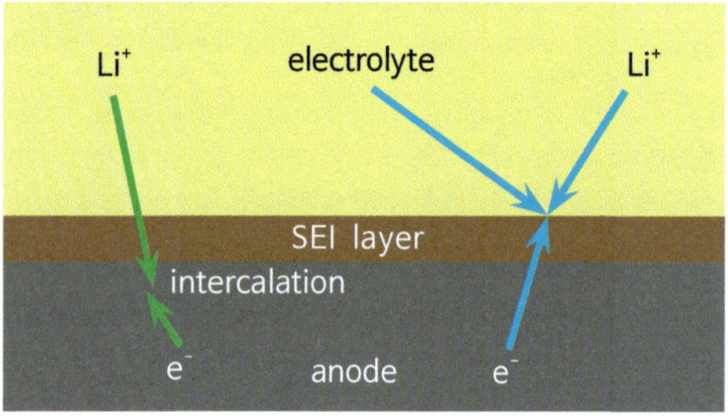

그림 10.14 **음극 표면에 SEI layer(레이어, 층)의 형성**

① SEI(Solid Electrolyte Interphase, 고체전해질 기간)층이란?

SEI(Solid electrolyte interphase)는 "전해질 내에서 고체로 분열(생성)한다"라는 뜻으로, SEI는 고체전해질의 기간, 사이기, 간기 등으로 해석된다. SEI층은 음극재 표면에 고체전해질 형태의 층(layer)이 생성되어 있는 기간이다(interphase : 세포주기에 있어, 분열기와 다음 분열기 사이의 중간 기간).

배터리 제조 후 최초로 충전 시 리튬이온이 음극쪽으로 이동하여 100% 충전이 되면, 음극쪽에 전해질 내의 첨가제(additive)와 화학적 부반응을 일으켜 음극(−) 계면 살짝 앞쪽에 얇은 고체막(layer)이 생기는데 이것을 SEI라고 한다. 이 SEI가 얼마나 잘 생성되느냐에 따라 배터리의 성능 및 수명을 결정하게 된다. SEI 구성성분은 산화리튬, 리튬 플루오라이드(Lithium fluoride, 플루오린화 리튬은 LiF의 화학식을 가진 무기화합물로, 실온에서 고체 상태로 존재한다), 탄산리튬, 세미카보네이트(semi-carbonate), 고분자화합물 등으로 구성되어 있다. SEI가 생성되고 나면 지속적인 전기화학 반응을 보장하기 위해 리튬이온의 수송은 허용하고 전자는 차단하게 된다.

② SEI 형성과 수명 과정

흑연 박리와 균열, 전해질이 분해되어 SEI가 형성되고, 변환되면서 안정화되고 성장하게 된다. 일정기간 동안 양극, 음극에 상호작용이 지속되면 SEI가 용해되어 침전된다. 이런 과정이 지속되면 SEI에 리튬결정이 성장하고 부식되어 배터리 성능이 떨어지면서 수명이 다하게 된다.

2) 에이징(Aging, 안정화)공정

활성화공정 이후 안정화를 거치는 공정으로 전해액의 안정화를 위해 정해진 온도와 습도에서 일정기간 동안 보관하며, 이 과정을 통해 배터리 내부에 전해액이 고르게 분산돼 이온의 이동이 최적화될 수 있도록 한다. 또한 불량셀 선별 작업도 같이 진행된다.

에이징(aging)공정은 충방전이 완료되면 상온과 비슷한 조건의 챔버 내에서 가만히 놓아 두는, 전해질이 양극 및 음극에 골고루 함침되도록 한다. 리튬이온이 전해질을 통해 양극과 음극을 원활하게 확산되어 이동할 수 있도록 만들어주는 에이징 과정이다. 배터리의 용량 및 성능에 따라 즉, 양극과 음극 그리고 전해질의 양에 따라 충방전과 에이징 과정을 충분히 반복하게 된다.

3) 디게싱(Degassing, 가스 제거 · 탈가스)

충방전과 에이징 작업을 진행하다 보면 화학적인 반응으로 인해 셀 내부에 가스가 생기게 된다. 원통형 및 각형 배터리의 경우에는 케이스(case)가 단단하고 내부에 충분한 공간이 있어 가스를 그대로 담아두지만 파우치(pouch)의 경우 좀 더 유연한 케이스가 적용되어 부풀어 오르게 된다. 때문에 이를 제거하기 위해 파우치 배터리 제조 공정 중 공기포켓(air pocket, 액체나 기체의 흐름을 막는 각종 공기주머니)에 이 가스를 담아 제거하는 공정이 추가로 진행하게 된다. 이 때문에 파우치 배터리의 에너지 밀도가 더 높은 이유이기도 하다.

4) 그레이딩(Grading, 등급분류)공정

등급분류공정은 화성공정 중 마지막 단계에서 각 설비로부터 얻은 데이터(data, 자료)를 기반으로 등급분류기가 전지의 등급을 분류하는 공정이다.

5) 시렉팅(Selecting, 불량선별)공정

충방전기 및 IR/OCV로부터 측정된 데이터를 바탕으로 선별기가 배터리 셀의 불량을 판정하는 공정이다. IR(Internal Resistance, 내부저항)과 OCV(Open Circuit Voltage, 개방회로전압)는 주파수 및 전류에 따른 이차전지의 내부저항(IR) 분석과 개방회로전압(OCV)의 측정이다.

테스트 및 불량선별 공정은 디게싱공정(degassing, 가스 제거) 이후에도 충방전 및 에이징 작업을 몇 차례 더 반복한다. 이때 충전 용량과 불량 배터리를 선별하게 되는데 IR(Internal Resistance, 내부저항)과 OCV(Open Circuit Voltage, 개방회로전압) 등을 분석하여 셀의 품질을 평가하게 된다.

여기까지의 여러 공정을 거쳐 사용하는 배터리 셀의 최종 형태가 만들어지고 실제 사용 가능한 배터리가 탄생하게 되는 것이다.

(3) 주요 화성공정의 순서와 기능(역할)

화성공정의 주요 순서와 기능(역할)은 다음과 같다.

Aging(에이징)은 안정화공정을 위한 검사이고, OCV는 개방회로전압(Open Circuit Voltage)의 측정을 통해 배터리 셀의 불량을 판정하는 검사이다.

① 외관검사 : 조립에서 이관된 전지의 누액, 이물, 변형 여부를 육안으로 검사하는 공정이다.

② Aging 1 : 전해액 함침을 위해 일정 온도 및 습도로 유지하는 공정이다. 적정기간이 지나면 전지 내부 부식 등의 부반응(副反應, 여러 가지 반응이 함께 일어날 때에 주된 반응 외의 다른 반응)이 일어날 수 있으므로 기간 설정에 유의해야 하며, 온도와 습도 조건은 전지 특성에 영향을 주므로 엄격한 관리가 필요하다.

③ OCV 1 : 전해액 함침(含浸, impregnation : 화학 가스 상태나 액체로 된 물질을 물

체 안에 침투하게 하여 그 물체의 특성을 사용 목적에 따라 개선하는 작업) 여부, 부반응 발생 여부, 조립부품의 이상 여부를 검사하기 위한 공정이다.

④ 충전 : 전지의 활성화 및 에이징 기간 중의 불량 제거를 위해 전지를 완전히 충전시키는 공정이다.

⑤ 스탠딩(Standing) : OCV 2 검사를 위해 충전이 완료된 전지 전압을 안정화시키는 공정이며 일반적으로 수 시간 소요된다. 스탠딩 검사는 정재전압 검사이다.

⑥ OCV 2 : 불량 전지를 검출하기 위한 공정이다.

⑦ Aging 2 : 전지 활성화 및 OCV 검사를 위해 일정한 온도 및 습도에서 유지하는 공정으로 충전완료 후 약 일주일 정도 유지시킨다.

⑧ OCV 3 : OCV 2와 마찬가지로 불량 전지를 검출해내기 위한 추가 공정이다.

⑨ Aging 3 : 전지 활성화 및 OCV 검사를 위해 일정 온도 및 습도에서 28일 정도 유지하여 전지를 더욱 안정화시키는 공정이다.

⑩ 방전/출하 충전 : 용량 선별을 위해 전지를 완전 방전한 후 제품 출하를 위해 충전하는 공정이다.

⑪ 방전용량 선별 : 방전용량에 따라 등급을 부여하는 공정으로 전지팩(배터리 팩) 제작 시 성능, 수명, 안전성에 문제가 발생하지 않을 수 있는 용량 범위로 등급이 결정되며, 일반적으로 용량의 3% 정도를 1개 등급으로 한다.

참고로 기타공정을 추가해 설명하면 다음과 같다.

02 기타공정

기타공정은 검사장비를 통해 셀의 불량을 점검하고 난 뒤 포장 및 출하의 과정을 거치게 되는 과정이다. 전극, 조립, 화성공정 이외에 검사, 탈철, 자동화장비 등이 있다.

(1) 검사장비

① Cycler : 개발용, 테스트 장비로 이차전지 소재 및 사양 변경 시의 특성과 수명 테스트를 하기 위한 충방전기(charging/discharging machine 또는 charger and discharger)이다.

② X-ray 검사장비 : 셀 내부의 결함(defect)을 X-레이로 투시하여 검사한다.

③ 외관검사기 : 외관의 흠, 결함 등 불량을 검사한다.

④ IR/OCV : 이차전지 및 커패시터(capacitor)의 개방회로전압(Open Circuit Voltage)과 내부저항(Internal Resistance)을 측정장비로 측정해 배터리의 특성 파악을 한다.

(2) 탈철장비

배터리 소재에 미세하게 포함되어 있는 철(Fe) 성분을 제거하는 장비인 탈철기로 탈철(deiron)을 한다.

(3) 자동화장비

제품을 이송하거나 로딩/언로딩(loading/unloading, 짐을 싣고 내리는 작업) 등 제조라인 상에 있어 자동화장비로 물류시스템을 구축한다.

03 배터리 팩(Battery pack) 공정

전극 · 조립 · 활성화 공정까지 마친 배터리는 애플리케이션 모델(사용 용도를 의미한다. 예를 들면 전기차, 에너지저장장치 등 목적에 맞는 제품)에 맞게 모듈화시켜야 하는데, 배터리 제조의 마지막 단계는 배터리 팩 공정이다.

배터리 팩 공정은 다음과 같은 순서로 진행한다.

(1) 배터리 셀 연결

먼저, 활성화 공정이 끝난 배터리 셀 표면의 이물질을 제거한 후 여러 개의 셀을 셀 투 셀(cell to cell)의 형태로 연결한다.

(2) 모듈화

연결한 셀들은 접착제를 도포한 모듈 케이스에 고정시킨다. 이어 고정된 여러 개의 셀을 와이어링 하네스(wiring harness) 혹은 버스 바(bus bar)로 묶은 후 모듈 상부 커버를 씌워 조립하면 모듈이 완성된다.

(3) 팩 조립

마지막으로 배터리 팩에 모듈 여러 개를 넣고 모듈 투 모듈(module to module)로 연결하면 하나의 팩을 완성하게 된다. 이렇게 완성된 배터리 팩이 다양한 애플리케이션에 탑재되는 것이다. 이때, 배터리 셀과 애플리케이션 모델에 따라 배터리 팩에 들어가는 셀과 모듈의 수량은 각각 달라진다.

04 결언

이와 같이 배터리 공정제조기술은 아주 복잡하고, 미세한 그리고 먼지나 이물질 등의 유입이 없는 청정한 공정라인에서 이뤄진다. 저자는 다음과 같은 답변을 던진다.

(1) 배터리 셀 자체의 결함

앞에서 자세히 설명했듯이 배터리 제조 단계에서의 시험 · 검사는 제조라인 상에서의 정적인 시험이라 할 수 있다. 에이징(aging, 안정화)이라 하는 안정화시험을 거치지만 스케일 업된(scale up, 규모가 커진) 파일럿 (실험실) 수준의 배터리 셀 자체의 시험 · 검사 수준이다.

배터리의 화재는 아무리 철두철미한 제조라인에서의 엄격한 규격에 맞는(이를 스펙 인(spec. -in)이라 한다), 전혀 하자가 없는 배터리 셀을 출하했더라도 대부분은 사용 중에 발생하고 있다는 것이다.

(2) 사용 중(In use)의 결함

전기차를 장기간 사용하는 동안 여러 가지의, 복합적이고 다양한 환경과 상황에 전기차가 노출하게 된다. 이는 배터리 제조공정에서 미처 발견되지 않고, 스펙 인(spec.-in, 시험규격안에 들어간 양품)이었던 이전 배터리 셀에서의 아주 미세한 잠재적 결함들이 사용 중 반복적이고 지속적인 피로(충격, 충돌, 온도, 습도, 염분, 산화작용, 이물질 유입, 도로 상태, 노면 상태, 운전자 운전 습관 · 행태 등 아주 다양한 요인이 얽힘)에 의해 진행성으로 나타나는데(노출되는데) 이를 총칭해 사용 중의 진행성 결함이라고 한다. 실제 사용(운행) 현장에서의 장기간에 걸쳐 누적된 동적인 피로의 누적에 의한 결함이다.

전기차가 운행(주행)하는 도로 상태의 사례를 살펴보자. 특히 최근에는 폭연, 태풍, 홍

수 등 기후변화로 발생이 잦은 도로 파임(포트홀, 포트홀(pot hole)은 냄비(pot)처럼 생긴 구멍(hole)의 합성어로 아스팔트 도로 표면 일부가 부서지거나 내려앉아 생긴 국부적인 구멍이다) 위험성이 높아졌다. 대표적인 사고가 도로 포장에 쓰는 콘크리트가 솟아 오르는 블로업(blow up, 포장된 콘크리트가 온도 상승에 따른 팽창 때문에 부분적으로 솟는 현상으로, 콘크리트 포장이 온도 팽창에 의한 압축력에 견디지 못하고 좌굴(buckling)을 일으켜 부분적으로 들고 올라가게 된다. 이는 시멘트 포장은 외형을 유지한 채 판 단위로 팽창을 거듭하다가 다른 판과 부딪히면 깨지면서 허공으로 치솟기 때문이다) 현상이다. 콘크리트는 외부 온도가 오르면 팽창한다. 이때 포장 이음부 사이에서 콘크리트가 솟아 오르거나 파쇄되는 현상이 발생한다. 이 때문에 차량이 파손되거나 심지어는 인명사고로까지 이어진다. 폭염(무더위)과 집중호우, 심한 눈보라와 같은 악천후는 물론 해빙기에 발생하는 도로 파임(포트홀) 현상은 전기차 운행(특히 악천후 및 야간 운행 시)에 아주 나쁜 영향을 미쳐 전기차 내구성과 안전성을 크게 저하시킨다. 한국도로공사에 따르면 2019년부터 2023년까지 5년간 전국 고속도로에서만 발생한 포트홀은 총 2만 2,753건이다. 이 중 32%가량이 강수량이 많은 7~8월에 집중됐다.

리튬이온 배터리는 전기차체 하부 섀시(chassis)에 장착되어 있어, 특히 외부 충격 및 진동에 취약하다. 또한 차체 하부의 손상이 배터리에 직 · 간접적으로 안전성에 영향을 끼치기 때문이다.

(3) 정적인 시험과 동적인 시험의 결합

따라서 배터리 제조공정에서의 파일럿(pilot) 수준의 정적인(약한 동적시험도 현장시험이 아니므로 정적시험으로 저자는 폭넓게 정의했음) 배터리 셀 시험으로는 아무리 시험을 철두철미하게 한다 하더라도 완벽한 검증이 어려우므로 장기간에 걸친, 다양한 혹한 환경에서의 철저한 동적시험으로의 검증이 필요하다고 본다.

이렇게 배터리 셀 자체의 데이터와 전기차의 운용(운행) 데이터가 결합되어 얻어진 데이터가 바로 종합적인 매칭(matching, 정합(整合)) 데이터가 되는 것이다. 이를 바탕으로 전기차 운행 패턴에 적합한 최적화된 배터리를 개발, 설계 및 제조할 수 있기에 전기차의 화재를 사전 예방할 수 있는 최선의 방책이 된다.

(4) 배터리 품질, 내구성, 안전성에 대한 신뢰성 확보

앞에서 설명한 내용들과 결합된 사항으로 이차전지 배터리 제조공정기술은 아주 복잡하고, 정교하면서도 미세한 공정들이 결합된 고도화된 기술이다.

또한 청정 환경에서의 자동화 라인과 수동라인이 서로 구성되어져 있다.

이렇게 복잡하게 얽힌 제조공정에서의 배터리 품질은 물론 사용 중에도 배터리 품질에 전혀 문제가 없어야 함에도 불구하고, 사용 중 즉, 진행성으로 아주 미세한 결함이 일단 나타나게(발생하게) 되면, 그 결함에 계속적인 스트레스(stress)가 누적되어져 나중에는 피로 확대로 인한 파손 또는 손상이 발생되는 것이다(이는 최대 피로 항복점을 지난 후 발생한다).

다음 그림 10.15와 같은 배터리 팩에 있어 배터리 모듈들을 서로 연결하는 전기적 배선의 예를 들어보자. 다양한 배선들이 복잡하게 얽혀 연결 · 구성되어 있다.

앞 단계에서 완성된 배터리 모듈들을 넣고 모듈 투 모듈(module to module)로 연결해 주면 배터리 팩이 완성된다. 배터리 셀과 애플리케이션 모델에 따라 탑재되는 셀의 수, 모듈의 수도 다르다. 가령 총 96개의 배터리 셀이 들어가는 팩에 6개의 셀이 하나의 모듈이라면, 총 16개의 모듈이 하나의 배터리 팩으로 만들어지는 것이다.

배선들과 배선을 접속해 주는 접속단자 버스바(busbar), 배터리 모듈을 배터리 팩에 고정해 주는 부분 조립체를 비롯한 배터리 팩을 전기차 차체 하단부 섀시(chassis)에 고정시켜 장착해주는 체결부(fastener, 파스너)와 고정부, 외부 충격 및 진동 시의 충격흡수장치, 배터리에서 발생하는 열을 식혀주는 냉각장치 등을 비롯한 전장(전기 · 전자장치)과 소프트웨어가 서로 연계 · 결합 · 조립된, 기술집약적으로 고도화된 종합적인 최종 조립체(조립품, 완성품)이기에 어느 한 곳에서의 사소한 문제(결함, 하자, 고장, 손상, 파손, 오류 등으로 이를 총칭하여 문제라고 정의한다)라도 사용 환경 및 운전자의 운전 습관, 충전 행태 등에 따라 배터리 안전에 대한 잠재적 위험성을 내포하고 있는 것이다.

결론적으로 말하자면, 전기차 화재가 발생할 확률상으로는 아주 낮을지라도(가능성이 거의 미비할지라도) 이러한 복합적인 아주 사소한 문제로 야기되는 것이기 때문에 잠재적인 위험을 내포하고 있기에 안전성이 계속 강조되는 것이고, 발생 시에는 문제점의 근원을 특정하기도 매우 어렵다.

그림 10.15는 모듈 투 모듈에 있어 상호 연결(interconnection, 상호 접속)된 전기적 와이어링(wiring, 배선) 모습이다.

그림 10.15 모듈 투 모듈에 있어 상호 연결된 와이어링(wiring, 배선) 모습

앞에서 설명한 바와 같이 배터리 팩에 실장(장착)되는 배터리 셀을 줄이고자 하는 시도가 배터리 기술개발 및 제조업체에서 경쟁이 치열하다. 참고로 다음 기사를 인용하고자 한다.

"4680 배터리 양산만 하면 대박" … 韓美日 기술 경쟁

열폭주 방지 등 안전성 우수
LG엔솔, 12월 삼원계 양산
삼성SDI · SK온, 상용화 속도
파나소닉 · 테슬라도 연구 분주

"상업화에 성공하면 말 그대로 대박이다. 판도를 바꿀 무기가 될 수 있다."

요즘 국내 배터리 3사의 최고기술책임자(CTO)들이 46파이(지름 46mm, 높이 80mm) 원통형 배터리에 대해 공통적으로 하는 얘기다. 일상생활에서 흔히 보이는 AA건전지와 비슷한 크기의 2170 원통형 배터리를 확 키운 46파이 배터리의 대량 양산 가능성이 커지면서 업계에선 "오랜 숙원이 풀리고 있다"는 말도 나온다. 46파이는 기존 배터리 유형에 비해 에너지 효율은 물론 최근 주목받고 있는 전기차 화재 문제

4680 원통형 배터리

2170원통형		4680원통형
지름 21mm 높이 70mm	크기	지름 46mm 높이 80mm
3000~4000개	전기차 투입 개수	600~1300개
230~250kg	전기차1대당 총무게	180~200kg
복잡	배터리관리시스템	단순

도 대폭 개선할 수 있는 첨단 배터리다. 전고체 배터리가 안전에서 '꿈의 배터리'로 언급되지만, 상용화를 위해선 10년 이상의 시간이 걸릴 것으로 예상된다. 배터리업체들이 46파이를 실현 가능한 돌파구로 여기고 본격적인 전쟁을 준비하고 있는 배경이다.

배터리업계에 따르면 46파이 생산에 선착하는 업체는 LG에너지솔루션이 유력하다. LG에너지솔루션은 늦어도 올해 12월부터는 충북 오창 공장에서 삼원계 46파이 생산을 시작한다. 내부적으로 양산 성공을 위해 전사적인 투자를 하고 있는 것으로 알려졌다. 46파이는 양극재, 음극재, 전해질, 분리막으로 구성된 셀을 둘둘 말아 대형 원통형으로 만들어야 하는데 양산 난도가 기존 유형과 비교할 수 없을 정도로 높다.

삼성SDI는 내년 양산을 목표로 하고 있다. 기존 계획은 2026년이었지만, 시장 판도를 읽고 양산 계획을 1년 당겼다. SK온 역시 46파이를 '게임 체인저'로 여기고 이석희 대표가 46파이 태스크포스(TF)를 직접 이끌고 있다.

일본 파나소닉도 경쟁에 뛰어들었다. 테슬라는 아예 46파이 자체 생산을 시도하고 있다.

주요 배터리 강자들이 46파이 개발에 뛰어드는 건 '슈퍼셀'이라고 불릴 만큼 장점이 크기 때문이다. 46파이의 가장 큰 장점은 안전성이다. 기존 제품에 비해 셀을 적게 쓰는 데다 커진 만큼 내부 공간이 많아 배터리 내부에 가스나 열이 발생하더라도 열폭주로 이어지지 않도록 제어할 수 있다. 배터리업계 관계자는 "배터리 팩 내부에 쿨링 시스템을 장착하기에도 편하다"고 설명했다.

각형의 리튬 · 인산철(LFP) 배터리를 내세워 글로벌 시장 점유율을 높이는 중국 회사들의 진격을 막을 수 있는 무기로도 여겨진다. 중국에선 CATL 등이 46파이 개발에 나서고 있긴 하지만 개발 기간이 짧아 아직 K배터리와의 기술 격차가 있다는 분석이 나온다.

(출처 : 한국경제, "4680 배터리 양산만 하면 대박 … 韓美日 기술 경쟁", A10면, 2024. 8. 31.)

LG에너지솔루션이 2028년 1월부터 2038년 12월까지 10년간 독일 벤츠에 공급하기로 한 50.5GWh(기가와트시) 규모의 46파이(46Ø) 배터리는 전기차 약 63만 대에 들어가는 분량으로 계약규모는 수 조 원대로 전망된다.

전기차용 46파이(지름 46mm, 높이 80~95mm) 원통형 배터리는 기존 2170(지름 21mm, 높이 70mm) 원통형 배터리 대비 에너지 효율과 화재 안전성을 대폭 강화한 46파이로 완성차 업체와 대규모 공급 계약을 맺은 건 이번이 처음으로, 표 10.7은 4680(46파이) 원통형 배터리의 제원(諸元)이다.

표 10.7 **4680(46파이) 원통형 배터리의 제원**

종 류	2170 원통형	4680 원통형
크 기	지름 21mm, 높이 70mm	지름 46mm, 높이 80mm
전기차 투입 개수	3,000~4,000개	600~1,300개
전기차 1대당 총무게	230~250kg	180~200kg

회사 관계자는 "고객사와의 비밀 유지 계약을 맺은 상태여서 구체적인 금액 등은 밝힐 수 없다"고 했지만, 시장에선 계약 규모가 수 조 원에 달할 것으로 추정하고 있다. LG에너지솔루션은 올해 4월부터 미국 애리조나에 46파이 전용 공장을 짓고 있다. 벤츠에 들어가는 물량도 이곳에서 생산해 공급할 예정이다.

LG에너지솔루션은 이번 46파이 계약에 대해 '중국과의 경쟁에서 앞서갈 수 있는 계기를 마련했다'고 평가하고 있다. 그동안 LG엔솔은 46파이를 '슈퍼셀'이라고 부르며 시장 판도를 바꿀 무기로 여겨왔다. 일상생활에서 흔히 볼 수 있는 AA 배터리와 비슷한 크기의 기존 2170 원통형 배터리는 크기가 너무 작아 전기차 한 대에 3,000~4,000개가 들어간다. 출력 대비 무게가 올라가면서 에너지 효율이 떨어지고, 각 배터리를 관리하기도 어려웠다.

이에 비해 크기를 대폭 키운 46파이는 적게는 600개, 많아도 1,300개가량으로 배터리 개수가 줄어들어 효율, 무게는 개선되고 배터리 하나하나를 관리하기 더 쉬워진다. LG에너지솔루션은 충북 오창 공장에서 생산한 46파이 배터리를 테슬라에 소규모로 공급할 예정이다. 연말에 출하할 것으로 알려졌다.

전기차 배터리 화재 막으려면, 정교한 제어장치 기술 꼭 필요

'배터리 매니지먼트 시스템' 연구
김종훈 충남대 전기공학과 교수
전류-전압 등 데이터 분석해 … 이상 현상 사전에 막는 장치
실험데이터 부족해 연구 난항 … 지식 갖춘 전문인력 양성해야

"전기차 배터리 화재 원인은 첫째 배터리의 제조상 문제, 둘째 '배터리 매니지먼트 시스템(BMS)' 문제입니다. 문제가 있는 배터리를 충 · 방전할 때 생기는 이상 현상을 BMS가 잡아내지 못한 것입니다. BMS 기술을 고도화할 수 있는 데이터를 충분히 확보해야 합니다."

4일 대전 충남대 연구실에서 만난 김종훈 충남대 전기공학과 교수는 전기차 배터리 화재와 관련해 현재 기술력으로는 BMS를 고도화하는 연구와 실증이 급선무라며 이같이 말했다. 양극과 음극, 전해질, 분리막 등으로 이뤄진 현재 이차전지 구조상 화재에 취약할 수밖에 없는 상황에서 BMS 기술력을 빠르게 끌어올려 전기차에 적용해야 한다는 진단이다. 김 교수의 연구실은 국내에서 유일하게 BMS를 중심에 놓고 연구한다.

BMS는 배터리의 전류, 전압, 온도 데이터 등을 감지하고 이를 종합 분석해 이상 현상을 사전에 진단 및 차단할 수 있는 제어장치를 의미한다. 배터리의 현재 상태나 수명을 알려줄 뿐 아니라 배터리의 기본 단위인 셀끼리 전압 편차를 줄이는 밸런싱과 발열 관리 등을 수행한다. 배터리가 성능을 최대한 활용하고 과충전 · 과방전 등을 방지할 수 있도록 하는 것이다. 보통 셀 하나에서 이상 현상이 시작되는데 BMS는 다른 셀로 문제가 확산하는 것을 지연하거나 차단할 수 있다.

김 교수는 "BMS의 기술력을 고도화하는 게 아주 어려운 것은 아니다"라고 말했다. 문제는 고도화를 위한 데이터가 부족하다는 점이다. 그는 "BMS가 이상 현상을 잘 잡아내려면 다양한 상황에서의 배터리 실험 데이터가 상당량 필요한데 학교나 소규모 연구그룹은 데이터를 확보하기에 여의치 않은 상황"이라고 말했다.

그동안 BMS 연구가 우선순위에서 밀렸다는 분석도 나왔다. 김 교수는 "배터리는 그동안 소재 연구 중심의 접근이 이뤄졌고 국내 배터리 제조사들도 BMS 연구를 준비했지만 우선순위에서 밀린 것으로 알고 있다"고 말했다. 그는 "국가 연구개발(R&D) 사업에서도 배터리 관련 인력 양성 계획이 대부분 소재 분야"라고 설명했다.

BMS 연구 인력은 하드웨어와 소프트웨어 인력으로 나뉜다. 하드웨어는 회로 설계를 하던 기존 인력이 어렵지 않게 접근할 수 있어 상대적으로 인력이 많다. 김 교수는 "소프트웨어를 잘하는 사람은 많은데 배

터리를 잘 몰라서 한계가 있다"며 "배터리 지식이 있는 소프트웨어 인력 양성이 필요하다"고 말했다. 이어 "차세대 모빌리티 분야에서 자율주행차의 소프트웨어가 중요한 만큼 전기차에서의 소프트웨어도 중요하다"고 덧붙였다.

한국도 세계적인 배터리 제조사와 현대차 · 기아 같은 완성차 기업이 있다 보니 배터리 기술력에서만큼은 글로벌 경쟁에서 뒤처지지 않는다는 게 김 교수의 생각이다. 최근 전기차 화재 사고 우려를 불식시킬 수 있는 기술 경쟁력을 갖출 수 있다는 것이다.

김 교수는 특히 앞으로 화재에 상대적으로 안전한 것으로 여겨지는 전고체전지 등 차세대 배터리가 나오더라도 BMS 연구는 계속 필요하다고 강조했다. 김 교수는 "기본적인 설계는 같겠지만 소재가 바뀌면 새로운 BMS를 적용해야 한다"며 "BMS에서 수집한 데이터를 실시간으로 클라우드에 보내고 해당 차량의 가상 시뮬레이션인 디지털 트윈(Digital Twin)을 활용해 문제를 진단하거나 인공지능(AI)을 도입하는 고도화 시도도 이어지고 있다"고 밝혔다.

(출처 : 동아일보, "전기차 배터리 화재 막으려면, 정교한 제어장치 기술 꼭 필요", B6면, 2024. 10. 14.)

BMS 고도화 놓고 자동차 · 배터리社 정면 충돌

정부 보조금 정책 논의 중단
배터리社 "우리가 개발 주체
제조사, 운행정보 공유해 달라"
자동차社 "전기차 연구 지속
배터리 제조 기술 역량도 충분"

전기자동차 화재를 막을 배터리관리시스템(BMS) 고도화 논의가 배터리업계와 자동차업계 간 이견으로 진척되지 못하고 있다. 'BMS 개발 주체가 누구냐'를 두고 양측 모두 물러서지 않아 협상이 한걸음도 나아가지 못하는 것으로 알려졌다.

17일 업계에 따르면 전기차에 고도화된 BMS를 장착할 경우 수십만 원의 보조금을 지급하기 위한 정책 논의가 최근 중단됐다. 완성차 제조사와 배터리사 간 의견 정리가 되지 않은 탓이다. 현재 전기차에 들어가는 BMS는 온도 등 배터리의 기본 상태만 확인할 수 있는 기초적 수준에 머물러 있다. 화재를 완벽히 막기에는 역부족이라는 평가가 지배적이다.

정부는 인센티브를 제공해 배터리 성능, 수명, 전압 상태, 내부 저항, 셀 불균형 등 세밀한 정보를 관리할

글로벌 BMS 시장 전망

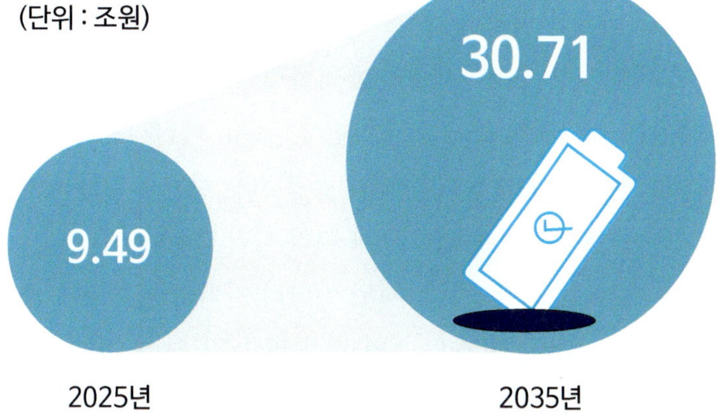

자료 : SNE리서치

수 있는 고도화된 BMS를 빠르게 개발 · 적용하기 위해 팔을 걷어붙였다. 하지만 업계 간 갈등이 걸림돌이 되고 있다.

쟁점은 '누가 고도화된 BMS를 만들어 공급하느냐'로 압축된다. 기초 BMS는 주로 배터리사가 공급한다. 배터리업계는 배터리 제조 주체가 자신들인 만큼 업그레이드되더라도 BMS를 배터리사가 주도해 제조해야 한다는 입장을 굽히지 않고 있다. 배터리를 개발, 생산하는 하드웨어 역량과 관련 프로그램을 만드는 소프트웨어 역량이 별개가 아니라는 주장이다. 이를 위해 배터리사는 차 제조사에 배터리 관련 운행 정보 등을 공유해 달라고 요구하고 있다.

자동차업계는 강하게 반발하고 있다. 그동안 전기차 배터리와 관련한 정보를 취득하고 연구해 온 건 자동차사라는 것이다. 배터리 제조에 관한 기술 역량도 부족하지 않다는 게 현대자동차 · 기아 등의 판단이다. 배터리를 납품하는 순간 관련 정보의 소유권은 차주 및 자동차사에 있다는 것도 이들의 주장을 뒷받침하는 핵심 논리다. 자동차 업체들은 차주에게서 '제3자 정보 동의'를 받아 전기차 및 배터리 정보를 축적하고 있다.

이 같은 BMS 갈등은 미래 시장 주도권과 관련이 있다는 분석이 나온다. 글로벌 자동차사는 배터리 내재화에 열을 올리고 있다. 배터리 관련 정보를 독점하는 건 자동차사로선 중요한 무기가 될 수 있다. BMS가 고도화하고 인공지능(AI)이 도입되면 BMS 로열티 개념이 생길 가능성이 크다는 점도 갈등 요인으로 거론된다. BMS 사용자가 제조사에 비용을 지급해야 하기 때문에 누가 고도화 BMS의 개발 주체가 되느냐가 중요한 문제일 수밖에 없다는 얘기다. 이와 관련해 정부 관계자는 "최대한 타협점을 찾아낼 것"이라고 말했다. (출처 : 한국경제, "BMS 고도화 놓고 자동차 · 배터리社 정면 충돌", A12면, 2024. 11. 18.)

전기차 배터리 화재 원인은 첫째 배터리의 제조상 문제이다. 이는 아주 복잡하고, 정교하며, 미세 먼지 등의 유입이 없는 클린(clean, 청정) 환경에서 배터리의 수 많은 구성 부품의 가공, 조립을 비롯한 공정 및 제조 상의 포괄적 과정에서 생기는 문제이다. 배터리 셀, 모듈, 팩까지 단계별 조립 · 제조하는 복합적인 과정에서 발생되는 극히 사소한 결함까지를 포함하는 총체적인 문제를 포함한다. 둘째 '배터리관리시스템(BMS)' 문제는 물론이고 셋째는 전기차 운영 상의 문제가 병합된다. 이는 전기차의 충방전 횟수 · 시간은 물론 운전자의 운행 습관과 환경 여하에 따라 각각 다르다.

따라서 고도화된 BMS는 전기차에 탑재된 배터리 자체의 건강상태 즉, 배터리 성능, 수명, 전압 · 전류 · 온도 상태, 셀 간의 전압 편차 및 보정, 내부 저항(IR, Internal Resistance), 셀 불균형, 개방회로 전압(OCV, Open Circuit Voltage) 등을 센서로 측정하고 미리 파악해 배터리의 이상 징후를 감지하여 배터리가 최적의 성능을 유지 및 발휘할 수 있도록 제어하기에 물론 배터리 자체의 기본적이며 세밀한 정보관리는 또한 당연할 뿐 아니라 한편으론 배터리가 탑재된 전기차의 운행정보와 배터리 간에 미치는 영향의 관계(전기차의 운행이 배터리에 어떤, 얼마만큼의 안정성 및 안전성에 부정적인 영향을 미치고, 이를 예측 · 보정 · 균형을 유지 · 관리해 배터리의 안정성과 화재로부터의 안전성을 담보해주는)를 통합하여 관리하는 즉, 배터리 기본과 운행 전기차의 정보와 이를 통합해 관리해 주는 고도화된 BMS가 필요하다. 이러한 배터리와 전기차의 성능과 안정성과 안전성을 통합관리 · 제어하는 BMS를 고도화된 BMS라고 말할 수 있다.

고도화된 BMS는 전기차 운행 상 배터리에 영향을 미치는 다양하고 복합적인 인자들(즉, 진행형으로의 영향 및 변수)까지도 파악, 관리하여 즉시 감지 · 예측, 보정 및 제어를 해줌으로써 배터리의 안정적 건강상태를 유지하는 한편, 불안정 시에는 안정화시키는 것이, AI시대에 있어 전기차에 적용되는 시대정신으로 반드시 필요하다고 저자는 주장한다. 현재 사용 중인 캔(CAN) 통신을 통해 서로(전기차 BMS와 배터리 BMS 간에) 충분하고 정확한 데이터를 주고 받을 수 있다.

또한 BMS는 주행 및 충전 중 상시 진단뿐만 아니라 시동이 꺼지는 주차 중에도 계속 작동해 끊김없이 실시간으로 혹은 주기적 · 정기적으로 배터리 셀의 이상 징후를 정밀 모니터링해 원격으로 알려줘야만 한다. 이를 위해서는 별도의 배터리 팩을 장착한 여분의 2nd 배터리시스템을 실장 · 탑재하면 된다. 별도의 배터리는 슈퍼커패시터(Supercapacitor) 등 안정성과 안전성이 입증된 구동축전지를 사용하면 되는 것이다.

현재도 주차 중에는 BMS가 작동하지 않는 먹통 상태의 전기차종이 많다. 이런 경우에는 배터리에 문제가 발생해도 차주나 제조사에 이상 징후를 전하는 알림기능이 없다(안내하는 서비스를 제공하지 않는다). 전기차에 전원을 공급하는 주 배터리의 용량을 절약(절전)하기 위한 것이라지만, 개선의 방법은 있는 것이다. 하나의 간단한 예를 들면, 주차 중에는 BMS를 절전상태(모드, mode)로 들어가게 하고, 배터리 셀의 불균형 등 이상 징후가 발생하면 BMS를 다시 활성화시키면 되는 것이다.

BMS는 배터리를 관리하는 시스템으로 배터리의 안전을 지켜주는 주기술이기에 그 역할은 아주 크다. BMS가 전기차 화재의 원인 중 하나가 되는 과충전을 막는 과충전 방지기술은 물론이고 배터리 셀의 결함, 분리막 파손 등으로 인해 초기 배터리의 과열 징후(과열로 인해 발생되는 초기 증상은 셀 내부에서의 가스 팽창으로 인해 셀 바깥이 부풀어 오르는 스웰링(swelling) 현상이다. 즉 이는 배터리 셀의 이상 현상으로, 셀 내부에서 화학반응이 과도하게 일어나게 되면 리튬이온의 전해액이 기화하며 만들어진 기화가스들로 인해 셀이 부풀어 오르는 배부름이라 일컫는 현상이다)까지도 감지할 수 있는 고도의 능력까지도 기대해 본다.

다음 신문기사를 인용함으로써 저자가 주장하는 고도화된 BMS가 왜 필요한지를 다시금 생각해 보고자 한다.

'인천 전기차 화재' 원인도 보상도 '미궁'

4개월 수사한 경찰 "원인 확인 못해"
관리소장 등만 송치 … 벤츠, 책임 면해
車 87대 불타는 등 재산피해 수백억 … 구상권 청구 대상 특정 어려워져
주민-지자체-보험사 난감한 상황

인천 청라 전기차 화재가 끝내 미궁에 빠졌다. 수사당국이 약 4개월에 걸친 조사에도 정확한 사고 원인을 밝히지 못했기 때문이다. 향후 피해 보상 등에 대한 책임 소재가 불분명해지면서 제조사 측에 구상권을 청구하려던 지방자치단체와 보험사들도 난감한 상황에 처했다.

● 경찰 "정확한 화재 원인 확인 못해"

인천경찰청 형사기동대는 28일 청라 전기차 화재 사고 수사결과를 발표하고 "정확한 원인은 확인할 수 없었다"고 밝혔다. 올해 8월 1일 사고가 발생한 뒤 전담수사팀을 꾸려 수사에 나선 경찰은 불이 시작된 벤츠 전기차의 배터리 관리장치(BMS)와 배터리 팩을 국립과학수사연구원에 감정 의뢰하는 등 4개월간 수사를 진행했다.

하지만 국과수 감정 결과 등을 토대로 '배터리 팩이 외부 충격으로 인해 불이 났을 수 있다' 등의 가능성만 확인한 채 정확한 원인은 밝혀내지 못했다. 원인 규명의 핵심 장치로 주목 받았던 배터리 관리장치가 상당 부분 불에 타 데이터를 추출하지 못했다는 게 경찰 설명이다.

경찰은 차량 제조사인 벤츠 측과 차량 소유주를 상대로도 조사했지만 차량 결함 등 별다른 혐의점을 찾지 못했다. 경찰 조사를 받은 벤츠 본사 소속 기술자는 "배터리는 중국 제조사로부터 셀을 공급받아 자체 기술로 팩을 제작해 차량에 장착했다"며 "배터리 자체에는 문제가 없었다"고 진술한 것으로 전해졌다.

경찰은 화재 초기 스프링클러 작동을 임의로 멈추게 한 아파트 관리사무소 직원과 관리사무소장, 소방안전관리자 등 아파트 관계자 4명을 업무상과실치상 혐의로 검찰에 송치할 방침이다. 이들은 평소 화재 대피 훈련이나 교육 등을 실시하지 않는 등 화재 안전 관리를 제대로 하지 않아 입주민 등을 다치게 한 혐의를 받고 있다. 경찰 관계자는 "소방시설 작동에도 문제가 없었지만, 화재 발생 후 미흡한 조치로 피해가 더욱 커진 것으로 판단했다"고 말했다.

청라 전기차 화재 일지

- **8월 1일** 인천 청라국제도시 아파트 지하주차장에서 벤츠 전기차 화재. 주민 등 23명 부상, 차량 87대 전소 및 872대 그을림
- **5일** 경찰-국립과학수사연구원 등 합동감식 시작
- **16일** 국내 판매 전기차 모든 차종 배터리 제조사 공개
- **9월 10일** 경찰, 벤츠코리아 및 아파트 관리사무소 등 4곳 압수수색
- **19일** 국과수 "배터리 팩 내부 절연 파괴 및 외부 충격 가능성 배제 못 해"
- **11월 28일** 경찰 "정확한 화재 원인 확인 못 해" 수사 결과 발표 아파트 관리사무소 직원 등 4명 검찰 송치 예정

● **수백억 원대 보상 책임도 미궁 속으로**

당시 이 화재로 주민 23명이 연기를 흡입하는 등 다치고, 차량 87대가 불에 탔다. 또 차량 872대가 그을리고 아파트 내부에 분진까지 가득 차면서 주민들은 피난 생활을 해야 하는 불편을 겪었다. 재산피해액만 수백억 원대로 추산된다.

관할 자치단체인 인천 서구는 책임 소재에 따른 구상권 청구까지 염두에 두고 5억 원이 넘는 예산을 피해 복구 지원에 썼다. 피해 차량 소유주들은 각자 가입한 보험사로부터 보상을 받고, 보험사가 화재 원인 제공자에 구상권을 청구할 것으로 예상됐다.

하지만 경찰 수사에서 정확한 화재 원인이 밝혀지지 않으면서 구상권 청구 대상을 특정하기조차 어렵게 됐다. 발화 차량 제조사인 벤츠 측도 형사 처벌을 피하면서 사고 책임에선 일정 부분 벗어날 것으로 보인다. 앞서 벤츠 코리아는 '인도적 차원'에서 피해 주민에게 45억 원 규모의 지원을 약속한 바 있다.

한 아파트 입주민은 "일부 세대는 아직 집에 돌아가지 못하고 있고, 잦은 정전과 단수로 여전히 정상적인 생활이 힘든 상황"이라며 "이제야 피해 보상을 요구하고 있는데, 사고 원인조차 밝히지 못한다면 누가 선뜻 보상을 해주겠나"라고 토로했다.

벤츠 전기차 차주 50여 명을 대리해 벤츠코리아를 상대로 매매 계약 취소 등 민사소송을 낸 하종선 변호사도 "정확한 원인을 알 수 없다는 경찰 수사 결과는 벤츠 측을 포함해 모두에게 면죄부를 주는 결과"라며 "당국이 밝히지 못한 차량 설계결함을 소송에서 밝혀내겠다"고 말했다.

(출처 : 동아일보, "'인천 전기차 화재' 원인도 보상도 '미궁'", A14면, 2024. 11. 29.)

LG엔솔, 퀄컴과 첨단 BMS 상용화

김동명 대표 "업계 첫 SoC 기반
BMS 솔루션 개발은 큰 의미"

LG에너지솔루션이 미국 반도체기업 퀄컴과 손잡고 배터리관리시스템(BMS)을 공동 개발한다고 발표했다. LG가 개발한 하드웨어에 세계 최고 수준의 반도체 설계기술을 보유한 퀄컴의 소프트웨어를 입혀 최고 성능의 BMS를 개발해 글로벌 자동차회사와 다른 배터리업체에 판매한다는 계획이다.

배터리관리시스템(BMS) 진단 솔루션의 본격 상용화는 시스템온칩(SoC, System on a Chip : 완전 구동이 가능한 제품과 시스템이 한 개의 칩에 들어 있는 것을 말한다. 즉, 하나의 칩 내에서 CPU, GPU, NPU, RAM, ROM, 컨트롤러 등의 다양한 역할을 구현하는 체제이다) 기반의 BMS 진단 솔루션의 개발이다. 해당 진단 솔루션은 퀄컴의 대표적 반도체 칩인 '스냅드래곤(Snapdragon)'을 활용한 카 투 클라우드(Car to Cloud) 커넥티드 서비스 플랫폼에 탑재돼 완성차 업체가 활용할 수 있다.

LG에너지솔루션은 퀄컴과 '시스템온칩(SoC) 기반의 BMS 솔루션 상용화를 위한 공동 프로모션' 계약을 체결했다고 23일 밝혔다. 배터리 발열 등을 관리하는 BMS는 하드웨어만큼이나 '두뇌' 역할의 소프트웨어가 중요하다. 배터리 상태를 실시간 파악한 뒤 적절한 시점에 온도제어 명령을 하드웨어에 내리려면 '똑똑한 두뇌'를 갖춰야 하기 때문이다.

퀄컴의 SoC를 넣는다는 건 BMS 안에 관련 소프트웨어가 담긴 칩을 장착한다는 의미다. 클라우드를 이용해 배터리 정보를 처리해온 것과 다른 방식이다. 클라우드 대신 자체 칩을 이용하면 처리할 수 있는 정보량이 늘고 속도도 빨라진다. 예컨대 배터리 성능 진단 관련 연산능력은 80배 이상 향상된다. LG와 퀄컴은 개선된 연산능력을 토대로 배터리 잔여 용량 예측 기능, 양극·음극 등 배터리 핵심 소재 성능 확인 기능 등을 새로 추가할 계획이다.

저사양 하드웨어로 구동됐던 기존 BMS와 달리 고성능 SoC 컴퓨팅 성능을 활용하는 BMS 솔루션은 업계 최초다. 우선 BMS 솔루션의 핵심인 안전 진단 기능이 크게 향상된다. 기존 BMS 대비 더 많은 자료 수집이 가능해 화재 발생 가능성 등 이상 징후를 더 빠르고 정확하게 진단해낼 수 있다.

퇴화 진단 기능 역시 80배 이상 향상된 연산 능력으로 더 정교해진다. 단순 연산 처리만 가능했던 기존 BMS에서는 적용이 불가능했던 알고리즘을 적용하기 때문이다. 일정 기간 이후의 배터리 잔여 용량을 예측하는 기능, 양극과 음극 등 배터리의 세부 구성 요소에 대한 퇴화 성능 지표를 확인하는 기능도 새롭게 추가된다.

이번 첨단 BMS 진단 소프트웨어는 별도 서버 연결 없이도 실시간으로 실행 가능해 주행 정보와 같은 차량 데이터를 차내에서 자체적으로 분석 · 진단할 수 있다.

LG는 이렇게 개발한 BMS를 다른 자동차 회사나 배터리 회사에도 판매할 계획이다. LG는 20년 이상 축적된 BMS 실증 데이터를 기반으로 8,000여 개의 관련 특허를 보유하고 있다.

(출처 : 한국경제, "LG엔솔, 퀄컴과 첨단 BMS 상용화", A13면, 2024. 12. 24.)

(5) 맺음말

K배터리, K전기차의 글로벌 경제 규모는 2024년 현재 120조 원으로 추계(推計)되는 상상을 초월한 거시적 규모다. 당연히 그 규모는 계속 확대될 것이다. 내수가 뒷받침돼야 규모의 경제로 도약해 품질 향상, 원가 절감, 생산성 혁신이 가능하다.

전기차와 이차전지는 피할 수 없는 현재 진행형 그리고 미래 산업이며 대한민국을 견인하는 먹거리다.

당연히 세계 선두권의 경쟁력을 확보한 이상 계속 유지해야만 한다

그것이 제조업 강대국을 추구하고 구축하는 우리의 역할이자 책임이라고 생각한다.

최근 잇단 전기차 화재로 인해 전기차 포비아(phobia, 공포증)가 엄습하고 있고, 캐즘(chasm) 현상까지 일고 있다. 캐즘은 일시적으로 수요가 정체되거나 후퇴하는 단절 현상을 가리킨다. 그러나 이는 일시적 현상이지만, 배터리와 전기차 안전에 대한 경각심을 불러일으키고 한편으론 보다 완전한 안전성 확보를 위한 계기가 되었다.

초일류 선진국을 목표로 하는 어젠다(agenda, 의제)로 정부가 2024년 8월 선정한 대한민국 미래산업의 12대 국가전략기술(반도체 · 디스플레이, 이차전지, 모빌리티, 차세대원자력, 첨단바이오, 우주항공 · 해양, 수소, 사이버보안, 인공지능, 차세대통신, 첨단로봇 · 제조, 양자 기술분야로 향후 5년간 30조 원이 투자되며, '초격차 기술선점' 핵심

사업, 전략연구사업으로 지정해 집중 지원 · 관리된다) 중 현재 우리가 글로벌 1위를 차지하는 것은 이차전지 하나뿐이다.

머지않아 배터리 셀 뿐만 아니라 전기자동차 운행 중에 생기는 여러 복합적 요인(변수)들이 병합된 배터리+전기차에서 발생하는 이상 징후의 파악 · 진단 · 판독 수준을 넘어 위험 예측까지도 가능한 보다 진화된 성능을 갖춘 고도화 BMS가 나와 전기차의 안전을 책임질 것이다.

빠르게 커지는 미래산업 분야에서 하루가 멀다하고 신기술이 쏟아지고 있는 대전환의 시대에 모처럼 잡은 승기를 절대로 놓쳐서는 안된다. 그것이 우리의 역사적 소임(所任)이다.

참고문헌

- 이국환, “2차전지공학 개론”, 구민사, 2024.
- 이국환 · 김재광, “이차전지 공정제조기술”, 진샘미디어, 2024.
- 이국환, “이차전지 슈퍼커패시터 개론 및 활용”, 진샘미디어, 2024.
- 이국환, “2차전지공학 소재”, 구민사, 2025.
- 이국환, “냉각장치 · 냉각시스템 개발 및 활용”, 구민사, 2023.
- 이국환, “형상 자유도가 높은 진공 원리의 판상형 냉각장치 및 냉각시스템”, 연구개발 및 세미나, 특허출원 내용, 2024.
- 이국환, “이차전지 화재 확산 방지를 위한 히트 파이프 조립체 및 이를 포함하는 에너지저장장치용 배터리 랙” 특허 10-2024-0112135, 2024.
- 이국환, “최신 제품설계(Advanced Product Design)”, 기전연구사, 2017.
- 이국환, “플라스틱 개론과 제품설계”, 기전연구사, 2021.
- 이국환, “이국환 교수와 함께하는, 스마트폰 개발과 설계기술”, 기전연구사, 2020.
- 이국환, “스마트폰 개발전략(Development Strategy of Smart Phone)”, 기전연구사, 2020.
- 이국환, “스마트폰 해석과 개선설계(CAE & Improvement Design of Smart Phone)”, 기전연구사, 2022.
- 이국환, “플라스틱 응용과 재활용”, 기전연구사, 2021.
- 이국환, “엔지니어링 플라스틱 및 응용”, 기전연구사, 2021.
- 이국환, “슈퍼엔지니어링 플라스틱 및 응용”, 기전연구사, 2021.
- 이국환, “4차 산업혁명의 핵심소재, 플라스틱 미래산업에 답하다”, 기전연구사, 2019.
- 이국환, “미래창조를 위한 창의성”, 카오스북, 2013.
- 이국환, “기계시스템응용설계 강의자료”, 2016~2024.
- 이국환, “창의적공학설계특론 강의 및 세미나 자료”, 2019~2024.
- 이국환, “교육 · 강연 · 세미나 자료 등”, 2016~2024.
- 이국환 외 공저, “3차원 CAD SolidWorks를 활용한 해석(CAE)”, 기전연구사, 2009.
- 이국환, “연구개발 및 기술이전 자료, 논문 등”, 2017~2024.
- 이국환, “전자제품 기구설계 강의자료 등”, 2016~2024.
- 이국환, “한국고용정보원 2차전지 배터리 분석평가사 검토 및 자문”, 2022. 11.
- 박정기 외 공저, “리튬이차전지의 원리 및 응용(PRINCIPLES and APPLICATIONS of LITHIUM SECONDARY BATTERIES)”, 홍릉과학출판사, 2023. 1. 10.
- 한국화재소방학회 논문지, “파우치형 리튬이온전지의 열폭주 전이 방지에 관한 실험 연구, Experimental Study on Prevention of Thermal Runaway Propagation in Pouch-type Lithium-ion Batteries”, 제35권 제6호, 2021년.
- 조선일보, “전기차 4만5000대 배터리 점검 못해”, A12, 2023. 10. 9.
- 방재시험연구원 융합방재연구센터, “리튬이온-배터리의 특성 및 발생 가스 분석”, 2021.
- 박영재, “전기차 동력원 리튬이온 배터리 열폭주”, 산업종합저널, 2023.
- 선양재, “리튬이온 배터리용 양극재 기술 개발 방향”, 2022.
- 최기옥, “리튬이온 배터리의 위험과 손실예방”, 2020.

- 화재보험협회, "리튬 이차전지의 화재 위험성 조사", 2022.
- 헤럴드경제, "한국전기연구원 리튬이차전지 열 관리 기반 화재 예측 기술 개발", 2022. 05. 09.
- 국립소방연구원
- 배터리인사이트
- 한국특허정보원(www.kipris.or.kr), 키프리스 특허정보넷.
- 구글 특허검색, www.google.com/patents(patents.google.com)
- 위키피디아(위키백과, www.wikipedia.org)
- 구글(www.google.com) 검색자료
- 네이버(www.naver.com) 검색자료
- 미국 특허청(www.uspto.gov)
- 유럽 특허청(www.epo.org)
- 세계지적재산권기구(WIPO, World Intellectual Property Organization) https://patentscope.wipo.int
- 구글 학술 · 논문검색(www.google.com/scholar(scholar.google.com))
- 삼성SDI 자료
- LG에너지솔루션 자료
- SK온 자료
- 한국세라믹기술원 자료
- 한국교통안전공단 자동차안전연구원 배터리 안전기준 자료
- 현대 오트론, "환경차 제어 및 배터리 관리 제어기"

- Park, M.-W., & Choi, D.-M., "Experimental study on prevention of thermal runaway propagation in pouch-type lithium-ion batteries. Fire Science and Engineering", 35(6), 30-36, 2021.
- LEE, W.-Y., "우주왕복선 단열타일, 1200도 초고온도 견딘다", 2020.
- Swati Sharma, "How to build a better battery VOX.com", 2022.
- Vincent Look, "NIO's Replaceable Battery Patent", 2020.
- Austin L. Newman, "Vehicle having a rigid frame structure for receiving a replaceable battery pack", 2016.
- W. A. Schalkwijk, B. Scrosati, "Advances in Lithium-Ion Batteries, Kluwer Academic, New York", 2002.
- H. H. Heimes et al., "BATTERY MODULE AND PACK ASSEMBLY PROCESS", RWTH AACHEN UNIVERSITY, 2019.
- UNCAR, "리튬이온 배터리의 위험과 손실예방", S+S Report International, 2011년 2월호.
- UN GTR No. 22(Addendum 22), "UN Global Technical Regulation on In-vehicle Battery Durability for Electrified Vehicles", 14 April 2022.
- LK, "리튬 이온 파우치 배터리의 제조 품질 평가", [온라인]. 전기기계학회지, 출처 : https://iopscience.iop.org/article/10.1149/1945-7111/ac6539/pdf, 2011년 2월호, 2022.
- CZ, HY, HL, "리튬이온 배터리에서 고체 전해질 간기의 열 안정성 활성화", (https://onlinelibrary.wiley.com/doi/10.1002/inf2.12190), 2021.
- AIAG & VDA, "FMEA Handbook(5th edition)", 2023.

찾아보기

국문

ㄹ

ㅁ

ㅂ

ㅈ

ㅊ

T

U

V

W

기타

Epilogue

기술 패권의 시대, K전기차와 K배터리 시대가 활짝 열리다.

현 시점 과학기술의 발전은 4차 산업혁명의 범주를 뛰어넘을 만큼 가히 엄청나다.

우리 인간들은 엄청난 능력과 지혜를 받았는데, 그 능력과 지혜의 한계는 어디까지일까 감히 상상하기도 어렵다.

단지, 인간의 지혜와 능력이 인류의 발전과 성장 그리고 평화로운 번영을 위해 올바르게 선용(善用)되기를 기대하며, 한편으론 올바르지 못한 방향으로 쓰이지 못하게 하는 제어와 규제가 반드시 필요하다고 본다.

세상에 없는 기술, 지금껏 생각지도 못하고, 상상하지도 못한 기술들이 하루하루 쏟아져 나오고 있다.

인류 역사와 함께 해온 과학기술은 현재 AI(인공지능), 반도체, 양자컴퓨터를 비롯해 특히 전기자동차는 우리의 이동수단으로 일상생활에 필수적인 도구이다. 전기자동차를 움직이는 핵심은 바로 배터리다. 그리고 배터리의 안전성이다. 전기차 화재 · 폭발 원인과 안전성 확보 방안에 대한 전반적 고찰에 관한 심층 분석 및 창의적 솔루션 제시를 종합적으로 다룬, 본 저서의 특징과 차별성은 다음과 같다.

1. 내용을 알기 쉽고 정확히 이해하도록 앞서 설명한 내용에 좀 더 내용을 추가하고 반복해 보충적으로 저술하였다.
   이는 여러 분야의 독자들이 알기 쉽게 지식의 이해와 습득을 원활하게 하기 위함이다.
2. 전공에 관계없이 학습하도록 많은 그림과 사진, 도표들을 발췌하고 인용해 폭넓은 내용을 개론적으로 다루었고 보다 심도있게 전개하였다.
3. 저자는 학부 3학년, 4학년에게 기계시스템응용설계와 실무에 있어 전문가인 대학원 석사 · 박사과정 대학원생들과 전기자동차 및 이차전지 관련 세미나, 토론 등을 한 내용을 심층적으로 정리하여 새로운 차별화된 내용을 담았다.

4. 저자는 기계시스템응용설계로 박사학위를 받은 공학자로 모빌리티(mobility), 리튬이온 이차전지, 리튬인산철 배터리, 슈퍼커패시터 배터리 등의 연구개발과 기술사업화를 한 실무경험을 기반으로 이론은 물론 실무 축적을 기반으로 저술하였다. 전기차와 이차전지 관련 기술개발 및 활용에 도움이 될 것이다.
5. 저자의 연구개발 자료를 부분적으로 접목하여 저서의 차별성을 기하였다.
6. 특히 전기차 화재, 화재 원인, 대안 등에 관련된 많은 신문기사의 내용을 발췌하고 이에 대한 상세한 분석과 해설을 덧붙혔다.
7. 저자의 기출간된 〈2차전지공학 개론〉은 물론 플라스틱을 활용한 저서는 10여 권이 이미 출간되어 판매되고 있다. 이 분야 전문가이며, 공학자로 이차전지의 융복합 관련 다양한 내용을 바탕으로 집필하여 이차전지 및 전기자동차 관련 기술 습득에도 도움이 될 것이다.
8. 이차전지 관련 다양한 방법(논문검색, 특허검색, 기능분석 등)으로 각 핵심요소의 역할(기능, function)과 특성의 파악/검토/분석을 통해서 도출된 문제점 분석과 이에 대한 개선안, 대안으로 창의적 개념설계안의 제시 등 다양하고 차별화된 사례연구(case study)를 제시하여 향후 연구개발 및 선행적 기술개발 그리고 문제 해결 및 개선 등에 많은 도움을 줄 것이다.

본 저서의 집필에 너무 많은 수고와 노력 그리고 열정으로 배터리를 비롯한 전기자동차 그리고 과학기술 및 관련 공학발전 등에 기여를 한 분들의 업적과 결과를 분석하고, 검토하고, 가르치고, 세미나 등을 하면서 나름대로 저자 입장에서 차별화된 내용을 추가했다.

독자들 앞날에 발전과 성장이 있기를 기대하며, 기술보국의 주인공이 되길 바라는 바이다.

다시 한번 전기차의 안전성 확보와 2차전지의 발전과 성장에 기여를 한 분들의 노고에 진심으로 찬사와 감사를 드리는 바이다.

저자약력

이 국 환(李國煥) khwan28@hanmail.net

한양대학교 정밀기계공학과와 동대학원을 졸업한 후 한국산업기술대학교에서 기계시스템응용설계 관련 박사학위를 받았다. 40년 이상 대우자동차 연구소, LG전자 중앙연구소, 대학교에서 기계시스템 및 부품 · 소재, 전자 · 정보통신, 모빌리티, 2차전지, 환경 · 에너지, 의료기기 산업 등에서 아주 다양한 융 · 복합기술 분야의 첨단 R&D, 제품개발 및 프로젝트를 수행하였다.

주요 내역은 다음과 같다.

- LG전자 특허발명왕 2년(1992년~1993년) 연속 수상(회사 최초)
- LG그룹 연구개발 우수상 수상(1996년) - 국내 최초 및 세계 최소형 · 최경량 PDA(개인휴대정보단말기) 개발로 1996년 한국전자전시회 국무총리상 수상
- 문화관광부선정 과학기술분야 우수학술도서 저술상 3회 수상(1998년, 2001년, 2014년) - 국내 최다
- 2021년 제39회 한국과학기술도서상 출판대상 수상(과학기술정보통신부장관상) - "이국환 교수와 함께하는 스마트폰 개발과 설계기술" 시리즈 총 3권
- "중소기업을 위한 지식재산관리 매뉴얼" 자문 및 감수위원(특허청, 대한변리사회)
- LG전자, 삼성전자, 에이스안테나, 만도 등 다수 기업(BM발굴, 개발 및 현업문제해결 컨설팅, 특강)과 현대 · 기아 차세대 자동차 연구소(창의적 문제해결 방법론 교육)
- 삼성전기에서 제품개발 및 설계 직무교육
- 정부출연연구기관, 한국산업단지공단, 중소기업진흥공단, 한국생산성본부, 지자체, 대학교 등에서 창의적 제품개발, 신사업발굴, R&D전략 및 기술사업화(R&BD), 창의적 문제해결 방법론 등 교육 및 강의
- 첨단 제품 및 시스템 관련 미국특허(2건), 중국특허(2건) 및 국내특허 20여개 보유

현재 한국공학대학교에서 기계시스템응용설계, 창의적 공학설계, ICT 제품설계 · 개발 등과 더불어 대학원에서 기술사업화 및 R&D전략, 특허기반의 제품 · 시스템개발 및 기술사업화(IP-R&D, R&BD), 기술경영(MOT) 등을 가르치고 있으며, 정부 R&D 개발사업화 과제 선정 및 평가위원장 등 다수 역할을 수행하고 있다.

또한, 다양한 융 · 복합기술 분야에서 창의적이며 혁신적인 특허 · 지식재산권(PM : Personal Mobility, 전동개인이동수단 관련 다수의 국내 및 미국특허등록, 중국특허등록, 해외특허 PCT 출원)을 보유하고 있으며 이를 활용한 글로벌 혁신적, 창의적이며 차별화된 첨단 제품과 시스템 개발에도 열정을 쏟고 있다.

㈜피엠모터스(www.pmmotors.co.kr) 창업자 겸 원천기술 개발자(30여 편의 국내외 특허 보유)로 과학자, 공학자, 발명가로 활동 중이다.

다음과 같은 전문 분야에서도 활발한 활동을 하고 있다.

- 창의성, 창의적 문제해결의 방법론 및 창의적 개념설계안의 도출 · 구체화
- 혁신적 · 창의적 개념설계(Concept design) R&D 및 연구과제 · 아이템 창출
- 선행 연구개발 및 창의적(Creative) 도전기획과제 발굴 및 창출

• 특허기술의 사업화(Open innovation), 특허분석 및 회피설계
• 제품개발과 기술사업화 전략, 사업아이템 발굴 및 BM(비즈니스 모델) 전략수립
• 제품 · 시스템설계 및 개발공학, 동시공학적 개발(CAD/CAE/CAM), 원가절감(VE) 및 생산성(Q.C.D) 향상
• 기술예측, R&D 평가 등

저서로는 〈이차전지 공정제조기술〉, 〈이차전지 슈퍼커패시터 개론 및 활용〉, 〈2차전지공학 개론〉, 〈다이슨 '날개없는 선풍기' 선행개념 연구개발〉, 〈플라스틱 제품개발 사례 및 활용〉, 〈냉각장치 · 냉각시스템 개발 및 활용〉, 〈알기쉬운 도면연습〉, 〈알기쉬운 기계제도 도면해석〉, 〈제품 · 서비스 플랫폼 개발전략〉, 〈스마트폰 해석과 개선설계〉, 〈플라스틱 응용과 재활용〉, 〈플라스틱 금형 · 사출성형과 제품설계〉, 〈복합 엔지니어링 플라스틱 및 응용〉, 〈수퍼 엔지니어링 플라스틱 및 응용〉, 〈엔지니어링 플라스틱 및 응용〉, 〈플라스틱 개론과 제품설계〉, 〈설계사례 중심의 기구설계(개정증보판)〉, 〈스마트폰 부품목록과 설계도면〉, 〈스마트폰 개발전략(Development Strategy of Smart Phone)〉, 〈스마트폰 개발과 설계기술〉, 〈최신 제품설계(Advanced Product Design)-ICT 및 융 · 복합 제품개발을 위한〉, 〈4차 산업혁명의 핵심소재, 플라스틱 미래산업에 답하다〉, 〈최신 기계도면 보는 법〉, 〈메커니즘 사전〉, 〈제품설계 · 개발공학〉, 〈제품개발과 기술사업화 전략〉, 〈동시공학기술(Concurrent Engineering & Technology)〉, 〈설계사례 중심의 기구설계〉, 〈2차원 CAD AutoCAD 2023, 2022, 2021, 2020, 2019, 2018, 2017, 2016, 2015, 2014 등〉, 〈3차원 CAD SolidWorks 2015, 2013, 2011 등〉, 〈SolidWorks를 활용한 해석 · CAE〉, 〈3차원 CAD Pro-ENGINEER Wildfire 2.0 등〉, 〈기계도면의 이해 Ⅰ · Ⅱ〉, 〈2D 드로잉 및 3D 모델링 도면 사례집〉, 〈미래창조를 위한 창의성〉, 〈알파고 시대, 신인류 인재 육성 프로젝트〉 등 제품설계 및 개발, R&D, 기술사업화, CAD/CAE, 특허, 창의성, 창의적인 혁신제품의 개발전략 분야 등 상품기획, 제품설계 및 생산에 이르는 전분야 · 전주기에 걸친 총 82권의 관련 저서가 출간되어 있다.